# 力学工程问题

## 【全彩版】

Engineering Issues in Mechanics

(Full Color Edition)

胡海岩 等 著

科学出版社

北京

## 内 容 简 介

本书与杨卫教授所著的《力学基本问题》构成姊妹篇，引导读者学习力学、研究力学、欣赏力学、热爱力学。本书基于当代工程技术对力学的需求，介绍解决工程力学问题的主要方法和典型案例，为从事工程力学研究做必要准备。全书共 15 章，分为基本方法篇、动力学篇、固体力学篇、流体力学篇。基本方法篇介绍如何从系统科学高度审视工程中的力学问题，如何对力学问题进行定性研究、机理研究、数据研究，进而把握其内在规律。此后三篇选择我国学者在航天、航空、船舶、交通、建筑、电子、能源、武器等领域的 11 个工程力学研究案例，分别介绍如何将复杂力学问题进行简化，梳理研究思路，最终解决问题，满足工程设计、研制和运行需求。

本书的读者群体是力学、航天、航空、船舶、交通、机械、动力、土木等专业的高年级本科生、研究生和教师，以及从事工程力学研究的科技人员。

---

**图书在版编目（CIP）数据**

力学工程问题：全彩版／胡海岩等著. —北京：科学出版社，2024.6（2024.10重印）
ISBN 978-7-03-078617-3

Ⅰ. ①力… Ⅱ. ①胡… Ⅲ. ①工程力学 Ⅳ. ①TB12

中国国家版本馆 CIP 数据核字（2024）第 109200 号

---

责任编辑：潘志坚　徐杨峰／责任校对：谭宏宇
责任印制：黄晓鸣／封面设计：殷　靓

**科学出版社 出版**
北京东黄城根北街 16 号
邮政编码：100717
http://www.sciencep.com

南京展望文化发展有限公司排版
苏州市越洋印刷有限公司印刷
科学出版社发行　各地新华书店经销

\*

2024 年 6 月第 一 版　开本：787×1092　1/16
2024 年 10 月第二次印刷　印张：31
字数：660 000
**定价：330.00 元**
（如有印装质量问题，我社负责调换）

# 前 言

在力学教育中,导论性著作具有基础性、先导性、思想性作用。21世纪之初,教育部工程力学专业教学指导委员会推举清华大学薛明德教授主编了面向力学专业本科生教育的《力学与工程技术的进步》。近年来,浙江大学杨卫教授等出版了面向新工科、宽口径本科生教育的《力学导论》。这些著作引导读者学习力学、研究力学、欣赏力学、热爱力学,对培养力学人才发挥了重要作用。

力学既属于基础科学,又属于技术科学/工程科学。基于这样的学科双重属性,科学出版社上海分社(航天航空出版分社)邀请杨卫教授和我分别撰写导论性著作《力学基本问题》和《力学工程问题》。我们几乎经历了相似的推辞和沉思过程,最后在使命感的驱动下动笔。

笔者长期从事飞行器结构动力学研究和人才培养,曾参与若干国家工程任务的立项论证、方案评审、委托研究、事故分析、成果鉴定,结识了许多年轻的设计师、工程师。从他们的成长经历看,不论是力学专业的毕业生,还是工程专业的毕业生,其在校期间所接受的力学教育与工程实践之间均有较大距离;走上工作岗位后发现,工程力学问题极为复杂,时常无从下手。与此同时,在我国重大工程任务中,经常面临新的工程力学问题,甚至会由于对某些力学问题的认识不足而受挫。因此,不论是准备跨入研究门槛的青年学子,还是正在从事工程研究的设计师、工程师,都希望有一部从事工程力学研究的导论性著作。

针对上述需求,笔者拟根据力学的技术科学/工程科学属性,撰写一部工程力学研究导论性著作,帮助读者了解力学在现代工程技术发展中所发挥的重要作用,引导读者致力于研究丰富多彩、富有挑战的工程力学问题。

明确本书的主题之后,如何构思全书框架和主要内容遇到巨大挑战。一方面,工程力学问题无穷无尽,任何一位学者都难以知晓涉及众多工程技术领域的力学问题,无法筛选出最重要的力学问题。另一方面,工程力学问题不仅涉及技术科学/工程科学,还涉及经济学、管理学、社会学、伦理学等众多学科,任何一位学者都难以涉猎如此宽广的学科领域,无法厘清它们之间的关系。

面对上述挑战,笔者尝试有别于现有力学导论的思路,面向已完成理工类本科基础阶段学习的青年学者,按照培育工程科学家的要求来构思全书框架和主要内容。根据著名力学家钱学森的观点,工程科学既是独立于基础科学和工程技术的科学分支,又是联系基础科学和工程技术的桥梁。工程科学家有别于科学家和工程师,主要致力于解决以下三类工程科学问题:第一,针对工程需求,经过科学研究来论证工程方案的可行性;第二,针对可行的工程方案,经过科学研究提出实现方案的最佳途径;第三,针对某个工程项目的失败或挫折,从科学角度指出其原因并提出补救措施。

因此,本书无意列举各种各样的工程力学问题,而是引导读者基于工程科学思想去研究工程力学问题。其要义是:首先,站在超越具体问题的思维层次,从系统科学的角度去审视所研究的工程系统,厘清系统各部分的主要关联,认识力学问题在工程系统中的作用;然后,构思解决力学问题的研究方案;通过研究获得初步结果后,再回到该力学问题所处的系统中去,检验和改进结果;经过迭代,满足工程设计、研制和运行之需。因此,本书的整体逻辑是从系统思维出发,了解处理工程力学问题的主要方法,再到研究典型工程力学问题。全书包括基本方法篇、动力学篇、固体力学篇、流体力学篇。

在基本方法篇,主要介绍研究工程问题的系统科学思维,讨论处理工程力学问题的若干思路和方法。第1章以系统科学为主线,介绍科学、技术和工程的关系,阐述工程科学思想,介绍系统工程方法。第2章介绍工程力学的定性研究,包括因果分析、量纲分析、相似分析、对称性分析等。第3章介绍工程力学的机理研究,包括如何研究稳定性问题、非线性问题、多尺度问题、多场耦合问题、延迟问题、不确定性问题。第4章介绍工程力学的数据研究,包括数据采集、数据分析、数据建模等,尤其是正在快速发展的数据驱动研究。该篇的特点是:打破传统力学著作对动力学、固体力学、流体力学等二级学科的划分界限,引导读者从科学研究方法论高度去理解工程力学的研究方法。作为导论性著作,该篇主要通过各种例题和案例来介绍基本概念、研究思路和具体方法,而并非系统地阐述知识。

在动力学篇,选择深空探测、轨道交通、高层建筑等领域,介绍如何基于动力学基本原理,提出新方法和新技术,解决工程问题。第5章介绍如何为我国"嫦娥二号"拓展任务设计低能耗的飞行轨道,实现人类历史上首次对Toutatis小行星的探测。第6章介绍如何基于系统科学思想,为我国高速铁路选择动力学性能最佳的线路。第7章介绍如何发展随机动力学方法,分析和评价高层建筑的抗震整体可靠性。

在固体力学篇,选择船舶结构、运载火箭、电子器件等领域,介绍如何基于固体力学基本原理,提出新方法和新技术,解决工程问题。第8章以夹层结构为主线,介绍如何开展高端装备的结构轻量化设计,给出在刚度和强度约束下舰船升降跳板的轻量化设计案例。第9章以运载火箭的主传力结构为例,介绍如何开展结构拓扑优化设计,在给定结构质量前提下大幅提高结构刚度。第10章以火箭发动机喷管为例,介绍如何基于高温复合材料设计轻质高强的空天结构。第 11 章介绍如何利用结构屈曲等现象,开展柔性电子器件的结构设计。

在流体力学篇,选择风力发电、武器战斗部、船舶推进、高超声速飞行等领域,介绍如何基于流体力学基本原理,提出新方法和新技术,解决工程问题。第 12 章针对风力发电机的工程需求,介绍如何开展其叶片的气动设计和气动弹性校核。第 13 章针对武器破甲战斗部的工程需求,介绍其射流效应设计,并给出反坦克导弹战斗部的设计。第 14 章针对船舶推进器的工程发展需求,分析螺旋桨空泡流的形成机理,介绍如何预报其推进效率和噪声。第 15 章针对高超声速飞行器的发展需求,介绍如何分析和预报高超声速流动的失稳和转捩。

上述三篇内容涉及我国工程技术发展的多个领域,所关注力学问题的空间尺度从微米级到天文单位,时间尺度从毫秒级到数十年;既包括固体力学的微观问题和宏观问题,也包括流体力学的低速流动和高超声速流动。这三篇内容的特点是:基于工程科学思想,展示如何解决工程方案遴选、性能预测和优化设计中的具体力学问题;侧重介绍如何认识复杂的力学问题,找到简化问题和解决问题的思路。略有遗憾的是,鉴于工程项目失败的敏感性和复杂性,在这三篇中未能涉及工程项目失败的分析案例。

本书旨在引导读者了解工程技术中的力学问题,进而自觉地学习更加专门的力学知识。在具体内容的遴选和阐述上,试图通过图文并茂的案例来说明工程技术发展对力学的需求,帮助读者建立若干工程力学问题的基本概念,掌握相关研究方法的思路,感受解决力学问题对工程和技术的促进作用。根据教学经验,过于轻松的图文阅读难以激发读者的深入思考。因此,本书在介绍力学研究方法和问题解决方案时,采用力学理论与工程案例相结合的方式,激发读者动脑思考和动手推算。

本书面向的读者群体是理工科高年级本科生、研究生,以及需要处理工程力学问题的研究人员。读者只要掌握比较扎实的理论力学、材料力学知识,具备流体力学、振动力学的初步知识,即可顺利阅读本书的全部内容。当书中某些内容涉及更深入的知识时,均阐述其基本原理或通过脚注提供参考文献。

即使笔者构思了全书框架和主要内容,但并无能力撰写全书。可喜的是,我国力学界、工程界的一批著名学者高度重视这项工作,大力支持本书的撰写。他们从各自的研究成果中遴选典型工程力学案例,介绍破解复杂力学问题的思路和方法,指出尚未解决的问题并展望未来发展,体现了我国学者近年来在若干重要工程领域的力学研究进展和未来发展趋势。

本书的撰写分工如下:笔者负责全书设计和统稿,撰写第 1 章~第 4 章;其他各章的作者依次为:第 5 章,乔栋、李翔宇(北京理工大学);第 6 章,翟婉明、罗俊(西南交通大学);第 7 章,李杰、陈建兵、任晓丹(同济大学);第 8 章,卢天健、赵振宇(南京航空航天大学);第 9 章,郭旭、孙直(大连理工大学);第 10 章,方岱宁、陈彦飞、曲兆亮(北京理工大学);第 11 章,冯雪、王禾翎(清华大学);第 12 章,赵宁、田琳琳(南京航空航天大学);第

13章,王成、王树有(北京理工大学);第14章,王本龙、刘筠乔(上海交通大学);第15章,符松(清华大学)、任杰(北京理工大学)。

  最后,由衷感谢上述学者的通力合作。感谢力学界同仁在本书撰写中提供的帮助,尤其是北京理工大学胡更开教授、刘刘教授、滕宏辉教授、靳艳飞教授、单明贺教授、韩石磊副教授、罗凯副教授,南京航空航天大学金栋平教授、王立峰教授、张丽教授、黄锐教授,陆军工程大学王在华教授,西安建筑科技大学孙博华教授,上海宇航系统工程研究所张文丰研究员。感谢科学出版社上海分社(航天航空出版分社)潘志坚编审、徐杨峰编辑对本书策划和撰写提出的建议。

*胡海岩*

2024年1月

# 目　　录

前言

## 第一篇　基本方法篇

第1章　工程研究的系统思维 ··············································· 003
 1.1　科学、技术、工程 ················································· 003
  1.1.1　科学、技术、工程的界定 ···································· 003
  1.1.2　科学-技术-工程的三元论 ··································· 004
  1.1.3　颠覆性技术 ··················································· 006
  1.1.4　工程科学观 ··················································· 007
 1.2　系统科学 ····························································· 009
  1.2.1　系统与系统思维 ············································· 009
  1.2.2　系统科学及其特征 ·········································· 009
 1.3　工程系统 ····························································· 010
  1.3.1　工程系统的主要特征 ······································· 011
  1.3.2　工程系统的模型化 ·········································· 014
 1.4　系统工程 ····························································· 015
  1.4.1　系统工程的概念 ············································· 015
  1.4.2　大系统分解协调方法 ······································· 016
  1.4.3　综合集成方法 ················································ 017
 1.5　基于模型的系统工程 ············································ 018
  1.5.1　系统工程的新发展 ·········································· 018
  1.5.2　产品的模型体系 ············································· 019
  1.5.3　产品的研制流程 ············································· 021
 思考题 ········································································ 022

拓展阅读文献 ········································································· 022

**第 2 章　工程力学的定性研究** ························································· 024
　2.1　因果分析 ······································································· 024
　　2.1.1　因果关系 ································································· 024
　　2.1.2　相关关系 ································································· 027
　2.2　量纲分析 ······································································· 028
　　2.2.1　量纲分析的原理 ··························································· 029
　　2.2.2　量纲分析的步骤 ··························································· 032
　　2.2.3　量纲分析的局限与改进 ····················································· 036
　2.3　相似分析 ······································································· 039
　　2.3.1　相似模型 ································································· 039
　　2.3.2　相似变量 ································································· 041
　2.4　对称性分析 ····································································· 043
　　2.4.1　镜像对称系统 ····························································· 044
　　2.4.2　循环对称系统 ····························································· 050
　　2.4.3　对称性破缺 ······························································· 055
　思考题 ··············································································· 056
　拓展阅读文献 ········································································· 057

**第 3 章　工程力学的机理研究** ························································· 058
　3.1　稳定性分析 ····································································· 058
　　3.1.1　静态稳定性 ······························································· 058
　　3.1.2　动态稳定性 ······························································· 066
　　3.1.3　流动稳定性 ······························································· 073
　3.2　非线性分析 ····································································· 077
　　3.2.1　几何非线性 ······························································· 077
　　3.2.2　物理非线性 ······························································· 081
　　3.2.3　计算和分析方法 ··························································· 087
　　3.2.4　典型现象及其机理 ························································· 092
　3.3　多尺度分析 ····································································· 097
　　3.3.1　空间多尺度问题 ··························································· 098
　　3.3.2　时间多尺度问题 ··························································· 106
　　3.3.3　时空多尺度问题 ··························································· 109
　3.4　耦合分析 ······································································· 110

3.4.1　耦合的简化 ················································································· 110
　　　3.4.2　刚柔耦合问题 ············································································· 112
　　　3.4.3　流固耦合问题 ············································································· 115
　　　3.4.4　力热耦合问题 ············································································· 122
　　　3.4.5　力电耦合问题 ············································································· 129
　3.5　延迟分析 ································································································ 133
　　　3.5.1　几种典型延迟 ············································································· 133
　　　3.5.2　稳定性切换 ················································································· 135
　　　3.5.3　Hopf 分岔 ··················································································· 137
　3.6　不确定性分析 ························································································ 139
　　　3.6.1　不确定性参数 ············································································· 140
　　　3.6.2　随机过程与随机场 ····································································· 143
　　　3.6.3　随机激励下的系统响应 ····························································· 146
　　　3.6.4　含不确定参数的系统响应 ························································· 149
　思考题 ············································································································ 153
　拓展阅读文献 ································································································ 154

## 第 4 章　工程力学的数据研究 ···································································· 155
　4.1　数据采集 ································································································ 155
　　　4.1.1　Nyquist 采样 ··············································································· 156
　　　4.1.2　压缩感知 ····················································································· 157
　4.2　数据分析 ································································································ 160
　　　4.2.1　Fourier 分析 ················································································ 160
　　　4.2.2　小波分析 ····················································································· 165
　　　4.2.3　本征正交分解 ············································································· 169
　4.3　数据驱动建模 ························································································ 174
　　　4.3.1　线性回归模型 ············································································· 175
　　　4.3.2　神经网络模型 ············································································· 178
　　　4.3.3　嵌入知识建模 ············································································· 183
　思考题 ············································································································ 188
　拓展阅读文献 ································································································ 188

# 第二篇 动力学篇

## 第 5 章 "嫦娥二号"拓展任务的飞行轨道设计 … 193
### 5.1 研究背景 … 193
### 5.2 对飞往日地 Lagrange 点的认识 … 194
#### 5.2.1 简化模型 … 194
#### 5.2.2 Lagrange 点及其附近的轨道 … 196
### 5.3 从绕月轨道至日地 $L_2$ 点的转移轨道设计 … 200
#### 5.3.1 低能耗轨道转移的可行性 … 201
#### 5.3.2 低能耗转移轨道设计 … 202
#### 5.3.3 任务实施效果 … 205
### 5.4 再次拓展任务分析 … 206
#### 5.4.1 行星际飞行任务及其约束 … 206
#### 5.4.2 行星际飞行任务的探测目标选择 … 207
#### 5.4.3 飞越探测近地小行星的目标选择 … 208
### 5.5 飞越探测小行星的轨道设计 … 211
#### 5.5.1 转移轨道设计 … 211
#### 5.5.2 任务实施效果 … 213
### 5.6 问题与展望 … 214
### 思考题 … 216
### 拓展阅读文献 … 217

## 第 6 章 高速铁路的动力学选线设计 … 218
### 6.1 研究背景 … 218
#### 6.1.1 传统铁路选线设计 … 218
#### 6.1.2 现代铁路动力学选线设计理念 … 219
### 6.2 对车辆-轨道耦合动力学的认识 … 220
#### 6.2.1 车辆-轨道耦合动力学模型 … 221
#### 6.2.2 车辆-轨道耦合动力学数值仿真 … 229
#### 6.2.3 车辆-轨道耦合动力学案例 … 231
### 6.3 高速铁路线路平纵断面优化设计方法 … 233
#### 6.3.1 列车与线路动态性能最佳匹配设计原理 … 233
#### 6.3.2 线路平纵断面动态优化设计方法 … 234
### 6.4 高速铁路动力学选线设计应用实践 … 235

## 目 录

　　6.4.1　广深港高速铁路选线设计 …………………………………………… 236
　　6.4.2　京沪高速铁路选线设计优化 …………………………………………… 240
6.5　问题与展望 …………………………………………………………………… 243
思考题 ……………………………………………………………………………… 243
拓展阅读文献 ……………………………………………………………………… 244

### 第7章　高层建筑结构的抗震整体可靠性分析 ………………………………… 245
7.1　研究背景 ……………………………………………………………………… 245
7.2　对高层建筑结构地震响应的认识 …………………………………………… 247
　　7.2.1　高层建筑结构的主要类型 …………………………………………… 247
　　7.2.2　高层建筑结构的地震响应问题 ……………………………………… 247
7.3　高层建筑结构的线性地震响应 ……………………………………………… 249
　　7.3.1　高层建筑结构的简化力学模型 ……………………………………… 249
　　7.3.2　地震动的加速度功率谱密度 ………………………………………… 254
　　7.3.3　随机地震响应分析 …………………………………………………… 255
7.4　高层建筑结构的非线性地震响应与整体可靠性 …………………………… 258
　　7.4.1　非线性结构响应精细化分析的力学基础 …………………………… 258
　　7.4.2　随机动力系统的概率密度演化 ……………………………………… 264
　　7.4.3　非线性随机地震响应与结构整体可靠性 …………………………… 267
7.5　问题与展望 …………………………………………………………………… 270
思考题 ……………………………………………………………………………… 270
拓展阅读文献 ……………………………………………………………………… 271

## 第三篇　固体力学篇

### 第8章　装备结构的轻量化设计 ………………………………………………… 275
8.1　研究背景 ……………………………………………………………………… 275
8.2　对结构轻量化设计的认识 …………………………………………………… 277
　　8.2.1　轻量化设计的表述 …………………………………………………… 277
　　8.2.2　材料的选择 …………………………………………………………… 278
　　8.2.3　材料与形状组合的选择 ……………………………………………… 279
8.3　轻质结构的力学设计 ………………………………………………………… 282
　　8.3.1　舰船升降跳板及其力学模型 ………………………………………… 282
　　8.3.2　轻质夹层结构的刚度设计 …………………………………………… 283
　　8.3.3　轻质夹层结构的强度设计 …………………………………………… 287

ix

|       |       | 8.3.4 结构轻量化设计的流程 | 291 |
|---|---|---|---|
|       | 8.4   | 轻巧承力功能一体超结构研究 | 292 |
|       |       | 8.4.1 轻巧-承力-散热超结构 | 293 |
|       |       | 8.4.2 轻巧-承力-可重构超结构 | 294 |
|       |       | 8.4.3 轻巧-承力-吸能一体超结构 | 294 |
|       |       | 8.4.4 轻巧-承力-吸能-降噪一体超结构 | 296 |
|       |       | 8.4.5 轻巧-承力-吸能一体曲面超结构 | 297 |
|       |       | 8.4.6 轻巧-承力-吸能含液多孔超结构 | 298 |
|       | 8.5   | 问题与展望 | 299 |
|       | 思考题 |  | 300 |
|       | 拓展阅读文献 |  | 300 |

## 第 9 章 大推力火箭发动机的主传力结构设计 ··· 302

|       |       |       |       |
|---|---|---|---|
| 9.1   | 研究背景 |       | 302 |
| 9.2   | 对主传力结构优化设计的认识 |       | 303 |
|       | 9.2.1 | 结构设计需求分析 | 303 |
|       | 9.2.2 | 设计目标与约束条件 | 304 |
|       | 9.2.3 | 优化设计问题的表述 | 305 |
|       | 9.2.4 | 结构优化概述 | 305 |
| 9.3   | 空间桁架型主传力结构的优化设计 |       | 306 |
|       | 9.3.1 | 基结构法与等应力准则 | 306 |
|       | 9.3.2 | 主传力结构的优化设计案例 | 309 |
| 9.4   | 连续体型主传力结构的优化设计 |       | 314 |
|       | 9.4.1 | 连续体拓扑优化方法简介 | 315 |
|       | 9.4.2 | 主传力结构的优化设计案例 | 319 |
|       | 9.4.3 | 拓扑优化结果的几何重建 | 320 |
|       | 9.4.4 | 拓扑优化结果的校核 | 320 |
|       | 9.4.5 | 关于优化设计效能的讨论 | 322 |
| 9.5   | 问题与展望 |       | 322 |
| 思考题 |       |       | 323 |
| 拓展阅读文献 |       |       | 324 |

## 第 10 章 基于高温复合材料的空天结构设计 ··· 325

| 10.1 | 研究背景 | 325 |
|---|---|---|
| 10.2 | 对高温复合材料结构力学设计的认识 | 327 |

|  |  | 10.2.1 高温复合材料结构力学设计的载荷约束 | 327 |
| --- | --- | --- | --- |
|  |  | 10.2.2 高温复合材料结构力学设计面临的挑战 | 328 |
|  |  | 10.2.3 高温复合材料结构力学设计思路 | 329 |
|  | 10.3 | 高温复合材料结构力学设计方法 | 331 |
|  |  | 10.3.1 材料的微结构设计 | 332 |
|  |  | 10.3.2 材料高温力学性能与行为实验表征 | 333 |
|  |  | 10.3.3 材料本构关系和断裂强度理论 | 335 |
|  |  | 10.3.4 结构功能一体化设计 | 340 |
|  |  | 10.3.5 结构高温强度定量评价 | 342 |
|  | 10.4 | 工程实践-火箭用发动机喷管结构力学设计与评价 | 345 |
|  |  | 10.4.1 喷管结构的服役工况与边界条件 | 345 |
|  |  | 10.4.2 喷管结构的承载/防隔热一体化设计 | 346 |
|  |  | 10.4.3 发动机喷管考核验证 | 348 |
|  | 10.5 | 问题与展望 | 349 |
|  | 思考题 |  | 350 |
|  | 拓展阅读文献 |  | 350 |

## 第 11 章 柔性电子器件的结构力学设计 352

| 11.1 | 研究背景 | 352 |
| --- | --- | --- |
| 11.2 | 对电子器件结构柔性化的认识 | 353 |
|  | 11.2.1 可弯曲结构 | 354 |
|  | 11.2.2 可延伸结构 | 354 |
| 11.3 | 结构柔性化设计 | 355 |
|  | 11.3.1 波浪结构 | 355 |
|  | 11.3.2 岛桥结构 | 362 |
|  | 11.3.3 三维可延伸柔性结构 | 366 |
|  | 11.3.4 柔性基体结构设计 | 370 |
| 11.4 | 问题与展望 | 375 |
| 思考题 |  | 376 |
| 拓展阅读文献 |  | 377 |

## 第四篇 流体力学篇

## 第 12 章 风力发电机叶片的气动设计 381

| 12.1 | 研究背景 | 381 |
| --- | --- | --- |

## 12.2 对风力机叶片设计的认识 ·········· 383
### 12.2.1 叶片设计的前提 ·········· 383
### 12.2.2 叶片汲取风能的简化分析 ·········· 384
### 12.2.3 叶片设计思路 ·········· 386
## 12.3 风力机叶片的气动设计方法 ·········· 389
### 12.3.1 几何特性描述 ·········· 389
### 12.3.2 气动特性描述 ·········· 390
### 12.3.3 叶素-动量理论 ·········· 392
### 12.3.4 气动弹性分析 ·········· 396
### 12.3.5 气动设计流程 ·········· 399
## 12.4 风力机叶片设计的工程实践 ·········· 400
### 12.4.1 翼型族选取 ·········· 400
### 12.4.2 气动外形设计 ·········· 401
### 12.4.3 结构性能设计 ·········· 402
### 12.4.4 气动弹性考核 ·········· 403
## 12.5 问题与展望 ·········· 405
## 思考题 ·········· 405
## 拓展阅读文献 ·········· 406

# 第13章 武器战斗部的聚能射流效应设计 ·········· 407
## 13.1 研究背景 ·········· 407
## 13.2 对聚能射流效应的认识 ·········· 408
### 13.2.1 聚能射流的基本概念 ·········· 408
### 13.2.2 聚能射流的形成过程 ·········· 410
### 13.2.3 聚能射流对靶板的破甲 ·········· 411
## 13.3 聚能射流及其破甲的近似理论 ·········· 413
### 13.3.1 聚能射流效应的近似分析 ·········· 413
### 13.3.2 破甲深度的近似分析 ·········· 416
## 13.4 聚能射流效应设计方法 ·········· 418
### 13.4.1 炸药及其装药设计 ·········· 418
### 13.4.2 药型罩设计 ·········· 419
### 13.4.3 炸高设计 ·········· 422
## 13.5 反坦克火箭弹的聚能射流战斗部设计 ·········· 423
### 13.5.1 理论设计 ·········· 423
### 13.5.2 数值模拟和实验验证 ·········· 425

13.6 问题与展望 ……………………………………………………………… 426
思考题 ……………………………………………………………………… 427
拓展阅读文献 ……………………………………………………………… 427

## 第 14 章 船舶螺旋桨的空泡流预报 …………………………………………… 428
14.1 研究背景 …………………………………………………………………… 428
14.2 对螺旋桨空泡流的认识 …………………………………………………… 430
　　14.2.1 空化的物理机制 …………………………………………………… 430
　　14.2.2 空泡类型与关键动力因素 ………………………………………… 432
14.3 螺旋桨空泡流建模和分析 ………………………………………………… 434
　　14.3.1 球泡动力学模型 …………………………………………………… 434
　　14.3.2 空化模型的建立与多相流模拟 …………………………………… 436
14.4 螺旋桨空泡流模拟及其应用 ……………………………………………… 439
　　14.4.1 螺旋桨性能及水洞实验 …………………………………………… 440
　　14.4.2 均匀流场的螺旋桨空泡预报 ……………………………………… 443
　　14.4.3 非均匀伴流场的螺旋桨空泡预报 ………………………………… 444
14.5 螺旋桨的梢涡空泡噪声预报 ……………………………………………… 448
14.6 问题与展望 ………………………………………………………………… 451
思考题 ……………………………………………………………………… 453
拓展阅读文献 ……………………………………………………………… 454

## 第 15 章 高超声速飞行的流动失稳和转捩预报 ……………………………… 455
15.1 研究背景 …………………………………………………………………… 455
15.2 对流动失稳及转捩的认识 ………………………………………………… 457
　　15.2.1 失稳模态与转捩路径 ……………………………………………… 457
　　15.2.2 边界层失稳与转捩的典型结果 …………………………………… 459
15.3 流动稳定性分析与案例 …………………………………………………… 462
　　15.3.1 流动稳定性分析概述 ……………………………………………… 462
　　15.3.2 特征值问题的数值求解方法 ……………………………………… 464
　　15.3.3 绝热平板附近流动的稳定性 ……………………………………… 465
　　15.3.4 流动稳定性的中性曲线 …………………………………………… 468
15.4 高超声速边界层流动转捩的数值预报 …………………………………… 469
　　15.4.1 湍流模式简介 ……………………………………………………… 469
　　15.4.2 流动转捩过程的间歇性 …………………………………………… 471
　　15.4.3 考虑扰动特征尺度的边界层转捩模式 …………………………… 471

15.4.4　转捩模式的考核案例 …………………………………… 473
　　　15.4.5　X51A飞行器风洞模型的转捩预报 …………………… 475
　15.5　问题与展望 ……………………………………………………… 477
思考题 …………………………………………………………………… 478
拓展阅读文献 …………………………………………………………… 479

# 第一篇

# 基本方法篇

# 第1章
# 工程研究的系统思维

工程是指人类为改善自身的生存、生活、工作条件,根据对自然的认识而进行的造物活动,是物化劳动过程。这样的物化劳动过程是人类能动性最重要、最基本的表现方式之一,是人类赖以生存和发展的基础,推动着人类的文明和进步。

本章主要介绍如何基于系统思维来研究工程问题,为研究工程中的力学问题奠定思想基础。为此,本章将阐述科学、技术、工程之间的关系,并在此基础上讨论工程科学、系统科学、工程系统、系统工程等问题。本章的主要内容可纳入21世纪以来我国学者所建立的工程哲学框架,隶属于该框架下的工程方法论[1]。

## 1.1 科学、技术、工程

本节基于工程哲学的观点,将科学、技术、工程界定为三种不同类型的人类活动,指出其基本特征;再阐述这三种活动之间的关系,尤其是工程科学。

### 1.1.1 科学、技术、工程的界定

**1. 科学**

**科学**是以发现为核心的活动,其主体是科学家;其成果是经过实证的知识,通常以论著形式发表,是全人类的共同财富;科学成果旨在获得新知识,其价值取向通常是中立的。

在汉语中,科学是指经过实验验证的有序知识体系,包含形式科学(数学、逻辑学等)、自然科学(物理、化学、生物学、天文学、地球科学等)、应用科学(技术科学、工程科学、医学等)、社会科学(经济学、法学、教育学、管理学等)。本书主要关注技术科学和工程科学,涉及形式科学和自然科学,基本不涉及社会科学。

**2. 技术**

**技术**是以发明为核心的活动,其主体是发明家、工程师、技师和工人等;其成果是发明、专利、技术诀窍等知识,通常在一定时间内是"非公有知识",受到专利保护;技术成果

---

[1] 殷瑞钰,李伯聪,汪应洛,等. 工程方法论[M]. 北京:高等教育出版社,2017.

旨在体现可能性、创新性、先进性,具有一定的价值导向。

在汉语中,技术指在利用和改造自然的过程中,积累起来的知识、经验、技巧和手段的总和。因此,技术既包括与科学、工程相关的发明活动,还包括诸如绘画技术、滑雪技术、烹饪技术等技能。本书主要关注前一类发明活动,不涉及后一类技能。

3. 工程

**工程**是以建造为核心的活动,其主体是企业家、工程师、工人等;其成果是物质产品、物质设施,通常是物质财富;工程成果旨在满足社会需求,具有强烈的价值导向。

在汉语中,工程一词已被泛化用于众多领域,包括政府部门主导和实施的工作计划,如"希望工程"和"985 工程"。本书主要关注以建造为核心的工程,不涉及泛化的工程。

在图 1.1.1 中,当科学和技术沿着单箭头相互靠近并产生重叠时,可将重叠部分理解为**技术科学**,即涉及技术发明和进步等活动的科学知识;当科学和工程沿单箭头彼此靠近并产生重叠时,可将重叠部分理解为**工程科学**,即涉及工程建造、运行和维护等活动的科学知识。当然,这是狭义的技术科学和工程科学。若从广义来看,不论是技术科学,还是工程科学,均包括与人文和社会科学的交叉部分。例如,建筑设计学涉及美学、设计艺术学,城市规划学涉及经济学、社会学等。本书关注狭义的技术科学和工程科学。

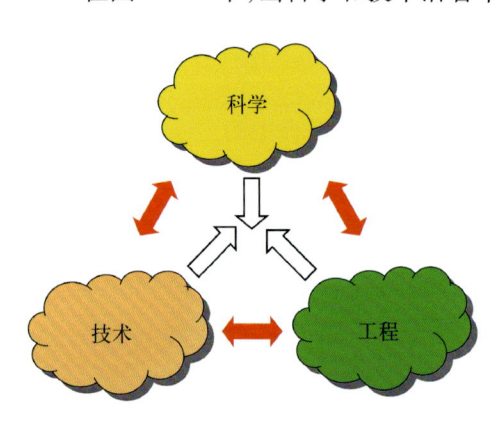

图 1.1.1 科学、技术、工程的关系

### 1.1.2 科学-技术-工程的三元论

在工程哲学中,将科学、技术、工程界定为三种不同类型的人类活动,各自具有鲜明特征,而彼此有显著差异,故视为三个不同的元。所谓**三元论**,就是强调科学、技术、工程之间的联系,重视三者的对立统一、相互转化关系。现以航空工程的诞生为例,说明科学、技术、工程的关系。

**例 1.1.1** 1799 年,英国科学家凯莱(Sir George Cayley,1773~1857)摒弃前人模仿鸟类飞行来研究扑翼飞机的思路,提出图 1.1.2 所示的固定翼飞机设想。他认为,当固定翼与飞行方向具有攻角(即迎角)时可产生升力,深入研究了机翼攻角和升力之间的关系,并于 1809~1810 年发表了人类历史上最早的空气动力学论文。Cayley 的研究是旨在认识升力规律的科学活动,其成

图 1.1.2 Cayley 在银制圆盘上刻下的固定翼飞机设想

果为后人发明飞机奠定了科学基础。

1903年,美国发明家莱特兄弟(Wilbur Wright,1867~1912;Orville Wright,1871~1948)基于Cayley等科学家提出的升力、推力、稳定性概念和理论,研制出图1.1.3所示的人类历史上第一架有动力飞机,实现了飞行时间12 s、飞行距离37 m。这是旨在证明载人飞行可行性的技术发明,其成果引起科学家、发明家、企业家的普遍关注,为促进飞机成为工业产品奠定了重要的技术基础。

1912年,荷兰飞机设计师福克(Anthony Fokker,1890~1939)在德国创建Fokker飞机制造公司,陆续解决了材料与结构、机枪射击与螺旋桨转动同步等工程问题,大规模生产出图1.1.4所示的第一代战斗机,使该公司成为第一次世界大战期间全球最大的航空企业。这是以军事价值为导向的工程活动,为人类建立航空工业探索出一条成功道路。

图1.1.3　Wright兄弟研制的第一架有动力飞机　　　图1.1.4　Fokker Dr.1战斗机

在上述航空工程的诞生过程中,科学、技术、工程的性质具有明显差异,但彼此相互关联,即科学转化为技术,技术转化为工程,具有统一性。例如,Cayley的科学研究并非完全出于对升力问题的好奇心驱动,而是以实现载人飞行为目的;Wright兄弟的技术发明虽然出于兴趣并且公开展示,但他们取得成功后立即将各种数据保密,以谋求将成果转化为工业产品。由于他们的研究具有明确价值取向,航空工程并非从科学探索、技术发明所自然衍生或派生而来。在工程哲学中,将这样的工程发展脉络归结为**工程本体论**[1]。

自20世纪以来,科学、技术、工程之间的关系日益密切,相互依赖、相互推动,形成了图1.1.1中双向箭头所示的**无首尾逻辑**的循环[2]。该循环具有两个方向,既可按科学-技术-工程方向循环,也可按工程-技术-科学方向循环。例如,上述航空工程的诞生是沿着图1.1.1中的逆时针循环路线。又如,顺时针循环则是由工程师提出新的技术需求,而新技术吸引科学家创建新的理论。

值得指出的是,许多学者并不严格区分技术和工程。例如,在很多西方国家,将技术

---

[1] 殷瑞珏,李伯聪,汪应洛,等.工程哲学[M].4版.北京:高等教育出版社,2022:37-63.
[2] 栾恩杰.论工程在科技及经济社会发展中的创新驱动作用[J].工程研究,2014,6:323-331.

科学和工程科学统称为工程科学。又如,许多西方学者讨论技术问题时,所列举的实例大多是工程项目。将技术和工程合二为一的原因有多种。例如,部分西方国家率先进入工业化,而当时的工程活动相对比较简单,大多基于单项技术,故这些国家的许多学者不严格区分技术和工程。

纵观现代工程,其规模越来越大,复杂程度越来越高,技术往往只是工程的基础或单元,而工程则是众多技术的集成。此时,技术和工程之间具有显著区别。通常,技术为工程设计和实施提供了可行性及其前提,而工程设计和实施则需根据总体目标和各种约束来合理选用技术。在工程实践中,人们常基于经济性、技术成熟度等考虑,放弃选用某些"最先进"或"最高级"的技术,而谋求多约束条件下的最优。

本小节阐述科学、技术、工程的差异和联系,试图帮助读者理解科学家、发明家、工程师的职业特点,有助于理解为何许多科学发现、技术发明会束之高阁,有助于理解为何众多工程师乐于采用传统技术。因此,科学家需要向公众普及科学,发明家要努力提高新技术的成熟度和经济性,而工程师要引导新技术朝着适用于工程的方向发展。本书的撰写目的之一,就是引导读者深刻理解科学发现、技术创新与工程实践的关系,投身解决彼此之间衔接不畅的关键力学问题。

### 1.1.3 颠覆性技术

1995 年,美国学者克里斯坦森(Clayton M. Christensen,1952~2020)首次提出**颠覆性技术**概念,将其定义为以意想不到的方式取代现有主流技术的新技术。具体地说,颠覆性技术是颠覆人类已有认知的新技术,可对某个应用领域产生颠覆性效果,产生归零效应,建立新体系和新秩序。换言之,颠覆性技术不仅要新颖,更要有奇效。

在民用领域,颠覆性技术通常超越现有技术,具有更好的性能、更新的功能、更低的价格,进而建立全新的市场。例如,21 世纪初,数码相机快速发展,大范围替代了图 1.1.5(a)所示的胶卷相机,导致胶卷相机行业的龙头企业——柯达公司惨遭淘汰。

(a) 采用胶卷AGFA-100的照相机　　(b) 地毯式轰炸的弹坑

**图 1.1.5　已被颠覆的传统技术**

在军用领域,颠覆性技术通常是克敌制胜的利器、影响胜负的砝码、制衡对手的手段,在军力结构、作战模式、能力平衡等方面带来重大变革。例如,20世纪70~80年代,精确制导武器迅速发展,用局部精准打击替代了图1.1.5(b)所示的地毯式轰炸,改变了战争形态。

由于颠覆性技术是根据使用成效来界定的新技术,其识别、培育和发展都具有不确定性。自Christensen提出这个概念之后,许多学者都声称自己的发明是颠覆性技术,但真正被使用成效所界定的颠覆性技术并不多。尽管如此,颠覆性技术这个概念吸引了众多学者去探索新技术,强化了科学、技术、工程之间的关联。

根据科学-技术-工程的三元论,要发明和提出颠覆性技术,不仅要根据经济建设、社会发展、军事对抗等需求去大胆地奇思妙想,还必须对科学原理有深刻认识,具有将新技术转化为工程实现的能力。正如中国工程院前任院长徐匡迪所指出:颠覆性技术基于坚实的科学原理,而不是神话与幻想。准确地说,它们是科学原理的创新应用。

**注解1.1.1**:本小节介绍颠覆性技术,旨在引导读者关注力学对颠覆性技术萌芽和发展所起的推动作用。例如,第11章基于固体力学知识介绍的电子器件结构柔性化设计,颠覆了对无机半导体器件难以弯曲/伸展的认知,在可穿戴电子技术领域取得了成功。第13章基于流体力学知识介绍的武器战斗部聚能射流设计,颠覆了对依靠刚硬弹头才能侵彻靶标的认知,在破甲毁伤方面取得了成功。

### 1.1.4 工程科学观

根据科学-技术-工程的三元论,如果将工程作为造物活动的最终目标,则可将相关的科学活动和技术活动分别称为**工程科学**和**工程技术**。

在我国,首先系统阐述工程科学的当属杰出力学家钱学森(Hsue-Shen Tsien,1911~2009)。1947年,钱学森在美国任教期间回国访问,发表图1.1.6所示的著名演讲《工程与工程科学》,阐述了工程科学的基本内涵、人才培养等问题[1]。此后,他在美国加州理工学院与几位著名学者共同创建了工程科学博士培养计划,按照工程科学发展规律,培养横跨力学、航天、机械等多学科的优秀人才,并于1954年培养出第一位工程科学博士。1957年,钱学森回国工作后不久,根据科学、技术、工程的最新发展,又发表了著名论文《论技术科学》,进一步阐述相关问题[2]。后来,当年轻学者向他请教"技术科学"的英译问题时,他建议采用西方国家常用的Engineering Science,即工程科学。因此,本书不严格区分技术科学和工程科学,并将两者统称为**工程科学**。

根据钱学森的演讲和论文,可将其工程科学观概括如下:工程科学既是独立于基础

---

[1] Tsien H S. Engineering and engineering science[J]. Journal of Chinese Institution of Engineers, 1948, 6: 1-14.
[2] 钱学森. 论技术科学[J]. 科学通报, 1957, 4: 97-104.

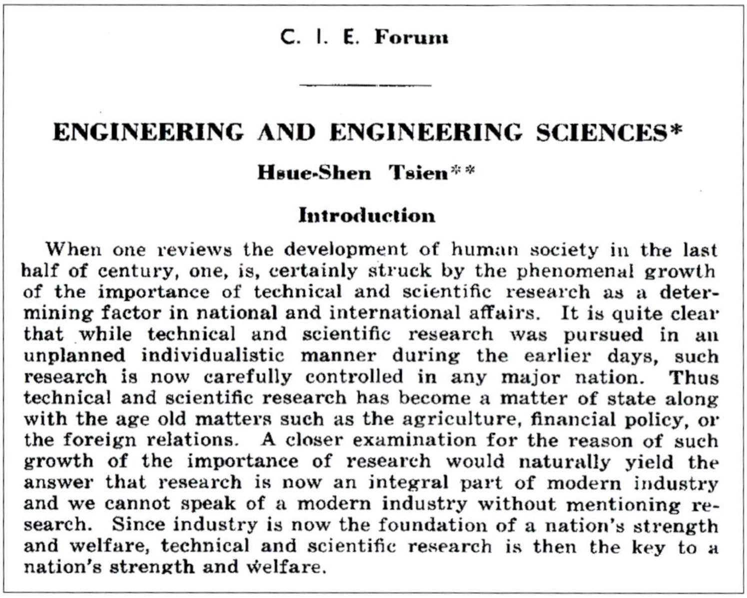

> C. I. E. Forum
>
> **ENGINEERING AND ENGINEERING SCIENCES\***
>
> Hsue-Shen Tsien\*\*
>
> **Introduction**
>
> When one reviews the development of human society in the last half of century, one, is, certainly struck by the phenomenal growth of the importance of technical and scientific research as a determining factor in national and international affairs. It is quite clear that while technical and scientific research was pursued in an unplanned individualistic manner during the earlier days, such research is now carefully controlled in any major nation. Thus technical and scientific research has become a matter of state along with the age old matters such as the agriculture, financial policy, or the foreign relations. A closer examination for the reason of such growth of the importance of research would naturally yield the answer that research is now an integral part of modern industry and we cannot speak of a modern industry without mentioning research. Since industry is now the foundation of a nation's strength and welfare, technical and scientific research is then the key to a nation's strength and welfare.

**图 1.1.6　1948 年刊于 *Journal of Chinese Institution of Engineers* 的钱学森演讲**

科学和工程技术的科学分支,又是联系基础科学和工程技术的桥梁。工程科学家有别于科学家和工程师,主要致力于解决以下三类工程科学问题。

第一,针对工程需求,经过科学研究来论证工程方案的可行性。

第二,针对可行的工程方案,经过科学研究提出实现方案的最佳途径。

第三,针对某项工程的失败或挫折,指出其科学原因并提出补救措施。

当年,钱学森分别以远程火箭设计、核裂变材料研制、塔科马海峡大桥事故分析为例,阐述上述三类工程科学问题,说明其性质有别于自然科学和工程技术,是极具挑战的问题。自钱学森首次提出上述观点以来,虽然科学、技术、工程均已发生巨大变化,但工程科学家仍致力于解决以上三类工程科学问题。

按照上述观点,工程中的力学问题属于工程科学问题。然而,在我国现有的力学教学中,绝大多数教材是按某个二级学科、三级学科的框架来设计和撰写的,如《高等动力学》《非线性振动》《弹塑性力学》《断裂力学》《水动力学》《空气动力学》等。这类教材的逻辑起点是从工程中抽象出的某类力学问题,其内容侧重介绍相关概念和分析方法。这些教材与现代工程技术的关联性不够强,无法引导读者思考如何处理上述三类工程科学问题。因此,读者难以了解力学在工程方案论证、最佳途径选择、产品设计和研制中所起的决定性作用。

因此,本书力求按照培养工程科学家的需求,在逻辑起点、内容取材和写作风格上紧密联系上述工程科学问题。在前 4 章中,将介绍处理工程中力学问题的基本思路和方法。从第 5 章起,每章介绍一个工程技术领域发展所面临的工程力学问题,讨论处理工程力学问题的思路,介绍解决工程力学问题的方案和最终结果。

## 1.2 系统科学

在实践中，工程力学问题并非孤立存在，而是与其他问题组成一个整体。因此，本节介绍系统科学的若干基本概念，包括系统、系统思维、系统科学及其特征等，进而帮助读者基于系统思维，即整体性思维，去研究工程力学问题。

### 1.2.1 系统与系统思维

系统一词，来源于古希腊语，其基本含义是由部分组成整体。在汉语中，"系"是指绑合汇集，"统"则指合而为一，故系统是指多个部分组成为整体。在现代科学技术中，**系统**定义为相互作用、相互依靠的一组事物，是按照某些规律结合起来的综合。

根据上述定义，系统是一组事物的集合，描述系统需要将不同事物间的关系汇总，这无疑包含了研究者对事物的认识，即人为因素。事实上，系统是与研究目的紧密相关的。例如，在研究天文学时，可根据研究需求将地球与月球视为一个系统，也可将太阳系作为一个系统，甚至将银河系作为一个系统。又如，研究图 1.2.1 所示的家用轿车的碰撞安全性时，应将碰撞物、汽车和模拟成员视为一个系统；而研究该汽车的舱内噪声时，则将汽车及其发动机作为一个系统，不计成员对噪声的影响。

图 1.2.1 将汽车和模拟成员作为一个系统进行碰撞测试

通常，若从系统角度、全局角度来提炼问题和思考问题，则可称其为**系统思维**。更具体地说，系统思维就是运用系统观点，把对象互相联系的各个方面及其结构和功能进行系统认识的思维方法，即系统思维的核心是**整体性原则**。

如果从哲学的角度去看，人类的古文明中就有将多个事物视作整体加以考察的思想，尤其在古希伯来的宗教神学、中国老子的自然人学、古希腊的自然哲学中有充分体现。例如，中国的周易和中医学均包含着悠久和丰富的系统思维。在欧洲，最早完整提出系统思维的学者则是熟悉中国古代哲学的德国哲学家、数学家莱布尼茨（Gottfried Wilhelm Leibniz，1646~1716）和德国哲学家康德（Immanuel Kant，1724~1804）。

### 1.2.2 系统科学及其特征

基于系统思维的科学活动可称为**系统科学**。更具体地说，系统科学是从系统角度研究一组事物的性质，并揭示它们之间相互关系的规律。

在系统科学中，组成系统的事物可以是客观的，也可以是抽象的，包括各种对象和流程。通常,系统具有如下四个方面的特征。

第一,系统可视为对现实对象和流程的归纳和抽象。

第二,系统的结构由其所属对象和流程来定义。

第三,系统的不同部分可作为**子系统**,它们彼此之间存在相互作用。

第四,对系统的观察可以通过**输入**和**输出**来进行,系统将输入进行加工处理后形成输出,而输入和输出既包括物质,也包括信息。

例如,在研究地球与月亮组成的系统时,太阳对该系统的引力、光辐射等可视为输入;而地球和月亮可视为该系统的两个子系统。又如,在研究汽车的行驶力学问题时,可将汽车、车上的成员和货物分别视为子系统,它们共同组成图 1.2.2 所示的系统。该系统的力学输入包括发动机产生的驱动力、地面对轮胎的反力、空气对汽车的反力等,而力学输出则包括汽车在路面上的运动、轮胎对地面的作用力、车体的振动等。

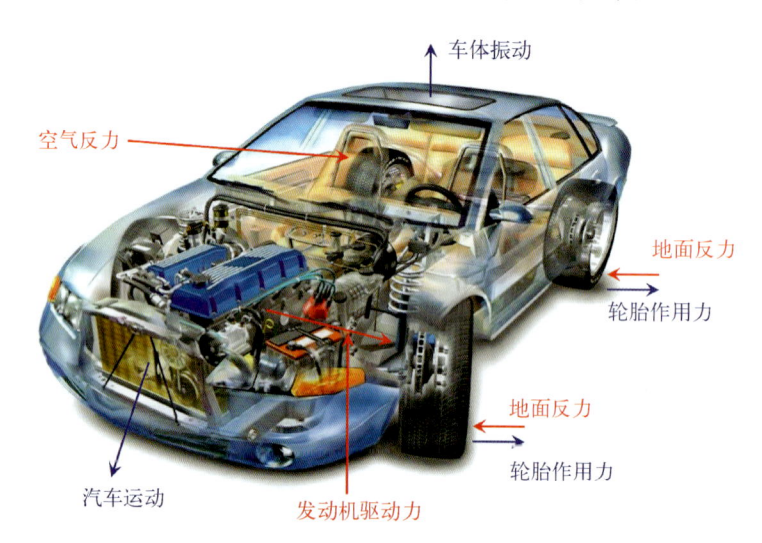

图 1.2.2 汽车系统的力学输入(红色)与力学输出(蓝色)

根据钱学森的倡导,我国学术界将系统科学分为以下三个层次:最底层是工程技术层,包括制造技术、自动化技术、通信技术、系统工程(详见 1.3 节)等,负责直接改造自然世界;中间层是技术科学层,包括运筹学、控制论、信息论等,为最底层提供直接理论;最高层是系统论层,它是系统科学的基本理论,是系统的哲学和方法论,也是系统科学通向哲学的桥梁和中介。本章主要关注系统科学中的系统工程。

**注解 1.2.1**:在第 6 章,将根据系统科学思想,讨论由列车系统和线路系统组成的大系统动力学问题,并介绍我国高速铁路的动力学选线研究。

## 1.3 工程系统

在基于系统思维研究具体的工程问题时,通常将其工程问题视为工程系统。本节根据系统思维,讨论工程系统的重要特征和模型化问题。

### 1.3.1 工程系统的主要特征

#### 1. 整体性

整体性是系统的核心特征。通常,工程系统具有相对明确的核心要素、结构、功能,以及相对明确的边界。以空军的歼击机为例,其核心要素包括机翼、尾翼、机身、起落架、动力装置、操控系统、导航系统、通信系统、生命保障系统、武器及火控系统等,每个要素都具有特定功能和明确的边界。

在工程系统中,即使每个要素并非最优,但仍可以通过特定的集成方式使它们彼此协调,使综合后的工程系统具有良好功能。反之,即使工程系统的每个要素都很好,但若综合集成不当,则工程系统可能并不具备整体良好功能。

**例 1.3.1** 以苏联苏霍伊(Pavel Sukhoi,1895~1975)设计局研制的 Su-27 歼击机为例,查找网络资料,讨论该飞机研制中的整体性设计思想。

**解**:20世纪70~80年代,Sukhoi 设计局接受 Su-27 歼击机的研制任务,旨在对抗美国的 F-15 高机动(高敏捷)歼击机。为了提高歼击机的机动性,自然需要先进的航空发动机、飞行控制系统,而它们高度依赖先进的材料技术、结构技术、电子技术。当时,苏联的发动机并非先进,而材料技术、电子技术也落后于世界先进水平。

Sukhoi 设计局放弃追求上述单项技术的先进性,提出图 1.3.1 所示的翼身融合、边条翼等先进气动布局。以该气动布局为基础,对飞行系统进行集成优化,最终研制成机动性、作战半径等指标均非常优异的 Su-27 歼击机。该歼击机不仅成为苏联有效对抗美国 F-15 歼击机的主力战机,而且在国际市场上赢得普遍青睐,成为举世公认的杰出工程范例。

**图 1.3.1** Su-27 歼击机的机身-机翼融合结构

该案例表明,在工程系统的设计和研制中,应基于系统思维来考虑系统的整体性要求,通过合理的综合集成,使工程系统得到整体性能优化。

#### 2. 目的性

目的性是工程的核心特征。工程系统是人造系统,无不具有一定的目的和功能。现代工程系统面临复杂环境影响及其互动要求,其设计通常具有多重目标,包括技术目标、经济目标、环境目标、社会目标等。由于这些目标之间可能出现相互冲突、相互制约关系,进而提出了权衡优化的要求。

**例 1.3.2** 以京沪高速铁路工程为例,查找网络资料,讨论该工程的技术方案争论。

**解**:1998年,在京沪高速铁路工程即将启动时,我国三位著名科学家对铁道部所选择的轮轨铁路方案提出异议,建议国家建设时速 500 km 的磁悬浮高速铁路。他们认为:采用图 1.3.2 所示的磁悬浮技术,列车可悬浮在轨道上,具有运行阻力小、环境噪声低等优点,是最先进的高速铁路技术。

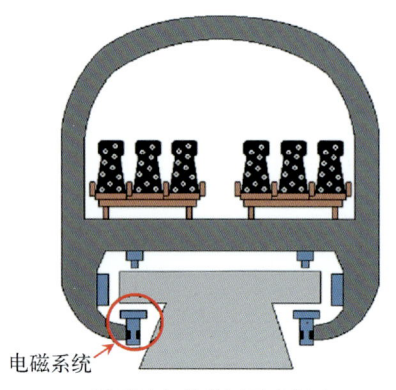

(a) 磁悬浮列车　　　　　　　　(b) 列车与轨道剖面示意图

图 1.3.2　磁悬浮列车及其结构剖面示意图

轮轨交通领域的专家则认为:磁悬浮高速铁路的技术难度大,造价高昂,而且无法与既有铁路兼容联网;相反,轮轨铁路不仅技术成熟、建设成本低,还能与已有铁路联网产生辐射效应。

这场技术路线之争十分激烈,导致京沪高速铁路建设暂停了五年。庆幸的是,后来的工程实践表明,采用轮轨技术并提升其技术水平,最终兼顾了技术目标、经济目标、环境目标,使我国高速铁路工程获得了巨大成功,迅速进入了世界先进水平。

该案例表明,在工程系统的设计和研制中,要重视系统的目的性,对其进行深入分析,抓住主要矛盾,兼顾多个目标的权衡优化。

### 3. 动态性

动态性是指工程系统在运行中,其自身特征、外部环境等均与时间相关,导致系统行为有可能呈现动态变化。此外,工程系统所面对的市场、技术、组织等因素也会随时间动态变化。在这两种动态变化中,前者比后者要快许多。在工程系统的设计和建造中,需要关注这些因素的时变性,关注工程系统的动态性。

对于具有宏观运动的机械系统,如车辆、船舶、飞机、燃气轮机等,设计师早就关注到系统具有动态性,并处理由此产生的动力学问题。但对于在地表建造的、宏观静止的建筑、桥梁等土木系统,设计师对其动态性的认识要晚许多。

**例 1.3.3**　20 世纪 40 年代以前,桥梁的跨度通常较小,设计师基本采用静态设计,将风激励简化为不随时间变化的静载荷。1940 年,在美国华盛顿州的塔科马海峡上建成仅 4 个月的悬索桥在不太强的风激励下产生大幅振动,发生图 1.3.3 所示的严重破坏。桥梁专家、力学家对该事故调查后认为:这座悬索桥的主体结构未采用框架结构,而是采用板状钢梁,导致风只能从桥的上下表面通过,形成复杂的非定常流场;该桥的主跨度为

853 m，主体结构的宽度约 12 m，高度约 2.4 m，故其扭转刚度很低；当风速达到 19 m/s 时，悬索桥发生漩涡诱导的振动，导致其进一步发生扭转颤振。悬索桥的桥面结构扭转变形过大，最终导致大桥塌毁。此后，在大跨桥梁的设计和建造中，人们开始重视桥梁的动态性，由此发展了桥梁的动态设计、动态监测等新技术。

图 1.3.3　塔科马海峡悬索桥毁塌场景

该案例表明，工程系统的自身特征、外部环境均与时间有关联，导致系统行为呈现动态变化。在许多情况下，这种随时间变化的动态性是工程系统设计和建造中必须考虑的重要因素，有时甚至是最重要的因素。

4. 开放性

工程系统大多是开放系统，有些工程系统具有高度开放的特征。工程系统与外部环境之间具有物质、能量、信息的频繁交流。在工程系统的设计、建造、运行和维护中，会受到来自内外部及技术、管理、经济、社会等因素的影响，而这些影响日益广泛和深刻。

例 1.3.4　考察日常使用的无线通信手机，它虽然属于小型通信设备，但却是一个高度开放的复杂工程系统。手机只要处于开机状态，便与外界进行信息交互。因此，在手机的研制中，设计师必须将手机的开放性作为重要因素来考虑，并将其作为市场核心竞争力的重要体现。例如，在手机的操作系统设计中，可允许用户自行下载和加装各种应用程序。又如，将手机的摄影和摄像功能拓展到扫描二维码、信息识别等。再如，通过设计交互软件，使用户采用新手机"克隆"旧手机中存储的信息，实现手机与个人计算机的信息共享，实现在电视机上观看手机中存储的图像和视频等。

该案例表明，随着科学和技术的进步，工程系统之间的物质、能量、信息交流会越来越方便，也越来越频繁。因此，在工程系统的设计、建造、运行和维护中，需要考虑如何提高系统的开放性，使其具有更强的市场竞争力。

5. 人本性

对于工程系统，不论从目的、功能看，还是从建造、运行、维护看，都需要以人为本。在工程活动中，人-机-环境关系是最基本的关系。在处理"人-物"有关的问题时，必须明确"以人为本"的原则，而不能"以物为本"。

例 1.3.5　在我国载人航天工程的论证、设计、建造过程中，始终贯彻"以人为本"的原则，确保航天员安全。在论证阶段，经过长达 5 年的定性研究、定量研究、综合集成，摒弃高风险的航天飞机方案，选择低风险的载人飞船方案；在运载火箭改进中，采用组合制导技术，确保高可靠性；在载人飞船设计之初，就对应急逃逸救生技术进行全面深入的研

图 1.3.4　运载火箭顶端的航天员逃逸飞行器

究,研制了图 1.3.4 所示的航天员逃逸飞行器;在空间站设计和研制中,对航天员在舱内生活、舱外活动的生命保障问题开展系统研究,实施了充分的模拟实验,并通过每次载人航天任务实施持续改进。由于上述举措,我国载人航天工程创造了世界最高的安全记录。

该案例表明,对于有人参与的工程系统,必须基于系统思维,从全局角度来考虑"以人为本"的原则,并在工程设计和建造的各个阶段、各个局部将该原则落到实处。

### 1.3.2　工程系统的模型化

古代先贤在思考和处理工程问题时,就通过草图等方式来描述工程问题,并将复杂问题进行简化。随着科学知识的逐步积累,人类认识到可采用模型来替代实物研究和处理科学、技术、工程中的复杂问题,并取得了巨大成功。

最早从科学研究角度采用模型替代实物的是意大利科学家伽利略(Galilei Galileo, 1564~1642)。1581 年,Galileo 注意到教堂里的吊灯摆动似乎具有等时性。鉴于在教堂中直接研究吊灯摆动有诸多不便,他回家后找了一根系绳,在其一端挂上重量不等的石块来替代吊灯做实验,发现石块的摆动周期取决于系绳长度,而与石块重量无关。该研究不仅揭示了重力摆的基本规律,而且开辟了采用模型替代实物开展科学研究的道路。

在 Galileo 之后,英国科学家牛顿(Isaac Newton, 1643~1727)等创建经典动力学、材料力学、弹性力学、流体力学的理论时,均基于实验观测,通过建立简化模型来近似描述实际问题,并在此基础上开展定性和定量分析,获得科学规律。实践证明,只要模型能体现问题的本质,基于模型的研究就能获得成功,由此形成了科学研究的一种基本范式。

工程系统的设计和研制总是基于已有的科学和技术,人们自然会采用简化模型来描述工程系统,通过基于模型的仿真、分析和设计,获得满意结果后再制造样机,这就是工程系统的**模型化**。通过模型化,可将制造物理样机推迟到研制后期,减少在物理样机上开展许多耗资、耗时的修改与调整,甚至使第一台物理样机就取得圆满成功。对于高风险的复杂工程,如深空探测、深海探测,基于模型的设计和研制尤为重要。

**例 1.3.6**　在我国"天问一号"火星探测器的外形设计中,采用了图 1.3.5 所示的模型化研究流程。首先,基于已有资料和长期从事航天器再入地球大气层的研究经验,提出 5 种探测器外形方案,经过初步分析,筛选出琥珀色和纯黄色两种外形;其次,建立其力学模型,通过数值计算和对比,决定采用半弹道式进入火星大气层,选出琥珀色外形;然后,为了提高可控性,在探测器上设置配平翼,并对球冠、锥角、后体、配平翼进行形状参数优化;最后,通过设计方案评审,确认采用绿色外形。实践证明,该设计方案是非常成功的。

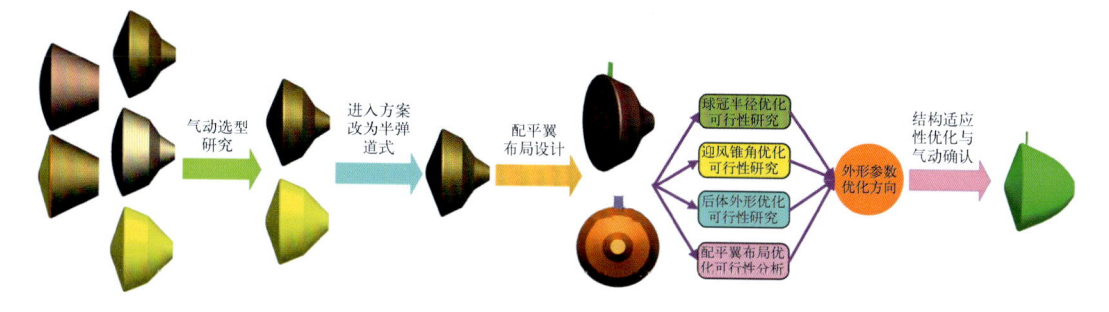

图 1.3.5 "天问一号"火星探测器的外形优化设计流程

在工程实践中,通常根据工程系统的设计和研制需求,选择最合理、最经济的模型。这无疑要求设计师具有宽厚的基础理论和专业知识,进而选择最佳模型。

例如,对于大多数工程结构的静态设计问题,在已知载荷情况下,可通过有限元方法建立其计算力学模型,并在此技术上进行静力学分析和设计。这是可以信赖的、最经济的模型,而且可提供系统参数优化、拓扑优化等设计结果。

又如,对于工程结构的动态设计问题,可通过有限元方法建立其计算力学模型,并在此基础上进行固有振动计算和优化设计。由于工程系统的阻尼模型是未知的,而且通常关于动载荷的信息很有限,仅靠计算力学模型难以提供可信赖的动响应计算结果,需要通过动态实验的数据来对计算模型进行修正。

再如,对于某些涉及多物理场耦合的工程结构,现有计算力学软件或许无法提供可信赖的模型,此时需引入物理或半物理模型。例如,在高超声速飞行器的气动布局设计阶段,需要建立飞行器的缩比模型,通过风洞实验来检验气动力、气动热的计算结果。

随着工程系统日趋复杂,其模型化还涉及力学之外的许多学科,如热学、电磁学、自动控制、人工智能等。在本书后续章节,将更加具体地讨论工程系统的模型化问题。

## 1.4 系统工程

系统工程可粗略理解为基于系统思维来处理工程问题,该术语译自英文 Systems Engineering,其中 Engineering 是动名词,指规划、设计、建造等。

### 1.4.1 系统工程的概念

自 20 世纪中叶以来,人类从事的工程活动日趋复杂,越来越多的工程项目无法按照计划的预算和时间顺利完成。究其原因,主要是在工程规划、设计和建造中缺乏系统思维。这促使工程界转变传统观念,根据系统思维来开展新产品的设计、制造、运行和维护工作,并将这样的工作流程称作系统工程。20 世纪 50 年代,美国的"阿波罗"登月计划推动了系统工程的快速发展。此后,各工业化国家纷纷探索和发展系统工程的理论和方法。

在系统工程的国际标准《系统和软件工程-系统寿命周期过程》(ISO/IEC/IEEE 15288：2023)中,将**系统工程**定义为：管控整个技术和管理活动的跨学科的方法,这些活动将一组客户的需求、期望和约束转化为一个解决方案,并在全寿命周期中对该方案进行支持。

在《中国大百科全书：自动控制与系统工程卷》则指出：系统工程是从整体出发,合理开发、设计、实施和运用系统的整体技术,是系统科学中直接改造世界的工程技术。

根据上述定义,系统工程是处理工程问题的方法,而不是工程项目。在我国,"系统工程"这一术语常常被泛化。因此,读者需注意下述泛化问题。

首先,人们往往将复杂的工程项目称作"系统工程",其本意是强调该工程非常复杂,具有多个层次和众多环节,受到许多因素的影响和制约等,需基于系统思维来开展工作。例如,载人航天工程是一项系统性的工程,其实施采用了系统工程方法。但若将载人航天工程称作系统工程,则会导致歧义。

其次,在钱学森的倡导下,我国社会科学工作者积极采用系统科学方法研究社会科学问题,形成了社会科学领域的许多系统工程,如"经济系统工程"和"教育系统工程"。这些系统工程是指基于系统科学来研究经济问题、教育问题的一类方法,而其研究对象并非本书所关注的工程问题。

在实施系统工程时,需要根据问题的特点采用有针对性的方法。以下将介绍两种典型方法的思路,读者在使用时可根据问题特点将其具体化。

### 1.4.2 大系统分解协调方法

大系统是指系统具有如下特征：系统规模庞大、体系结构复杂、任务目标多样、影响因素众多并具有随机性。此时,在处理与大系统相关的问题时,采用常规的建模、计算、优化方法会遇到许多困难。

1960年,美国应用数学家丹齐格(George Bernard Dantzig, 1914~2005)和沃尔夫(Philip Wolfe, 1927~2016)在研究大型数学规划问题时,提出了**大系统分解协调方法**。该方法的主要思路是：首先将复杂的大系统分解为若干个简单的子系统,以便实现对子系统的局部正确控制；再根据大系统的总任务和总目标,提出各子系统之间的协调策略,从而实现整个大系统的优化。

大系统分解与协调方法可视为处理复杂问题的一般方法,在应用中需要具体化。例如,图1.4.1给出了一种对大系统实施分解与协调,并进行递阶控制的逻辑框图。若分解后的某个子系统过于复杂,还可将其分解为若干二级子系统。图中,$s_r, r \in I_n$是各子系统的**解耦参数向量**,通过协调器与大系统交互；$a_r, r \in I_n$是各子系统间的**耦合参数向量**,通过协调器在子系统间交互；$I_n \equiv \{1, 2, \cdots, n\}$定义为**指标集**。本书采用线性代数意义下的**向量**,故不区分向量及其分量组成的**列阵**。对于位置向量、力向量等,则要求其关于坐标变换具有客观性。

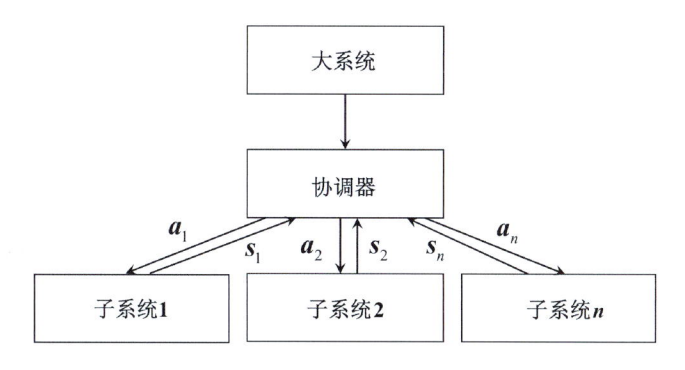

图 1.4.1　基于大系统分解与协调的递阶控制框图

在工程研究机构中,常采用大系统分解协调方法来设计内设机构,通过部门、工序的分解和集成来实现产品研制目标。显然,如何对大系统进行分解,如何建立好的协调器至关重要。协调器所负责的子系统越多,其工作难度越大。在实践中,每个协调器负责协调 3~5 个子系统是可行的,而负责协调 10 个以上子系统则非常困难。因此,有时需要划分多级子系统,进而降低单个协调器的工作难度。

**例 1.4.1**　在导弹的设计和研制中,以总设计师、总指挥、总质量师等作为大系统的负责人,从全局角度实施系统工程;根据导弹设计和研制需要,设立飞行力学与控制、结构与材料、发动机、探测与制导、战斗部与引信等多个部门作为一级子系统,分别由副总设计师、部门主任来管辖,从中观层面实施系统工程;各部门下设多个专业研究室作为二级子系统,由室主任、主任设计师等负责组织和协调,落实系统工程;在许多部门中,还下设专业组作为三级子系统,由组长负责具体工作。这样的管理组织呈现递阶控制结构,每级负责人都扮演着协调器的角色。

对于刚入职的工程技术人员,通常隶属某个专业组,但不论是所从事的工作,还是所需的知识,往往会超出所在专业组的范畴。因此,有必要了解更高一级子系统的功能划分和协调机制。实践证明,"两耳不闻窗外事"会严重影响工程技术人员的成长。

### 1.4.3　综合集成方法

钱学森在领导我国航天科技工业的过程中,主持过许多工程评价和决策工作。20 世纪 80 年代初,他根据长期的工作经验,提出将科学理论、经验和专家判断相结合的半理论、半经验方法。80 年代末,他又提出开放复杂巨系统及其方法,即"定性定量综合集成法",后发展成为"从定性到定量综合集成研讨厅",简称**综合集成法**。

该方法的思路是:将专家群体、统计数据和信息资料、计算机技术三者结合起来,形成一个高度智能化的"人-机"结合系统。从定性到定量综合集成法是一种有效的工程评价和决策方法,可指导对复杂工程系统进行总体规划、分步实施。该方法的核心思想是,强调复杂系统中人的能动作用,尽可能运用人类拥有的全部知识去处理复杂问题。图 1.4.2 给出了综合集成方法的工作流程。

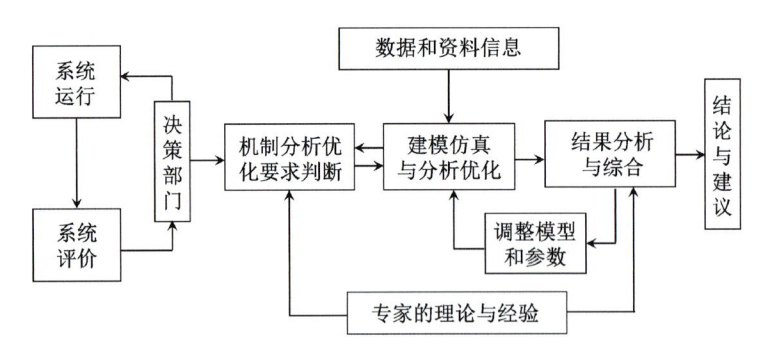

**图 1.4.2　综合集成方法的工作流程**

**例 1.4.2**　在 1.3.1 节讨论人本性时,提及我国载人航天工程对航天飞机和载人飞船的方案遴选,采用的方法就是综合集成法。

首先,航天部门邀请全国范围内不同领域的专家组成专家体系,根据已有资料和数据,对关键问题、解决方案等开展定性判断。其次,将关键问题视为一个相互关联、相互影响的系统,对其进行建模和仿真。在上述研究基础上,按照图 1.4.2 所示的流程开展定性和定量分析、综合集成、权衡比较,最终选择了低风险的载人飞船方案。此后的工程实践证明,这是非常正确的工程评价和决策。

## 1.5　基于模型的系统工程

人类进入信息时代以来,系统工程取得许多重要进展,其代表性成就之一是基于模型的系统工程。本节介绍其基本概念、模型体系、研制流程和特点,并以运载火箭为例,说明如何运用基于模型的系统工程来研制高端工业产品。

### 1.5.1　系统工程的新发展

在人类早期的系统工程实践中,其活动产出包括产品的各类设计图纸和技术文档,如用户需求分析报告、设计报告、计算报告、测试报告等。这些报告是工程界多个部门、企业开展产品协同研制的基础。

当代工业产品日趋复杂,为了保证系统工程的有效性,必须将分散在上述图纸和报告中的所有信息集成关联在一起,对产品进行设计、计算和测试。若靠人力来完成此任务,无疑非常困难。此外,还必须花费大量的人力和时间来维护和更新所有的图纸和报告。例如,即使对产品设计作一次小修改,也会导致许多图纸和文档的修改工作。更重要的是,对变更的影响域分析不全的话,可能会顾此失彼,导致修改失败。因此,基于图纸和文档的系统工程遇到严峻挑战。

根据 1.3.2 节所述,人们已在工业产品研制中广泛采用模型化方法,即根据产品研制需求,建立描述产品主要特征的物理模型和数学模型,并采用计算机来进行产品特性仿真、测试数据处理等,进而降低产品的研制成本并提高研制效率。因此,模型逐步成为工业产品研制的基础。

随着信息技术的发展,工程界在产品的方案论证阶段、方案设计阶段,逐步形成了基于系统模型开展后续工作的流程。系统模型可以表达系统设计过程和设计方案,并与各类计算分析模型、计算机辅助设计(computer aided design,CAD)模型和计算机辅助工程(computer aided engineering,CAE)模型关联集成,形成一体化模型,驱动产品的设计、仿真、分析、优化、运行与评估等各项活动。因此,在需求牵引和技术推动下,基于模型的系统工程(model-based systems engineering,MBSE)应运而生。2007 年,国际系统工程委员会(International Council on Systems Engineering,INCOSE)在《系统工程 2020 年愿景》中正式提出 MBSE 的定义,将 MBSE 定义为建模方法的形式化应用,以使建模方法支持系统需求、设计、仿真、分析、验证和确认等活动,而这些活动从产品的概念设计开始,持续贯穿到产品的设计开发及后来的全寿命周期阶段。

### 1.5.2 产品的模型体系

在基于模型的系统工程范式中,采用一体化模型来驱动系统工程各项活动。一体化模型包含系统模型、系统级仿真模型、机械模型、电气电子模型、软件算法模型、专业仿真模型、工艺模型、装配模型等各类模型,形成一套模型体系,来支持产品全寿命周期内各个阶段的活动。本小节仅介绍系统模型、系统级仿真模型,本书后续章节将涉及机械模型、电气电子模型、软件算法模型、专业仿真模型等。

**系统模型**可类比于机械系统的 CAD 总装模型,是系统设计的总承模型。系统模型含有大量组件模型,包含需求模型、指标分解模型、方案权衡模型、结构组成模型、接口模型、功能模型、行为模型、测试用例模型、测试流程模型、测试环境模型等。如果将模型体系中的一套模型比作乐队,则系统模型的作用不仅要表达设计过程和设计结果,而且要类似于乐队指挥,通过系统模型组织和集成其他模型,完成不同场景的任务仿真、分析和评估。因此,在基于模型的系统工程中,是通过一套模型体系来连接系统工程的各项活动,使原本分散和无序的各项系统工程活动变成一个整体,可以有序合作,快速地完成各个任务剖面的仿真、分析和评估,实现全流程闭环迭代加速的新范式。

**系统级仿真模型**主要应用于在全任务剖面下快速支持复杂产品方案论证的可行性、快速验证产品设计的正确性、考察产品部署运行时的行为特性和故障等。系统级仿真模型从产品的全局出发,重点关注系统的特性,而不追究产品的具体细节。此外,针对多个任务剖面,系统级仿真模型需要具有不同粗细程度的描述能力。例如,在面对两个任务剖面 A 和 B 的情况下,同一个特性可能在任务剖面 A 下属于产品细节,而在任务剖面 B 下属于系统特性。换言之,面向复杂产品,需要厘清哪些特性是系统特性,哪些是产品具体细节。因此,系统级仿真模型通常包含多个不同颗粒度的系统级仿真模型。系统模型和系统级仿真模型的关系,可类比为一个茶壶和多个茶杯的关系。

**例 1.5.1** 中国航天科技集团有限公司上海宇航系统工程研究所针对某型运载火箭研制,建立了一套模型体系来驱动运载火箭的全寿命周期研制活动。图 1.5.1 是该运载火箭研制的简化版系统工程流程,其中列出了四个重要模型,给出了它们之间的逻辑关系。

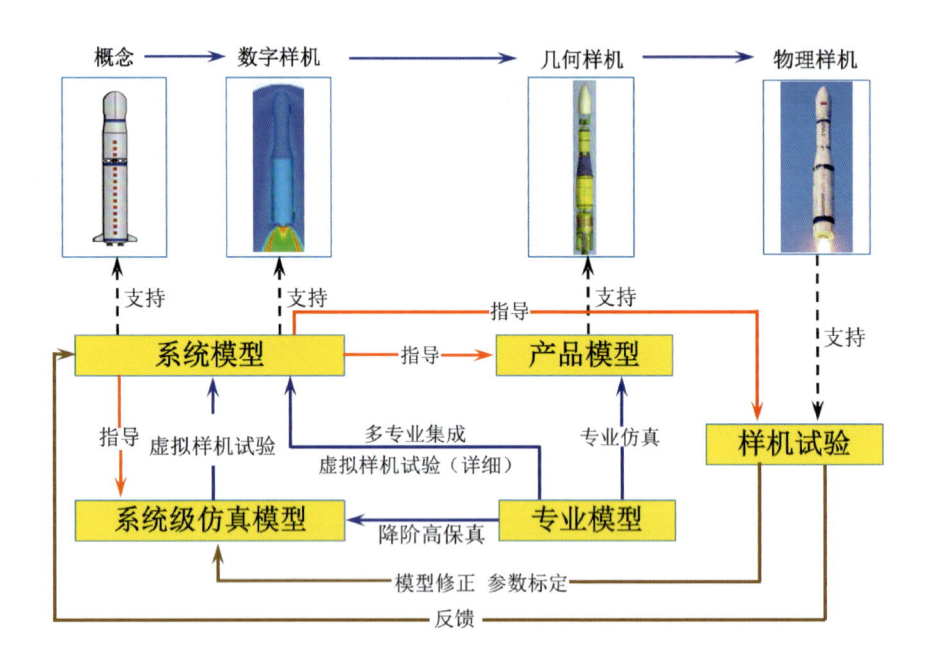

**图 1.5.1 基于模型的运载火箭研制系统工程流程**

第一,系统模型:包括需求、功能、参数、组成和接口、系统原理、测试用例等组件。

第二,系统级仿真模型:包括质点/刚体动力学计算、结构力学计算、多物理场耦合计算等组件。

第三,专业模型:包括飞行力学计算、飞行载荷计算、结构强度计算、结构振动计算、燃料晃动计算、姿态控制算法、制导控制算法等组件。

第四,产品模型:包括火箭结构、火箭发动机、电子单机、电缆网、嵌入式软件代码等组件。

在完整的系统工程流程中,还包括该图中未绘制的工艺模型、工艺仿真模型、总装模型、装配仿真模型、半实物测试模型、集成测试模型,以及运用上述模型支持部署运行和维护的逻辑关系等。

在这个模型体系中,核心模型是系统模型和产品模型,它们支持系统工程的上下游信息传递。系统模型承担着设计、测试的上下游协同,产品模型承担着设计与制造的协同角色。对于这两类模型的确认和运行,均需要有严格的审批机制,以确保产品研制流程的上游和下游协同有效。

例 1.5.1 表明,对于运载火箭这类复杂产品,建立支撑 MBSE 的模型体系是一项非常庞大的数字工程。在实践中,这样的数字工程规模常常令人生畏,从而得不到充分的资源支持。但近年来的实践证明,随着模型体系的发展和完善,其支持产品研制的能力会逐步提升,模型的价值将得以充分体现,进而推动复杂产品研制进入虚拟协同演进的和谐发展时期。此外,正在飞速发展的人工智能技术,必将与数字模型融合形成倍增效应,使复杂产品研制进入智能设计时代。

### 1.5.3 产品的研制流程

与传统的基于文档的系统工程相比,基于模型的系统工程导致产品的研制流程发生很大变化,至少增加了如下工作:系统模型的建模工作、系统级仿真模型的建模工作、系统模型组织集成其他模型的工作,以及运用上述模型开展面向不同任务剖面的仿真验证工作。这导致整个产品的研制、使用和维护体系发生巨大变化。广义地看,产品用户、工业界、学术界、决策者都需要适应这种变化。

当然,由此带来的收益是非常显著的。第一,通过增加数字空间中的建模与仿真工作量,将原来依赖于物理样机的试错工作前移,可尽早发现缺陷和问题,实现系统设计正确性的快速闭环。第二,将各类系统设计文件、系统特性文件和系统行为文件等形成系统数据集,构成全量的系统模型。第三,运用和拓展系统模型的唯一数据源特性,可快速生成不同的剖视图,支持不同任务场景,快速获取所需要的信息和视图,确保传递无歧义。第四,可增加系统模型与下游产品模型、物理样机的集成互联,对集成测试数据结果快速形成闭环、支持部署运行等活动。

例 1.5.2 考察图 1.5.1 所示运载火箭研制的简化版系统工程框图。由图可见,运载火箭的系统模型处于该流程的源头地位,支持运载火箭的概念设计和系统设计,而且为系统仿真和后续的产品研制提供框架信息,经过反复迭代形成令人满意的数字样机。

在系统模型(数字样机)的基础上,经过产品设计,形成几何样机,制造物理样机;通过物理样机的全面测试,对基于系统模型产生的信息进行反馈和修正设计,同时修正系统级仿真模型,使系统模型更加逼近物理样机的系统特性。

在后续的运载火箭机改型研制中,则继承系统模型来开展修改设计,并对修改结果的变更影响域进行快速仿真、分析和评估,进而可快速指导物理样机的更改和迭代。

基于模型的系统工程贯穿于运载火箭需求分析、设计、仿真、验证、使用和维护的全过程。因此,从地面样机到飞行样机的研制,再到该型火箭正式成为型谱产品后的服役全过程,上述系统模型均处于不断修改和完善之中。总之,系统模型既不断服务于后续所有的发射任务,还可为后续新型火箭的论证和研制提供重要的参考信息。

最后指出,本章内容不包含任何力学公式,读者可非常轻松地完成阅读。但对于没有工程实践经历的读者来说,通过轻松阅读并无法真正理解本章的学术内涵。因此,建议读者基于本章介绍的系统科学思想、系统工程方法,阅读和思考后续章节内容,并带着学习体会来重复阅读本章,深化对本章内容的理解。

# 思 考 题

**1.1** 根据1.1.4节所归纳的钱学森的工程科学观,举例说明工程科学家面对的三类工程科学问题。

**1.2** 将无线通信手机视为一个工程系统,阐述近年来无线通信手机设计中所体现的人本性进步。

**1.3** 将家用轿车视为一个工程系统,定义其第一级子系统,阐述各子系统之间的关系。在此基础上,根据1.4.2节所介绍的大系统分解协调方法,构思一个家用轿车研究所的内部组织构架,阐述如何协调其内部组织。

**1.4** 在机械、动力、航空、船舶、桥梁、建筑等领域中选择一个工程案例,说明力学模型在实施系统工程中所起的作用。

**1.5** 2003年2月1日,美国"哥伦比亚"号航天飞机在返航时解体。事故调查结论是:该航天飞机起飞82 s后,外部燃料箱支架区一块0.65 kg的泡沫脱落后击中左翼,使其热防护层受损,模拟实验结果如题1.5图所示。当航天飞机再入大气层时,有超热气体进入左翼结构,导致机毁人亡。针对该案例阅读文献[1],思考系统局部损伤与系统整体安全性的关系。

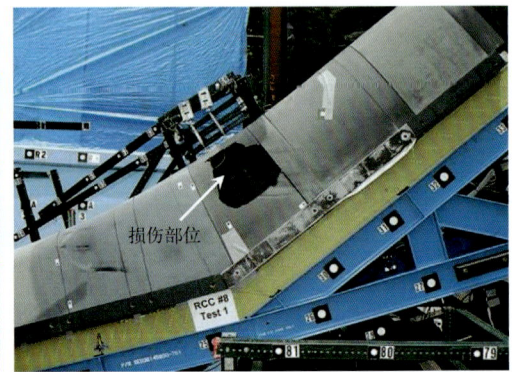

(a) 航天飞机残骸分析　　(b) 左翼前缘的泡沫模拟冲击结果

题1.5图 "哥伦比亚"号航天飞机的事故调查

# 拓展阅读文献

1. 殷瑞珏,李伯聪,汪应洛,等.工程哲学[M].4版.北京:高等教育出版社,2022.

---

[1] 白以龙,汪海英,柯久孚,等.从"哥伦比亚"悲剧看多尺度力学问题[J].力学与实践,2005,27(3):1-6.

2. 殷瑞珏,李伯聪,汪应洛,等. 工程方法论[M]. 北京：高等教育出版社,2017.
3. 薛明德. 力学与工程技术的进步[M]. 北京：高等教育出版社,2001.
4. 杨卫,赵沛,王洪涛. 力学导论[M]. 北京：科学出版社,2020.
5. 杨卫. 力学基本问题[M]. 北京：科学出版社,2024.
6. Bucciarelli L L. Engineering Philosophy[M]. Delft：Delft University Press, 2003.
7. Bugé C. Interview with Thomas K. Caughey[R]. Pasadena：California Institute of Technology Archives, 2007.
8. Burge E S. Systems Engineering：Using Systems Thinking to Design Better Aerospace Systems Aerospace Engineering：General Perspectives on Aerospace Engineering. Encyclopedia of Aerospace Engineering [M]. New York：John Wiley & Sons, 2010.
9. Allen D H. How Mechanics Shaped the Modern World[M]. Cham：Springer-Nature, 2014.
10. INCOSE. Systems Engineering Vision 2035 [R]. San Diego：International Council on Systems Engineering, 2021.

本章作者：胡海岩,北京理工大学,教授,中国科学院院士

# 第 2 章
# 工程力学的定性研究

本章基于系统思维,介绍工程力学问题的若干定性研究方法。这些方法的共性之处是:通常不必建立工程力学问题的具体模型,而是根据问题的基本特征,通过逻辑来分析问题,得到定性结论。虽然当代力学家、工程师主要借助计算机和精密仪器来定量研究工程力学问题,但定性研究不仅对计算和实验具有指导意义,而且对工业产品设计、事故原因分析等实践活动具有重要启示。因此,定性研究是从事工程力学研究的必备素养。

本书所关心的工程力学问题来自不考虑相对论效应和量子效应的工程系统,因此依据 Newton 力学的时空观来研究问题,即工程系统所经历的时间是绝对流逝的,工程系统所处的空间与时间彼此无关。

## 2.1 因 果 分 析

工程系统的基本物理特征之一是因果性,即凡事都事出有因,而且原因在前,结果在后。在工程系统的力学分析中,厘清原因和结果之间的关系可称为**因果分析**。如果工程系统比较复杂,尤其是当其设计或研制出现问题时,正确的因果分析是解决问题的关键。

### 2.1.1 因果关系

为了讨论工程系统的因果关系,人们通常绘制**因果回路图**来形象地描述系统内部变量、外部变量之间的因果关系。以下说明绘制因果回路图的基本约定。

第一,因果回路图可包括多个变量,对任意两个变量均由标注因果关系的箭头来连接,并称其为**因果链**。每条因果链都具有**极性**,即正号(+)或负号(-),表示当且仅当起点变量递增时,终点变量的变化是递增还是递减。

第二,从任意一个变量出发,可经过多个因果链回到该变量,这些因果链构成一个因果回路。若该回路中有奇数条负极性因果链,则回路为**负反馈**,产生**均衡**(balancing)作用;否则为**正反馈**,产生**增强**(reinforcing)作用。在因果回路图中,用文字标注重要回路,并用带 B 或 R 的标识符说明其反馈性质,标识符方向与回路方向一致。

**例 2.1.1** 考察高温工件在大环境下的自然冷却,说明因果回路的绘制。

**解**：在大环境下，工件温度变化对环境温度的影响可忽略不计。将环境温度作为原因，工件温度作为结果，它们之间的温度差异决定该工件的冷却速率；当该温度差异为零时，工件的冷却过程结束。

根据上述逻辑，绘制图 2.1.1 所示的因果回路图。其中，环境温度增加会降低温度差异，故因果链极性为负；工件温度增加会增加温度差异，故因果链极性为正；温度差异增加会提升冷却速率，故因果链极性为正；而冷却速率增加会降低工件温度，故因果链极性为负。在该回路中仅有 1 条负极性因果链，故回路具有负反馈，标注为 $B$；即自然冷却可自动均衡。

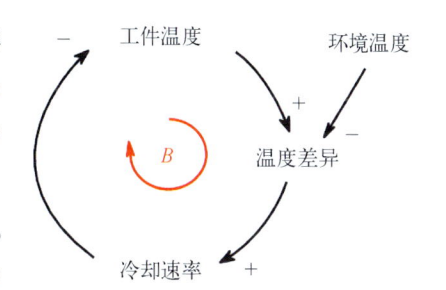

**图 2.1.1 工件自然冷却的因果回路图**

**例 2.1.2** 在图 2.1.2(a) 所示的炮射弹头高速侵彻靶体过程中，弹头屈曲、头部钝化等原因导致侵彻余量，弹头未能穿过靶体。设计师认为需要提高弹头侵彻时的动能，并提出两种方案：方案 A，提高弹头速度；方案 B，提高弹头质量。对这两种方案进行定性讨论，并绘制因果回路图。

(a) 炮射弹头侵彻靶体　　　　(b) 因果回路图

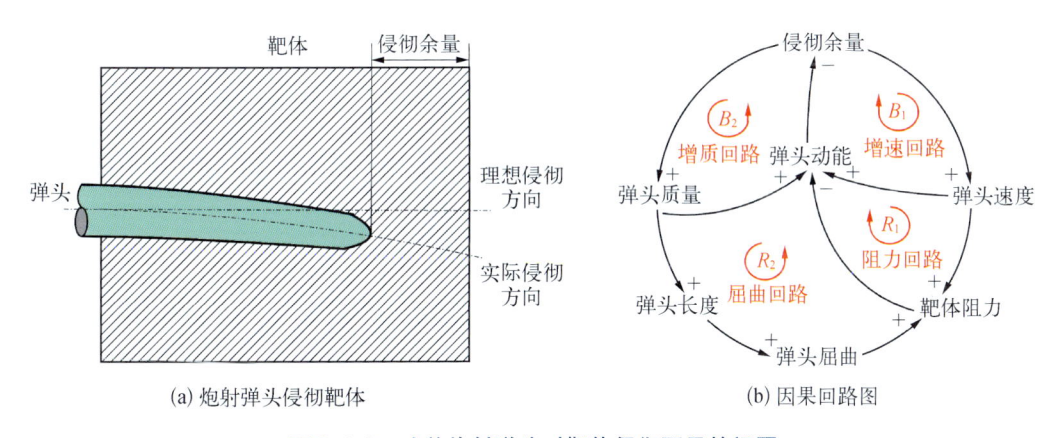

**图 2.1.2 改善炮射弹头对靶体侵彻不足的问题**

**解**：首先，讨论方案 A。根据侵彻余量来提高弹头速度，可提升弹头动能，减少侵彻余量；将该因果关系命名为图 2.1.2(b) 中的增速回路 $B_1$，它包含 3 条因果链，具有负反馈。然而，按此方案提高弹头速度，将使弹头受到的阻力增加，使弹头动能的增量下降，未必能减少侵彻余量；将该因果关系命名为图中的阻力回路 $R_1$，它包含 4 条因果链，具有正反馈。

其次，讨论方案 B。根据侵彻余量来提高弹头质量，也可提升弹头动能，减少侵彻余量；将该因果关系命名为图 2.1.2(b) 中的增质回路 $B_2$，它包含 3 条因果链，具有负反馈。炮射弹头的直径无法增加，通常依靠增加弹头长度来增加弹头质量，由此导致图 2.1.2(a) 中的弹头屈曲加剧，而弹头受到的靶体阻力增加，使弹头动能的增量下降，未必能减少侵彻余量；将该因果关系命名为图 2.1.2(b) 中的屈曲回路 $R_2$，它包含 6 条因果链，具有正反馈。

上述因果关系表明,方案 A 和方案 B 都未必能减少侵彻余量。然而,根据对方案 B 的因果关系分析可知,如果通过增加弹头材料的密度来增加弹头质量,而不增加弹头长度,则有利于降低侵彻余量。因此,在设计侵彻弹头时,常采用高密度钨合金等重金属材料。

对于上述两个例题,由于其基本物理规律已知,自然可建立其热学、力学方程等进行计算和分析,获得精细结论。采用因果回路图的好处是,便于从系统思维角度来定性讨论问题,也便于向非专业人士介绍分析思路,实现沟通。

对于有些工程问题,特别是有人参与的工程问题,通常难以直接对人的心理和生理活动进行数学描述。此时,绘制因果回路图来讨论问题较为方便。

**例 2.1.3**  为了讨论如何在规定时间内完成某高层建筑的施工问题,甲方(投资方)与乙方(施工方)聚焦于距离项目完成期限的剩余时间及由此带来的进度压力,将进度压力作为讨论问题的出发点。经过双方陈述观点和辩论,形成了图 2.1.3 所示的因果回路图。对该图进行分析,理解双方的观点和因果关系。

**解:** 首先,甲方建议通过加夜班,减少剩余工作,缓解进度压力;该因果关系构成图 2.1.3 中的熬夜回路 $B_1$,它具有负反馈。但乙方认为,若持续加夜班,经过一段时间(即图中延迟环节)后工人就会疲惫,使工作效率下降,这会导致进度压力增加,无疑降低了加夜班的有效性;该因果关系构成图中的精疲力尽回路 $R_1$,它具有正反馈。

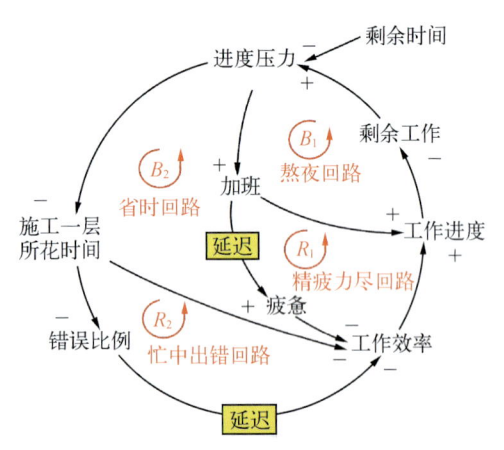

**图 2.1.3  在规定时间完成建筑施工任务的因果回路图**

其次,甲方建议通过减少每层楼的施工时间来提高工作效率;该因果关系构成图 2.1.3 中的省时回路 $B_2$,它是负反馈。但乙方认为,该措施会影响施工质量,甚至经过一段时间后(图中延迟环节)再返工修补,反而降低了工作效率,即降低了该方案的有效性;该因果关系构成图中的忙中出错回路 $R_2$,它是正反馈。

根据图 2.1.3 可以理解,甲方希望通过进度压力来督促乙方按时完工,而乙方则认为进度压力会带来多种负面影响。读者可从图 2.1.3 中任意一个变量出发,记下沿着回路方向的负极性数,进而确定该回路的反馈性质。

由上述三个例题可见,因果回路图可勾绘出各种系统中的逻辑关系,而不必关注其物理和数学细节。当然,采用图形描述问题总有一定的局限性。例如,若将一个复杂系统的全部因果关系均置于一张总因果回路图中,则势必导致该图过于复杂。除了绘图人员之外,其他人难以理解这类总因果回路图。此时,应对复杂系统进行分解,在总图中仅给出各子系统之间的因果关系;而针对各个子系统分析因果关系,绘制每个子系统的因果回路图。

在系统科学的框架下,人们已基于因果分析研究了各种各样的系统,既包括与科学、技术、工程相关的系统,也包括政府治理系统、经济系统、社会系统、生态系统等[1]。为了提高因果关系分析的效率,可采用商业软件 Vensim 来绘制因果回路图。

### 2.1.2 相关关系

在工程实践中,尤其是在基于数据的研究中,人们常常基于数据,尤其是测试数据,来描述系统特征。此时需要格外注意,从测试数据中经过统计得到的相关关系并不能代表原系统的因果关系。

**例 2.1.4** 冬季大雪后,对某城市道路交通数据进行分析发现,路上骑车人数减少,自行车的平均间距 $y_1$ 增大;与此同时,汽车在行驶中的刹车阻力减小,平均刹车距离 $y_2$ 增大。统计数据表明,自行车的平均间距 $y_1$ 和汽车的平均刹车距离 $y_2$ 呈现正相关性。思考这两者间是否具有因果关系。

**解:** 读者不会将汽车平均刹车距离 $y_2$ 的增加归结于自行车平均间距 $y_1$ 增加,也不会将自行车平均间距 $y_1$ 的增加归结于汽车平均刹车距离 $y_2$ 的增加,而是认同 $y_1$ 和 $y_2$ 的正相关具有共同起因,即冰雪路面带来的影响。换言之,变量 $y_1$ 和 $y_2$ 都受到其表象背后的某个**潜变量** $x$ 或多个潜变量 $x_1$, $x_2$, ⋯ 的支配,由潜变量驱动了变量 $y_1$ 和 $y_2$ 呈现正相关。在该问题中,支配变量 $y_1$ 和 $y_2$ 的主要潜变量 $x$ 是车轮在冰雪路面的滚动摩擦系数。

**例 2.1.5** 在工程中,常采集旋转机械的振动信号,判断机械运行状态并诊断其故障。例如,若齿轮减速器中某齿轮表面出现一处点蚀,则齿轮每转一周就产生一次冲击,振动信号的频谱中会出现该齿轮转动频率成分及其倍频成分,即振动频谱峰值与齿轮故障之间具有强相关性。对图 2.1.4(a)中谐波减速器的运行状况进行振动测试,图 2.1.4(b)是转速为 750 r/min 时的振动信号,其频谱中具有 25 Hz 的峰值和倍频峰值,判断谐波

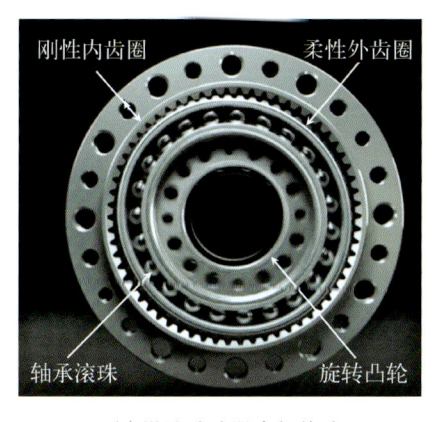

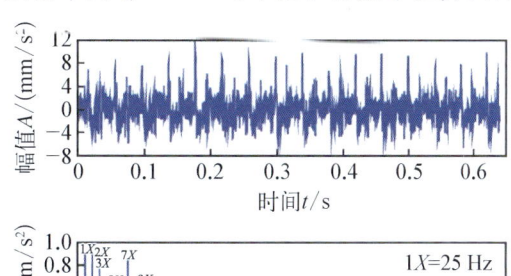

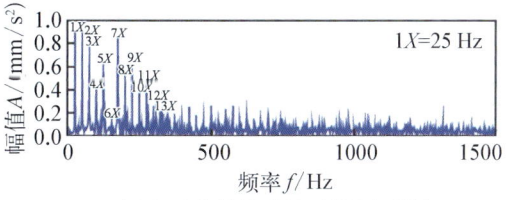

(a) 谐波减速器内部构造　　　(b) 振动信号的时间历程和频谱[2]

**图 2.1.4　谐波减速器的故障判断**

---

[1] 钟永光,贾晓菁,李旭,等. 系统动力学[M]. 北京:科学出版社,2009:57-87.
[2] 赵学智,叶邦彦,陈统坚. 柔性薄壁轴承的周期性冲击背景特性及其分离[J]. 振动工程学报,2022,35:735-743.

减速器是否具有故障。

**解**：虽然旋转机械振动信号的频谱峰值与故障间具有强相关性，但对谐波减速器的振动信号频谱峰值需要进行因果分析。

在图 2.1.4(a)所示的谐波减速器中，轴承外圈是柔软的外齿圈。当椭圆凸轮旋转时，周期性挤压轴承外圈，使其与刚性内齿圈产生周期性的间歇啮合，进而将椭圆凸轮的转动传递到刚性内齿圈。由于柔性外齿圈的齿数比刚性内齿圈少两个，椭圆凸轮旋转一周，两个齿圈的相对位移仅仅是两个齿对应的角度，可实现很高的减速比。

由于柔性外齿圈可变形为椭圆，当椭圆凸轮按转速 750 r/min 旋转一周时，柔性外齿圈的长轴对刚性内齿圈产生两次冲击，其基频为 750 × 2/60 = 25 Hz，该冲击自然包含 25 Hz 的倍频成分。因此，不能根据图 2.1.4(b)所示的信号频谱冲判读该谐波变速器是否有故障。

在工程实践中，会遇到许多复杂的关联关系，难以判断其背后是否存在因果关系。例如，在大型燃气轮机运行状态监测中，导致监测信号出现某种异常的力学原因往往有许多种，不易直接判断因果关系。又如，在分析运载火箭发射失败的原因时，参与任务研制的各个部门会提出完全不同的原因分析报告，引发激烈争论。因此，需要在相关性数据中寻找真正的因果关系。研究经验表明，确认复杂问题中的因果关系需要格外谨慎。在研究中，必须遵循科学方法，包括精心设计受控实验、采取双盲测试、拥有足够多样本数据、实施长期限跟踪、正确开展统计推断等。值得指出的是，承担任务的工程师必须格外小心地考虑其模型中的关系是否具有因果性，而不管其相关性有多强，或者回归系数的统计重要性如何。

## 2.2 量纲分析

工程系统的行为可由若干物理量描述，而物理量都有量纲、单位和大小。**量纲**是指物理量的种类属性，**单位**是指国际计量大会确定的物理量的度量基准，而物理量的**大小**是指其单位的倍数。例如，5 kg 的质量，其中 kg 是质量的单位，5 是倍数。质量的常用单位还有 g、mg、μg 等。通常，将质量的量纲记为 M，它与采用的具体单位无关。

尽管人们定义的物理量已多到难以计数，但**基本物理量**只有 7 个，而其他物理量都是由基本物理量组合而成，称为**派生物理量**。这 7 个基本物理量的量纲称为**基本量纲**，表 2.2.1 给出了其符号和单位。根据派生物理量定义，即可获得其量纲。所谓**量纲分析**，就是根据基本物理量对派生物理量的制约关系，研究多个物理量之间的关系。

值得指出的是，许多物理量没有量纲，属于**无量纲量**，其单位可视为是数字 1。例如，几何学中的角度、材料力学中的应变、流体力学中的马赫(Mach)数等。

表 2.2.1  基本物理量的量纲和单位

| 序 号 | 名 称 | 量纲符号 | SI 单位 |
|---|---|---|---|
| 1 | 质量 | M | kg |
| 2 | 长度 | L | m |
| 3 | 时间 | T | s |
| 4 | 热力学温度 | Θ | K |
| 5 | 电流 | I | A |
| 6 | 发光强度 | J | cd |
| 7 | 物质的量 | N | mol |

## 2.2.1 量纲分析的原理

在量纲分析中,所涉及的物理量可能是随时间变化的量,也可能是不随时间变化的量,统称为**参量**。以下介绍关于量纲分析的几个定理,并通过例题来帮助读者理解。

**定理 2.2.1**:任意参量的量纲均可表示为基本量纲的幂次单项式。

该定理被命名为**量纲幂次定理**。为了理解该定理,可回顾力学系统,其基本参量只有三个,即质量 M、长度 L 和时间 T。对于力学系统的任意参量 $p$,其量纲可表示为:$\dim p = M^a L^b T^c$,其中幂次均为实数。如果 $p$ 是无量纲量,则可表示为 $\dim p = M^0 L^0 T^0$。

**定理 2.2.2**:当且仅当两个参量的量纲相同,它们才能相加减。

该定理被命名为**量纲一致性定理**。它表明,不同种类的参量相加减没有物理意义。在任何公式中,如果出现量纲不同的单项式相加减,则公式必定有误。此外,该定理还表明,描述物理规律与采用具体参量的单位无关。

1914 年,美国物理学家白金汉(Edgar Buckingham,1887~1940)提出量纲分析的核心定理,并采用大写希腊字母 *Π* 代表其中的无量纲量。因此,后人将该定理命名为 **Buckingham 定理**,或称为**量纲分析的 *Π* 定理**,其内容如下。

**定理 2.2.3**:设某物理问题有 $i$ 个量纲不同的参量 $p_1, p_2, \cdots, p_i$,它们满足参量方程 $f(p_1, p_2, \cdots, p_i) = 0$。若这组参量有 $j < i$ 个相互独立的量纲,则它们可表示为 $k \equiv i - j$ 个无量纲量 $\Pi_1, \Pi_2, \cdots, \Pi_k$,并可将上述参量方程表示为无量纲形式 $f'(\Pi_1, \Pi_2, \cdots, \Pi_k) = 0$。

**注解 2.2.1**:为了理解定理 2.2.3,不妨设上述 $i$ 个参量中前 $j$ 个参量为基本物理量,其余 $k$ 个参量为派生物理量。根据定理 2.2.1,$p_{j+1}, p_{j+2}, \cdots, p_i$ 可由参量 $p_1, p_2, \cdots, p_j$ 的幂次来表示。将上述 $i$ 个参量无量纲化,即得到 $j$ 个 1 和 $k$ 个无量纲量 $\Pi_r \equiv p_1^{a_{r1}} p_2^{a_{r2}} \cdots p_j^{a_{rj}}$,$r \in I_k$。

**注解 2.2.2**:定理 2.2.3 可推广到参量方程 $q = f(p_1, p_2, \cdots, p_i)$,其中参量 $p_1, p_2, \cdots, p_i$ 是自变量,参量 $q$ 是因变量。此时,通过上述 $k$ 个无量纲量 $\Pi_1, \Pi_2, \cdots, \Pi_k$,可

得到参量方程的无量纲形式 $\Pi_q = f'(\Pi_1, \Pi_2, \cdots, \Pi_k)$,其中 $\Pi_q$ 是参量 $q$ 对应的无量纲量。

有了上述理论,即可对各种物理问题进行量纲分析,揭示由量纲制约的物理规律。

**例 2.2.1** 记图 2.2.1 中两端铰支梁的线密度为 $\rho A$,抗弯刚度为 $EI$,长度为 $l$,弯曲固有振动频率为 $\omega$。基于量纲分析,建立固有频率 $\omega$ 与上述参量的关系。

**解:** 本问题有 $i = 4$ 个参量,即梁的线密度 $\rho A$、抗弯刚度 $EI$、长度 $l$ 和固有频率 $\omega$,其量纲依次为 $ML^{-1}$、$ML^3T^{-2}$、$L$ 和 $T^{-1}$。力学系统有 $j = 3$ 个基本参量,根据定理 2.2.3,只需研究 $k = i - j = 1$ 个无量纲量 $\Pi$。

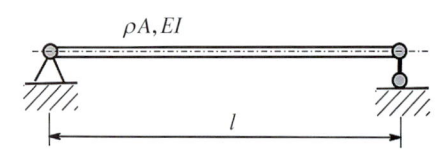

图 2.2.1 两端铰支梁的弯曲振动问题

现选择参量 $\rho A$、$EI$ 和 $l$ 来表示 $\Pi$。不难看出,这三个参量相互独立。事实上,若它们彼此相关而表示为无量纲量,则有

$$(ML^{-1})^a (ML^3T^{-2})^b (L)^c = M^{(a+b)} L^{(-a+3b+c)} T^{-2b} = M^0 L^0 T^0 \tag{a}$$

显然,上述幂次 $a$、$b$、$c$ 必须全为零,因为下述线性方程组的系数矩阵行列式不为零:

$$\begin{bmatrix} 1 & 1 & 0 \\ -1 & 3 & 1 \\ 0 & -2 & 0 \end{bmatrix} \begin{bmatrix} a \\ b \\ c \end{bmatrix} = \begin{bmatrix} 0 \\ 0 \\ 0 \end{bmatrix} \tag{b}$$

根据定理 2.2.1,可定义对应固有频率 $\omega$ 的无量纲量:

$$\Pi = \frac{\omega}{(\rho A)^a (EI)^b l^c} \tag{c}$$

其中,$a$、$b$、$c$ 是待定的幂次。根据上述各参量的量纲,式(c)两端的量纲必须满足:

$$M^0 L^0 T^0 = (T^{-1})(ML^{-1})^{-a}(ML^3T^{-2})^{-b}(L)^{-c} \tag{d}$$

比较式(d)两端的基本量纲幂次,得到:

$$-a - b = 0, \quad a - 3b - c = 0, \quad 2b - 1 = 0 \tag{e}$$

由式(e)解出 $a = -1/2, b = 1/2, c = -2$。将该结果代入式(c),则有

$$\Pi = \omega l^2 \sqrt{\frac{\rho A}{EI}} \tag{f}$$

由式(f)可解出固有频率:

$$\omega = \frac{\Pi}{l^2} \sqrt{\frac{EI}{\rho A}} \tag{g}$$

由于 $\Pi$ 是唯一的无量纲量,它自然为某个常数。

回顾振动力学，两端铰支梁具有无限多个固有频率，其表达式为[1]

$$\omega_s = \frac{(s\pi)^2}{l^2}\sqrt{\frac{EI}{\rho A}}, \quad s = 1, 2, \cdots \tag{h}$$

将式(g)与式(h)对比可见，量纲分析无须建立该问题的动力学方程并求解，就可获得梁的参量对固有频率的影响规律。特别是，量纲分析并不涉及梁的边界条件，故式(g)适用于各种齐次边界条件下梁的固有频率，而齐次边界条件包括铰支、固支、滑支、自由4种边界的组合。式(f)和式(g)可统一描述梁的固有频率 $\omega_s$ 与频率阶次 $s$ 的关系，称为**标度律**。

当然，量纲分析属于定性研究。根据量纲分析无法得知梁具有无限多个固有频率，也无法确定这些固有频率的取值。例如，对于两端铰支梁，无法得到 $\Pi = (s\pi)^2$，$s = 1, 2, \cdots$。

为了进一步说明量纲分析的威力，现介绍1941年英国力学家泰勒（Geoffrey Ingram Taylor，1886~1975）对点源在空气中强爆炸问题进行的量纲分析。这或许是量纲分析历史上最著名的研究，因为Taylor据此推断出美国第一次核试验的爆炸威力。

**例2.2.2**  初始能量为 $E_0$ 的点源在空气中爆炸后形成球面冲击波，记时刻 $t$ 的球面半径为 $r$。该球面内部是火球，外部是密度为 $\rho$ 的空气，其压强与火球压强相比可忽略不计，空气的无量纲绝热指数为 $\gamma$。现采用量纲分析确定上述参量的关系 $r = f(E_0, t, \rho, \gamma)$，并讨论球面冲击波半径的速度、加速度和初始能量。

**解**：视球面冲击波的半径 $r$ 为因变量，该力学问题有 $i = 4$ 个自变量 $E_0$、$t$、$\rho$、$\gamma$，而基本参量数为 $j = 3$。参量 $\gamma$ 是无量纲量，因此选择参量 $E_0$、$t$、$\rho$ 来表示其他参量。根据注解2.2.2，可构造对应球面冲击波半径 $r$ 的无量纲因变量 $\Pi_r$ 和 $k = i - j = 1$ 个无量纲自变量 $\Pi$，进而建立无量纲参量方程 $\Pi_r = f'(\Pi)$。

首先，定义对应半径 $r$ 的无量纲量并写出对应的量纲关系：

$$\Pi_r = \frac{r}{E_0^a \rho^b t^c} \Rightarrow M^0 L^0 T^0 = L^1 (ML^2T^{-2})^{-a}(ML^{-3})^{-b}(T)^{-c} \tag{a}$$

比较式(a)中第二式两端的量纲幂次，得到 $a = 1/5$，$b = -1/5$，$c = 2/5$。将结果代回式(a)，得到：

$$\Pi_r = r E_0^{-\frac{1}{5}} \rho^{\frac{1}{5}} t^{-\frac{2}{5}} \tag{b}$$

其次，选择对应绝热指数 $\gamma$ 的无量纲量 $\Pi$，由于 $\gamma$ 是无量纲量，只需取：

$$\Pi = \gamma \tag{c}$$

---

[1] 胡海岩. 机械振动基础[M]. 2版. 北京：北京航空航天大学出版社，2022：108-109.

根据注解2.2.2,将式(b)和式(c)代入无量纲参量方程 $\Pi_r = f'(\Pi)$,得到:

$$rE_0^{-\frac{1}{5}}\rho^{\frac{1}{5}}t^{-\frac{2}{5}} = f'(\gamma) \quad \Rightarrow \quad r(t) = f'(\gamma)E_0^{\frac{1}{5}}\rho^{-\frac{1}{5}}t^{\frac{2}{5}} \tag{d}$$

将式(d)中的第二式对时间求导数,得到球面冲击波的波阵面速度和加速度:

$$v(t) \equiv \dot{r}(t) = \frac{2}{5}f'(\gamma)E_0^{\frac{1}{5}}\rho^{-\frac{1}{5}}t^{-\frac{3}{5}}, \quad a(t) \equiv \ddot{r}(t) = -\frac{6}{25}f'(\gamma)E_0^{\frac{1}{5}}\rho^{-\frac{1}{5}}t^{-\frac{8}{5}} \tag{e}$$

由式(d)和式(e)可见,随着时间延续,球面冲击波的半径不断增加,而波阵面的速度和加速度迅速衰减。1941年,Taylor完成上述量纲分析研究,并经流体力学分析和小规模爆炸试验确定 $f'(\gamma) \approx 1.033$,其研究报告作为秘密文件提交给英国政府。

1947年,美国政府发布了第一次核试验爆炸时从0.006 s到0.127 s的14幅照片,图2.2.2是其中的两幅。根据照片上标注的时间和长度信息,可得到:$t = 0.006$ s 时 $r \approx 75$ m,$t = 0.016$ s 时 $r \approx 110$ m。现取 $\rho \approx 1.2$ kg/m³ 和 $f'(\gamma) \approx 1.033$,将这些数据代入式(d),得到该核试验的爆炸能量为

$$E_0 = \frac{\rho r^5(t)}{f'^5(\gamma)t^2} \in (8.17 \times 10^{13}, 8.2 \times 10^{13}) \text{ J} \tag{f}$$

1 t的TNT炸药可产生 $4.2 \times 10^9$ J 的能量,因此该核试验的TNT炸药当量约为 $1.95 \times 10^4$ t。美国政府将其核试验爆炸威力视为高度保密,但未料到力学家凭几张照片就推断出了该核试验的爆炸威力。这个推断引起巨大社会反响,使量纲分析成为科技界重视的研究工具。

(a) 0.006 s时刻　　　　　　　　(b) 0.016 s时刻

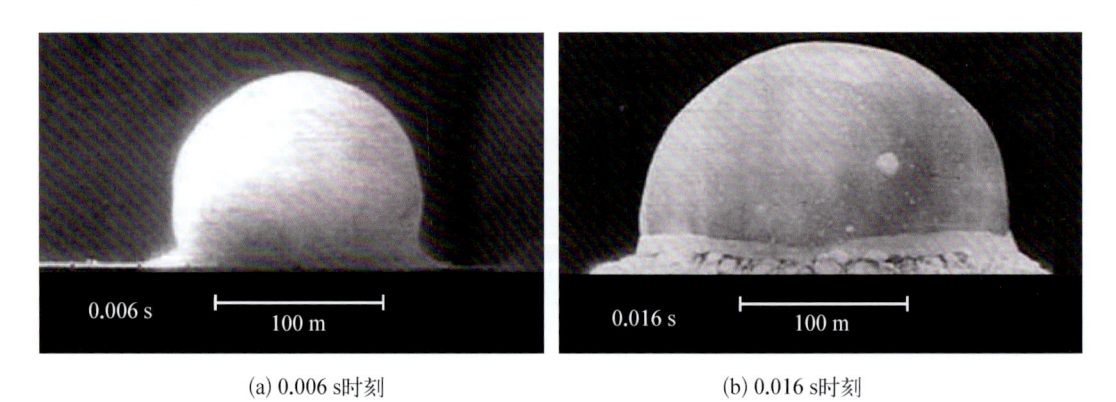

图 2.2.2　美国第一次核试验形成的球面冲击波

### 2.2.2　量纲分析的步骤

例2.2.1和例2.2.2所涉及的参量不多,且只需构造一个无量纲量,其量纲分析比较简单。如果所研究的问题涉及许多参量,而且需要构造多个无量纲量,如何选择参量来构

造无量纲量成为量纲分析的关键。当 $k \equiv i-j$ 时,从 $i$ 个参量中选择 $j$ 个参量后,需要重复用它们来构造 $k$ 个无量纲量,故将这 $j$ 个参量称为**重复参量**。为了使量纲分析有章可循,人们归纳出选择重复参量来完成量纲分析的如下步骤。

第一,列出问题的所有独立参量及其量纲,记其数量为 $i$。

第二,在上述 $i$ 个独立参量中,选择 $j$ 个参量作为重复参量。在第一次选择时,可取 $j$ 为该问题的基本量纲数。根据 $\Pi$ 定理,选择 $j$ 个重复参量的量纲,构造 $k \equiv i-j$ 个无量纲量 $\Pi_1, \Pi_2, \cdots, \Pi_k$。如果得到的结果有问题,则降低 $j$ 值再重复上述过程。

第三,为便于理解和交流,对某些无量纲量进行调整(如交换其分子和分母),将其变更为学术界常用的无量纲量,如雷诺(Reynolds)数、欧拉(Euler)数、斯特劳哈尔(Strouhal)数等。

第四,验证所有无量纲量,写出问题的最终量纲关系。

**例 2.2.3**  在航天器上通过系绳释放卫星,可实施在轨服务任务。图 2.2.3(a) 是绳系球形卫星的释放过程。为了研究绳系卫星的面内摆动,将其简化为图 2.2.3(b) 所示的力学模型。其中,微重力加速度为 $g$,系绳长度为 $l$,线密度为 $\rho A$,卫星质量为 $m$,摆动角为 $\theta$,摆动固有频率为 $\omega$。基于量纲分析,研究摆动固有频率 $\omega$ 与其他参量的关系 $\omega = f(g, l, \rho A, m, \theta)$。

**解**:按照用量纲分析求解问题的过程,分四步完成求解。

**第 1 步**:根据注解 2.2.2,将摆动固有频率 $\omega$ 作为因变量,该问题有 $i = 5$ 个参量为自变量。表 2.2.2 是全部参量的符号及其量纲。

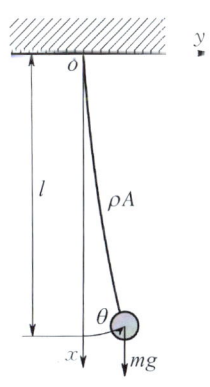

(a) 绳系卫星释放过程    (b) 面内摆动力学模型

图 2.2.3  绳系卫星的面内摆动问题

表 2.2.2  绳系卫星问题的参量及其量纲

| 参量 | $\omega$ | $g$ | $l$ | $\rho A$ | $m$ | $\theta$ |
|---|---|---|---|---|---|---|
| 量纲 | $T^{-1}$ | $LT^{-2}$ | $L$ | $ML^{-1}$ | $M$ | $1$ |

**第 2 步**:该问题的基本量纲数为 $j = 3$。现构造无量纲固有频率 $\Pi_\omega$ 和 $k \equiv i - j = 2$ 个无量纲量 $\Pi_1$、$\Pi_2$,将 $\Pi_\omega$ 表示为

$$\Pi_\omega = f'(\Pi_1, \Pi_2) \tag{a}$$

选卫星质量 $m$、系绳长度 $l$、微重力加速度 $g$ 作为重复参量,不难验证它们彼此独立。

现定义无量纲固有频率并写出对应的量纲关系:

$$\varPi_\omega = \frac{\omega}{m^a l^b g^c} \Rightarrow M^0 L^0 T^0 = (T^{-1}) M^{-a} L^{-b} (LT^{-2})^{-c} \qquad (b)$$

比较式(b)中第二式两端的基本量纲幂次,得到 $a = 0$, $b = -1/2$, $c = 1/2$。将该结果代入式(b),得到:

$$\varPi_\omega = \omega \sqrt{\frac{l}{g}} \qquad (c)$$

依次用 $\theta$ 和 $\rho A$ 代替 $\omega$,重复由式(b)到式(c)的过程,得到 2 个无量纲量:

$$\varPi_1 = \theta, \quad \varPi_2 = \frac{\rho A l}{m} \qquad (d)$$

**第 3 步**:为便于讨论卫星质量 $m \to 0$ 的情况,将 $\varPi_2$ 调整为 $\varPi_2' = m/(\rho A l)$。

**第 4 步**:将上述无量纲量代入式(a),得到待求的参量关系:

$$\omega = \sqrt{\frac{g}{l}} f'\left(\theta, \frac{m}{\rho A l}\right) \qquad (e)$$

这表明,绳系卫星的固有摆动频率 $\omega$ 正比于单摆的固有振动频率 $\sqrt{g/l}$,并受端部质量比 $m/(\rho A l)$ 的影响。微重力加速度 $g$ 的值非常小,而系绳长度 $l$ 可达 km 级,因此绳系卫星的固有频率非常低。在式(e)中取 $\theta \to 0$,其结果与本章作者得到的精确解一致[1],并适用于描述大幅振动问题。当然,根据量纲分析无法得到绳系卫星的无限多个固有频率值。

**例 2.2.4** 图 2.2.4(a)所示为飞机机翼的剖面及流过该剖面的气流轨迹。流经机翼上表面的气流轨迹的弯曲程度大于下表面,其流速高于下表面,故机翼上表面的压强小于下表面,该压强差的合力在垂直来流方向的分量就是作用在机翼上的**升力**。图 2.2.4(b)是从机翼上平行于航向取出的单位展长翼段,简称**翼型**。将翼型上的升力简化为图示的

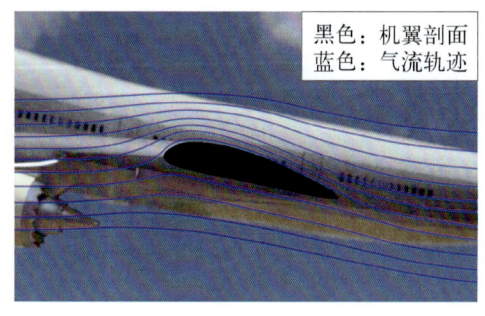

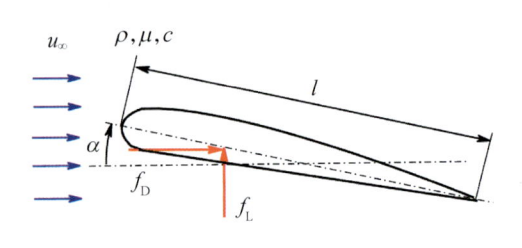

(a) 机翼附近的流场  (b) 作用在翼型上的升力与阻力

图 2.2.4 机翼的升力问题

---

[1] 胡海岩. 振动力学——研究性教程[M]. 北京:科学出版社,2020:124-128.

集中力 $f_L$，此外翼型还受到图示气流阻力 $f_D$。实验表明，升力 $f_L$ 取决于许多因素，主要包括：空气来流速度 $u_\infty$、空气密度 $\rho$、空气的动力黏性系数 $\mu$、空气的声速 $c$、翼型的弦长 $l$ 和翼型的攻角 $\alpha$。采用量纲分析方法，确定升力与上述参量的关系。

**解**：按照用量纲分析求解问题的过程，分四步完成求解。

**第 1 步**：根据注解 2.2.2，将升力 $f_L$ 视为因变量，该问题有 $i = 6$ 个自变量。表 2.2.3 是全部参量的符号及其量纲。

表 2.2.3 翼型升力问题的参量及其量纲

| 参 量 | $f_L$ | $u_\infty$ | $\rho$ | $\mu$ | $c$ | $l$ | $\alpha$ |
|---|---|---|---|---|---|---|---|
| 量 纲 | $MLT^{-2}$ | $LT^{-1}$ | $ML^{-3}$ | $ML^{-1}T^{-1}$ | $LT^{-1}$ | $L$ | $1$ |

**第 2 步**：该问题的基本量纲数为 $j = 3$。现构造无量纲升力 $\Pi_L$ 和 $k \equiv i - j = 3$ 个无量纲量 $\Pi_1$、$\Pi_2$、$\Pi_3$，将无量纲升力表示为

$$\Pi_L = f'(\Pi_1, \Pi_2, \Pi_3) \tag{a}$$

在 6 个自变量中，选择空气密度 $\rho$、来流速度 $u_\infty$ 和翼型弦长 $l$ 作为重复参量，不难验证它们是彼此独立的。

现定义无量纲升力并写出对应的量纲关系：

$$\Pi_L = \frac{f_L}{\rho^a u_\infty^b l^c} \Rightarrow M^0 L^0 T^0 = (MLT^{-2})(ML^{-3})^{-a}(LT^{-1})^{-b}(L)^{-c} \tag{b}$$

比较式(b)中第二式的基本量纲幂次，得到 $a = 1$，$b = 2$，$c = 2$。将该结果代入式(b)的第一式，得到：

$$\Pi_L = \frac{f_L}{\rho u_\infty^2 l^2} \tag{c}$$

依次用 $\mu$、$c$、$\alpha$ 代替 $f_L$，重复由式(b)到式(c)的过程，得到 3 个无量纲量：

$$\Pi_1 = \frac{\mu}{\rho u_\infty l}, \quad \Pi_2 = \frac{c}{u_\infty}, \quad \Pi_3 = \alpha \tag{d}$$

**第 3 步**：检查上述无量纲量，$\Pi_L$ 中的 $l^2$ 可替换为翼型面积 $A/2$，进而可将 $\Pi_L$ 表示为升力系数 $C_L$；$\Pi_1$ 是 Reynolds 数 $Re$ 的倒数，$\Pi_2$ 是 Mach 数 $Ma$ 的倒数，故作如下调整：

$$\Pi_L' = C_L \equiv \frac{f_L}{\rho A u_\infty^2 / 2}, \quad \Pi_1' = Re_l \equiv \frac{\rho u_\infty l}{\mu}, \quad \Pi_2' = Ma \equiv \frac{u_\infty}{c} \tag{e}$$

**第 4 步**：根据式(a)，得到待求的参量关系：

$$C_L = \Pi_L' = f'(\Pi_1', \Pi_2', \Pi_3) = f'(Re_l, Ma, \alpha) \tag{f}$$

根据式(e)和式(f),可将升力表示为

$$f_L = \frac{1}{2}\rho A u_\infty^2 C_L = \frac{1}{2}\rho A u_\infty^2 f'(Re_l, Ma, \alpha) \tag{g}$$

**讨论**：对于低速无黏性来流,得到 $Re_l \to +\infty$ 和 $Ma \to 0$。此时,可将升力系数记为 $C_L(\alpha)$,进而将升力表示为

$$f_L = \frac{1}{2}\rho A u_\infty^2 C_L(\alpha) \tag{h}$$

对于图2.2.4(b)中翼型上的空气阻力 $f_D$,可采用与升力相同的量纲分析,将其表示为

$$f_D = \frac{1}{2}\rho A u_\infty^2 C_D(\alpha) \tag{i}$$

其中,$C_D(\alpha)$ 为阻力系数。上述升力系数和阻力系数需要通过计算或实验确定。

**注解2.2.3**：例2.2.4的量纲分析流程和结果颇具代表性,在第3章讨论机翼的气动弹性问题时将直接采用该结果。在第14章,将按该流程讨论船舶螺旋桨的推力问题。

### 2.2.3 量纲分析的局限与改进

#### 1. 量纲分析的局限性

上述几个例题表明,量纲分析是对工程问题进行定性研究的有力工具。然而,量纲分析也有若干局限性,以下列举两类较为突出的问题。

第一,角度、应变等是无量纲量。在量纲分析中,它们包含在某个无量纲量或无量纲方程中,无法提取出来。例如,例2.2.4中的翼型攻角是无量纲量 $\alpha = \Pi_3$,它隐含在式(f)所定义的升力系数中,即 $C_L = f'(Re_l, Ma, \alpha)$,无法单独提取出来,必须通过计算或实验方法来确定函数 $C_L = f'(Re_l, Ma, \alpha)$。固体力学所涉及的拉压应变、剪切应变、弹性应变、塑形应变等都是无量纲量,在量纲分析中无法区分,使得量纲分析在固体力学中的应用受到影响。

第二,许多参量彼此间毫无联系,但却具有相同量纲。例如,频率、角速度、应变率的量纲都是 $T^{-1}$,拉伸弹性模量、剪切弹性模量、应力的量纲都是 $ML^{-1}T^{-2}$,能量、板壳弯矩的量纲都是 $ML^2T^{-2}$。如果这类物理意义不同、量纲相同的参量出现在同一物理问题中,则必须考察它们之间的物理关系,否则难以用量纲分析来进行区分。回顾例2.2.4,来流速度 $u_\infty$ 和空气声速 $c$ 具有相同量纲,故取其中之一作为重复参量,引入无量纲的 Mach 数 $Ma \equiv u_\infty/c$ 来描述问题。在某个问题中,若角速度和应变率间没有物理联系,就不宜通过两者之比来构建无量纲量。

#### 2. 量纲分析的改进

对于量纲分析的其他局限性,人们尝试进行改进,并取得若干成效。以下介绍定向量

纲概念，并举例说明其应用。

力学系统的基本量纲数为 $j = 3$，若系统参量数为 $i \gg j$，则参量方程中包含的无量纲量数 $k \equiv i - j$ 过多，不利于揭示问题的内在规律。所谓**定向量纲**，就是为力学系统建立坐标系，将系统参量表示为坐标分量形式，并对不同分量采用不同量纲。

例如，对三维力学系统建立直角坐标系 $oxyz$，将位移沿三个坐标轴的分量量纲分别记为 $L_x$、$L_y$、$L_z$。此时，力学系统中的长度量纲 $L$ 就变为 $L_x$、$L_y$、$L_z$，相当于增加了基本量纲数。对许多力学问题，定向量纲有利于揭示其内在规律。

**例 2.2.5** 考察图 2.2.5 中的悬臂梁，其长度为 $l$，线密度为 $\rho A$，横向振动位移为 $w$，横向振动频率为 $\omega$，采用量纲分析来确定梁横向振动的动能 $T$。

**解**：根据图 2.2.5 中的直角坐标系 $oxz$，梁的长度 $l$ 具有定向量纲 $L_x$，横向振动幅值 $\bar{w}$ 具有定向量纲 $L_z$，横向振动频率 $\omega$ 的量纲为 $T^{-1}$，线密度 $\rho A$ 的量纲为 $ML_x^{-1}$，横向振动动能 $T$ 的量纲为 $ML_z^2T^{-2}$。

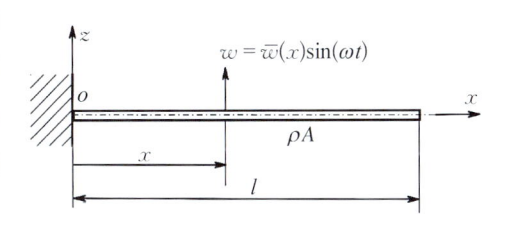

**图 2.2.5 悬臂梁横向振动的功能问题**

该问题的参量数为 $i = 5$，基本量纲数为 $j = 4$，因此只需构造 $k \equiv i - j = 1$ 个无量纲量，即对应梁横向振动动能 $T$ 的无量纲量，将其定义为

$$\Pi_T = \frac{T}{(\rho A)^a l^b \bar{w}^c \omega^d} \tag{a}$$

式（a）两端的量纲满足：

$$M^0 L_x^0 L_z^0 T^0 = (ML_z^2 T^{-2})(ML_x^{-1})^{-a}(L_x)^{-b}(L_z)^{-c}(T^{-1})^{-d} \tag{b}$$

比较式（b）两端的基本量纲幂次，得到 $a = 1$，$b = 1$，$c = 2$，$d = 2$。将该结果代入式（a），得到：

$$\Pi_T = \frac{T}{\rho A l \bar{w}^2 \omega^2} \tag{c}$$

$\Pi_T$ 是唯一的无量纲量，它必然是某个常数 $C$，因此式（c）可表示为

$$T = C\rho A l \omega^2 \bar{w}^2 \tag{d}$$

显然，上述讨论未涉及梁的边界条件，故式（d）可用于其他具有齐次边界条件的梁。

如果采用标准量纲分析，由于 $L_x = L_z = L$，基本量纲数为 $j = 3$。现将动能 $T$ 视为因变量，其他参量视为自变量，则有参量关系 $T = f(\rho A, l, \omega, \bar{w})$。

取梁的线密度 $\rho A$、长度 $l$、振动频率 $\omega$ 为重复参量。定义对应动能 $T$ 的无量纲量并写出对应的量纲关系：

$$\Pi_T = \frac{T}{(\rho A)^a l^b \omega^c} \Rightarrow M^0 L^0 T^0 = (ML^2 T^{-2})(ML^{-1})^{-a}(L)^{-b}(T^{-1})^{-c} \tag{e}$$

比较式(e)中第二式的基本量纲幂次,得到 $a=1$, $b=3$, $c=2$。将其代入式(e)的第一式,得到:

$$\Pi_T = \frac{T}{\rho A l^3 \omega^2} \tag{f}$$

再定义对应振幅的无量纲量,经过基本量纲幂次对比,其结果是

$$\Pi = \frac{\bar{w}}{l} \tag{g}$$

因此,无量纲参量方程为 $\Pi_T = f'(\Pi)$。将式(f)和式(g)代入该关系,得到:

$$T = \rho A l^3 \omega^2 f'\left(\frac{\bar{w}}{l}\right) \tag{h}$$

将式(d)与式(h)进行对比可得

$$f'\left(\frac{\bar{w}}{l}\right) = C \frac{\bar{w}^2}{l^2} \tag{i}$$

然而,仅由标准量纲分析无法获得该具体结果。

在处理复杂力学问题时,还可通过引入具有物理意义的中间参量,使量纲分析得以简化。在下述固体静力学问题中,可用的基本量纲只有 M 和 L,引入中间参量就非常必要。

**例 2.2.6** 考察图 2.2.6 所示的蜂窝芯体,其正六边形胞元的壁长为 $l$,壁宽为 $b$,壁厚为 $h$,材料弹性模量为 $E$。对蜂窝芯体施加面内拉伸,确定芯体的等效面内弹性模量 $E_e$。

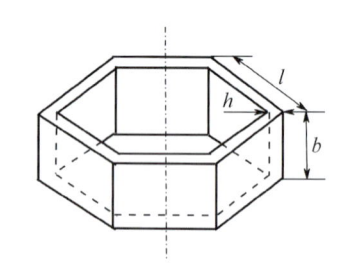

(a) 蜂窝芯体　　　　　　　　(b) 代表性胞元

**图 2.2.6　蜂窝芯体的等效弹性模量问题**

**解**:根据观察,蜂窝芯体的变形来自各胞元壁的弯曲变形。因此,引入矩形截面胞元壁的抗弯刚度 $EI$ 作为中间参量,其量纲为 $ML^3T^{-2}$。胞元壁长 $l$ 的量纲为 L,等效弹性模量 $E_e$ 的量纲为 $ML^{-1}T^{-2}$。

该问题的参量数为 $i=3$，基本量纲数为 $j=2$，故只需构造 $k \equiv i-j=1$ 个无量纲量，即对应等效弹性模量 $E_e$ 的无量纲量，将其定义为

$$\Pi_{E_e} = \frac{E_e}{l^a (EI)^b} \tag{a}$$

式（a）两端的量纲满足：

$$M^0 L^0 T^0 = (ML^{-1}T^{-2})(L)^{-a}(ML^3T^{-2})^{-b} \tag{b}$$

比较式（b）的幂次，得到 $a=-4$ 和 $b=1$，故有

$$E_e = \Pi_{E_e} \frac{EI}{l^4} \tag{c}$$

将截面惯性矩 $I = bh^3/12$ 代入式（c），可将式（c）改写为

$$\frac{E_e}{E} = C\left(\frac{h}{l}\right)^3, \quad C \equiv \frac{\Pi_{E_e}}{12}\left(\frac{b}{l}\right) \tag{d}$$

其中，$C$ 为无量纲常数。在 3.4.1 节，将采用细观力学方法推导出 $C=2.309$。由于胞元壁厚 $h$ 远远小于胞元壁长 $l$，蜂窝芯体的等效面内弹性模量 $E_e$ 非常小。

实践证明，量纲分析是研究科学、技术、工程问题的有力工具。例如，采用量纲分析可以确定物理系统呈现量子效应的空间尺度为 $10^{-10}$ m，时间尺度为 $10^{-13}$ s[1]。对于本书所讨论的工程系统，其空间尺度和时间尺度均远远大于上述下界，故不必考虑量子效应。

## 2.3 相似分析

在几何中，相似是指两个图形大小不同而形状一致，可通过各向同性放大或缩小成为完全相同的图形。这样的概念可推广到物理相似，例如，在研究工程系统时，经常要对系统进行缩比模型实验。此时，模型不仅要与系统在几何上相似，还需要在物理上相似。关于两个系统之间相似性的研究，简称为**相似分析**。本节简要介绍相似模型和相似变量。

### 2.3.1 相似模型

通常，两个系统的几何相似，并不意味着它们在物理上相似。换言之，两个系统的物理相似，还需要满足物理相似条件。

**例 2.3.1** 针对半径为 $r$ 的球壳，讨论其在均布压强下的缩比力学实验问题。

**解**：记球壳表面积为 $s = 4\pi r^2$；设计半径为 $r' = \alpha r$，$0 < \alpha < 1$ 的缩比球壳模型，则

---
[1] 赵亚溥. 纳米与介观力学[M]. 北京：科学出版社，2014：35-37.

其表面积为 $s' = \alpha^2 s$。若要求模型上的压强 $p'$ 与球壳上的压强 $p$ 相同,则施加在模型上的总压力 $P'$ 与施加在球壳上的总压力 $P$ 之间应满足关系: $P' = \alpha^2 P$。这就是物理相似条件。

如果一个物理量 $p$ 变化 $\alpha$ 倍成为 $p' = \alpha p$,则称 $p'$ 与 $p$ 相似,$\alpha$ 为**相似常数**。例如,对于两个质点,可定义质量相似常数 $\alpha_m \equiv m'/m$,加速度相似常数 $\alpha_a \equiv a'/a$,力相似常数 $\alpha_f \equiv f'/f$。由于这两个质点的动力学方程均满足 Newton 第二定律,即

$$ma = f, \quad m'a' = f' \tag{2.3.1}$$

将三个物理量的相似关系代入式(2.3.1)中的第二式,得到:

$$\alpha_m \alpha_a ma = \alpha_f f \quad \Rightarrow \quad \frac{\alpha_m \alpha_a}{\alpha_f} ma = f \tag{2.3.2}$$

将式(2.3.2)中的第二式与式(2.3.1)中第一式相比较,则有

$$\alpha_s \equiv \frac{\alpha_m \alpha_a}{\alpha_f} = 1 \tag{2.3.3}$$

其中,$\alpha_s$ 是上述两个质点系统动力学的**相似数**。类似地,可讨论任意两个物理系统的相似条件。

**定理 2.3.1**:两个物理系统相似的条件是它们的相似数为 1。

**定理 2.3.2**:两个物理系统相似的条件是所有无量纲量 $\Pi_1, \Pi_2, \cdots, \Pi_k$ 相等。

如果一个物理系统有多个无量纲量 $\Pi_1, \Pi_2, \cdots, \Pi_k$,则在设计缩比模型时,要求两者的无量纲量彼此相同。当然,这在实践中常常难以实现。此时,需要将无量纲量按重要程度排序,优先保证对缩比实验影响较大的无量纲量彼此相同。

**例 2.3.2** 在高层建筑结构的模型风洞实验中,涉及流体力学中多个无量纲量,尤其是描述流体惯性力和黏性力之比的 Reynolds 数 $Re_L \equiv \rho u_\infty L/\mu$,描述模型振动速度与来流速度之比的 Strouhal 数 $Sr_L \equiv \omega L/u_\infty$。其中,空气密度 $\rho$、来流速度 $u_\infty$ 取决于风洞,空气的动力黏性系数 $\mu$、模型特征尺度 $L$、模型振动频率 $\omega$ 取决于模型。

在风洞实验中,要求模型和实物的 Reynolds 数相同,Strouhal 数也相同。通常,这两个条件难以同时满足。如果优先考虑描述模型振动的 Strouhal 数相同,可根据缩比需求设计模型,获得特征长度 $L$ 和振动频率 $\omega$,根据 Strouhal 数确定来流速度 $u_\infty$;然后检查 Reynolds 数是否符合要求,通过改变模型表面粗糙度来调整空气的动力黏性系数 $\mu$,获得所需的 Reynolds 数。如果优先考虑描述流动特性的 Reynolds 数相同,则按相反顺序,设法调整模型的振动频率 $\omega$。

相似分析不仅可用于缩比模型设计,还可用于研究工程系统随着某个力学量变化的规律,进而指导工程系统的设计。

**例 2.3.3** 图 2.3.1 是微型扑翼飞行器示意图,飞行器质量为 $m$,其作动器驱动两个

柔性扑翼振动,产生升力。从作动器功率角度出发,讨论该飞行器在空中水平匀速飞行的可能性。

**解**:扑翼飞行器水平匀速飞行时,升力 $f_L$ 与重力 $mg$ 平衡。根据例 2.2.4 中的升力公式,可得

$$f_L = \frac{1}{2} C_L \rho A u_\infty^2 = mg \tag{a}$$

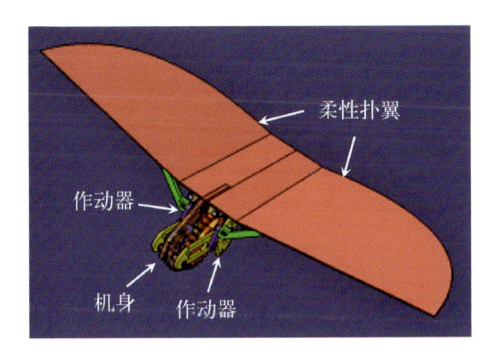

图 2.3.1 微型扑翼飞行器示意图

其中,$g$ 为重力加速度;$C_L$ 为升力系数;$\rho$ 为空气密度;$u_\infty$ 为来流速度(亦即飞行速度);$A$ 为扑翼面积。记微型飞行器尺度为 $L$,则有 $A \propto L^2$ 和 $m \propto L^3$。由于 $C_L$、$\rho$ 和 $g$ 均为常数,由式(a)得到飞行速度与飞行器尺度的关系: $u_\infty \propto \sqrt{L^3 \cdot L^{-2}} = L^{1/2}$。

当飞行器以速度 $u_\infty$ 匀速飞行时,扑翼产生的动力与空气阻力平衡。采用例 2.2.4 中的阻力公式,得到作动器的功率下限:

$$P_D = f_D u_\infty = \frac{1}{2} C_D \rho A u_\infty^3 \propto L^2 \cdot L^{3/2} = L^{7/2} \tag{b}$$

其中,$f_D$ 为阻力;$C_D$ 为阻力系数。

现设作动器尺度与微型飞行器尺度成比例。根据已有研究[1],电磁作动器的驱动力满足 $f_E \propto L^2$,振动速度满足 $v_E \propto L^{1/2}$,其驱动功率为

$$P_E = f_E v_E \propto L^{5/2} \tag{c}$$

若采用压电作动器,其驱动力满足 $f_P \propto L$,振动速度满足 $v_P \propto L^{1/2}$,驱动功率为

$$P_P = f_P v_P \propto L^{3/2} \tag{d}$$

将式(b)与式(c)和式(d)比较可见,如果 $L$ 充分小,则可实现:

$$P_D < P_E < P_P \tag{e}$$

因此,可采用电磁作动器或压电作动器为微型飞行器提供动力,实现匀速飞行。若压电作动器所需的高压电源可小型化,则压电作动器更为可行。

## 2.3.2 相似变量

根据相似分析,不仅可以确定如何设计缩比模型,还可以引入相似变量,简化力学问题分析。现以流体力学中著名的边界层问题为例,介绍相似变量概念及其用途。

**例 2.3.4** 1904 年,德国力学家普朗特(Ludwig Prandtl,1875~1953)在图 2.3.2 所示

---

[1] 孟光,张文明. 微机电系统动力学[M]. 北京:科学出版社,2008:52-53.

的水槽实验中发现,水的黏性仅在槽壁附近非常薄的流体层内起作用。他将这层黏性流体定义为**边界层**,视边界层外的流体无黏性,分析了纳维-斯托克斯(Navier – Stokes)方程中各项的量级,在零压梯度和定常流动前提下,得到了描述无限长平板附近流体边界层的简化偏微分方程边值问题[1]:

$$\begin{cases} \dfrac{\partial u}{\partial x} + \dfrac{\partial v}{\partial y} = 0, \quad u\dfrac{\partial u}{\partial x} + v\dfrac{\partial u}{\partial y} = \mu\dfrac{\partial^2 u}{\partial y^2} \\ u(x,0) = 0, \quad v(x,0) = 0, \quad u(x, +\infty) = u_0 \end{cases} \tag{a}$$

其中,$u(x,y)$ 和 $v(x,y)$ 是流场沿 $x$ 和 $y$ 方向的速度分量;$\mu$ 是流体的动力黏性系数。上述简化模型是对黏性流体力学研究的重大突破,但式(a)的求解依然很困难。

1908 年,在 Prandtl 指导布拉修斯(Paul Richard Heinrich Blasius, 1883~1970)完成的博士论文中,对图 2.3.3 中红色边界层内的水平流速 $u(x,y)$ 引入沿 $x$ 方向相似的假设,获得了该问题的解析解。现采用相似分析,论证该假设的正确性。

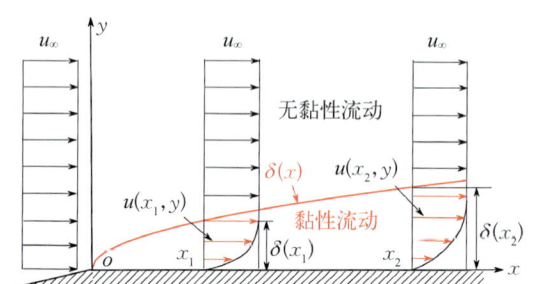

图 2.3.2 Prandtl 教授进行水槽实验    图 2.3.3 平板边界层内的相似水平流动

**解**:记流场沿 $x$ 方向的特征长度为 $L$,沿 $y$ 方向的边界层厚度为 $\delta$,引入无量纲的自变量和因变量:

$$\xi \equiv \frac{x}{L}, \quad \eta \equiv \frac{y}{\delta}, \quad U \equiv \frac{u}{u_\infty}, \quad V \equiv \frac{v}{v'} \tag{b}$$

其中,$v'$ 为流场沿 $y$ 方向的特征速度分量。将式(b)代入式(a),得到无量纲的偏微分方程组:

$$\frac{\partial U}{\partial \xi} + \frac{Lv'}{\delta u_\infty}\frac{\partial V}{\partial \eta} = 0, \quad U\frac{\partial U}{\partial \xi} + \frac{Lv'}{\delta u_\infty}V\frac{\partial U}{\partial \eta} = \frac{\mu L}{\delta^2 u_\infty}\frac{\partial^2 U}{\partial \eta^2} \tag{c}$$

式(c)中有两个相似数,根据定理 2.3.1,它们均应为 1。为了和 Blasius 的论文中的结果

---

[1] 刘沛清. 空气动力学[M]. 北京:科学出版社,2021:205 – 209.

一致,将动力黏性系数 $\mu$ 归入相似数,取:

$$\frac{Lv'}{\delta u_\infty} = 1, \quad \frac{\mu L}{\delta^2 u_\infty} = 1 \tag{d}$$

将式(d)代入式(c),得到:

$$\frac{\partial U}{\partial \xi} + \frac{\partial V}{\partial \eta} = 0, \quad U\frac{\partial U}{\partial \xi} + V\frac{\partial U}{\partial \eta} = \frac{\partial^2 U}{\partial \eta^2} \tag{e}$$

式(e)中的系数均为1,表明 $U(\xi, \eta)$ 不依赖任何其他参数,即 $U(\xi, \eta) = U(x/L, y/\delta)$。由于无限长平板并无特征长度 $L$,$U(\xi, \eta)$ 的自变量不应含 $L$。根据式(b)的前两式和式(d)的第二式,$U(\xi, \eta)$ 的自变量应取为如下形式:

$$\beta \equiv \frac{\eta}{\sqrt{\xi}} = \frac{y}{\delta}\sqrt{\frac{L}{x}} = y\sqrt{\frac{u_\infty}{\mu L}}\sqrt{\frac{L}{x}} = y\sqrt{\frac{u_\infty}{\mu x}} = \frac{y}{\delta(x)} \tag{f}$$

其中,$\delta(x) \equiv \sqrt{\mu x/u_\infty}$,代表位于坐标 $x$ 处的边界层厚度。根据式(b)和式(f),边界层内流场的水平速度满足:

$$u(x, y) = u_\infty U(\beta) = u_\infty U\left(\frac{y}{\delta(x)}\right) \tag{g}$$

式(g)表明,边界层内流场的水平速度 $u(x, y)$ 具有图2.3.3所示的相似性,其中式(f)所定义的 $\beta$ 就是**相似变量**。Blasius 获得式(g)后,引入流函数,将偏微分方程边值问题简化为常微分方程边值问题,成功求得了该问题的级数解[1]。

## 2.4 对称性分析

工程系统是人工设计和建造的系统,常具有某种对称性,以满足功能或文化的需求。以下列举几类典型的对称系统。

**第一类:镜像对称系统**。这类系统具有一个对称面,对称面两侧的质点互为镜像。例如,车辆、飞机、舰船[图2.4.1(a)]等载运工具都有沿航向的对称面,便于实现匀速直线运动。传统中国建筑[图2.4.1(b)]大多具有一个对称面,以满足文化需求。还有不少系统具有多个镜像对称面,例如,埃及金字塔、法国埃菲尔铁塔具有两个正交对称面。

**第二类:循环对称系统**。这类系统具有一根中心轴,系统绕该中心轴旋转角度 $2\pi/n < 2\pi$ 后与自身重复,其中 $n$ 称为**对称度**。例如,图2.4.2所示的船舶螺旋桨、离心压气机叶轮具有上述循环对称性,其对称度分别为 $n = 5$ 和 $n = 10$。

**第三类:轴对称系统**。这类系统也具有一根中心轴,系统绕该轴旋转任何角度都保

---

[1] 刘沛清. 空气动力学[M]. 北京: 科学出版社, 2021: 211-217.

(a) 直线行驶的驱逐舰　　(b) 传统中国建筑

**图 2.4.1　镜像对称的工程系统**

(a) 船舶螺旋桨($n=5$)　　(b) 离心压气机叶轮($n=10$)

**图 2.4.2　循环对称的机械部件**

持不变。例如,圆轴、圆板、圆柱壳、圆锥壳等部件均具有轴对称性。

**注解 2.4.1**:力学系统的对称性可以给系统计算和分析带来极大便利,并有助于揭示系统力学特性。本节主要从定性分析角度讨论对称系统的力学性质。关于利用对称性简化系统的力学计算,可见文献[1]。在第9章,将讨论具有两个正交镜像对称面的火箭发动机主传力结构优化设计问题。

## 2.4.1　镜像对称系统

当力学系统具有镜像对称性时,其运动(包括变形)可具有对称性或反对称性。本小节先给出镜像对称系统的描述,然后通过案例说明,如何理解镜像对称性导致的系统运动对称性和反对称性,进而获得定性结论。

### 1. 系统的描述

在图 2.4.3 中,虚线所示的系统 $S$ 关于平面 $P$ 镜像对称。因此,可用平面 $P$ 将 $S$ 划分为两个相同的子系统,分别记为 $S_L$ 和 $S_R$,并称平面 $P$ 为**对称面**。如图 2.4.3 所示,先为右侧子系统 $S_R$ 建立局部坐标系 $ox_R y_R z_R$ 描述其力学行为。然后,通过关于对称面 $P$ 的镜像

---

[1] 胡海岩. 振动力学——研究性教程[M]. 北京:科学出版社,2020:163-233.

操作，得到描述左侧子结构 $S_\text{L}$ 的局部坐标系 $ox_\text{L}y_\text{L}z_\text{L}$。值得注意的是，当 $ox_\text{R}y_\text{R}z_\text{R}$ 是右手坐标系时，由镜像操作得到的 $ox_\text{L}y_\text{L}z_\text{L}$ 是左手坐标系。

现选择子系统 $S_\text{R}$ 上的质点 $m_\text{R}$，通过镜像操作得到 $S_\text{L}$ 上的对应质点 $m_\text{L}$。将两者在各自局部坐标系中的位移分量分别记为 $(u_\text{R}, v_\text{R}, w_\text{R})$ 和 $(u_\text{L}, v_\text{L}, w_\text{L})$。在系统 $S$ 的运动过程中，若始终有 $u_\text{R} = u_\text{L}$，$v_\text{R} = v_\text{L}$，$w_\text{R} = w_\text{L}$，则称该位移是关于平面 $P$ 的**对称位移**；若始终有 $u_\text{R} = -u_\text{L}$，$v_\text{R} = -v_\text{L}$，$w_\text{R} = -w_\text{L}$，则称该运动是关于平面 $P$ 的**反对称位移**。

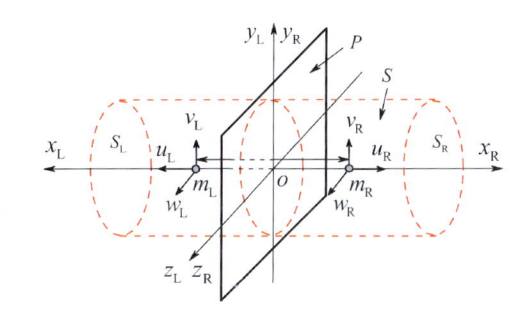

图 2.4.3 镜像对称系统及其子系统的局部坐标系

由于上述两个子系统的局部坐标系 $ox_\text{R}y_\text{R}z_\text{R}$ 和 $ox_\text{L}y_\text{L}z_\text{L}$ 分别是右手坐标系和左手坐标系，需要正确理解基于局部坐标系定义的对称位移和反对称位移。

**例 2.4.1** 设图 2.4.3 中系统 $S$ 是以线段 $x_\text{L}x_\text{R}$ 为轴线的镜像对称细长结构，在对称面 $P$ 处不受约束，讨论该结构的横向位移对称性和纵向位移对称性。

**解**：当结构产生对称横向位移时，对称面 $P$ 两侧质点位移相同，结构在对称面处的横向位移达到极值；当结构产生反对称横向位移时，对称面 $P$ 两侧质点位移相反，位于对称面 $P$ 上的质点保持不动。

当结构产生对称纵向位移时，对称面 $P$ 两侧质点位移相反，位于对称面 $P$ 上的质点保持不动；当结构产生反对称纵向位移时，对称面 $P$ 两侧的相邻质点位移相同，位于对称面 $P$ 上的结构纵向应变为零。

为理解上述横向位移性质，可回顾两端铰支等截面梁的弯曲变形。为理解纵向位移性质，可回顾运载火箭点火发射的场景：火箭在直线上升时，其头部和尾部做方向相反的纵向振动。若将火箭近似为镜像对称的细长结构，则直线上升是关于对称面 $P$ 的反对称刚体运动，其纵向应变为零；而纵向振动是关于对称面 $P$ 的对称运动，对称面的纵向变形为零。

**2. 对称与反对称位移性质**

现介绍几个定理来阐述镜像对称系统的位移性质，并通过具体问题来说明其力学意义。在本书中，记 $\mathbb{R}^m$ 为 $m$ 维实向量集合，$\mathbb{R}^{m \times n}$ 为 $m$ 行 $n$ 列的实矩阵集合；类似地，$\mathbb{C}^m$ 为**复向量集合**，$\mathbb{C}^{m \times n}$ 为**复矩阵集合**。在不关注向量维数和矩阵阶次时，则尽量省略集合符号。

**定理 2.4.1**：镜像对称系统的任意位移可分解为对称位移和反对称位移的线性组合。

**例 2.4.2** 针对图 2.4.3 中的镜像对称系统 $S$，通过其有限元模型来说明定理 2.4.1。

**解**：根据上述系统描述，在子系统 $S_\text{R}$ 的局部坐标系下对 $S_\text{R}$ 进行有限元建模，得到自

由度为 $m$ 的力学模型，记 $\boldsymbol{u}_R \in \mathbb{R}^m$ 为其节点位移向量。通过镜像操作，得到子系统 $S_L$ 的力学模型，记 $\boldsymbol{u}_L \in \mathbb{R}^m$ 为其节点位移向量。由此得到整个系统的力学模型，其自由度为 $2m$。

现定义两个新的位移向量：

$$\boldsymbol{u}_s \equiv \frac{1}{2}(\boldsymbol{u}_R + \boldsymbol{u}_L) \in \mathbb{R}^m, \quad \boldsymbol{u}_a \equiv \frac{1}{2}(\boldsymbol{u}_R - \boldsymbol{u}_L) \in \mathbb{R}^m \tag{a}$$

根据上述对称位移和反对称位移的定义易见：若系统发生对称位移，则 $\boldsymbol{u}_R = \boldsymbol{u}_L$，必有 $\boldsymbol{u}_s = \boldsymbol{u}_R$ 和 $\boldsymbol{u}_a = \boldsymbol{0}$；若系统发生反对称位移，则 $\boldsymbol{u}_R = -\boldsymbol{u}_L$，必有 $\boldsymbol{u}_s = \boldsymbol{0}$ 和 $\boldsymbol{u}_a = \boldsymbol{u}_R$。因此，$\boldsymbol{u}_s$ 和 $\boldsymbol{u}_a$ 分别是系统发生对称运动和反对称运动时子系统 $S_R$ 的位移向量。由式(a)得到：

$$\boldsymbol{u}_R = \boldsymbol{u}_s + \boldsymbol{u}_a, \quad \boldsymbol{u}_L = \boldsymbol{u}_s - \boldsymbol{u}_a \tag{b}$$

这就是定理 2.4.1 在有限元模型中的具体形式。

**定理 2.4.2**：镜像对称系统的对称变形对应于对称载荷，反对称变形对应于反对称载荷，彼此相互独立。

**例 2.4.3** 考察图 2.4.4 所示的两端固支变截面梁，它关于坐标轴 $oz$ 所在平面 $P$ 具有镜像对称性，讨论该梁在分布力 $f(x)$ 作用下的横向变形 $w(x)$。

**解**：根据定理 2.4.1，将梁的横向变形 $w(x)$ 分解为对称变形 $w_s(x)$ 和反对称变形 $w_a(x)$，即

$$w(x) = w_s(x) + w_a(x) \tag{a}$$

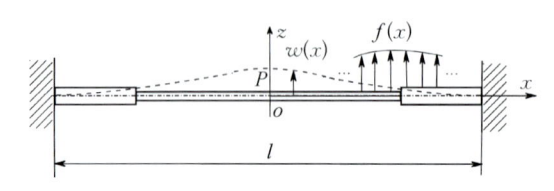

**图 2.4.4** 两端固支梁的静力学问题

在图示坐标系中，$w_s(x)$ 是偶函数，$w_a(x)$ 是奇函数。分布力 $f(x)$ 在梁的变形上所做的功为

$$W = \int_{-l/2}^{l/2} f(x) w(x) \mathrm{d}x = \int_{-l/2}^{l/2} f(x) w_s(x) \mathrm{d}x + \int_{-l/2}^{l/2} f(x) w_a(x) \mathrm{d}x \tag{b}$$

若分布力 $f(x)$ 关于平面 $P$ 对称，即 $f(x)$ 是偶函数，则有

$$W = 2\int_0^{l/2} f(x) w_s(x) \mathrm{d}x > 0, \quad \int_{-l/2}^{l/2} f(x) w_a(x) \mathrm{d}x = 0 \tag{c}$$

这表明，对称分布力在反对称变形 $w_a(x)$ 上不做功，只能引起对称变形 $w_s(x)$。

同理，若分布力 $f(x)$ 关于平面 $P$ 反对称，即 $f(x)$ 是奇函数，则有

$$W = 2\int_0^{l/2} f(x) w_a(x) \mathrm{d}x > 0, \quad \int_{-l/2}^{l/2} f(x) w_s(x) \mathrm{d}x = 0 \tag{d}$$

即反对称分布力在对称变形 $w_s(x)$ 上不做功，只能引起反对称变形 $w_a(x)$。

由于上述讨论并不涉及梁的截面形状、材料性质、边界条件，上述结论适用于关于平

面镜像对称的任意结构的横向变形。

**定理 2.4.3**：镜像对称系统的位移可分解为描述对称位移和反对称位移的两个降维方程来分别求解。

**例 2.4.4** 设图 2.4.3 中的系统 $S$ 是以线段 $x_L x_R$ 为轴线的镜像对称线性系统，建立系统全局坐标系，将系统位移方程解耦为对称横向位移方程和反对称横向位移方程。

**解**：取系统全局坐标系 $oxyz$ 与子系统 $S_R$ 的局部坐标系 $ox_R y_R z_R$ 重合。在全局坐标系中，该线性系统的横向位移向量 $\bar{\boldsymbol{u}}$、刚度矩阵 $\bar{\boldsymbol{K}}$ 和横向外力向量 $\bar{\boldsymbol{f}}$ 满足：

$$\bar{\boldsymbol{K}}\bar{\boldsymbol{u}} = \bar{\boldsymbol{f}}, \quad \bar{\boldsymbol{K}} \equiv \begin{bmatrix} \bar{\boldsymbol{K}}_{RR} & \bar{\boldsymbol{K}}_{RL} \\ \bar{\boldsymbol{K}}_{LR} & \bar{\boldsymbol{K}}_{LL} \end{bmatrix} \in \mathbb{R}^{2m \times 2m}, \quad \bar{\boldsymbol{u}} \equiv \begin{bmatrix} \bar{\boldsymbol{u}}_R \\ \bar{\boldsymbol{u}}_L \end{bmatrix} \in \mathbb{R}^{2m}, \quad \bar{\boldsymbol{f}} \equiv \begin{bmatrix} \bar{\boldsymbol{f}}_R \\ \bar{\boldsymbol{f}}_L \end{bmatrix} \in \mathbb{R}^{2m} \quad (a)$$

有别于例 2.4.2，此处的矩阵和向量均定义在全局坐标系中。

记子系统 $S_L$ 的局部坐标系 $ox_L y_L z_L$ 到全局坐标系 $oxyz$ 的坐标变换矩阵为 $\boldsymbol{P}$。回顾例 2.4.2 的式(b)，$\boldsymbol{u}_R$ 和 $\boldsymbol{u}_L$ 定义在局部坐标系中。在全局坐标系中，该式可表示为

$$\bar{\boldsymbol{u}}_R = \boldsymbol{u}_R = \boldsymbol{u}_s + \boldsymbol{u}_a, \quad \bar{\boldsymbol{u}}_L = \boldsymbol{P}\boldsymbol{u}_L = \boldsymbol{P}\boldsymbol{u}_s - \boldsymbol{P}\boldsymbol{u}_a \quad (b)$$

由于子系统 $S_L$ 的力学模型是子系统 $S_R$ 的力学模型的镜像，刚度矩阵 $\bar{\boldsymbol{K}}$ 的子块满足：

$$\boldsymbol{P}^T \bar{\boldsymbol{K}}_{LL} \boldsymbol{P} = \boldsymbol{K}_{LL} = \boldsymbol{K}_{RR} = \bar{\boldsymbol{K}}_{RR}, \quad \boldsymbol{P}^T \bar{\boldsymbol{K}}_{LR} = \boldsymbol{K}_{LR} = \boldsymbol{K}_{RL} = \bar{\boldsymbol{K}}_{RL} \boldsymbol{P} \quad (c)$$

将式(b)改写为对系统位移向量 $\bar{\boldsymbol{u}}$ 的线性变换矩阵形式：

$$\bar{\boldsymbol{u}} = \begin{bmatrix} \bar{\boldsymbol{u}}_R \\ \bar{\boldsymbol{u}}_L \end{bmatrix} = \begin{bmatrix} \boldsymbol{I}_m & \boldsymbol{I}_m \\ \boldsymbol{P} & -\boldsymbol{P} \end{bmatrix} \begin{bmatrix} \boldsymbol{u}_s \\ \boldsymbol{u}_a \end{bmatrix} \quad (d)$$

其中，$\boldsymbol{I}_m$ 是 $m$ 阶单位矩阵。将式(d)代入式(a)的第一式并左乘线性变换矩阵的转置，得到：

$$\begin{bmatrix} \boldsymbol{I}_m & \boldsymbol{I}_m \\ \boldsymbol{P} & -\boldsymbol{P} \end{bmatrix}^T \begin{bmatrix} \bar{\boldsymbol{K}}_{RR} & \bar{\boldsymbol{K}}_{RL} \\ \bar{\boldsymbol{K}}_{LR} & \bar{\boldsymbol{K}}_{LL} \end{bmatrix} \begin{bmatrix} \boldsymbol{I}_m & \boldsymbol{I}_m \\ \boldsymbol{P} & -\boldsymbol{P} \end{bmatrix} \begin{bmatrix} \boldsymbol{u}_s \\ \boldsymbol{u}_a \end{bmatrix} = \begin{bmatrix} \boldsymbol{I}_m & \boldsymbol{I}_m \\ \boldsymbol{P} & -\boldsymbol{P} \end{bmatrix}^T \begin{bmatrix} \bar{\boldsymbol{f}}_R \\ \bar{\boldsymbol{f}}_L \end{bmatrix} \quad (e)$$

利用式(c)，可将式(e)简化为

$$\begin{bmatrix} 2(\bar{\boldsymbol{K}}_{RR} + \bar{\boldsymbol{K}}_{RL}\boldsymbol{P}) & \boldsymbol{0} \\ \boldsymbol{0} & 2(\bar{\boldsymbol{K}}_{RR} - \bar{\boldsymbol{K}}_{RL}\boldsymbol{P}) \end{bmatrix} \begin{bmatrix} \boldsymbol{u}_s \\ \boldsymbol{u}_a \end{bmatrix} = \begin{bmatrix} \bar{\boldsymbol{f}}_R + \boldsymbol{P}^T \bar{\boldsymbol{f}}_L \\ \bar{\boldsymbol{f}}_R - \boldsymbol{P}^T \bar{\boldsymbol{f}}_L \end{bmatrix} \quad (f)$$

这表明，$2m$ 自由度系统 $S$ 被解耦为两个 $m$ 自由度系统，分别描述系统的对称横向位移和反对称横向位移；式(f)中的 $\bar{\boldsymbol{f}}_R + \boldsymbol{P}^T \bar{\boldsymbol{f}}_L$ 是对称外力向量，$\bar{\boldsymbol{f}}_R - \boldsymbol{P}^T \bar{\boldsymbol{f}}_L$ 是反对称外力向量。

**讨论**：如果系统 $S$ 具有两个正交镜像对称面，可采用类似于式(d)的线性变换将系统刚度矩阵 $\boldsymbol{K}$ 解耦为如下块对角矩阵：

$$K = \begin{bmatrix} K_{ss} & 0 & 0 & 0 \\ 0 & K_{sa} & 0 & 0 \\ 0 & 0 & K_{as} & 0 \\ 0 & 0 & 0 & K_{aa} \end{bmatrix} \in \mathbb{R}^{4m \times 4m} \qquad (g)$$

其中,下标 ss 和 aa 分别代表关于两个平面对称和反对称;sa 和 as 分别代表关于第一和第二个平面对称,关于另一个平面反对称。因此,系统建模和计算规模均可大幅降低。

值得指出的是,上述三个定理也适用于镜像对称系统的线性动力学问题。以定理 2.4.3 为例,只要用系统阻抗矩阵 $Z(\omega)$ 替换系统刚度矩阵 $K$,即可获得系统动力学的解耦方程。

最后,讨论具有两个正交镜像对称面的矩形薄板固有振动。这类固有振动是沿着板的长度方向和宽度方向的弹性波合成的驻波,会导致某些固有频率彼此重复。这种现象称为**重频固有振动**,其对应的固有振型比较复杂。更重要的是,对于具有两个正交镜像对称面的系统,重频固有振动是一种普遍现象。

**例 2.4.5** 图 2.4.5 中的矩形薄板具有四边铰支边界,讨论矩形薄板发生两个固有频率重复时的固有振型。

**解**:根据振动力学,四边铰支矩形薄板的固有频率和固有振型分别为

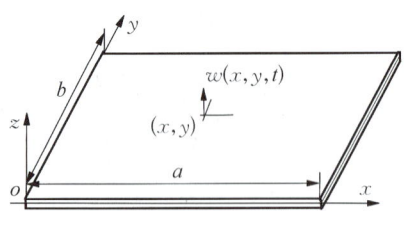

**图 2.4.5 矩形薄板及其坐标系**

$$\omega_{rs} = \pi^2 \sqrt{\frac{D}{\rho h}} \left( \frac{r^2}{a^2} + \frac{s^2}{b^2} \right), \quad r, s = 1, 2, \cdots \qquad (a)$$

$$\varphi_{rs}(x, y) = \sin\left(\frac{r\pi x}{a}\right) \sin\left(\frac{s\pi y}{b}\right), \quad r, s = 1, 2, \cdots \qquad (b)$$

其中,$D \equiv Eh^3/[12(1-\nu^2)]$,是薄板的抗弯刚度;$h$ 是薄板的厚度;$E$ 是材料弹性模量;$\nu$ 是材料的泊松(Poisson)比;$\rho$ 是材料密度。

为了便于理解,取一组矩形薄板的参数:

$$a = \sqrt{\frac{8}{3}} \text{ m}, \quad b = 1 \text{ m}, \quad h = 0.005 \text{ m}, \quad \rho = 7\,800 \text{ kg/m}^3, \quad E = 210.0 \text{ GPa}, \quad \nu = 0.28 \qquad (c)$$

由式(a)得到两个重复固有频率:

$$f_{12} = f_{31} = \frac{\omega_{31}}{2\pi} = 53.61 \text{ Hz} \qquad (d)$$

式(b)给出对应这两个重复固有频率的固有振型:

$$\varphi_{12}(x, y) = \sin\left(\frac{\pi x}{\sqrt{8/3}}\right) \sin(2\pi y), \quad \varphi_{31}(x, y) = \sin\left(\frac{3\pi x}{\sqrt{8/3}}\right) \sin(\pi y) \qquad (e)$$

不难验证,这是该矩形薄板具有最小波数的重频固有振动。

这两个固有振型的任意线性组合均是上述重复固有频率的固有振型,可表示为

$$\psi(x, y) = c_1\varphi_{12}(x, y) + c_2\varphi_{31}(x, y) \tag{f}$$

对于 $(c_1, c_2)$ 的六种取值,图 2.4.6 给出了矩形薄板的典型固有振型,其中灰色区域和白色区域分别代表薄板的不同振动方向,两者的交界线就是该固有振型的**节线**。

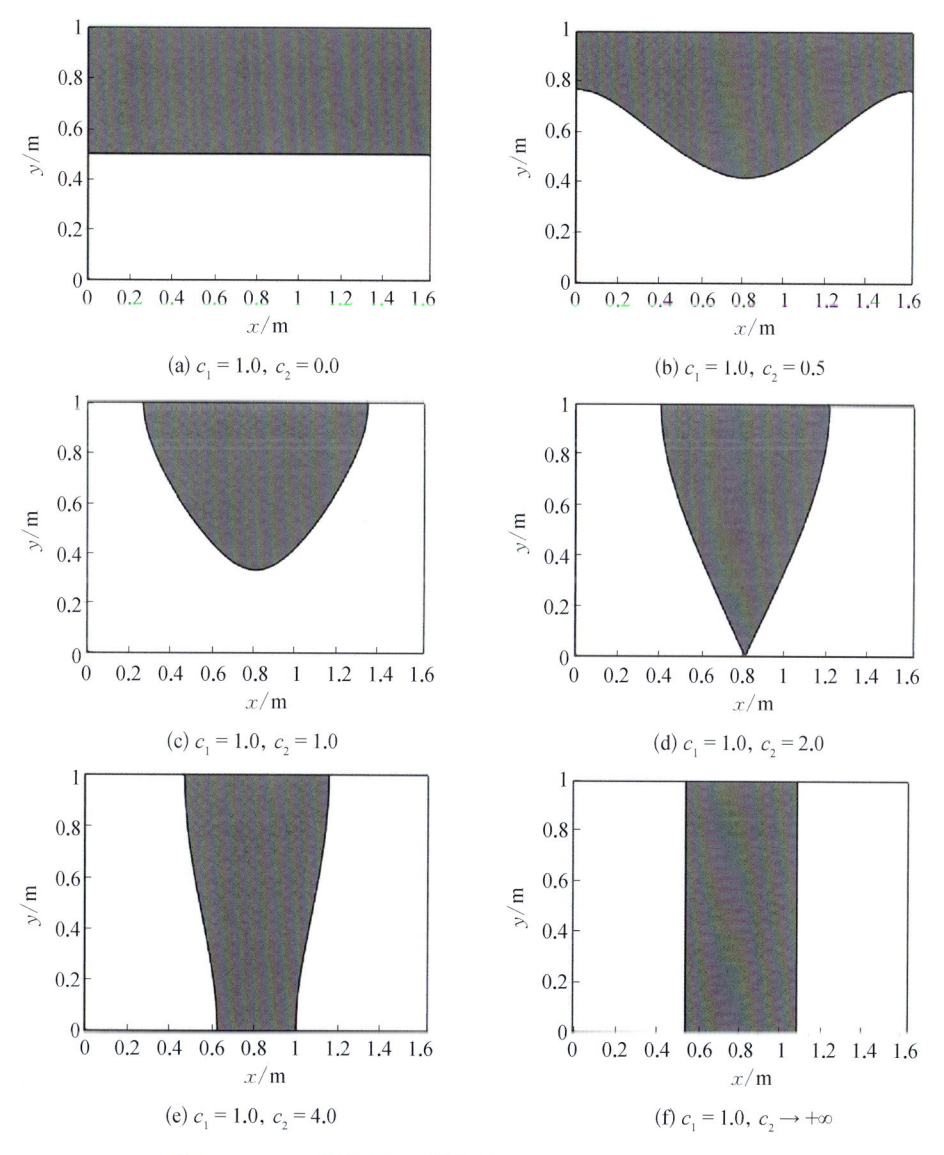

(a) $c_1 = 1.0$, $c_2 = 0.0$

(b) $c_1 = 1.0$, $c_2 = 0.5$

(c) $c_1 = 1.0$, $c_2 = 1.0$

(d) $c_1 = 1.0$, $c_2 = 2.0$

(e) $c_1 = 1.0$, $c_2 = 4.0$

(f) $c_1 = 1.0$, $c_2 \to +\infty$

**图 2.4.6　四边铰支矩形薄板的重频固有振型 ($f_{12} = f_{31}$)**

已有研究表明,重频固有振动对矩形薄板的加工误差、附加质量等扰动因素很敏感[1]。

---

[1]　胡海岩. 振动力学——研究性教程[M]. 北京:科学出版社,2020:177-188.

例如,如果在矩形薄板的振动实验中采用接触式传感器(如石英晶体加速度计),则传感器的附加质量会使上述两个重复的固有频率变为两个很接近的固有频率,而重频固有振型分裂为两个线性无关、差异较大的固有振型。对于具有两个正交镜像对称面的系统,在其振动实验中也有类似现象。这种现象称为**对称性破缺**,2.4.3节将对此作进一步讨论。

### 2.4.2 循环对称系统

考察对称度为 $n$ 的循环对称系统,可视其由 $n$ 个相同子系统围绕中心轴而成。当系统绕该中心轴旋转 $\theta \equiv 2\pi/n < 2\pi$ 时,与未旋转前完全相同,该条件意味着 $n \geq 2$。以下讨论循环对称系统的运动描述及系统固有振动,介绍循环对称系统的主要力学特征。

**1. 系统描述**

为简洁起见,考察图 2.4.7 中对称度为 $n = 4$ 的循环对称系统 $S$,记其相同子系统为 $^{(k)}S$, $k \in \bar{I}_4$, $\bar{I}_4 = \{0, 1, 2, 3\}$ 是指标集。将 $^{(0)}S$ 记为**基本子系统**,为其建立坐标系 $^{(0)}F$,并在该坐标系中建立 $^{(0)}S$ 的有限元模型。再将 $^{(0)}F$ 和 $^{(0)}S$ 绕中心轴逆时针旋转角度 $k\theta$,得到子系统 $^{(k)}S$ 的坐标系 $^{(k)}F$ 和 $^{(k)}S$ 的有限元模型,$k \in \bar{I}_4$。记子系统 $^{(k)}S$ 在坐标系 $^{(k)}F$ 中的位移向量为 $^{(k)}\boldsymbol{u} \in \mathbb{R}^m$;该向量包含 $^{(k)}S$ 的内部位移,还包括界面 $J \equiv {}^{(k)}S \cap {}^{(k-1)}S$ 的位移,$k \in \bar{I}_4$。

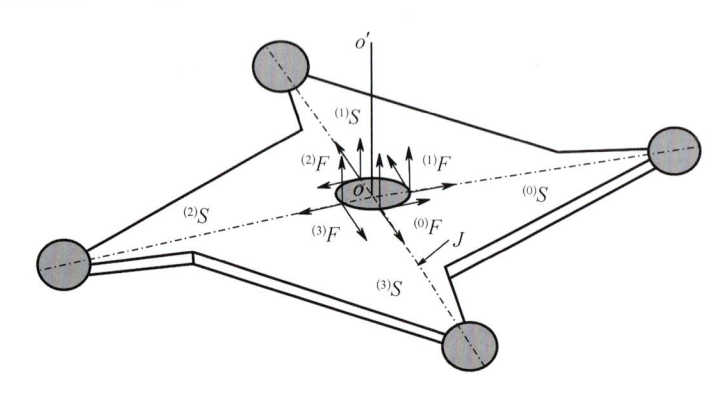

**图 2.4.7 循环对称系统示意图($n=4$)**

如果系统 $S$ 是刚体,则诸 $^{(k)}S$ 在其坐标系 $^{(k)}F$ 中的位移向量相同。但若 $S$ 是弹性系统,则这些位移向量未必相同。循环对称性导致 $^{(4)}S = {}^{(0)}S$,故最简单的情形是存在常数 $\beta$,使得诸子系统位移向量形成如下递推关系:

$$^{(4)}\boldsymbol{u} = \beta^{(3)}\boldsymbol{u} = \beta^{2(2)}\boldsymbol{u} = \beta^{3(1)}\boldsymbol{u} = \beta^{4(0)}\boldsymbol{u} = \beta^{4(4)}\boldsymbol{u} \qquad (2.4.1)$$

由此得到 $\beta^4 = 1$,进而得到 $\beta$ 的 4 个根:

$$\beta_j = \exp(\mathrm{i}j\theta) = \cos(j\theta) + \mathrm{i}\sin(j\theta), \quad \theta = \frac{\pi}{2}, \quad \mathrm{i} \equiv \sqrt{-1}, \quad j \in \bar{I}_4 \qquad (2.4.2)$$

对应每个根 $\beta_j$,系统 $S$ 将有一类运动,其对应的子系统位移向量可记为 $^{(k)}\boldsymbol{u}_j$, $j, k \in \bar{I}_4$。

现讨论如下三类情况。

**第一类**：$j=0$，此时 $\beta_0=1$，故 $^{(0)}\boldsymbol{u}_0 = {}^{(1)}\boldsymbol{u}_0 = {}^{(2)}\boldsymbol{u}_0 = {}^{(3)}\boldsymbol{u}_0$，这表明诸子系统在其坐标系中的位移向量相同。

**第二类**：$j=2$，此时 $\beta_2=-1$，故 $^{(0)}\boldsymbol{u}_2 = -{}^{(1)}\boldsymbol{u}_2 = {}^{(2)}\boldsymbol{u}_2 = -{}^{(3)}\boldsymbol{u}_2$，这表明相邻子系统在其坐标系中的位移向量相反。

**第三类**：$j=1$ 和 $j=3$，此时有一对共轭纯虚根 $\beta_1=\mathrm{i}$ 和 $\beta_3=-\mathrm{i}=\bar{\beta}_1$，故将 $^{(k)}\boldsymbol{u}_1$，$k\in\bar{I}_4$ 和 $^{(k)}\boldsymbol{u}_3$，$k\in\bar{I}_4$ 视为复共轭向量，记为

$$^{(k)}\boldsymbol{u}_1 = {}^{(k)}\boldsymbol{u}_{1\mathrm{R}} + \mathrm{i}\,^{(k)}\boldsymbol{u}_{1\mathrm{I}}, \quad ^{(k)}\boldsymbol{u}_3 = {}^{(k)}\boldsymbol{u}_{1\mathrm{R}} - \mathrm{i}\,^{(k)}\boldsymbol{u}_{1\mathrm{I}} \tag{2.4.3}$$

在复空间中，这两个复共轭向量线性相关。根据循环对称性，$j=3$ 对应绕逆时针旋转角度 $3\theta=3\pi/2$，这也等价于绕顺时针旋转角度 $\theta=\pi/2$。因此，$^{(k)}\boldsymbol{u}_1(k\in\bar{I}_4)$ 和 $^{(k)}\boldsymbol{u}_3(k\in\bar{I}_4)$ 代表旋转方向相反的两种复位移向量。根据式(2.4.2)和式(2.4.3)，可将诸子系统的复位移向量递推关系 $^{(k)}\boldsymbol{u}_j = \beta_j^k\,^{(0)}\boldsymbol{u}_j$，$j=1,3$，$k\in\bar{I}_4$ 表示为

$$\begin{cases} ^{(k)}\boldsymbol{u}_{j\mathrm{R}} = \cos(jk\theta)\,^{(0)}\boldsymbol{u}_{1\mathrm{R}} - \sin(jk\theta)\,^{(0)}\boldsymbol{u}_{1\mathrm{I}} \\ ^{(k)}\boldsymbol{u}_{j\mathrm{I}} = \sin(jk\theta)\,^{(0)}\boldsymbol{u}_{1\mathrm{R}} + \cos(jk\theta)\,^{(0)}\boldsymbol{u}_{1\mathrm{I}}, \quad k\in\bar{I}_4 \end{cases} \tag{2.4.4}$$

虽然式(2.4.1)来自猜测，但可采用多种方法证明其正确性。在这些方法中，最普适和严谨的当属群论方法，它是研究对称性问题的数学工具。根据群论，可用循环对称群 $C_n$ 描述具有 $n$ 个相同子系统的循环对称系统，并根据群的线性表示理论，严格推导出上述结果[1]。

显然，以上讨论只说明循环对称系统可能发生上述变形。类比定理 2.4.2 可知，循环对称系统要呈现上述变形，其载荷需要满足相应的对称性条件。为了便于理解，以下讨论循环对称系统的固有振动问题，此时可视载荷为系统惯性力，这自然满足对称性条件。

**2. 系统固有振动**

现考察对称度为 $n$ 的循环对称系统 $S$，它具有 $n$ 个相同子系统 $^{(k)}S$，$k\in\bar{I}_n$。将基本子系统 $^{(0)}S$ 及其坐标系 $^{(0)}F$ 绕对称轴线旋转角度 $k\theta$，得到子系统 $^{(k)}S$ 的坐标系 $^{(k)}F$ 和 $^{(k)}S$ 的有限元模型，$k\in\bar{I}_n$。根据对循环对称系统的三类运动讨论，可证明如下定理。

**定理 2.4.4**：若循环对称系统 $S$ 含有 $n$ 个相同子系统，其固有振动可分为如下三类。

**第一类** ($j=0$)：此时 $^{(k)}\boldsymbol{u}_0 = {}^{(0)}\boldsymbol{u}_0$，$k\subset\bar{I}_n$，即各子系统的固有振型相同；这通常是单频固有振动。

**第二类** ($j=n/2$，$n$ 为偶数)：此时 $^{(k)}\boldsymbol{u}_{n/2} = (-1)^k\,^{(0)}\boldsymbol{u}_{n/2}$，$k\in\bar{I}_n$，即相邻子系统的固有振型正负号相反，或理解为系统固有振型每隔两个子系统重复；这通常也是单频固有振动。

**第三类** ($0<j<n/2$)：此时绕对称轴逆时针传播和顺时针传播的一对复共轭弹性波

---

[1] 胡海岩.振动力学——研究性教程[M].北京:科学出版社,2020:189-233.

叠加构成具有两个重频率的固有振动;系统的固有振型每隔 $p = n/j$ 个子系统重复。

值得指出,上述的第一类、第二类固有振动很直观;将 $p = n/j$ 代入式(2.4.4),即可证明第三类固有振动的振型绕对称轴的周期性。

**例 2.4.6** 德国学者 Bauer 和 Reiss 计算了正六边形薄板的前 20 阶固有振动,并按固有频率升序给出了固有振型节线图。现根据定理 2.4.4,对其研究结果进行讨论。

**解:** 将正六边形薄板视为对称度 $n = 6$ 的循环对称系统,其 6 个子系统均为正三角形薄板。根据定理 2.4.4,可将文献[1]中的 20 阶固有振动分为 4 组,得到图 2.4.8。在各子图中,虚线代表固有振型的节线,具有+号的区域与相邻区域的振动方向相反,右下角的数字是对应的固有频率顺序号。

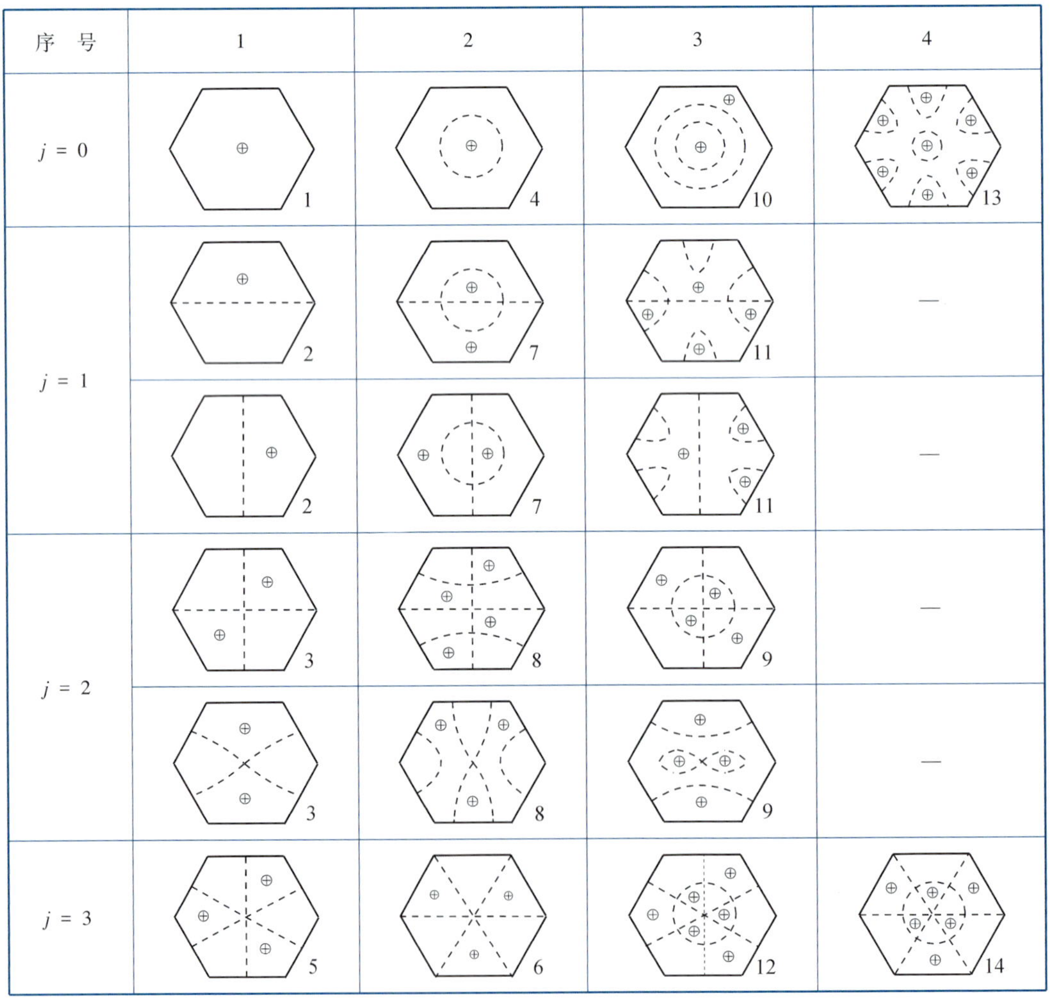

| 序 号 | 1 | 2 | 3 | 4 |
|---|---|---|---|---|
| $j = 0$ | 1 | 4 | 10 | 13 |
| $j = 1$ | 2 | 7 | 11 | — |
| $j = 1$ | 2 | 7 | 11 | — |
| $j = 2$ | 3 | 8 | 9 | — |
| $j = 2$ | 3 | 8 | 9 | — |
| $j = 3$ | 5 | 6 | 12 | 14 |

图 2.4.8 正六边形铰支板的固有振型节线[1]

[1] Bauer L, Reiss E L. Cutoff wavenumbers and modes of hexagonal waveguides[J]. SIAM Journal of Applied Mathematics, 1978, 35: 508 – 514.

观察图 2.4.8 可见，这 4 组固有振动具有如下规律，并与定理 2.4.4 的结论完全一致。

第 1 组 ($j = 0$)：该文献获得了薄板的 4 阶单频固有振动；这 4 个固有振型的特点是，各子结构的振动形态相同。

第 2 组 ($j = 1$)：该文献获得了薄板的 3 阶重频固有振动，总计 6 个固有振型；这些固有振型的特点是，经过 $p = n/j = 6$ 个子结构重复，都有 1 根节线经过板的中心。

第 3 组 ($j = 2$)：该文献获得了薄板的 3 阶重频固有振动，总计 6 个固有振型；这些固有振型的特点是，绕对称轴经过 $p = n/j = 3$ 个子结构后重复，且皆有 2 根节线经过板的中心。

第 4 组 ($j = 3$)：该文献获得了薄板的 4 阶单频固有振动；这 4 个固有振型的特点是，相邻子结构振动形态相反，即经过 $p = n/j = 2$ 个子结构后重复，且皆有 3 根节线经过板的中心。

**例 2.4.7** 考察图 2.4.9 所示具有 6 根短叶片的中心固支叶盘模型振动实验问题。在早期叶盘振动实验中，通常将这类叶盘类比为圆盘，根据实测固有振型的节圆和节径进行分组和分析，但经常遇到困难。现将其视为由图中 6 个子系统 $^{(k)}S$，$k \in \bar{I}_6$ 组成的循环对称系统，采用定理 2.4.4 对其固有振动特性进行推测，减少实验的盲目性。

**解**：在该实验中，本章作者将叶盘固有振动分为 4 组；在每个组内，将固有频率从低到高排序。根据定理 2.4.4，可提出如下分组准则和预判。

第 1 组 ($j = 0$)：将诸子结构振型相同的固有振动归入本组，它们都是单频固有振动。

**图 2.4.9** 中心固支叶盘模型 ($n = 6$)

第 2 组 ($j = 1$)：若叶盘的子结构振型从 $^{(0)}S$ 到 $^{(5)}S$ 无任何重复，则有 $j = n/p = 6/6 = 1$；将这类固有振动归入本组，它们都是重频固有振动。

第 3 组 ($j = 2$)：若叶盘的子结构振型为每 3 个子结构重复一次，则必有 $j = n/p = 6/3 = 2$；将这类固有振动归入本组，它们都是重频固有振动。

第 4 组 ($j = 3$)：若叶盘诸子结构振型相位相反，将这类固有振动归入本组，它们是单频固有振动。

对叶盘施加单点正弦扫频激励进，在叶盘上撒上细沙，通过叶盘共振时导致的细沙聚集获得固有振型节线图。在首次实验中，仅观察到 9 阶固有振动。根据上述分析，将测得的 9 个固有频率(标注 * 为实测振型不同的重频)列于表 2.4.1。

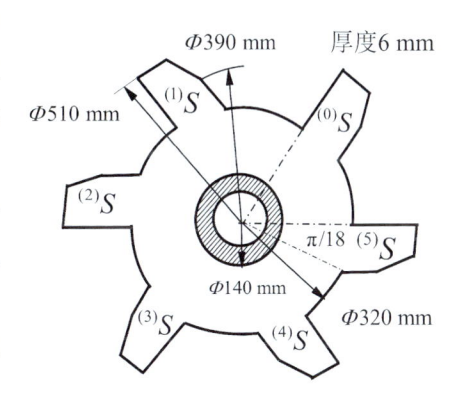

表 2.4.1　叶盘模型的首次实测固有频率分类

| 频率阶次 | $j = 0$ | $j = 1$ | $j = 2$ | $j = 3$ |
|---|---|---|---|---|
| 1 | 213 Hz | — | 257 Hz | 292 Hz |
| 2 | — | — | — | 766 Hz |
| 3 | 1 813 Hz | 1 620 Hz* | 1 283 Hz | 1 099 Hz |

根据表 2.4.1，对首次实验结果作如下讨论。

第一，若以所测得的最高固有频率 1 813 Hz 作为该实验的截止频率，计入已测得的重频固有振动，该实验尚遗漏 9 阶固有振动。

第二，在 $j = 1$ 组中，遗漏的第 1 阶固有频率为 200 Hz 左右，具有 1 根节线；在 $j = 0$ 组中遗漏的第 2 阶固有频率应落入 700~1 000 Hz 频段，不会高于诸组中第 3 阶固有频率的最小值 1 099 Hz，且其固有振型具有 1 根节线。

第三，表 2.4.1 中 1 620 Hz 所对应的固有振型旋转 π 后重复，是通过改变激励位置获得的结果，这与它们位于 $j = 1$ 组相符。由此猜测，通过调整激励位置，可获得更多的重频固有振动。

在上述分析基础上，本章作者进行第二次实验。通过对固有振型节线位置判断，调整激励位置，细致调节激励频率，获得图 2.4.10 所示的 18 阶固有振动频率及固有振型节线图。

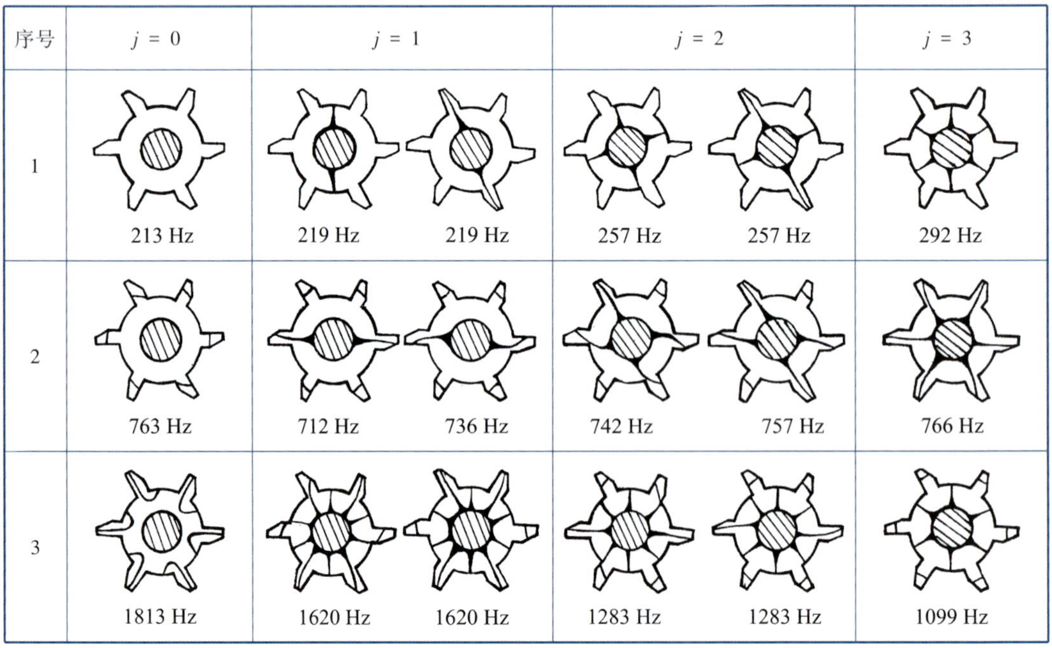

图 2.4.10　中心固支叶盘模型的固有振动测试结果分类[1]

[1] 胡海岩，程德林. 循环对称结构固有模态特征[J]. 应用力学学报，1988，5(3)：1-8.

由图 2.4.10 可见,该叶盘模型在频域具有密集模态。例如,在 712~766 Hz 范围内,该叶盘模型有 6 阶固有振动;固有频率 763 Hz 和 766 Hz 只差 3 Hz,而固有振型截然不同。若叶片数 $n$ 继续增加,则固有频率分布更加密集。如果没有关于循环对称系统固有模态特征的理论分析为基础,将很难获得完整实验结果。

### 2.4.3 对称性破缺

在现实世界中,并不存在数学意义上的严格对称性,上述对称系统是真实系统的理想化模型。换言之,可将真实系统视为在对称系统上叠加微小非对称因素的系统。这样的真实系统具有 2.4.1 节所提及的**对称性破缺**,又称**失谐**。

以例 2.4.7 中的叶盘模型为例,其加工误差较大,属于**失谐**的循环对称系统。由于失谐,叶盘模型的某些重频固有振动分离为两个单频固有振动,但其固有频率比较接近,而固有振型也不再满足定理 2.4.4 所述的第二类对称性条件。有趣的是,人们在工程实践中发现,叶盘失谐有利于降低叶盘的受迫振动响应。因此,在航空发动机和燃气轮机设计中,会人为设计和制造失谐的叶轮和叶盘,进而调整其固有振动性能和气动弹性性能。为此,许多学者采用参数摄动等方法研究循坏对称系统的失谐特性及其设计。

相对而言,上述固体力学中的对称性破缺问题比较简单,而流体力学中的对称性破缺问题则比较复杂。

**例 2.4.8** 图 2.4.11 是水流绕过垂直圆柱后的流场实验结果;其中, $Re_d$ 是该问题的 **Reynolds 数**,定义为 $Re_d \equiv \rho u_\infty d/\mu$, $\rho$ 为流体密度, $\mu$ 为流体的动力黏性系数, $u_\infty$ 为来流速度, $d$ 为圆柱直径。在实验中,圆柱左侧来流是均匀定常流动,关于图中水平线具有镜像对称性;但圆柱右侧的流场不具有镜像对称性,呈现对称性破缺结果。在实验中,即使精心加工圆柱体并力求来流均匀,但只要流速达到一定门槛值,圆柱右侧的流场总会失去镜像对称性,呈现复杂的漩涡,直至演化为湍流。

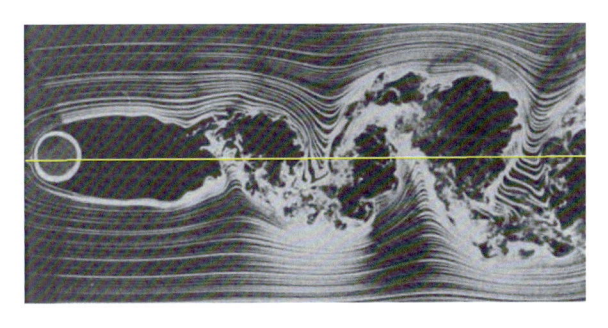

图 2.4.11 圆柱绕流实验结果 ($Re_d = 1\,000$)

为理解上述对称性破缺,采用商业软件 ANSYS Fluent 计算圆柱绕流问题,其计算模型关于水平线镜像对称,简称上下对称。当 $Re_d \ll 40$ 时,得到上下对称的定常流场,对圆柱施加微转动(即小扰动),不会破坏流场对称性。如图 2.4.12 所示,当 $Re_d = 40$ 时,圆柱右侧具有一对漩涡,流场基本是定常的,在小扰动下保持上下对称。当 $Re_d = 100$ 时,若对圆柱施加小扰动,圆柱右侧流场会失去镜像对称性。当 $Re_d = 500$ 时,即使不对圆柱施加任何扰动,圆柱右侧流场也失去对称性。这表明,描述该黏性流体力学问题的 Navier-Stokes 方程具有高度非线性,会将微小的计算误差放大,使计算结果呈现非对称性。换言之,当 Reynolds 数较大时,圆柱绕流问题具有极度敏感的对称性破缺。

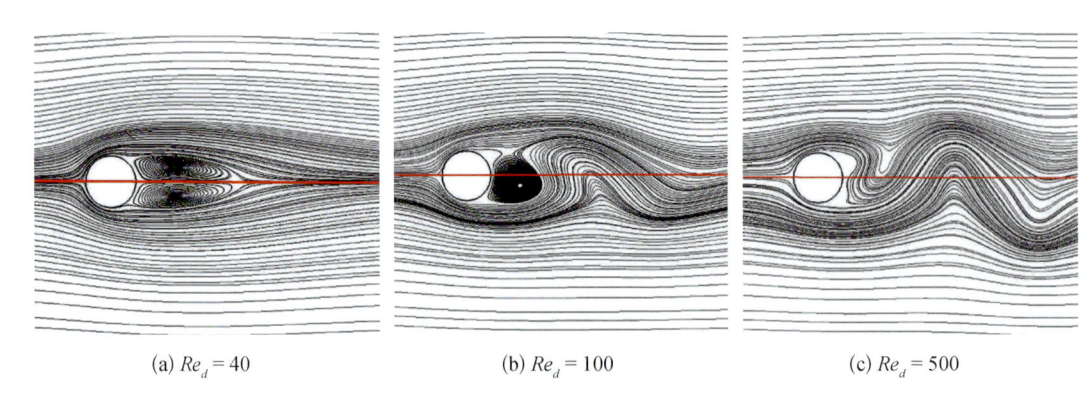

(a) $Re_d = 40$　　　　　　(b) $Re_d = 100$　　　　　　(c) $Re_d = 500$

图 2.4.12　圆柱绕流计算结果

本节所介绍的镜像对称性、循环对称性,属于最简单的对称性。为了简洁,本节未使用任何专门数学工具,而是基于几何直观讨论这两类对称性。如果讨论更复杂的对称性问题,则需要借助群论,它是专门研究对称性的数学分支。例如,对于刚体的大范围转动、理想流体的漩涡等问题,需要采用挪威数学家李(Marius Sophus Lie,1842~1899)所创建的连续群理论,又称 **Lie 群**理论。Lie 群理论不仅可用于研究具有几何对称性的力学问题,而且可以研究各种力学量的守恒问题,还可以研究描述力学问题的常微分方程、偏微分方程的解结构。此外,量纲分析也可视为 Lie 群中的拉伸群[1]。因此,Lie 群理论是研究力学问题的重要数学工具。

在结束本章之际指出,在工程力学研究中,通常并不清晰地划分定性研究阶段和定量研究阶段,而是将定性研究与定量研究相结合,相互迭代,推进研究进程。读者在阅读后续两章所介绍的工程力学机理研究、数据研究之后将会看到:定性研究结果与机理研究、数据研究的结果可相互印证、相互启发。例如,随着机器学习的快速发展,从海量计算和实验数据中所发现的关联结构、低秩结构、标度关系等,可有力支持工程力学的定性研究;而将定性研究结果引入机器学习,可显著提升监督学习成效。

# 思　考　题

**2.1**　以弹性材料和黏弹性材料为例,分别讨论其本构关系的因果性。

**2.2**　对于结构静力学问题的量纲分析,有人认为此时不受 Newton 第二定律约束,质量与力彼此独立,它们的量纲可作为两个独立的基本量纲;有人则不赞同这样的观点。对此进行思考并给出评判。

**2.3**　若蜂窝芯体的胞元不是正六边形,而是题 2.3 图所示的前后镜像对称六边形。

---

[1]　孙博华.量纲分析与 Lie 群[M].北京:高等教育出版社,2016:177-179.

参考例 2.2.6 中对蜂窝芯体的量纲分析，思考如何建立蜂窝芯体的无量纲等效弹性模量。

**2.4** 为评价水坝抗爆炸冲击能力，采用水坝混凝土制作缩比模型，将模型安装在水箱中，考察小当量炸药在水中爆炸引起的缩比模型响应，但该实验不满足惯性相似条件。为了模拟惯性效应，将水箱安装在题 2.4 图所示离心试验机的悬臂端。记模型质量为 $m$，模型受到的爆炸水平冲击速度为 $v$，悬臂绕铅垂轴以角速度 $\omega$ 匀速旋转，模型质心与铅垂轴的距离为 $r$。对该水坝缩比模型的冲击问题进行相似性分析，确定其承受的冲击动能。

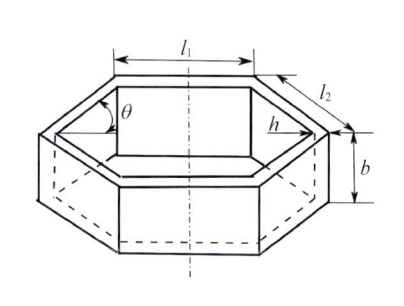

题 2.3 图　蜂窝胞元　　　　题 2.4 图　水工结构模型离心试验机

**2.5** 对于图 2.4.12 所示的圆柱绕流案例，有人认为：由此可否定对称系统在对称输入下必有对称输出。还有人认为：这表明对称系统在对称输入下存在对称输出，但该对称输出未必是稳定的，故计算结果呈现非对称性。思考和评判这两种观点。

# 拓展阅读文献

1. 钟永光,贾晓菁,李旭,等. 系统动力学[M]. 北京：科学出版社,2009.
2. 孙博华. 量纲分析与 Lie 群[M]. 北京：高等教育出版社,2016.
3. 高光发. 量纲分析基础[M]. 北京：科学出版社,2020.
4. 杨俊杰. 相似理论与结构模型试验[M]. 武汉：武汉理工大学出版社,2005.
5. Tan Q M. Dimensional Analysis[M]. Berlin：Springer-Verlag, 2011.
6. Harris H G, Sabnis G M. Structural Modeling and Experimental Techniques[M]. 2nd ed. Boca Raton：CRC Press, 1999.
7. Stewart I, Golubitsky M. Fearful Symmetry[M]. Oxford：Blackwell Publisher, 1992.
8. Marsden J E, Ratiu T. Introduction to Mechanics and Symmetry[M]. New York：Springer-Verlag, 1999.
9. Wang D J, Wang Q S, He B C. Qualitative Theory in Structural Mechanics[M]. Beijing：Peking University Press；Singapore：Springer-Nature, 2019.
10. Hu H Y. Vibration Mechanics：A Research-Oriented Tutorial[M]. Beijing：Science Press；Singapore：Springer-Nature, 2022.

本章作者：胡海岩,北京理工大学,教授,中国科学院院士

# 第 3 章
# 工程力学的机理研究

在对工程系统进行力学定性研究后,还要进行更细致的力学定量研究。实践证明,在使用各种商业软件对系统进行概念设计、力学建模、计算分析、实验验证前,必须了解支配系统力学行为的主要因素及其内在机理,有针对性地开展工作。否则,就会无的放矢,无法获得正确的概念设计,使精细的力学建模、大量的计算和实验、优美的数据图表失去价值。

本章介绍工程系统中若干因素带来的力学问题及其机理,为后续章节研究工程中的力学问题提供基本概念和研究思路。本章内容包括工程系统的稳定性问题、非线性问题、多尺度问题、耦合问题、延迟问题、不确定问题。

鉴于上述问题大多超出力学专业本科生的必修课内容,故本章结合工程背景,建立尽可能简单的力学模型来介绍这些问题,重点介绍基本概念和力学行为,简要介绍研究方法的主要思路。本章的目的是引导读者研读相关论著,为研究工程中的力学问题奠定基础。

## 3.1 稳定性分析

工程系统的**稳定性**是指系统运行时能抵御干扰而保持原状态的能力。在力学界,对稳定性的研究具有悠久历史,可根据研究对象区分为结构稳定性、运动稳定性、流动稳定性、材料稳定性等研究领域。本节根据稳定过程是否涉及系统的惯性,分别讨论工程系统的静态稳定性和动态稳定性。

### 3.1.1 静态稳定性

**静态稳定性**是指系统平衡位形受到小扰动后是否发生改变的性质。若系统受小扰动后随即回到原有的平衡位形,且该过程与系统惯性无关,则称为**静态稳定**。在材料力学中,受轴向静压力作用的弹性杆(简称压杆)发生屈曲,则属于**静态失稳**。

在工程中,常见的静态稳定性问题是结构系统的静平衡位形发生静态失稳,出现屈曲。例如,图 3.1.1(a)中,房屋立柱的钢筋因受压而发生整体失稳,呈现横向屈曲;图 3.1.1(b)中,船舶触礁导致船体壁板边界承载,壁板整体失稳而呈现波纹状屈曲;图

3.1.1(c)中,薄壁圆柱储液罐在顶部重力和内部压强联合作用下发生局部失稳,呈现波纹状屈曲。

(a) 房屋立柱　　　(b) 船舶壁板　　　(c) 圆柱壳储液罐

**图 3.1.1　三种典型的结构屈曲**

在材料力学中,已讨论过压杆的静态失稳,其特点如下:一是当压力达到某个临界值后微量增加,会使压杆的平衡位形失稳,产生很大的横向变形;二是失稳的临界压力远远低于根据压杆材料抗压强度所预计的临界压力。

近年来,在工程结构的轻量化设计中,普遍采用细长构件和薄壁构件。当这些构件中存在受压区时,若技术上处理不当,就会导致结构静态失稳。这类结构失稳与压杆失稳类似,其稳定性的临界载荷远低于结构强度的临界载荷。

**1. 静态失稳类型**

发生静态失稳后,有些结构仍具有承载能力,有些则完全丧失承载能力。人们将结构发生屈曲到破坏的过程称为**后屈曲**,并根据后屈曲表现来命名静态失稳类型。

第一,稳定分岔型。以图 3.1.2 所示的两端铰支细长压杆为例,当压力 $P$ 达到**临界载荷** $P_{cr}$ 时,杆的平衡位形 $\bar{w}(x)$ 失稳而发生弯曲变形 $w(x)$,其中心线为图中红色细实线。这就是压杆的屈曲,也是压杆的新平衡位形。对于平面内的压杆,新平衡位形有两种可能性,即图 3.1.2 所示红色抛物线的 $AB$ 分支或 $AB'$ 分支,此时杆中点的弯曲变形 $w(l/2)$ 随着 $P-P_{cr}$ 增加而急剧增大;而稳定平衡位形 $\bar{w}(x)$ 在点 $A$ 发生突变,成为虚线表示的不稳定分支。在数学上,将这种问题解支出现突然变化的现象称为**分岔**,将图中的直线-抛物线统称为**分岔曲线**。由于压杆屈曲时从原来的稳定平衡位形 $\bar{w}(x)$ 转移到新的稳定平衡位形 $w(x)$,称这种失稳为**稳定分岔型**,又称为**超临界失稳**。当然,其他受压构件也会发生这种失稳,如对边受面内压力的矩形平板。有趣的是,矩形平板发生屈曲后,继续增加载荷不仅导致其弯曲变形增加,而且非承载的平板边缘会产生面内拉应力,进而限制平板的弯曲变形,使平板的承载能力显著高于失稳的临界载荷。因此,矩形平板的分岔曲线开口较小。

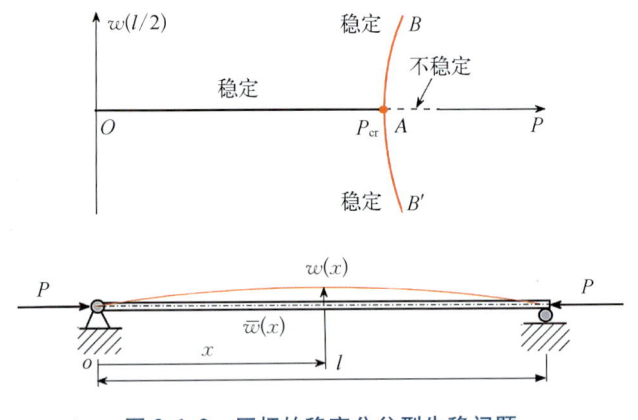

图 3.1.2　压杆的稳定分岔型失稳问题

第二，极值点型。实验表明，只有**完善细长压杆**(即无缺陷、压力与杆件轴向完全重合的细长压杆)才呈现上述超临界失稳现象。在图 3.1.3 中，压力略微低于杆件轴线，偏心压力引起的弯矩导致压杆发生向上的弯曲变形，具有红色细实线所示的稳定位形。随着压力增加，杆的弯曲变形导致杆中点截面上靠近边缘的应力超过材料弹性极限，即杆的部分区域发生塑性变形，形成塑性区。随着压力继续增加，杆的塑性区不断扩展，杆的弯曲变形加剧，承载能力达到极限后迅速下降，杆会发生破坏。在图 3.1.3 所示的压力与横向变形关系中，点 A 对应于压杆内部最大应力达到材料屈服极限，点 B 表示压杆能承受的压力达到**极值点载荷** $P_{max}$；此后压杆进入不稳定阶段，必须靠降低压力才能维持杆的平衡，点 C 代表压杆破坏。上述失稳过程始于压力达到最大值的点 B，故称为**极值点型**。在工程中，大多数压杆都不是完善压杆，故极值点型失稳颇为常见。此外，非细长压杆的失稳通常也是极值点型。因此，在压杆设计中，其载荷既要低于临界载荷 $P_{cr}$，又要低于极值点载荷 $P_{max}$。

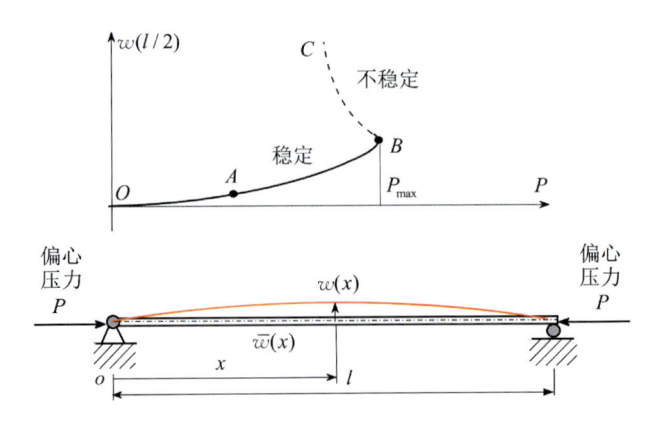

图 3.1.3　压杆的极值点型失稳问题

第三，不稳定分岔型。以图 3.1.4 所示具有初始缺陷的圆柱壳为例，其发生屈曲的临界压力 $P'_{cr}$ 明显低于不考虑缺陷的理想临界压力 $P_{cr}$。当压力 $P$ 达到临界压力 $P'_{cr}$ 时，不可避免的小扰动导致圆柱壳从初始稳定平衡位形 $\bar{w}(x)$ 跳跃到新的稳定平衡位形 $w(x)$，即图中红色细实线所示的屈曲。这种屈曲有多个解支，如图中的红色解支 $AB$ 和 $AB'$。该失稳过程历经稳定平衡位形 $\bar{w}(x)$ 并具有跳跃，因此称为**不稳定分岔型**。上述圆柱壳发生屈曲后，会产生压缩膜应力，导致圆柱壳的弯曲变形和应力大幅增加，甚至只要发生屈曲就立即导致破坏。在圆柱壳的设计中，必须重视这类高风险的屈曲。

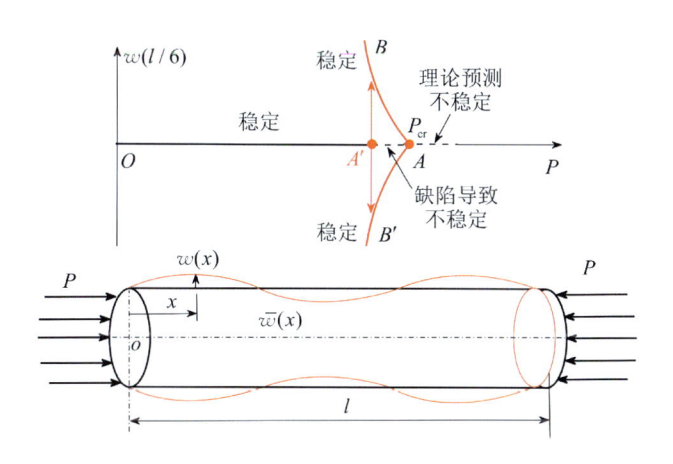

图 3.1.4　圆柱壳的不稳定分岔型失稳问题

第四，跳跃型。考察图 3.1.5 中两端铰支的浅拱结构，它在压力 $P$ 的作用下产生挠度 $w(x)$，如图中偏上方的红色实线所示，浅拱结构中点的压力–变形曲线呈现上升段 $OA$。但当浅拱结构中点的变形达到最高点 $A$ 时，整个浅拱结构突然跳跃到具有大挠度的点 $C$，拱结构顷刻呈现下凹，如图中偏下方的红色实线所示，它对应的临界压力为 $P_{cr}$。在压力–变形曲线上，$AB$ 段不稳定，$BC$ 段稳定，但该曲线没有分岔点，故称为**跳跃**（snap-through）**型失稳**。除了浅拱结构，扁壳、扁平的网壳等结构也会发生跳跃型失稳。这类失稳涉及结构大变形，属于非线性力学问题。

在土木工程等领域，浅拱、扁壳等结构只要发生跳跃型失稳，就会失去承载能力，无法

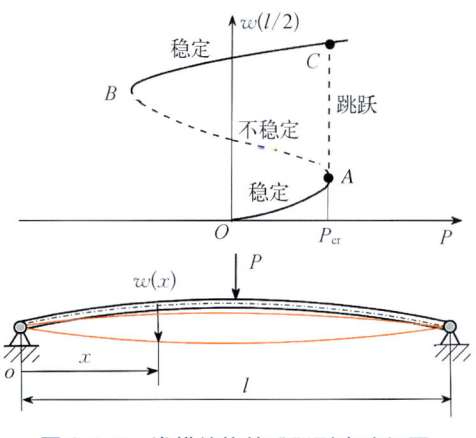

图 3.1.5　浅拱结构的跳跃型失稳问题

继续使用。在机械工程等领域，却可将跳跃型失稳作为一种机械开关，设计实现两个稳定平衡位形切换的功能性结构。

**例 3.1.1**　图 3.1.6 所示为空间在轨服务设计的机器人末端执行器抓取物体过程：端部安装软抓手的机构向下运动；软抓手与物体接触后受压，经跳跃型失稳翻转为新的平衡位形；软抓手通过摩擦力抓紧物体后，在机构牵引下携带物体向上运动。

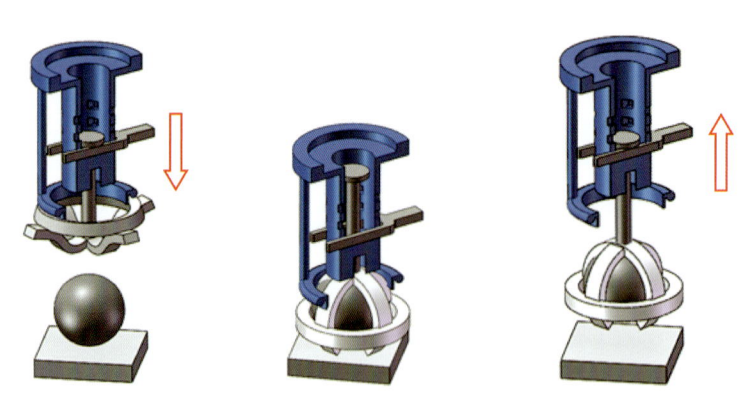

图 3.1.6　基于跳跃型失稳设计的软抓手抓取物体过程

本章作者团队将软抓手设计为由两根正交曲梁组成的拱形结构,它具有两个稳定平衡位形,受压后实现平衡位形切换。为了使该末端执行器适应不同的相对运动速度,通过数值计算和实验相结合的方法,设计了可调节的能量势阱。大量实验表明,该末端执行器可重复抓取各种形状的物体[1]。

### 2. 平衡位形的静态稳定性

现从能量角度讨论力学系统的平衡和稳定性问题。考察具有定常完整约束的 $n$ 自由度力学系统,用广义位移向量 $\boldsymbol{q} = [q_1 \quad q_2 \quad \cdots \quad q_n]^\mathrm{T}$ 描述其位形,将对应的广义力向量记为 $\boldsymbol{f}$。根据理论力学中的虚功原理,系统处于静平衡位形的充分必要条件是 $\boldsymbol{f}^\mathrm{T} \delta \boldsymbol{q} = 0$,其中 $\delta \boldsymbol{q}$ 是系统的虚位移向量。根据虚位移向量 $\delta \boldsymbol{q}$ 的任意性,可得到力平衡方程 $\boldsymbol{f} = \boldsymbol{0}$。

对于系统的平衡位形 $\bar{\boldsymbol{q}}$,记系统受小扰动后抵达平衡位形 $\bar{\boldsymbol{q}}$ 附近的某个位形 $\boldsymbol{q} = \bar{\boldsymbol{q}} + \delta \boldsymbol{q}$。此时,该位形未必满足平衡条件,故系统上作用了广义力向量的变化量 $\delta \boldsymbol{f} = \boldsymbol{f}(\boldsymbol{q}) - \boldsymbol{f}(\bar{\boldsymbol{q}})$。显然,如果 $\delta \boldsymbol{f}$ 指向平衡位形 $\bar{\boldsymbol{q}}$,则 $\delta \boldsymbol{f}$ 沿着 $\delta \boldsymbol{q}$ 做负功,使系统回归平衡位形 $\bar{\boldsymbol{q}}$,即系统的平衡位形 $\bar{\boldsymbol{q}}$ 是**稳定的**。由此可归纳如下定理。

**定理 3.1.1**:系统具有稳定平衡位形 $\bar{\boldsymbol{q}}$ 的充分必要条件是:任意虚位移向量 $\delta \boldsymbol{q}$ 均使得 $\delta \boldsymbol{f}^\mathrm{T} \delta \boldsymbol{q} < 0$。若有某个 $\delta \boldsymbol{q}^*$ 使该不等式成为等式,则称平衡位形 $\bar{\boldsymbol{q}}$ 是**临界稳定的**。反之,若存在某个虚位移向量 $\delta \boldsymbol{q}^*$ 使得 $\delta \boldsymbol{f}^{*\mathrm{T}} \delta \boldsymbol{q}^* > 0$,则系统平衡位形 $\bar{\boldsymbol{q}}$ 是**不稳定的**。

现考察具有定常完整约束的保守系统,其具有势函数 $V(\boldsymbol{q})$ 使得 $\boldsymbol{f}(\boldsymbol{q}) = -\partial V(\boldsymbol{q})/\partial \boldsymbol{q}$。根据力平衡方程,系统平衡位形满足势函数的极值条件,即

$$\boldsymbol{f}(\bar{\boldsymbol{q}}) = -\left.\frac{\partial V(\boldsymbol{q})}{\partial \boldsymbol{q}}\right|_{\boldsymbol{q} = \bar{\boldsymbol{q}}} = \boldsymbol{0} \tag{3.1.1}$$

对于虚位移向量 $\delta \boldsymbol{q}$,广义力向量的一阶变化量为

---

[1] Liu Y H, Luo K, Wang S, et al. A soft and bistable gripper with adjustable energy barrier for fast capture in space [J]. Soft Robotics, 2023, 10: 77–87.

$$\delta f = \frac{\partial f}{\partial \boldsymbol{q}^{\mathrm{T}}} \delta \boldsymbol{q} = -\left(\frac{\partial^2 V}{\partial \boldsymbol{q}^{\mathrm{T}} \partial \boldsymbol{q}}\right) \delta \boldsymbol{q} \qquad (3.1.2)$$

根据定理 3.1.1,保守系统具有稳定平衡位形 $\bar{\boldsymbol{q}}$ 的充分必要条件为

$$\delta \boldsymbol{f}^{\mathrm{T}} \delta \boldsymbol{q} = -\delta \boldsymbol{q}^{\mathrm{T}} \left(\frac{\partial^2 V}{\partial \boldsymbol{q}^{\mathrm{T}} \partial \boldsymbol{q}}\right) \delta \boldsymbol{q} < 0 \qquad (3.1.3)$$

这表明,势函数在稳定平衡位形 $\bar{\boldsymbol{q}}$ 取极小值。根据上述讨论,可归纳如下定理。

**定理 3.1.2**:对具有定常完整约束的保守系统,其平衡位形 $\bar{\boldsymbol{q}}$ 满足式(3.1.1),该平衡位形稳定的充分必要条件是势函数 $V(\boldsymbol{q})$ 取极小值。对应的稳定性判据是式(3.1.3)成立,如果式(3.1.3)取等式,则系统平衡位形 $\bar{\boldsymbol{q}}$ 是临界稳定的。

### 3. 结构初始屈曲分析

在材料力学中,已讨论了完善压杆失稳的临界压力,但尚未求解其后屈曲问题。事实上,完善压杆发生屈曲后并不立即破坏,而是发生较大的横向变形,抵达一个新的平衡位形。确定该位形是一个非线性静力学问题,具有一定难度。

1945 年,荷兰力学家柯依特(Warner Tjardus Koiter,1914—1997)对弹性系统的后屈曲问题开展研究,提出了渐近屈曲理论。该理论可确定系统平衡位形发生初始屈曲的临界载荷,确定系统的后屈曲平衡位形近似解及其稳定性。现以一维弹性系统为例,介绍 Koiter 理论。

设一维弹性系统具有稳定的初始平衡位形 $\bar{w}(x)$,当载荷 $P$ 超过临界屈曲载荷 $P_{\mathrm{cr}}$ 时,系统发生约束允许的位移 $\Delta w(x)$,抵达后屈曲的平衡位形 $w(x) = \bar{w}(x) + \Delta w(x)$。选取系统势能零点位于初始平衡位形 $\bar{w}(x)$,将系统弹性势能记为 $V[w, P]$,它是函数 $w(x)$ 的函数,可称为**泛函**。将势能泛函 $V[w, P]$ 在 $\bar{w}(x)$ 处关于 $\Delta w(x)$ 作 Taylor 级数展开:

$$V[w, P] = V[\bar{w}, P] + \delta V + \frac{1}{2!}\delta^2 V + \frac{1}{3!}\delta^3 V + \frac{1}{4!}\delta^4 V + \cdots \qquad (3.1.4)$$

其中,$\delta^r V / r!$ 称为势能泛函 $V[w, P]$ 中与 $\|\Delta w(x)\|^r$ 相关的第 $r$ 阶**变分**。根据 $V[\bar{w}, P] = 0$ 且弹性势能 $V[w, P]$ 是 $w(x) = \bar{w}(x) + \Delta w(x)$ 的二次函数,得到 $\delta V = 0$,式(3.1.4)可简化为

$$V[w, P] = \frac{1}{2!}\delta^2 V + \frac{1}{3!}\delta^3 V + \frac{1}{4!}\delta^4 V + \cdots \qquad (3.1.5)$$

采用式(3.1.5)研究平衡位形及其稳定性时,只要低阶变分不为零,即可略去高阶变分。

将定理 3.1.2 的结论推广到一维弹性系统,系统的初始平衡位形 $\bar{w}(x)$ 使势能 $V[w, P]$ 在 $\bar{w}(x)$ 取极值,即势能的一阶变分为 $\delta V = 0$,这已自然满足。初始平衡位形 $\bar{w}(x)$ 稳定的充分必要条件是对于约束允许的任意变形 $\Delta w$,势能 $V[w, P]$ 在 $\bar{w}(x)$ 的二阶变分满足 $\delta^2 V / 2 > 0$。

随着载荷 $P$ 增加,系统势能的二阶变分从 $\delta^2 V/2 > 0$ 变为 $\delta^2 V/2 \geqslant 0$,初始平衡位形 $\bar{w}(x)$ 变为临界稳定,将对应的载荷定义为**临界屈曲载荷** $P_{cr}$。当载荷 $P > P_{cr}$ 时,系统从初始平衡位形 $\bar{w}(x)$ 变化到后屈曲的稳定平衡位形 $w(x)$。平衡位形 $w(x)$ 使 $V[w,P]$ 在 $w(x)$ 取极值,即满足 $\delta V[w,P] = (\delta^2 V/2) = 0$,由此得到 $w(x)$ 所满足的常微分方程边值问题。该问题的解 $w(x)$ 具有一组基函数 $w_r(x)$,$r \in I_m \equiv \{1, 2, \cdots, m\}$,简称**屈曲模态**。它们的线性组合也是上述问题的解,故 $w(x)$ 可表示为

$$w(x) = \sum_{r=1}^{m} a_r w_r(x) \tag{3.1.6}$$

最后,将式(3.1.6)代入式(3.1.5),通过求势能 $V[w,P]$ 的极小值获得系数 $a_r$,$r \in I_m$,但这要求解非线性代数方程组。Koiter 提出简化求解办法:因结构后屈曲时能承受的载荷增量 $P - P_{cr}$ 很小,可将 $V[w,P]$ 在 $P = P_{cr}$ 处作 Taylor 一次近似,得到稳定平衡位形 $w(x)$ 与载荷增量 $P - P_{cr}$ 的近似关系。现以完善压杆问题为例,给出具体的屈曲分析。

**例 3.1.2** 考察图 3.1.7 中受轴力 $P$ 作用的两端铰支压杆,其压缩刚度足够大,导致压杆的中心线长度不变。采用 Koiter 理论来确定该压杆的临界屈曲载荷和后屈曲位形。

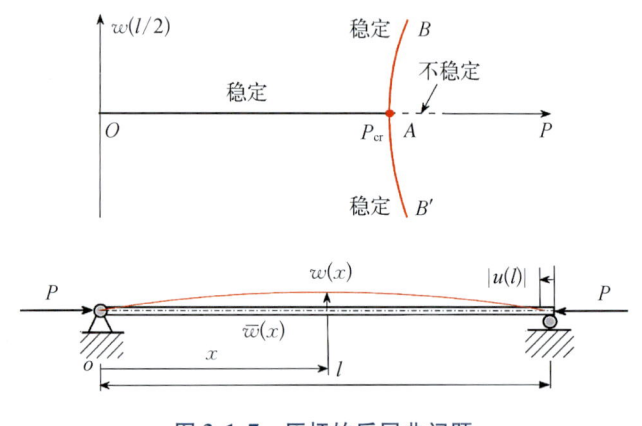

**图 3.1.7 压杆的后屈曲问题**

**解**:压杆在轴力 $P$ 作用下具有初始稳定平衡位形 $\bar{w}(x) = 0$,其弹性势能为零。当压杆发生弯曲变形而偏离平衡位形 $\bar{w}(x) = 0$ 时,记对应的纵向位移为 $u(x)$,横向位移为 $w(x)$,$w(x)$ 关于 $x$ 的导数为 $w'(x)$。根据材料力学,此时压杆的中心线曲率和右端点纵向位移分别为

$$\kappa(x) = w''(x)[1 - w'^2(x)]^{-1/2}, \quad u(l) = \int_0^l \left[\sqrt{1 - w'^2(x)} - 1\right] dx \tag{a}$$

计算杆的弹性势能并将其表示为小变形 $w(x)$ 及其导数的四阶 Taylor 展开,得到:

$$V[w,P] = \frac{1}{2}\int_0^l EI\kappa^2(x)\mathrm{d}x + Pu(l) = \frac{EI}{2}\int_0^l w''^2(1-w'^2)^{-1}\mathrm{d}x + P\int_0^l (\sqrt{1-w'^2}-1)\mathrm{d}x$$

$$\approx \frac{EI}{2}\int_0^l \left(w''^2 - \frac{P}{EI}w'^2\right)\mathrm{d}x + \frac{EI}{2}\int_0^l \left(w''^2 w'^2 - \frac{P}{4EI}w'^4\right)\mathrm{d}x$$

$$\equiv \frac{1}{2}\delta^2 V + \frac{1}{24}\delta^4 V \qquad (\mathrm{b})$$

如果杆的弯曲变形 $w(x)$ 是后屈曲的平衡位形，则应满足条件：

$$\delta V[w,P] = \delta\left(\frac{1}{2}\delta^2 V\right) = 0 \qquad (\mathrm{c})$$

通过对式(b)中的二阶变分进行分部积分并利用边界条件，得到：

$$\delta\left(\frac{1}{2}\delta^2 V\right) = \frac{EI}{2}\delta\int_0^l \left(w''^2 - \frac{P}{EI}w'^2\right)\mathrm{d}x = EI\int_0^l \left(w^{(4)} + \frac{P}{EI}w''\right)\delta w\,\mathrm{d}x = 0 \qquad (\mathrm{d})$$

根据 $\delta w$ 的任意性，得到常微分方程边值问题：

$$\begin{cases} w^{(4)}(x) + \dfrac{P}{EI}w''(x) = 0 \\ w(0) = 0, \quad w''(0) = 0, \quad w(l) = 0, \quad w''(l) = 0 \end{cases} \qquad (\mathrm{e})$$

求解式(e)对应的特征方程，得到四个特征值：

$$\lambda_{1,2} = \pm\mathrm{i}\sqrt{\frac{P}{EI}}, \quad \lambda_{3,4} = 0 \qquad (\mathrm{f})$$

故式(e)的通解为

$$w(x) = a\sin\left(\sqrt{\frac{P}{EI}}x\right) + b\cos\left(\sqrt{\frac{P}{EI}}x\right) + cx + d \qquad (\mathrm{g})$$

将式(g)代入式(e)中的边界条件，得到：

$$b = 0, \quad c = 0, \quad d = 0, \quad a\sin\left(\sqrt{\frac{P}{EI}}l\right) = 0 \;\Rightarrow\; P_r = \frac{r^2\pi^2}{l^2}EI, \quad r = 1, 2, \cdots \qquad (\mathrm{h})$$

由式(h)可见，临界屈曲载荷、屈曲模态和对应的屈曲位形分别为

$$P_{\mathrm{cr}} = P_1 = \frac{\pi^2 EI}{l^2}, \quad w_1(x) = \sin\left(\sqrt{\frac{P_{\mathrm{cr}}}{EI}}x\right) = \sin\left(\frac{\pi x}{l}\right), \quad w(x) = a\sin\left(\frac{\pi x}{l}\right) \qquad (\mathrm{i})$$

为了确定系数 $a$，将式(b)在屈曲位形 $w(x)$ 处近似为

$$V[w,P] = V[w,P_{\mathrm{cr}}] + \left.\frac{\partial V[w,P]}{\partial P}\right|_{P=P_{\mathrm{cr}}}(P - P_{\mathrm{cr}}) \qquad (\mathrm{j})$$

根据式(i)中屈曲位形 $w(x)$ 的表达式,可计算得到:

$$\begin{cases} V[w, P_{\text{cr}}] = 0 + \dfrac{EI}{2}\int_0^l \left(w''^2 w'^2 - \dfrac{P}{4EI}w'^4\right) \mathrm{d}x = \dfrac{\pi^6 EI a^4}{64 l^5} \\ \left.\dfrac{\partial V[w, P]}{\partial P}\right|_{P=P_{\text{cr}}} \approx \left.\dfrac{1}{2}\dfrac{\partial \delta^2 V[w, P]}{\partial P}\right|_{P=P_{\text{cr}}} = -\dfrac{1}{2}\int_0^l w'^2 \mathrm{d}x = -\dfrac{\pi^2 a^2}{4l} \end{cases} \quad (\text{k})$$

将式(k)代入式(j),得到:

$$V[w, P] = \frac{\pi^6 EI a^4}{64 l^5} - \frac{\pi^2 a^2}{4l}(P - P_{\text{cr}}) \quad (\text{l})$$

$w(x)$ 是稳定平衡位形,它使上述势能取极小值,即 $\partial V[w, P]/\partial a = 0$,由此得到系数 $a$ 的非零解,也就是杆的中点横向位移:

$$w\left(\frac{l}{2}\right) = a = \pm \frac{l^2}{\pi^2}\sqrt{\frac{8}{EI}(P - P_{\text{cr}})} \quad (\text{m})$$

由式(m)可见,杆的中点位移有两个解支,也就是图 3.1.7 中抛物线的分支 $AB$ 和分支 $AB'$。式(h)和式(m)表明,压杆的临界失稳载荷和后屈曲最大挠度均与压杆长度 $l$ 的平方有关。因此,在工程设计中,通常避免采用过于细长的压杆。

尽管例 3.1.2 给出了完善压杆的后屈曲位形解析结果,但在描述横向变形时采用了曲率的近似表达式,仅适用于小变形问题。当杆的后屈曲变形比较大时,需要采用曲率的精确表达式,建立非线性常微分方程,通过求解非线性常微分方程边值问题获得后屈曲位形。

对于矩形板、圆板、圆柱壳等构件在简单边界条件下的屈曲问题,已有许多理论和方法研究[1],并获得实验支持。但对于复杂工程系统,则需采用有限元方法建模,并采用数值方法进行屈曲计算。随着非线性有限元方法和非线性方程求解方法的不断发展,目前采用商业软件可计算许多复杂的屈曲问题,包括计算结构后屈曲过程中发生的大变形、局部塑性、破坏等问题。然而,在涉及复杂结构的初始缺陷、工艺因素、二次屈曲等问题时,尚需采用先验知识和实验验证。

**注解 3.1.1**:随着对结构屈曲认识的深化,人们已在工程系统的设计中主动利用结构屈曲。按照例 3.1.1 的思路,可事先设计结构的后屈曲过程,通过施加力、热、电磁等载荷,实现两个稳定平衡位形的切换。在第 11 章,将介绍利用屈曲效应来设计柔性电子器件的结构。

### 3.1.2 动态稳定性

如果系统的惯性对系统稳定性有显著影响,则属于动态稳定性问题。对于结构系统,若其受扰后无法回到原有平衡位形,产生大幅振动甚至失稳,则称为**结构动态稳定性**问

---

[1] 戴宏亮. 结构的弹塑性稳定理论[M]. 北京: 科学出版社, 2022: 105 - 153.

题。对于机械运载系统,若其受扰后无法回到原有的运动状态,则称为**运动稳定性**问题。本小节分别讨论这两种动态稳定性问题。

1. 基本概念与方法

研究动态稳定性问题时,必须考虑系统的惯性效应,研究系统动力学方程的解受小扰动后的演化问题。俄罗斯数学家、力学家李雅普诺夫(Aleksandr Mikhailovich Lyapunov,1857~1918)对此做出了奠基性贡献,现介绍他提出的稳定性概念和一次近似方法。

以具有 $m$ 自由度的系统为例,采用 $m$ 个广义位移组成的向量 $\boldsymbol{q}(t)$ 表示系统在时刻 $t$ 的位形。用 $n=2m$ 维向量 $\boldsymbol{w}(t)=[\boldsymbol{q}^{\mathrm{T}}(t) \quad \dot{\boldsymbol{q}}^{\mathrm{T}}(t)]^{\mathrm{T}}$ 表示系统在时刻 $t$ 的状态,它满足系统动力学方程:

$$\dot{\boldsymbol{w}} = \boldsymbol{f}(\boldsymbol{w}, t) \tag{3.1.7}$$

给定系统初始状态,则系统状态演化是式(3.1.7)的某个解 $\boldsymbol{w}_\mathrm{s}(t)$。

设系统在初始时刻 $t=t_0$ 受到小扰动,记 $\Delta \boldsymbol{w}(t) \equiv \boldsymbol{w}(t) - \boldsymbol{w}_\mathrm{s}(t)$ 为系统状态的变化,且初始扰动的模 $\|\Delta \boldsymbol{w}(t_0)\|$ 很小。如果随着时间 $t$ 延续,系统状态变化的模 $\|\Delta \boldsymbol{w}(t)\|$ 保持很小,则称系统状态 $\boldsymbol{w}_\mathrm{s}(t)$ **稳定**;否则称系统状态 $\boldsymbol{w}_\mathrm{s}(t)$ **不稳定**。若系统状态 $\boldsymbol{w}_\mathrm{s}(t)$ 稳定且随着时间延续满足 $\|\Delta \boldsymbol{w}(t)\| \to 0$,则称系统状态 $\boldsymbol{w}_\mathrm{s}(t)$ **渐近稳定**。

Lyapunov 稳定性是最常用的动态稳定性,它强调同一时刻受扰状态和未受扰状态的差异。在工程中,有些稳定性概念忽略这种同时性。例如,讨论航天器轨道是否稳定时,就只关注受扰轨道与未受扰轨道的差异是否足够小,属于纯几何的比较。

动态稳定性研究是一个浩瀚的领域,涉及许多方法。现针对定常系统,介绍其一次近似方法。对于定常系统,式(3.1.7)中的函数向量不显含时间,系统扰动满足:

$$\Delta \dot{\boldsymbol{w}} = \boldsymbol{f}(\boldsymbol{w}) - \boldsymbol{f}(\boldsymbol{w}_\mathrm{s}) = \boldsymbol{A}\Delta\boldsymbol{w} + O(\|\Delta\boldsymbol{w}\|) \tag{3.1.8}$$

其中,$\boldsymbol{A} \in \mathbb{R}^{n\times n}$,是函数向量 $\boldsymbol{f}(\boldsymbol{w})$ 在 $\boldsymbol{w}_\mathrm{s}$ 处的雅可比(Jacobi)矩阵。式(3.1.8)的线性化常微分方程解形如 $\Delta\boldsymbol{w}=\Delta\bar{\boldsymbol{w}}\exp(\lambda t)$,将其代入式(3.1.8)的线性化微分方程,约去 $\exp(\lambda t) \neq 0$,得到特征值问题:

$$(\boldsymbol{A} - \lambda \boldsymbol{I}_n)\Delta\bar{\boldsymbol{w}} = \boldsymbol{0} \tag{3.1.9}$$

式(3.1.9)具有非零解的充分必要条件是

$$\det(\boldsymbol{A} - \lambda \boldsymbol{I}_n) = a_0\lambda^n + a_1\lambda^{n-1} + \cdots + a_{n-1}\lambda + a_n = 0 \tag{3.1.10}$$

根据式(3.1.10)的特征值实部,可以判断式(3.1.8)的零解稳定性,进而获得系统状态 $\boldsymbol{w}_\mathrm{s}(t)$ 的动态稳定性。在数学上可证明如下结果。

**定理 3.1.3**:如果式(3.1.10)的所有特征值均有负实部,则 $\boldsymbol{w}_\mathrm{s}(t)$ 渐近稳定;若某个特征值具有正实部,则 $\boldsymbol{w}_\mathrm{s}(t)$ 不稳定。

**定理 3.1.4**:如果式(3.1.10)的单重特征值具有零实部,而其他特征值具有负实部,则式(3.1.8)的零解稳定,但非渐近稳定。此时,$\Delta w(t)$ 的高次项会影响 $w_s(t)$ 的稳定性,导致一次近似方法失效。

为了不求解式(3.1.10)就能判断稳定性,英国数学家劳斯(Edward John Routh, 1831~1907)和德国数学家赫尔维茨(Adolf Hurwitz, 1859~1919)提出如下定理,称为 **Routh-Hurwitz 判据**。

**定理 3.1.5**:约定 $a_0 > 0$,用式(3.1.10)的系数构造矩阵(对超出 $a_0 \sim a_n$ 范围的元素置零):

$$D \equiv \begin{bmatrix} a_1 & a_0 & 0 & 0 & 0 & 0 & \cdots & 0 \\ a_3 & a_2 & a_1 & a_0 & 0 & 0 & \cdots & 0 \\ a_5 & a_4 & a_3 & a_2 & a_1 & a_0 & \cdots & 0 \\ \vdots & \vdots & \vdots & \vdots & \vdots & \vdots & \ddots & \vdots \\ 0 & 0 & 0 & 0 & 0 & 0 & \cdots & a_n \end{bmatrix} \qquad (3.1.11)$$

式(3.1.10)的所有根均有负实部的充分必要条件是,矩阵 $D$ 的所有主子式为正,即

$$\Delta_1 \equiv a_1 > 0, \quad \Delta_2 \equiv \det \begin{bmatrix} a_1 & a_0 \\ a_3 & a_2 \end{bmatrix} > 0, \quad \Delta_3 \equiv \det \begin{bmatrix} a_1 & a_0 & 0 \\ a_3 & a_2 & a_1 \\ a_5 & a_4 & a_3 \end{bmatrix} > 0, \quad \cdots$$

$$(3.1.12)$$

### 2. 平衡位形的动态稳定性

研究表明,如果系统在某临界静载荷作用下出现静态失稳,将静载荷替换为周期变化的动载荷时,即使动载荷幅值低于临界静载荷,系统也可能在稳定平衡位形附近发生大幅振动,甚至发生破坏。例如,受简谐轴向力作用的两端铰支杆,当激励频率与杆弯曲振动的某个固有频率的二倍非常接近时,会发生大幅弯曲振动。这表明,系统动态失稳条件不仅与动载荷幅值有关,还与载荷频率有关。

进一步看,许多静态稳定系统会在动载荷作用下出现动态失稳。更令人吃惊的是,有些系统处于静态稳定,但静态加载方式改变后出现动态稳定性问题。在 20 世纪 70 年代之前,结构设计师对这些问题认识不足,曾多次导致火箭、导弹结构发生动态失稳而破坏的事故。现考察静态加载方式对系统动态稳定性的影响。

**例 3.1.3** 考察图 3.1.8 中左端固支、右端装有集中质量 $m$ 的轻质压杆,其右端静压力 $P$ 始终与杆端轴线方向一致,称为**跟随力**或**随动力**(follower force)。对于微小横向扰动,讨论压杆的稳定性。

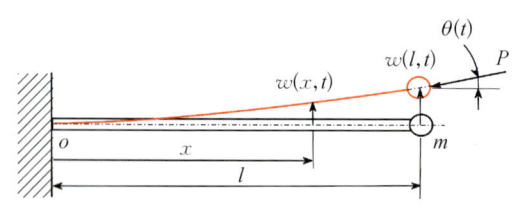

**图 3.1.8** 压杆在跟随力作用下的动态稳定问题

**解**:虽然跟随力是静压力,但集中质量

具有惯性效应,故采用动力学方法研究本问题。根据达朗贝尔(D'Alembert)原理,在压杆具有微小横向变形前提下,写出杆右端压力 $P$ 和惯性力 $-m\partial^2 w(l,t)/\partial t^2$ 对压杆 $x$ 截面所施加的弯矩,得到描述杆横向运动的线性常微分方程:

$$EI\frac{\partial^2 w(x,t)}{\partial x^2} = P[w(l,t) - w(x,t)] - P\theta(t)(l-x) - m\frac{\partial^2 w(l,t)}{\partial t^2}(l-x) \quad (a)$$

将待定解 $w(x,t) = \bar{w}(x)\exp(\lambda t)$ 和 $\theta(t) = \bar{\theta}\exp(\lambda t)$ 代入式(a),得到:

$$\frac{d^2 \bar{w}(x)}{dx^2} + \kappa^2 \bar{w}(x) = \kappa^2 \bar{w}(l) - \left[\frac{m\lambda^2}{EI}\bar{w}(l) + \kappa^2 \bar{\theta}\right](l-x), \quad \kappa^2 \equiv \frac{P}{EI} \quad (b)$$

其边界条件为

$$\bar{w}(0) = 0, \quad \bar{w}'(0) = 0, \quad \bar{w}(l) = \bar{w}_l, \quad \bar{w}'(l) = \bar{\theta} \quad (c)$$

式(b)中的线性常微分方程具有通解:

$$\bar{w}(x) = c_1 \sin(\kappa x) + c_2 \cos(\kappa x) + \bar{w}(l) - \left[\frac{m\lambda^2}{EI\kappa^2}\bar{w}(l) + \bar{\theta}\right](l-x) \quad (d)$$

将式(d)代入式(c),得到关于系数 $c_1$、$c_2$、$\bar{w}_l$、$\bar{\theta}$ 的线性代数方程组:

$$\begin{cases} c_2 + \left(1 - \dfrac{m\lambda^2 l}{EI\kappa^2}\right)\bar{w}_l - l\bar{\theta} = 0 \\[2mm] c_1 \kappa + \dfrac{m\lambda^2}{EI\kappa^2}\bar{w}_l + \bar{\theta} = 0 \\[2mm] c_1 \sin(\kappa l) + c_2 \cos(\kappa l) = 0 \\[2mm] c_1 \kappa \cos(\kappa l) - c_2 \kappa \sin(\kappa x) + \dfrac{m\lambda^2}{EI\kappa^2}\bar{w}_l = 0 \end{cases} \quad (e)$$

式(e)有非零解的充分必要条件是

$$\det\begin{bmatrix} 0 & 1 & 1 - \dfrac{m\lambda^2 l}{EI\kappa^2} & -l \\[2mm] \kappa & 0 & \dfrac{m\lambda^2}{EI\kappa^2} & 1 \\[2mm] \sin(\kappa l) & \cos(\kappa l) & 0 & 0 \\[2mm] \kappa\cos(\kappa l) & -\kappa\sin(\kappa l) & \dfrac{m\lambda^2}{EI\kappa^2} & 0 \end{bmatrix} = \frac{m\lambda^2[\kappa l\cos(\kappa l) - \sin(\kappa l)] - EI\kappa^3}{EI\kappa^2} = 0$$

(f)

现讨论两种情况。首先,如果 $m = 0$,则上述行列式的值为 $-\kappa < 0$,故式(d)只有零解。这表明,对于任意的跟随力 $P > 0$,无集中质量压杆的平衡位形 $\bar{w}(0) = 0$ 是静态稳定的。

其次，若 $m > 0$，由式(f)解出：

$$\lambda_{1,2} = \pm\sqrt{\frac{EI\kappa^3}{m[\kappa l\cos(\kappa l) - \sin(\kappa l)]}} \tag{g}$$

不难验证，当 $\kappa l < 4.493$ 时，$\kappa l\cos(\kappa l) - \sin(\kappa l) < 0$，式(g)右端是一对纯虚根，可记为

$$\lambda_{1,2} = \pm\mathrm{i}\omega, \quad \omega = \sqrt{\frac{EI\kappa^3}{m[\sin(\kappa l) - \kappa l\cos(\kappa l)]}} \tag{h}$$

由于式(b)是线性常微分方程，根据定理3.1.4，系统具有临界稳定性。此时，压杆受扰后产生频率为 $\omega$ 的简谐振动。当 $\kappa \to 0$ 时，$\omega \to \sqrt{3EI/(ml^3)}$，这正是 $P = 0$ 时带端部质量的轻质悬臂杆的固有振动频率。随着压力 $P$ 增加(即 $\kappa$ 增加)，频率 $\omega$ 单调递增，这显著有别于静态稳定性问题。当 $\kappa l > 4.493$ 时，$\lambda_1 > 0$，导致杆的受扰运动发散，这是典型的动态失稳。

值得指出，在材料力学、弹性力学等课程中，通常认为载荷作用方向不受结构变形的影响。事实上，工程中的许多载荷类似于跟随力，会使所研究的系统不再是保守系统[1]，导致较为复杂的稳定性问题，需引起格外重视。

**3. 运动稳定性**

在汽车、船舶、飞机、火箭等载运工具的设计中，运动稳定性是最基本要求。现以汽车直线行驶为例，介绍如何采用一次近似方法来讨论 Lyapunov 意义下的稳定性。在研究该问题时，忽略轮胎侧向力中的非线性因素，建立系统的线性动力学模型并采用定理3.1.3来讨论稳定性问题。

**例 3.1.4** 针对图 3.1.9(a)中直线行驶的汽车，建立图 3.1.9(b)所示的简化力学模型，其中汽车及乘员的总质量为 $m$，绕偏航方向的回转半径为 $r_g$。记汽车行驶速度为 $\dot{u}$，汽车受侧向

(a) 高速直线行驶的汽车        (b) 简化的汽车力学模型

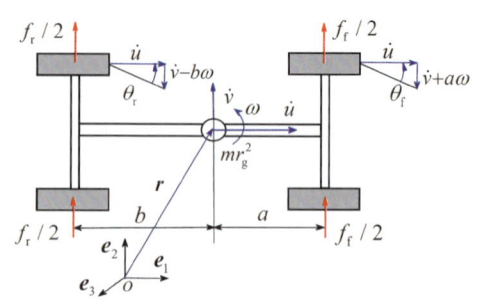

图 3.1.9 汽车直线行驶的稳定性问题

---

[1] Slivker V. Mechanics of Structural Elements[M]. Berlin: Springer-Verlag, 2007: 735-741.

扰动产生的横向速度为 $\dot{v}$，偏航角速度为 $\omega$。根据汽车动力学，两个前轮受到的侧向力为 $f_f = c_f \theta_f$，两个后轮受到的侧向力为 $f_r = c_r \theta_r$，其中 $\theta_f$ 和 $\theta_r$ 是前后轮的侧滑角，分别满足：

$$\tan\theta_f \approx -\frac{\dot{v}+a\omega}{\dot{u}}, \quad \tan\theta_r \approx -\frac{\dot{v}-b\omega}{\dot{u}} \tag{a}$$

系数 $c_f > 0$ 和 $c_r > 0$ 与轮胎、路面等多种因素有关，可通过实验确定。建立汽车受扰后的动力学方程并讨论其稳定性。

**解**：在图 3.1.9(b) 所示惯性坐标系中，用位置向量 $r$ 确定汽车质心位置。由于汽车做刚体平面运动，其质心速度向量、绕质心转动角速度向量和质心加速度向量分别为

$$\dot{r} = \dot{u}e_1 + \dot{v}e_2, \quad \boldsymbol{\omega} = \omega e_3, \quad \ddot{r} = \frac{d\dot{r}}{dt} + \boldsymbol{\omega} \times \dot{r} = (\ddot{u}-\omega\dot{v})e_1 + (\ddot{v}+\omega\dot{u})e_2 \tag{b}$$

因此，汽车受扰产生的横向速度 $\dot{v}$ 和偏航角速度 $\omega$ 满足线性常微分方程组：

$$\begin{cases} m(\ddot{v}+\omega\dot{u}) = -c_f\dfrac{\dot{v}+a\omega}{\dot{u}} - c_r\dfrac{\dot{v}-b\omega}{\dot{u}} \\ mr_g^2\dot{\omega} = -ac_f\dfrac{\dot{v}+a\omega}{\dot{u}} + bc_r\dfrac{\dot{v}-b\omega}{\dot{u}} \end{cases} \tag{c}$$

将待定解 $\dot{v}(t) = \tilde{v}\exp(\lambda t)$，$\omega(t) = \tilde{\omega}\exp(\lambda t)$ 代入式(c)，得到非零解应满足的充分必要条件：

$$\det\begin{bmatrix} m\lambda + \dfrac{c_f+c_r}{\dot{u}} & m\dot{u} + \dfrac{c_f a - c_r b}{\dot{u}} \\ \dfrac{c_f a - c_r b}{\dot{u}} & mr_g^2\lambda + \dfrac{c_f a^2 + c_r b^2}{\dot{u}} \end{bmatrix} = 0 \tag{d}$$

将式(d)展开并进行化简，通过引入轴距 $l = a+b$，得到二次特征方程：

$$m^2 r_g^2 \lambda^2 + \frac{m}{\dot{u}}[r_g^2(c_f+c_r) + (c_f a^2 + c_r b^2)]\lambda + \frac{1}{\dot{u}^2}[c_f c_r l^2 + m\dot{u}^2(c_r b - c_f a)] = 0 \tag{e}$$

根据 3.1.2 节介绍的 Routh–Hurwitz 判据，式(e)的特征值具有负实部的充分必要条件为

$$m^2 r_g^2 > 0, \quad \frac{m}{\dot{u}}[r_g^2(c_f+c_r)+(c_f a^2+c_r b^2)] > 0, \quad \frac{1}{\dot{u}^2}[c_f c_r l^2 + m\dot{u}^2(c_r b - c_f a)] > 0 \tag{f}$$

式(f)中的前两个不等式可自然满足，第三个不等式要求以下两个不等式之一成立：

$$c_r b - c_f a \geq 0, \quad \dot{u} < \dot{u}_{cr} \equiv l\sqrt{\frac{c_f c_r}{m(c_f a - c_r b)}} \tag{g}$$

**讨论**：由于侧向力系数涉及众多因素，汽车设计中主要考虑质心位置、轴距等因素。式(g)的第一个不等式要求质心前移，故在汽车设计中将发动机前置。式(g)的第二个不

等式表明：增加轴距 $l$ 或降低汽车和乘员的总质量 $m$ 可提高汽车失稳的临界速度 $\dot{u}_{cr}$；而在后备箱中放置重物会增加 $c_r b - c_f a$，进而降低汽车失稳的临界速度 $\dot{u}_{cr}$。

对例 3.1.4 中的力学模型进行推广，引入汽车前轮转弯角度，即可研究汽车转弯时的运动稳定性问题，但其线性化过程要复杂许多。采用类似过程，可研究船舶、飞机、火箭的运动稳定性问题[1]。现以一个著名案例说明，上述一次近似方法并非万能。

**例 3.1.5**　1958 年，美国发射其第一颗人造地球卫星 Explore–1。如图 3.1.10 所示，该卫星带有四根柔性天线，进入轨道后绕 $z$ 轴(又称**极轴**)自旋。但几个小时后，该自旋运动失稳，变为绕 $xy$ 平面内某轴线(又称**赤道轴**)的转动，讨论其故障原因。

**解：**将卫星视为刚体，其绕惯性主轴的转动惯量分别为 $I_x$、$I_y$、$I_z$，且 $I_x = I_y > I_z$。根据刚体动力学[2]，无力矩控制的卫星绕各主轴转动的角速度分量 $\omega_x$、$\omega_y$、$\omega_z$ 满足：

$$\begin{cases} I_x \dot{\omega}_x + (I_z - I_x)\omega_y \omega_z = 0 \\ I_x \dot{\omega}_y + (I_x - I_z)\omega_z \omega_x = 0 \\ I_z \dot{\omega}_z = 0 \end{cases} \quad (a)$$

图 3.1.10　美国第一颗人造地球卫星 Explore–1 示意图

式(a)具有三个特解，分别对应卫星绕三根主轴的转动，可记为

$$S_1: \omega_y = \omega_z = 0, \omega_x = \omega_0, \quad S_2: \omega_z = \omega_x = 0, \omega_y = \omega_0, \quad S_3: \omega_x = \omega_y = 0, \omega_z = \omega_0 \quad (b)$$

其中，$S_3$ 是卫星入轨后的自旋。对于零解问题，可将式(a)视为扰动方程，但其线性化方程的特征值均为零，无法根据一次近似判断 $S_3$ 的稳定性，即一次近似方法失效。

为研究卫星自旋 $S_3$ 的稳定性，将式(a)中前两式的第二项移至等号右端并相除，得到：

$$\frac{d\omega_x}{d\omega_y} = -\frac{\omega_y}{\omega_x} \quad (c)$$

将式(c)分离变量并积分，得到：

$$\omega_x^2 + \omega_y^2 = \text{const.} \quad (d)$$

这表明，卫星自旋 $S_3$ 受扰后的角速度向量端点轨迹为半径固定的圆，其转动轴仍在极轴附近，即卫星自旋 $S_3$ 是稳定的。那为何该卫星的稳定自旋 $S_3$ 会变为绕赤道轴的转动呢？原因在于卫星携带了四根柔性天线，它们振动时的阻尼耗散了系统动能。

---

[1]　Harrison H R, Nettleton T. Advanced Engineering Dynamics[M]. New York: John Wiley & Sons, 1997: 85-124.

[2]　刘延柱. 高等动力学[M]. 北京：教育出版社, 2001: 112.

现将式(a)中的各式分别乘以 $\omega_x$、$\omega_y$、$\omega_z$ 后相加并积分,得到系统的动能:

$$\frac{1}{2}[I_x(\omega_x^2 + \omega_y^2) + I_z\omega_z^2] = T \tag{e}$$

再将式(a)中的各式分别乘以 $I_x\omega_x$、$I_x\omega_y$、$I_z\omega_z$ 后相加并积分,得到系统的动量矩:

$$I_x^2(\omega_x^2 + \omega_y^2) + I_z^2\omega_z^2 = L_0 \tag{f}$$

根据 $I_x > I_z$,从式(e)和式(f)中消去 $\omega_z^2$,得

$$\omega_x^2 + \omega_y^2 = \frac{L_0 - 2I_z T}{I_x(I_x - I_z)} \tag{g}$$

卫星入轨后的动量矩 $L_0$ 守恒,而天线振动耗散动能 $T$,式(g)右端的值会越来越大,即卫星自旋 $S_3$ 受扰后的角速度向量端点轨迹是半径越来越大的圆,因此卫星自旋 $S_3$ 失稳。

仿照从式(a)~式(d)的推理可证明,该卫星绕赤道轴的转动 $S_1$ 和 $S_2$ 稳定。在动量矩守恒前提下,由 $I_x > I_z$ 可知:绕极轴的自旋具有最大动能,绕赤道轴的转动具有最小动能。绕极轴的自旋失稳后,卫星动能继续下降,其最终运动必然是绕赤道轴的稳定转动。

上述案例表明,稳定性是工程系统设计中必须考虑的基本要求;稳定性涉及临界载荷、临界状态,其研究特点是"细节决定成败"。目前,设计师主要关注工程系统的静态稳定性。今后,需要深入理解和重视跟随力、能耗等导致的动态失稳问题。

### 3.1.3 流动稳定性

在流体力学中,流动受扰时的稳定性称为**流动稳定性**,也属于系统动态稳定性,但远比机械系统的动态稳定性复杂。为便于理解,本小节以二维层流为例讨论流动稳定性问题。

考察图 3.1.11 所示两块无限长平行平板间的不可压缩黏性流动,又称**泊肃叶(Poiseuille)流动**,两平板的无量纲间距为 2。在图示直角坐标系中,记 $u(x, y, t)$ 和 $v(x, y, t)$ 为流动速度分量,$p(x, y, t)$ 为压强,$Re$ 为 Reynolds 数,则该流动满足无量纲形式的 Navier–Stokes 方程:

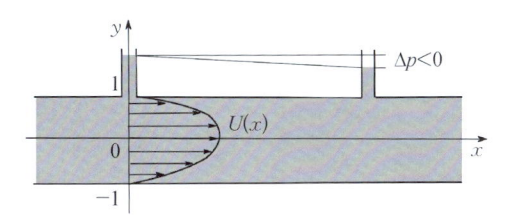

**图 3.1.11** 两块无限长平行平板间的不可压缩黏性流动问题

$$\begin{cases} \dfrac{\partial u}{\partial x} + \dfrac{\partial v}{\partial y} = 0 \\[4pt] \dfrac{\partial u}{\partial t} + u\dfrac{\partial u}{\partial x} + v\dfrac{\partial u}{\partial y} = -\dfrac{\partial p}{\partial x} + \dfrac{1}{Re}\left(\dfrac{\partial^2 u}{\partial x^2} + \dfrac{\partial^2 u}{\partial y^2}\right) \\[4pt] \dfrac{\partial v}{\partial t} + u\dfrac{\partial v}{\partial x} + v\dfrac{\partial v}{\partial y} = -\dfrac{\partial p}{\partial y} + \dfrac{1}{Re}\left(\dfrac{\partial^2 v}{\partial x^2} + \dfrac{\partial^2 v}{\partial y^2}\right) \end{cases} \tag{3.1.13}$$

并满足壁面处的边界条件：

$$u(x,1,t)=0,\quad u(x,-1,t)=0,\quad v(x,1,t)=0,\quad v(x,-1,t)=0 \tag{3.1.14}$$

若平板间沿 $x$ 方向的压强梯度为常数 $\Delta p < 0$，可验证定常流动速度为

$$u(x,y,t)=U(y)\equiv \frac{Re\Delta p}{2}(1-y^2),\quad v(x,y,t)=0 \tag{3.1.15}$$

这是 Navier–Stokes 方程为数不多的精确解之一。

现将该定常流动作为**基本流**，研究其受小扰动时的流动稳定性。将基本流与扰动流之和表示为

$$\begin{cases} u(x,y,t)=U(y)+\tilde{u}(x,y,t)\\ v(x,y,t)=\tilde{v}(x,y,t)\\ p(x,y,t)=P(x,y)+\tilde{p}(x,y,t) \end{cases} \tag{3.1.16}$$

将式(3.1.16)代入式(3.1.13)并略去非线性项，得到扰动流满足的线性偏微分方程：

$$\begin{cases} \dfrac{\partial \tilde{u}}{\partial x}+\dfrac{\partial \tilde{v}}{\partial y}=0\\[4pt] \dfrac{\partial \tilde{u}}{\partial t}+U\dfrac{\partial \tilde{u}}{\partial x}+\dfrac{\partial U}{\partial y}\tilde{v}=-\dfrac{\partial \tilde{p}}{\partial x}+\dfrac{1}{Re}\left(\dfrac{\partial^2 \tilde{u}}{\partial x^2}+\dfrac{\partial^2 \tilde{u}}{\partial y^2}\right)\\[4pt] \dfrac{\partial \tilde{v}}{\partial t}+U\dfrac{\partial \tilde{v}}{\partial x}=-\dfrac{\partial \tilde{p}}{\partial y}+\dfrac{1}{Re}\left(\dfrac{\partial^2 \tilde{v}}{\partial x^2}+\dfrac{\partial^2 \tilde{v}}{\partial y^2}\right) \end{cases} \tag{3.1.17}$$

根据实验观察，可将式(3.1.17)所描述的扰动流视为沿 $x$ 轴的简谐波，称为**托尔明-施利希廷(Tollmien–Schliching)波**(简称 **T–S 波**)。记简谐波的波数为 $\kappa > 0$，频率为 $\omega > 0$，将简谐波表示为如下复函数：

$$\begin{cases} \tilde{u}(x,y,t)=\bar{u}(y)\exp(i\kappa x-i\omega t)\\ \tilde{v}(x,y,t)=\bar{v}(y)\exp(i\kappa x-i\omega t)\\ \tilde{p}(x,y,t)=\bar{p}(y)\exp(i\kappa x-i\omega t) \end{cases} \tag{3.1.18}$$

将式(3.1.18)代入式(3.1.17)，约去指数函数，得到线性常微分方程组：

$$\begin{cases} i\kappa\bar{u}+\dfrac{d\bar{v}}{dy}=0\\[4pt] i(\kappa U-\omega)\bar{u}+\dfrac{dU}{dy}\bar{v}=-i\kappa\bar{p}+\dfrac{1}{Re}\left(\dfrac{d^2\bar{u}}{dy^2}-\kappa^2\bar{u}\right)\\[4pt] i(\kappa U-\omega)\bar{v}=-\dfrac{d\bar{p}}{dy}+\dfrac{1}{Re}\left(\dfrac{d^2\bar{v}}{dy^2}-\kappa^2\bar{v}\right) \end{cases} \tag{3.1.19}$$

将式(3.1.19)的第二式对 $y$ 求一次导数,减去用 $\mathrm{i}\kappa$ 乘以第三式,得到:

$$\mathrm{i}(\kappa U - \omega)\frac{\mathrm{d}\bar{u}}{\mathrm{d}y} + \mathrm{i}\kappa\frac{\mathrm{d}U}{\mathrm{d}y}\bar{u} + \frac{\mathrm{d}U}{\mathrm{d}y}\frac{\mathrm{d}\bar{v}}{\mathrm{d}y} + \frac{\mathrm{d}^2U}{\mathrm{d}y^2}\bar{v} + \kappa(\kappa U - \omega)\bar{v}$$
$$= \frac{1}{Re}\left(\frac{\mathrm{d}^3\bar{u}}{\mathrm{d}y^3} - \kappa^2\frac{\mathrm{d}\bar{u}}{\mathrm{d}y}\right) - \frac{\mathrm{i}\kappa}{Re}\left(\frac{\mathrm{d}^2\bar{v}}{\mathrm{d}y^2} - \kappa^2\bar{v}\right) \tag{3.1.20}$$

从式(3.1.19)的第一式解出 $\bar{u} = (\mathrm{i}/\kappa)\mathrm{d}\bar{v}/\mathrm{d}y$,代入式(3.1.20)得

$$(\kappa U - \omega)\left(\frac{\mathrm{d}^2\bar{v}}{\mathrm{d}y^2} - \kappa^2\bar{v}\right) - \kappa\frac{\mathrm{d}^2U}{\mathrm{d}y^2}\bar{v} = \frac{1}{\mathrm{i}Re}\left(\frac{\mathrm{d}^4\bar{v}}{\mathrm{d}y^4} - 2\kappa^2\frac{\mathrm{d}^2\bar{v}}{\mathrm{d}y^2} + \kappa^4\bar{v}\right) \tag{3.1.21}$$

1907~1908 年,英国数学家奥尔(William McFadden Orr,1866~1934)和德国物理学家索末菲(Arnold Sommerfeld,1868~1951)分别独立推导出式(3.1.21),故将该结果命名为 **Orr‑Sommerfeld 方程**。由推导过程可知,此处的基本流 $U(x)$ 并不限于 Poiseuille 流动,故 Orr‑Sommerfeld 方程是研究二维不可压缩黏性流动稳定性的基本方程。

**例 3.1.6** 基于 Orr‑Sommerfeld 方程,研究 Poiseuille 定常流动的稳定性。

**解:** 为了求解受扰后的二维流动,引入流函数:

$$\varphi(x, y, t) = \bar{\varphi}(y)\exp(\mathrm{i}\kappa x - \mathrm{i}\omega t) \tag{a}$$

使得

$$u(x,y,t) = \frac{\partial\varphi}{\partial y},\quad v(x,y,t) = -\frac{\partial\varphi}{\partial x} \Rightarrow \bar{u}(y) = \frac{\partial\bar{\varphi}}{\partial y},\quad \bar{v}(y) = -\mathrm{i}\kappa\bar{\varphi}(y) \tag{b}$$

利用式(3.1.15)和式(b),将式(3.1.21)表示为

$$\left[\frac{\kappa Re\Delta p}{2}(1-y^2) - \omega\right]\left(\frac{\mathrm{d}^2\bar{\varphi}}{\mathrm{d}y^2} - \kappa^2\bar{\varphi}\right) + \kappa Re\Delta p\bar{\varphi} = \frac{1}{\mathrm{i}Re}\left(\frac{\mathrm{d}^4\bar{\varphi}}{\mathrm{d}y^4} - 2\kappa^2\frac{\mathrm{d}^2\bar{\varphi}}{\mathrm{d}y^2} + \kappa^4\bar{\varphi}\right) \tag{c}$$

其边界条件为

$$\bar{u}(\pm 1) = \left.\frac{\mathrm{d}\bar{\varphi}}{\mathrm{d}y}\right|_{y=\pm 1} = 0,\quad \bar{v}(\pm 1) = -\left.\frac{\mathrm{d}\bar{\varphi}}{\mathrm{d}x}\right|_{y=\pm 1} = -\mathrm{i}\kappa\bar{\varphi}(\pm 1) = 0 \tag{d}$$

对于给定的 Reynolds 数 $Re$ 和波数 $\kappa > 0$,式(c)和式(d)构成关于频率 $\omega$ 和流函数 $\bar{\varphi}(y)$ 的特征值问题。早期,人们关注基本流在流速最大处 ($y = 0$) 的稳定性,将式(c)视为具有复系数的线性常微分方程,将其通解代入边界条件,得到非线性代数方程 $f(\omega) = 0$。采用数值方法求得复频率 $\omega = \omega_\mathrm{r} + \mathrm{i}\omega_\mathrm{i}$,并将其代入式(a),得到:

$$\varphi(x,y,t) = \bar{\varphi}(y)\exp(\omega_\mathrm{i} t)\exp(\mathrm{i}\kappa x - \mathrm{i}\omega_\mathrm{r} t) \tag{e}$$

这表明,当 $\omega_\mathrm{i} < 0$ 时,T‑S 波渐近稳定;当 $\omega_\mathrm{i} > 0$ 时,T‑S 波失稳。因此,式(3.1.18)中 T‑S 波所要求的 $\omega = \omega_\mathrm{r} > 0$ 是临界稳定的简谐波。

值得指出的是,上述非线性方程 $f(\omega)=0$ 包含许多指数函数,其数值求解有不少困难。因此,人们发展了多种数值方法,直接离散式(c)和式(d)后求解线性特征值问题。现采用第一类切比雪夫(Chebyshev)多项式 $p_r(y)$ 逼近未知流函数 $\bar{\varphi}(y)$,将其表示为

$$\bar{\varphi}(y)=\sum_{r=0}^{n-1}c_r p_r(y), \quad p_r(y)\equiv\cos[r\arccos(y)] \tag{f}$$

将式(f)代入式(d),得到关于系数 $c_r$ 的 4 个线性代数方程:

$$\sum_{r=1}^{n}c_r p_r'(\pm 1)=0, \quad \sum_{r=1}^{n}c_r p(\pm 1)=0 \tag{g}$$

选择如下 $n-4$ 个点:

$$y_j=\cos\left(\frac{j\pi}{n-5}\right), \quad j=0,1,\cdots,n-5 \tag{h}$$

将式(f)代入式(c),得到关于系数 $c_r$ 的 $n-4$ 个线性代数方程:

$$\begin{aligned}\sum_{r=1}^{n}c_r\int_{-1}^{1}&\{p_r^{(4)}(y_j)-[2\kappa^2+\mathrm{i}Re\kappa(1-y_j^2)]p_r''(y_j)\\&+[\mathrm{i}Re\kappa^3(1-y_j^2)-2\mathrm{i}Re\kappa+\kappa^4]\}p_r(y_j)\mathrm{d}y\\&=\omega\sum_{r=1}^{n}c_r\int_{-1}^{1}[\mathrm{i}Re\kappa^2 p_r(y_j)-\mathrm{i}Re p_r''(y_j)]p_r(y)\mathrm{d}y, \quad j=0,1,\cdots,n-5\end{aligned} \tag{i}$$

将式(g)和式(i)写为矩阵形式,得到线性特征值问题:

$$\boldsymbol{Ac}=\omega\boldsymbol{Bc}, \quad \boldsymbol{A}\in\mathbb{R}^{n\times n}, \quad \boldsymbol{B}\in\mathbb{R}^{n\times n}, \quad \boldsymbol{c}=\mathbb{C}^n \tag{j}$$

给定 $Re>0$ 和 $\kappa>0$,解特征值得到 $\omega=\omega_r+\mathrm{i}\omega_i$。在参数平面 $(Re,\kappa)$ 上绘制满足 $\omega_i=0$ 的曲线,如图 3.1.12 所示。该曲线是稳定扰动流和非稳定扰动流的分界线,称为**中性曲线**。

研究表明,该中性曲线对应的最小 Reynolds 数为 $Re_{cr}=5\,772$,对应的无量纲波数为 $\kappa_{cr}=1.02$。当 Reynolds 数由低到高达到 $Re>Re_{cr}$ 后,二维 T-S 波将失稳成为三维马蹄涡,伴随漩涡拉伸与变形、破碎、喷射等猝发现象,流动转捩为湍流。在流体力学实验中,来流难以避免扰动,故流动失稳的 Reynolds 数会远低于上述理论预测结果,即 Poiseuille 流很容易发展为湍流。

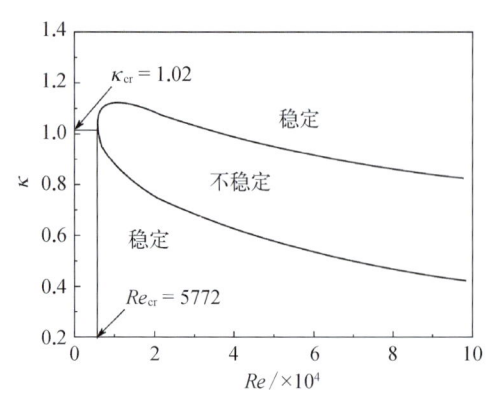

**图 3.1.12** Poiseuille 流动的中性曲线

**注解 3.1.2**:例 3.1.6 中讨论的 T-S 波失稳也常见于其他流动。例如,在图 3.1.13

中,流经飞机翼型后缘的层流 T-S 波失稳成为三维马蹄涡,随后三维涡破碎,转捩为湍流,导致作用在翼型上的流动阻力显著提升。在第 14 章,将讨论船舶螺旋桨旋转导致的空泡流 T-S 波失稳。在第 15 章,将讨论超高声速流动的失稳和转捩,也将涉及 T-S 波问题。

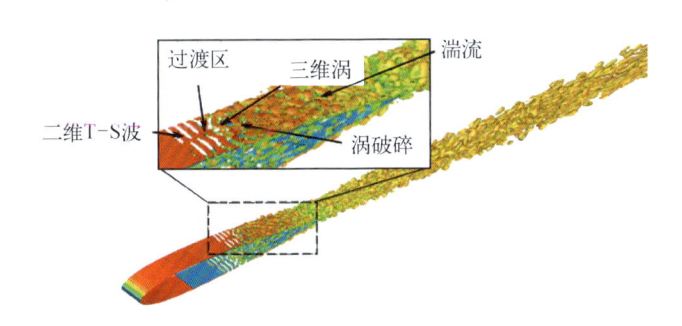

图 3.1.13　飞机翼型表面流动失稳和转捩计算结果

## 3.2　非线性分析

如果系统的输出与输入关系呈现非线性,则称为**非线性系统**,或称系统包含非线性因素。非线性因素来自系统的某个子系统,或子系统之间的关联。例如,结构系统的某个构件发生大变形,使其应变与位移梯度的几何关系包含高次项,导致**几何非线性**。又如,当结构的应变较大时,材料发生塑性变形,材料本构关系不再是胡克(Hooke)定律,导致**材料非线性**。再如,系统与边界之间具有相对运动产生摩擦力,而摩擦力与相对运动的关系具有非线性,导致**界面非线性**。上述材料和界面的非线性均属于**物理非线性**。

与线性系统相比,非线性系统的行为要复杂许多。在传统的工程设计中,人们总希望回避非线性问题。随着研究的深入,在近代工程设计中,人们已不再刻意回避非线性问题,而是揭示非线性力学效应的机理,主动利用非线性。本节讨论工程系统中常见的非线性因素及由此导致的非线性力学行为,并简要介绍研究非线性力学的思路。

### 3.2.1　几何非线性

不论是固体力学系统,还是流体力学系统,均可能包含几何非线性。本小节通过两个具体问题来介绍几何非线性。

**1. 固体力学问题**

当连续介质发生大变形时,其应变与位移梯度之间不再具有线性关系,会产生几何非线性。例如,工程中的薄壁结构会产生大变形,导致几何非线性问题。

**例 3.2.1**　图 3.2.1(a)是典型的飞机薄壁结构,由铆接在桁条上的蒙皮组成。在设计这类薄壁结构时,需要考虑其在气动载荷作用下的大挠度弯曲,保证飞机具有所需的气动外形。1910 年,匈牙利力学家冯·卡门(Theodore von Karman, 1881~1963)建立了矩形薄板大挠度弯曲问题的偏微分方程组。现按照其思路建立方程,并确定四边固支矩形薄板的最大挠度和最大应力。

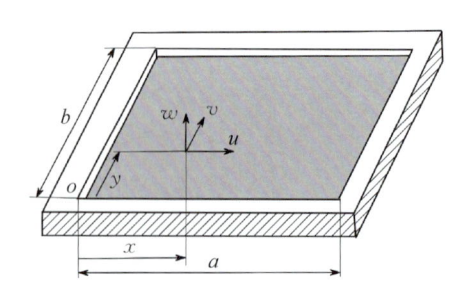

(a) 典型飞机薄壁结构　　　　(b) 四边固支矩形板模型

**图 3.2.1　飞机薄壁结构的大挠度弯曲问题**

**解**:图 3.2.1(b)中灰色区域是矩形薄板的中面。记薄板在中面上点 $(x,y)$ 处的位移分量为 $u$、$v$、$w$。其中,薄板挠度 $w$ 与薄板厚度 $h$ 为同一量级,远小于薄板的长度 $a$ 和宽度 $b$。因此,大挠度薄板具有与小挠度薄板相同的力平衡方程,即

$$\begin{cases} D\nabla^4 w = N_x\dfrac{\partial^2 w}{\partial x^2} + N_y\dfrac{\partial^2 w}{\partial y^2} + 2N_{xy}\dfrac{\partial^2 w}{\partial x \partial y} + q \\ \dfrac{\partial N_x}{\partial x} + \dfrac{\partial N_{xy}}{\partial y} = 0, \quad \dfrac{\partial N_y}{\partial y} + \dfrac{\partial N_{xy}}{\partial x} = 0 \end{cases} \tag{a}$$

其中,$D \equiv Eh^3/[12(1-\nu^2)]$,是薄板抗弯刚度,$E$ 是材料弹性模量,$\nu$ 是材料 Poisson 比;$\nabla^4 \equiv (\partial^2/\partial x^2 + \partial^2/\partial y^2)^2$,是双重拉普拉斯(Laplace)算子;$N_x$、$N_y$、$N_{xy}$ 为薄板的中面内力;$q$ 是均布载荷。

薄板大挠度弯曲使应变与位移梯度的关系呈现几何非线性。参考例 3.1.2 对压杆横向变形引起的纵向位移描述,大挠度弯曲使薄板的中面应变包含挠度梯度的二次项,即

$$\varepsilon_x = \frac{\partial u}{\partial x} + \frac{1}{2}\left(\frac{\partial w}{\partial x}\right)^2, \quad \varepsilon_y = \frac{\partial v}{\partial y} + \frac{1}{2}\left(\frac{\partial w}{\partial y}\right)^2, \quad \gamma_{xy} = \frac{\partial v}{\partial x} + \frac{\partial u}{\partial y} + \frac{\partial w}{\partial x}\frac{\partial w}{\partial y} \tag{b}$$

将上式求二次偏导数并消去中面位移 $u$ 和 $v$,得到薄板变形协调方程:

$$\frac{\partial^2 \varepsilon_x}{\partial y^2} + \frac{\partial^2 \varepsilon_y}{\partial x^2} - \frac{\partial^2 \gamma_{xy}}{\partial x \partial y} = \frac{\partial^2 w}{\partial x \partial y}\frac{\partial^2 w}{\partial x \partial y} - \frac{\partial^2 w}{\partial x^2}\frac{\partial^2 w}{\partial y^2} \tag{c}$$

上述中面应变引起的应力沿板厚度均布,故线弹性材料的本构关系可用内力表示为

$$\varepsilon_x = \frac{1}{Eh}(N_x - \nu N_y), \quad \varepsilon_y = \frac{1}{Eh}(N_y - \nu N_x), \quad \gamma_{xy} = \frac{2(1+\nu)}{Eh}N_{xy} \tag{d}$$

将式(d)代入式(c),得到用内力表示的薄板变形协调方程:

$$\frac{\partial^2 N_x}{\partial y^2} + \frac{\partial^2 N_y}{\partial x^2} - \nu \frac{\partial^2 N_x}{\partial x^2} - \nu \frac{\partial^2 N_y}{\partial y^2} - 2(1+\nu)\frac{\partial^2 N_{xy}}{\partial x \partial y} = Eh\left(\frac{\partial^2 w}{\partial x \partial y}\frac{\partial^2 w}{\partial x \partial y} - \frac{\partial^2 w}{\partial x^2}\frac{\partial^2 w}{\partial y^2}\right) \quad (e)$$

将式(a)与式(e)联立,得到描述矩形薄板大挠度弯曲问题的偏微分方程组。

为求解方便,引入应力函数 $\varphi(x,y)$,将内力表示为

$$N_x = h\frac{\partial^2 \varphi}{\partial x^2}, \quad N_y = h\frac{\partial^2 \varphi}{\partial y^2}, \quad N_{xy} = -h\frac{\partial^2 \varphi}{\partial x \partial y} \quad (f)$$

此时,式(a)中的第二式和第三式自行满足,待求解的式(a)中第一式和式(e)可简化为

$$\begin{cases} D\nabla^4 w = h\left(\dfrac{\partial^2 \varphi}{\partial x^2}\dfrac{\partial^2 w}{\partial y^2} + \dfrac{\partial^2 \varphi}{\partial y^2}\dfrac{\partial^2 w}{\partial x^2} - 2\dfrac{\partial^2 \varphi}{\partial x \partial y}\dfrac{\partial^2 w}{\partial x \partial y}\right) + q \\ \nabla^4 \varphi = E\left(\dfrac{\partial^2 w}{\partial x \partial y}\dfrac{\partial^2 w}{\partial x \partial y} - \dfrac{\partial^2 w}{\partial x^2}\dfrac{\partial^2 w}{\partial y^2}\right) \end{cases} \quad (g)$$

这就是描述矩形薄板大挠度弯曲的**冯·卡门(von Karman)方程**。

von Karman 方程是含未知函数 $w(x,y)$ 和 $\varphi(x,y)$ 的非线性偏微分方程组,通常要靠数值方法求解。现考察四边固支的矩形薄板,采用振动力学中的里茨(Ritz)法,利用矩形薄板的二重镜像对称性,将其位移表示为

$$\begin{cases} u = (x^2 - a^2)(y^2 - b^2)(a_1 x + a_2 x^3 + a_3 x y^2 + a_4 x^3 y^2) \\ v = (x^2 - a^2)(y^2 - b^2)(b_1 y + b_2 y^3 + b_3 x^2 y + b_4 x^2 y^3) \\ w = (x^2 - a^2)^2 (y^2 - b^2)^2 (c_1 + c_2 x^2 + c_3 y^2) \end{cases} \quad (h)$$

通过计算板的弹性势能并取极值,得到关于待定系数的非线性代数方程组。通过数值求解,获得位移。通过中面位移 $u$ 和 $v$,可得到中面应变和应力;通过挠度 $w$,可获得弯矩、扭矩和剪力,进而得到弯曲应力和剪应力;将它们叠加获得总应力。

图 3.2.2(a) 是位于矩形薄板中心的无量纲最大挠度随载荷增加的变化情况,图 3.2.2(b) 是位于薄板边界中点的无量纲最大应力随载荷增加的变化情况。其中,实线是 von Karman 的非线性理论结果,虚线是基于经典薄板线性理论得到的结果。显然,经典小变形理论的结果过高,会导致过于保守的设计。

在力学中,将线性系统在单位力作用下的变形称为**柔度**,将其倒数称为**刚度**。在图 3.2.2(a) 中,随着载荷 $q$ 增加,线性理论预测的薄板中点挠度呈线性递增,即薄板具有线性柔度和线性刚度。对于非线性系统,通常用载荷-变形曲线的斜率来定义**切线柔度**和**切线刚度**。在图 3.2.2(a) 中,非线性理论预测的薄板中点挠度曲线斜率逐渐变小,即切线柔度逐渐变小,切线刚度逐渐增加。这种现象称为**刚度渐硬**或**刚度硬化**,是弹性梁、弹性板等结构发生大挠度弯曲变形时的普遍现象。

(a) 最大挠度随载荷增加的变化  (b) 最大应力随载荷增加的变化

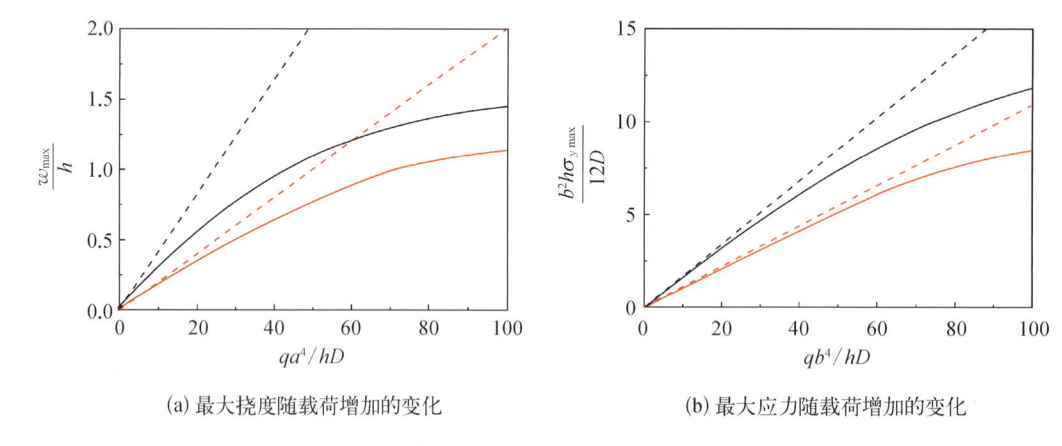

**图 3.2.2  矩形薄板在均布压力下的最大挠度和最大应力**
黑线:$b/a = 1/2$,红线:$b/a = 1$;实线:非线性理论,虚线:线性理论

## 2. 流体力学问题

在流体力学中,通常并不专门讨论几何非线性。事实上,不可压缩流体力学问题属于几何非线性问题,可通过几何分析来区分无旋流动和有旋流动,进而降低求解难度。

**例 3.2.2** 考虑由直角坐标系 $oxyz$ 描述的理想不可压缩流动,记流体密度为 $\rho$,压强为 $p$,速度向量 $\boldsymbol{V}$ 的分量为 $u$、$v$、$w$,体力向量 $\boldsymbol{f}$ 的分量为 $f_x$、$f_y$、$f_z$,流动满足如下 Euler 方程[1]:

$$\begin{cases} \rho\left(\dfrac{\partial u}{\partial t} + u\dfrac{\partial u}{\partial x} + v\dfrac{\partial u}{\partial y} + w\dfrac{\partial u}{\partial z}\right) + \dfrac{\partial p}{\partial x} = \rho f_x \\ \rho\left(\dfrac{\partial v}{\partial t} + u\dfrac{\partial v}{\partial x} + v\dfrac{\partial v}{\partial y} + w\dfrac{\partial v}{\partial z}\right) + \dfrac{\partial p}{\partial y} = \rho f_y \\ \rho\left(\dfrac{\partial w}{\partial t} + u\dfrac{\partial w}{\partial x} + v\dfrac{\partial w}{\partial y} + w\dfrac{\partial w}{\partial z}\right) + \dfrac{\partial p}{\partial z} = \rho f_z \end{cases} \quad (\text{a})$$

讨论式(a)中左端非线性项的几何意义。

**解:** 以第一式为例,其左端的非线性项为迁移加速度,可改写为

$$u\frac{\partial u}{\partial x} + v\frac{\partial u}{\partial y} + w\frac{\partial u}{\partial z} = u\frac{\partial u}{\partial x} + v\frac{\partial v}{\partial x} + w\frac{\partial w}{\partial x} + \left(\frac{\partial u}{\partial z} - \frac{\partial w}{\partial x}\right)w - \left(\frac{\partial v}{\partial x} - \frac{\partial u}{\partial y}\right)v$$

$$= \frac{\partial}{\partial x}\left(\frac{V^2}{2}\right) + 2(\omega_y w - \omega_z v) \quad (\text{b})$$

其中,$V^2 \equiv \|\boldsymbol{V}\|^2 = u^2 + v^2 + w^2$;$\omega_y$ 和 $\omega_z$ 分别为流体微团角速度向量 $\boldsymbol{\omega}$ 沿着 $y$ 轴和 $z$ 轴的分量。因此,式(a)可表示为如下**兰姆-格罗米柯(Lamb-Gromyko)**方程:

---

[1] 刘沛清. 空气动力学[M]. 北京:科学出版社,2020:71-74.

$$\begin{cases} \rho\left[\dfrac{\partial u}{\partial t} + \dfrac{\partial}{\partial x}\left(\dfrac{V^2}{2}\right) + 2(\omega_y w - \omega_z v)\right] + \dfrac{\partial p}{\partial x} = \rho f_x \\ \rho\left[\dfrac{\partial v}{\partial t} + \dfrac{\partial}{\partial y}\left(\dfrac{V^2}{2}\right) + 2(\omega_z u - \omega_x w)\right] + \dfrac{\partial p}{\partial y} = \rho f_y \\ \rho\left[\dfrac{\partial w}{\partial t} + \dfrac{\partial}{\partial z}\left(\dfrac{V^2}{2}\right) + 2(\omega_x v - \omega_y u)\right] + \dfrac{\partial p}{\partial z} = \rho f_z \end{cases} \quad (c)$$

式(c)还可表示为物理意义更明显的向量形式：

$$\rho\frac{\partial \boldsymbol{V}}{\partial t} + \nabla\left(\frac{\rho V^2}{2}\right) + 2\rho\boldsymbol{\omega}\times\boldsymbol{V} + \nabla p = \rho\boldsymbol{f} \quad (d)$$

式(d)的非线性项包括两部分：第一部分 $\nabla(\rho V^2/2)$ 代表流体微团的动能梯度；第二部分 $2\rho\boldsymbol{\omega}\times\boldsymbol{V}$ 代表流体微团旋转产生的惯性力，又称为**涡力**。它们都来自流体微团运动的非线性几何关系。

由于理想流体没有黏性导致的剪切力，若流场初始无旋，则将始终保持无旋，式(d)的求解可大为简化。若体力向量为有势力，引入势函数 $Q$ 使得 $\boldsymbol{f} = -\nabla Q$，则定常无旋流动满足如下**伯努利(Bernoulli)积分**：

$$\frac{1}{2}V^2 + \frac{p}{\rho} + Q = \text{const.} \quad (e)$$

上述情况似乎很特殊，但具有广泛应用场景。例如，对于亚声速飞行器，其边界层外的流动可视为理想不可压缩的无旋流动。

### 3.2.2 物理非线性

在工程系统中，导致物理非线性的因素有许多，主要包括：材料/介质的非线性本构关系，系统内部和外部界面处的位移/速度与反力间的非线性关系，多物理场相互耦合的非线性关系。本小节主要讨论前两类非线性，即介质非线性和界面非线性。

1. **固体的非线性**

在力学中，通常基于实验数据建立各种固体材料的唯象本构关系。例如，在材料力学中，已介绍了金属杆件在单轴准静态拉伸时的应变-应力关系，图3.2.3给出了几种典型情况。其中，脆性材料(如碳化钨)具有接近线性的应变-应力关系，不发生显著屈服即断裂，表现为应力 $\sigma$ 抵达强度极限 $\sigma_B$ 即沿虚线骤降；超弹性材料(如人造橡胶)在较大范围内具有非线性应变-应力关系，在分子链被拉直阶段呈现硬化，随后断裂；塑性材料(如中低碳钢)在应力 $\sigma$ 抵达比例极限/弹性极限 $\sigma_E$ 前具有线性应变-应力关系，超过屈服应力 $\sigma_Y$ 后的表现有两种：一是软化并发展到断裂；二是经过短暂平坦阶段后硬化，随后再软化并断裂。

将塑性材料杆件拉伸到屈服阶段并完全卸载,杆件会保留塑性应变。以图 3.2.3 中的塑性材料-1 为例,红色曲线代表杆件卸载时的应变-应力关系;当应力 $\sigma = 0$ 时,杆件保留塑性拉应变 $\varepsilon_p$,即图中总应变 $\varepsilon_t = \varepsilon_e + \varepsilon_p$,其中 $\varepsilon_e$ 为弹性应变。此时,若将杆件压缩到屈服后并完全卸载,杆件会保留塑性压应变。如此循环往复,将形成图 3.2.4 所示的应变-应力滞后回线,其包围的阴影区面积是一个加载循环所耗散的能量,可理解为**材料阻尼效应**。

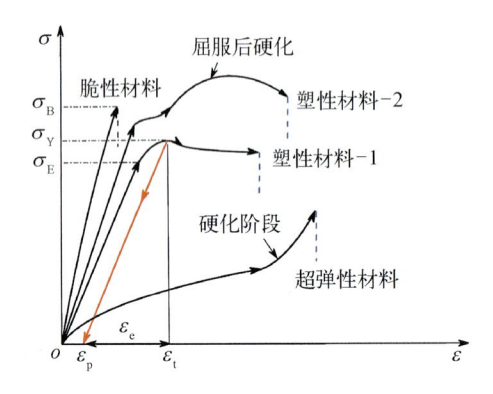

图 3.2.3 材料单轴拉伸的应变-应力关系

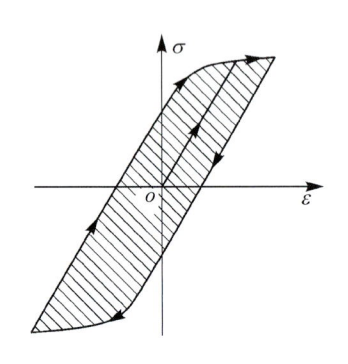

图 3.2.4 材料在周期拉压下的应变-应力关系

上述实验是准静态拉压实验,可忽略加载导致的材料应变速率。对于材料的动态拉压实验,则需要计入应变速率的影响。许多高应变速率实验表明,材料的动态弹性模量会高于静态弹性模量,动态屈服极限也高于静态屈服极限。此外,材料在动态大变形下产生的塑性功转变为热,这样的局部热来不及传导,导致材料软化而出现**热剪切带**,这时材料的应变-应力曲线斜率会由正变负,发生**材料失稳**和破坏。这是典型的力热耦合问题。

**注解 3.2.1**:在三维应力状态下,不论是材料发生屈服的条件,还是屈服后的力学行为,都变得非常复杂。在第 10 章,将讨论陶瓷基复合材料在三维应力状态下的屈服问题。

**例 3.2.3** 为了借鉴上述弹塑性效应来增强材料阻尼效应,人们采用物理方法制备了多种具有微结构的新材料。图 3.2.5 是由不锈钢丝压制而成的块体材料,称为**金属橡胶**。当金属橡胶发生小变形时,其钢丝间的摩擦导致钢丝间滑移自锁,金属橡胶的宏观应变-应力关系呈现弹性,基本无能耗;当金属橡胶大变形时,钢丝间发生黏滞和滑移而消耗能量,具有弹性效应和阻尼效应。因此,金属橡胶在宏观上呈现弹塑性本构关系,但上述滑移和黏滞并非塑性应变。在金属橡胶设计中,可通过钢丝材料、表面形态、空间填充比等来调节耗散能与弹性能的比值。

图 3.2.5 金属橡胶

与天然橡胶相比,金属橡胶具有很好的温度适应性。图 3.2.6 是采用类似思路设计的非线性弹性支撑,同样靠钢丝绳中钢丝间的自锁和滑移来调节耗散能与弹性能的比值。上述材料和元件已广泛应用于解决工程中的隔振和缓冲问题。

上述加载-卸载过程中的塑性应变表明,材料发生屈服后的力学行为与加载-变形过程(又称**加载路径**)有关,具有记忆特性。因此,弹塑性本构关系应是关于 $d\sigma/d\varepsilon$ 的常微分方程,又称**增量型本构关系**。在工程中,常采用所有载荷成比例增长的假设,将弹塑性本构关系简化为函数 $\sigma = \sigma(\varepsilon)$,并称为**全量型本构关系**。在早期的塑性力学研究中,采用全量型本构关系可大大简化解析求解的难度。目前,采用数值方法求解塑性力学问题,采用增量型本构关系几乎不增加计算难度。

图 3.2.6 非线性弹性支撑

### 2. 流体的非线性

在流体力学研究中,同样基于实验数据建立唯象本构关系。1687 年,英国科学家 Newton 最早指出水的内摩擦定律,即水的剪切应力 $\tau$ 与剪切变形速率 $\dot{\gamma}$ 成正比,可表示为 $\tau = \mu\dot{\gamma}$,其中 $\mu$ 称为**动力黏性系数**。这是流体力学中最简单的线性本构关系。水、空气、酒精等低黏性流体均满足该本构关系,故称为**牛顿(Newtonian)流体**。

人们发现,高分子溶液、熔体、膏体、凝胶、悬浮液等流体不具有 Newtonian 流体的本构关系,将其称为**非 Newtonian 流体**。非 Newtonian 流体的本构关系有许多种,除了比上述内摩擦定律更一般的线性常微分方程,大多是非线性常微分方程。前者是线性本构关系,后者则是非线性本构关系。

在非线性本构关系中,最简单的是剪切变形速率的**幂律关系**。以 $\dot{\gamma} > 0$ 为例,可表示为

$$\tau = \tau_s + \alpha\dot{\gamma}^\beta \tag{3.2.1}$$

其中,$\tau_s$ 为初始剪应力;$\alpha > 0$,为**稠度系数**;$\beta > 0$,为**流动指数**。若 $\tau_s = 0$,可将式 (3.2.1) 写为

$$\tau = \eta_a(\dot{\gamma})\dot{\gamma}, \quad \eta_a(\dot{\gamma}) = \alpha\dot{\gamma}^{\beta-1} \tag{3.2.2}$$

其中,$\eta_a(\dot{\gamma})$ 称为**表观黏度**,它正比于幂律函数切线的斜率。

现结合图 3.2.7,对上述幂律关系进行讨论。

第一,若 $\tau_s = 0$,$\beta = 1$,则幂律关系退化为 Newtonian 流体的内摩擦定律,即图 3.2.7 中黑色直线,稠度系数 $\alpha$ 等同于动力黏性系数 $\mu$。

第二,若 $\tau_s > 0$,$\beta = 1$,当剪应力 $\tau$ 小于屈服应力 $\tau_s$ 时,流体无变形;当剪应力 $\tau$ 大于屈服应力 $\tau_s$ 后,流体发生与 Newtonian 流体相同的流动。这种流体是理想化的**塑性流体**,

又称为**宾汉姆(Bingham)流体**,对应图3.2.7中红色直线。由于其表达式非常简单,常用于描述石油钻井的泥浆、细沙悬浮液、磁流变液等。

第三,对于大多数聚合物溶液和熔体,$\tau_s = 0$, $0 < \beta < 1$,称为**假塑性流体**。根据图3.2.7中蓝色曲线斜率,该流体的表观黏度特点如下:当$\dot{\gamma}$很小时,$\eta_a(\dot{\gamma})$非常大,不易产生流动;随着$\dot{\gamma}$增加,$\eta_a(\dot{\gamma})$递减,流动性增加,具有**剪切稀化现象**。塑性流体可视为其极端情况。

第四,对于高浓度悬浮液、浓淀粉糊、生面团等,$\tau_s = 0$,$\beta > 1$,称为**膨胀流体**。根据图3.2.7中绿色曲线斜率,该流体的表观黏度随剪应变速率$\dot{\gamma}$增加而递增,具有**剪切增稠现象**。以高浓度悬浮液为例,其在静止时颗粒填充密度最大,流体充满粒子间的间隙;当剪切应变增加时,部分粒子表面失去流体润滑,导致剪切阻力增加,在宏观上呈现剪切增稠。

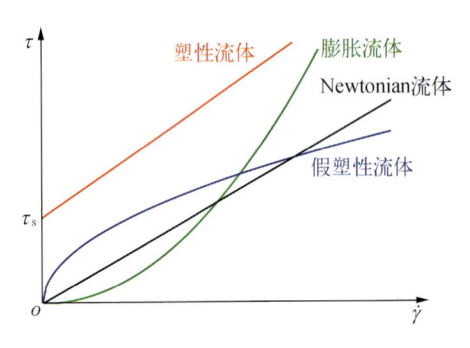

**图3.2.7 典型流体的本构关系示意图**

在工程中,经常在Newtonian流体中加入聚合物,得到非Newtonian流体,例如,为了提高石油产量而使用的压裂液、新型润滑剂等。实验表明,非Newtonian流体的稠度系数$\alpha$与流体温度有关。液体的黏性主要来自相邻流层的内聚力,当温度升高时,分子热运动导致分子间的距离增加,因此稠度系数$\alpha$会下降。此外,如果改变非Newtonian流体的分子量、温度,或增加软化剂、增塑剂,可调整流动指数$\beta$。

**例3.2.4** 图3.2.8(a)是将微米级羰基铁颗粒拌入矿物油中形成的悬浮液。在磁场作用下,液体中的颗粒可在ms级时间内形成规则取向,使液体表观黏度骤增;若磁场强度足够大,悬浮液可变为半固体;磁场消失的瞬间,它又恢复为原来的悬浮液。这种悬浮液在磁场作用下的本构关系可近似为Bingham流体,具有流变学性质,故称为**磁流变液**。

近年来,人们已利用磁流变液研制了传动离合器、阻尼减振器。图3.2.8(b)是车用磁流变阻尼减振器的内部结构。其中,压强为20 Pa的氮气作为空气弹簧,电磁线圈根据

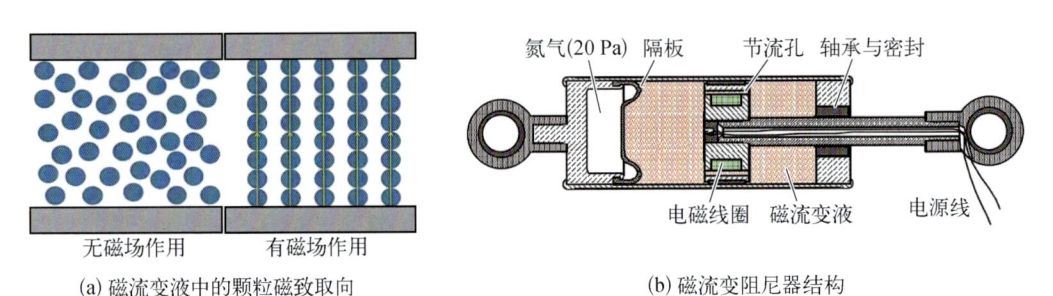

(a) 磁流变液中的颗粒磁致取向　　　　(b) 磁流变阻尼器结构

**图3.2.8 磁流变液的变黏度机理及其阻尼减振器结构示意图**

计算机指令产生强度可控的磁场,使磁流变液的表观黏度发生变化,进而调节该阻尼减振器产生的反力。将阻尼减振器用于车辆悬架,可产生动态变化的反力,改善车辆行驶的平顺性。

最后指出,以上讨论的非 Newtonian 流体本构关系仅包含与时间无关的流体黏性性质,这种非 Newtonian 流体称为**广义 Newtonian 流体**。若非 Newtonian 流体的本构关系与时间相关,则称为**时间依赖性流体**;若非 Newtonian 流体的本构关系包含弹性行为,则称为**黏弹性流体**;有关内容可参考流变学著作。

3. 界面的非线性

在工程系统中,子系统间的界面、零部件间的界面都可能具有非线性力学因素。例如,图 3.2.9 中的滚珠轴承、圆柱铰链中总存在间隙,这会导致系统刚度呈现非线性。描述间隙非线性的函数通常是非光滑函数,甚至是不连续性函数。

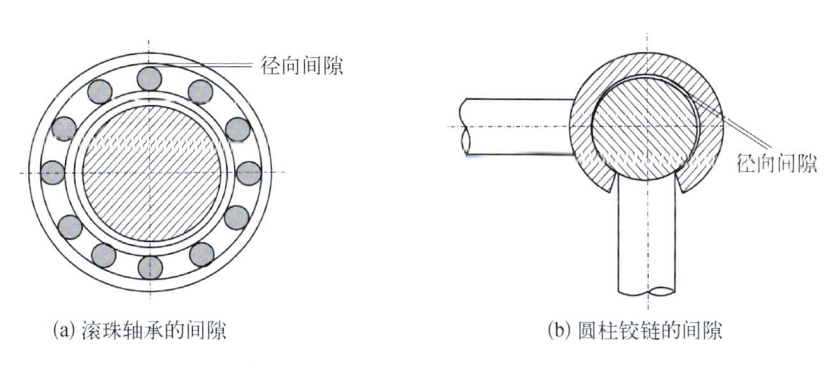

(a) 滚珠轴承的间隙  (b) 圆柱铰链的间隙

**图 3.2.9** 机械和结构中的常见间隙示意图

**例 3.2.5** 图 3.2.10 是 2012 年美国国家航空航天局(National Aeronautics and Space Administration,NASA)发射的科学实验卫星——NuStar 卫星,卫星本体向右伸展出长 10 m 的桅杆,桅杆端部装有掠射镜探测黑洞。该桅杆由 60 个四棱柱胞元通过球铰链组装而成,在卫星发射和入轨前收拢在卫星内部,入轨后展开并锁定。锁定的铰链仍具有微小间隙,导致桅杆刚度低于不考虑间隙的理想刚

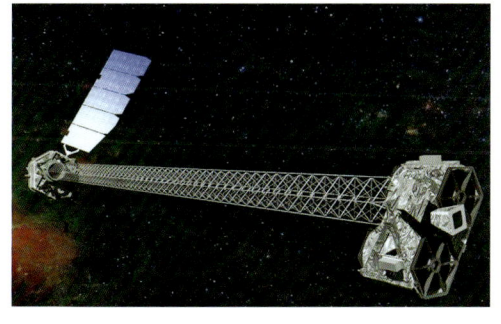

**图 3.2.10** NuStar 卫星及其可折叠展开桅杆[1]

度。从宏观来看,微小间隙导致桁架具有非线性刚度,使桅杆的小幅自由振动频率低于大幅自由振动频率,这是典型的非线性振动现象。

如果系统零部件界面间具有非润滑的相对运动,则会产生摩擦力,而摩擦力与相对运动的关系呈现非线性。在力学建模中,常用最简单的**库仑(Coulomb)模型**来描述摩擦力。

---

[1] 陈求发. 世界航天器大全[M]. 北京:中国宇航出版社,2012:359.

如图 3.2.11(a)所示,记 $\dot{u}$ 为界面相对速度,$f$ 为摩擦力,定义:当 $\dot{u} = 0$ 时,$f \in [-f_s, f_s]$;当 $\dot{u} \neq 0$ 时,$f = -f_k \mathrm{sgn}(\dot{u})$。其中,$f_s = \mu_s f_n$,为**最大静摩擦力**,$f_k = \mu_k f_n < f_s$,为**动摩擦力幅值**,$\mu_s$ 和 $\mu_k$ 分别为**静摩擦系数**和**动摩擦系数**,$f_n$ 为界面间正压力。为强调 $\mu_s$ 和 $\mu_k$ 是无量纲参数,部分文献中称其为**静/动摩擦因数**。

在 Coulomb 模型中,当界面间相对速度在零附近来回切换时,摩擦力不连续,无法描述德国工程师斯特里贝克(Richard Stribeck, 1861~1950)在实验中观测到的静摩擦与动摩擦之间的光滑过渡,即图 3.2.11(b)中的 **Stribeck 效应**。许多学者曾试图建立描述 Stribeck 效应的模型,目前力学界普遍认可由瑞典隆德(Lund)工学院和法国格勒诺布尔(Grenoble)自动控制实验室共同提出的 **LuGre 模型**。以下举例说明 LuGre 模型。

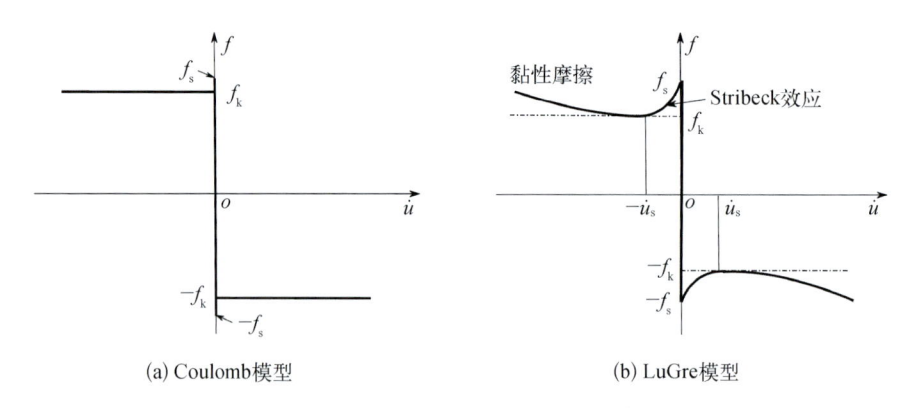

图 3.2.11 两种摩擦力模型的对比
(a) Coulomb 模型  (b) LuGre 模型

**例 3.2.6** 为了描述 Stribeck 效应,设想两个可相互滑动的宏观界面间有许多微观弹性鬃毛。两个界面滑动时,在正压力和摩擦力作用下,鬃毛发生变形,而卸载后又恢复原状。采用内变量 $z$ 描述这些鬃毛的平均变形,将摩擦力表示为

$$f = -(\sigma_0 z + \sigma_1 \dot{z} + \sigma_2 \dot{u}) \tag{a}$$

其中,$\sigma_0$ 为鬃毛平均变形的刚度系数;$\sigma_1$ 为鬃毛平均变形的阻尼系数;$\sigma_2$ 为界面滑移的黏性阻尼系数;上述内变量 $z$ 满足如下常微分方程:

$$\dot{z} = \dot{u} - \sigma_0 \frac{|\dot{u}|}{g(\dot{u}_s)} z, \quad p(\dot{u}_s) \equiv f_k + (f_s - f_k)\exp(-|\dot{u}/\dot{u}_s|^\gamma) \tag{b}$$

其中,相对速度 $\dot{u}_s$ 如图 3.2.11(b)所示,它决定函数 $p(\dot{u}_s)$ 接近 $f_k$ 的快慢程度;指数 $\gamma$ 用来描述 Stribeck 效应的形状。

LuGre 模型具有较高精度,但需要求解式(b)中的常微分方程。如果采用数值积分方法求解整个系统的动力学问题,可在非常短的时间积分步内将 $\dot{u}(t)$ 视为常数,则式(b)简化为常系数的线性常微分方程,具有解析解。

### 3.2.3 计算和分析方法

非线性力学问题比线性力学问题要复杂许多,没有统一的计算和分析方法。在工程实践中,通常根据问题的特点,选择能揭示问题本质的最简单方法。

#### 1. 分段线性化方法

对于工程系统的非线性力学问题,最简单和直观的方法就是将其分段线性化来求解。以梁的弹塑性静力学问题为例,可采用图 3.2.12 中的红色折线 AB 和 BC 来简化梁的弯矩和曲率关系(即非线性段 AC),并将其称为**理想弹塑性模型**。在这样的分段线性近似下,当梁的某个截面的弯矩达到极限弯矩 $M_p$ 时,就认为该截面失去承载能力,并称其为**塑性铰**。如果已知纯弯曲梁的塑性弯矩 $M_p$,则可用塑性铰概念来简化梁和刚架结构的弹塑性力学分析。

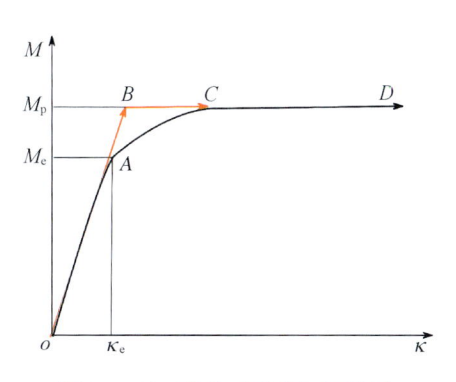

图 3.2.12 梁的理想弹塑性模型

**例 3.2.7** 考察图 3.2.13 中受集中载荷 $f$ 的结构,已知纯弯曲梁的极限弯矩为 $M_p$,确定该结构可承受的载荷的最大值 $f_{max}$。

**解**:该结构在弹性变形阶段属于静不定系统。根据材料力学中受集中力作用的悬臂梁的挠度公式,集中力 $f$ 和右端支座反力 $f_C$ 引起结构右端点 $C$ 的挠度满足:

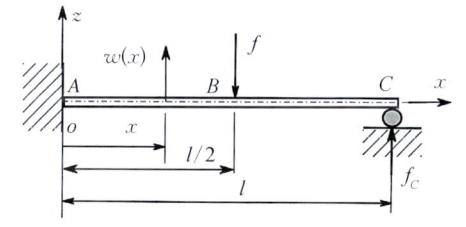

图 3.2.13 静不定梁结构的弹塑性力学问题

$$w(l) = -\frac{5f}{6EI}\left(\frac{l}{2}\right)^3 + \frac{f_C l^3}{3EI} = 0 \tag{a}$$

由式(a)解出右端支座反力 $f_C = 5f/16$。由此可得到结构的弯矩,其在固支端 $A$ 和中点 $B$ 分别取最小值和最大值:

$$M_A = -\frac{3fl}{16}, \quad M_B = \frac{5fl}{32} \tag{b}$$

根据 $|M_A| > |M_B|$,结构的固支端 $A$ 率先屈服成为塑性铰,由此可确定对应的载荷 $f_p$ 和结构中点 $B$ 的弯矩,即

$$|M_{Ap}| = \frac{3f_p l}{16} = M_p \Rightarrow f_p = \frac{16 M_p}{3l}, \quad M_{Bp} = \frac{5 f_p l}{32} = \frac{5 M_p}{6} \tag{c}$$

结构固支端变为塑性铰后,该结构成为两端铰支梁,仍可承受载荷增量 $\Delta f$,直至中点 $B$ 变为塑性铰。根据式(c)中第三式,中点 $B$ 变为塑性铰所需的弯矩增量为 $\Delta M_B = M_p/6$,由此可得到载荷增量:

$$\frac{\Delta f}{2}\frac{l}{2} = \Delta M_B = \frac{M_p}{6} \implies \Delta f = \frac{2M_p}{3l} \qquad (d)$$

因此,该结构的极限载荷为

$$f_{\max} = f_p + \Delta f = \frac{6M_p}{l} \qquad (e)$$

在该载荷下,结构先由静不定变为静定,再变为机构,丧失承载能力。

**2. 摄动法**

在很多工程系统中,非线性因素会随某个系统参数 $\varepsilon$ 趋于零而消失。此时,非线性系统退化为线性系统,称为**派生线性系统**。对于这类非线性系统,当 $0<|\varepsilon|\ll 1$ 时,可将系统力学行为表示为小参数 $\varepsilon$ 的幂级数,从派生线性系统的力学行为出发,经过对小参数 $\varepsilon$ 的幂级数展开得到一系列线性系统,进而获得非线性系统的力学行为。这类系统通常称为**弱非线性系统**,或**含小参数 $\varepsilon$ 的非线性系统**。

**例 3.2.8** 图 3.2.14 所示轻质悬臂梁的端部具有集中质量 $m$,梁的大挠度弯曲具有刚度渐硬特性。不计梁的惯性,集中质量受初始大扰动后的自由振动满足如下常微分方程初值问题:

$$\begin{cases} m\ddot{w}(t) + k_1 w(t) + k_3 w^3(t) = 0 \\ w(0) = a, \quad \dot{w}(0) = 0 \end{cases} \qquad (a)$$

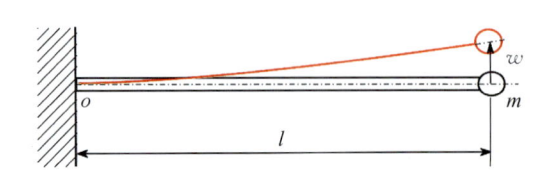

**图 3.2.14** 轻质悬臂梁端部质量的非线性自由振动问题

式(a)称为**达芬(Duffing)系统**,以纪念最早研究该系统非线性振动的德国工程师达芬(Georg Duffing, 1861~1944)。现采用摄动法确定该非线性振动的一次近似解。

**解**:当刚度系数 $k_3 = 0$ 时,式(a)退化为线性系统,其固有频率为 $\omega_0 \equiv \sqrt{k_1/m}$。引入无量纲位移 $\bar{w}(t) \equiv w(t)/a$,无量纲参数 $\varepsilon \equiv a^2 k_3/k_1$,并要求 $0 < \varepsilon \ll 1$,则式(a)可改写为含小参数 $\varepsilon$ 的非线性系统:

$$\begin{cases} \ddot{\bar{w}}(t) + \omega_0^2 \bar{w}(t) + \varepsilon \omega_0^2 \bar{w}^3(t) = 0 \\ \bar{w}(0) = 1, \quad \dot{\bar{w}}(0) = 0 \end{cases} \qquad (b)$$

该系统的自由振动 $\bar{w}(t)$ 及其频率 $\omega$ 均与小参数 $\varepsilon$ 有关,将它们表示为 $\varepsilon$ 的幂级数:

$$\bar{w}(t) = \bar{w}_0(t) + \varepsilon \bar{w}_1(t) + \cdots, \quad \omega^2 = \omega_0^2 + \varepsilon \omega_1^2 + \cdots \qquad (c)$$

将式(c)代入式(b),得到:

$$\begin{cases} \ddot{\bar{w}}_0 + \varepsilon \ddot{\bar{w}}_1 + \cdots + (\omega^2 - \varepsilon \omega_1^2 - \cdots)(\bar{w}_0 + \varepsilon \bar{w}_1 + \cdots) + \varepsilon \omega_0^2 (\bar{w}_0 + \varepsilon \bar{w}_1 + \cdots)^3 = 0 \\ \bar{w}_0(0) + \varepsilon \bar{w}_1(0) + \cdots = 1, \quad \dot{\bar{w}}_0(0) + \varepsilon \dot{\bar{w}}_1(0) + \cdots = 0 \end{cases}$$

$$(d)$$

比较式(d)中等号两端 $\varepsilon$ 的同次幂,得到一系列常微分方程初值问题,其前两个如下:

$$\begin{cases} \ddot{\bar{w}}_0(t) + \omega^2 \bar{w}_0(t) = 0 \\ \bar{w}_0(0) = 1, \quad \dot{\bar{w}}_0(0) = 0 \end{cases} \tag{e}$$

$$\begin{cases} \ddot{\bar{w}}_1(t) + \omega^2 \bar{w}_1(t) = \omega_1^2 \bar{w}_0(t) - \omega_0^2 \bar{w}_0^3(t) \\ \bar{w}_1(0) = 0, \quad \dot{\bar{w}}_1(0) = 0 \end{cases} \tag{f}$$

式(e)的解为 $\bar{w}_0(t) = \cos(\omega t)$,将其代入式(f)并把 $\cos^3(\omega t)$ 表示为三角函数的和差,得到:

$$\begin{cases} \ddot{\bar{w}}_1(t) + \omega^2 \bar{w}_1(t) = \left(\omega_1^2 - \frac{3}{4}\omega_0^2\right)\cos(\omega t) - \frac{1}{4}\omega_0^2 \cos(3\omega t) \\ \bar{w}_1(0) = 0, \quad \dot{\bar{w}}_1(0) = 0 \end{cases} \tag{g}$$

式(g)相当于线性无阻尼系统的受迫共振问题,其解会随时间增加而趋于无限,属于不合理结果。为了消除该现象,可命式(g)的右端第一项为零,即

$$\omega_1^2 - \frac{3}{4}\omega_0^2 = 0 \tag{h}$$

在该条件下,得到式(g)的解为

$$\bar{w}_1(t) = \frac{\omega_0^2}{32\omega^2}[\cos(3\omega t) - \cos(\omega t)] \tag{i}$$

将式(h)和式(i)代回式(c),还原为有量纲的物理量,得到大挠度自由振动的一次近似解:

$$w(t) = a\cos(\omega t) + \frac{\omega_0^2 k_3 a^3}{32\omega^2 k_1}[\cos(3\omega t) - \cos(\omega t)] \tag{j}$$

其中,振动频率为

$$\omega = \sqrt{\omega_0^2 + \varepsilon \frac{3\omega_0^2}{4}} = \omega_0 \sqrt{1 + \frac{3k_3 a^2}{4k_1}} \tag{k}$$

**讨论**:首先,式(k)表明:系统自由振动频率 $\omega$ 依赖于振幅 $a$,对于刚度渐硬系统,振幅越大则频率越高,这显著有别于线性系统的固有频率。其次,由式(j)可见,非线性振动不仅包含频率为 $\omega$ 的振动,还包含频率为 $3\omega$ 的高次谐波振动;如果计入小参数 $\varepsilon$ 的高次项,则还有 $5\omega$、$7\omega$ 等高次谐波。这些都是非线性振动与线性振动的本质区别。

在式(j)中,第二项的贡献小于第一项。受此启发,可直接设近似解为 $w(t) = a\cos(\omega t)$,将其代入式(a)的常微分方程,通过三角函数积化和差并略去 $\cos(3\omega t)$ 项,得到:

$$\left(k_1 - m\omega^2 + \frac{3k_3 a^2}{4}\right) a\cos(\omega t) = 0 \tag{1}$$

由此得到与式(k)相同的振动频率:

$$\omega = \sqrt{\frac{k_1}{m} + \frac{3k_3 a^2}{4m}} = \omega_0 \sqrt{1 + \frac{3k_3 a^2}{4k_1}} \tag{m}$$

这种近似求解方法仅关注非线性振动的低频谐波,并根据同次谐波系数平衡来求解非线性振动,称为**谐波平衡法**。该方法比较简单,特别适用于求解单谐波解,而且不限于含小参数的非线性系统。

3. 数值计算法

上述几种方法适用于研究含少数几个未知变量的非线性力学系统,并揭示其力学行为与系统参数间的关系,但无法研究具有较多个未知变量的工程系统,尤其是没有解析模型的工程系统。对这些工程系统,必须采用数值计算方法。目前,工程界主要基于有限元法来建立工程系统的数学模型,它是常微分方程组或代数方程组,可用成熟的数值方法求解。现以非线性结构系统的动力学问题为例,简要介绍求解思路。

**例 3.2.9** 根据位移有限元方法,非线性结构系统的动力学初值问题可表示为

$$\begin{cases} \boldsymbol{M}\ddot{\boldsymbol{u}}(t) + \boldsymbol{f}[\boldsymbol{u}(t), \dot{\boldsymbol{u}}(t), t] = \boldsymbol{0} \\ \boldsymbol{u}(0) = \boldsymbol{u}_0, \quad \dot{\boldsymbol{u}}(0) = \dot{\boldsymbol{u}}_0 \end{cases} \tag{a}$$

其中,$\boldsymbol{u}$ 是位移向量;$\boldsymbol{M}$ 是质量矩阵;$\boldsymbol{f}$ 是非线性力向量。现讨论式(a)的数值解法。

**解:** 将所关心的时间段 $[0, T]$ 离散为 $t_k = k\Delta t$, $k \in \{0, I_n\}$,其中时间步长 $\Delta t \equiv T/n$ 足够小。采用线性加速度近似[1],可用 $\boldsymbol{u}_k \equiv \boldsymbol{u}(t_k)$ 来表示速度向量 $\dot{\boldsymbol{u}}(t_k)$ 和加速度向量 $\ddot{\boldsymbol{u}}(t_k)$,进而将式(a)中的常微分方程组近似为每个离散时间的非线性代数方程组:

$$\boldsymbol{g}(\boldsymbol{u}_k, t_k) = \boldsymbol{0}, \quad k \in \{0, I_n\} \tag{b}$$

在每个离散时间,式(b)等价于非线性静力学问题。由于 $\Delta t$ 足够小,对于 $k \in \{0, I_n\}$,可用 $\boldsymbol{u}_{k-1}$ 作为 $\boldsymbol{u}_k$ 的近似值,将式(b)局部线性化,进而得到迭代解:

$$\begin{aligned} & \boldsymbol{g}(\boldsymbol{u}_{k-1}, t_{k-1}) + \nabla_{\boldsymbol{u}} \boldsymbol{g}(\boldsymbol{u}_{k-1}, t_{k-1})(\boldsymbol{u}_k - \boldsymbol{u}_{k-1}) = \boldsymbol{0} \\ & \Rightarrow \boldsymbol{u}_k = \boldsymbol{u}_{k-1} - [\nabla_{\boldsymbol{u}} \boldsymbol{g}(\boldsymbol{u}_{k-1}, t_{k-1})]^{-1} \boldsymbol{g}(\boldsymbol{u}_{k-1}, t_{k-1}) \end{aligned} \tag{c}$$

其中,矩阵 $\nabla_{\boldsymbol{u}} \boldsymbol{g}(\boldsymbol{u}_{k-1}, t_{k-1})$ 是向量 $\boldsymbol{g}(\boldsymbol{u}, t)$ 在 $(\boldsymbol{u}_{k-1}, t_{k-1})$ 处的 Jacobi 矩阵,它可理解为等价非线性静力学问题的切线刚度矩阵。

对于非线性力学问题,数值计算方法的细节将决定成败。例如,对于 3.2.1 节讨论的矩形薄板大挠度弯曲问题,如果其最大应力低于材料弹性极限,采用计入几何非线性的板

---

[1] 胡海岩. 机械振动基础[M]. 2版. 北京:北京航空航天大学出版社,2022:138-139.

壳单元即可精确建模。但如果其最大应力超过材料弹性极限,则需要对板的塑性区采用非线性本构关系。在有限元模型中,需要对每个单元判断其处于弹性区还是塑性区,甚至需要沿着单元厚度方向判断是否进入塑性区。对于该矩形薄板的动力学问题,还需在每个时间步长进行上述判断,这无疑非常复杂和耗时。

**例 3.2.10** 图 3.2.15 所示圆柱薄壳的两端具有刚性约束,使壳两端沿 $x$ 轴和 $z$ 轴的位移为零。壳的长度为 $l = 600$ mm,中面半径为 $R = 300$ mm,厚度为 $h = 3$ mm;材料弹性模量为 $E = 3\,000$ MPa,Poisson 比为 $\nu = 0.3$,材料初始屈服应力为 $\sigma_s = 24.3$ MPa,硬化模量为 $K = 300$ MPa。计算圆柱薄壳中点受到一对压力 $P$ 作用时壳的塑性变形过程。

**解:** 根据该问题的对称性,只需研究其 1/8,采用 32×32 个薄壳单元离散图 3.2.15 中圆柱薄壳的 ABCD 部分。将壳单元沿厚度方向分为 8 层,从壳单元的外表面和内表面到中性面依次判断是否进入塑性区。采用线性各向同性硬化的三维冯·米塞斯(von Mises)屈服函数,在计算圆柱壳变形时采用预估校正算法:先假设壳单元某层只发生弹性变形,加载计算得到应力增量,将结果代入屈服函数进行检验;若屈服函数小于等于零,则弹性变形假设正确,接受计算结果;若屈服函数大于零,则表明进入塑性,需校正加载步长,使应力返回到更新的屈服面上。图 3.2.16 给出了 6 种加载情况下圆柱薄壳的大变形和后屈曲位形。

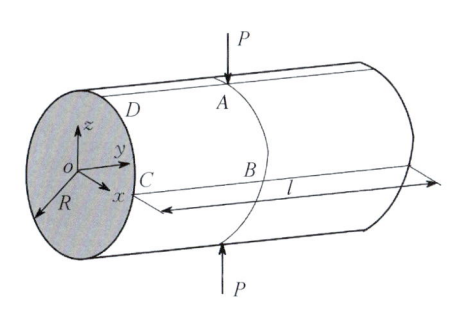

图 3.2.15 圆柱薄壳的塑性屈曲问题

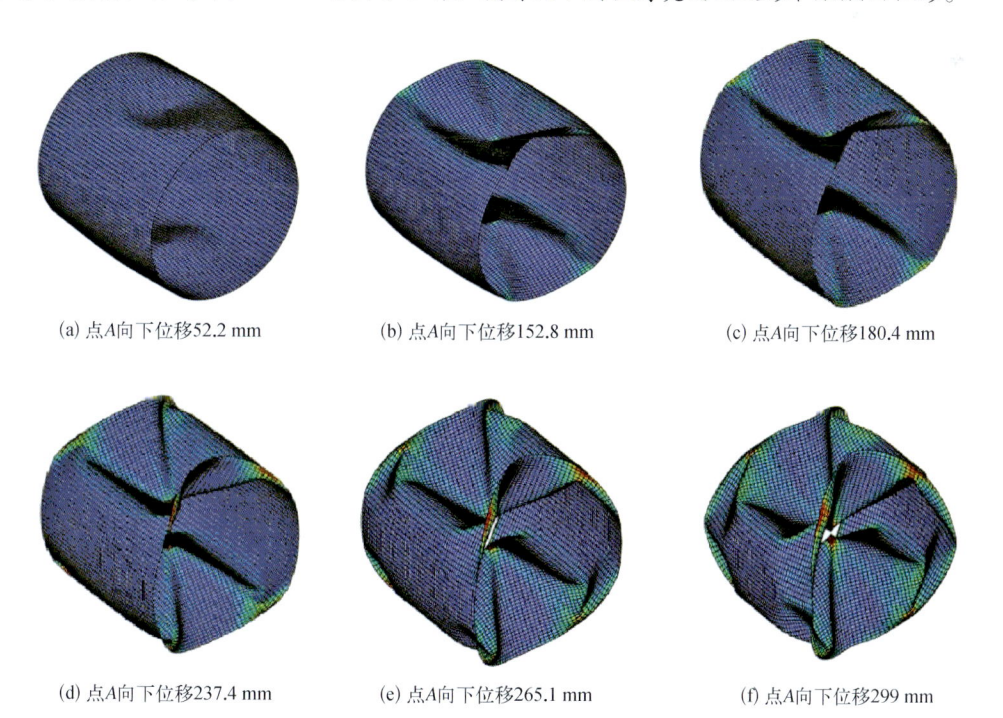

(a) 点A向下位移52.2 mm

(b) 点A向下位移152.8 mm

(c) 点A向下位移180.4 mm

(d) 点A向下位移237.4 mm

(e) 点A向下位移265.1 mm

(f) 点A向下位移299 mm

图 3.2.16 圆柱薄壳的塑性屈曲过程

对于流体力学问题,其数值求解难度、计算量和存储量等均远高于固体力学。目前,借助商业软件 ANSYS Fluent 可以计算许多工程中的流体力学问题,但还面临许多难题,包括高 Reynolds 数的湍流问题,稀薄、高温气体动力学问题,复杂多相流问题,高超声速的气动力-气动热耦合问题等。

### 3.2.4 典型现象及其机理

本小节采用尽可能简单的力学模型,介绍若干典型的非线性动力学现象,以说明非线性系统与线性系统的本质区别。

#### 1. 自激振动

在讨论工程系统时,可将非线性力等效为弹性力和阻尼力。若等效弹性力具有负刚度,则系统会静态失稳;若等效阻尼力具有负阻尼系数,则系统会动态失稳。系统动态失稳后可能发生**自激振动**。这种振动具有能量反馈机制,当振动幅值过小时,可自动从外界吸收能量以增大振幅;而当振幅过大时,又可自行耗散能量,以降低幅值。金属切削过程中的颤振、飞机机翼与气流耦合发生的颤振等都属于自激振动。现讨论由摩擦力产生的自激振动问题,说明自激振动的特点。

**例 3.2.11** 图 3.2.17(a)是由刹车钳和刹车盘构成的刹车执行系统,图 3.2.17(b)是其简化力学模型。其中,$m$ 为刹车钳质量,$k$ 为刹车钳沿铅垂方向的刚度,$u$ 是刹车钳沿铅垂方向的位移,$v$ 是旋转刹车盘在刹车钳处的铅垂线位移,刹车钳在驱动力作用下与刹车盘接触,产生的摩擦力 $f(\dot{u}-\dot{v})$ 满足图 3.2.11(b)中的 LuGre 摩擦模型。建立刹车钳的动力学方程并讨论其自激振动。

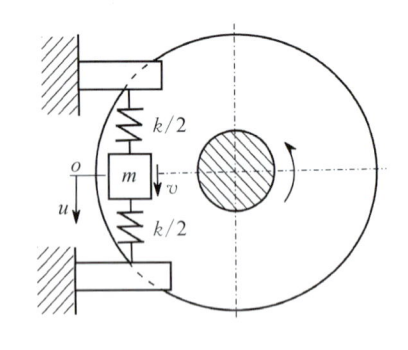

(a) 刹车钳-刹车盘     (b) 简化力学模型

**图 3.2.17 汽车刹车执行系统及其力学模型**

**解**:将刹车钳作为图示单自由度系统,其铅垂运动满足动力学方程:

$$m\ddot{u} + ku = f(\dot{u}-\dot{v}) \tag{a}$$

其中,$f(\dot{u}-\dot{v})$ 是刹车盘作用在刹车钳上的摩擦力。当刹车钳运动产生的弹性力与该摩擦力平衡时,刹车钳处于平衡状态,即 $\dot{u}=0, \ddot{u}=0$。将该条件代入式(a),可确定刹车钳的平衡位置 $u_e = f(-\dot{v})/k$。引入坐标变换 $w = u - u_e$,将式(a)改写为

$$m\ddot{w} + g(\dot{w}) + kw = 0, \quad g(\dot{w}) \equiv f(-\dot{v}) - f(\dot{u} - \dot{v}) \tag{b}$$

根据图 3.2.11(b),式(b)中的阻尼力 $g(\dot{w})$ 如图 3.2.18(a)所示,它在原点附近具有负阻尼系数,进而会引发自激振动。

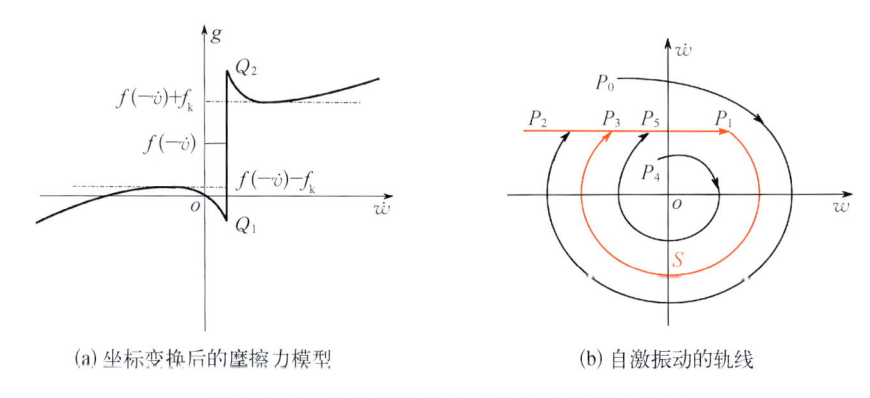

图 3.2.18　汽车刹车执行系统的自激振动分析

为定性讨论自激振动,引入由系统状态向量 $[w \quad \dot{w}]^T$ 所张平面并称其为**相平面**,将式(b)中的常微分方程改写为

$$\frac{d\dot{w}}{dw} = -\frac{kw + g(\dot{w})}{m\dot{w}} \tag{c}$$

式(c)给出了相平面上解曲线(又称**轨线**)的斜率,可用李纳德(Liénard)法来绘制轨线[1]。由于 $kw + g(\dot{w}) = 0$ 等价于 $d\dot{w} = 0$,对应相平面 $(w, \dot{w})$ 上的水平线段 $P_1 P_2$,即图 3.2.18(a)中相对速度 $\dot{w}$ 为常数静摩擦段 $Q_1 Q_2$。如图 3.2.18(b)所示,从任意点 $P_0$ 出发的轨线抵达水平线段 $P_1 P_2$ 后,以恒定速度 $\dot{w}$ 向右移动到点 $P_1$,即刹车盘通过静摩擦带动刹车钳运动到点 $P_1$;此后静摩擦力不足以抵消刹车钳的弹性力,刹车钳相对于刹车盘运动,速度 $\dot{w}$ 逐步降低到 $\dot{w} = 0$,使弹性力为零;然后速度 $\dot{w}$ 递增,刹车钳抵达点 $P_3$。因此,从点 $P_3$ 出发,顺时针回到 $P_3$ 的红色轨线封闭,代表周期性自激振动。类似地,从点 $P_4$ 出发的轨线到达点 $P_5$,随即成为上述周期性自激振动。这表明,该自激振动是渐近稳定的,对周围轨线具有吸引性,又称作**极限环振动**。

值得指出的是,根据刹车钳的功能,它必须具有高刚度 $k$,故其对应的单自由度系统具有很高的固有频率 $\omega_n \equiv \sqrt{k/m}$。因此,刹车执行系统的自激振动具有很高频率,产生的噪声非常刺耳,属于汽车设计中必须妥善处理的问题。

---

[1]　胡海岩.应用非线性动力学[M].北京:航空工业出版社,2000:36-37.

## 2. 主共振与多稳态振动

对于线性系统,当简谐激励频率与系统固有频率重合时,则惯性力抵消弹性力,系统呈现共振。对于受简谐激励的非线性系统,是否如此呢?例 3.2.8 表明,非线性系统不具有固有频率,那系统的共振条件是什么?

**例 3.2.12** 设例 3.2.8 中的悬臂梁系统具有黏性阻尼,其集中质量受铅垂简谐力作用,系统的动力学方程为

$$m\ddot{w}(t) + c\dot{w}(t) + k_1 w(t) + k_3 w^3(t) = f_0\cos(\omega t) \tag{a}$$

现采用例 3.2.8 介绍的谐波平衡法,分析系统的受迫振动。

**解**:根据线性系统的受迫振动,将该系统的受迫振动近似为 $w(t) = a\cos(\omega t + \psi)$,其中 $a$ 是待定的振幅,$\psi$ 是待定的初始相位。仿照例 3.2.8,将该近似解代入式(a)并将 $\cos^3(\omega t + \psi)$ 化为三角函数和差,比较等式两端的同次谐波,得到:

$$\begin{cases} k_1 a + \dfrac{3k_3 a^3}{4} - m\omega^2 a = f_0\cos\psi \\ -c\omega a = f_0\sin\psi \end{cases} \tag{b}$$

其中,第一式是弹性力、惯性力和激励的平衡关系;第二式是阻尼力和激励的平衡关系。由式(b)可得到如下幅频关系和相频关系:

$$\left[\left(k_1 + \dfrac{3k_3 a^2}{4} - m\omega^2\right)^2 + c^2\omega^2\right]a^2 = f_0^2, \quad \psi = \tan^{-1}\left(\dfrac{c\omega}{m\omega^2 - k_1 - 3k_3 a^2/4}\right) \tag{c}$$

其中,幅频关系左端取极小值的条件是

$$k_1 + \dfrac{3k_3 a^2}{4} - m\omega^2 = 0 \Rightarrow \omega = \sqrt{\dfrac{k_1}{m} + \dfrac{3k_3 a^2}{4m}} = \omega_0\sqrt{1 + \dfrac{3k_3 a^2}{4k_1}} \tag{d}$$

这正是例 3.2.8 中得到的自由振动频率。因此,当激励频率 $\omega$ 与自由振动频率重合时,惯性力抵消弹性力,系统的受迫振动幅值取峰值 $a_{\max} = f_0/(c\omega)$,这就是非线性系统的**主共振**。显然,增大阻尼系数 $c$ 可抑制主共振峰值 $a_{\max}$。

给定系统参数 $(m, c, k_1, k_3)$,图 3.2.19 是式(c)中第一式所确定的幅频关系。图中细实曲线是式(d)给出的系统自由振动频率与幅值关系,$\omega_0$ 是派生线性系统的固有频率。当激励频率 $\omega$ 从零起逐渐增加时,系统振幅 $a$ 由点 $A$ 递增到点 $B$,然后跳到点 $C$,再下降到点 $D$;此时降低激励频率,则振幅由点 $D$ 递增到点 $E$,然后跳到点 $F$,再逐渐下降到点 $A$。产生上述**跳跃现象**的原因是:

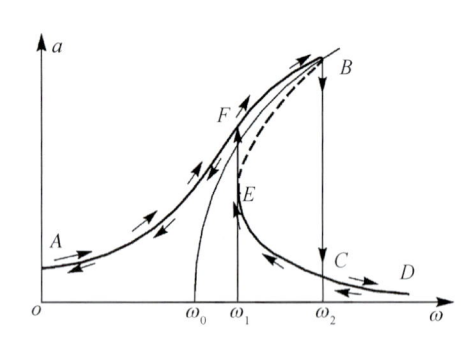

图 3.2.19 主共振及其跳跃现象

在激励频段$[\omega_1,\omega_2]$，式(c)有三个解支，其中两个实线解支是渐近稳定的，虚线解支$BE$是不稳定的。该解支受扰动后必然跳到两个渐近稳定解支中的一个，这就是**多稳态振动**。点$B$和点$E$属于渐近稳定解支和不稳定解支的**分岔点**，又称为**鞍点**。

在例3.2.12中，若激励频率$\omega\in[\omega_1,\omega_2]$，则系统主共振位于哪个渐近稳定解支将取决于系统的初始状态。这是非线性系统所特有的性质，现从几何角度对其作简要讨论。

考虑由向量$[w\ \ \dot{w}\ \ t]^{\mathrm{T}}$所张的三维空间，$t=T\equiv 2\pi/\omega$是该空间中的平面，称为**庞加莱(Poincaré)截面**。系统轨线从某初始状态$[w(0)\ \ \dot{w}(0)]^{\mathrm{T}}$出发，在$t=T$时抵达Poincaré截面，其交点为$[w(T)\ \ \dot{w}(T)]^{\mathrm{T}}$。现将该过程视为Poincaré截面上两个点之间的**点映射**。若初始状态$[w(0)\ \ \dot{w}(0)]^{\mathrm{T}}$在二维平面内连续变化，则由图3.2.20给出映射点的分类。以$T$为周期的主共振对应图中三个红色不动点。其中，两个渐近稳定主共振对应具有吸引性的不动点$P_1$和$P_3$。即阴影区内的任意点经过重复点映射，被吸引到点$P_1$；白色区内的任意点经过重复点映射，被吸引到点$P_3$，这两个区域分别称为它们的**吸引域**。不稳定主共振对应的不动点$P_2$位于两个吸引域的交界线上，属于鞍点，称为**双曲不动点**，其对应的不稳定周期振动为**双曲周期轨线**。

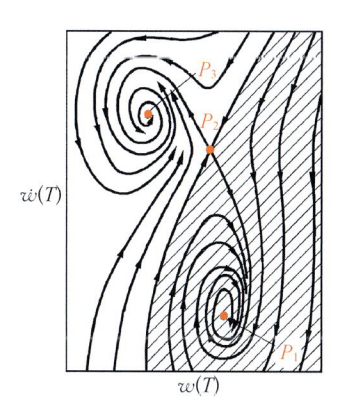

**图3.2.20　主共振的吸引域**

**注解3.2.2**：在两个吸引域交界线上，点映射趋于鞍点$P_2$，该交界线称为**稳定流形**。在过鞍点$P_2$的另一条曲线上，点映射远离鞍点$P_2$，该曲线称为**不稳定流形**。在第5章，将基于这两个流形的特点，为"嫦娥二号"月球探测器设计飞越小行星的转移轨道。

3. 亚谐和超谐共振

对于例3.2.12中的Duffing系统，如果激励频率$\omega$远离共振频段$[\omega_0,\omega_2]$，系统行为是否犹如线性系统在远离共振频段的行为呢？答案是否定的。

**例3.2.13**　对于例3.2.12中Duffing系统在简谐激励下的受迫振动问题，当$\omega\approx 3\omega_0$时，系统可能发生如下1/3次亚谐共振：

$$w(t)=a\cos\left(\frac{\omega t+\psi}{3}\right)+\frac{f_0}{\omega_0^2-\omega^2}\cos(\omega t) \tag{a}$$

当$\omega\approx\omega_0/3$时，系统有可能发生如下3次超谐共振：

$$w(t)=a\cos[3(\omega t+\psi)]+\frac{f_0}{\omega_0^2-\omega^2}\cos(\omega t) \tag{b}$$

读者可采用Euler公式将式(a)和式(b)中的三角函数改写为指数函数，用谐波平衡法验证上述结果，并讨论发生亚谐和超谐共振的条件。需要指出的是，是否呈现上述亚谐共振和超谐共振，取决于系统的初始状态。此外，系统阻尼可消除或抑制亚谐共振和超谐共振。

通常,当系统具有 $n$ 次非线性项时,可能产生 $n$ 次亚谐共振和 $n$ 次超谐共振,即非线性系统有比线性系统更丰富的共振现象。例如,在例 3.2.8 和例 3.2.12 中,系统的 3 次非线性项来自梁的大挠度弯曲。如果将该系统置于重力场中,则系统在平衡位置附近的动力学方程包含 2 次非线性项,该系统可能发生 2 次亚谐共振。在历史上,曾有商用飞机的机翼发生 1/2 次亚谐共振的事故[1]。与主共振类似,增加系统阻尼系数可降低或完全消除次谐和超谐共振。

**4. 非 Newtonian 流体力学行为**

非 Newtonian 流体往往具有非线性黏性性质,导致其呈现若干有别于 Newtonian 流体的特殊行为。理解和把握这些特殊行为,可解决化工、石油等工业领域的许多力学问题。

第一,**挤出胀大**。如图 3.2.21 所示,将非 Newtonian 流体从大容器驱动进细管,则其从细管射出时,直径比细管的直径大。射流的直径 $d_2$ 与细管直径 $d_1$ 之比,称为**模片胀大率**,对于高分子溶液和熔体,其值可超过 10。聚合物熔体从矩形截面的管口流出时,管截面长边处的胀大比短边处的胀大更加显著,尤其在管截面的长边中央胀得最大。在塑料模具设计时,如果要求产品截面是矩形的,则口模的各边必须向内凹。因此,黏性流体力学,尤其是流变学是注塑模具设计的理论基础。

第二,**爬杆效应**。如图 3.2.22 所示,在装有流体的烧杯里定轴旋转搅拌杆使液体转动,会发现如下现象:Newtonian 流体(甘油溶液)的液面在离心力作用下呈凹形;而非 Newtonian 流体(聚丙烯酰胺溶液)则克服离心力向杯中心流动,并沿杆向上爬,其液面为凸形。在设计这类非 Newtonian 流体的输液泵、搅拌器时,必须考虑爬杆效应的影响。

图 3.2.21 非 Newtonian 流体的挤出胀大现象

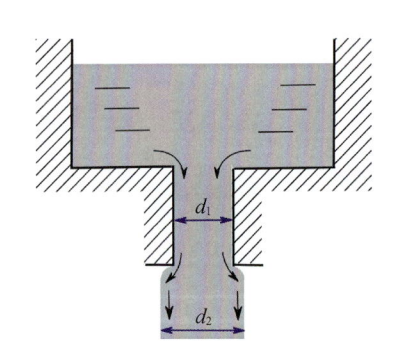

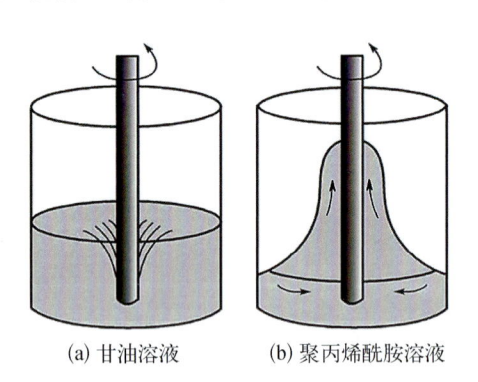

(a) 甘油溶液  (b) 聚丙烯酰胺溶液

图 3.2.22 非 Newtonian 流体的爬杆现象

第三,**无管虹吸**。对于 Newtonian 流体,如果将虹吸管提离液面,虹吸马上就停止。但对于高分子液体,将管子慢慢提离液面后,虹吸并不停止。若将装满高分子液体的烧杯微倾,则使液体流下,该过程一旦开始,就不会中止,直至杯中液体流完。这种无管虹吸的特性,是合成纤维具备可纺性的基础,对于化纤生产有重要意义。

---

[1] Lefschetz S. Linear and nonlinear oscillations[M]//Beckenback E F. Modern Mathematics for the Engineers. New York: McGraw-Hill Company, 1956: 7-30.

第四，**湍流减阻**。如果在 Newtonian 流体中加入少量高聚物添加剂，可出现减阻效应。虽然人们尚未彻底揭示其机理，但已将该现象应用于工程实践。例如，全球已有 30 多条原油管线和成品油管线使用聚合物添加剂，大幅提高了输运成效。又如，在消防水中添加少量聚乙烯氧化物，可使消防龙头的喷水扬程提高一倍以上。

## 3.3 多尺度分析

在工程系统的力学模型中，经常包含多个空间尺度或多个时间尺度，或多个时空尺度。这样的力学问题称为**多尺度问题**。

例如，图 3.3.1 所示的铝蜂窝层合板、碳纤维编织板、三维点阵材料均具有内部微结构，对它们进行力学建模时，既要描述其宏观尺度的力学效应，又要计入其细观尺度的微结构力学效应，是典型的**空间多尺度问题**。图 3.3.2 中的陀螺外框架固定，内框架绕铅垂轴和水平轴分别进动和章动，其角速度为 $\omega_P$ 和 $\omega_N$；陀螺转子高速自转，其角速度 $\omega_S$ 满足 $|\omega_P| \ll |\omega_S|$ 和 $|\omega_N| \ll |\omega_S|$。上述三种转动的合成运动包含频率相差悬殊的成分，是典型的**时间多尺度问题**。在图 3.3.3 中，飞机起落架缓慢下放时，流场迅速变化并产生不同尺度的涡，是典型的**多时空尺度问题**。本节依次介绍空间多尺度问题和时间多尺度问题。

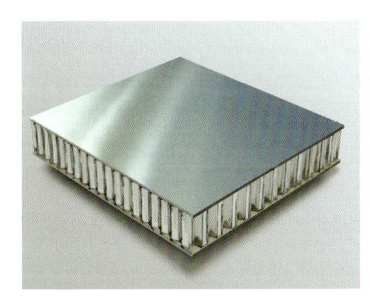

(a) 铝蜂窝层合板 　　(b) 碳纤维编织板 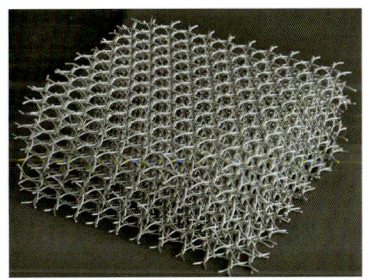　　(c) 三维点阵材料板

**图 3.3.1　几种具有微结构的板**

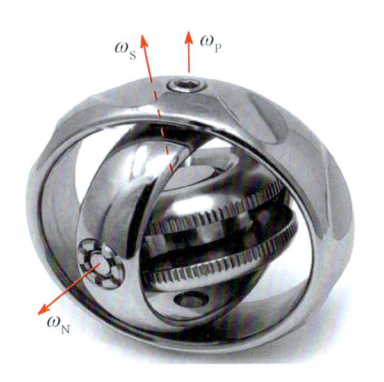

**图 3.3.2　由进动、章动与自转组成陀螺复合运动** 　　**图 3.3.3　飞机起落架下放导致流场变化**

### 3.3.1 空间多尺度问题

不论是固体力学还是流体力学,均有空间多尺度问题。本书作为导论,仅介绍相对简单的固体力学多尺度问题,尤其是周期性微结构问题。

#### 1. 蜂窝芯体的宏观等效

图 3.3.1(a)展示了蜂窝层合板中的蜂窝芯体。它是由蜂窝周期性排列组成的**多胞材料**,可使蜂窝层合板具有比强度高、隔振和隔热性能好等优点,在航空、航天等众多工业领域获得了广泛应用,同时也带来不少力学问题。例如,在早期的蜂窝夹层板力研究中,为简化其力学分析,常忽略蜂窝芯体的刚度。虽然蜂窝芯体很软,但它相对于蒙皮而言具有较大的厚度,忽略其刚度会导致不容忽视的误差。然而,若对众多胞元逐一建立力学模型,将导致极为复杂的计算。自 20 世纪 80 年代起,人们基于胞元周期分布的特点,采用等效连续介质力学模型描述这类多胞材料,逐步形成了研究多胞材料的细观力学方法。

**例 3.3.1** 图 3.3.4(a)所示的蜂窝芯体由相同胞元构成,胞元直壁长为 $l_1$,胞元斜壁长为 $l_2$,胞元壁厚为 $h$,蜂窝芯体高度为 $b$。任选一个胞元作为**代表性体积元**(representative volume element, RVE),分析其在芯体面内力作用下的变形,获得等效的力学模型参数。

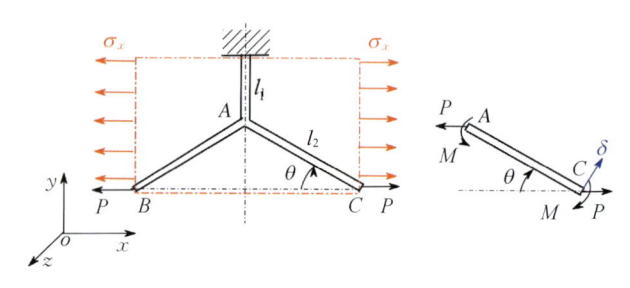

(a) 蜂窝芯体  (b) 任意胞元及其斜壁的受力分析

图 3.3.4 蜂窝芯体的细观力学分析

**解**:取任意胞元,研究其在单向面内力作用下的变形。根据问题的对称性,取图 3.3.4(b)中的半个胞元,等效为红色虚线表示的连续介质微单元,简称**微单元**。设微单元受拉应力 $\sigma_x$ 作用,而胞元在端点 $B$ 和点 $C$ 受集中力 $P$ 作用,它与微单元上的拉应力 $\sigma_x$ 间具有如下关系:

$$P = \sigma_x(l_1 + l_2\sin\theta)b \tag{a}$$

该胞元在集中力 $P$ 作用下产生对称变形,即胞元直壁无变形,而胞元斜壁具有弯曲变形。取胞元斜壁为分离体,得到图 3.3.4(b)所示的静力平衡关系,其中:

$$M = (P\sin\theta)\frac{l_2}{2} \tag{b}$$

由于胞元壁厚远小于胞元其他尺寸,可将胞元斜壁视为 $A$ 端固支、$C$ 端作用集中力 $P$ 和弯矩 $M$ 的悬臂梁,得到 $C$ 端的挠度为

$$\delta = \frac{(P\sin\theta)l_2^3}{3EI} - \frac{Ml_2^2}{2EI} = \frac{Pl_2^3\sin\theta}{3EI} - \frac{Pl_2^3\sin\theta}{4EI} = \frac{Pl_2^3\sin\theta}{12EI} \tag{c}$$

其中,$E$ 是基体材料的弹性模量;$I = bh^3/12$,是胞元斜壁的截面惯性矩。胞元 $C$ 端沿 $x$ 方向和 $y$ 方向的位移分别是 $\delta\sin\theta$ 和 $\delta\cos\theta$,由此得到微单元沿 $x$ 方向和 $y$ 方向的应变:

$$\varepsilon_x = \frac{\delta\sin\theta}{l_2\cos\theta}, \quad \varepsilon_y = \frac{\delta\cos\theta}{l_1 + l_2\cos\theta} \tag{d}$$

将式(a)和式(c)代入式(d),得到微单元沿 $x$ 方向的拉压弹性模量和 Poisson 比:

$$E_x = \frac{\sigma_x}{\varepsilon_x} = E\left(\frac{h}{l_2}\right)^3 \frac{\cos\theta}{(l_1/l_2 + \sin\theta)\sin^2\theta}, \quad \nu_x = \frac{\varepsilon_y}{\varepsilon_x} = \frac{\cos^2\theta}{(l_1/l_2 + \cos\theta)\sin\theta} \tag{e}$$

通过类似分析,可得到微单元沿 $y$ 方向的拉压弹性模量和 Poisson 比:

$$E_y = \frac{\sigma_y}{\varepsilon_y} = E\left(\frac{h}{l_2}\right)^3 \frac{(l_1/l_2 + \sin\theta)}{\cos^3\theta}, \quad \nu_y = \frac{(l_1/l_2 + \sin\theta)\sin\theta}{\cos^2\theta} \tag{f}$$

以及微单元的剪切弹性模量:

$$G_{xy} = E\left(\frac{h}{l_2}\right)^3 \frac{(l_1/l_2 + \sin\theta)}{(l_1/l_2)^2(1 + 2l_1/l_2)\cos\theta} \tag{g}$$

对于正六边形胞元,将 $l_1 = l_2 = l$,$\theta = \pi/6$ 代入式(e)、式(f)和式(g),得到:

$$\frac{E_x}{E} = \frac{E_y}{E} \approx 2.309\left(\frac{h}{l}\right)^3, \quad \frac{G_{xy}}{E} \approx 0.577\left(\frac{h}{l}\right)^3, \quad \nu_x = \nu_y = 1 \tag{h}$$

蜂窝芯体沿两个方向的拉压弹性模量相同,而且弹性参数间满足:

$$G_{xy} = \frac{E_x}{2(1 + \nu_x)} \tag{i}$$

因此,可将正六边形蜂窝芯体视为各向同性弹性材料。

**讨论**:蜂窝芯体的弹性参数不仅与基体材料的弹性模量 $E$ 有关,还涉及蜂窝芯体胞元的三个无量纲几何参数 $b/l_2$、$l_1/l_2$ 和 $\theta$,即其宏观力学行为涉及胞元的细观力学性质,

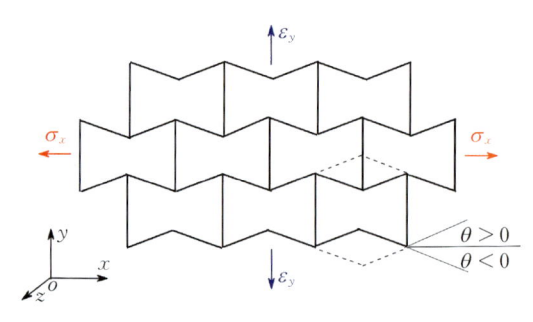

**图 3.3.5 具有负 Poisson 比的蜂窝芯体示意图**

甚至是几何性质。这三个无量纲几何参数使得蜂窝芯体具有可设计性。例如,若将蜂窝芯体的胞元设计成图 3.3.5 所示的内凹六边形,即 $\theta < 0$。由式(e)和式(f)中的 Poisson 比表达式可见,对应的微单元具有负 Poisson 比 $\nu_x$ 和 $\nu_y$。这表明,在多胞材料设计中引入的不同微结构,可显著拓展材料性能的设计空间。

值得指出,例 3.3.1 所建立的蜂窝芯体力学模型仅考虑了胞元壁的弯曲变形,而未考虑其伸缩变形。在蜂窝夹层板中,蜂窝芯体受蒙皮层约束,故胞元壁的伸缩变形未必可以忽略。研究表明,若计入胞元壁的伸缩变形,则得到的力学模型更为合理。此外,例 3.3.1 采用 Euler - Bernoulli 悬臂梁来描述胞元壁的弯曲变形,无法适用厚壁胞元。要解决这些问题,需采用更深入的细观力学方法,例如下面将介绍的渐近均匀化方法。

**注解 3.3.1**:对于多胞材料的固体力学问题,代表性体积元是简洁有力的工具。在第 8 章,将采用该方法研究波纹夹芯板的轻量化设计问题。

**2. 渐近均匀化方法**

考察图 3.3.6 所示的多胞材料,胞元尺度与材料宏观尺度相比是小量,可设其为 $\eta$ 量级,而 $0 < \eta \ll 1$。这类多胞材料具有细观层次的非均匀性。具体说,在以位置向量 $x$ 端点为中心的 $\eta$ 邻域内,多胞材料具有非均匀性。这类材料在体积力向量 $f$ 和表面力向量 $t$ 作用下,其位移向量及其梯度在 $\eta$ 邻域内会有很大变化,相应的应变和应力也如此。因此,多胞材料的力学量依赖于**宏观尺度向量** $x$ 和**细观尺度向量** $y \equiv x/\eta$。

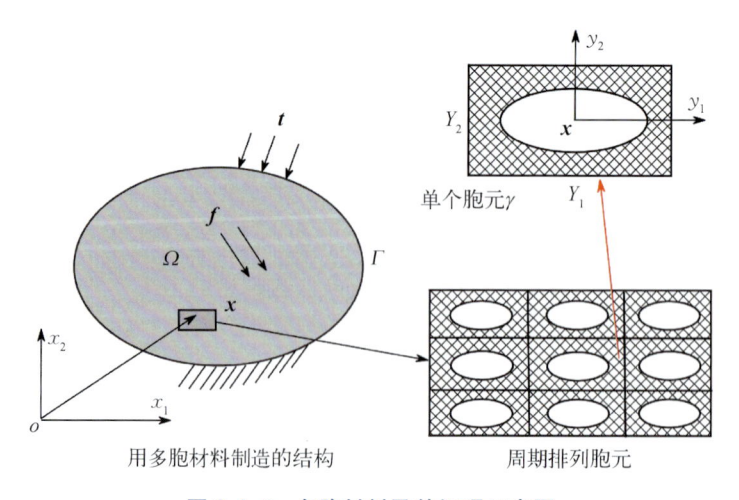

**图 3.3.6 多胞材料及其细观示意图**

给定多胞材料中的位置向量 $x$,将其端点称为点 $x$。用 $u^\eta(x)$ 表示对应的位移向量,则有 $u^\eta(x) = u(x, y)$。由于上述胞元周期排列,位移向量对细观尺度向量 $y$ 的依赖关系具有周期性,可根据胞元尺寸 $Y_i$, $i = 1, 2, 3$ 定义向量 $\boldsymbol{Y} = [Y_1 \quad Y_2 \quad Y_3]^{\mathrm{T}}$,得到 $\boldsymbol{u}(\boldsymbol{x}, \boldsymbol{y}) = \boldsymbol{u}(\boldsymbol{x}, \boldsymbol{y} + \boldsymbol{Y})$,这样的函数称为 $\boldsymbol{Y}$-周期函数。位移向量对宏观尺度向量 $\boldsymbol{x}$ 的偏导数为

$$\frac{\partial \boldsymbol{u}^\eta(\boldsymbol{x})}{\partial \boldsymbol{x}^{\mathrm{T}}} = \frac{\partial \boldsymbol{u}(\boldsymbol{x}, \boldsymbol{y})}{\partial \boldsymbol{x}^{\mathrm{T}}} + \frac{1}{\eta} \frac{\partial \boldsymbol{u}(\boldsymbol{x}, \boldsymbol{y})}{\partial \boldsymbol{y}^{\mathrm{T}}} \tag{3.3.1}$$

将多胞材料所占的宏观区域记为 $\Omega$,其边界记为 $\Gamma$。为了反映胞元的孔洞,将胞元取为含内部边界 $S^c$ 的区域,记为 $Y$。在胞元中,材料性能参数是可以变化的,不同组分材料具有不同的参数值,可通过材料常数随细观坐标的变化来描述。

在渐近均匀化方法中,将力学量表示为宏观尺度向量 $\boldsymbol{x}$ 和细观尺度向量 $\boldsymbol{y} \equiv \boldsymbol{x}/\eta$ 的函数,引入细观尺度和宏观尺度之比的小参数 $\eta$,用摄动法将原问题近似为宏观均匀化问题和细观均匀化问题分别求解。这两个问题的解确定了包含等效位移和一阶近似位移的位移场,以及由此获得的应力场。

现考察由各向同性线弹性材料制造的多胞材料。将材料位移向量 $\boldsymbol{u}^\eta(\boldsymbol{x})$ 展开为关于小参数 $\eta$ 的渐近级数,其分量形式为

$$u_i^\eta(\boldsymbol{x}) = u_i^0(\boldsymbol{x}) + \eta u_i^1(\boldsymbol{x}, \boldsymbol{y}) + \cdots, \quad \iota \in I_3 \tag{3.3.2}$$

根据弹性力学,由式(3.3.2)得到材料的线性应变分量:

$$\begin{cases} \varepsilon_{ij}^\eta = \frac{1}{2}\left(\frac{\partial u_i^\eta}{\partial x_j} + \frac{\partial u_j^\eta}{\partial x_i}\right) = \varepsilon_{ij}^0 + \eta \varepsilon_{ij}^1 + \cdots \\ \varepsilon_{ij}^0 \equiv \frac{1}{2}\left(\frac{\partial u_i^0}{\partial x_j} + \frac{\partial u_j^0}{\partial x_i} + \frac{\partial u_i^1}{\partial y_j} + \frac{\partial u_j^1}{\partial y_i}\right), \quad \varepsilon_{ij}^1 \equiv \frac{1}{2}\left(\frac{\partial u_i^1}{\partial x_j} + \frac{\partial u_j^1}{\partial x_i} + \frac{\partial u_i^2}{\partial y_j} + \frac{\partial u_j^2}{\partial y_i}\right), \quad i, j \in I_3 \end{cases} \tag{3.3.3}$$

将式(3.3.3)代入广义 Hooke 定律,约定对重复下标从 1 到 3 求和,得到应力分量:

$$\sigma_{ij}^\eta = E_{ijkl}\varepsilon_{kl}^\eta = E_{ijkl}\left(\frac{\partial u_k^0}{\partial x_l} + \frac{\partial u_k^1}{\partial y_l}\right) + \eta E_{ijkl}\left(\frac{\partial u_k^1}{\partial x_l} + \frac{\partial u_k^2}{\partial y_l}\right) + \cdots, \quad i, j \in I_3 \tag{3.3.4}$$

其中,$E_{ijkl}$ 是各向同性材料的弹性张量分量,$i, j, k, l \in I_3$。

根据弹性力学的虚功原理,可在区域 $\Omega$ 上建立多胞材料力平衡方程的积分形式[1]:

$$\int_\Omega E_{ijkl}\frac{\partial u_k^\eta}{\partial x_l}\frac{\partial v_i}{\partial x_j}\mathrm{d}\Omega - \int_\Omega f_i v_i \mathrm{d}\Omega - \int_\Gamma t_i v_i \mathrm{d}\Gamma = 0, \quad \forall \boldsymbol{v}(\boldsymbol{x}) \in \Omega \tag{3.3.5}$$

其中,$v_i(\boldsymbol{x}) = v_i^0(\boldsymbol{x}) + \eta v_i^1(\boldsymbol{x}, \boldsymbol{y}) + \cdots$,是虚位移向量 $\boldsymbol{v}(\boldsymbol{x})$ 的分量;$f_i$ 是施加在区域 $\Omega$ 上的体积力分量;$t_i$ 是施加在边界 $\Gamma$ 上的表面力分量,胞元内边界 $S^c$ 上无外力作用。

将式(3.3.4)和虚位移分量代入式(3.3.5),取 $\eta \to 0$,根据虚位移的任意性,得到:

---

[1] 王飞,庄守兵,虞吉林. 用均匀化理论分析蜂窝结构的等效弹性参数[J]. 力学学报,2002,34: 924-923.

$$\begin{cases} \lim_{\eta \to 0} \left[ \int_\Omega E_{ijkl} \left( \dfrac{\partial u_k^0}{\partial x_l} + \dfrac{\partial u_k^1}{\partial y_l} \right) \dfrac{\partial v_i^0}{\partial x_j} \mathrm{d}\Omega - \int_\Omega f_i v_i^0 \mathrm{d}\Omega - \int_\Gamma t_i v_i^0 \mathrm{d}\Gamma \right] = 0 \\ \lim_{\eta \to 0} \int_\Omega E_{ijkl} \left( \dfrac{\partial u_k^0}{\partial x_l} + \dfrac{\partial u_k^1}{\partial y_l} \right) \dfrac{\partial v_i^1}{\partial y_j} \mathrm{d}\Omega = 0 \end{cases} \quad (3.3.6)$$

对于细观尺度上的胞元体积积分，任意 $Y$-周期函数 $g(\boldsymbol{y})$ 均满足：

$$\lim_{\eta \to 0} \int_\Omega g\left( \dfrac{\boldsymbol{x}}{\eta} \right) \mathrm{d}\Omega = \dfrac{1}{|Y|} \int_\Omega \int_Y g(y) \mathrm{d}Y \mathrm{d}\Omega \quad (3.3.7)$$

其中，$|Y|$ 代表胞元 $Y$ 的体积。因此，式(3.3.6)可表示为

$$\begin{cases} \int_\Omega \dfrac{1}{|Y|} \int_Y E_{ijkl} \left( \dfrac{\partial u_k^0}{\partial x_l} + \dfrac{\partial u_k^1}{\partial y_l} \right) \dfrac{\partial v_i^0}{\partial x_j} \mathrm{d}Y \mathrm{d}\Omega - \int_\Omega \dfrac{1}{|Y|} \int_Y f_i v_i^0 \mathrm{d}Y \mathrm{d}\Omega - \int_\Gamma t_i v_i^0 \mathrm{d}\Gamma = 0 \\ \int_\Omega \dfrac{1}{|Y|} \int_Y E_{ijkl} \left( \dfrac{\partial u_k^0}{\partial x_l} + \dfrac{\partial u_k^1}{\partial y_l} \right) \dfrac{\partial v_i^1}{\partial y_j} \mathrm{d}Y \mathrm{d}\Omega = 0 \end{cases}$$

$$(3.3.8)$$

根据虚位移的任意性，取 $v_i^1 = v_i^1(\boldsymbol{y})$，则式(3.3.8)的第二式可简化为

$$\int_Y E_{ijkl} \left( \dfrac{\partial u_k^0}{\partial x_l} + \dfrac{\partial u_k^1}{\partial y_l} \right) \dfrac{\partial v_i^1}{\partial y_j} \mathrm{d}Y = 0 \quad (3.3.9)$$

式(3.3.9)关于 $\partial u_k^0 / \partial x_l$ 是线性的，因此可将 $\boldsymbol{u}^1(\boldsymbol{x}, \boldsymbol{y})$ 的分量表示为

$$u_m^1(\boldsymbol{x}, \boldsymbol{y}) = -\varphi_m^{kl}(\boldsymbol{y}) \dfrac{\partial u_k^0(x)}{\partial x_l} \Rightarrow \dfrac{\partial u_m^1}{\partial y_n} = -\dfrac{\partial \varphi_m^{kl}}{\partial y_n} \dfrac{\partial u_k^0}{\partial x_l}, \quad m \in I_3 \quad (3.3.10)$$

其中，函数 $\varphi_m^{kl}(\boldsymbol{y})$ 是胞元 $Y$ 上的待定函数。将式(3.3.10)代入式(3.3.9)，注意到 $\partial u_k^0 / \partial x_l$ 与胞元 $Y$ 上的积分无关，故有

$$\int_Y \left( E_{ijmn} \dfrac{\partial \varphi_m^{kl}}{\partial y_n} - E_{ijkl} \right) \dfrac{\partial v_i^1}{\partial y_j} \mathrm{d}Y = 0 \quad (3.3.11)$$

式(3.3.11)中的被积函数具有两个自由下标 $k$ 和 $l$，可理解为在胞元 $Y$ 上作用单位应变 $\delta_{kl}$，由此引起细观广义位移 $\varphi_m^{kl}$，进而产生细观广义应力 $E_{ijmn} \partial \varphi_m^{kl} / \partial y_n$ 的平衡方程。式(3.3.11)是标准的弹性力学问题，可用有限元方法求解。将解出的 $\varphi_m^{kl}$ 代回由式(3.3.10)，即可得到一阶近似位移分量 $u_m^1, m \in I_3$。

将上述位移分量 $u_m^1, m \in I_3$ 代入式(3.3.8)的第一式，得到等效位移分量的力学方程：

$$\int_\Omega E_{ijkl}^H \frac{\partial u_k^0}{\partial x_l} \frac{\partial v_i^0}{\partial x_j} \mathrm{d}\boldsymbol{x} - \int_\Omega \tilde{f}_i v_i^0 \mathrm{d}\boldsymbol{x} - \int_\Gamma t_i v_i^0 \mathrm{d}\Gamma = 0, \quad \forall \boldsymbol{v}(\boldsymbol{x}) \in V_\Omega \tag{3.3.12}$$

其中，$E_{ijkl}^H$ 是多胞材料的均匀化弹性模量，满足：

$$E_{ijkl}^H = \frac{1}{|Y|} \int_Y \left( E_{ijkl} - E_{ijmn} \frac{\partial \varphi_m^{kl}}{\partial y_n} \right) \mathrm{d}Y \tag{3.3.13}$$

$\tilde{f}_i$ 是均匀化后的体力分量，满足：

$$\tilde{f}_i = \frac{1}{|Y|} \int_Y f_i \mathrm{d}Y \tag{3.3.14}$$

式(3.3.12)是标准的弹性力学问题，可采用有限元方法获得等效位移分量 $u_k^0(\boldsymbol{x})$，将其连同已求得的一阶位移分量 $u_i^1(\boldsymbol{x},\boldsymbol{y})$ 代入式(3.3.4)并取 $\eta \to 0$，即得到计入细观效应的应力场。

**例 3.3.2** 根据渐近均匀化方法，建立平面应力问题的有限元。

**解：** 为建立矩阵形式的平面应力问题有限元，将 $\varphi_i^{kl}(\boldsymbol{y})$ 记为向量 $\boldsymbol{\varphi}^{kl} = \begin{bmatrix} \varphi_1^{kl} & \varphi_2^{kl} \end{bmatrix}^T$。根据平面四边形等参有限元(QUAD4)，在母单元上构造如下插值关系：

$$\boldsymbol{y} = \sum_{\alpha=1}^4 N_\alpha(\boldsymbol{\xi}) \boldsymbol{y}_\alpha, \quad \boldsymbol{\varphi}^{kl} = \sum_{\alpha=1}^4 N_\alpha(\boldsymbol{\xi}) \boldsymbol{\varphi}_\alpha^{kl}, \quad \boldsymbol{v}^1 = \sum_{\alpha=1}^4 N_\alpha(\boldsymbol{\xi}) \boldsymbol{v}_\alpha^1 \tag{a}$$

其中，$\boldsymbol{y}_\alpha \in \mathbb{R}^2$，$\boldsymbol{\varphi}_\alpha^{kl} \in \mathbb{R}^2$，$\boldsymbol{v}_\alpha^1 \in \mathbb{R}^2$，分别为对应母单元四个节点的胞元坐标向量、待求的广义位移向量、虚位移向量，$\alpha \in I_4$；$N_\alpha(\boldsymbol{\xi})$ 是母单元的形函数：

$$\begin{cases} N_1(\boldsymbol{\xi}) = (1+\xi_1)(1+\xi_2)/4, & N_2(\boldsymbol{\xi}) = (1-\xi_1)(1+\xi_2)/4 \\ N_1(\boldsymbol{\xi}) = (1-\xi_1)(1-\xi_2)/4, & N_4(\boldsymbol{\xi}) = (1+\xi_1)(1-\xi_2)/4 \end{cases} \tag{b}$$

根据对式(3.3.11)的解释，将4阶弹性张量 $E_{ijmn}$ 表示为平面应力问题的弹性矩阵：

$$\boldsymbol{E} \equiv \frac{E}{1-\nu^2} \begin{bmatrix} 1 & \nu & 0 \\ \nu & 1 & 0 \\ 0 & 0 & (1-\nu)/2 \end{bmatrix} \tag{c}$$

与单位应变 $\delta_{kl}$ 对应的向量为

$$\boldsymbol{\varepsilon}_0^{11} = \begin{bmatrix} 1 & 0 & 0 \end{bmatrix}^T, \quad \boldsymbol{\varepsilon}_0^{22} = \begin{bmatrix} 0 & 1 & 0 \end{bmatrix}^T, \quad \boldsymbol{\varepsilon}_0^{12} = \begin{bmatrix} 0 & 0 & 1 \end{bmatrix}^T \tag{d}$$

将式(a)代入式(3.3.11)，并利用式(c)和式(d)，得到式(3.3.11)的离散表达式：

$$\sum_e \int_{Y^e} \boldsymbol{v}_{(e)}^{1T} \boldsymbol{B}^T (\boldsymbol{E}\boldsymbol{B}\boldsymbol{\varphi}_{(e)}^{kl} - \boldsymbol{E}\boldsymbol{\varepsilon}_0^{kl}) \det \boldsymbol{J} \mathrm{d}\xi_1 \mathrm{d}\xi_2 = 0 \tag{e}$$

其中，$\boldsymbol{\varphi}_{(e)}^{kl}$ 是第 $e$ 个单元的广义位移向量；$\boldsymbol{v}_{(e)}^1$ 是第 $e$ 个单元的虚位移向量；$\boldsymbol{B}$ 是单元几何矩阵；$\boldsymbol{J}$ 为胞元坐标向量 $\boldsymbol{y}$ 对母单元节点坐标向量 $\boldsymbol{\xi}$ 的 Jacobi 矩阵。它们的表达式如下：

$$\begin{cases} \boldsymbol{\varphi}_{(e)}^{kl} \equiv \left[(\boldsymbol{\varphi}_1^{kl})^{\mathrm{T}} \quad (\boldsymbol{\varphi}_2^{kl})^{\mathrm{T}} \quad (\boldsymbol{\varphi}_3^{kl})^{\mathrm{T}} \quad (\boldsymbol{\varphi}_4^{kl})^{\mathrm{T}}\right]^{\mathrm{T}} \in \mathbb{R}^8 \\ \boldsymbol{v}_{(e)}^1 \equiv \left[(\boldsymbol{v}_1^1)^{\mathrm{T}} \quad (\boldsymbol{v}_2^1)^{\mathrm{T}} \quad (\boldsymbol{v}_3^1)^{\mathrm{T}} \quad (\boldsymbol{v}_4^1)^{\mathrm{T}}\right]^{\mathrm{T}} \in \mathbb{R}^8 \end{cases} \tag{f}$$

$$\begin{cases} \boldsymbol{B} \equiv \begin{bmatrix} \boldsymbol{B}_1 & \boldsymbol{B}_2 & \boldsymbol{B}_3 & \boldsymbol{B}_4 \end{bmatrix} \in \mathbb{R}^{3\times 8} \\ \boldsymbol{B}_\alpha \equiv \begin{bmatrix} B_{\alpha 1} & 0 \\ 0 & B_{\alpha 2} \\ B_{\alpha 2} & B_{\alpha 1} \end{bmatrix} \in \mathbb{R}^{3\times 2}, \quad \begin{bmatrix} B_{\alpha 1} \\ B_{\alpha 1} \end{bmatrix} \equiv \boldsymbol{J}^{-1} \begin{bmatrix} \dfrac{\partial N_\alpha}{\partial \xi_1} \\ \dfrac{\partial N_\alpha}{\partial \xi_1} \end{bmatrix} \in \mathbb{R}^2, \quad \alpha \in I_4, \quad \boldsymbol{J} \equiv \begin{bmatrix} \dfrac{\partial y_1}{\partial \xi_1} & \dfrac{\partial y_1}{\partial \xi_2} \\ \dfrac{\partial y_2}{\partial \xi_1} & \dfrac{\partial y_2}{\partial \xi_2} \end{bmatrix} \end{cases} \tag{g}$$

由于各节点虚位移向量 $\boldsymbol{v}_{(e)}^1$ 具有任意性，式(e)可简化为

$$\sum_e \left[\iint_{Y^e} \boldsymbol{B}^{\mathrm{T}} \boldsymbol{E} \boldsymbol{B} \det \boldsymbol{J} \mathrm{d}\xi_1 \mathrm{d}\xi_2\right] \boldsymbol{\varphi}_{(e)}^{kl} = \sum_e \left[\iint_{Y^e} \boldsymbol{B}^{\mathrm{T}} \boldsymbol{E} \det \boldsymbol{J} \mathrm{d}\xi_1 \mathrm{d}\xi_2\right] \boldsymbol{\varepsilon}_0^{kl} \tag{h}$$

或等价的线性代数方程组：

$$\sum_e \boldsymbol{K}_{(e)} \boldsymbol{\varphi}_{(e)}^{kl} = \sum_e \boldsymbol{T}_{(e)} \boldsymbol{\varepsilon}_0^{kl} \tag{i}$$

其中，$\boldsymbol{K}_{(e)}$ 是第 $e$ 个单元刚度矩阵，$\boldsymbol{T}_{(e)}$ 是在该单元上作用单位应变产生的节点力矩阵，即

$$\boldsymbol{K}_{(e)} \equiv \int_{Y^e} \boldsymbol{B}^{\mathrm{T}} \boldsymbol{E} \boldsymbol{B} \det \boldsymbol{J} \mathrm{d}\xi_1 \mathrm{d}\xi_2 \in \mathbb{R}^{8\times 8}, \quad \boldsymbol{T}_{(e)} \equiv \int_{Y^e} \boldsymbol{B}^{\mathrm{T}} \boldsymbol{E} \det \boldsymbol{J} \mathrm{d}\xi_1 \mathrm{d}\xi_2 \in \mathbb{R}^{8\times 8} \tag{j}$$

将式(d)中的三个单位向量依次代入式(i)，解线性代数方程得到 $\boldsymbol{\varphi}_{(e)}^{kl}$，将结果代入式 (3.3.13)，即可得到等效的宏观弹性模量。

**例 3.3.3** 针对正六边形蜂窝芯体，采用例 3.3.2 所建立的平面应力问题渐近均匀化有限元方法，讨论不同相对密度对面内等效弹性性质的影响。

**解：** 根据例 3.3.1，正六边形蜂窝芯体的弹性性质取决于壁厚与壁长之比 $h/l$，而比值 $h/l$ 与蜂窝芯体的相对密度 $\rho^*/\rho$ 成正比，其中 $\rho$ 是基底材料的密度。在工程设计中，通常将轻质材料的力学参数用相对密度 $\rho^*/\rho$ 来表示，进而衡量其性能。

现取正六边形蜂窝芯体的胞元长度为 $l = 6.5$ mm，选取不同的壁厚，使相对密度 $\rho^*/\rho \in [0.05, 0.4]$，计算其均匀化弹性参数。选择任意胞元 $Y$，取半个胞元进行建模，将其离散为 $3 \times 30 \times 8 = 720$ 个四边形单元的有限元模型，求解式(3.3.11)中的广义位移 $\boldsymbol{\varphi}_i^{kl}(\boldsymbol{y})$，$i, k, l \in I_2$，代入式(3.3.13)得到均匀化的弹性张量 $E_{ijkl}^{\mathrm{H}}$，$i, j, k, l \in I_2$。

根据例 3.3.1，正六边形蜂窝芯体可等效为各向同性弹性材料，进而有等效拉梅(Lamé)系数：

$$\lambda_e = E^H_{1122}, \quad \mu_e = \frac{1}{2}(E^H_{1111} - E^H_{1122}) \tag{a}$$

根据如下弹性参数关系：

$$\mu_e = \frac{E_e}{2(1+\nu_e)}, \quad \lambda_e = \frac{E_e \nu_e}{(1+\nu_e)(1-2\nu_e)} \tag{b}$$

可解出：

$$E_e = \frac{(3\lambda_e + 2\mu_e)\mu_e}{\lambda_e + \mu_e}, \quad \nu_e = \frac{\lambda_e}{2(\lambda_e + \mu_e)} \tag{c}$$

将式(a)代入式(c)即可得到等效弹性模量 $E_e$ 和等效 Poisson 比 $\nu_e$。

图 3.3.7 给出等效弹性模量 $E_e$ 和等效 Poisson 比 $\nu_e$ 随相对密度 $\rho^*/\rho$ 变化的情况。其中，黑色曲线是根据例 3.3.2 中渐近均匀化有限元计算的结果，与采用大规模实体单元模型的计算结果高度吻合；红色曲线是例 3.3.1 的近似结果；蓝色曲线是根据蜂窝芯体周期性，选择一个代表性胞元计算的近似结果。由图可见，当相对密度 $\rho^*/\rho < 0.1$ 时，两种近似结果的精度尚可。但随着相对密度 $\rho^*/\rho$ 增加，近似方法的结果显著偏离渐近均匀化有限元的计算结果。例如，例 3.3.1 没有计入多胞材料的周期性，导致等效弹性模量偏低，而 Poisson 比偏高。

(a) 等效弹性模量

(b) 等效Poisson比

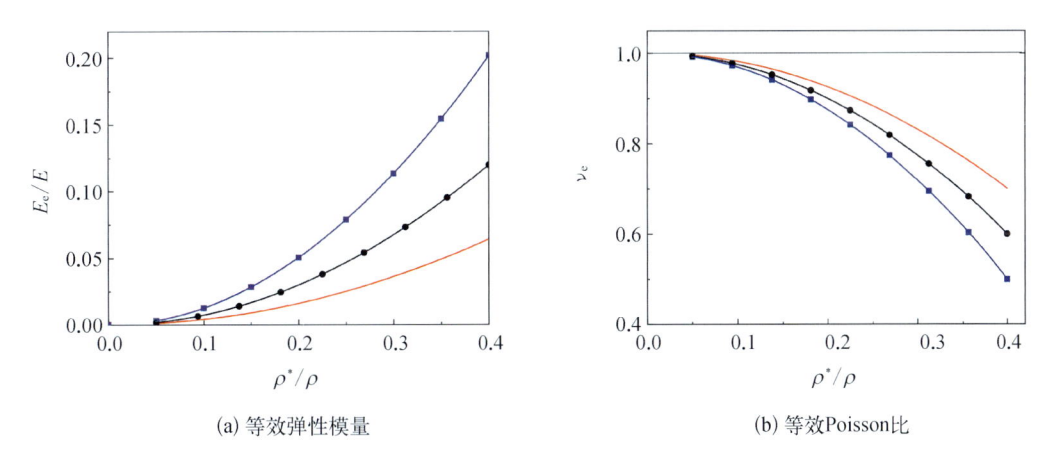

**图 3.3.7　正六边形蜂窝芯体的等效弹性参数随相对密度变化情况**
黑线：渐近均匀化结果；红线：例 3.3.1 结果；蓝线：代表性胞元结果

对于空间多尺度力学问题，采用渐近均匀化方法可建立宏观力学与细观力学的关系，进而分析结构宏观变形，但按此思路无法预测结构的细观破坏行为。例如，图 3.3.8 给出了金字塔点阵夹层板在三点加载时的典型破坏现象[1]。在初始加载阶段 a，可用渐近均匀化方法预测夹层板变形。在加载阶段 b 和阶段 c，压头下方的胞元发生屈曲；在加载阶

---

[1]　熊健.轻质复合材料新型点阵结构设计及其力学行为研究[D].哈尔滨：哈尔滨工业大学，2012：84.

段 d，压头下方的胞元屈曲后断裂，而相邻胞元因大变形而脱胶；渐近均匀化方法无法处理这类局部屈曲和破坏问题。更困难的是，细观破坏所触发的多米诺骨牌效应会导致整个结构破坏，而这类问题往往跨越多个尺度。目前，如何合理表征和处理跨尺度耦合及跨尺度敏感性尚面临巨大挑战[1]。

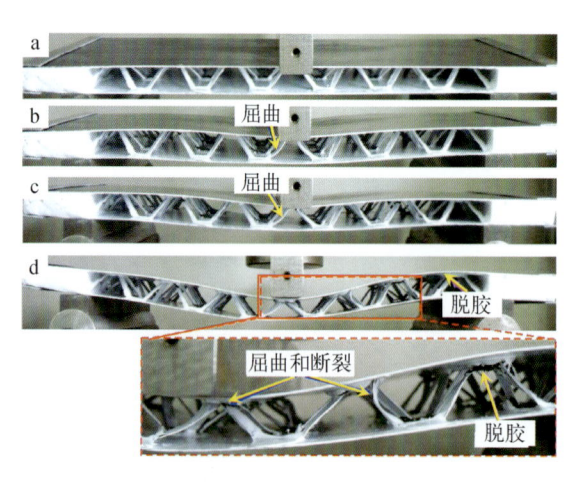

图 3.3.8 金字塔点阵夹层板在三点弯曲实验中的破坏现象

### 3.3.2 时间多尺度问题

对于具有多个时间尺度的工程系统，通常关注系统随时间慢变化的力学量，即系统的低频响应。在这种情况下，可通过近似手段，降低对系统高频响应的描述精度，或直接略去系统高频响应，进而简化系统模型、计算、分析和设计。

在处理具有多个时间尺度的工程系统时，应先判断它是否为线性时不变系统。对于线性时不变系统，可采用线性振动理论来方便地获得系统低频响应，否则需要采用复杂的非线性系统理论。

**1. 线性时不变系统**

**例 3.3.4** 考察图 3.3.9 所示的刚柔耦合系统，其动力学方程为

$$M\ddot{u}(t) + C\dot{u}(t) + Ku(t) = f(t) \quad (a)$$

其中，

$$\begin{cases} M = \begin{bmatrix} m & 0 \\ 0 & \eta m \end{bmatrix}, \ C = \begin{bmatrix} c & -c \\ -c & c \end{bmatrix} \\ K = \begin{bmatrix} k(1+\varepsilon) & -\varepsilon k \\ -\varepsilon k & \varepsilon k \end{bmatrix} \\ u(t) = \begin{bmatrix} u_1(t) \\ u_2(t) \end{bmatrix}, \ f(t) = \begin{bmatrix} f_0 \sin(\omega t) \\ 0 \end{bmatrix} \end{cases} \quad (b)$$

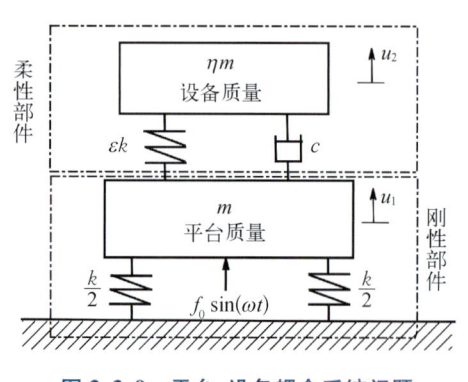

图 3.3.9 平台-设备耦合系统问题

现将系统中刚性部件的固有频率定义为 $\omega_R \equiv \sqrt{k/m}$，柔性部件的固有频率定义为 $\omega_F \equiv \sqrt{\varepsilon k/\eta m}$，且两者满足 $\omega_F \ll \omega_R$，研究外激励频率 $\omega \approx \omega_F$ 时的设备低频响应。

**解：** 采用两种方法来近似分析设备的低频响应，并与精确结果进行对比。

---

[1] 白以龙,汪海英,柯久孚,等. 从"哥伦比亚"悲剧看多尺度力学问题[J]. 力学与实践,2005,27(3): 1-6.

**方法 1**：求解刚柔耦合系统对应的广义特征值问题：

$$(\boldsymbol{K} - \omega^2 \boldsymbol{M})\boldsymbol{\varphi} = \boldsymbol{0} \tag{c}$$

得到固有振动频率 $\omega_1$、$\omega_2$ 和固有振型矩阵 $\boldsymbol{\Phi} = [\boldsymbol{\varphi}_1 \quad \boldsymbol{\varphi}_2]$，进而得到模态刚度系数、模态质量系数和振型阻尼系数：

$$M_r = \boldsymbol{\varphi}_r^\mathrm{T} \boldsymbol{M} \boldsymbol{\varphi}_r, \ K_r = \boldsymbol{\varphi}_r^\mathrm{T} \boldsymbol{K} \boldsymbol{\varphi}_r, \quad C_r = \boldsymbol{\varphi}_r^\mathrm{T} \boldsymbol{C} \boldsymbol{\varphi}_r, \quad r = 1, 2 \tag{d}$$

虽然该系统是非比例阻尼系统，但可采用振型阻尼近似解耦，得到系统频响函数 $H_{21}(\omega)$ 的实模态展开式：

$$H_{21}(\omega) = \sum_{r=1}^{2} \frac{\varphi_{1r}\varphi_{2r}}{K_r - M_r\omega^2 + \mathrm{i}C_r\omega} \tag{e}$$

其中，$\varphi_{ir}$ 是第 $r$ 阶固有振型的第 $i$ 个分量。如果仅关注设备的低频响应，则对式(e)右端截断，仅保留第一项，即

$$H_{21}(\omega) \approx \frac{\varphi_{11}\varphi_{21}}{K_1 - M_1\omega^2 + \mathrm{i}C_1\omega} \tag{f}$$

因此，这种方法称为**模态截断法**。

**方法 2**：根据线性振动理论，外激励频率满足 $\omega \approx \omega_\mathrm{F} \ll \omega_\mathrm{R}$，因此刚性部件的动态响应接近静态响应，可近似为

$$u_1(t) \approx \frac{f_0}{k}\sin(\omega t) \tag{g}$$

在上述近似下，刚柔耦合系统被解耦。柔性部件是单自由度系统，其动力学方程为

$$\eta m \ddot{u}_2(t) + c\dot{u}_2(t) + \varepsilon k u_2(t) \approx \frac{f_0}{k}[\varepsilon k \sin(\omega t) + c\omega\cos(\omega t)] \tag{h}$$

由式(h)得到待求的近似频响函数幅值：

$$|H_{21}(\omega)| \approx \frac{1}{k}\left|\sqrt{\frac{(\varepsilon k)^2 + (c\omega)^2}{(\varepsilon k - \eta m\omega^2)^2 + (c\omega)^2}}\right| \tag{i}$$

这种方法可称为**准静态缩聚法**，它比模态截断法要简洁。

为了进行对比，取 $\eta = 0.4$，$c = 0.02$，$\varepsilon = 0.1$，采用无量纲激励频率 $\omega/\sqrt{k/m}$，得到跨点频响函数的无量纲幅值 $k|H_{21}(\omega)|$。图 3.3.10 给出模态截断法、准静态缩聚法与精确结果的对比，由图可见，模态截断法比准静态解耦法的精度要高，因而是工程中常用的方法。

(a) 模态截断法 　　　　　　　　　(b) 准静态缩聚法

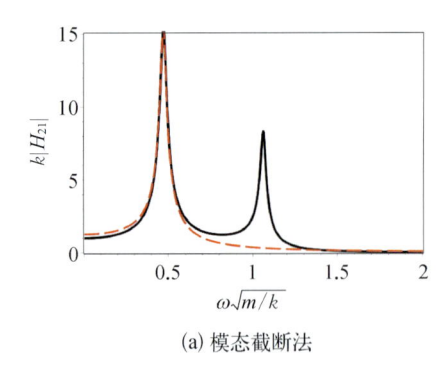

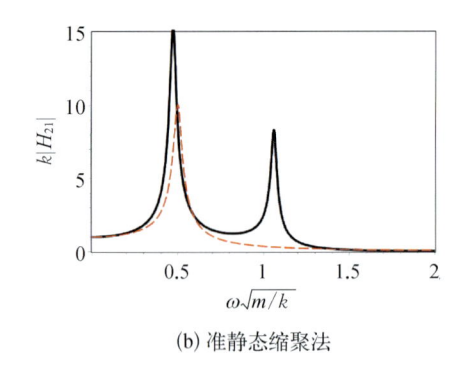

**图 3.3.10** 平台受简谐激励引起的设备动响应幅值
实线：精确结果；虚线：近似结果

### 2. 非线性系统

当系统具有非线性时，其多时间尺度问题具有丰富和有趣的动力学行为：一方面，即使是单自由度非线性系统，其动力学行为也会呈现复杂的多时间尺度现象；另一方面，对于描述热对流稳定性、材料稳定性等问题的高维非线性系统，其行为会呈现**自组织**现象，即系统状态主要受慢变状态支配，逐渐演化到慢变状态所在的低维流形上。

**例 3.3.5** 考察热对流问题的简化模型，其满足如下无量纲的非线性状态方程：

$$\begin{cases} \dot{q}_1(t) = q_2(t) \\ \dot{q}_2(t) = -q_1(t) - q_1(t)q_3(t) \\ \dot{q}_3(t) = -\alpha q_3(t) + q_1^2(t) \end{cases} \quad (a)$$

其中，$\alpha > 0$。讨论慢变状态对系统状态的支配性。

**解**：首先，略去式(a)中非线性项，将待定解 $q_r = \bar{q}_r \exp(\lambda_r t)$，$r \in I_3$ 代入式(a)，得到非零解满足的特征方程：

$$\det \begin{bmatrix} \lambda & -1 & 0 \\ 1 & \lambda & 0 \\ 0 & 0 & \lambda + \alpha \end{bmatrix} = 0 \quad (b)$$

由式(b)得到特征值 $\lambda_{1,2} = \pm i$，$\lambda_3 = -\alpha < 0$。这表明，式(a)具有稳定零解，且受扰动状态变量 $q_3(t)$ 很快趋于零解。

其次，对于充分长的时间，取 $\dot{q}_3(t) = 0$，由式(a)的第三式得到近似关系：

$$\tilde{q}_3(t) = \frac{1}{\alpha}\tilde{q}_1^2(t) \quad (c)$$

式(c)可称为**支配关系**，即近似快变状态 $\tilde{q}_3(t)$ 受到近似慢变状态 $\tilde{q}_1(t)$ 的支配。将式(c)代入式(a)的第二式，则系统行为由近似慢变状态变量 $\tilde{q}_1(t)$ 和 $\tilde{q}_2(t)$ 所支配，满足：

$$\begin{cases} \dot{\tilde{q}}_1(t) = \tilde{q}_2(t) \\ \dot{\tilde{q}}_2(t) = -\tilde{q}_1(t) - \tilde{q}_1^3(t)/\alpha \end{cases} \quad \text{(d)}$$

式(d)称为**序参量方程**,可决定系统在 $t \to +\infty$ 时的行为。

现取 $\alpha = 10$ 和初始条件 $q_1(0) = 1$, $q_2(0) = -1$, $q_3(0) = -1$,采用龙格-库塔(Runge-Kutta)方法数值求解式(a)和式(d),并将式(d)的解代入式(c),得到图3.3.11所示的时间历程。在实线所描述的系统响应中,$q_3(t)$ 经过快速衰减呈现小幅值振动,大幅振动 $q_1(t)$ 和 $q_2(t)$ 则是系统的自组织行为。由虚线给出的序参量方程近似解 $\tilde{q}_1(t)$ 和 $\tilde{q}_2(t)$、由支配关系得到的近似解 $\tilde{q}_3(t)$ 与上述系统响应非常接近,表明可用式(c)这样的近似来研究自组织行为。这种近似源自研究统计物理问题,称为**绝热近似**。

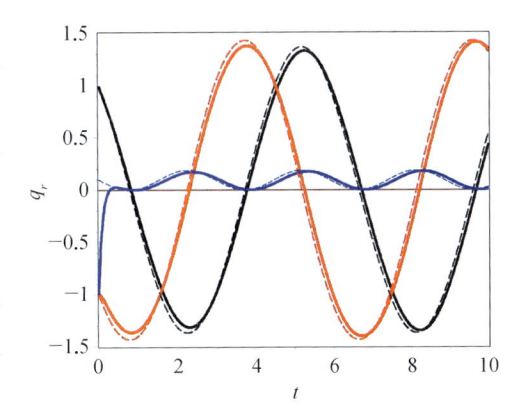

**图 3.3.11　三维非线性系统的自组织现象**
实线:式(a)的解,虚线:式(d)和式(c)的解;黑线:$q_1$,红线:$q_2$,蓝线:$q_3$

在历史上,物理学家在研究热对流稳定性、激光稳定性时发现了自组织现象。20世纪70年代,德国理论物理学家哈肯(Hermann Haken,1927~)对这类现象进行系统研究,创建了具有普遍意义的**协同学**。协同学的研究对象是自然科学、工程科学、社会科学中的高维非线性系统,既可以是确定性的,也可以是随机的。协同学采用严格的数学方法,给出如何从 $n$ 维非线性常微分方程组中通过绝热近似法或精确消去法获得序参量方程[1],进而揭示系统从无序到有序的演变规律和特征。

### 3.3.3　时空多尺度问题

当系统具有多个层级时,其动力学往往呈现多时空尺度相互耦合的复杂现象。在某些情况下,系统具有自组织行为;而在某些情况下,系统呈现复杂的无规则行为。本小节通过流体力学中的湍流问题,说明时空多尺度问题的复杂性。例如,在流场中发生湍流的区域,流动既可能呈现杂乱无章的行为,也可能呈现相干结构,表现出一定的自组织能力。

**1. 湍流的涡串级结构**

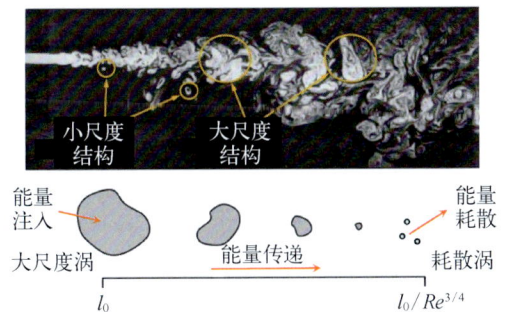

研究表明,湍流具有图3.3.12所示的大

**图 3.3.12　湍流的涡串级结构**

---

[1] 吴大进,曹力,陈立华. 协同学原理和应用[M]. 武汉:华中理工大学出版社,1990:67-93.

尺度结构和小尺度结构,包括无数个大小不等、频率不同的漩涡,呈现多空间尺度、多时间尺度的耦合。

从空间看,上述漩涡四周的速度方向是相对反向的,涡之间的流体层具有很大的速度梯度。大涡通过流体黏性和失稳过程分裂为中等尺度的涡,中等尺度的涡再分裂为小涡。在此过程中,大涡从平均流动中获得能量,在分裂过程中,将能量传递给小涡,然后再传递至更小的涡,直至由流体黏性而耗散,该过程称为湍流的**涡串级结构**。从时间看,这些涡引起湍流物理量的变化,大涡使物理量产生低频大涨落;小涡则导致物理量的高频小涨落。如果大涡中含有小涡,则在大涨落中又叠加小涨落。

上述涡既无空间特征尺度,也无时间特征尺度,因此任意大小和频率的涡均可出现,导致流体质点的运动在空域和时域均杂乱无章,使湍流物理量具有时空随机分布。

#### 2. 湍流的相干结构

在湍流研究的早期,人们认为湍流中的物理量脉动是随机的,故采用统计力学方法研究其规律。20世纪后半叶,人们发现充分发展的自由剪切湍流具有图 3.3.13 所示的空间大尺度相似结构,并将其称为**拟序结构**或**相干结构**。此外,在壁湍流中,发现了条带结构。考察上述湍流随时间的变化,发现其频谱幅值具有若干离散峰。这些现象表明,湍流拟序结构是具有规律的,这对于理解湍流结构具有重要意义。

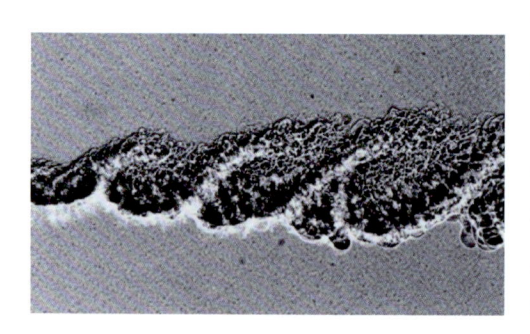

**图 3.3.13　自由剪切湍流的拟序结构**

## 3.4　耦合分析

在系统科学中,耦合是指系统的各子系统之间具有关联,彼此相互影响。对于完全不耦合的两个子系统,可视为两个独立系统,分别进行研究。在工程系统中,子系统之间普遍存在耦合,甚至存在不同物理场之间的耦合,导致工程系统的复杂性。本节先简要介绍简化耦合问题的原则,再介绍工程系统中的几类典型耦合问题,包括刚柔耦合、流固耦合、力热耦合和力电耦合。

### 3.4.1　耦合的简化

在工程实践中,遇到耦合问题时,通常先考虑是否能将其进行简化。例如,选择恰当的坐标系消除数学模型中的耦合,或通过先验知识简化物理模型中的耦合关系。

#### 1. 数学模型解耦

对于由单一物理场描述的线性系统,有可能通过选择恰当的坐标系,实现解耦。例如,在理论力学中,通过选择坐标系,可使刚体惯性矩阵中的静矩为零,实现惯性解耦。在材料力学中,也可通过选择坐标系,使应变张量解耦。在振动力学中,基于多自由度线性系统的固有振型,可引入模态变换来实现无阻尼系统或比例阻尼系统的解耦。对于一般黏性阻尼系统,现用例题说明如何通过复模态变换来解耦。

**例 3.4.1**  $n$ 自由度黏性阻尼系统的自由振动满足:

$$\begin{cases} M\ddot{q}(t) + C\dot{q}(t) + Kq(t) = \mathbf{0} \\ q(0) = q_0, \quad \dot{q}(0) = \dot{q}_0 \end{cases} \tag{a}$$

其中,$M$ 为正定质量矩阵;$K$ 为对称刚度矩阵;$C$ 为对称阻尼矩阵;$q$ 为广义位移向量。如果阻尼矩阵 $C$ 满足比例阻尼条件,可基于系统固有振型来定义模态变换,使系统在模态坐标下解耦。现考虑非比例阻尼情况下的解耦问题。

**解:** 引入 $2n$ 维状态空间的向量 $w(t) \equiv [q^\mathrm{T}(t) \quad \dot{q}^\mathrm{T}(t)]^\mathrm{T}$,将式(a)改写为如下一阶线性常微分方程组:

$$\begin{cases} A\dot{w}(t) + Bw(t) = \mathbf{0} \\ w(0) = w_0 \end{cases} \tag{b}$$

其中,

$$A \equiv \begin{bmatrix} C & M \\ M & 0 \end{bmatrix} \in \mathbb{R}^{2n \times 2n}, \quad B \equiv \begin{bmatrix} K & 0 \\ 0 & -M \end{bmatrix} \in \mathbb{R}^{2n \times 2n}, \quad w_0 \equiv \begin{bmatrix} u_0 \\ \dot{u}_0 \end{bmatrix} \in \mathbb{R}^{2n} \tag{c}$$

根据线性常微分方程理论,式(b)的解可表示为 $w(t) = \psi \exp(\lambda t)$,将其代入式(b)的第一式,得到如下特征值问题:

$$(\lambda A + B)\psi = \mathbf{0} \tag{d}$$

由于 $A$ 和 $B$ 是实对称矩阵,对于工程中最常见的弱阻尼系统,式(d)的 $2n$ 个特征值 $\lambda_r$, $r \in I_{2n}$ 是 $n$ 对共轭复数,对应的特征向量 $\psi_r \in \mathbb{R}^{2n}$, $r \in I_{2n}$ 是 $n$ 对共轭复向量;如果 $\lambda_r$ 和 $\lambda_s$ 是两个不同的特征值,它们的特征向量满足加权正交关系,即

$$\psi_r^\mathrm{T} A \psi_s = a_r \delta_{rs}, \quad \psi_r^\mathrm{T} B \psi_s = b_r \delta_{rs}, \quad r, s \in I_{2n} \tag{e}$$

其中,$\delta_{rs}$ 是克罗内克(Kronecker)符号。正定矩阵 $M$ 使得矩阵 $A$ 满秩,从而有 $a_r \neq 0$, $r \in I_{2n}$。

上述振型加权正交关系表明,特征向量 $\psi_r$, $r \in I_{2n}$ 是线性无关的。因此,可用其作为 $2n$ 维状态空间的基向量,引入模态坐标变换:

$$w(t) = \sum_{r=1}^{2n} \psi_r q_r(t) \tag{f}$$

将式(f)代入式(b)并左乘 $\psi_r^\mathrm{T}$,根据式(e)得到 $2n$ 个解耦的一阶常微分方程初值问题:

$$\begin{cases} a_r \dot{q}_r(t) + b_r q_r(t) = 0 \\ q_r(0) = a_r^{-1} \psi_r^\mathrm{T} A w_0, \quad r \in I_{2n} \end{cases} \tag{g}$$

求解式(g)得到 $2n$ 个彼此解耦的模态振动：

$$q_r(t) = a_r^{-1}\boldsymbol{\psi}_r^{\mathrm{T}}\boldsymbol{A}\boldsymbol{w}_0\exp(\lambda_r t), \quad r \in I_{2n} \tag{h}$$

将式(h)代回式(f)，得到系统在状态空间的自由振动：

$$\boldsymbol{w}(t) = \sum_{r=1}^{2n}\frac{\boldsymbol{\psi}_r\boldsymbol{\psi}_r^{\mathrm{T}}\boldsymbol{A}\boldsymbol{w}_0}{a_r}\exp(\lambda_r t) \tag{i}$$

式(h)表明，若初始状态向量 $\boldsymbol{w}_0$ 与某个复振型 $\boldsymbol{\psi}_r$ 加权正交，即 $\boldsymbol{\psi}_r^{\mathrm{T}}\boldsymbol{A}\boldsymbol{w}_0 = 0$，则该初始状态不激发第 $r$ 阶模态振动。若 $r$ 是任意选择的，则等价于系统自由振动的物理解耦。

对于由多个物理场描述的线性系统，可采用坐标变换实施部分解耦，降低问题的研究难度。例如，对于比例阻尼结构与流体相互耦合的系统，可通过模态变换将系统中的结构动力学方程解耦，简化整个系统的求解难度。对于含比例阻尼的局部非线性结构系统，也可采用上述模态坐标变换，使模态坐标的耦合仅出现在局部非线性部位。

**2. 单向物理耦合**

如果工程系统涉及多个物理场耦合，在全面研究该系统的耦合效应之前，可通过因果关系来分析物理场之间的相互影响。在很多情况下，物理场之间呈现**单向耦合**。例如，物理场 A 的变化对物理场 B 具有显著影响，而物理场 B 的变化对物理场 A 影响不显著。此时，仅需研究前者，即单向耦合问题。

**例 3.4.2** 对于图 3.4.1 所示的大型雷达天线，环境温度变化会使天线的抛物面反射器发生微小变形，同时使安装在支架上的馈源发生微小位移。这些力学行为将影响到雷达信号的发射和接收质量，研究上述影响属于温度场-位移场-电磁场的耦合问题。然而，电磁场的变化不影响天线位移场和天线周围的温度场，天线位移场的变化也基本不影响上述温度场。因此，这是三个物理场之间的单向耦合。

**图 3.4.1 大型雷达天线反射器及其馈源**

### 3.4.2 刚柔耦合问题

在工程实践中，术语**刚柔耦合**具有多种含义，在使用时需要明确其具体内涵。本小节讨论两类常见的刚柔耦合问题：第一类是工程系统包含刚性部件和柔性部件，两者的力学行为相互耦合；第二类是工程系统中包含做大范围运动的柔性部件，其动态位形可分解为大范围刚体运动与柔性变形的耦合。

1. 刚性部件和柔性部件的耦合

在工程结构系统的设计中,特别关注其主承力部件的刚度和强度,而对其他部件可降低要求。主承力部件相对刚硬,而非承力部件相对柔软,这两者间会产生耦合。

**例 3.4.3**　图 3.4.2 是美国战术卫星 TacSat-3 的示意图。该卫星的本体采用碳纤维复合材料圆柱壳作为主承力结构,在结构内部安装着星载设备;主承力结构有较高刚度,可视为刚性部件。该卫星有三块太阳能帆板,其功能是提供阳光照射面积,不需要很高的刚度,属于柔性部件。显然,卫星本体的姿态运动调整和太阳能帆板的振动会相互耦合,属于典型的刚性部件和柔性部件耦合问题。

将结构系统的主承力部件设计为刚性部件后,设计师仍需关注柔性部件的力学行为。例如,柔性部件的变形可能远大于刚性部件的变形,柔性部件会产生局部低频振动。在设计中,应使刚性部件和柔性部件相互匹配。

图 3.4.2　TacSat-3 卫星结构示意图[1]

**例 3.4.4**　某精密设备及其安装平台可简化为图 3.4.3(a) 所示的二自由度系统。其中,安装平台的支撑刚度系数为 $k$,设备的支撑刚度系数为 $\varepsilon k$,$0 < \varepsilon \ll 1$;即前者可视为系统中的刚性部件,而后者为柔性部件。若安装平台受到简谐激励,讨论设备的稳态振动幅值。

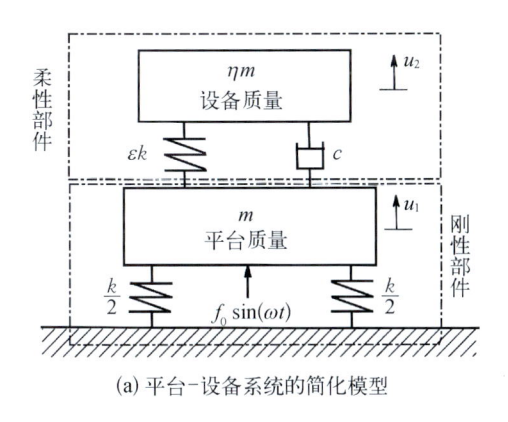

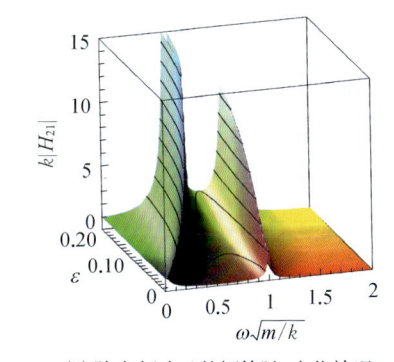

(a) 平台-设备系统的简化模型　　(b) 跨点频响函数幅值随 $\varepsilon$ 变化情况

图 3.4.3　刚性平台与柔性支撑设备的耦合问题

**解**:建立该刚柔耦合系统的动力学方程:

$$\begin{bmatrix} m & 0 \\ 0 & \eta m \end{bmatrix} \begin{bmatrix} \ddot{u}_1(t) \\ \ddot{u}_2(t) \end{bmatrix} + \begin{bmatrix} c & -c \\ -c & c \end{bmatrix} \begin{bmatrix} \dot{u}_1(t) \\ \dot{u}_2(t) \end{bmatrix} + \begin{bmatrix} k(1+\varepsilon) & -\varepsilon k \\ -\varepsilon k & \varepsilon k \end{bmatrix} \begin{bmatrix} u_1(t) \\ u_2(t) \end{bmatrix} = \begin{bmatrix} f_0 \sin(\omega t) \\ 0 \end{bmatrix}$$

(a)

---

[1]　陈求发.世界航天器大全[M].北京:中国宇航出版社,2012:352.

根据线性振动理论，由式(a)得到系统的阻抗矩阵：

$$\mathbf{Z}(\omega) = \begin{bmatrix} (1+\varepsilon)k + ic\omega - m\omega^2 & -\varepsilon k - ic\omega \\ -\varepsilon k - ic\omega & \varepsilon k + ic\omega - \eta m\omega^2 \end{bmatrix} \quad (b)$$

对阻抗矩阵求逆矩阵，得到系统的频响函数矩阵：

$$\mathbf{H}(\omega) = \frac{1}{\det \mathbf{Z}(\omega)} \begin{bmatrix} \varepsilon k + ic\omega - \eta m\omega^2 & \varepsilon k + ic\omega \\ \varepsilon k + ic\omega & (1+\varepsilon)k + ic\omega - m\omega^2 \end{bmatrix} \quad (c)$$

若简谐激励幅值为 $f_0 = 1$，则设备稳态振动就是跨点频响函数 $H_{21}(\omega)$，其幅值为

$$|H_{21}(\omega)| = \left| \frac{\varepsilon k + ic\omega}{[(1+\varepsilon)k + ic\omega - m\omega^2](\varepsilon k + ic\omega - \eta m\omega^2) - (\varepsilon k + ic\omega)^2} \right| \quad (d)$$

为了获得直观结果，取 $\eta = 0.4$，$c = 0.02$，$\varepsilon \in (0.0, 0.2]$，采用无量纲频率 $\omega/\sqrt{k/m}$，得到无量纲稳态振动幅值 $k|H_{21}(\omega)|$ 随着 $\varepsilon$ 变化的情况。如图3.4.3(b)所示，对于 $\varepsilon > 0$，设备在静态激励下的无量纲静位移总是 $k|H_{21}(0)| = 1$；但在动态激励下，设备的低频共振峰随着 $\varepsilon$ 增加而单调递增，会达到无量纲静位移的几十倍。相比之下，设备的高频共振峰要低些。

该案例说明，对于刚性部件和柔性部件的耦合系统设计，不仅要考虑直接承受激励的刚性部件的力学行为，还要考虑柔性部件的力学行为，以免顾此失彼。

**2. 刚体运动与柔性变形的耦合**

如果工程系统含有大范围运动的柔性部件，可在柔性部件上建立连体坐标系，将柔性部件的动态位形分解为连体坐标系的大范围刚体运动和柔性部件相对于该连体坐标系的动态变形。此时，这两种运动相互耦合。

**例 3.4.5** 对于具有小展弦比机翼的飞机，研究其动力学问题的思路如下。首先，将飞机简化为刚体模型，研究其飞行力学与控制问题。其次，为了研究飞机结构的动力学，在飞机的刚体模型上建立连体坐标系，该连体坐标系跟随飞机做刚体运动，在此前提下研究飞机结构相对于该连体坐标系的振动。此时，仅考虑连体坐标系的刚体运动对飞机结构振动的影响，不考虑飞机结构振动对连体坐标系刚体运动的影响。这属于单向耦合问题，适用于研究小展弦比飞机。

在工程实践中，例3.4.5所述的单向耦合并无普适性。此时，需要考虑连体坐标系的刚体运动和柔性部件变形的双向耦合效应，这属于柔体动力学和多柔体动力学的研究范畴。研究这类问题，只能借助数值方法和实验方法。在数值方法中，最通用的是非线性有限元法。根据所采用的坐标系，柔性部件的有限元建模有两类典型方法。

第一类方法是在柔性部件上建立连体坐标系，将柔性部件的动态位形分解为连体坐标系的刚体运动和相对于连体坐标系的动态变形，并采用柔性部件的低阶固有模态描述其动态变形，称为**浮动坐标法**。该方法的优点是便于描述大范围运动上叠加的小动态变

形,其动力学方程的弹性力表达式简洁,计算效率高;但动力学方程的惯性力描述极为复杂,包含由连体坐标系旋转引起的离心力和科里奥利(Coriolis)力。目前,这类方法的代表性商业软件是机械系统动力学自动分析(Automatic Dynamic Analysis of Mechanical Systems, ADAMS)软件。

第二类方法是在绝对坐标系中描述柔体部件,简称**绝对坐标法**。这类方法基于连续介质力学理论,建立柔性部件从**初始位形**到**当前位形**的非线性动力学方程。该方法的优点是便于描述大范围运动和大变形的相互耦合,其动力学方程具有常数质量矩阵描述的惯性力,不含离心力和Coriolis力;但动力学方程中的非线性弹性力计算比较复杂,影响计算效率。目前,这类方法尚无商业软件。

**例3.4.6** 本章作者团队基于绝对坐标描述,建立了多柔体系统的动力学高效计算方法,可处理多柔体系统的大规模动力学计算问题。图3.4.4是用上述方法对某通信卫星在轨展开大型天线过程的动力学计算结果。该天线由直径为16 m的环形桁架及其支撑的金属丝网反射面组成,在环形桁架展开过程中,反射面的大范围运动和大变形相互耦合,呈现非常复杂的非线性动力学行为。在该研究中,先建立精细的天线动力学模型,获得与天线地面展开实验一致的计算结果;再扣除天线动力学模型中的重力,对天线在轨展开动力学进行数值仿真,进而支撑航天任务的实施。

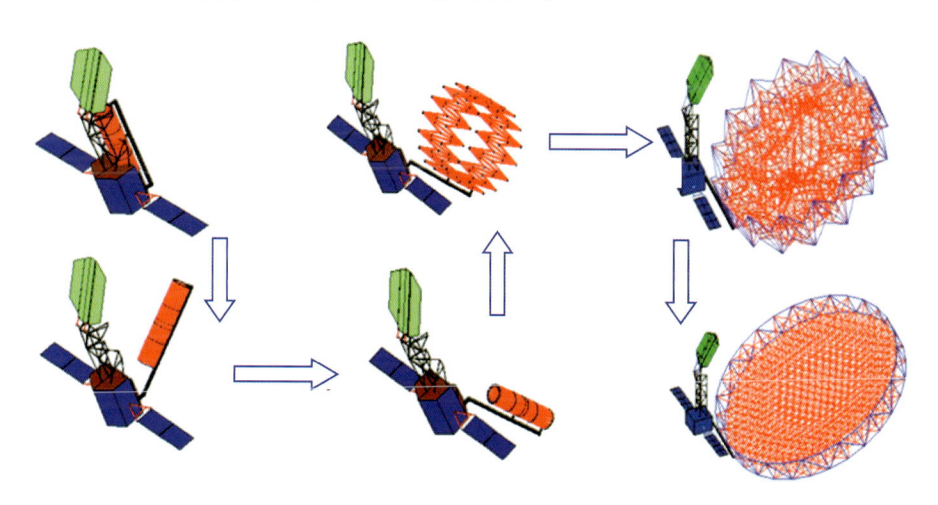

图3.4.4 通信卫星的天线展开动力学仿真结果

### 3.4.3 流固耦合问题

**流固耦合**是指流体与固体相互耦合的力学问题,在航空、航天、航海、建筑、交通、能源等工业领域中比比皆是。流固耦合问题具有非常丰富的力学现象,例如,结构与定常气流作用导致的静气动弹性失稳,流线型的飞机机翼与气流相互作用发生的**颤振**(flutter),非流线型的高层钢结构建筑与气流相互作用发生的**驰振**(gallop),火箭结构与推进系统中液体燃料脉动相互作用引起的**跷振**(pogo osicillation)等。因此,流固耦合力学是一个浩瀚的应用力学分支,已有许多值得借鉴的经典著作[1]。

现针对几个具有工程背景的流固耦合问题,采用高度简化的力学模型来介绍流固耦合问题的若干基本概念和重要现象,内容包括:流固耦合静力学及其失稳、流固耦合动力学中的驰振和颤振问题。

### 1. 流固耦合静力学

对于在定常来流中静止或具有缓慢变化的弹性结构,通常视其为流固耦合静力学问题。此时,流体所提供的等效刚度与结构刚度相叠加,形成正反馈或负反馈。这是最简单的流固耦合力学问题,在工程实践中具有基础性作用。

**例 3.4.7**  图 3.4.5(a)所示的轻型飞机处于低速巡航飞行状态。已有研究表明,此时飞机机翼的气动弹性静力学特性主要取决于机翼扭转变形,建立简化模型来研究该问题。

(a) 具有平直机翼的轻型飞机　　(b) 定常来流下的翼型模型

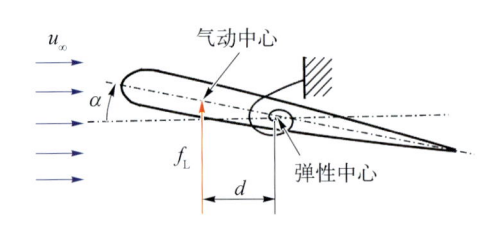

**图 3.4.5**　轻型飞机的静气动弹性失稳问题

**解**:对于大展弦比平直机翼,沿平行航向取单位展长的翼型来研究其流固耦合问题。如图 3.4.5(b)所示,采用刚度系数为 $k_\alpha$ 的扭簧来模拟翼型扭转刚度,将扭簧与翼型的连接点称为**弹性中心**。记水平来流速度为 $u_\infty$,翼型攻角为 $\alpha$,并约定翼型前缘抬头为正。设 $\alpha = \alpha_0 \geq 0$ 时,扭簧无变形;当 $\alpha = \alpha_0 + \alpha_e$ 且 $\alpha_e > 0$ 时,来流在翼型下表面产生分布升力。在翼型上定义**气动中心**,使分布升力对该点的力矩为零,记气动中心与弹性中心的距离为 $d$。由此将分布升力简化为作用在气动中心的升力 $f_L$。

当翼型攻角缓慢变化时,将升力 $f_L$ 视为定常力。利用例 2.2.4 的结果,将升力表示为

$$f_L = qAC_L(\alpha), \quad q \equiv \frac{1}{2}\rho u_\infty^2 \tag{a}$$

其中,$q$ 称为**动压**;$A$ 为翼型下表面积;$\rho$ 为空气密度;$C_L(\alpha)$ 为升力系数,它是攻角 $\alpha$ 的无量纲函数。对于小攻角 $\alpha$,将升力系数在 $\alpha = 0$ 处作线性近似,表示为

---

[1]　Dowell E H. A Modern Course in Aeroelasticity[M]. 5th ed. Berlin: Springer-Verlag, 2014.

$$C_L(\alpha) \approx C_L(0) + C_L'(0)\alpha, \quad C_L'(0) \equiv \left.\frac{\partial C_L(\alpha)}{\partial \alpha}\right|_{\alpha=0} \tag{b}$$

其中，$C_L'(0)$ 是升力系数关于攻角的导数，简称**气动导数**。以二维不可压缩低速来流为例，根据空气动力学可得到：$C_L'(0) = 2\pi$ 和 $d = l/4$，其中 $l$ 为翼型的弦长。

现建立该翼型绕弹性中心转动的静力平衡方程：

$$f_L d - k_\alpha \alpha_e = 0 \tag{c}$$

将式(a)和式(b)代入式(c)，并根据 $\alpha = \alpha_0 + \alpha_e$，得到：

$$qA[C_L(0) + C_L'(0)(\alpha_0 + \alpha_e)]d - k_\alpha \alpha_e = 0 \tag{d}$$

由式(d)解出翼型处于平衡状态的攻角：

$$\alpha_e = \frac{qAd[C_L(0) + C_L'(0)\alpha_0]}{k_\alpha - qAdC_L'(0)} \tag{e}$$

如果式(e)的分母趋于零，则平衡攻角 $\alpha_e$ 将趋于无穷，导致机翼破坏。这种情况就是**静气动弹性失稳**，在飞机设计中必须避免。将式(e)的分母置为零，得到失稳时的**临界动压**：

$$q_{cr} = \frac{k_\alpha}{AdC_L'(0)} \tag{f}$$

根据式(a)中的第二式，失稳时的**临界来流速度**为

$$u_{cr} = \sqrt{\frac{2q_{cr}}{\rho}} = \sqrt{\frac{2k_\alpha}{\rho AdC_L'(0)}} \tag{g}$$

由式(f)和式(g)可见，提高扭簧刚度系数 $k_\alpha$ 可提高临界动压 $q_{cr}$ 和临界来流速度 $u_{cr}$。1903年，在Wright兄弟实现人类历史上首次有动力飞行之前的几天，美国物理学家兰利(Samuel Pierpont Langley，1834~1906)研制的飞机就因机翼扭转刚度不足，导致静气动弹性失稳而破坏。因此，在图3.4.5(a)所示的飞机中，其机翼前缘下方与机身之间设置了两个斜支撑来提高机翼的扭转刚度。

已有研究表明，随着来流速度提高，气动中心与弹性中心的距离 $d$ 会减小，有助于提高临界动压 $q_{cr}$ 和临界来流速度 $u_{cr}$。当来流速度达到超声速时，$d \to 0$；由式(e)~式(g)得到 $\alpha_e \to 0$，$q_{cr} \to +\infty$ 和 $u_{cr} \to +\infty$，此时不会发生静气动弹性失稳。换言之，静气动弹性失稳是亚声速飞行的特有现象，故在设计亚声速飞机时必须予以重视。

**注解 3.4.1**：上述讨论表明，减小气动中心与弹性中心的距离，可降低翼型的静气动弹性失稳风险。在第12章，将根据这一概念来校核风力发电机叶片的气动弹性性能。

2. 驰振问题

在流体力学中，将非流线型物体称为**钝体**。在气流作用下，柔性钝体会发生流固耦合

导致的动态失稳,形成驰振。例如,高耸的钢结构、结冰的输电线等都会发生驰振。驰振的特点是结构的单个固有振动模态与气流之间发生强相互作用。因此,可通过振动理论建立结构的单模态模型来研究结构驰振问题,研究难点是如何处理钝体导致的复杂流场。

**例 3.4.8** 在冬季雨雪之后,输电线结冰,形成图 3.4.6(a) 所示的复杂形貌。在横向风激励下,这种钝体结构会发生驰振。采用 Ritz 法和两端固定弦的第一阶固有振型,可将结冰的输电线简化为图 3.4.6(b) 所示的单自由度气动弹性系统,讨论其在水平横向风激励下的驰振。

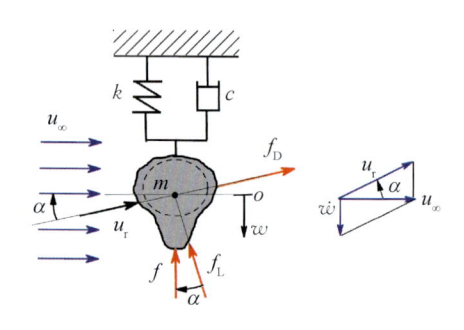

(a) 冬季结冰的输电线　　　　(b) 输电线的简化模型及其气动力

**图 3.4.6　结冰输电线在横向水平风激励下的驰振问题**

**解**：在图 3.4.6(b) 所示的单自由度气动弹性系统中,钝体质量 $m$ 是由 Ritz 法得到的模态质量,$c$ 是模态阻尼系数,$k$ 是模态刚度系数,$u_\infty$ 为水平来流速度,$w$ 为钝体铅垂位移。

研究流固耦合动力学问题时,需要考虑固体运动对流体的影响,这是非常复杂的问题。在本案例中,该气动弹性系统的振动频率是输电线的第一阶固有振动频率。实验表明,该频率远低于气流经过钝体时单位时间内的分离涡数,故气动力受钝体振动频率的影响较小。因此,可采用**准定常气动力模型**,即在定常气动力模型中采用计入钝体铅垂速度影响的时变攻角,忽略钝体振动频率带来的微小影响。

根据图 3.4.6(b) 中的速度关系,得到如下时变攻角和钝体相对于气流的速度：

$$\alpha = \arctan\left(\frac{\dot w}{u_\infty}\right) \approx \frac{\dot w}{u_\infty}, \quad u_r = \frac{u_\infty}{\cos\alpha} \tag{a}$$

参考例 2.2.4 的结果,将作用在单位厚度钝体上的准定常升力和阻力表示为

$$f_L(\alpha) = \frac{1}{2}\rho h u_r^2 C_L(\alpha), \quad f_D(\alpha) = \frac{1}{2}\rho h u_r^2 C_D(\alpha) \tag{b}$$

其中,$\rho$ 为空气密度；$C_L(\alpha)$ 是升力系数；$C_D(\alpha)$ 是阻力系数；$h$ 是单位厚度钝体的特征高度,即单位厚度钝体的迎风面积,故式(b)的力学意义与翼型情况相同。

如3.4.6(b)所示,上述升力和阻力的铅垂分量之和就是作用在钝体上的气动力$f(\alpha)$,它与钝体位移方向$w$相反。根据式(b),该气动力满足:

$$f(\alpha) = f_L(\alpha)\cos\alpha + f_D(\alpha)\sin\alpha = \frac{1}{2}\rho h u_\infty^2 C_f(\alpha), \quad C_f(\alpha) \equiv C_L(\alpha)\cos\alpha + C_D(\alpha)\sin\alpha \tag{c}$$

当攻角比$\alpha$较小时,可采用如下近似关系:

$$C_f(\alpha) \approx C_f(0) + C_f'(0)\alpha, \quad C_f'(0) \equiv \frac{\partial C_f}{\partial \alpha}\bigg|_{\alpha=0} = \left(\frac{\partial C_L}{\partial \alpha} + C_D\right)\bigg|_{\alpha=0} = C_L'(0) + C_D(0) \tag{d}$$

其中,$C_f'(0)$是气动力$f(\alpha)$的气动导数,稍后将对其作进一步说明;$C_f(0)$与例3.4.7中的$C_L(0)$具有相同作用,对系统稳定性无影响,故在后续讨论中省略。

由气动力表达式,可建立气动弹性系统的动力学方程,利用式(a)的线性近似,得到:

$$m\ddot{w}(t) + c\dot{w}(t) + kw(t) = -f(\alpha) = -\frac{1}{2}\rho h u_\infty^2 C_f'(0)\alpha \approx -\frac{1}{2}\rho h u_\infty C_f'(0)\dot{w}(t) \tag{e}$$

将式(e)改写为单自由度系统自由振动的动力学方程:

$$\ddot{w}(t) + 2\zeta_f\omega_n\dot{w}(t) + \omega_n^2 w(t) = 0 \tag{f}$$

其中,$\omega_n \equiv \sqrt{k/m}$,是系统固有频率;$\zeta_f$是系统的等效阻尼比,定义为

$$\zeta_f \equiv \frac{1}{2m\omega_n}\left[c + \frac{\rho h u_\infty C_f'(0)}{2}\right] \tag{g}$$

根据3.1.2节介绍的Routh-Hurwitz判据,若$\zeta_f > 0$,则式(f)的解是渐近稳定的衰减振动;若$\zeta_f < 0$,则式(f)的解不稳定,出现驰振,它是以指数函数$\exp(|\zeta_f|\omega_n t)$为包络线、幅值迅速增大的振动。若$\zeta_f = 0$,则系统处于临界状态,式(f)的解是周期振动。

根据式(g),可得到系统发生驰振的临界来流速度:

$$u_{cr} = -\frac{2c}{\rho h C_f'(0)} \tag{h}$$

式(h)表明,若没有结构阻尼导致的模态阻尼,即$c = 0$,则$u_{cr} = 0$,对于任意来流速度$u_\infty > 0$,系统均发生驰振;若$c > 0$,则当$C_f'(0) = C_L'(0) + C_D(0) < 0$时,会出现$0 < u_{cr} < u_\infty$,即系统发生驰振;且钝体的特征高度$h$越大,临界来流速度$u_{cr}$越低,越容易发生驰振。

驰振分析的关键是确定气动导数$C_f'(0)$。然而,气流在钝体表面发生流动分离,在钝体后部会产生尾流,并伴有涡脱落现象。因此,钝体的升力系数和阻力系数不再具有解析

表达式,需要用数值计算或风动实验来确定,确定气动导数 $C'_f(0)$ 也是如此。研究表明,对于圆截面,$C'_f(0)=0$;对于正方形截面,$C'_f(0)=-2.7$。对于结冰输电线,通常 $C'_f(0)<0$,故当输电线的模态阻尼系数 $c$ 比较小、结冰导致的钝体特征高度 $h$ 比较大时,很容易发生驰振。为了消除结冰输电线的驰振,人们已做了许多努力:从最初靠人工来清除输电线上的结冰,到后来改进输电线设计,再到近期发明电加热除冰、机器人除冰等新技术。

最后值得指出,当驰振幅值大到一定程度时,式(e)所采用的线性近似 $\alpha \approx \dot{w}/u_\infty$ 不再成立,而需要采用式(a)中的非线性关系 $\alpha = \arctan(\dot{w}/u_\infty)$,进而求解非线性驰振问题[1]。

**3. 颤振问题**

颤振是流固耦合系统的另一类动态失稳结果。颤振有别于驰振,它往往来自流体与结构多个固有模态的相互作用。以图 3.4.5(a)所示的轻型飞机机翼为例,当气流与机翼的第一阶弯曲固有模态和第一阶扭转固有模态同时相互作用时,可能会发生颤振。因此,研究流体与结构相互耦合的颤振问题时,一般要基于结构的多个固有模态建立简化力学模型,这导致颤振有多种形态,给颤振研究带来复杂性。此外,在多个结构固有模态的相互作用下,结构颤振频率通常并非很低,对流场的动态影响将不可忽略。因此,研究颤振问题的挑战性是,需根据具体问题选用准定常流体力学方法或非定常流体力学方法。

**例 3.4.9** 将图 3.4.5(a)所示轻型飞机的平直机翼简化为图 3.4.7 所示的翼型模型。在该模型中,描述机翼弯曲刚度的弹簧具有刚度系数 $k_w$,描述机翼扭转刚度的扭簧具有刚度系数 $k_\alpha$;翼型具有质量 $m$,绕弹性中心的转动惯量 $I_\alpha$,绕弹性中心的静矩 $S_\alpha = mx_c$。其中,$x_c < 0$,是质心在弹性中心坐标系 $ox$ 中的坐标,故 $S_\alpha < 0$。为简化研究,采用简化的定常气动力模型,讨论该气动弹性系统的颤振问题。

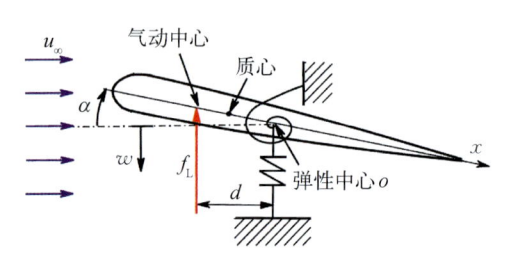

**图 3.4.7** 翼型颤振问题

**解:** 该翼型的动能和势能分别为

$$T = \frac{1}{2}[\dot{w} \ \dot{\alpha}]\begin{bmatrix} m & S_\alpha \\ S_\alpha & I_\alpha \end{bmatrix}\begin{bmatrix} \dot{w} \\ \dot{\alpha} \end{bmatrix}, \quad V = \frac{1}{2}[w \ \alpha]\begin{bmatrix} k_w & 0 \\ 0 & k_\alpha \end{bmatrix}\begin{bmatrix} w \\ \alpha \end{bmatrix} \qquad (a)$$

参考例 3.4.7,取 $C_L(0)=0$,记 $C'_L = C'_L(0)$,将定常气动力 $f_L$ 和力矩 $f_L d$ 关于广义位移 $w$ 和 $\alpha$ 的虚功表示为

$$\delta W = -f_L \delta w + f_L d \delta \alpha = -(qAC'_L\alpha)\delta w + (qAdC'_L\alpha)\delta\alpha \qquad (b)$$

将式(a)和式(b)代入拉格朗日(Lagrange)方程,得到描述气动弹性系统的动力学方程:

---

[1] Dowell E H. A Modern Course in Aeroelasticity[M]. 5th ed. Berlin: Springer-Verlag, 2014: 279-344.

$$\begin{cases} m\ddot{w}(t) + S_\alpha \ddot{\alpha}(t) + k_w w(t) + qAC'_L \alpha(t) = 0 \\ I_\alpha \ddot{\alpha}(t) + S_\alpha \ddot{w}(t) + (k_\alpha - qAdC'_L)\alpha(t) = 0 \end{cases} \quad (c)$$

式(c)的待定解可表示为

$$w(t) = \bar{w}\exp(\lambda t), \quad \alpha(t) = \bar{\alpha}\exp(\lambda t) \quad (d)$$

将其代入式(c),得到非零解所满足的特征方程:

$$\det\begin{bmatrix} m\lambda^2 + k_w & S_\alpha \lambda^2 + qAC'_L \\ S_\alpha \lambda^2 & I_\alpha \lambda^2 + k_\alpha - qAdC'_L \end{bmatrix} = A\lambda^4 + B\lambda^2 + C = 0 \quad (e)$$

其中,

$$A \equiv mI_\alpha - S_\alpha^2, \quad B \equiv m(k_\alpha - qAdC'_L) + k_w I_\alpha - qAS_\alpha C'_L, \quad C \equiv k_w(k_\alpha - qAdC'_L) \quad (f)$$

式(e)的解为

$$\lambda = \pm\sqrt{\frac{-B \pm \sqrt{B^2 - 4AC}}{2A}} \quad (g)$$

对于任意质量分布,正定惯性矩阵意味着 $A > 0$。根据例 3.4.7,系统保持静气动弹性稳定的条件是 $k_\alpha - qAdC'_L > 0$,故 $C > 0$。在上述前提下,参数 $B$ 的正负号决定着式(d)所设待定解的性质。现根据已有学者的研究,讨论 $B > 0$ 的情况。

若 $B^2 - 4AC > 0$,则 $\lambda^2 < 0$,$\lambda$ 为纯虚数,此时式(d)为临界稳定的振动。若 $B^2 - 4AC < 0$,则 $\lambda^2$ 为复数,至少有一个 $\lambda$ 的实部为正,导致式(d)为不稳定运动。因此,$B^2 - 4AC = 0$ 给出了临界稳定和不稳定运动的分界条件。将式(g)代入该条件,可得到临界动压 $q_{cr}$,它满足:

$$Dq_{cr}^2 + Eq_{cr} + F = 0 \Leftrightarrow q_{cr} = \frac{-E \pm \sqrt{E^2 - 4DF}}{2D} \quad (h)$$

其中,

$$\begin{cases} D \equiv [(md + S_\alpha)AC'_L]^2, \quad F \equiv (mk_\alpha + k_w I_\alpha)^2 - 4k_w k_\alpha(mI_\alpha - S_\alpha^2) \\ E \equiv [4k_w d(mI_\alpha - S_\alpha^2) - 2(md + S_\alpha)(mk_\alpha + k_w I_\alpha)]AC'_L \end{cases} \quad (i)$$

如果由式(h)所确定的 $q_{cr}$ 为正实数,则系统发生颤振;反之,则无颤振发生。值得指出,如果发生上述不稳定运动,机翼发生大变形时具有刚度渐硬的非线性,会制约不稳定运动幅值,进而形成幅值较大的极限环颤振。在飞机设计中,自然不希望这种危险情况发生。

可以证明,如果 $S_\alpha \leq 0$,即图 3.4.7 中翼型质心在弹性中心之前,则系统不会发生颤振。反之,如果 $S_\alpha > 0$ 且增大,则发生颤振的临界动压 $q_{cr}$ 减小,对应的临界来流速度 $u_{cr}$ 也降低。因此,在机翼设计中,可在其前缘附加质量来提高临界动压和临界来流速度。

为了改进上述颤振计算结果,可借鉴例 3.4.8,建立翼型的准定常气动力模型,即在定常气动力模型的攻角 $\alpha$ 中计入翼型铅垂速度 $\dot{w}$ 的影响,将气动力 $f_L = qAC'_L\alpha$ 改写为

$$f_L = qAC'_L\left(\alpha + \frac{\dot{w}}{u_\infty}\right) = \frac{1}{2}\rho u_\infty AC'_L(u_\infty\alpha + \dot{w}) \tag{j}$$

此时,式(e)中的特征方程包含若干与 $\lambda$ 和 $\lambda^3$ 成比例的项,必须采用数值方法求解。因此,通常取来流速度 $u_\infty$ 为横坐标,将计算得到特征值实部 $\mathrm{Re}(\lambda)$ 和虚部 $\mathrm{Im}(\lambda)$ 作为纵坐标绘图。若图中某个特征值的实部由负变正,则系统发生颤振。

由于非定常气动力与结构动力学之间存在相互耦合,对于结构的任意运动,很难获得非定常气动力的表达式。鉴于在结构颤振研究中最关心临界情况,故可在翼型做简谐振动的前提下建立非定常气动力模型,这相当于是线性系统的频域分析。

20 世纪 30 年代,挪威裔美国力学家西奥道森(Theodore Theodorsen,1897～1978)针对二维不可压缩无黏性流体,率先获得翼型升力和升力矩的频域表达式。将准定常气动力与该结果相比,可发现前者的幅值略大些,而且两者间有相位差。此后,学者们针对不可压缩无黏性流体,将 Theodorsen 的结果推广到带控制面的翼型等情况。这种频域分析思想逐渐发展为偶极子网格法,用于三维机翼的亚声速颤振计算[1]。

**注解 3.4.2**:对于跨声速、超声速、高超声速飞行器,其颤振研究涉及可压缩、黏性流体空气动力学,需要通过计算流体力学(computational fluid dynamics,CFD)和计算结构动力学(computational structural dynamics,CSD)进行耦合数值计算。在第 4 章,将介绍如何设计机翼宽频振动来获得简化的气动力模型。

### 3.4.4 力热耦合问题

在工程系统中,若其力学量与热学量相互耦合,则称系统具有**力热耦合**。虽然例 3.4.2 表明,某些力热耦合问题呈现单向性,但更多力热耦合问题是双向的。例如,飞机跨声速飞行时压缩空气,导致空气密度和压强均与温度有关,构成力热双向耦合。又如,航天器的柔性部件与其周围温度场之间具有双向耦合作用,历史上曾发生多起事故。本小节简要介绍与气体、结构相关的热力学理论,讨论航空航天领域的两类力热耦合问题。

**1. 可压缩空气的力热耦合**

首先,以飞机的高速飞行问题为例,讨论气体的热力学状态。飞机高速飞行时,对其周围的空气产生扰动,引起空气的密度、温度和压强变化。对于理想气体,其密度 $\rho$、温度 $T$ 和压强 $p$ 间满足状态方程:

$$p = \rho RT \tag{3.4.1}$$

其中,$R = 287.053\,\mathrm{N\cdot m/(kg\cdot K)}$,为**气体常数**。式(3.4.1)表明,作为力学量的密度、压

---

[1] 赵永辉,黄锐. 高等气动弹性力学与控制[M]. 北京:科学出版社,2015:25-125.

强与作为热学量的温度形成力热双向耦合。

为了讨论空气状态的变化,考察空气受扰后产生的波动,得到**空气波速**为

$$c_{\text{air}} = \sqrt{\frac{\mathrm{d}p}{\mathrm{d}\rho}} \tag{3.4.2}$$

该波动传播非常迅速,来不及交换热量,可视为**绝热过程**,其压强和密度满足[1]:

$$p = c\rho^{\gamma} \tag{3.4.3}$$

其中,$c$ 为积分常数;$\gamma$ 为无量纲的比热比。对于温度在 600 K 以下的空气,$\gamma = 1.4$。将式(3.4.3)和式(3.4.1)代入式(3.4.2),得到空气波速:

$$c_{\text{air}} = \sqrt{\gamma c \rho^{\gamma-1}} = \sqrt{\gamma RT} = \sqrt{1.4RT} \tag{3.4.4}$$

空气波速与海拔有关。在海平面标准大气状态下,$T = 288.15$ K,$c_{\text{air}} = 340.3$ m/s;在海拔 11 km 的标准大气状态下,$T = 216.66$ K,$c_{\text{air}} = 295.1$ m/s。

以空气波速作为参照,将飞机的平飞速度 $u_\infty$ 无量纲化为 Mach 数,即

$$Ma \equiv \frac{u_\infty}{c_{\text{air}}} = \frac{u_\infty}{\sqrt{\gamma RT}} \tag{3.4.5}$$

不难证明,当 $Ma < 0.3$ 时,飞机飞行对空气密度的影响很小,可将空气视为不可压缩介质。当 $Ma > 0.3$ 时,则需要考虑空气密度变化,将空气视为可压缩介质。

其次,讨论可压缩空气的热力学。在研究可压缩空气动力学问题时,需要考虑描述空气温度变化的热力学方程。在气体热力学中,用**焓**作为描述热含量的参数,其定义为

$$h \equiv e + \frac{p}{\rho} \tag{3.4.6}$$

其中,$e$ 为内能;$p/\rho$ 为压能。对于温度在 600 K 以下的空气,焓与温度成正比,可表示为

$$h = \frac{\gamma}{\gamma - 1} RT = 3.5RT \tag{3.4.7}$$

根据热力学第一定律,对于以速度 $u_\infty$ 运动的空气微团,外界输入给单位质量气体的热量增量 $\mathrm{d}q$ 满足如下微分形式的能量方程:

$$\mathrm{d}q = \mathrm{d}h + \mathrm{d}\left(\frac{u_\infty^2}{2}\right) \tag{3.4.8}$$

其中,等号右端的第一项是单位质量气体的焓增量;等号右端第二项是单位质量气体的动能增量。

---

[1] 刘沛清. 空气动力学[M]. 北京:科学出版社,2021:269.

有了以上准备,即可讨论可压缩空气动力学中的力热双向耦合问题。为了简单起见,此处不讨论可压缩空气动力学的具体流动问题,仅介绍一个温度与速度相关的问题。

**例 3.4.10** 图 3.4.8 所示民航客机的飞行 Mach 数达 $Ma = 0.8$,在飞行过程中,布置在机头的传感器无法采用非接触方法测量静止大气的温度,讨论如何通过间接测量获得大气温度。

**解**:根据该民航客机的飞行速度,需要讨论可压缩空气动力学的力热耦合问题。在绝热流动条件下,沿着流线对式(3.4.8)积分,得到能量方程:

$$h + \frac{u_\infty^2}{2} = q = \text{const.} \tag{a}$$

图 3.4.8 民航客机上的传感器

在可压缩空气动力学中,将流场中流速为零的点称为**驻点**,焓在该点达到最大值 $h_0$,称为**总焓**,对应的温度 $T_0$ 和压强 $p_0$ 分别称为**总温和总压**;在流速不为零的点,则分别称为**静焓、静温和静压**。根据上述约定和式(3.4.7),将式(a)改写为

$$3.5RT + \frac{u_\infty^2}{2} = h_0 = 3.5RT_0 \tag{b}$$

由式(b)得到总温与静温和速度的关系:

$$T_0 = T + \frac{u_\infty^2}{7R} \tag{c}$$

根据式(3.4.5),还可将式(c)改写为

$$\frac{T_0}{T} = 1 + \frac{u_\infty^2}{7RT} = 1 + 0.2\frac{u_\infty^2}{c_{\text{air}}^2} = 1 + 0.2Ma^2 \tag{d}$$

图 3.4.8 中的民航客机头部安装雷达,其温度传感器(又称总温探头)布置在飞机头部左下侧。视飞机静止不动而气流做相对运动,气流在总温探头处受阻时速度为零,故总温探头可测得飞机的总温 $T_0$。根据飞机的空速 $u_\infty$,大气数据计算机即可由式(c)计算出静温 $T$,即大气温度。这相当于温度传感器与大气间无相对运动时测得的温度,故称为**静温**。

**注解 3.4.3**:可压缩空气动力学的许多行为有别于不可压缩空气动力学。其中,最具代表性的现象是 $Ma \geq 1$ 时的激波。以波阵面与气流方向垂直的正激波为例,流场在波阵面前后会发生急剧变化:流速降低为 $Ma < 1$,空气的压强、密度和温度则均升高。在第 15 章,讨论高超声速流动问题时,还将涉及力热耦合问题。

## 2. 结构的力热耦合

在太阳辐射下,航天结构会发生热变形,而热变形会改变结构接受太阳辐射的角度,导致力热耦合问题。现以美国哈勃(Hubble)空间望远镜的太阳能帆板为背景,讨论圆环截面梁在太阳热辐射下的力热耦合问题。为简化研究,引入如下假设:一是仅考虑太阳热辐射,忽略地球红外辐射、地球反照辐射等因素;二是梁的壁厚很小,可忽略沿壁厚方向的温差;三是梁的环向温差远小于所在横截面的平均温度,可忽略其二次以上谐波。虽然上述假设使问题大为简化,但仍无法解析求解。因此,将梁离散为有限元,分四步介绍该问题的数值求解方法。

第一,建立梁的温度场有限元模型。图 3.4.9 是梁单元示意图,梁单元的长度为 $l_e$,截面平均半径为 $r$,壁厚为 $h$。取 $l_e$ 足够小,使太阳辐射方向与单元横截面的夹角 $\beta$ 为常数。选择图示局部坐标系,以简化数学表达式。

根据傅里叶(Fourier)的热传导定律,二维均匀介质任意微元在直角坐标系中的热传导方程为

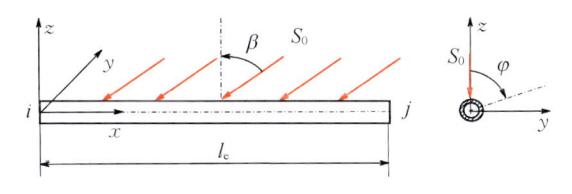

**图 3.4.9** 圆环截面梁的温度场有限单元

$$\rho c \frac{\partial T}{\partial t} - k\left(\frac{\partial^2 T}{\partial x^2} + \frac{\partial^2 T}{\partial y^2} + \frac{\partial^2 T}{\partial z^2}\right) = Q_1 - Q_2 \tag{3.4.9}$$

其中,$T(x, y, z, t)$ 为时变温度场;$\rho$ 为介质密度;$c$ 为介质比热容;$k$ 为介质的热传导系数;$Q_1$ 是微元接收太阳辐射的热通量;$Q_2$ 为微元向外辐射的热通量。

根据前两条假设,将极坐标到直角坐标的变换 $y = r\sin\varphi$,$z = r\cos\varphi$ 代入式(3.4.9),得到梁单元的二维热传导方程:

$$\rho c \frac{\partial T}{\partial t} - k\left(\frac{\partial^2 T}{\partial x^2} + \frac{1}{r^2}\frac{\partial^2 T}{\partial \varphi^2}\right) = \frac{a_s S_0}{h}\cos\beta\cos\varphi - \frac{\varepsilon\sigma}{h}T^4 \tag{3.4.10}$$

其中,$T(x, \varphi, t)$ 是梁单元在极坐标中的温度;$a_s$ 为梁单元接受太阳辐射的吸收率;$S_0$ 为太阳辐射强度;$\varepsilon$ 为梁单元的对外辐射系数;$\sigma = 5.67 \times 10^{-8}$ W/(m²·K⁴),为斯特藩-玻尔兹曼(Stefan-Boltzman)常数。

根据假设三,将梁单元的温度场表示为节点 $i$ 和 $j$ 上温度信息的插值函数:

$$T(x, \varphi, t) = \bar{N}(\varphi)N_i(x)\bar{T}_i(t) + \tilde{N}(\varphi)N_i(x)\tilde{T}_i(t) + \bar{N}(\varphi)N_j(x)\bar{T}_j(t) + \tilde{N}(\varphi)N_j(x)\tilde{T}_j(t)$$

$$\tag{3.4.11}$$

其中,$\bar{T}_i(t)$ 和 $\bar{T}_j(t)$ 是两节点的环向平均温度;$\tilde{T}_i(t)$ 和 $\tilde{T}_j(t)$ 是两节点的环向温差;$N_i(x)$ 和 $N_j(x)$ 是两节点的温度场轴向线性形函数,即

$$N_i(x) = 1 - \frac{x}{l_e}, \quad N_j(x) = \frac{x}{l_e} \tag{3.4.12}$$

$\bar{N}(\varphi)$ 和 $\tilde{N}(\varphi)$ 是温度场的环向变化,来自 Fourier 级数的前两项系数:

$$\bar{N}(\varphi) \equiv 1, \quad \tilde{N}(\varphi) \equiv \cos\varphi \tag{3.4.13}$$

将式(3.4.11)~式(3.4.13)代入式(3.4.10),取单元轴向积分的残差为零,得到描述梁单元节点环向平均温度和环向温差的常微分方程组:

$$\begin{cases} \bar{C}\dfrac{\mathrm{d}\bar{T}}{\mathrm{d}t} + \bar{K}\bar{T} + \bar{R}(\bar{T}) = \bar{Q} \\ \bar{C}\dfrac{\mathrm{d}\tilde{T}}{\mathrm{d}t} + \tilde{K}\tilde{T} + \tilde{R}(\bar{T})\tilde{T} = \tilde{Q} \end{cases} \tag{3.4.14}$$

其中,$\bar{T}$ 为节点的环向平均温度向量;$\tilde{T}$ 为节点的环向温差向量;$\bar{C}$ 为比热容矩阵,$\bar{K}$ 为节点的环向平均温度热传导矩阵,$\tilde{K}$ 为节点的环向温差热传导矩阵,可表示为

$$\bar{C} = \frac{\rho c l_e}{6}\begin{bmatrix} 2 & 1 \\ 1 & 2 \end{bmatrix}, \quad \bar{K} = \frac{k}{l_e}\begin{bmatrix} 1 & -1 \\ -1 & 1 \end{bmatrix}, \quad \tilde{K} = \frac{k}{l_e}\begin{bmatrix} 1 & -1 \\ -1 & 1 \end{bmatrix} + \frac{k l_e}{6 r^2}\begin{bmatrix} 2 & 1 \\ 1 & 2 \end{bmatrix} \tag{3.4.15}$$

式(3.4.14)中,$\bar{R}(\bar{T})$ 为环向平均温度的辐射向量,$\tilde{R}(\bar{T})$ 为环向温差的辐射矩阵,可表示为

$$\begin{cases} \bar{R}(\bar{T}) = \dfrac{\varepsilon \sigma l_e}{30 h}\begin{bmatrix} 5\bar{T}_i^4 + 4\bar{T}_i^3 \bar{T}_j + 3\bar{T}_i^2 \bar{T}_j^2 + 2\bar{T}_i \bar{T}_j^3 + \bar{T}_j^4 \\ 5\bar{T}_j^4 + 4\bar{T}_j^3 \bar{T}_i + 3\bar{T}_j^2 \bar{T}_i^2 + 2\bar{T}_j \bar{T}_i^3 + \bar{T}_i^4 \end{bmatrix} \\ \tilde{R}(\bar{T}) = \dfrac{4\varepsilon\sigma l_e}{60 h}\begin{bmatrix} 10\bar{T}_i^3 + \bar{T}_j^3 + 3\bar{T}_i \bar{T}_j(2\bar{T}_i + \bar{T}_j) & 2(\bar{T}_i^3 + \bar{T}_j^3) + 3\bar{T}_i \bar{T}_j(\bar{T}_i + \bar{T}_j) \\ 2(\bar{T}_i^3 + \bar{T}_j^3) + 3\bar{T}_i \bar{T}_j(\bar{T}_i + \bar{T}_j) & \bar{T}_i^3 + 10\bar{T}_j^3 + 3\bar{T}_i \bar{T}_j(\bar{T}_i + 2\bar{T}_j) \end{bmatrix} \end{cases} \tag{3.4.16}$$

式(3.4.14)中,$\bar{Q}$ 为对应环向平均温度的太阳热辐射向量,$\tilde{Q}$ 为对应环向温差的太阳热辐射向量,它们与梁单元的变形有关,其表达式为

$$\bar{Q} = \frac{a_s l_e S_0}{2\pi h}\cos\beta\begin{bmatrix} 1 \\ 1 \end{bmatrix}, \quad \tilde{Q} = \frac{a_s l_e S_0}{4 h}\cos\beta\begin{bmatrix} 1 \\ 1 \end{bmatrix} \tag{3.4.17}$$

第二,建立梁的位移场动力学模型。对于由线弹性各向同性材料构成的薄壁梁,其平面梁单元的位移动力学方程为

$$M\ddot{q}(t) + C\dot{q}(t) + Kq(t) = f(t) \tag{3.4.18}$$

其中,$M$ 是梁单元的一致质量矩阵;$K$ 是计入轴向拉压、横向弯曲和扭转的梁单元刚度矩

阵；$\boldsymbol{C}$ 是梁单元的比例阻尼矩阵；$\boldsymbol{f}(t)$ 是热载荷向量；$\boldsymbol{q}(t)$ 是梁单元节点位移向量，即

$$\boldsymbol{q} \equiv \begin{bmatrix} u_i & u_j & w_i & w_j & \theta_i & \theta_j \end{bmatrix}^{\mathrm{T}} \tag{3.4.19}$$

其中，$u_i$ 和 $u_j$ 为沿 $x$ 轴的节点位移；$w_i$ 和 $w_j$ 为沿 $z$ 轴的节点位移；$\theta_i$ 和 $\theta_j$ 为绕 $y$ 轴的节点转角。

第三，描述温度场引起的热载荷。给定梁的初始温度 $T_0$、材料热膨胀系数 $\alpha$、材料弹性模量 $E$，根据梁的节点位移向量 $\boldsymbol{q}(t)$，可得到由温度场引起的梁截面上的正应力，即热应力。将热应力在单元横截面积分获得热轴向力和热弯矩，由此得到梁单元节点的热载荷向量：

$$\boldsymbol{f} \equiv \begin{bmatrix} P_i & P_j & 0 & 0 & M_i & M_j \end{bmatrix}^{\mathrm{T}} \tag{3.4.20}$$

其中，

$$\begin{cases} P_i = \dfrac{EA\alpha_T}{2}(\bar{T}_i + \bar{T}_j - 2T_0), & P_j = \dfrac{EA\alpha_T}{2}(\bar{T}_i + \bar{T}_j - 2T_0) \\ M_i = -\dfrac{EI\alpha_T}{2r}(\tilde{T}_i + \tilde{T}_j), & M_j = \dfrac{EI\alpha_T}{2r}(\tilde{T}_i + \tilde{T}_j) \end{cases} \tag{3.4.21}$$

第四，描述位移场引起的温度场变化。记梁单元变形前的太阳辐射角为 $\beta_0$，则梁单元变形过程中的太阳辐射角为 $\beta(x,t) = \beta_0 - \theta(x,t)$，其中梁单元转角 $\theta(x,t)$ 可通过梁单元节点位移向量和形函数来确定。将上述 $\beta(x,t)$ 代入式(3.4.17)，得到太阳热辐射向量 $\bar{\boldsymbol{Q}}$ 和 $\tilde{\boldsymbol{Q}}$。根据式(3.4.14)，即可计算环向平均温度向量 $\bar{\boldsymbol{T}}$ 和环向温差向量 $\tilde{\boldsymbol{T}}$。

至此，得到了薄壁梁的温度场-位移场耦合有限元，每个单元有 2 个节点，每个节点携带如下信息：1 个环向平均温度、1 个环向温差、2 个线位移、1 个截面转角，组成向量如下：

$$\boldsymbol{p} = \begin{bmatrix} \bar{T}_i & \bar{T}_j & \tilde{T}_i & \tilde{T}_j & u_i & u_j & w_i & w_j & \theta_i & \theta_j \end{bmatrix}^{\mathrm{T}} \tag{3.4.22}$$

将各个梁单元的节点信息向量变换到全局坐标系中组装，即得到温度场-位移场耦合的非线性常微分方程组，可采用纽马克(Newmark)等数值积分求解。

**例 3.4.11** 图 3.4.10(a)是 1990 年美国 NASA 发射的 Hubble 空间望远镜示意图。它是近地轨道航天器，具有四块相同的太阳能帆板。太阳能帆板为框架-薄膜结构，每个框架具有两根相同的细长梁，两根梁的根部均通过悬臂支撑安装在卫星本体上，两根梁的自由端装有一根可伸展杆，将薄膜拉开张紧。该卫星出入地球阴影时，太阳能帆板因环境温度骤变而发生振动，现对该问题进行讨论。

**解：** 太阳能帆板振动以框架的第一阶弯曲振动为主，几乎没有扭转变形，薄膜的贡献也可忽略。根据结构对称性，将太阳能帆板简化为图 3.4.10(b)所示的悬臂梁，将可伸展杆等效为梁端部的集中质量。

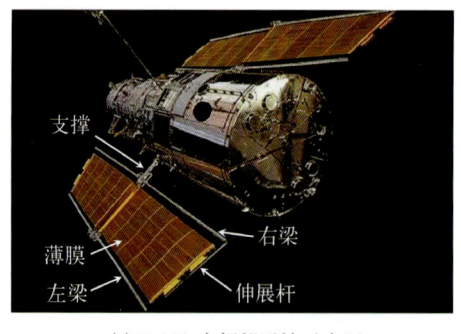

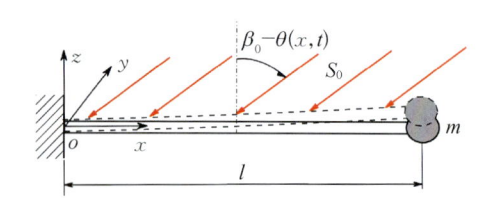

(a) Hubble空间望远镜示意图　　　　　　(b) 太阳能帆板的简化力学模型

**图 3.4.10　Hubble 空间望远镜的太阳能帆板热振动问题**

根据文献公布的参数[1]，取梁的长度 $l$ = 5.91 m，横截面半径 $r$ = 10.92 mm，壁厚 $h$ = 0.235 mm，端部质量 $m$ = 2 kg，材料密度 $\rho$ = 7 010 kg/m³，弹性模量 $E$ = 193 GPa，热膨胀系数 $\alpha$ = 4.0 × 10⁻⁵ K⁻¹，材料比热容 $c$ = 502 J/(kg·K)，材料热传导系数 $k$ = 16.61 W/(m·K)，梁表面太阳辐射吸收率 $a_s$ = 0.5，梁表面辐射系数 $\varepsilon$ = 0.13。航天器飞出地球阴影时，梁的初始温度为 $T_0$ = 173 K，太阳辐射角度为 $\beta_0$ = -π/4，太阳辐射强度为 $S_0$ = 1 372 W/m²。

将图 3.4.10(b)中的悬臂梁等分为 10 个平面梁单元、共 11 个节点。分别考察温度场与位移场单向耦合和双向耦合情况。对于单向耦合，温度场不受梁变形影响，故取 $\beta(x) = \beta_0$。对于双向耦合，则应选择 $\beta(x,t) = \beta_0 - \theta(x,t)$，计入梁动态变形 $\theta(x,t)$ 对温度场的影响。采用温度场-位移场耦合有限元建模，在全局坐标系中组装由式(3.4.14)和式(3.4.18)描述的梁单元节点温度向量和位移向量，得到非线性常微分方程组。通过数值积分求解常微分方程组，获得图 3.4.11 所示梁自由端的环向平均温度、环向温差、挠度的时间历程。

由图 3.4.11(a)可见，航天器飞出地球阴影后的 500 s 内，梁自由端的平均温度从 173 K 上升到 240~260 K，双向耦合效应可减缓平均温度的上升。图 3.4.11(b)表明，环向温差远小于环向平均温度，进而支持假设三；双向耦合效应可降低梁自由端的环向温差。图 3.4.11(c)和图 3.4.11(d)表明，梁自由端的动响应包括太阳辐射引起的大幅静态变形和小幅热振动，双向耦合效应可减缓大幅静态变形。对比图 3.4.11(c)和图 3.4.11(d)可见，若不计可伸展杆的附加质量，会低估热致振动的幅值。图 3.4.11 还表明，双向耦合效应随着梁自由端挠度增加而加剧。

---

[1] Foster C L, Tinker M L, Nurre G S, et al. The solar array-induced disturbance of the Hubble space telescope pointing system[C]. Pasadena: Proceedings of the 61st Shock and Vibration Symposium, 1990: 19-37.

(a) 梁端环向平均温度的时间历程

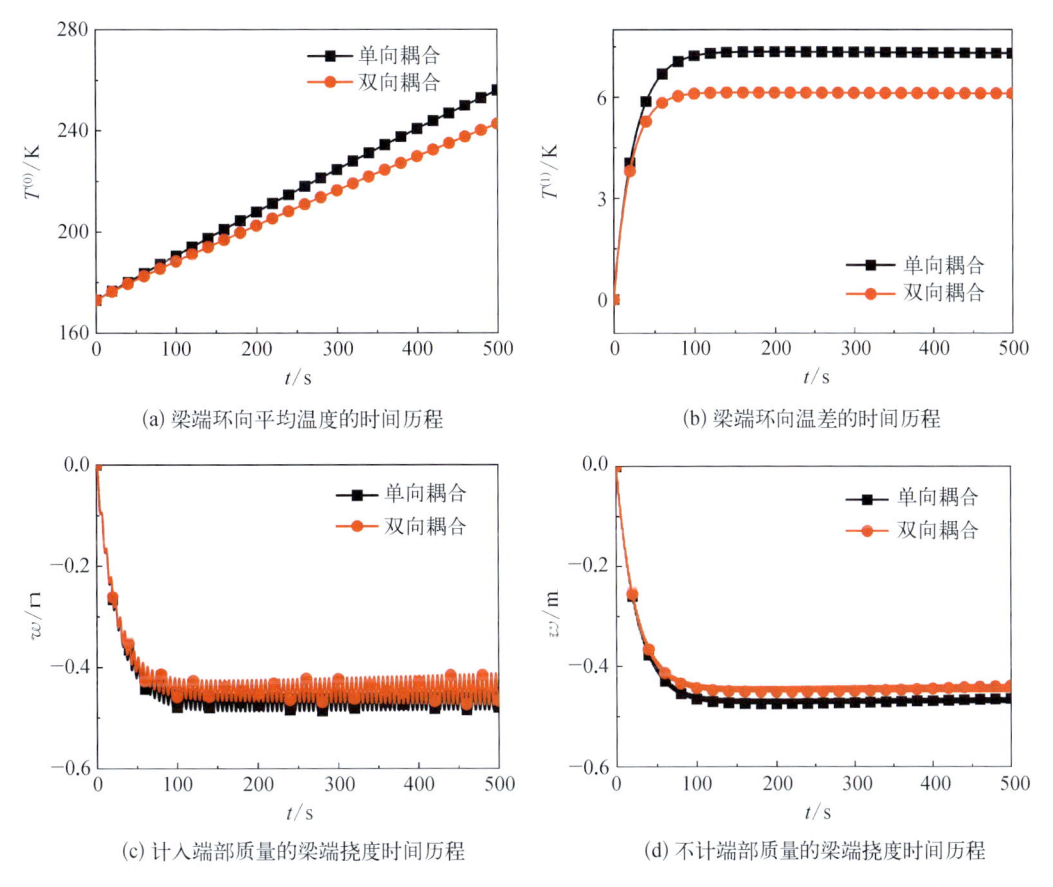

(b) 梁端环向温差的时间历程

(c) 计入端部质量的梁端挠度时间历程

(d) 不计端部质量的梁端挠度时间历程

图 3.4.11 Hubble 空间望远镜太阳能帆板简化模型的热致振动

## 3.4.5 力电耦合问题

在工程系统中,若其力学量与电磁学量相互耦合,则称系统具有**力电耦合**。例如,在许多功能材料研究中,需要研究力-电-磁耦合的本构关系。现基于文献[1],从系统科学角度讨论宏观尺度的力电耦合问题,如包含力学子系统与电磁子系统的机电装备。

考察如下力电耦合系统:具有定常完整约束的力学子系统具有 $m$ 个自由度,其输入为广义力 $f_r$, $r \in I_m$,输出为广义位移 $q_r$, $r \in I_m$;电磁子系统包含 $n$ 个电磁元件,其输入为电压 $u_s$, $s \in I_n$,输出为电流 $i_s$, $s \in I_n$。力学子系统与电磁子系统相互耦合,导致磁场能量和电场能量依赖广义位移,而力学子系统受到电磁系统施加的广义力。

为了便于电磁学与力学的比拟,引入电容上的电荷 $e_s$, $s \in I_n$,即 $i_s = \dot{e}_s \equiv \mathrm{d}e_s/\mathrm{d}t$, $s \in I_n$。此时,电感的磁场能量 $E_m(q_r, \dot{e}_s)$ 可类比动能 $T(q_r, \dot{q}_r)$,电容的电场能量 $E_e(q_r, e_s)$ 可类比势能 $V(q_r)$,电阻的耗散能 $\psi_e(\dot{e}_s)$ 可类比阻尼耗散能 $\psi_q(\dot{q}_r)$。因此,只要获得两

---

[1] 刘延柱.高等动力学[M].北京:高等教育出版社,2001:58-63.

个子系统的能量和耗散能,即可仿照理论力学中推导 Lagrange 方程的过程,建立力电耦合系统的拉格朗日-麦克斯韦(Lagrange - Maxwell)方程:

$$\begin{cases} \dfrac{\mathrm{d}}{\mathrm{d}t}\left(\dfrac{\partial L}{\partial \dot{q}_r}\right) - \dfrac{\partial L}{\partial q_r} + \dfrac{\partial \Psi}{\partial \dot{q}_r} = f_r, & r \in I_m \\ \dfrac{\mathrm{d}}{\mathrm{d}t}\left(\dfrac{\partial L}{\partial \dot{e}_s}\right) - \dfrac{\partial L}{\partial e_s} + \dfrac{\partial \Psi}{\partial \dot{e}_s} = u_s, & s \in I_n \end{cases} \quad (3.4.23)$$

其中,$L$ 是耦合系统的 Lagrange 函数,$\Psi$ 是耦合系统的损耗函数,可表示为

$$\begin{cases} L(q_r, \dot{q}_r, e_s, \dot{e}_s) = T(q_r, \dot{q}_r) - V(q_r) + E_m(q_r, \dot{e}_s) - E_e(q_r, e_s) \\ \Psi(\dot{q}_r, \dot{e}_s) = \psi_q(\dot{q}_r) + \psi_e(\dot{e}_s) \end{cases} \quad (3.4.24)$$

式(3.4.23)具有优美的对称形式,表明电学量($i_s$, $e_s$)与力学量($q_r$, $\dot{q}_r$)的形式等价。

**例 3.4.12** 某电磁系统包含 $n$ 个电磁元件,第 $s$ 个元件的电路如图 3.4.12 所示。记输入电压为 $u_s$;电阻 $R_s$ 的电压降为 $u_s^R$;电容器 $C_s$ 中的电荷为 $e_s$,电流为 $i_s = \dot{e}_s$,电压降为 $u_s^C$;电感 $L_s$ 产生的感应电动势为 $u_s^L$。根据基尔霍夫(Kirchhoff)定律,建立电磁系统的 Maxwell 方程。

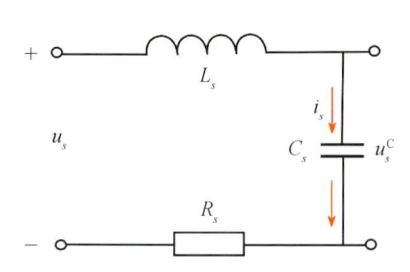

**解:** 首先,将电阻的电压降 $u_s^R$ 用耗散函数 $\psi_e$ 表示为

图 3.4.12 电磁元件的电路

$$u_s^R = R_s i_s = \frac{\partial \psi_e}{\partial i_s}, \quad \psi_e \equiv \frac{1}{2}\sum_{s=1}^n R_s i_s^2 \quad (a)$$

其次,电容的电压降 $u_s^C$ 可由电容极板间的静电场能量 $E_e$ 来确定,即

$$u_s^C = \frac{\partial E_e}{\partial e_s}, \quad E_e \equiv \frac{1}{2}\sum_{s=1}^n \frac{e_s^2}{C_s} \quad (b)$$

再次,电感的感应电动势 $u_s^L$ 与其磁通量 $\Phi_s$、磁场能量 $E_m$ 之间满足:

$$u_s^L = -\frac{\mathrm{d}\Phi_s}{\mathrm{d}t}, \quad \Phi_s = \frac{\partial E_m}{\partial i_s}, \quad E_m \equiv \frac{1}{2}\sum_{s=1}^n \sum_{k=1}^n L_{sk} i_s i_k \quad (c)$$

其中,$L_{ss}$ 为第 $s$ 个电路的自感系数;$L_{sk}$ 为第 $s$ 个电路与第 $k$ 个电路之间的互感系数。

根据 Kirchhoff 定律,可得

$$u_s + u_s^L - u_s^C - u_s^R = 0, \quad s \in I_n \quad (d)$$

将式(a)~式(c)代入式(d),得到:

$$u_s - \frac{\mathrm{d}}{\mathrm{d}t}\left(\frac{\partial E_m}{\partial i_s}\right) - \frac{\partial E_e}{\partial e_s} - \frac{\partial \psi_e}{\partial i_s} = 0, \quad s \in I_n \quad (e)$$

流经电容的电流为 $i_s = \dot{e}_s$，因此可将式(e)改写为

$$\frac{d}{dt}\left(\frac{\partial L}{\partial \dot{e}_s}\right) - \frac{\partial L}{\partial e_s} + \frac{\partial \psi_e}{\partial \dot{e}_s} = u_s, \quad L \equiv E_m(\dot{e}_s) - E_e(e_s), \quad r \in I_m, s \in I_n \tag{f}$$

这就是电磁系统的 Maxwell 方程，也是式(3.4.23)中第二个方程的机电解耦结果。

**例 3.4.13** 考察图 3.4.13(a)所示磁悬浮列车的控制与稳定性问题，其车厢的力学模型如图 3.4.13(b)所示。车厢通过电磁力悬浮在 T 形截面的导轨上，其电磁回路由电感 $L$ 和电阻 $R$ 构成，输入电压为 $u$。设磁感应强度 $B$ 在磁铁与导轨间气隙内均匀分布，磁场能量 $E_m$ 和磁通量 $\Phi$ 可分别表示为

$$E_m = \frac{1}{\mu_0} B^2 A(h-q), \quad \Phi = BAN \tag{a}$$

其中，$\mu_0$ 为空气的导磁系数；$A$ 为气隙面积；$N$ 为支撑车厢的磁体数；$h$ 为车厢平衡时的间隙；$q$ 为车厢质心相对平衡位置的垂直位移。设车厢质量为 $m$，空气阻尼系数为 $c$，建立该力电耦合系统的受控动力学方程，并讨论受控系统的稳定性。

(a) 磁悬浮列车 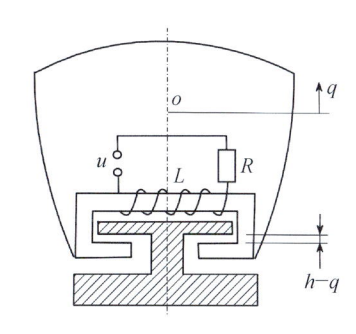  (b) 简化力学模型

**图 3.4.13** 磁悬浮列车的控制稳定性问题

**解**：根据车厢质心的垂直位移 $q$，将机械子系统的动能、势能和耗散能表示为

$$T = \frac{m}{2}\dot{q}^2, \quad V = mgq, \quad \psi_q = \frac{1}{2}c\dot{q}^2 \tag{b}$$

为了将磁场能量 $E_m$ 表示为电荷 $e$ 的函数，采用例 3.4.12 中的式(c)，得到：

$$E_m = \frac{1}{2}Li^2, \quad \Phi = iL \tag{c}$$

将式(a)与式(c)联立，推导出：

$$B = \frac{\Phi}{AN} = \frac{iL}{AN}, \quad L = \frac{\mu_0 AN^2}{2(h-q)}, \quad E_m = \frac{\mu_0 AN^2}{4(h-q)}i^2 = \frac{\mu_0 AN^2}{4(h-q)}\dot{e}^2 \tag{d}$$

131

此外,电磁子系统的耗散能为

$$\psi_e = \frac{1}{2}Ri^2 = \frac{1}{2}R\dot{e}^2 \tag{e}$$

根据式(b)、式(d)和式(e),得到整个系统的 Lagrange 函数和耗散函数:

$$L(q, \dot{q}, \dot{e}) = \frac{m}{2}\dot{q}^2 - mgq + \frac{\mu_0 AN^2}{4(h-q)}\dot{e}^2, \quad \psi = \frac{1}{2}c\dot{q}^2 + \frac{1}{2}R\dot{e}^2 \tag{f}$$

将式(f)代入式(3.4.23),得到力电耦合系统的动力学方程:

$$\begin{cases} m\ddot{q} + c\dot{q} + mg - \dfrac{\mu_0 AN^2}{4(h-q)^2}\dot{e}^2 = 0 \\ \dfrac{\mu_0 AN^2}{2(h-q)}\ddot{e} + \dfrac{\mu_0 AN^2}{2(h-q)^2}\dot{e}\dot{q} + R\dot{e} = u \end{cases} \tag{g}$$

对于磁悬浮系统,需施加恰当的电压 $u$ 才能达到平衡位形,并通过如下位移反馈使系统的平衡位形保持稳定:

$$u = u_0 - kq \tag{h}$$

其中,$k$ 是反馈增益;$u_0$ 是系统平衡时的电压值。为此,先确定系统平衡时的控制电压和输入电流。取系统平衡状态为 $q_0 = 0, \dot{q}_0 = 0, \ddot{q}_0 = 0, \ddot{e}_0 = 0$,将其代入式(g),得到系统平衡状态下的电压和电流:

$$u_0 = Ri_0, \quad i_0 = \dot{e}_0 = \sqrt{\frac{4mgh^2}{\mu_0 AN^2}} = \sqrt{\frac{2mg}{L_0}}, \quad L_0 \equiv \frac{\mu_0 AN^2}{2h} \tag{i}$$

现设系统在平衡位形处受到小扰动,利用 $q_0 = 0, \dot{q}_0 = 0, \ddot{q}_0 = 0, \ddot{e}_0 = 0$ 和式(i),将式(g)表示为位移扰动 $\delta q \equiv q - q_0$ 和电流扰动 $\delta i \equiv i - i_0$ 的线性常微分方程组,即

$$\begin{cases} m\delta\ddot{q} + c\delta\dot{q} - \dfrac{\alpha^2}{L_0}\delta q - \alpha\delta i = 0 \\ L_0\delta\dot{i} + R\delta i + \alpha\delta\dot{q} + k\delta q = 0 \end{cases} \tag{j}$$

其中,$\alpha \equiv L_0 i_0/h > 0$。式(j)具有非零解的特征方程为

$$mL_0\lambda^3 + (mR + cL_0)\lambda^2 + cR\lambda + \alpha\left(k - \frac{\alpha R}{L_0}\right) = 0 \tag{k}$$

根据 3.1.2 节介绍的 Routh – Hurwitz 判据,受控系统的渐近稳定条件为

$$\begin{cases} mL_0 > 0, \quad mR + cL_0 > 0, \quad cR > 0, \quad \alpha\left(k - \dfrac{\alpha R}{L_0}\right) > 0 \\ cR(mR + cL_0) - mL_0\alpha\left(k - \dfrac{\alpha R}{L_0}\right) > 0 \end{cases} \tag{l}$$

式(1)中前三个不等式自然满足,后两个不等式给出反馈增益应满足的设计条件:

$$\frac{\alpha R}{L_0} < k < \frac{\alpha R}{L_0} + \frac{cR(mR+cL_0)}{m\alpha L_0} \Leftrightarrow \frac{i_0 R}{h} < k < \frac{i_0 R}{h} + \frac{hcR(mR+cL_0)}{mi_0 L_0^2} \quad (\text{m})$$

**讨论**:式(m)表明,控制增益 $k$ 的调整裕度为 $hcR(mR+cL_0)/(mi_0L_0^2)$。磁悬浮列车的系统气隙 $h$ 和系统阻尼 $c$ 均为小量,故控制增益 $k$ 的调整裕度很小。因此,磁悬浮列车运行中的控制鲁棒性颇具挑战。

## 3.5 延迟分析

任何真实物理过程都要消耗时间。因此,工程系统的输出和输入之间必定存在时间延迟。对于许多工程系统,时间延迟会对其行为产生影响。本节介绍时间延迟对系统行为的影响,以便在系统设计中避免延迟的负面效应,利用其正面效应。

### 3.5.1 几种典型延迟

时间延迟可分为物质延迟和信息延迟。**物质延迟**是指物质在系统中传输时出现输出落后于输入的行为。例如,液体在管道中的流动,其输出总是滞后于输入,属于物质延迟。**信息延迟**是指信息在系统中传输时出现输出落后于输入的行为。例如,月球探测器将其在月球表面获得的信息用电磁波传输到地球,地球上获得的信息会有超过 1 s 的时间延迟。上述延迟会导致系统行为发生振荡,甚至会使系统崩溃。

**例 3.5.1** 人们使用淋浴器时,会根据冲淋水龙头的出水温度来调节冷热水入口的阀门。刚打开水龙头时,若水温过低,会将手柄转向"热"。由于冷热水从入口到水龙头出口间具有物质延迟,出水温度可能偏低。此时,若将手柄继续向"热"转,期望的热水就来了。但由于物质延迟,水温会立即升高。因此,常常需要几次调整,才能对水温满意。经验表明,越是猛烈转动手柄,水温变化就越剧烈,达到适当水温所需的时间就越长。

**例 3.5.2** 考察由汽车和驾驶员构成的行驶控制系统。以行驶方向的感知和控制为例,该控制回路包括驾驶员的眼睛、神经系统、大脑、神经系统、双手、方向盘等环节。在正常情况下,驾驶员根据目视感知的信息,根据大脑中的经验和逻辑做出判断,通过双手调整方向盘,即可获得正确的行驶方向。但若驾驶员被蒙上眼睛,由副驾驶根据目视感知信息,再通过语言传达给驾驶员,则增加了从信息感知到信息送入驾驶员大脑的时间,造成了信息延迟。此时,驾驶员对车辆行驶的操控会产生非常显著的延迟,导致车辆沿正确行驶方向产生左右摇摆。若信息延迟时间过长,则导致车辆偏离正确行驶方向而发生交通事故。

通常,快速剧烈地调整系统输出,会产生超调;而过于缓慢地调整系统输出,则可能导致系统发散。在系统动力学中,将这种发散行为视为**失稳**。为了保证系统的动态品质,人们自然希望消除时间延迟。但以下两个案例表明,工程系统中的许多时间延迟是无法消除的。

**例 3.5.3** 在图 3.5.1(a)所示的受控系统中,系统输出为 $y(t)$,为降低测量信号中的高频噪声 $e(t)$,在传感器和控制器之间设置 0~20 Hz 的低通滤波器,其频响函数如图 3.5.1(b)所示。讨论该滤波器输出信号 $\tilde{y}(t)$ 的延迟性。

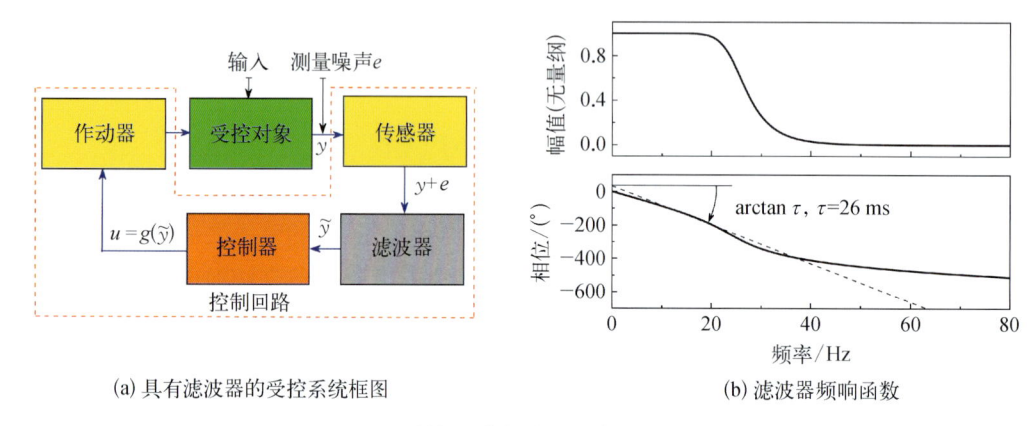

(a) 具有滤波器的受控系统框图  (b) 滤波器频响函数

**图 3.5.1  受控系统中的低通滤波器延迟问题**

**解**:根据图 3.5.1(b),该低通滤波器在频率 $f \in [0, 20]$ Hz 频段内的频响函数幅值近似为 1,相位角 $\psi(f)$ 近似为线性函数 $\psi(f) \approx -2\pi f \tau$。因此,频响函数可表示为

$$H(f) \approx \exp[\mathrm{i}\psi(f)] \approx \exp(-\mathrm{i}2\pi f \tau) \tag{a}$$

记输入信号 $y(t)$、高频噪声信号 $e(t)$ 和输出信号 $\tilde{y}(t)$ 的 Fourier 频谱为 $Y(f)$、$E(f)$ 和 $\tilde{Y}(f)$,则有

$$\tilde{Y}(f) = H(f)[Y(f) + E(f)] \approx \exp(-\mathrm{i}2\pi f \tau) Y(f) \tag{b}$$

对式(b)两端实施 Fourier 逆变换,得到:

$$\tilde{y}(t) \approx y(t - \tau) \tag{c}$$

这表明,低通滤波器在过滤高频噪声信号 $e(t)$ 的同时,将测量的系统输出信号 $y(t)$ 延迟时间 $\tau = 26$ ms。值得指出的是,低通滤波器的时滞是由滤波器阶次和参数确定的特性,与滤波器采用的数字运算芯片无关。一般而言,滤波器阶次越高,信号时滞越显著。

**例 3.5.4** 考察图 3.5.2(a)所示的车削过程,刀具与工件相互作用,在工件表面留下显著的波纹。讨论这种波纹的产生机理。

**解**:在图 3.5.2(b)中,刀具可视为具有高抗弯刚度的悬臂梁,工件做匀速转动,转动周期为 $\tau > 0$。当工件旋转第一周时,切削力使刀具产生微小的高频振动,在工件表面上形成波纹。当工件旋转到第二周时,将 $t$ 时刻工件经过切削形成的波纹水平分量记为 $x(t)$,工件在第一周的波纹水平分量记为 $x(t-\tau)$。这导致切削厚度并非所设定的常数,

而是 $h \equiv x(t) - x(t-\tau)$，切削力则是切削厚度的函数 $f(h)$。因此，当前的波纹水平分量 $x(t)$ 与前一周的波纹水平分量 $x(t-\tau)$ 有关，即以 $x(t)$ 为因变量的动力学方程包含时间延迟的因变量 $x(t-\tau)$。在一定的条件下，这种关联会成为正反馈，形成自激振动，导致工件表面的波纹加剧。这种现象称为**再生型切削颤振**，是车削和铣削过程中的常见现象。在基于机器人的自动加工中，由于刀具安装在机械臂上，更容易引起这类切削颤振。

(a) 工件表面的车削波纹  (b) 力学模型

图 3.5.2　再生型车削颤振问题

### 3.5.2　稳定性切换

对于工程系统而言，时滞导致的突出问题是系统稳定性变化，而稳定性是工程系统运行中的基本要求。因此，人们对时滞系统的稳定性开展了广泛和深入的研究。现以最简单的单自由系统为例，介绍相关的基本概念。

**例 3.5.5**　考察图 3.5.3(a) 中悬臂板的第一阶弯曲振动控制，将其简化为图 3.5.3(b) 所示的悬臂梁振动控制模型。其中，$\varphi(x)$ 是梁的第一阶固有振型，$q(t)$ 是对应的模态位移。忽略模态阻尼，讨论该受控系统的稳定性。

(a) 悬臂板振动控制实验  (b) 简化的悬臂梁振动控制模型

图 3.5.3　具有速度反馈的悬臂板振动控制问题

**解**：由图 3.5.3(b) 可见，梁根部的压电传感器测得与弯矩成比例的应变信号 $a\varphi_{xx}(0)q(t)$，其中 $a$ 为比例系数，$\varphi_{xx}(0)$ 为 $\varphi(x)$ 在 $x=0$ 处的二阶导数。该应变信号经控制器和压电作动器产生含时滞的速度反馈力 $b\dot{q}(t-\tau)$，其中 $\tau$ 是时滞，$b$ 为反馈增益。因此，受控系统的模态位移满足如下含时滞的常微分方程，简称**时滞微分方程**：

$$m\ddot{q}(t) + kq(t) = \bar{b}\dot{q}(t-\tau), \quad \tau \geqslant 0 \tag{a}$$

其中，$m$ 是模态质量；$k$ 是模态刚度；$\bar{b}$ 是模态坐标下的反馈增益。

为便于讨论，定义系统的固有频率、反馈增益比、无量纲时间和无量纲时滞：

$$\omega_n \equiv \sqrt{\frac{k}{m}}, \quad \beta \equiv \frac{\bar{b}}{\sqrt{mk}}, \quad s \equiv \omega_n t, \quad \eta \equiv \omega_n \tau \tag{b}$$

将式(a)改写为无量纲形式的时滞微分方程：

$$q''(s) + q(s) = \beta q'(s-\eta) \tag{c}$$

其中，$(\ )'$ 表示对无量纲时间 $s$ 的导数。将待定解 $q(s) = \bar{q}\exp(\lambda s)$ 代入式(c)，得到特征方程：

$$\lambda^2 + 1 = \beta\lambda\exp(-\lambda\eta) \tag{d}$$

如果时滞导致受控系统从渐近稳定到失稳，则系统必然经历临界稳定，即式(d)具有特征值 $\lambda = i\omega$，其中 $i \equiv \sqrt{-1}$，$\omega$ 为无量纲频率（$\omega > 0$）。将该特征值代入式(d)后分离实部和虚部，得到：

$$\beta\omega\cos(\omega\eta) = 0, \quad \beta\omega\sin(\omega\eta) = 1 - \omega^2 \tag{e}$$

将式(e)两端平方相加后化简，得到临界稳定运动所满足的频率方程：

$$F(\omega) \equiv \omega^4 + p\omega^2 + 1 = 0, \quad p \equiv -(\beta^2 + 2) \tag{f}$$

根据 $p < 0$，$p^2 - 4 = \beta^4 + 4\beta^2 > 0$，式(f)具有两个正实根，亦即两个频率：

$$\omega_{1,2} = \sqrt{\frac{1}{2}(-p \pm \sqrt{p^2 - 4})} = \sqrt{\frac{1}{2}(\beta^2 + 2 \pm \sqrt{\beta^4 + 4\beta^2})} \tag{g}$$

将 $\omega_{1,2}$ 代入式(e)中的第一式，得到两组临界时滞：

$$\eta_{1,r} = \frac{\pi + 4r\pi}{2\omega_1}, \quad \eta_{2,r} = \frac{3\pi + 4r\pi}{2\omega_2}, \quad r = 0, 1, 2, \cdots \tag{h}$$

根据式(d)可验证，在临界时滞 $\eta_{1,r}$ 处，有一对特征值从左向右穿越虚轴；而在 $\eta_{2,r}$ 处，有一对特征值从右向左穿越虚轴。

在工程实践中，通常用无时滞系统的固有振动周期 $T_n \equiv 2\pi/\omega_n$ 作为比较时滞长短的参考。根据式(g)和式(h)，得到临界时滞 $\tau_{1,r}$ 和 $\tau_{2,r}$ 与 $T_n$ 之比为

$$\begin{cases} \dfrac{\tau_{1,r}}{T_n} = \dfrac{\eta_{1,r}}{2\pi} = \dfrac{\pi + 4r\pi}{4\pi\omega_1} = \dfrac{4r+1}{2\sqrt{2\beta^2+4+2|\beta|\sqrt{\beta^2+4}}}, \quad r=0,1,2,\cdots \\ \dfrac{\tau_{2,r}}{T_n} = \dfrac{\eta_{2,r}}{2\pi} = \dfrac{3\pi + 4r\pi}{4\pi\omega_2} = \dfrac{4r+3}{2\sqrt{2\beta^2+4-2|\beta|\sqrt{\beta^2+4}}}, \quad r=0,1,2,\cdots \end{cases} \quad (\text{i})$$

如图3.5.4所示,将式(i)中的临界时滞绘制在$(\tau/T_n,\beta)$平面上,它们给出**稳定性切换**的边界。

由图3.5.4可见,对于速度负反馈,系统在零时滞时渐近稳定;随着时滞增加,稳定性区域周期性出现,但面积逐个缩小,允许的最大反馈增益变小。对于速度正反馈,系统在零时滞时不稳定;当时滞$\tau > \tau_{1,0}$时,正实部特征值个数从2增加到4;对于较小的反馈增益,当$\tau > \tau_{2,0}$时,正实部特征值个

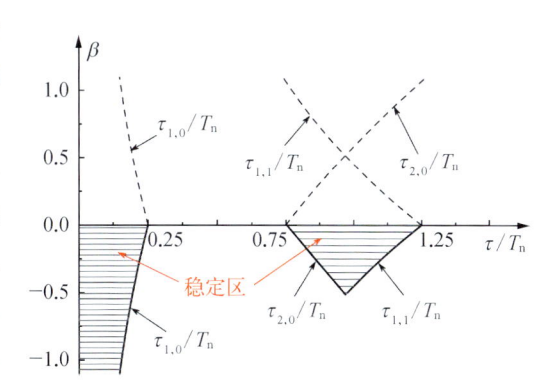

图3.5.4 时滞速度反馈系统的稳定性区域

数恢复为2;对于较大的反馈增益,当$\tau > \tau_{1,1}$时,正实部特征值个数从4增加到6;故速度正反馈总使系统不稳定。

式(d)是超越方程,因此具有无限多个特征值。这表明,含单个未知量$q(s)$的时滞微分方程(c)具有无限多个基本解,其解空间具有无限维,这是时滞系统的基本特征。正因为如此,由式(h)或式(i)可得到无限多个临界时滞。

值得指出,例3.5.5的方法也可用于研究含时滞位移反馈$\alpha x(s-\eta)$和时滞加速度反馈$\gamma x''(s-\eta)$的系统稳定性,在时滞-反馈增益平面上绘制稳定性切换边界,并确定稳定性区域。为了直观地理解时滞作用,可将时滞非常短的位移正反馈近似为$\alpha x(s-\eta) \approx \alpha x(s) - \alpha\eta x'(s)$,其中$\alpha > 0$。此时,$-\alpha\eta x'(s)$等价于系统阻尼力,有助于增强系统稳定性。

### 3.5.3 Hopf分岔

如果线性时滞系统的平衡位形发生失稳,则系统受扰运动发散。然而,随着系统位移增加,系统中的非线性因素将制约位移幅值增加,使系统产生周期振动。换言之,描述系统的非线性时滞微分方程在临界时滞处的零解会变为周期解,这种现象称为**霍夫(Hopf)分岔**。

**例3.5.6** 对于例3.5.5中悬臂板的第一阶模态振动控制问题,当受控系统的时滞达到临近时滞时,系统平衡位形失稳,系统的受扰运动不再是微振动,而是刚度渐硬系统的非线性振动。现采用含时滞速度反馈的Duffing系统来描述这种非线性振动,即

$$q''(s) + q(s) + \mu q^3(s) = \beta q'(s-\eta), \quad \mu > 0 \quad (\text{a})$$

讨论该受控系统的周期振动问题。

**解**：将式(a)的周期振动近似为 $q(s) = a\cos(\omega s)$，将该近似解代入式(a)后整理得到：

$$(1 - \omega^2)a\cos(\omega s) + \frac{3\mu a^3}{4}\cos(\omega s) + \frac{\mu a^3}{4}\cos(3\omega s) \tag{b}$$

$$= -\beta\omega a\sin(\omega s)\cos(\omega\eta) + \beta\omega a\cos(\omega s)\sin(\omega\eta)$$

根据式(b)中各频率成分的谐波平衡，得到：

$$\begin{cases} \beta\omega\sin(\omega\eta) = 1 - \omega^2 + \dfrac{3\mu a^2}{4} \\ \beta\omega\cos(\omega\eta) = 0 \end{cases} \tag{c}$$

将式(c)中两式的两端平方相加，得到：

$$\left(1 - \omega^2 + \frac{3\mu a^2}{4}\right)^2 = (\beta\omega)^2 \tag{d}$$

由式(d)解出：

$$a_{1,2} = \sqrt{\frac{4}{3\mu}(\omega^2 - 1 \mp \omega|\beta|)} \tag{e}$$

由式(c)中第二式可得到：

$$\begin{cases} \omega_{1,r} = \dfrac{1}{2\eta}(\pi + 4r\pi) \\ \omega_{2,r} = \dfrac{1}{2\eta}(3\pi + 4r\pi) \end{cases} \tag{f}$$

其中，$r = 0, 1, 2, \cdots$，意味着无限多个振动频率，将式(f)代入式(e)得到无限多个周期振动幅值。

现取 $\mu = 0.1, \beta = -0.5, r = 0$，将其代入式(e)和式(f)，得到两个周期振动解支：

$$a_{1,0} = \sqrt{\frac{4}{0.3}\left[\left(\frac{\pi}{2\eta}\right)^2 - 0.5\left(\frac{\pi}{2\eta}\right) - 1\right]}, \quad a_{2,0} = \sqrt{\frac{4}{0.3}\left[\left(\frac{\pi}{2\eta}\right)^2 + 0.5\left(\frac{\pi}{2\eta}\right) - 1\right]} \tag{g}$$

图 3.5.5 给出了这两个周期振动解支随时滞变化的情况，称为解支的**分岔图**。图中实线代表分岔产生的渐近稳定周期振动，即例 3.2.11 中定义的极限环，数值解与极限环相重合；虚线代表分岔产生的不稳定周期振动。

由图 3.5.5 可见，当 $\eta \in (0, \eta_{1,0})$ 时，系统同时具有渐近稳定平衡点、渐近稳定周期振动和不稳定周期振动；当 $\eta \in (\eta_{1,0}, \eta_{2,0})$ 时，平衡点失稳，不稳定周期振动消失，渐近稳定周期振动依然存在。当 $\eta > \eta_{2,0} = 6.035$ 时，平衡点恢复为渐近稳定；但当 $\eta >$

$\eta_{1,1} = 6.132$ 时，平衡点又丧失稳定性。平衡点在 $\eta_{1,0} = 1.266$ 和 $\eta_{2,0} = 6.035$ 时分别发生 Hopf 分岔，对应幅值 $a_{1,0}$ 的周期振动不稳定，而对应幅值 $a_{2,0}$ 的周期振动渐近稳定。

给定无量纲时滞 $\eta = 1$ 和两组初始条件，采用 Runge – Kutta 法求解式(a)中的时滞微分方程，得到图 3.5.6 所示的系统轨线。从 $q(s) = 1 + s + 2.5s^2, s \in [-1,0]$ 出发的轨线趋于渐近稳定平衡点；而从 $q(s) = 10 + 10s + 25s^2, s \in [-1,0]$ 出发的轨线趋于渐近稳定周期振动。该数值结果与式(e)所给出的近似解析结果高度吻合。随着时间递增，振动幅值 $a \to 17.73$，频率 $\omega \to 3\pi/2 \approx 4.713$。

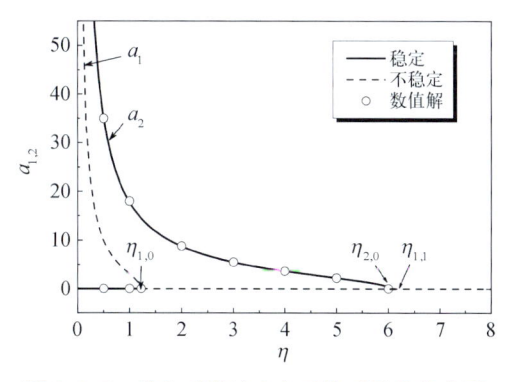

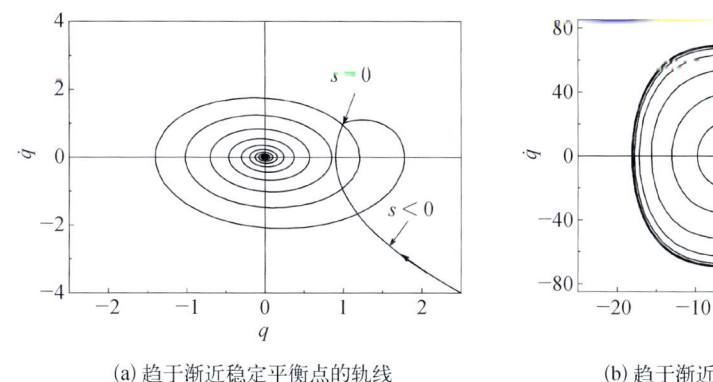

图 3.5.5 具有时滞速度负反馈系统的分岔图

(a) 趋于渐近稳定平衡点的轨线  (b) 趋于渐近稳定周期振动的轨线

图 3.5.6 不同初始条件导致的时滞反馈系统振动（$\eta = 1$）

## 3.6 不确定性分析

在工程系统中，许多因素具有不确定性。例如，在飞行器结构中，复合材料的参数具有明显分散性，属于不确定性参数；在机械系统中，零部件结合部的摩擦系数依赖众多因素，也属于不确定性参数。又如，建筑结构受到的脉动风激励、地震激励具有不确定性，近海结构受到的海浪激励也具有不确定性。上述不确定性因素无法用确定性参数或确定性函数来描述，导致工程系统的力学行为呈现不确定性，这就是本节要讨论的**不确定性问题**。

与确定性问题相比，不确定性问题在研究模型、研究方法和研究结果等方面都有差异。本节简要介绍工程系统中的不确定性因素及其特征，然后介绍如何分析系统在不确定性激励下的响应，如何计算含不确定性参数的系统响应。

### 3.6.1 不确定性参数

对于含不确定性的工程系统,若其不确定性来自系统的某些参数,可称这些参数为**不确定性参数**。本小节讨论两类不确定性参数,即随机参数和区间参数。

1. 随机参数

如果某个不确定性参数具有大量样本,而这些样本满足某种统计规律,则将该不确定性参数称为**随机参数**。例如,考察某种规格的轴承滚珠,记其直径为 $X$;抽取 $n = 100$ 个样本,测量发现其直径具有统计规律,则可将 $X$ 作为随机参数,并进一步讨论如下。

给定正实数 $x$,检测出 $m$ 个滚珠的直径小于 $x$,则这批滚珠直径小于 $x$ 的可能性为 $m/n \in [0, 1]$。由于 $n$ 足够大,可称 $m/n$ 是随机参数 $X < x$ 的**概率**,记为 $\text{Prob}(X < x) = m/n$。由于 $\text{Prob}(X < x)$ 依赖于给定的正实数 $x$,可视其为 $x$ 的函数,称为随机参数 $X$ 的**概率分布函数**,简称**概率分布**,记为

$$P(x) \equiv \text{Prob}(X < x) \tag{3.6.1}$$

显然,$P(x)$ 是关于 $x$ 的单调递增函数,且满足 $0 \leq P(x) \leq 1$。若函数 $P(x)$ 是光滑的,称其导数为**概率密度函数**,简称**概率密度**,记为

$$p(x) \equiv \frac{\mathrm{d}P(x)}{\mathrm{d}x} = \lim_{\Delta x \to 0} \frac{P(x + \Delta x) - P(x)}{\Delta x} = \lim_{\Delta x \to 0} \frac{P(X \in [x, x + \Delta x])}{\Delta x} \tag{3.6.2}$$

由此可见,概率密度函数 $p(x)$ 的取值恒为正。

为了用少量指标来描述随机参数 $X$,定义其**均值** $\boldsymbol{\mu}_x$ 和**方差** $\boldsymbol{\sigma}_x^2$ 如下:

$$\begin{cases} \mu_x = \mathcal{E}[X] \equiv \int_{-\infty}^{+\infty} x p(x) \mathrm{d}x \\ \sigma_x^2 = \mathcal{E}[(X - \mu_x)^2] = \int_{-\infty}^{+\infty} (x - \mu_x)^2 p(x) \mathrm{d}x \end{cases} \tag{3.6.3}$$

其中,第一式中的运算 $\mathcal{E}[X]$ 称为随机参数 $X$ 的**数学期望**,又称为**一阶原点矩**;第二式则称为随机参数 $X$ 的**二阶中心矩**。显然,均值 $\mu_x$ 是对随机参数 $X$ 的所有样本按概率密度加权取均值,而方差的平方根 $\sigma_x \geq 0$ 则体现随机参数 $X$ 所有样本偏离均值的距离。

例如,对滚珠直径 $X$ 的统计表明,它满足**高斯(Gauss)分布**(又称**正态分布**),其概率密度为

$$p(x) = \frac{1}{\sqrt{2\pi} \sigma_x} \exp\left[-\frac{(x - \mu_x)^2}{2\sigma_x^2}\right] \tag{3.6.4}$$

Gauss 分布具有如下性质:两个满足 Gauss 分布的随机参数,其线性组合仍满足 Gauss 分布。换言之,将满足 Gauss 分布的随机参数输入线性系统,则输出参数也满足 Gauss 分布。

以上述滚珠直径为例所介绍的概率、概率分布、概率密度、均值、方差、数学期望等均

属于概率论的基本概念,是普适的。不同的力学参数,会具有不同的概率分布。例如,工程构件的几何尺寸、惯量等通常服从上述 Gauss 分布,而与强度相关的参数则服从以瑞典科学家韦布尔(Ernst Hjalmar Waloddi Weibull,1887~1979)所提出的 **Weibull 分布**。

**例 3.6.1**　混凝土、岩石是非均匀的准脆性材料,其非均匀性具有随机性。现用 Weibull 分布来描述材料的非均匀性,进而讨论其单轴弹性损伤问题[1]。

**解**:建立非均匀材料的单轴弹性损伤模型,其应力 $\sigma$ 和应变 $\varepsilon$ 满足如下本构关系:

$$\sigma = E_d \varepsilon, \quad E_d \equiv E(1-D) \tag{a}$$

其中,$E_d$ 为损伤弹性模量;$E$ 为损伤前弹性模量;$D$ 是具有随机性的损伤参数,可表示为关于应变 $\varepsilon$ 的概率分布函数:

$$D = \int_0^\varepsilon f(\eta) \mathrm{d}\eta \tag{b}$$

对测试数据进行统计表明,式(b)中的概率密度函数 $f(\eta)$ 满足如下 Weibull 分布:

$$f(\eta) = \frac{m}{\varepsilon_0}\left(\frac{\eta}{\varepsilon_0}\right)^{m-1} \exp\left[-\left(\frac{\eta}{\varepsilon_0}\right)^m\right] \tag{c}$$

其中,$m$ 是描述材料非均匀性的常数,$m$ 越大,则材料越均匀;$\varepsilon_0$ 是均匀材料发生脆性断裂的应变,可由材料应力-应变的全过程关系确定。

将式(c)代入式(b),积分得到损伤参数 $D$,进而由式(a)得到材料的损伤弹性模量:

$$E_d = E \exp\left[-\left(\frac{\varepsilon}{\varepsilon_0}\right)^m\right] \tag{d}$$

图 3.6.1 给出了 4 种 $m$ 取值的无量纲损伤弹性模量和无量纲本构关系。由图 3.6.1(a)

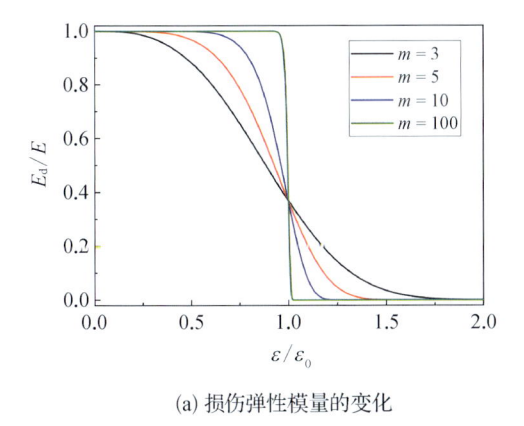

(a) 损伤弹性模量的变化 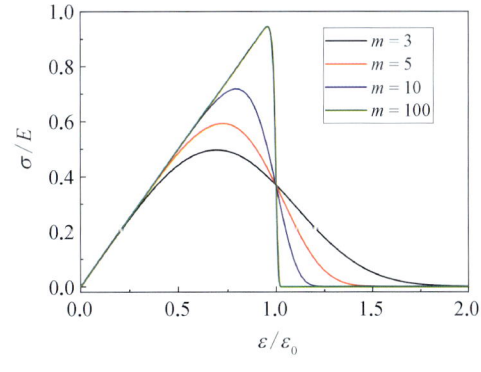　　(b) 应力-应变的变化

**图 3.6.1　非均匀材料的损伤弹性模量和本构关系**

---

[1] 张明,李仲奎,苏霞.准脆性材料弹性损伤分析中的概率体元建模[J].岩石力学与工程学报,2005,24:4282-4287.

可见，随着 $m$ 增大，材料在小应变时的损伤弹性模量 $E_d$ 趋于损伤前的弹性模量 $E$，材料趋于均匀。图 3.6.1(b)表明，随着 $m$ 增大，材料的应变峰值 $\varepsilon_{max}$ 趋于 $\varepsilon_0$ 且在达到 $\varepsilon_0$ 时骤然下降，即均匀材料呈现脆性断裂。

**2. 区间参数**

对于许多工程问题，难以获得其不确定性参数的大量样本，自然无法通过统计获得其概率密度函数，也无法将其作为随机参数。此时，若能根据先验知识获得这类不确定性参数的上下界，则可将其作为已知上下界的区间参数来处理。例如，根据建筑物在已知强度地震中幸存的信息，可获得建筑物强度分布的下界。

给定实数区间 $[\underline{x}, \bar{x}]$，将参数 $x \in [\underline{x}, \bar{x}]$ 称作**区间参数**，记为 $[x]$。为了计算方便，可将区间参数 $[x]$ 表示为如下标准形式：

$$[x] = x_c(1 + r\eta), \quad x_c \equiv \frac{\bar{x} + \underline{x}}{2}, \quad r \equiv \frac{\bar{x} - \underline{x}}{2x_c} \tag{3.6.5}$$

其中，$x_c$ 为区间 $[\underline{x}, \bar{x}]$ 的中心；$r$ 为区间 $[\underline{x}, \bar{x}]$ 的无量纲半径，表示参数的不确定性程度；$[\eta] = [-1, 1]$，为无量纲的区间参数。

**例 3.6.2** 在工程材料中，金属材料具有较好的生产可控性，其密度可视为确定性参数；而复合材料、混凝土的生产过程可控性差，其密度均值为区间参数。

例如，碳纤维材料的密度均值为 $\rho \in [1\,600, 2\,000]\ \text{kg/m}^3$。根据式(3.6.5)，可将密度均值表示为区间参数 $[\rho] = 1\,800(1 + \eta/9)\ \text{kg/m}^3$，即中心为 $\rho_c = 1\,800\ \text{kg/m}^3$，无量纲半径为 $r = 1/9$。

又如，普通混凝土的密度均值为 $\rho \in [2\,200, 2\,400]\ \text{kg/m}^3$，对应的区间参数为 $[\rho] = 2\,300(1 + 0.043\,5\eta)\ \text{kg/m}^3$。

对任意两个区间参数，可定义其加、减、乘、除、乘方、开方、数乘等运算，运算结果也是区间参数，其上下界是相应实数运算结果的上下界。

**例 3.6.3** 若某种材料的密度是区间参数 $[\rho]$，则用这种材料制造的杆件质量可记为区间参数 $[m]$。质量 $m$、密度 $\rho$ 和杆件体积 $V$ 间满足 $m = \rho V$，因此密度不确定性可线性传递为零部件质量的不确定性，即 $[m] = V[\rho]$。

若这种材料的弹性模量 $E > 0$ 是确定的，则上述杆件的纵波波速满足 $c = \sqrt{E/\rho}$。对于取值为正的区间参数 $[\rho]$，可定义如下区间数运算：

$$\sqrt{[\rho]} = [\sqrt{\underline{\rho}}, \sqrt{\bar{\rho}}], \quad 1/\sqrt{[\rho]} = [1/\sqrt{\bar{\rho}}, 1/\sqrt{\underline{\rho}}] \tag{a}$$

因此，杆件的纵波波速可表示为区间参数 $[\rho]$ 的非线性传递关系：

$$[c] = \sqrt{E}\,[1/\sqrt{\bar{\rho}}, 1/\sqrt{\underline{\rho}}] = \sqrt{E/[\rho]} \tag{b}$$

值得指出，若区间参数的上界和下界具有不同正负号，则乘法运算结果必然涉及取最大值和最小值,与除法之间不存在可逆运算。此时,区间参数传递变得很复杂。对于随机参数,也有类似问题。因此,不确定性的传递是一个复杂问题。在 3.6.3 小节和 3.6.4 小节,将讨论两类具体计算方法。

### 3.6.2 随机过程与随机场

若随机参数是某个变量的函数,则称为**随机变量**。本小节讨论随时间和空间连续变化的随机变量,并将其分别称为**随机过程**和**随机场**,它们具有相似性和关联性。

1. 随机过程

对于工程系统,若其激励是与时间相关的随机变量,则称其为**随机激励**。常见且比较重要的随机激励包括:飞机受到的大气湍流激励,高层建筑受到的脉动风激励,海洋平台受到的海浪激励,核电站受到的地震激励等。工程系统在随机激励下的响应是与时间相关的随机变量,称为**随机响应**。

随机激励和随机响应的共同特征是,其随机变量与时间相关,属于**随机过程**。随机过程可分为平稳随机过程和非平稳随机过程。对于平稳随机过程,又分为两种情况。一是**严平稳随机过程** $X(t)$,即其任意时刻的概率密度函数与时间无关,可表示为 $p(x)$;任意两个时刻的联合概率密度函数仅与两个时刻之差 $\tau \equiv t_2 - t_1$ 有关,可表示为 $p(x_1, x_2, \tau)$。二是**宽平稳随机过程** $X(t)$,它存在一阶矩和二阶矩,且均值为常数,协方差函数仅与两个时刻之差 $\tau$ 有关。

对于严平稳随机过程 $X(t)$,类比随机参数的一阶原点矩,得到 $X(t)$ 的**均值**:

$$\mu_x(t) \equiv \mathcal{E}[X(t)] = \int_{-\infty}^{+\infty} xp(x)\mathrm{d}x = \mu_x = \mathrm{const.} \tag{3.6.6}$$

类比随机参数的二阶中心矩,定义 $X(t)$ 在任意两个时刻 $t_1$ 和 $t_2$ 的**协方差函数**:

$$\begin{aligned} C_x(t_1, t_2) &\equiv \mathcal{E}[(X(t_1) - \mu_x)(X(t_2) - \mu_x)] \\ &= \int_{-\infty}^{+\infty}\int_{-\infty}^{+\infty} (x_1 - \mu_x)(x_2 - \mu_x)p(x_1, x_2, \tau)\mathrm{d}x_1\mathrm{d}x_2 = C_x(\tau), \quad \tau \in \mathbb{R} \end{aligned}$$
(3.6.7)

这表明,存在二阶矩的严平稳随机过程 $X(t)$ 必定是宽平稳随机过程。此外,$C_x(0) = \sigma_x^2$。值得指出,若随机过程满足 Gauss 分布,则宽平稳过程等价于严平稳过程。

对于宽平稳随机过程 $X(t)$,可按任意两个时刻 $t_1$ 和 $t_2$ 的二阶原点矩来引入**相关函数**:

$$R_x(t_1, t_2) \equiv \int_{-\infty}^{+\infty}\int_{-\infty}^{+\infty} x_1 x_2 p(x_1, x_2, \tau)\mathrm{d}x_1\mathrm{d}x_2 = R_x(\tau), \quad \tau \in \mathbb{R} \tag{3.6.8}$$

再通过对 $R_x(\tau)$ 实施 Fourier 变换 $\mathcal{F}$,定义 $X(t)$ 的**功率谱密度函数**,简称**功率谱密度**:

$$S_x(\omega) \equiv \mathcal{F}[R_x(\tau)] = \int_{-\infty}^{+\infty} R_x(\tau)\exp(-\mathrm{i}\omega\tau)\mathrm{d}\tau, \quad \omega \in \mathbb{R} \qquad (3.6.9\mathrm{a})$$

相应地,相关函数 $R_x(\tau)$ 是功率谱密度 $S_x(\omega)$ 的 Fourier 逆变换 $\mathcal{F}^{-1}$,即

$$R(\tau) = \mathcal{F}^{-1}[S_x(\omega)] = \frac{1}{2\pi}\int_{-\infty}^{+\infty} S_x(\omega)\exp(\mathrm{i}\omega\tau)\mathrm{d}\omega, \quad t \in \mathbb{R} \qquad (3.6.9\mathrm{b})$$

不难验证,相关函数 $R_{xx}(\tau)$ 是 $\tau$ 的偶函数,故功率谱密度 $S_x(\omega)$ 是频率 $\omega$ 的实偶函数。根据该性质,按总功率相同原则,可引入实用的**单边功率谱密度** $G_x(\omega) \equiv 2S_x(\omega)$, $\omega \in [0, +\infty)$。

**例 3.6.4** 首先,定义满足 Gauss 分布的有限带宽随机过程 $W(t)$,其在任意时刻满足均值为零的 Gauss 分布,而且其功率谱密度满足:

$$S_w(\omega) = S_0, \quad \omega \in (-\omega_m, \omega_m), \quad \omega_m > 0 \qquad (\mathrm{a})$$

这样的随机过程是物理可实现的,而且有无限多种。

其次,取 $\omega_m \to +\infty$,将 $W(t)$ 称为 **Gauss 白噪声随机过程**,简称**白噪声**,其满足:

$$S_w(\omega) = S_0, \quad \omega \in \mathbb{R} \qquad (\mathrm{b})$$

将式(b)代入式(3.6.9b),得到白噪声的相关函数:

$$R_w(\tau) = S_0 \mathcal{F}^{-1}[1] = S_0 \delta(\tau), \quad \tau \in \mathbb{R} \qquad (\mathrm{c})$$

其中,$\delta(\tau)$ 是狄拉克(Dirac)函数。式(b)表明,白噪声具有无限大能量;而式(c)则表明,对于任意时间差 $\tau \neq 0$,白噪声均不相关。因此,白噪声在物理上无法实现,但适用于理论研究。

在实践中,一般难以计算数域 $\mathbb{R}$ 上的广义积分,通常用有限区间积分的极限来计算功率谱密度。可以证明,式(3.6.9a)等价于[1]:

$$S_x(\omega) = \lim_{T \to +\infty}\frac{1}{2T}\mathcal{E}[X(\omega, T)\bar{X}(\omega, T)], \quad X(\omega, T) \equiv \int_{-T}^{T} x(t)\exp(-\mathrm{i}\omega t)\mathrm{d}t, \quad \omega \in \mathbb{R}$$
$$(3.6.10)$$

其中,$X(\omega, T)$ 是对时域样本 $x(t)$ 进行有限 Fourier 变换得到的频域样本;$\bar{X}(\omega, T)$ 是其共轭。在应用中,通常用样本平均来替代数学期望 $\mathcal{E}$ 并取 $T$ 足够大,则计算误差足够小。

**2. 随机场**

对于空间分布的随机变量,通常称为随机场。考察由一维空间坐标 $z$ 描述的随机场 $X(z)$,可类比随机过程,根据概率密度函数来确定均值、协方差函数、相关函数、功率谱密

---

[1] Li J, Chen J B. Stochastic Dynamics of Structures[M]. Singapore: John Wiley & Sons, 2009: 355-356.

度函数等。与随机过程类似,随机场可分为均匀随机场和非均匀随机场。对于均匀随机场 $X(z)$,其均值是常数,而协方差函数、相关函数仅与坐标差 $\zeta \equiv z_2 - z_1$ 有关。

**例 3.6.5** 如图 3.6.2 所示,空间站绕地球轨道运行,其出入太阳辐照下的地球阴影时,环境温度变化达 200~300℃,由此产生力热耦合问题。空间站包含由不同材料制造的众多构件,而构件的热变形取决于构件材料的热膨胀系数,具有分散性和统计规律,属于随机参数。纵观整个空间站,其热膨胀系数呈现空间随机分布,可视为随机场。

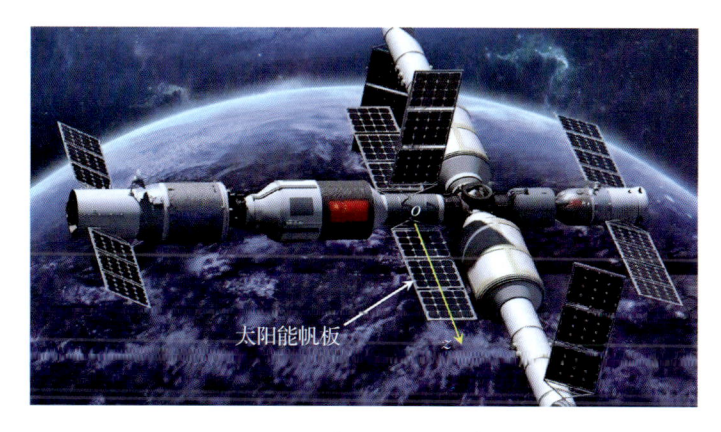

图 3.6.2 中国空间站示意图

现考察空间站上某太阳能帆板的热变形。由于太阳能帆板是细长结构,其变形以弯曲为主,可简化为沿坐标轴 $oz$ 的一维结构。因此,将热膨胀系数作为一维均匀随机场 $\alpha(z)$,$z \in [0, l]$,其中 $l$ 为太阳能帆板的长度。基于测试数据,可获得随机场 $\alpha(z)$ 的均值 $\mu_\alpha$ 和方差 $\sigma_\alpha^2$。在此基础上,根据统计经验假设模型,可将随机场 $\alpha(z)$ 的协方差函数表示为

$$C_\alpha(\zeta) = \sigma_z^2 \exp\left(-\frac{|\zeta|}{b}\right), \quad \zeta \equiv z_2 - z_1 \in [0, l] \tag{a}$$

其中,$b > 0$,是通过测试数据估计的相关长度,决定协方差函数的衰减速率。

在许多工程问题中,空间域的随机场可转化为时间域的随机过程。例如,汽车在随机起伏路面上行驶,飞机在随机起伏跑道上滑行,随机场形成对汽车、飞机的随机激励。对这类问题,通常根据大量统计数据获得随机场的功率谱密度,然后将其转化为随机激励。

**例 3.6.6** 在公路评价中,将公路表面偏离理想平面的程度称为**路面不平度**,并视为均匀随机场。当汽车在公路上匀速行驶时,路面不平度对汽车形成平稳随机激励。现讨论如何根据国际标准建议的道路谱来建立平稳随机激励的时域模型。

**解**:记路面不平度为随机过程 $Z$,其单边功率谱密度满足 ISO 8608:2016 建议的表达式[1]:

---

[1] 尹郡,陈辛波,吴利鑫,等.滤波白噪声路面时域模拟方法与悬架性能仿真[J].同济大学学报(自然科学版),2017,45:398-407.

$$G_z(\kappa) = G_z(\kappa_0)\left(\frac{\kappa}{\kappa_0}\right)^{-2} \tag{a}$$

其中，$\kappa \geqslant 0$，是**空间频率**（即波数）；$\kappa_0 = 0.1 \text{ m}^{-1}$，是参考波数。

当汽车以定常速度 $v$ 行驶过空间频率为 $\kappa$ 的路面时，则 $f = v\kappa$ 是路面对汽车施加激励的**时间频率**。在空间频带 $\mathrm{d}\kappa$ 和时间频带 $\mathrm{d}f = v\mathrm{d}\kappa$ 上的功率相同，即 $G_z(\kappa) = vG_z(f)$，故有

$$G_z(f) = \frac{G_z(\kappa)}{v} = \kappa_0^2 G_z(\kappa_0)\frac{v}{f^2} \tag{b}$$

如果将随机过程 $Z$ 改为对应的速度 $\dot{Z}$，则其功率谱密度为

$$G_{\dot{z}}(f) = (2\pi f)^2 G_z(f) = 4\pi^2\kappa_0^2 G_z(\kappa_0)v \tag{c}$$

该随机过程的功率谱密度与频率 $f$ 无关，可采用白噪声随机过程 $W(t)$ 来模拟。

在数值模拟中，构造由常微分方程描述的滤波器，即

$$\dot{z}(t) = \left[2\pi\kappa_0\sqrt{G_z(\kappa_0)v}\right]w(t) \tag{d}$$

其中，$w(t)$ 是均值为零、功率谱密度为 1 的白噪声。显然，式(d)中的信号 $\dot{z}(t)$ 具有式(c)所给的功率谱密度。

现取 $\kappa_0 = 0.00314 \text{ m}^{-1}$ 和 $v = 20 \text{ m/s}$；路面不平度系数 $G_z(\kappa_0) = 6.4 \times 10^{-5} \text{ m}^3$，对应 B 级路面。在零初始条件下对式(d)进行数值积分，得到图 3.6.3 所示随机激励的时间历程和功率谱密度。在图 3.6.3(a)中，给出了 30 s 内路面的不平度时间历程，可见 B 级路面的不平度最大位移在 0.01 m 左右。图 3.6.3(b)显示了数值模拟路面功率谱密度和由式(b)确定的标准路面功率谱密度，两者基本一致。

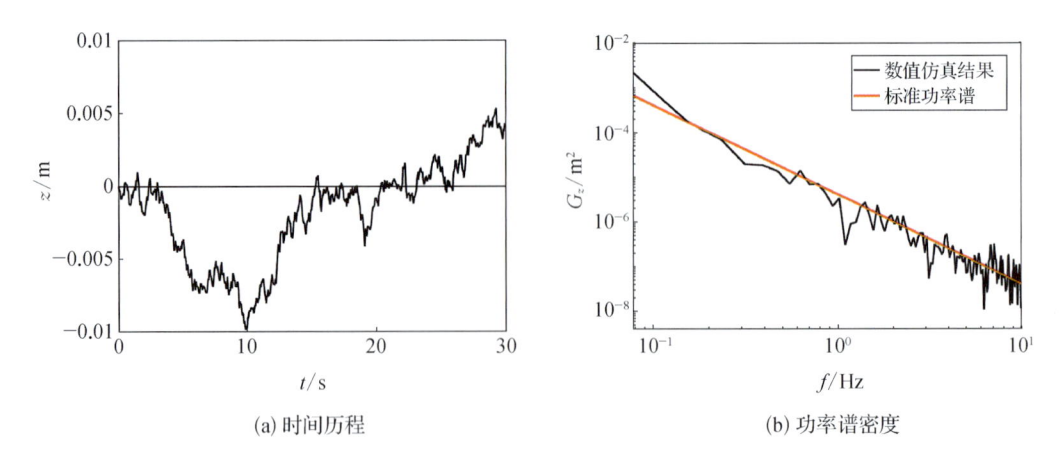

(a) 时间历程

(b) 功率谱密度

**图 3.6.3 路面不平度对应的位移时间历程和功率谱密度**

### 3.6.3 随机激励下的系统响应

本小节讨论一类典型的不确定性传递问题，即系统在随机激励下的响应问题。为简

单起见，设系统是线性时不变的单输入-单输出系统，而激励是单输入平稳随机过程。

记系统的单位脉冲响应函数为 $h(t)$，频响函数为 $H(\omega)$，它们是如下 Fourier 变换对：

$$\begin{cases} H(\omega) = \mathcal{F}[h(t)] = \int_{-\infty}^{+\infty} h(\tau)\exp(-i\omega\tau)d\tau \\ h(t) = \mathcal{F}^{-1}[H(\omega)] = \dfrac{1}{2\pi}\int_{-\infty}^{+\infty} H(\omega)\exp(i\omega\tau)d\omega \end{cases} \quad (3.6.11)$$

对于平稳随机激励 $f(t)$，由杜哈梅(Duhamel)积分可得到系统响应：

$$u(t) = \int_{-\infty}^{+\infty} h(\tau)f(t-\tau)d\tau \quad (3.6.12)$$

根据式(3.6.6)和式(3.6.8)，得到平稳随机激励 $f(t)$ 的均值 $\mu_f$ 和相关函数 $R_f(\tau)$。对式(3.6.12)作如下数学期望运算，得到系统响应的均值和相关函数：

$$\mu_u = \mathcal{E}[u(t)] = \int_{-\infty}^{+\infty} h(\tau)E[f(t-\tau)]d\tau = \mu_f\int_{-\infty}^{+\infty} h(\tau)d\tau = \mu_f H(0) \quad (3.6.13)$$

$$\begin{aligned} R_u(\tau) = \mathcal{E}[u(t)u(t+\tau)] &= \int_{-\infty}^{+\infty}\int_{-\infty}^{+\infty} h(\eta_1)h(\eta_2)E[f(t)f(t+\tau)]d\eta_1 d\eta_2 \\ &= \int_{-\infty}^{+\infty}\int_{-\infty}^{+\infty} h(\eta_1)h(\eta_2)R_f(\tau+\eta_1-\eta_2)d\eta_1 d\eta_2 \end{aligned}$$

$$(3.6.14)$$

对式(3.6.14)两端作 Fourier 变换，利用卷积的 Fourier 变换性质，得到：

$$S_u(\omega) = |H(\omega)|^2 S_f(\omega) \quad (3.6.15)$$

即系统响应的功率谱密度由系统频响应函数幅值和随机激励的功率谱密度确定。

将式(3.6.15)代入式(3.6.9b)，得到：

$$R_u(\tau) = \dfrac{1}{2\pi}\int_{-\infty}^{+\infty} |H(\omega)|^2 S_f(\omega)\exp(i\tau\omega)d\omega \quad (3.6.16)$$

若平稳随机激励的均值为零，即 $\mu_f = 0$，则有 $\mu_u = 0$。此时，相关函数等于协方差函数，由式(3.6.16)可得

$$\sigma_u^2 = R_u(0) = \dfrac{1}{2\pi}\int_{-\infty}^{+\infty} |H(\omega)|^2 S_f(\omega)d\omega \quad (3.6.17)$$

**例 3.6.7** 在图 3.6.4 所示的基础激励系统中，将设备简化为集中质量 $m$，弹性支撑的刚度系数和阻尼系数分别为 $k$ 和 $c$。取 $w(t)$ 分别为简谐位移激励和白噪声位移激励，讨论系统阻尼比对设备绝对位移的影响。

**解：**根据图 3.6.4，建立设备绝对位移所满足的动力学方程：

$$m\ddot{u}(t) = -c[\dot{u}(t) - \dot{w}(t)] - k[u(t) - w(t)] \qquad (a)$$

以下分别研究简谐位移激励和白噪声位移激励下的系统绝对位移传递率。

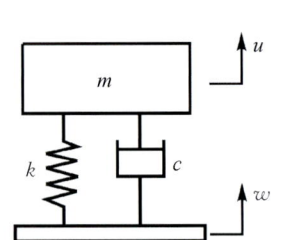

首先，记简谐位移激励为 $w(t) = w_0\sin(\omega t)$，将其表示为等价的复函数 $w(t) = w_0\exp(\mathrm{i}\omega t)$，而系统稳态振动表示为 $u(t) = U(\omega)\exp(\mathrm{i}\omega t)$。将它们代入式(a)，得到系统的频响函数：

$$H(\omega) = \frac{U(\omega)}{w_0} = \frac{k + \mathrm{i}c\omega}{k - m\omega^2 + \mathrm{i}c\omega} \qquad (b)$$

图 3.6.4 基础激励下的隔振系统

根据式(b)，可定义简谐位移激励下的系统绝对位移传递率：

$$T_\mathrm{d} \equiv \left|\frac{U(\omega)}{w_0}\right| = \sqrt{\frac{k^2 + (c\omega)^2}{(k - m\omega^2)^2 + (c\omega)^2}} = \sqrt{\frac{1 + (2\zeta\lambda)^2}{(1 - \lambda^2)^2 + (2\zeta\lambda)^2}} \qquad (c)$$

其中，$\lambda \equiv \omega/\omega_\mathrm{n}$，为激励频率比；$\zeta = c/(2m\omega_\mathrm{n})$，为阻尼比；$\omega_\mathrm{n} = \sqrt{k/m}$，为系统固有频率。

根据式(c)，当激励频率比满足 $\lambda > \sqrt{2}$ 时，绝对位移传递率满足 $T_\mathrm{d} < 1$，即弹性支撑具有隔振效果；且阻尼比 $\zeta$ 越小，绝对位移传递率 $T_\mathrm{d}$ 越小。但为防止该传递率在 $\lambda = 1$ 附近过大，阻尼比 $\zeta$ 又不能太小。将 $\lambda = 1$ 代入式(c)，得到绝对位移传递率的峰值近似表示：

$$T_\mathrm{d,max} \approx \sqrt{\frac{1 + (2\zeta)^2}{(2\zeta)^2}} = \sqrt{1 + \frac{1}{4\zeta^2}} \qquad (d)$$

它是关于阻尼比 $\zeta$ 的单调递减函数，可作为选择最小阻尼比 $\zeta$ 的依据。

其次，考虑均值为零、功率谱密度为 $S_0$ 的白噪声位移激励。该激励的功率谱密度均布于整个频域，必定激发系统共振，故研究系统的绝对位移方差。根据式(3.6.17)和式(b)，设备的绝对位移方差为

$$\sigma_u^2 = \frac{S_0}{2\pi}\int_{-\infty}^{+\infty}\left|\frac{k + \mathrm{i}c\omega}{k - m\omega^2 + \mathrm{i}c\omega}\right|^2 \mathrm{d}\omega = \omega_\mathrm{n}S_0\left(\zeta + \frac{1}{4\zeta}\right) \qquad (e)$$

取式(e)关于阻尼比 $\zeta$ 的导数为零，得到当 $\zeta = 0.5$ 时，上述方差具有最小值 $\sigma_{u,\min}^2 = \omega_\mathrm{n}S_0$。

最后，将式(d)和式(e)绘图，得到图 3.6.5。由图可见，若阻尼比过小，会导致设备的简谐激励共振或宽带激励方差过大，通常选择阻尼比 $\zeta \approx 0.2$。从隔振角度看，应选择尽可能低的系统固有频率 $\omega_\mathrm{n}$，既有利于对高频简谐激励隔振，也有利于降低白噪声激励位移方差。

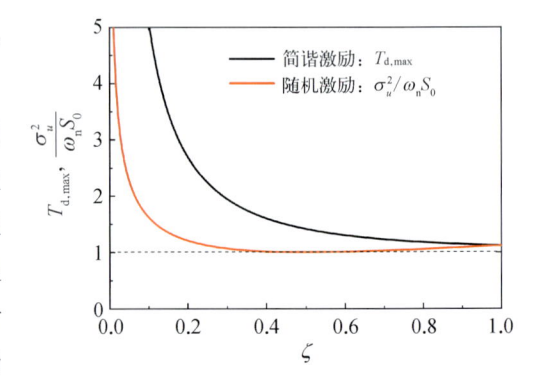

图 3.6.5 阻尼对设备绝对位移的影响

**注解 3.6.1**：线性时不变系统在平稳随机激励下的响应是最简单的随机振动问题。对于线性时变系统和非线性系统，即使是平稳随机激励，其随机振动问题也非常复杂；而若是非平稳随机激励，则问题更为复杂。这些都属于专门研究领域，有浩瀚的研究文献。在第 7 章，将介绍高层建筑结构在随机地震激励下的整体可靠性研究。

### 3.6.4 含不确定参数的系统响应

现讨论另一类典型的不确定性传递问题，即不确定参数对系统行为的影响。根据 3.6.1 节的讨论，系统的不确定性参数既可以是具有统计规律的随机参数，也可以是仅知道上下界的区间参数。对于含不确定性参数的时变线性系统或非线性系统，目前尚无解析求解方法，需要采用数值方法求解系统响应的统计规律或上下界。以下介绍如何采用正交多项式的线性组合来逼近不确定性参数，进而得到效率较高的计算方法。

1938 年，美国数学家维纳(Norbert Wiener，1894~1964)在研究 Gauss 随机过程时提出一种将随机变量正交展开的方法，称为**混沌多项式展开**(polynomial chaos expansion，PCE)方法，其步骤如下。

考察含随机参数向量 $\boldsymbol{\xi}=\begin{bmatrix}\xi_1 & \cdots & \xi_m\end{bmatrix}^{\mathrm{T}}$ 的系统，记系统响应为随机向量 $\boldsymbol{u}$。将向量 $\boldsymbol{u}$ 看作向量 $\boldsymbol{\xi}$ 的光滑映射 $\boldsymbol{u}(\boldsymbol{\xi})$，则可将其表示为以正交多项式为基函数的级数：

$$\boldsymbol{u}(\boldsymbol{\xi}) = a_0 H_0 + \sum_{i_1=1}^{\infty} a_{i_1} H_1(\xi_{i_1}) + \sum_{i_1=1}^{\infty}\sum_{i_2=1}^{i_1} a_{i_1 i_2} H_2(\xi_{i_1},\xi_{i_2})$$
$$+ \sum_{i_1=1}^{\infty}\sum_{i_2=1}^{i_1}\sum_{i_3=1}^{i_2} a_{i_1 i_2 i_3} H_3(\xi_{i_1},\xi_{i_2},\xi_{i_3}) + \cdots \qquad (3.6.18)$$

其中，$\xi_{i_1},\cdots,\xi_{i_m}$ 是向量 $\boldsymbol{\xi}$ 的元素，满足标准 Gauss 分布；$H_m$ 为 $m$ 阶**厄米**(Hermite)**多项式**：

$$H_m(\xi_{i_1},\cdots,\xi_{i_m}) = (-1)^m \exp\left(\frac{\boldsymbol{\xi}^{\mathrm{T}}\boldsymbol{\xi}}{2}\right)\frac{\partial^m}{\partial \xi_{i_1},\cdots,\partial \xi_{i_m}}\exp\left(-\frac{\boldsymbol{\xi}^{\mathrm{T}}\boldsymbol{\xi}}{2}\right) \qquad (3.6.19)$$

以 $m=2$ 为例，其前两阶 Hermite 多项式为

$$H_0 = 1;\quad H_1 = \xi_1,\xi_2;\quad H_2 = \xi_1^2 - 1,\xi_1\xi_2,\xi_2^2 - 1 \qquad (3.6.20)$$

将式(3.6.18)截取有限项，改写为

$$\boldsymbol{u}(\boldsymbol{\xi}) \approx \sum_{r=0}^{M-1}\alpha_r \Phi_r(\boldsymbol{\xi}) \qquad (3.6.21)$$

其中，$\alpha_r,r\in\bar{I}_M$ 是待定系数；$M=(m+p)!/(m!p!)$，$p$ 是 Hermite 多项式的最高阶次。随着阶次 $p$ 增大，截断误差逐渐变小。通常，取 $p=2\sim4$，即可得到较精确的结果。

将式(3.6.21)视为原系统的**代理模型**。对随机参数向量 $\boldsymbol{\xi}$ 抽取适当的样本，用数值方法计算系统的响应，得到随机向量 $\boldsymbol{u}(\boldsymbol{\xi})$ 的样本。根据上述样本，用 4.3.1 节介绍的最

小二乘法确定式(3.6.21)中的系数 $\alpha_r, r \in \bar{I}_M$，进而形成代理模型。对代理模型中的随机参数向量 $\xi$ 抽样，可快速计算出响应均值和方差：

$$\mu_u = \alpha_0, \quad \sigma_u^2 = \sum_{r=1}^{p-1} \alpha_r^2 \langle \Phi_r^2(\xi) \rangle \tag{3.6.22}$$

其中，算符 $\langle \cdot \rangle$ 代表样本平均。图 3.6.6 的上半部分给出了上述计算流程。

对于含区间参数向量 $\eta \in \mathbb{R}^n$ 的系统，记系统响应为**区间向量** $v$。可按类似思路来建立光滑映射 $v(\eta)$，采用 Chebyshev 或勒让德 (Legendre) 正交多项式来构建代理模型：

$$v(\eta) \approx \sum_{r=0}^{N-1} \beta_r \Psi_r(\eta) \tag{3.6.23}$$

对区间参数向量 $\eta$ 抽样，采用数值方法计算系统响应，得到区间向量 $v(\eta)$ 的样本。根据上述样本，用最小二乘法确定系数 $\beta_r, r \in \bar{I}_N$，即可形成代理模型。最后，对代理模型扫描，将输出结果排序，得到系统响应的上下界。图 3.6.6 的下半部分给出了上述计算流程。

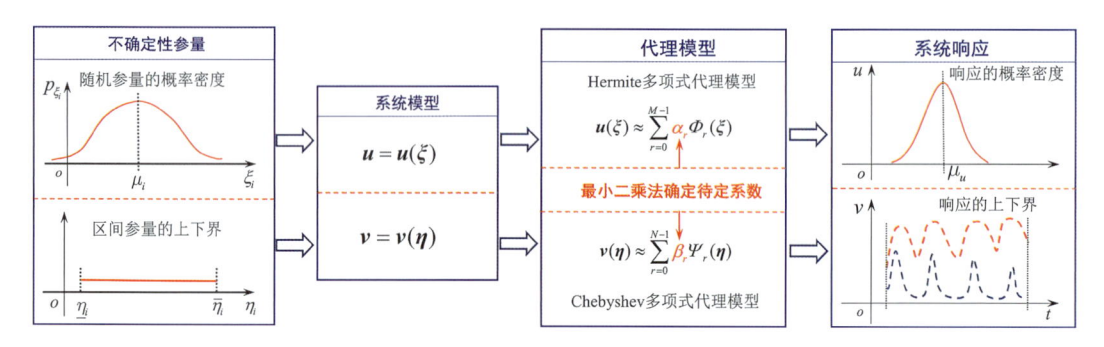

**图 3.6.6 含不确定性参数的系统分析方法流程**

**例 3.6.8** 考察图 3.6.7(a) 所示卫星，其卫星本体相对刚硬，太阳能帆板则非常柔软，卫星本体的转动惯量、太阳能帆板的比例阻尼具有区间不确定性。若卫星受到绕对称轴 $Z$ 的如下控制力矩 $M_t$（单位为 N·m）：

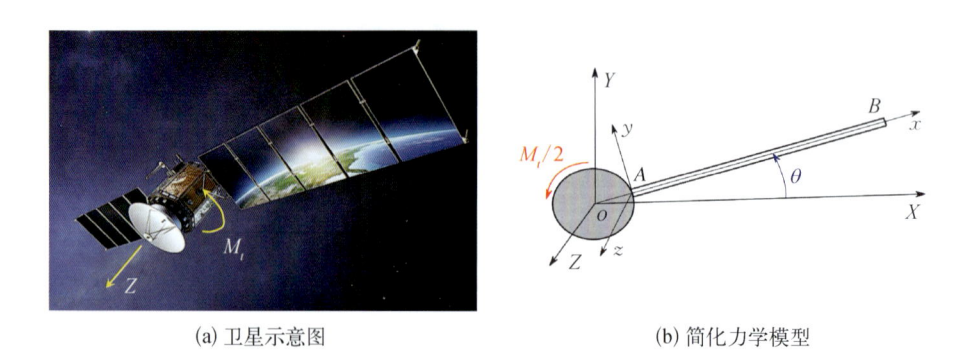

(a) 卫星示意图  　　　　(b) 简化力学模型

**图 3.6.7 卫星-太阳能帆板的耦合运动问题**

$$M_t(t) = \begin{cases} 5\left(1 - \dfrac{t}{2}\right), & t \in [0, 4]\text{ s} \\ 0, & t \in [4, 15]\text{ s} \end{cases} \quad \text{(a)}$$

计算卫星与太阳能帆板的刚柔耦合运动区间上下界。

**解：**根据卫星结构的对称性,取其 1/2 进行研究。鉴于太阳能帆板的最低频率振动为弯曲振动,可将该卫星简化为图 3.6.7(b) 所示的中心刚体-柔性梁模型,受到的力矩为 $M_t/2$。中心刚体在绝对坐标系 $OXYZ$ 中绕 $Z$ 轴转动,转角为 $\theta$。柔性梁固支在中心刚体外缘处的点 $A$；在初始时刻,梁的初始位形与直线 $OB$ 重合。上述简化模型的参数如表 3.6.1 所示。

**表 3.6.1 中心刚体-柔性梁模型的参数**

| 参数名称 | 数学符号 | 数值和单位 |
| --- | --- | --- |
| 梁的长度 | $l$ | 5 m |
| 梁的截面积 | $A$ | $4 \times 10^{-4}$ m² |
| 梁的截面惯性矩 | $I$ | $1.333 \times 10^{-8}$ m⁴ |
| 梁的密度 | $\rho$ | 2 766 kg/m³ |
| 梁的材料弹性模量 | $E$ | 68.95 GPa |
| 中心刚体的半径 | $r_0$ | 0.5 m |
| 中心刚体的密度 | $\rho_0$ | 1 560 kg/m³ |
| 中心刚体的半高度 | $h_0$ | 0.1 m |

在中心刚体上,建立图 3.6.7(b) 所示的连体坐标系 $Axyz$。在连体坐标系中,将柔性梁划分 10 个单元。根据已知条件,梁单元具有比例阻尼矩阵 $\boldsymbol{C}^{(e)} = \alpha \boldsymbol{M}^{(e)} + \beta \boldsymbol{K}^{(e)}$,其中 $\alpha$ 和 $\beta$ 为比例阻尼系数。中心刚体转动惯量 $J_0$、柔性梁的阻尼系数 $\alpha$ 和 $\beta$ 是三个不相关的区间参数,可表示为：$[J_0] = J_c(1 + r_1[\eta_1])$,$[\alpha] = \alpha_c(1 + r_2[\eta_2])$,$[\beta] = \beta_c(1 + r_3[\eta_3])$；其中, $J_c = 15.413$ kg·m², $\alpha_c = 0.50$, $\beta_c = 0.03$, $r_1 = 0.10$, $r_2 = 0.60$, $r_3 = 0.67$,三个区间参数均为 $[\eta_i] = [-1, 1]$, $i \in I_3$。

在连体坐标系 $Axyz$ 中,建立中心刚体-柔性梁系统的动力学方程：

$$\begin{cases} \boldsymbol{M}\ddot{\boldsymbol{q}}(t) + \boldsymbol{C}\dot{\boldsymbol{q}}(t) + \boldsymbol{K}\boldsymbol{q}(t) + \boldsymbol{\varphi}_q^\mathrm{T}(\boldsymbol{q}, t)\boldsymbol{\lambda}(t) = \boldsymbol{f}_v(\boldsymbol{q}, \dot{\boldsymbol{q}}, t) + \boldsymbol{f}_e(t) \\ \boldsymbol{\varphi}(\boldsymbol{q}, t) = \boldsymbol{0} \end{cases} \quad \text{(b)}$$

其中, $\boldsymbol{q}$ 是系统的广义位移向量；$\boldsymbol{M}$、$\boldsymbol{K}$ 和 $\boldsymbol{C}$ 分别是系统的质量矩阵、刚度矩阵和阻尼矩阵；$\boldsymbol{\varphi}(\boldsymbol{q}, t)$ 是约束函数向量；$\boldsymbol{\varphi}_q$ 是向量 $\boldsymbol{\varphi}(\boldsymbol{q}, t)$ 对向量 $\boldsymbol{q}$ 的 Jacobi 矩阵；$\boldsymbol{\lambda}$ 是 Lagrange 乘子向量；$\boldsymbol{f}_v$ 是包含离心力和 Coriolis 力的力向量；$\boldsymbol{f}_e$ 是广义外力向量。在该问题中,质量矩阵 $\boldsymbol{M}$ 和阻尼矩阵 $\boldsymbol{C}$ 均包含区间参数。

该问题的区间参数向量为 $\boldsymbol{\eta} = [\eta_1 \quad \eta_2 \quad \eta_3]^\mathrm{T}$,可用三个一维 Legendre 多项式的乘

积构造该向量的三维 Legendre 多项式,即

$$\Psi_r(\boldsymbol{\eta}) = L_i(\eta_1)L_j(\eta_2)L_k(\eta_3), \quad r = i+j+k, \quad 0 \leq i,j,k \leq p \tag{c}$$

其中,一维 Legendre 多项式是区间 $\gamma \in [-1,1]$ 上的正交函数序列:

$$L_0(\gamma) = 1, \quad L_1(\gamma) = \gamma, \quad L_{i+1}(\gamma) = \frac{(2i+1)\gamma L_i(\gamma) - iL_{i-1}(\gamma)}{i+1}, \quad i \in I_p \tag{d}$$

现取 $p=4$,用式(c)将代理模型表示为式(3.6.23),其中 $N=(n+p)!/(n!p!)=35$。

选择区间参数向量 $\boldsymbol{\eta}$ 的样本时,可选高于 $p=4$ 阶的 Legendre 多项式零点,进而避免样本为低阶 Legendre 多项式的零点。例如,计算如下一维 5 阶 Legendre 多项式的零点:

$$\psi_5(\gamma) \equiv \frac{1}{8}(63\gamma^5 - 70\gamma^3 + 15\gamma) \tag{e}$$

得到:

$$\gamma_1 = 0, \quad \gamma_{2,3} = \pm\sqrt{\frac{35+2\sqrt{70}}{63}}, \quad \gamma_{4,5} = \pm\sqrt{\frac{35-2\sqrt{70}}{63}} \tag{f}$$

按照式(f)对区间参数向量 $\boldsymbol{\eta}$ 的三个分量采样,经组合得到区间参数向量 $\boldsymbol{\eta}$ 的 $5^3=125$ 个样本。

在上述 125 个样本中,取 $2N=70$ 个样本,求解式(b)获得系统响应向量 $\boldsymbol{q}$ 的样本。通过最小二乘法,计算出代理模型中的待定系数 $\beta_r$,$r \in \bar{I}_N$,进而获得式(3.6.23)中的代理模型。对该代理模型进行扫描并将输出结果排序,即可获得系统响应的上下界。

图 3.6.8 给出了卫星本体转角 $\theta$、帆板自由端横向变形 $\delta_B$、帆板固支端动态内力分量 $f_{xA}$ 和 $f_{yA}$ 的上下界随时间变化情况。由图可见,确定性系统的转角、变形、内力均位于不确定性系统响应的上下界内。根据式(a),当 $t=4$ s 时姿态控制力矩消失,此后系统做自由振动。由图可见,帆板自由端的最大横向变形超过 0.015 m,随后结构阻尼使该横向变形趋于零,帆板固支端的动态内力也趋于零;卫星本体则趋于新的平衡位置,与初始位形的转角为 $\theta \approx 5°$。

最后指出,本章以占全书 20% 的篇幅讨论工程力学的机理研究,旨在引导读者重视工程中的机理性问题。许多工程研究遭遇挫折或失败的原因,就是对力学问题的机理认识不足,这种不足往往体现在所建立的力学模型有误,不能反映问题的本质。因此,读者在重视力学机理的同时,还需要从定性研究、数据研究等角度推敲力学模型的合理性,检验对力学机理的研究结果。总之,对力学机理的认识需要经过反复迭代,才能实现螺旋式上升。

(a) 卫星本体的转角

(b) 帆板自由端的横向变形

(c) 帆板固支端沿 $x$ 方向的动态内力

(d) 帆板固支端沿 $y$ 方向的动态内力

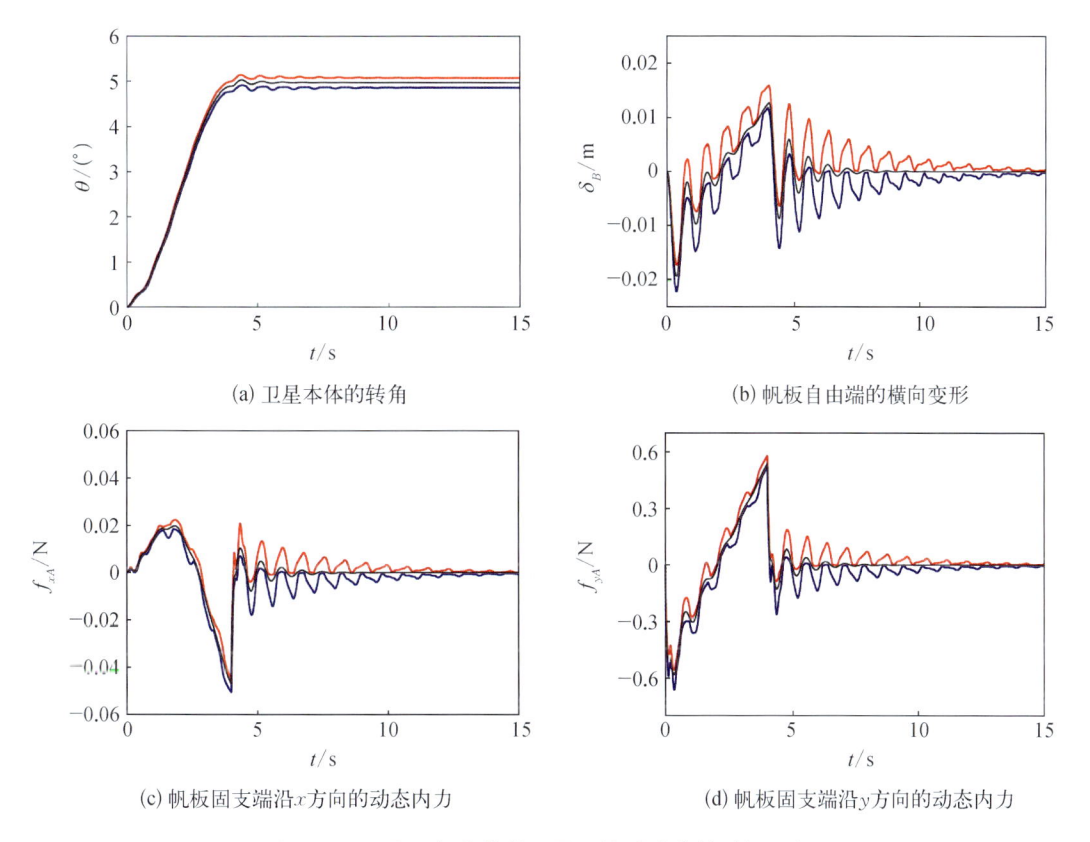

图 3.6.8　含区间参数的卫星系统动响应的时间历程

黑色：确定性系统响应；红色：不确定性系统响应上界；蓝色：不确定性系统响应下界

# 思 考 题

**3.1**　如果对非线性系统的周期振动做小扰动,举例说明是否可采用 3.1.2 节介绍的动态稳定性分析方法,根据受扰系统的特征值判断该周期振动的稳定性？

**3.2**　在柔性结构的简谐激励受迫振动实验中,发现几个共振峰对应的频率之比为正整数。有人推测这是非线性系统的超谐共振,但有人不认可该推测。思考如何进行判断和检验。

**3.3**　在连续介质力学中,为何通常并不区分介质的刚体运动和变形,进而讨论刚柔耦合问题？

**3.4**　在某工程问题中,悬臂钢梁的自由端受到突加热载荷作用,导致梁发生弯曲振动。在如何求解梁的弯曲振动问题上,两位工程师的观点不一。工程师 A 认为,该问题属于力热耦合问题,应建立梁的弯曲振动方程和纵向热传导方程,联立求解。工程师 B 则认为,梁的弯曲振动不影响梁的纵向热传导过程,可作为单向耦合问题来处理。思考可否根据量纲分析,对他们的观点进行评判。

**3.5** 如果多孔材料的胞元形状和尺寸具有随机性,是否可对3.3.1节介绍的均匀化方法进行改进,使之应用于预测材料的宏观性能?

# 拓展阅读文献

1. 戴宏亮. 结构的弹塑性稳定性理论[M]. 北京:科学出版社,2022.
2. 胡海岩. 应用非线性动力学[M]. 北京:航空工业出版社,2000.
3. 王其政,黄怀德,姚德远. 结构耦合动力学[M]. 北京:宇航出版社,1999.
4. 金栋平,刘福寿,文浩,等. 空间结构动力学等效建模与控制[M]. 北京:科学出版社,2021.
5. 朱位秋,蔡国强. 随机动力学引论[M]. 北京:科学出版社,2017.
6. 熊芬芬,杨树兴,刘宇. 工程概率不确定性分析方法[M]. 北京:科学出版社,2015.
7. Ziegler H. Principles of Structural Stability[M]. 2nd ed. Basel:Birkhaeuser, 1977.
8. Harrison H R, Nettleton T. Advanced Engineering Dynamics[M]. New York:John Wiley & Sons, 1997.
9. Ding W J. Self-Excited Vibration[M]. Beijing:Tsinghua University Press;Berlin:Springer-Verlag, 2010.
10. Haken H. Synergetics[M]. 3rd ed. Berlin:Springer-Verlag, 1983.
11. Dowell E H. A Modern Course in Aeroelasticity[M]. 5th ed. Berlin:Springer-Verlag, 2014.
12. Earl A. Thornton E A. Thermal structures:four decades of progress[J]. Journal of Aircraft, 1992, 29:485–498.
13. Preumount A. Mechatronics Dynamics of Electromechanical and Piezoelectric Systems[M]. Berlin:Springer-Verlag, 2006.
14. Hu H Y, Wang Z H. Dynamics of Controlled Mechanical Systems with Delayed Feedback[M]. Berlin:Springer-Verlag, 2002.

本章作者:胡海岩,北京理工大学,教授,中国科学院院士

# 第 4 章
# 工程力学的数据研究

回顾万有引力定律的发现过程,它包括如下三部曲,即观测大量数据,总结表象规律,发现内在机理。第一部:丹麦天文学家第谷(Brahe Tycho,1546~1601)通过长期观测,记录下众多行星的轨道数据。第二部:德国天文学家开普勒(Johannes Kepler,1571~1630)对这些数据进行计算和分析,发现行星围绕恒星运动的三条运动学规律。第三部:英国科学家 Newton 受到英国科学家胡克(Robert Hooke,1635~1703)的来信启发,在上述运动规律的基础上推导出万有引力公式,将天体运动规律上升为动力学普遍规律。上述三部曲不仅被载入史册,而且使"观测数据—挖掘数据—发现知识"成为科学研究的经典范式。

对于工程力学问题而言,第 2 章和第 3 章所介绍的定性研究和机理研究均属于基于知识的研究。在研究工程系统的力学问题时,不论是通过数值仿真,还是通过实验,均可获得大量数据。如何基于数据开展研究,即认识数据、挖掘数据和利用数据,是本章将要介绍的内容。庆幸的是,今日的研究者已不必像 Tycho 和 Kepler 那样靠人工去观测、计算和分析大量数据。现代测试技术和计算机可以帮助人们获取海量数据,并从数据中总结表象规律,甚至发现内在机理,这就是**机器学习**,或称作**数据驱动**的研究,是人工智能的重要学科分支。

本章将按照机器学习的观点,以商业软件 MATLAB 为工具,介绍如何针对工程系统来采集数据、分析数据、利用数据,处理工程力学问题。与机器学习领域的著作有所不同,本章倡导将数据驱动和知识驱动相互融合,通过数据驱动研究,深化对知识的掌握和研究。

因此,建议读者在掌握机器学习这一工具时,特别关注如下关系:数据采集与稀疏传感;真实系统与数据回归模型,高维数据的低维表示与系统模型降阶;监督学习的分类和回归,无监督学习的聚类和降维,强化学习的时变控制规则与博弈策略构建。

## 4.1 数 据 采 集

采用实验方法研究工程力学问题时,一个基础性的问题就是如何采集数据。在机器学习领域的著作中,大多不介绍数据采集问题。然而,这个问题至关重要,是设计实验方案的关键之一,也经常考验研究者对基础知识的理解和运用能力。

例如,在测量力学场时,传感器布局通常总是稀疏的。因此,要根据力学问题的特点来确定传感器类型、数量和测点位置,进而能反演或部分反演所测量力学场的关键信息。以结构静力学实验为例,需要大致判断结构产生最大位移、最大应变的位置,由此确定位移传感器的安装位置、应变片的粘贴位置,进而获得优质数据。对于结构动力学实验,则需大致判断其低阶固有振型的节线位置,避免将加速度传感器安装在节线附近,确保数据采集质量。当采用昂贵设备进行测量时,由于测量通道数量少,更加需要根据力学知识来设计实验方案。此外,还需要根据动力学问题的频谱特征来决定传感器类型、信号适调器的动态量程、数据采集速率等。

本节针对工程系统的动力学研究,讨论如何对时变数据进行采样,分别介绍经典的奈奎斯特(Nyquist)采样理论和近年来快速发展的压缩感知理论。在测量空间物理场时,这两种理论同样适用于处理空间采样间隔问题。

### 4.1.1 Nyquist 采样

在动力学实验中,由测试仪器(包括传感器、信号适调器等)获得力学系统的输入参数和输出参数,并将其转换为随时间连续变化的电信号,简称**模拟信号**。为了用数字计算机进行数据处理,需要将模拟信号转换为等间隔离散时刻的信号值,即**数字信号**,又称**离散信号**。该过程称为**采样**,也称为**模-数转换**。图 4.1.1 是对某加速度模拟信号 $\ddot{u}(t)$ 采样获得对应数字信号 $\ddot{u}_k$, $k = 1, 2, 3, \cdots$ 的示意图。

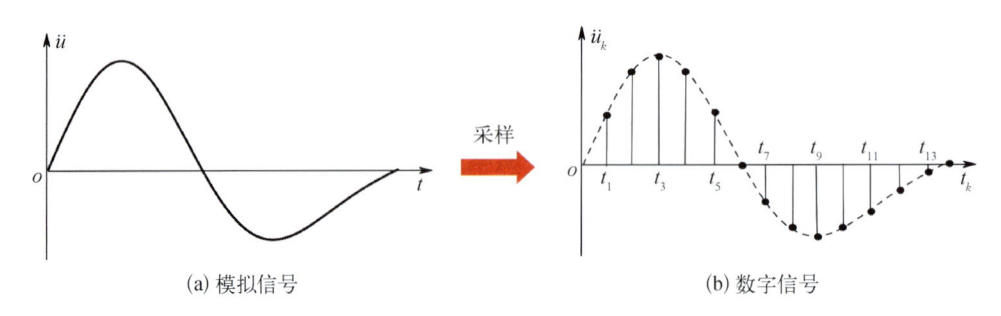

(a) 模拟信号  (b) 数字信号

**图 4.1.1　由模拟信号到数字信号的采样示意图**

将模拟信号采样为数字信号时,如何选择**采样周期** $\Delta t$ 或**采样频率** $f_s \equiv 1/\Delta t$ 呢?显然,采样周期 $\Delta t$ 越短,则数字信号越能真实反映模拟信号的快速变化,但这对采样装置和计算机的性能要求就越高。反之,若采样周期 $\Delta t$ 过长,则会失去模拟信号中快速变化的高频信息。因此,选择采样周期或采样频率时要考虑模拟信号的最高频率成分。

1928 年,美国电信工程师奈奎斯特(Harry Nyquist, 1889~1976)根据数字信号能复现模拟信号的需求,提出了著名的**采样定理**,又称 **Nyquist 定理**[1]。

**定理 4.1.1**:最低采样频率必须大于或等于模拟信号中最高频率的 2 倍。该要求有如下两种等价数学表示:

$$f_s \geq 2f_{max} \Leftrightarrow f_N \equiv f_s/2 \geq f_{max} \tag{4.1.1}$$

其中,$f_s \equiv 1/\Delta t$,为采样频率;$f_{max}$ 为模拟信号的最高频率;$f_N$ 称为 **Nyquist 频率**。

**例 4.1.1** 图 4.1.2 中粗实线所代表的简谐振动信号具有频率 $f_{max}$ = 1.0 Hz,采用满足和不满足采样定理的采样周期 $\Delta t$,考察采样结果。

**解**:首先,取采样周期 $\Delta t < 1/(2f_{max})$,将以 ● 表示的采样点用直线连接,其结果能反映该简谐振动信号。

其次,以 $7\Delta t > 1/(2f_{max})$ 为间隔采样,将以 □ 表示的采样点用细实线连接,则其频率只有实际频率的 1/7。这意味着,如果采样频率不满足采样定理,则模拟信号中的高频信号可能被误认为低频信号,与实际的低频信号发生**混淆**。

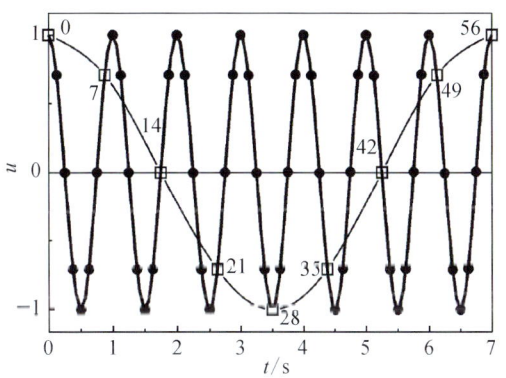

**图 4.1.2 采样信号的频率混淆**

由例 4.1.1 可理解,采样定理给出高低频信号不产生混淆的采样频率下限。在动力学实验中,通常选择采样频率满足:

$$f_s > 2.5 f_{max} \sim 5.0 f_{max} \tag{4.1.2}$$

测量的模拟信号中会含有高频噪声信号,因此数据采集系统内通常装有低通滤波器,也称作**抗混滤波器**。它的作用是,将模拟信号中不需要的高频信号输入在模-数转换前就衰减掉,保证采样过程满足采样定理。

通常,人们将满足 Nyquist 定理的采样过程称为 **Nyquist 采样**。近百年来,Nyquist 采样在信号采集、处理、存储和传输中发挥了主导作用。在实践中,Nyquist 采样也暴露出若干问题。例如,对于二维图像信号,Nyquist 采样的硬件成本高、信息获取率低,在某些情况下甚至无法实现。因此,人们一直探索新的采样方法。事实上,Nyquist 采样率是信号精确复原的充分条件,但并不是必要条件。当信号具有某些结构特征时,利用信号的结构特征可大大降低数据采集量。

### 4.1.2 压缩感知

2006 年,美国科学家多诺霍(David Donoho,1957~ )、法国科学家坎迪斯(Emmanuel Candès,1970~ )和澳大利亚数学家陶哲轩(Terence Tao,1975~ )等提出了一种新的采样

---

[1] 郑君里,应启珩,杨为理.信号与系统(上册)[M].北京:人民教育出版社,1981:231-235.

理论,并将其命名为**压缩感知理论**。该理论指出:绝大多数物理信号具有某种稀疏性,可用远低于 Nyquist 频率的随机方式进行采样,并能以大概率来恢复出原始信号。

具体地说,物理信号大都存在某种正交基。将信号投影到该正交基时,大部分的分量幅值都很小,称这些分量构成的向量是稀疏的。考察由连续信号 $u(t)$ 的 $n$ 个采样值 $u_j \equiv u(t_j)$,$j \in I_n$ 构成的信号向量 $\boldsymbol{u} \in \mathbb{R}^n$,用一组正交基向量 $\boldsymbol{\varphi}_r \in \mathbb{R}^n$,$r \in I_n$ 将 $\boldsymbol{u}$ 表示为

$$\boldsymbol{u} = \sum_{r=1}^{n} \boldsymbol{\varphi}_r q_r = \boldsymbol{\Phi} \boldsymbol{q}, \quad \boldsymbol{\Phi} \equiv [\boldsymbol{\varphi}_1 \quad \boldsymbol{\varphi}_2 \quad \cdots \quad \boldsymbol{\varphi}_n], \quad \boldsymbol{q} \equiv [q_1 \quad q_2 \quad \cdots \quad q_n]^{\mathrm{T}} \tag{4.1.3}$$

其中,$q_r$,$r \in I_n$ 为投影系数。如果 $q_r \approx 0$,$r = m+1, \cdots, n$,则称信号向量 $\boldsymbol{u}$ 在上述正交基上的**稀疏度**为 $m$。通常,$m \ll n$,故向量 $\boldsymbol{u}$ 可近似为 $m$ 维线性子空间中的如下向量:

$$\boldsymbol{u} \approx \hat{\boldsymbol{u}} = \sum_{r=1}^{m} \boldsymbol{\varphi}_r q_r = \boldsymbol{\Phi}_m \boldsymbol{q}_m, \quad \boldsymbol{\Phi}_m \equiv [\boldsymbol{\varphi}_1 \quad \boldsymbol{\varphi}_2 \quad \cdots \quad \boldsymbol{\varphi}_m], \quad \boldsymbol{q}_m \equiv [q_1 \quad q_2 \quad \cdots \quad q_m]^{\mathrm{T}} \tag{4.1.4}$$

其中,$\boldsymbol{q}_m$ 称为**非稀疏向量**。式(4.1.4)是压缩感知的前提条件,即信号可由低维非稀疏向量 $\boldsymbol{q}_m$ 来表示。例如,结构振动信号 $u(t)$ 通常仅含少数低频固有振动的贡献,满足该前提条件。

在上述前提下,定义采样矩阵 $\boldsymbol{\Theta} \in \mathbb{R}^{m \times n}$,将 $m$ 维向量 $\boldsymbol{w} = \boldsymbol{\Theta} \boldsymbol{u}$ 作为采样向量,代入式(4.1.3),得到关于向量 $\boldsymbol{q}$ 的线性代数方程组:

$$\boldsymbol{w} = \boldsymbol{\Theta} \boldsymbol{u} = \boldsymbol{\Theta} \boldsymbol{\Phi} \boldsymbol{q} = \boldsymbol{\Psi} \boldsymbol{q}, \quad \boldsymbol{\Psi} \equiv \boldsymbol{\Theta} \boldsymbol{\Phi} \tag{4.1.5}$$

如果根据式(4.1.5)可求出向量 $\boldsymbol{q}$ 中的非稀疏向量 $\boldsymbol{q}_m$,则可根据式(4.1.4)获得原信号的近似向量 $\hat{\boldsymbol{u}}$。

压缩感知的研究思路是:设计采样矩阵 $\boldsymbol{\Theta}$,使其第 $j$ 列只有元素 $\theta_{ij} = 1$,其余元素为零。根据 $\boldsymbol{w} = \boldsymbol{\Theta} \boldsymbol{u}$,这代表对信号 $u(t)$ 在 $t_j$ 时刻采样并记为 $w_i = u_j \equiv u(t_j)$,由此获得 $m$ 维向量 $\boldsymbol{w}$。由式(4.1.5)求解 $m$ 维非稀疏向量 $\boldsymbol{q}_m$,然后由式(4.1.4)重构近似于原信号的 $n$ 维向量 $\hat{\boldsymbol{u}}$。为了实现上述思路,需要解决如下三个问题。

第一,根据信号特征选择正交基向量。常用的正交基向量有离散余弦变换基、离散小波变换基等。以离散余弦变换基向量为例,其表达式为

$$\begin{cases} \boldsymbol{\varphi}_1 = \sqrt{\dfrac{1}{n}} [1 \quad 1 \quad \cdots \quad 1]^{\mathrm{T}} \\ \boldsymbol{\varphi}_r = \sqrt{\dfrac{2}{n}} \left[ \cos\left[\dfrac{(r-1)\pi}{2n}\right] \quad \cos\left[\dfrac{3(r-1)\pi}{2n}\right] \quad \cdots \quad \cos\left[\dfrac{(2n-1)(r-1)\pi}{2n}\right] \right]^{\mathrm{T}}, \\ \quad r = 2, \cdots, n \end{cases} \tag{4.1.6}$$

第二,设计采样矩阵 $\boldsymbol{\Theta}$。为了确保压缩信号能够保持原信号的结构,要求矩阵 $\boldsymbol{\Psi} \equiv \boldsymbol{\Theta}\boldsymbol{\Phi}$ 满足某些数学条件。可以证明,对于给定的正交矩阵 $\boldsymbol{\Phi}$,用随机数构造矩阵 $\boldsymbol{\Theta}$ 是较为理想的选择。因此,先置 $\boldsymbol{\Theta} = \boldsymbol{0}$;用计算机产生 $m$ 个在区间 $[0, 1]$ 中均匀分布的随机数 $\eta_i$, $i \in I_m$,若 $n\eta_i$ 的整数部分为 $j$,则置 $\theta_{ij} = 1$。因此,$\boldsymbol{w} = \boldsymbol{\Theta}\boldsymbol{u}$ 是对信号向量 $\boldsymbol{u}$ 的随机稀疏采样。此外,矩阵 $\boldsymbol{\Psi}$ 的第 $i$ 行元素就是矩阵 $\boldsymbol{\Phi}$ 的第 $j$ 行元素。

第三,求解 $m$ 维非稀疏向量 $\boldsymbol{q}_m$。稀疏度 $m \ll n$,因此式(4.1.5)是欠定方程组,需要用数值优化方法来求解向量 $\boldsymbol{q}_m$。数学家证明,这可归结为如下 1-范数的优化问题:

$$\min_{\boldsymbol{q}_m}\{\|\boldsymbol{q}_m\|_1\}, \quad \text{s.t.} \quad \boldsymbol{w} = \boldsymbol{\Psi}\boldsymbol{q}_m \tag{4.1.7}$$

其中,s.t. 代表满足约束。用凸优化方法求解式(4.1.7),将得到 $m$ 维非稀疏向量 $\boldsymbol{q}_m$,代回式(4.1.4),即得到近似于原信号的 $n$ 维向量 $\hat{\boldsymbol{u}}$。

**例 4.1.2** 针对振动信号:

$$u(t) = \cos(2\pi \times 100t) + \cos(2\pi \times 450t), \quad t \in [0, 1]\,\text{s} \tag{a}$$

取 $n = 1\,024$,采样周期 $\Delta t = 1/1\,024$ s,获得数字信号:

$$u_j \equiv u(t_j) = \cos(2\pi \times 100t_j) + \cos(2\pi \times 450t_j), \quad t_j = (j-1)\Delta t, \quad j \in I_n \tag{b}$$

采样频率 $f_s = 1/\Delta t = 1\,024$ Hz $> 2f_{\max} = 900$ Hz,因此式(b)满足 Nyquist 采样要求。但如果限定采集 $m = 128$ 个数据,则不满足 Nyquist 采样要求,会发生频率混淆。现讨论如何采用压缩感知方法解决该问题。

**解:** 在 MATLAB 中,按式(b)产生 $n = 1\,024$ 个数据,并按照 $m = 128$ 对其稀疏采样和信号重构。

首先,调用函数 rand($m$, 1),在区间 $[0, 1]$ 中产生 $m$ 个均匀分布的随机数 $\eta_i$, $i \in I_m$。对于指标 $i$,记 $n\eta_i$ 的整数部分为指标 $j$;取 $w_i = u_j$,获得 $m$ 维随机稀疏采样向量 $\boldsymbol{w}$。

其次,根据式(4.1.6),构造离散余弦变换基向量组成的矩阵。调用命令 dct,对单位矩阵 $\boldsymbol{I}_n$ 实施离散余弦变换 dct($\boldsymbol{I}_n$) 变换,可获得矩阵 $\boldsymbol{\Phi} = [\varphi_{ij}] \in \mathbb{R}^{n \times n}$,而矩阵 $\boldsymbol{\Psi} = [\psi_{ik}] = [\varphi_{jk}] \in \mathbb{R}^{m \times n}$。

然后启动 cvx 工具箱,调用优化命令 minimize 求解式(4.1.7),得到向量 $\boldsymbol{q}_m$。对式(4.1.4)两端作离散余弦变换 dct 和逆变换 idct,则有

$$\text{dct}(\hat{\boldsymbol{u}}) = \boldsymbol{q}_m, \quad \text{idct}(\boldsymbol{q}_m) = \hat{\boldsymbol{u}} \tag{c}$$

因此,采用式(c)中第二式,即得到近似于原信号的 $n$ 维向量 $\hat{\boldsymbol{u}}$。

图 4.1.3 给出了原信号和压缩感知信号的对比。从功率谱密度可见,压缩感知信号保留了原信号的频率结构,但频谱幅值具有差异。评价压缩感知的重要指标是**压缩比** $C_R \equiv n/m$,在本例中 $C_R = 8$。若取压缩比为 $C_R = 4$ 进行压缩感知,则频谱幅值差异可缩小。

(a) 原信号的时间历程

(b) 原信号的功率谱

(c) 压缩感知信号的时间历程

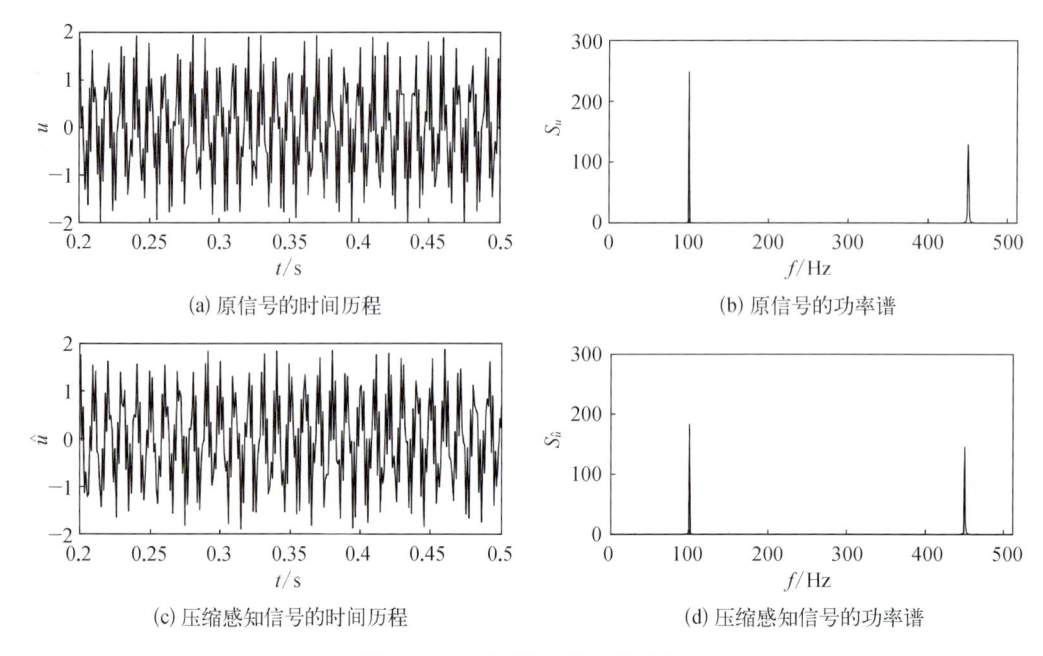

(d) 压缩感知信号的功率谱

图 4.1.3　时域信号的压缩感知

最后指出,上述采样矩阵 $\boldsymbol{\Theta}$ 具有随机性,故向量 $\hat{\boldsymbol{u}}$ 是以较大概率近似于未压缩信号向量 $\boldsymbol{u}$。由于矩阵 $\boldsymbol{\Theta}$ 可通过硬件方式实现,即采样时直接获得 $m$ 维向量 $\boldsymbol{w}$,可大大降低数据存储。对于二维图像数据,采用压缩感知的优越性更为显著。

## 4.2　数据分析

在数据驱动的研究中,数据分析的主要任务是寻找数据的内在规律。对于绝大多数工程力学问题,通过实验或计算获得的海量数据往往具有低秩结构,而这些低秩结构主导着海量数据的内在规律。本节介绍几种重要的数据分析方法,说明如何揭示数据的低秩结构,并说明如何将这些方法用于工程力学问题的数据分析、滤波和压缩。

### 4.2.1　Fourier 分析

在数据分析中,Fourier 分析是最基本的方法,也是最广泛使用的方法。为了理解 Fourier 分析的精髓,有必要回顾一下数学分析中 Fourier 变换。

为了研究时域函数 $u(t)$,选择以频率 $\omega$ 为参数的一组时域正交基函数,如三角函数或对应的复指数函数;将函数 $u(t)$ 投影到该正交基函数上,获得函数 $u(t)$ 的 Fourier 变换 $U(\omega)$,又称 **Fourier 频谱**或简称**频谱**;由频谱 $U(\omega)$ 即可分析 $u(t)$ 的频率结构。

对于时域数字信号,需要采用离散 Fourier 变换来获得数据的离散 Fourier 频谱,揭示数据的频率结构。离散 Fourier 变换既可用于保留数据的主要频率成分,实现数据压缩;

还可用于略去数据中不需要的频率成分,对数据进行滤波。

**1. 离散 Fourier 变换**

定义指标集 $\bar{I}_n \equiv \{0, 1, 2, \cdots, n-1\}$;以 $u(j)$ 表示时域离散信号 $u(j\Delta t)$, $j \in \bar{I}_n$,以 $U(k)$ 表示频域数字信号 $U(k\Delta f)$, $k \in \bar{I}_n$(稍后解释 $\Delta f$);则 $u(j)$ 和 $U(k)$ 组成一对**离散 Fourier 变换**:

$$\begin{cases} U(k) = \dfrac{1}{n}\sum_{j=0}^{n-1} u(j)\exp\left(-\dfrac{\mathrm{i}2\pi jk}{n}\right), & k \in \bar{I}_n \\ u(j) = \sum_{k=0}^{n-1} U(k)\exp\left(\dfrac{\mathrm{i}2\pi jk}{n}\right), & j \in \bar{I}_n \end{cases} \quad (4.2.1\mathrm{a})(4.2.1\mathrm{b})$$

其中,式(4.2.1a)为正变换;式(4.2.1b)为逆变换;$U(k)$ 称为**离散频谱**。采用美国数学家库利(James William Cooley,1926~2016)和图基(John Wilder Tukey,1915~2000)提出的**快速傅里叶变换**(fast Fourier transform,FFT)算法,可高效计算上述两式。例如,对于常用的采样数 $n=1\,024$,采用 FFT 信号处理芯片可在 1 ms 内完成计算。

用 FFT 算法计算式(4.2.1)等价于对时域信号作 Fourier 级数展开,这要求时域数字信号具有周期性,即 $u(n)=u(0)$。在实践中,难以获得严格的周期信号。此时,只能放松要求,如要求时域信号是平稳的。在使用 FFT 时,应注意如下三个问题,避免发生错误。

第一,不论原信号是否具有周期,由于采样信号的时间长度为 $T$,FFT 计算的是 Fourier 级数的系数,隐含了将采样信号以 $T$ 为周期进行延拓,因此 FFT 分析基频为 $\Delta f = 1/T$。此时,$\Delta f$ 称作 FFT 的**分辨频率**,表明离散频谱的频率间隔为 $\Delta f$,采样周期和采样频率分别为

$$\Delta t = \frac{T}{n}, \quad f_s = \frac{1}{\Delta t} = n\Delta f \quad (4.2.2)$$

第二,实函数的 Fourier 频谱是关于频率的偶函数,故只需关注正频率区间的频谱;并根据能量等价,将其 2 倍定义为**单边频谱**。FFT 计算程序输出离散频谱的方式如图 4.2.1 所示,其中 $n=8$。由此可见,离散频谱关于折叠点左右对称,即图中的第 6、7、8 条谱线与第 4、3、2 条谱线互为共轭;有效谱线数为 $(n/2)+1$,信号最高频率为

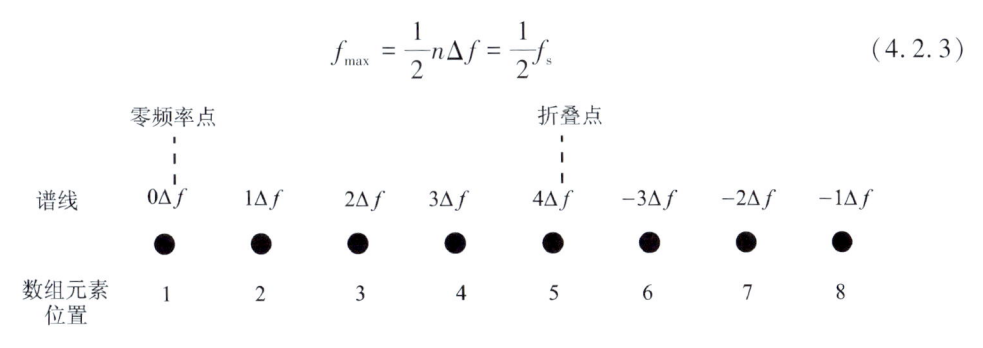

$$f_{\max} = \frac{1}{2}n\Delta f = \frac{1}{2}f_s \quad (4.2.3)$$

| 谱线 | $0\Delta f$ | $1\Delta f$ | $2\Delta f$ | $3\Delta f$ | $4\Delta f$ | $-3\Delta f$ | $-2\Delta f$ | $-1\Delta f$ |
|---|---|---|---|---|---|---|---|---|
| 数组元素位置 | 1 | 2 | 3 | 4 | 5 | 6 | 7 | 8 |

零频率点对应 $0\Delta f$,折叠点对应 $4\Delta f$。

**图 4.2.1 FFT 输出的离散频谱排列方式($n=8$)**

在有效谱线数内讨论离散频谱,应将其视为单边频谱。此时,互为共轭的 $(n/2)-1$ 对谱线相互叠加,故式(4.2.1a)所对应的单边频谱可表示为

$$\begin{cases} U(0) = \dfrac{1}{n} \sum_{j=0}^{n-1} u(j), \quad U\left(\dfrac{n}{2}\right) = \dfrac{1}{n} \sum_{j=0}^{n-1} (-1)^j u(j) \\ U(k) = \dfrac{2}{n} \sum_{j=0}^{n-1} u(j) \exp\left(-\dfrac{\mathrm{i} 2\pi j k}{n}\right), \quad k \in I_{n/2-1} \end{cases} \tag{4.2.4}$$

第三,在信号采集前,需根据式(4.1.2)所确定的原则进行抗混滤波。通常,数据采集与分析系统设定采样频率 $f_s$ 为最高分析频率 $f_{a\text{-max}}$ 的 2.56 倍。当采样数为 $n=1024$ 时,虽然理论上的谱线为 512 根,但实际可用的谱线数为 $1024/2.56=400$ 根,**最高分析频率**为 $f_{a\text{-max}} = f_s/2.56$。

**例 4.2.1** 在结构动力学实验中,为了激发结构在指定频段的响应,采用如下扫频信号:

$$u(t) = u_0 \sin\left[2\pi\left(f_1 + \dfrac{f_2 - f_1}{2T} t\right) t\right], \quad t \in [0, T] \tag{a}$$

其中,$f_1$ 和 $f_2$ 分别是频段的下界和上界;$T$ 为信号的时间长度。设该信号为位移,其参数为 $u_0 = 10 \text{ mm}$, $f_1 = 0.0 \text{ Hz}$, $f_2 = 20.0 \text{ Hz}$, $T = 10.0 \text{ s}$,信号采集系统允许的采样数为 $n=1024$,谱线数为 400。确定采样频率、采样周期、频率分辨率、最高分析频率,在 MATLAB 中对该模拟信号采样并计算对应的单边频谱幅值。

**解**:根据信号的时间长度 $T$ 和采样数 $n$,得到采样频率和采样周期分别为

$$f_s = \dfrac{n}{T} = 102.4 \text{ Hz}, \quad \Delta t = \dfrac{T}{n} = 0.00977 \text{ s} \tag{b}$$

频率分辨率为

$$\Delta f = \dfrac{1}{T} = \dfrac{1}{10} = 0.1 \text{ (Hz)} \tag{c}$$

当谱线数为 400 时,最高分析频率为

$$f_{a\text{-max}} = \dfrac{f_s}{2.56} = \dfrac{102.4}{2.56} = 40 \text{ (Hz)} \tag{d}$$

在 MATLAB 中,按采样周期 $\Delta t \approx 0.00977 \text{ s}$ 对式(a)中的模拟信号 $u(t)$ 采样,得到数字信号 $u(j), j \in \bar{I}_n$,如图 4.2.2(a)所示。针对该数字信号,用命令 fft 计算离散频谱。根据式(4.2.4),将 $k \in I_{n/2-1}$ 所对应的离散频谱乘以 2,得到单边频谱,其幅值如图 4.2.2(b)所示。由图可见,该信号的能量主要分布在 0~20 Hz 频带内。

(a) 时间历程   (b) FFT的幅值谱

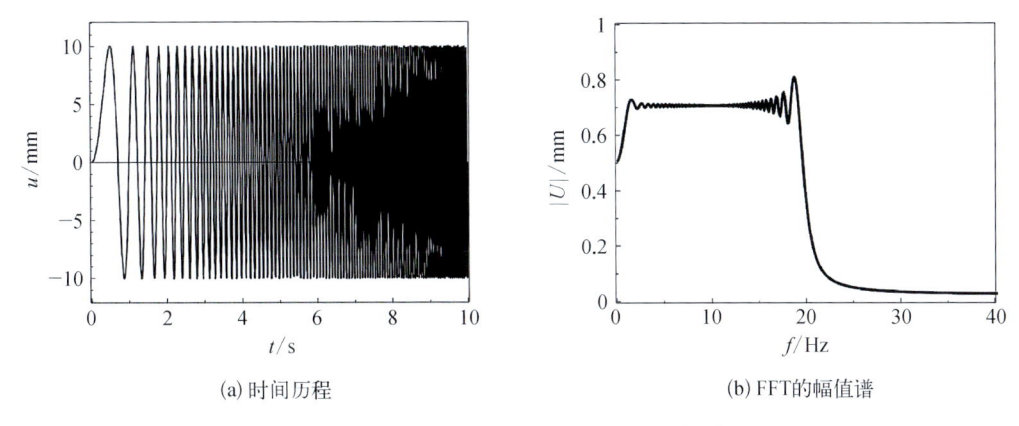

图 4.2.2　正弦快扫频位移信号及其频谱

## 2. 频谱泄漏

对周期信号采样时,若时间长度不是其周期的整数倍,则经过 FFT 计算得到的离散频谱会出现能量泄漏,又称作**频谱泄漏**。图 4.2.3(a)给出了振动频率为 $\omega_0$、周期为 $T_0$ 的正弦信号。若采样时间长度 $T$ 是 $T_0$ 的整数倍,则在频域内得到频率为 $\omega_0$ 的唯一谱线。但若 $T$ 不是 $T_0$ 的整数倍,在频域内会得到图 4.2.3(b)中所示的多根谱线,其中频率为 $\omega_0$ 的谱线幅值最大。这表明,振动能量泄漏到了频率为 $\omega_0$ 以外的其他振动。

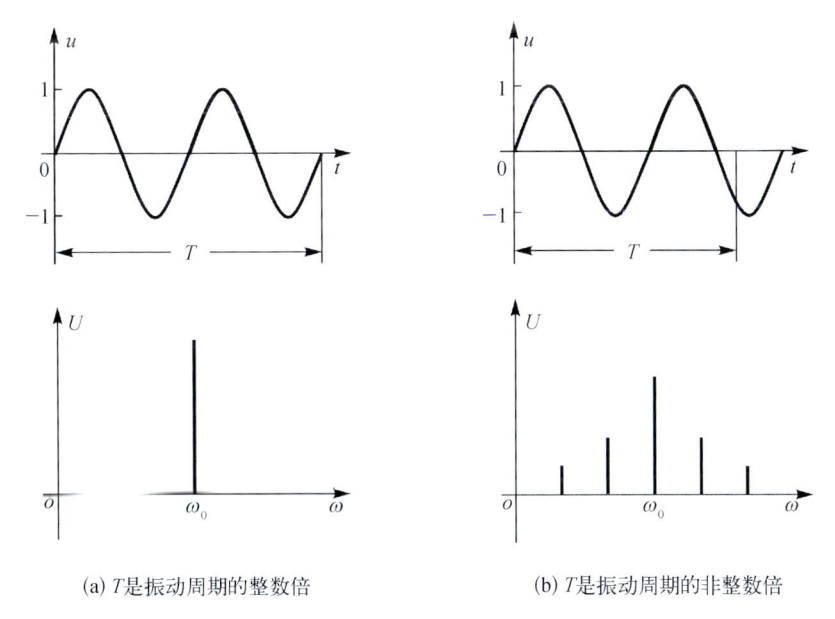

(a) $T$ 是振动周期的整数倍   (b) $T$ 是振动周期的非整数倍

图 4.2.3　正弦信号的周期采样和非周期采样对比

由于数据采集系统的硬件采样周期是分级固定的,通常无法实现整周期采样。为了减少离散频谱的泄漏,可在对信号进行 FFT 计算前作加窗处理,也就是对采样信号 $u(j)$ 乘以给定的窗信号 $w(j)$,使信号 $u(j)w(j)$ 具有周期性。例如,将 $w(j)$ 设计为两端幅值逐渐趋于零的窗口,使加窗信号满足周期性条件 $u(0)w(0)=u(n)w(n)=0$。常用的窗函数有海宁(Hanning)窗、指数窗等。

3. 噪声滤波

在 Fourier 变换的众多应用中,噪声滤波具有物理直观性强,操作简单的特点。例如,对于受宽带随机噪声污染的窄带时域信号,可采用 Fourier 变换将其转换为频域信号,在频域保留窄带信号,滤去宽带噪声,然后通过 Fourier 逆变换获得滤波后的时域信号。

**例 4.2.2** 在图 4.2.4(a)中,数字信号 $u(j)$,$j \in \bar{I}_n$,$n=1\,000$ 被噪声污染为 $\tilde{u}(j)$,$j \in \bar{I}_n$。在 MATLAB 中,用 Fourier 变换方法对受污染数字信号进行噪声滤波。

**解**:针对受污染的数字信号 $\tilde{u}(j)$,$j \in \bar{I}_n$,用命令 fft 计算其离散频谱 $\tilde{U}(k)$,$k \in \bar{I}_n$,图 4.2.4(b)是对应的单边频谱幅值。该频谱幅值呈现 3 个突出峰值,故数字信号 $\tilde{u}(j)$,$j \in \bar{I}_n$ 是被宽带噪声污染的窄带信号。

为了构造滤波信号的离散频谱 $\hat{U}(k)$,$k \in \bar{I}_n$,先置 $\hat{U}(k)=0$;再搜寻频谱幅值 $|\tilde{U}(k)|>0.2$ 的频谱所对应指标 $k$,取 $\hat{U}(k)=\tilde{U}(k)$,其对应的单边频谱幅值见图 4.2.4(d)。最后,用命令 ifft 将离散频谱 $\hat{U}(k)$,$k \in \bar{I}_n$ 转换为滤波数字信号 $\hat{u}(j)$,$j \in \bar{I}_n$。图 4.2.4(c)给出了原信号 $u(j)$,$j \in \bar{I}_n$ 和滤波信号 $\hat{u}(j)$,$j \in \bar{I}_n$ 的比较,表明上述过程可有效过滤宽带随机噪声。

(a) 原信号及被污染信号的时间历程

(b) 被污染信号的离散频谱

(c) 原信号和滤波信号的时间历程

(d) 滤波信号的离散频谱

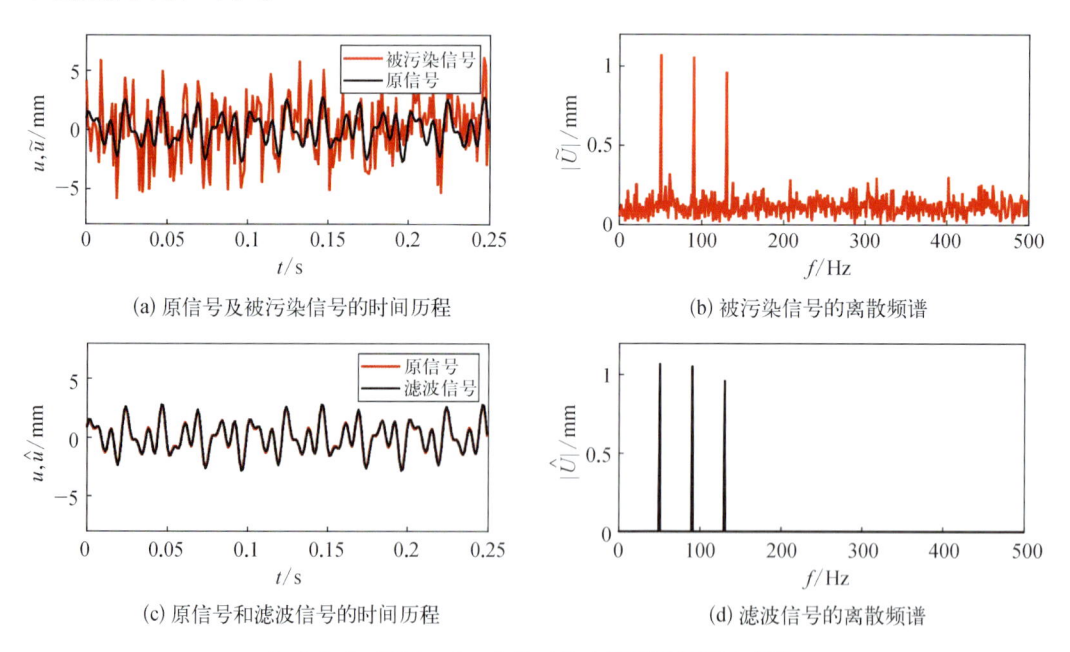

图 4.2.4 用 Fourier 变换对数字信号进行噪声滤波

4. 图像处理

上述 Fourier 变换可推广到以矩阵方式存储的二维离散信号 $[x_{ij}]$。首先,对矩阵 $[x_{ij}]$ 的每一行实施 FFT,将结果存储为矩阵 $[\tilde{X}_{rs}]$;再对矩阵 $[\tilde{X}_{rs}]$ 的每一列实施 FFT,得到频谱矩阵 $[X_{rs}]$。对于二维图像信号,频谱矩阵 $[X_{rs}]$ 中大多数元素的模很小,可忽略不计,只需保留少数模较大的元素,将其记为 $[\hat{X}_{rs}]$。最后,再对 $[\hat{X}_{rs}]$ 实施 FFT 逆变换,获得压缩后的二维离散信号 $[\hat{x}_{ij}]$。

### 4.2.2 小波分析

回顾离散 Fourier 变换,其思路是:选择以频率 $\omega_k$ 为参数的一组正交基函数,将时域数字信号 $u(t_j)$ 投影到该正交基函数上,从而可分析时域数字信号 $u(t_j)$ 的离散频谱 $U(\omega_k)$。然而,离散频谱具有如下两个不足。

第一,频率分辨率与采样周期具有固化关系,难以兼顾时域和频域的高分辨率。例如,若时域信号具有精细结构,则需采样周期 $\Delta t$ 足够短,即采样频率 $f_s = 1/\Delta t$ 足够高;因采样长度 $n$ 有限,会导致频率分辨率 $\Delta f = f_s/n$ 不足。

第二,离散频谱与时间无关,难以反映时域信号中不同频率成分出现的时间顺序。例如,对于例 4.2.1 中的时域信号,如果将其改为从高频到低频扫频,将得到相同频谱。

本小节所介绍的小波分析,将采用随时间和频率分别变化的时频谱来分析信号,进而解决上述问题。

#### 1. 连续小波变换

在图 4.2.5 中,图 4.2.5(a) 是根据采样周期 $\Delta t$ 获得的时域数字信号;图 4.2.5(b) 是其离散 Fourier 变换,其中 $\Delta f = 1/T$, $T = n\Delta t$。小波分析的思路是,对低频信号采用宽度为 $T$ 的时域窗口,随着频率升高,将窗口宽度对分为 $T/2$, $T/4$, $T/8$ 等,如图 4.2.5(d) 所示。最终,获得图 4.2.5(c) 中由灰度代表幅值的时间-频谱图。

(a) 时域信号

(b) Fourier变换

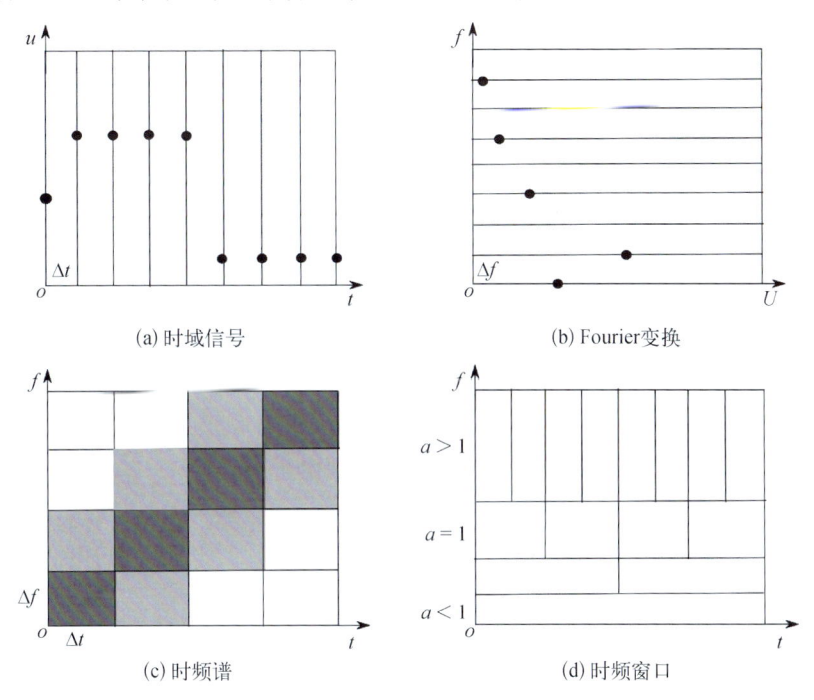

(c) 时频谱

(d) 时频窗口

**图 4.2.5 小波分析的思路**

根据上述多分辨率的思路,正交基函数是含两个参数的窗函数,即在时域某个窗口内波动的函数,称为**小波函数**。具体地说,针对实变量 $t$ 的复值函数 $\psi(t)$,取实数 $a$ 和实数 $b$,定义含两个参数的基函数:

$$\psi_{a,b}(t) = \sqrt{a}\,\psi(at-b) \tag{4.2.5}$$

对于两个基函数 $\psi_{a,b}(t)$ 和 $\psi_{c,d}(t)$,其正交性是指如下复内积为零:

$$\langle \psi_{a,b}(t), \psi_{c,d}(t) \rangle \equiv \int_{-\infty}^{+\infty} \psi_{a,b}(t)\overline{\psi}_{c,d}(t)\mathrm{d}t = 0 \tag{4.2.6}$$

其中,$\overline{\psi}_{c,d}(t)$ 是函数 $\psi_{c,d}(t)$ 的复共轭。

由式(4.2.5)可见,如果参数 $a \in (0,1)$,则 $\psi_{a,b}(t)$ 比 $\psi(t)$ 的变化要慢,幅值被压低;如果参数 $a \in (1,+\infty)$,则 $\psi_{a,b}(t)$ 的变化比 $\psi(t)$ 要快,幅值被拉高;而参数 $b$ 则表示 $\psi_{a,b}(t)$ 来自 $\psi(t)$ 的平移。因此,基函数 $\psi_{a,b}(t)$ 与函数 $\psi(t)$ 的形状相似,故将函数 $\psi(t)$ 称为**母小波函数**,而 $\psi_{a,b}(t)$ 称为**小波基函数**。

1910 年,匈牙利数学家哈尔(Alfréd Haar, 1885~1933)提出如下最简单的母小波函数:

$$\psi(t) = \begin{cases} 1, & 0 \leqslant t < 1/2 \\ -1, & 1/2 \leqslant t < 1 \\ 0, & \text{其他} \end{cases} \tag{4.2.7}$$

将式(4.2.7)代入式(4.2.5),即可得到图 4.2.6 所示的 **Haar 小波基函数** $\psi_{1,0}(t)$、$\psi_{1/2,0}(t)$ 和 $\psi_{1/2,1/2}(t)$,这对应图 4.2.5(d) 中最底层和第二层的时域函数。不难验证它们的正交性,如:

$$\int_{-\infty}^{+\infty} \psi_{1,0}(t)\overline{\psi}_{1/2,0}(t)\,\mathrm{d}t = \int_{0}^{1/2} \overline{\psi}_{1/2,0}(t)\mathrm{d}t$$

$$= \int_{0}^{1/4} \sqrt{\frac{1}{2}}\mathrm{d}t - \int_{1/4}^{1/2} \sqrt{\frac{1}{2}}\mathrm{d}t = 0 \tag{4.2.8}$$

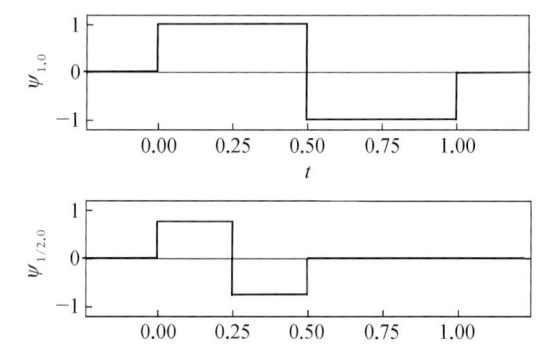

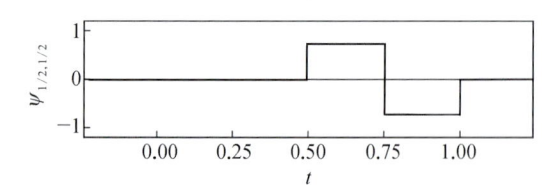

**图 4.2.6 Haar 小波基函数示意图**

在此基础上,可定义函数 $f(t)$ 的**连续小波变换**为如下复内积:

$$F(a,b) \equiv \langle f(t), \overline{\psi}_{a,b}(t) \rangle = \int_{-\infty}^{+\infty} f(t)\overline{\psi}_{a,b}(t)\mathrm{d}t \tag{4.2.9}$$

对应的逆变换为

$$f(t) = \frac{1}{C_\psi} \int_{-\infty}^{+\infty} \left[ \int_{-\infty}^{-\infty} F(a, b) \psi_{a,b}(t) \mathrm{d}b \right] \frac{1}{a} \mathrm{d}a, \quad C_\psi \equiv \int_{-\infty}^{+\infty} \frac{|\Psi(\omega)|^2}{|\omega|} \mathrm{d}\omega < +\infty$$

(4.2.10)

其中，$\Psi(\omega)$ 是函数 $\psi(t)$ 的 Fourier 频谱；常数 $C_\psi$ 取有限值，表明 $\lim_{\omega \to 0} \Psi(\omega) = 0$。

在式(4.2.9)中，基函数 $\psi_{a,b}(t)$ 可视为随参数 $b$ 在时域移动的窗函数；当 $a \in (0, 1)$ 时，它是时域的宽窗口，对应于频域的窄窗口，如图 4.2.5(d)中位于底层的时频窗口；而当 $a \in (1, +\infty)$ 时，它是时域的窄窗口，对应于频域的宽窗口，如图 4.2.5(d)中位于顶层的时频窗口。因此，小波变换可解决 Fourier 变换的前述两个不足。

值得指出，虽然 Haar 函数的形式简单，但性能不够好。数学家构造了具有更好性能的多种母小波函数，适用于不同需求。在 MATLAB 中，提供了 15 种母小波函数，可通过命令 waveinfo 查阅。

例如，cmor 代表**复值莫莱(Morlet)母小波函数**，其定义为

$$\psi(t) = \frac{1}{\sqrt{\pi \sigma^2}} \exp\left(-\frac{t^2}{2\sigma^2}\right) \exp(\mathrm{i}2\pi f_c t) \quad (4.2.11)$$

其中，$f_c$ 是**小波中心频率**，单位是 Hz；$\sigma$ 是**带宽参数**，单位是 s。图 4.2.7 是该母小波函数的实部和虚部，分别是偶函数和奇函数，由图可看出中心频率 $f_c$ 和带宽参数 $\sigma$ 对波形的影响。

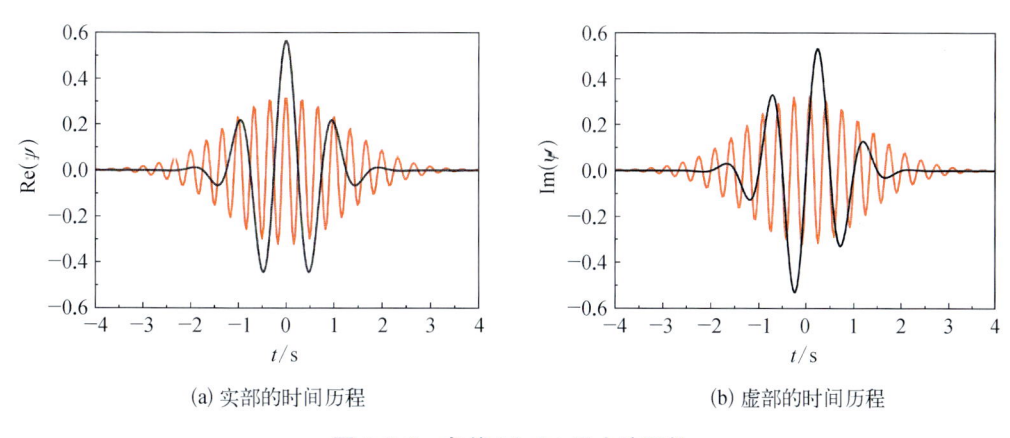

(a) 实部的时间历程

(b) 虚部的时间历程

**图 4.2.7　复值 Morlet 母小波函数**

黑线：$f_c = 1$ Hz, $\sigma = 1$ s；红线：$f_c = 3$ Hz, $\sigma = \sqrt{3}$ s

**例 4.2.3**　针对例 4.2.1 所讨论的正弦扫频信号，在 MATLAB 中用复值 Morlet 小波变换分析其时频特征。

**解：** 首先，根据例 4.2.1 给定的参数和式(a)，在 MATLAB 中产生时域的正弦扫频信号，如图 4.2.8(a)所示。其次，在 MATLAB 中选择 $f_c = 3$ Hz、$\sigma = \sqrt{3}$ s 的复值 Morlet 母小波函数，其对应名称为 cmor3-3。取小波尺度 $n = 256$，得到频率上限 $f_{\max} = 2nf_c =$

1 536 Hz；调用命令 scal2frq，将小波尺度转换为频率 $f$；调用命令 cwt，计算连续小波系数。图 4.2.8(b) 是小波系数绝对值随时间和频率的变化情况，其最大绝对值是平面 $(t, f)$ 上的直线，表明图 4.2.8(a) 的信号频率 $f$ 随着时间 $t$ 线性递增。显然，例 4.2.1 中的功率谱密度无法提供这样的信息。

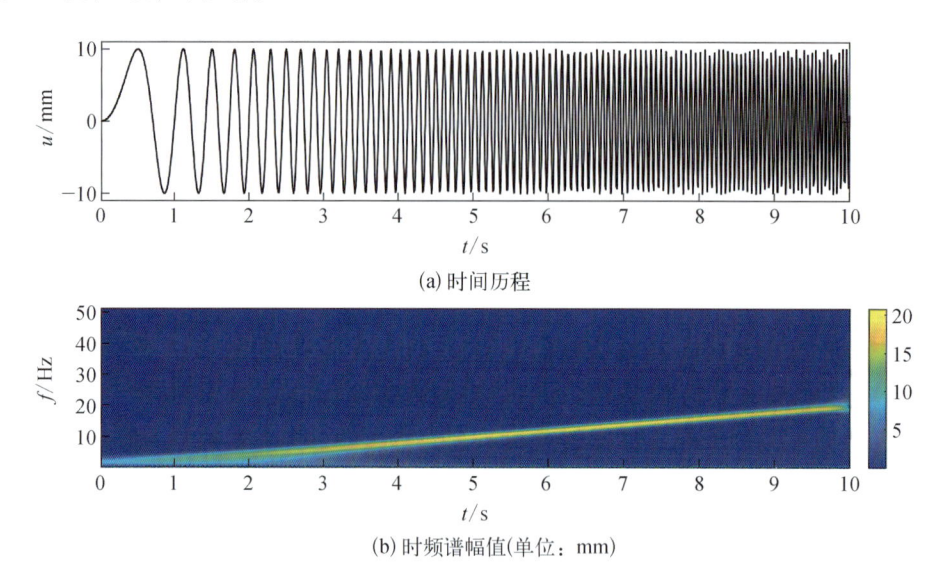

(a) 时间历程

(b) 时频谱幅值(单位：mm)

**图 4.2.8 正弦扫频信号的时频分析**

### 2. 离散小波变换

在数字信号分析中，需要采用**离散小波变换**，其定义为

$$F(j, k) \equiv \langle f(t), \bar{\psi}_{j,k}(t) \rangle = \int_{-\infty}^{+\infty} f(t) \bar{\psi}_{j,k}(t) \mathrm{d}t \tag{4.2.12}$$

其中，$\psi_{j,k}(t)$ 是**离散基函数**：

$$\psi_{j,k}(t) = 2^{j/2} \psi(2^j t - k), \quad j, k \in \mathbb{Z} \tag{4.2.13}$$

其中，$\mathbb{Z}$ 为整数集合。式 (4.2.12) 的逆变换为

$$f(t) = \sum_{j \in \mathbb{Z}} \sum_{k \in \mathbb{Z}} \langle f(t), \psi_{j,k}(t) \rangle \psi_{j,k}(t) \tag{4.2.14}$$

在 MATLAB 中，可调用小波工具箱，对数字信号进行小波变换。

离散小波变换的最主要用途是对时域数据进行多分辨率分析。离散小波变换还可用于噪声滤波和数据压缩。例如，将上述一维离散小波变换推广为二维离散小波变换，即可对图像数据进行压缩。

**例 4.2.4** 回顾例 2.4.8 所讨论的圆柱绕流问题，其流场如图 4.2.9(a) 所示。在 MATLAB 中对该图像进行压缩。

**解：** 在 MATLAB 中输入 wavemenu，启动小波分析工具箱。选择二维离散小波分析中

的 Haar 小波,对该图像数据进行小波变换。由于绝大多数的小波分量接近于零,现将 98.3%幅值最小的分量置零,对其余分量作逆变换,得到图 4.2.9(b)所示的压缩图像。虽然此时流场细节变得模糊,但压缩图像的数据量仅占原图数据量的 1.7%,即数据压缩比为 $C_r = 100/1.7 = 58.82$,这非常有助于存储海量实验数据。

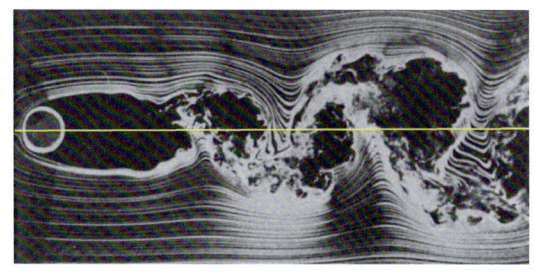

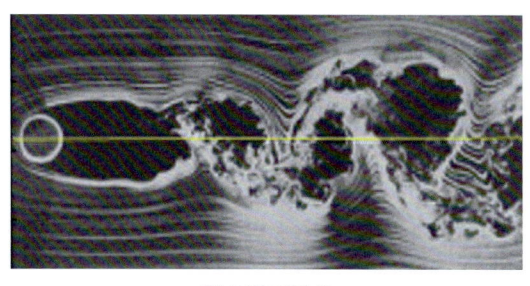

(a) 原始图像　　　　　　　　　　(b) 压缩后图像

图 4.2.9　采用 Haar 小波压缩圆柱绕流的流场图像

### 4.2.3　本征正交分解

与前两小节所介绍的 Fourier 变换和小波变换不同,本征正交分解不需要引入基函数并将数据向基函数投影,而是直接对数据进行分解,其理论基础是线性代数中的矩阵奇异值分解方法。本小节从物理场缩聚角度介绍矩阵奇异值分解,然后讨论如何用本征正交分解来对力学问题进行降阶。

#### 1. 物理场的模型降阶思路

考察由位置坐标 $x$ 和时间 $t$ 描述的标量物理场 $p(x, t)$,选择 $N$ 个位置和 $n$ 个时刻对其采样,获得 $p(x_i, t_k)$, $i \in I_N$, $k \in I_n$。将采样结果表示为矩阵形式:

$$\begin{cases} \boldsymbol{P} \equiv [\boldsymbol{p}_1 \ \cdots \ \boldsymbol{p}_n] \equiv \begin{bmatrix} p(x_1, t_1) & \cdots & p(x_1, t_n) \\ \vdots & \ddots & \vdots \\ p(x_N, t_1) & \cdots & p(x_N, t_n) \end{bmatrix} \in \mathbb{R}^{N \times n} \\ \boldsymbol{p}_k \equiv \begin{bmatrix} p(x_1, t_k) \\ \vdots \\ p(x_N, t_k) \end{bmatrix} \in \mathbb{R}^N, \quad k \in I_n \end{cases} \quad (4.2.15)$$

其中,向量 $\boldsymbol{p}_k$ 称为物理场在 $t_k$ 时刻的**快照**。通常,$n \ll N$,故 $\boldsymbol{P}$ 为**高矩阵**。

现借鉴研究线性振动问题的模态展开法,将式(4.2.15)中的快照 $\boldsymbol{p}_k$ 表示为

$$\boldsymbol{p}_k = \sum_{i=1}^{N} \boldsymbol{\varphi}_i q_{ik}, \quad k \in I_n \quad (4.2.16)$$

其中,$\boldsymbol{\varphi}_i \in \mathbb{R}^N$, $i \in I_N$ 是与时间无关的向量,而系数 $q_{ik}$, $i \in I_N$, $k \in I_n$ 与采样时间 $t_k$,

$k \in I_n$ 相关。如果随着指标 $i$ 增加，$|q_{ik}|$ 越来越小，则可能存在某个指标 $m$，使得式 (4.2.16) 可近似为

$$\boldsymbol{p}_k \approx \sum_{i=1}^{m} \boldsymbol{\varphi}_i q_{ik}, \quad k \in I_n, \quad m < n \ll N \tag{4.2.17}$$

引入矩阵：

$$\boldsymbol{\Phi}_m \equiv [\boldsymbol{\varphi}_1 \quad \cdots \quad \boldsymbol{\varphi}_m] \in \mathbb{R}^{N \times m}, \quad \boldsymbol{Q}_m \equiv \begin{bmatrix} q_{11} & \cdots & q_{1n} \\ \vdots & \ddots & \vdots \\ q_{m1} & \cdots & q_{mn} \end{bmatrix} \in \mathbb{R}^{m \times n} \tag{4.2.18}$$

将矩阵 $\boldsymbol{P}$ 近似为

$$\boldsymbol{P} \approx \boldsymbol{P}_m = \boldsymbol{\Phi}_m \boldsymbol{Q}_m \tag{4.2.19}$$

现将物理场 $p(x, t)$ 视为梁的弯曲振动位移场，则式 (4.2.19) 可理解为固有模态缩聚，表明位移场的主要成分是 $m$ 阶低频固有振动的线性组合，矩阵 $\boldsymbol{\Phi}_m$ 的第 $i$ 列是第 $i$ 阶固有振型在空间坐标上的采样值，矩阵 $\boldsymbol{Q}_m$ 的第 $k$ 列是 $t_k$ 时刻的模态位移。

那么，对于任意物理场 $p(x, t)$ 进行离散得到的高矩阵 $\boldsymbol{P}$，是否可进行上述缩聚呢？矩阵的奇异值分解理论支持这样的缩聚。即对任意高矩阵 $\boldsymbol{P}$，均存在类似缩聚。

### 2. 矩阵的奇异值分解

根据矩阵论，对于任意实矩阵 $\boldsymbol{P} \in \mathbb{R}^{N \times n}$，存在矩阵分解：

$$\boldsymbol{P} = \boldsymbol{\Phi} \boldsymbol{\Sigma} \boldsymbol{\Psi}^{\mathrm{T}} \tag{4.2.20}$$

其中，矩阵 $\boldsymbol{\Sigma} \in \mathbb{R}^{N \times n}$ 可表示为

$$\boldsymbol{\Sigma} = \begin{bmatrix} \operatorname*{diag}_{r \in I_n}[\sigma_r] \\ \boldsymbol{0} \end{bmatrix}, \quad \sigma_1 \geqslant \sigma_2 \geqslant \cdots \sigma_m \geqslant \cdots \geqslant \sigma_n \geqslant 0 \tag{4.2.21}$$

其中，$\sigma_r, r \in I_n$ 称为**奇异值**，其非零个数为矩阵 $\boldsymbol{P}$ 的秩；矩阵 $\boldsymbol{\Phi}$ 和 $\boldsymbol{\Psi}$ 是正交矩阵，满足：

$$\boldsymbol{\Phi} \equiv [\boldsymbol{\varphi}_1 \quad \cdots \quad \boldsymbol{\varphi}_N] \in \mathbb{R}^{N \times N}, \quad \boldsymbol{\Psi} \equiv [\boldsymbol{\psi}_1 \quad \cdots \quad \boldsymbol{\psi}_n] \in \mathbb{R}^{n \times n}, \quad \boldsymbol{\Phi}^{\mathrm{T}} \boldsymbol{\Phi} = \boldsymbol{I}_N, \quad \boldsymbol{\Psi}^{\mathrm{T}} \boldsymbol{\Psi} = \boldsymbol{I}_n \tag{4.2.22}$$

其中，$\boldsymbol{\varphi}_r \in \mathbb{R}^N, r \in I_N$ 称为**左奇异向量**；$\boldsymbol{\psi}_s \in \mathbb{R}^n, s \in I_n$ 称为**右奇异向量**。

通常，矩阵 $\boldsymbol{P}$ 的秩远小于 $n$，即式 (4.2.21) 中的大多数奇异值接近于零。因此，可取前 $m$ 个较大的奇异值及对应的奇异向量，构造矩阵 $\boldsymbol{P}$ 的如下缩聚表示：

$$\boldsymbol{P} \approx \boldsymbol{P}_m \equiv \boldsymbol{\Phi}_m \boldsymbol{\Sigma}_m \boldsymbol{\Psi}_m^{\mathrm{T}}, \quad \boldsymbol{\Phi}_m \equiv [\boldsymbol{\varphi}_1 \quad \cdots \quad \boldsymbol{\varphi}_m], \quad \boldsymbol{\Sigma}_m \equiv \operatorname*{diag}_{r \in I_m}[\sigma_r], \quad \boldsymbol{\Psi}_m \equiv [\boldsymbol{\psi}_1 \quad \cdots \quad \boldsymbol{\psi}_m] \tag{4.2.23}$$

根据矩阵的弗罗贝尼乌斯 (Frobenius) 范数，不难证明该缩聚表示的相对误差为

$$\varepsilon \equiv \frac{\|\boldsymbol{P}-\boldsymbol{P}_m\|_F^2}{\|\boldsymbol{P}\|_F^2} = \left\|\sum_{r=m+1}^{n}\sigma_r\boldsymbol{\varphi}_r\boldsymbol{\psi}_r^T\right\|_F^2 \left\|\sum_{r=1}^{n}\sigma_r\boldsymbol{\varphi}_r\boldsymbol{\psi}_r^T\right\|_F^{-2} = \frac{\sigma_{m+1}^2+\cdots+\sigma_n^2}{\sigma_1^2+\cdots+\sigma_n^2}$$

(4.2.24)

如果记 $\boldsymbol{Q}_m \equiv \boldsymbol{\Sigma}_m\boldsymbol{\Psi}_m^T \in \mathbb{R}^{m\times n}$，则式(4.2.19)与式(4.2.23)相同。

### 3. 力学模型降阶

在数据分析中，将数据矩阵的奇异值分解称为**本征正交分解**(proper orthogonal decomposition, POD)。因为，若将物理场 $p(x,t)$ 的采样数据表示为式(4.2.15)中的矩阵 $\boldsymbol{P}$，则矩阵 $\boldsymbol{P}$ 的左奇异向量矩阵 $\boldsymbol{\Phi}$ 不仅是正交矩阵，而且与时间无关，描述了物理场 $p(x,t)$ 在空间变化的本征形态。此时，矩阵 $\boldsymbol{\Phi}$ 犹如梁弯曲振动的固有振型矩阵，故称为 **POD 振型矩阵**，其各列为 **POD 振型**。当然，POD 振型矩阵与弹性结构的固有振型矩阵有所不同。前者是自身正交，而后者关于结构质量矩阵或刚度矩阵加权正交。

现考察跨声速飞行器结构的颤振主动控制问题。跨声速空气动力学具有本质非线性，需采用计算流体力学方法才能获得较为准确的气动力。由于气动力与飞行器结构变形相互耦合，还需要将计算流体力学(CFD)与计算结构动力学(CSD)进行耦合，才能描述飞行器结构的气动弹性力学。这样的描述具有很高自由度，难以用于颤振控制设计，而且对颤振控制效果的数值仿真也极为耗时。

根据本征正交分解，可以构思如下近似处理方法。让飞行器结构在颤振频段内做随机振动，计算其导致的非定常气动力并获得流场压强的快照矩阵 $\boldsymbol{P}$，通过本征正交分解获得低阶 POD 振型矩阵 $\boldsymbol{\Phi}_m$，由此建立气动弹性问题的降阶模型。

**例 4.2.5** 图 4.2.10 所示的 NACA0012 翼型位于 $Ma=0.71$ 和 $Re=2.25\times10^6$ 的跨声速来流中，对翼型施加随机振动，通过对翼型上的气动压强分布数据矩阵进行本征正交分解，将翼型的气动弹性模型进行降阶。

**解**：首先，将翼型置于零攻角，对其附近的流场划分计算网格。图 4.2.11 给出了曲线网格的节点编号规则和翼型附近的计算网格图。

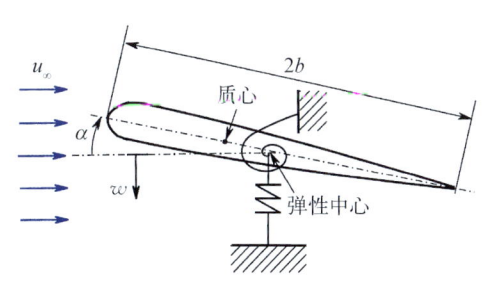

**图 4.2.10 翼型的跨声速颤振问题**

其次，该翼型有两个固有振动频率，位于频段 $0\sim20\,\mathrm{Hz}$。用计算机产生 $0\sim20\,\mathrm{Hz}$ 频段内两个独立的相位随机振动信号，将其作为图 4.2.12 所示翼型无量纲铅垂位移 $w/b$ 和攻角 $\alpha$ 的时间历程，对流场施加激励。在给定的 $Ma$ 和 $Re$ 下，求解具有 Euler/Reynolds 平均的 Navier – Stokes 方程，获得非定常气动压强分布，相关细节见本章作者团队的论文[1]。

---

[1] Yao X J, Huang R, Hu H Y. Data-driven modeling of transonic unsteady flows and efficient analysis of fluid-structure stability[J]. Journal of Fluids and Structures, 2022, 116: 103792.

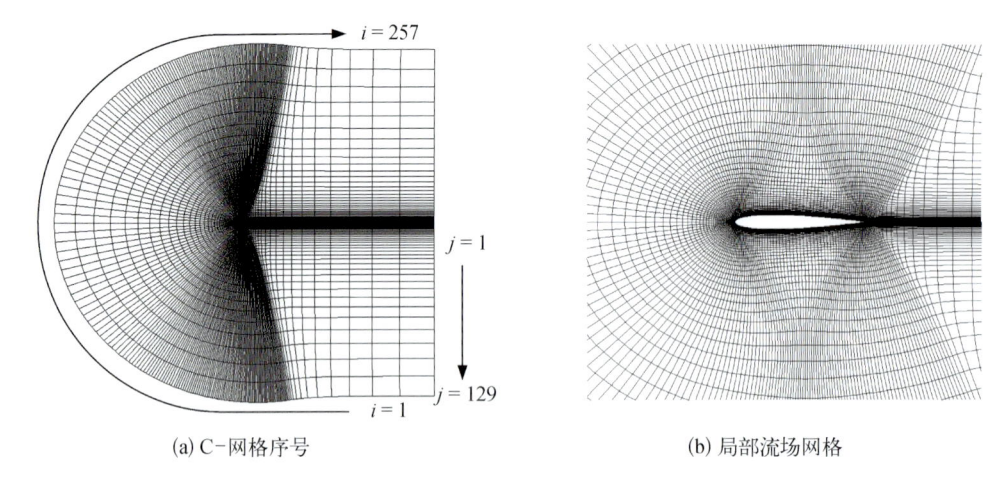

(a) C-网格序号 　　　　　　　　　　　(b) 局部流场网格

图 4.2.11　翼型附近的流场网格划分

然后，将二维空间坐标 $(x_i, y_j)$ 按列排序为一维坐标，将流场压强分布采样数据 $p(x_i, y_j, t_k)$ 组装为式(4.2.15)中的高矩阵 $\boldsymbol{P}$。其中，空间坐标点数为 $N = 257 \times 129 = 33\,153$，时域采样点数为 $n = 2\,000$，采样周期为 $\Delta t = 0.9\,\mathrm{ms}$。对压强分布矩阵 $\boldsymbol{P}$ 作奇异值分解，图 4.2.13 表明，矩阵 $\boldsymbol{P}$ 的前 50 个奇异值 $\sigma_r$ 随着阶次 $r$ 增加而急剧递减。若取截断阶次为 $m = 12$，则根据式(4.2.24)所计算的相对误差小于 0.3%。式(4.2.24)中的 Frobenius 范数定义为矩阵全体元素平方和的平方根，因此该近似可充分体现气动力与翼型之间的相互作用效果。

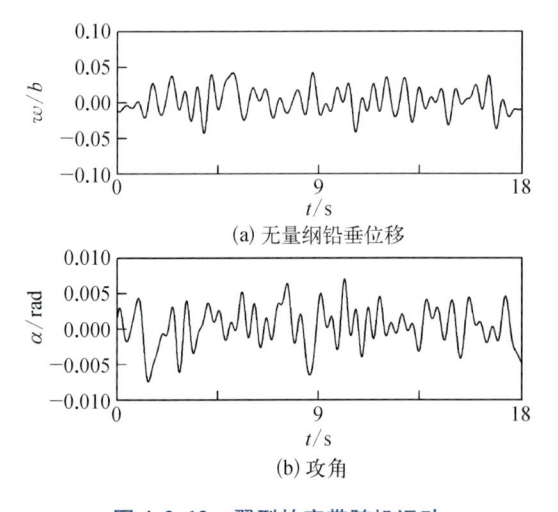

(a) 无量纲铅垂位移

(b) 攻角

图 4.2.12　翼型的窄带随机运动　　　图 4.2.13　奇异值随阶次提升的下降趋势

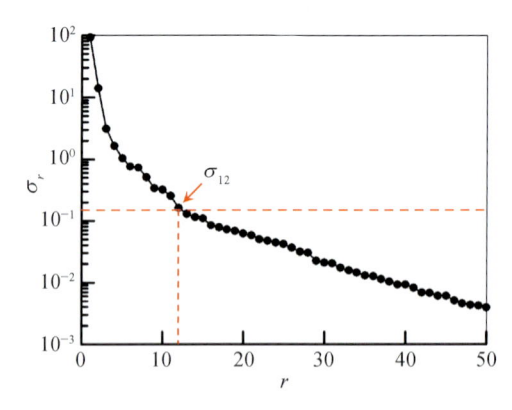

根据式(4.2.23)，得到流场压强分布矩阵 $\boldsymbol{P}$ 的降阶形式：

$$\boldsymbol{P} \approx \boldsymbol{\Phi}_m \boldsymbol{Q}_m, \quad \boldsymbol{Q}_m \equiv \boldsymbol{\Sigma}_m \boldsymbol{\Psi}_m^{\mathrm{T}}, \quad m = 12 \ll N = 33\,153 \quad \text{(a)}$$

其中，$\boldsymbol{\Phi}_m \in \mathbb{R}^{N \times m}$ 是由 $m = 12$ 个 POD 振型组成的"瘦高矩阵"，图 4.2.14 是前 4 阶 POD

振型，给出了流场压强分布的本征形态；$\boldsymbol{Q}_m \in \mathbb{R}^{m \times n}$ 是随时间变化的模态位移矩阵。采用具有控制输入的动态模态分解方法，可在时间域构造 $\boldsymbol{Q}_m$ 中相邻两个时刻模态位移 $\boldsymbol{q}_k \in \mathbb{R}^m$ 和 $\boldsymbol{q}_{k+1} \in \mathbb{R}^m$ 所满足的差分方程，将其与式(a)的第一式联立得到流场压强分布的 POD 降阶模型：

$$\boldsymbol{q}_{k+1} = \boldsymbol{A}\boldsymbol{q}_k + \boldsymbol{B}\boldsymbol{u}_k, \quad \boldsymbol{p}_k = \boldsymbol{\Phi}_m \boldsymbol{q}_k, \quad k \in I_{n-1} \tag{b}$$

其中，矩阵 $\boldsymbol{A} \in \mathbb{R}^{m \times m}$ 和 $\boldsymbol{B} \in \mathbb{R}^{m \times l}$ 见前述论文；$\boldsymbol{u}_k \in \mathbb{R}^l$ 是翼型对流场的控制输入向量。

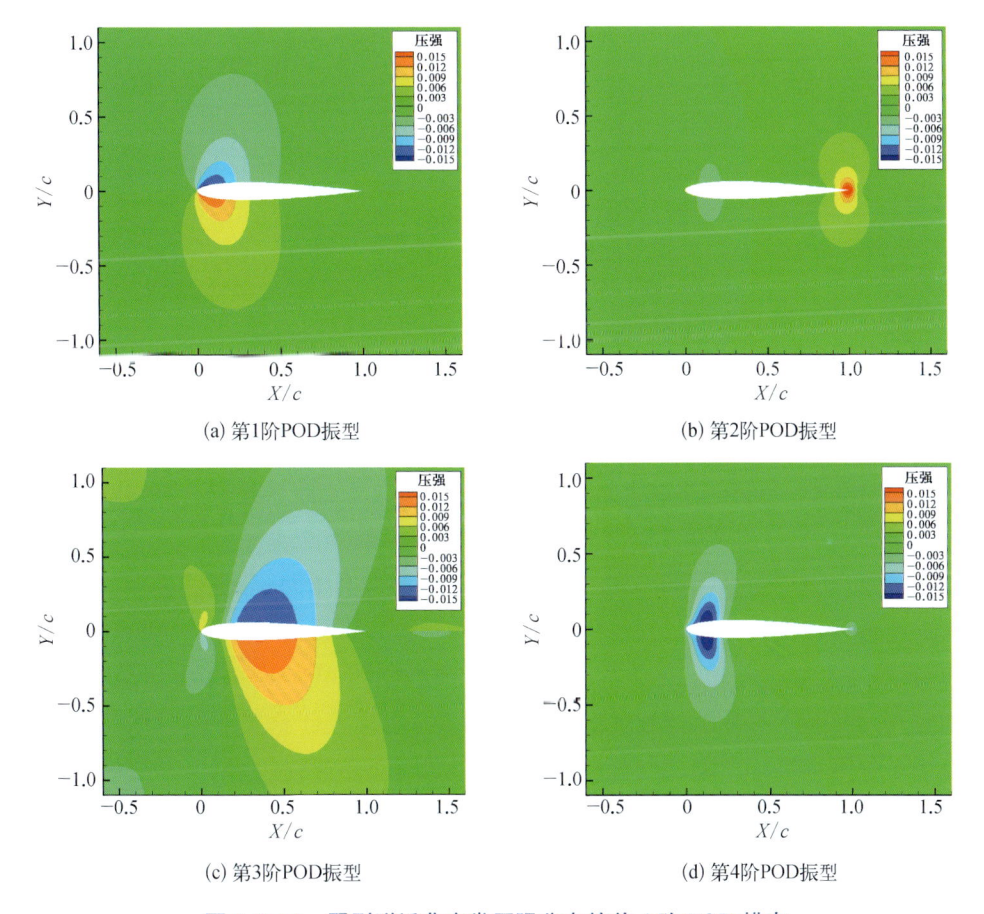

(a) 第1阶POD振型

(b) 第2阶POD振型

(c) 第3阶POD振型

(d) 第4阶POD振型

**图 4.2.14　翼型附近非定常压强分布的前 4 阶 POD 模态**

根据流场压强分布，可得到作用在翼型上的升力和力矩。参考例 3.4.9，将它们与翼型动力学方程联立，即可计算该气动弹性系统的颤振。对于 $Ma = 0.71$，图 4.2.15 给出了将 CFD 模型和 POD 降阶模型分别与翼型动力学方程耦合预测的跨声速颤振结果对比，表明 POD 降阶模型具有很好的预测精度，可用于该翼型的颤振控制设计。

最后指出，在数据分析中，奇异值分解具有基础性作用。除了用于本征正交分解，还可对高维数据进行主成分分析。在分析主成分前，应将数据扣除均值，并按照均方差进行归一化处理，以便研究其相对贡献。

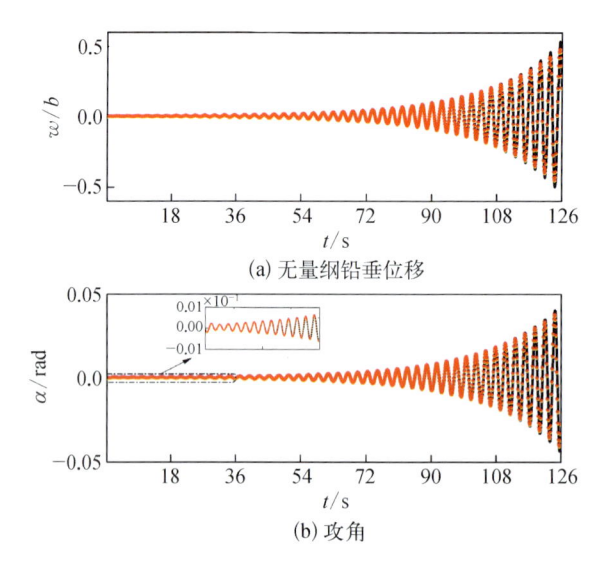

**图 4.2.15　翼型的跨声速颤振预测**
黑色：CFD 模型；红色：POD 降阶模型

## 4.3　数据驱动建模

早在数百年前，人们就开始研究如何根据观测数据建立数学模型。例如，对包含测量误差的数据进行统计建模，可追溯到 19 世纪初德国数学家高斯（Johann Carl Friedrich Gauss，1777~1855）对大地测量数据进行处理。今天，人们所拥有的数据种类和数量远远超过知识更新的速度。因此，人们将基于数据建模称为**数据驱动建模**。随着信息技术的发展，计算机正在数据驱动建模中扮演越来越重要的角色，由此产生了机器学习。

**机器学习**是基于部分已有数据（又称**训练数据**）构建统计意义下的最优模型，并利用该模型对其他数据进行预测。机器学习使用算法来分析数据，从数据中学习规律，并掌握这种规律，然后对真实世界中的事件做出决策或预测。机器学习来源于早期的人工智能领域，在模式识别和计算机学习理论的研究中逐渐发展，现已发展成为一门学科。与人工智能类似，机器学习也是一个跨学科的领域，它基于概率与统计、线性代数、数值优化等数学领域的理论和方法，解决来自科学、技术、工程、经济和社会等领域的问题。

按其实现的目标不同，机器学习方法可以分为监督学习、无监督学习、强化学习。**监督学习**是指训练数据包含人为给定的信息，以代数函数、概率函数、人工神经网络等为模型，采用优化计算方法使模型对训练数据的残差取最小值，学习结果为优化后的模型。典型的监督学习包括：线性回归、非线性回归、决策树、支持向量机等。**无监督学习**是指训练数据不包含人为给定的信息，采用聚类方法学习，学习结果为类别。典型的无监督学习包括：$k$ 均值聚类、树状图、发现学习、竞争学习等。**强化学习**是指以环境反馈（奖/惩信号）作为输入，以统计和动态规划技术为指导的学习方法。

数据驱动建模是一个浩瀚的新兴研究领域,涉及科学、技术、工程、经济和社会的各个领域。本节作为研究工程力学问题的导论,仅介绍几种基本的数据驱动建模方法,以及其在工程力学研究中的应用。

### 4.3.1 线性回归模型

在统计学中,将根据数据建立数学模型称为**回归**。最简单的回归是**线性回归**,即猜测两组数据间具有线性关系,按照某种误差最小准则建立线性模型。这可视为最简单的监督学习。本小节先讨论线性模型的回归,再讨论如何将这种方法拓展到一类非线性模型。

**1. 线性模型**

**例 4.3.1** 在弹性材料的单轴拉伸实验中,获得了一组应变数据 $\varepsilon_r, r \in I_n$ 和对应的应力数据 $\sigma_r, r \in I_n$,设它们满足 Hooke 定律:

$$\sigma_r = E\varepsilon_r, \quad r \in I_n \tag{a}$$

试确定弹性模量 $E$,使式(a)的残差平方和最小。

**解:** 定义式(a)的残差平方和为

$$e \equiv \sum_{r=1}^{n}(E\varepsilon_r - \sigma_r)^2 = \sum_{r=1}^{n}(E^2\varepsilon_r^2 - 2E\varepsilon_r\sigma_r + \sigma_r^2) \tag{b}$$

现按照式(b)取极小值来确定弹性模量 $E$,对应的极值必要条件为

$$\frac{de}{dE} = 2E\sum_{r=1}^{n}\varepsilon_r^2 - 2\sum_{r=1}^{n}\varepsilon_r\sigma_r = 0 \tag{c}$$

由式(c)解出待定的弹性模量:

$$E = \Big(\sum_{r=1}^{n}\varepsilon_r^2\Big)^{-1}\sum_{r=1}^{n}\varepsilon_r\sigma_r \tag{d}$$

上述过程的误差最小准则是残差平方和最小,因此称为**最小二乘法**。

在例 4.3.1 中,式(a)中的标量关系仅含单个待定的弹性模量 $E$,故称为**一元线性回归**。根据线性代数,可将这种回归方法推广到**多元线性回归**。

现讨论如何基于实验数据,建立向量 $\boldsymbol{x} \equiv [x_1 \quad x_2 \quad \cdots \quad x_m]^T$ 的线性函数模型:

$$f = a_0 + \boldsymbol{a}^T\boldsymbol{x} \tag{4.3.1}$$

为了确定参数 $a_0$ 和参数向量 $\boldsymbol{a} \equiv [a_1 \quad a_2 \quad \cdots \quad a_m]^T$,对向量 $\boldsymbol{x}$ 和标量 $f$ 各采集 $n$ 组实验数据 $(n > m + 1)$,并将其表示为矩阵形式:

$$\boldsymbol{f} \equiv \begin{bmatrix} f_1 \\ f_2 \\ \vdots \\ f_n \end{bmatrix} = \begin{bmatrix} 1 & x_{11} & \cdots & x_{1m} \\ 1 & x_{21} & \cdots & x_{2m} \\ \vdots & \vdots & \ddots & \vdots \\ 1 & x_{n1} & \cdots & x_{nm} \end{bmatrix} \begin{bmatrix} a_0 \\ a_1 \\ \vdots \\ a_m \end{bmatrix} \equiv \boldsymbol{X}\tilde{\boldsymbol{a}} \tag{4.3.2}$$

其中,矩阵 $X \in \mathbb{R}^{n \times (m+1)}$ 是高矩阵,满足 $\text{rank}(X) = m + 1$。定义式(4.3.2)的残差平方和:

$$e \equiv \|X\tilde{a} - f\|_2^2 = (X\tilde{a} - f)^T(X\tilde{a} - f) = \tilde{a}^T X^T X \tilde{a} - 2\tilde{a}^T X^T f + f^T f \qquad (4.3.3)$$

式(4.3.3)取极值的必要条件为

$$\frac{\partial e}{\partial \tilde{a}} = 2X^T X \tilde{a} - 2X^T f = \mathbf{0} \qquad (4.3.4)$$

由此得到待定参数向量:

$$\tilde{a} = (X^T X)^{-1} X^T f = X^+ f, \quad X^+ \equiv (X^T X)^{-1} X^T \qquad (4.3.5)$$

其中,矩阵 $X^+$ 称为高矩阵 $X$ 的**广义逆矩阵**,其存在性可由 $\text{rank}(X^T X) = m + 1$ 保证。

2. 非线性模型

不难看出,多元线性回归还可直接推广到研究如下形式的非线性模型:

$$f = a_0 + \boldsymbol{a}^T \boldsymbol{p}(x), \quad \boldsymbol{p}(x) \equiv [p_1(x) \quad p_2(x) \quad \cdots \quad p_m(x)]^T \qquad (4.3.6)$$

其中,$p_s(x), s \in I_m$ 是关于变量 $x$ 的已知函数。此时,只需要构造矩阵:

$$\boldsymbol{P} \equiv \begin{bmatrix} 1 & p_1(x_1) & \cdots & p_m(x_1) \\ 1 & p_1(x_2) & \cdots & p_m(x_2) \\ \vdots & \vdots & \ddots & \vdots \\ 1 & p_1(x_n) & \cdots & p_m(x_n) \end{bmatrix}, \quad \text{rank}(\boldsymbol{P}) = m + 1 \qquad (4.3.7)$$

将矩阵 $\boldsymbol{P}$ 视为式(4.3.2)中的 $X$,即可由式(4.3.5)可得

$$\tilde{a} = \boldsymbol{P}^+ f, \quad \boldsymbol{P}^+ \equiv (\boldsymbol{P}^T \boldsymbol{P})^{-1} \boldsymbol{P}^T \qquad (4.3.8)$$

**例 4.3.2** 图 4.3.1(a)是一种钢丝绳隔振器,当其产生小变形时,钢丝间的干摩擦起自锁作用,钢丝间无宏观位移,隔振器的阻尼很小,有利于高频隔振;当其产生大变形时,钢丝间产生滑移,产生滑动摩擦阻尼,可抑制共振峰。图 4.3.1(b)的实验数据表明,该隔振器的变形-反力关系犹如弹塑性本构关系,基于该实验数据建立隔振器的力学模型。

**解:** 对该隔振器施加动载荷,测量其变形 $x(t)$ 和反力 $f(t)$。由图 4.3.1(b)可见,反力 $f(t)$ 与加载和卸载历史有关,可视为关于变形 $x(t)$ 的分段光滑函数 $f[x(t), t]$。因此,本章作者提出采用正交多项式进行分段拟合[1],现简要介绍如下。

记 $\hat{t}_{l-1}$ 和 $\hat{t}_l$ 为加载到卸载(或卸载到加载)的转折时刻,将隔振器变形 $x(t)$ 变换为

$$y(t) = \frac{2[x(t) - x(\hat{t}_{l-1})]}{x(\hat{t}_l) - x(\hat{t}_{l-1})} - 1, \quad \hat{t}_{l-1} \leq t < \hat{t}_l, \quad l = 1, 2, \cdots \qquad (a)$$

---

[1] 胡海岩,李岳锋. 具有记忆特性的非线性减振器参数识别[J]. 振动工程学报,1989,2(2):17-27.

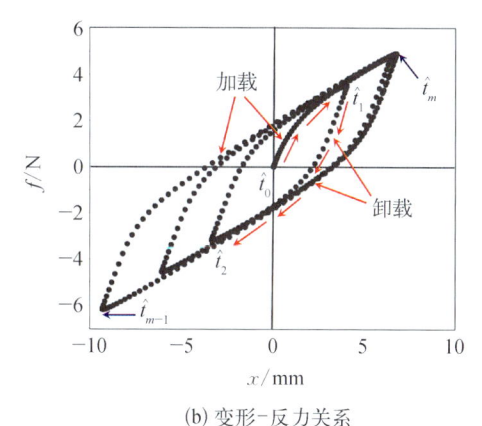

(a) 钢丝绳隔振器　　　　　　(b) 变形-反力关系

**图 4.3.1　钢丝绳隔振器及其实验数据**

将反力 $f(t)$ 视为 $y(t)$ 的非线性函数：

$$f(t)=f[y(t)], \quad y\in[-1,1], \quad l=1,2,\cdots \tag{b}$$

现采用自变量为 $y$ 的 Chebyshev 多项式的线性组合来分段逼近 $f(y)$，将其表示为

$$f(t)=\sum_{s=0}^{m}a_{ls}p_{s}[y(t)], \quad \hat{t}_{l-1}\leqslant t<\hat{t}_{l}, \quad l=1,2,\cdots \tag{c}$$

其中，第一类 Chebyshev 多项式 $p_s(y)$ 定义为

$$p_s(y)\equiv\cos[s\arccos(y)], \quad y\in[-1,1], \quad s=0,1,2,\cdots,m \tag{d}$$

通常，取 $m=3\sim 4$ 即可获得很好的逼近。

现以图 4.3.1(b) 中第一个加载时间段 $t\in[\hat{t}_0,\hat{t}_1)$ 为例，根据实验数据 $(y_r,f_r)$，$r\in I_n$，建立如下回归方程：

$$\boldsymbol{f}\equiv\begin{bmatrix}f_1\\f_2\\\vdots\\f_n\end{bmatrix}=\begin{bmatrix}1 & p_{11} & \cdots & p_{1m}\\1 & p_{21} & \cdots & p_{2m}\\\vdots & \vdots & \ddots & \vdots\\1 & p_{n1} & \cdots & p_{nm}\end{bmatrix}\begin{bmatrix}a_{10}\\a_{11}\\\vdots\\a_{1m}\end{bmatrix}\equiv\boldsymbol{P}\tilde{\boldsymbol{a}}_1 \tag{e}$$

其中，

$$p_{rs}=\cos[s\arccos(y_r)], \quad r\in I_n, \quad s=0,1,2,\cdots,m \tag{f}$$

根据式 (4.3.8)，得到待求参数向量：

$$\tilde{\boldsymbol{a}}_1=\boldsymbol{P}^{+}\boldsymbol{f}, \quad \boldsymbol{P}^{+}\equiv(\boldsymbol{P}^{\mathrm{T}}\boldsymbol{P})^{-1}\boldsymbol{P}^{\mathrm{T}} \tag{g}$$

图 4.3.2(a) 是对变形-反力关系进行分段拟合的模型，图 4.3.2(b) 是用该拟合模型预测

另一激励频率下隔振器的变形-反力关系。由图可见,由实验数据回归的分段光滑模型具有较好的预测能力。

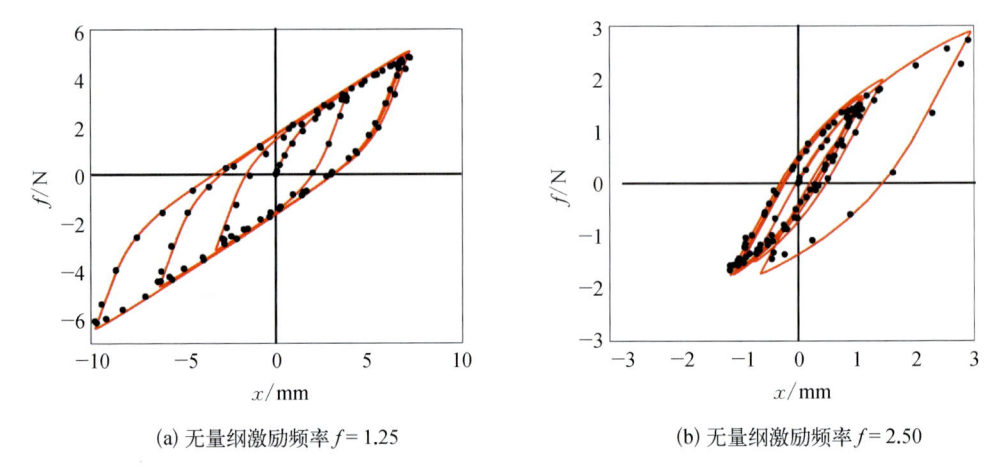

(a) 无量纲激励频率 $f=1.25$

(b) 无量纲激励频率 $f=2.50$

**图 4.3.2　钢丝绳隔振器的实验数据建模**

黑实心圆:实验数据;红实线:拟合模型

最后值得指出,如果回归模型中含有无法线性化的待定参数,如数据模型 $f_r = \tanh[\cos(ax_r)]$,$r \in I_n$ 中的待定参数 $a$,则属于非线性回归问题。此时,需要采用非线性优化方法来求解,不仅难度大增,而且未必有理想结果。因此,不妨转向采用神经网络方法。

### 4.3.2　神经网络模型

从数学角度看,数据建模是寻找两组数据之间的映射,并要求映射残差的范数最小。线性回归是最简单的映射。虽然例 4.3.1 将线性回归推广到用多项式的线性组合来逼近两组数据间的非线性映射,但这种推广是技巧性的,高度依赖知识和经验。一般情况下,仅靠多项式的线性组合,无法逼近任意非线性映射,尤其是由非线性微分方程所描述的动态映射。

1959 年,美国神经生理学家休伯尔(David Hunter Hubel,1926~2013)和瑞典神经生理学家威塞尔(Torsten Wiesel,1924~ )发现,猫的初级视觉皮层对信息处理过程具有层次结构。他们的研究荣获 1981 年诺贝尔奖,由此引发人们构造具有层次结构的**人工神经网络模型**(简称**神经网络**)来描述信息传递关系,并发现神经网络几乎可逼近任意非线性映射。

**1. 前馈神经网络**

以图 4.3.3 所示的**前馈神经网络**为例,记**输入层**为第 0 层,$x \in \mathbb{R}^3$ 是输入向量;记第一次映射的结果 $\boldsymbol{x}^{(1)} = \boldsymbol{f}_1(\boldsymbol{x}, \boldsymbol{A}_1) \in \mathbb{R}^4$ 为第 1 **隐含层**,第二次映射的结果 $\boldsymbol{x}^{(2)} = \boldsymbol{f}_2(\boldsymbol{x}^{(1)}, \boldsymbol{A}_2) \in \mathbb{R}^3$ 为第 2 隐含层,第三次映射的结果为**输出层**,得到输出向量 $\boldsymbol{y} = \boldsymbol{f}_3(\boldsymbol{x}^{(2)}, \boldsymbol{A}_3) \in$

$\mathbb{R}^2$。因此,该神经网络的输入向量和输出向量之间具有如下三层结构的复合映射:

$$y = f_3\{f_2[f_1(x, A_1), A_2], A_3\} \tag{4.3.9}$$

其中,$f_1$、$f_2$、$f_3$ 是人工构造的**非线性函数向量**;$A_r$,$r \in I_3$ 表示从第 $r-1$ 层到第 $r$ 层连接网络的待定**权系数矩阵**。对于给定的输入向量 $x \in \mathbb{R}^3$ 和输出向量 $y \in \mathbb{R}^2$,可通过求解如下优化问题来确定权重系数矩阵:

$$\min_{A_1, A_2, A_3} \| y - f_3\{f_2[f_1(x, A_1), A_2], A_3\} \|_2^2 \tag{4.3.10}$$

显然,上述神经网络具有极大灵活性。除了输入层的维数取决于输入向量维数,输出层的维数不低于输出向量维数,内部层的数量和维数、非线性函数向量、权系数矩阵等都可以选择。一般而言,增加内部层数和维数可提升神经网络的非线性逼近能力,但式(4.3.10)所定义的优化问题规模会急剧增加。通常,需靠试算选择尽可能少的内部层数量和维数。

非线性函数向量中的函数称为**激活函数**,其常用的几种形式如下:

$$f(x) = \frac{1}{1 + \exp(-x)}, \quad f(x) = \exp(-x^2), \quad f(x) = \begin{cases} 0, & x \leq 0 \\ x, & x > 0 \end{cases} \tag{4.3.11}$$

它们的名称和在 MATLAB 中的调用符号分别为:软阶跃函数(logsig)、径向基函数(radbas)、正线性函数(poslin),其形态如图 4.3.4 所示。

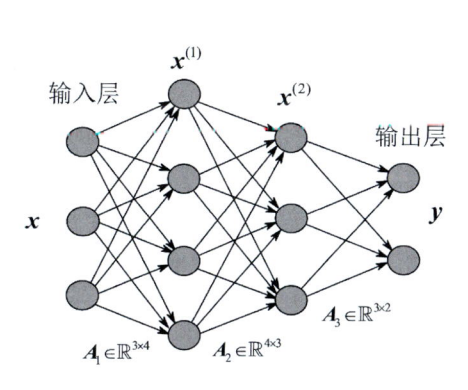

**图 4.3.3** 前馈神经网络示意图

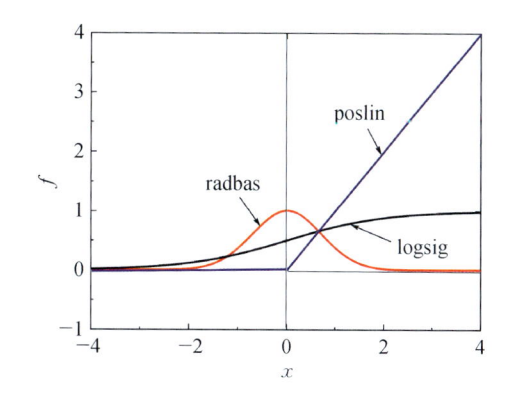

**图 4.3.4** 三种激活函数

通常,式(4.3.10)是一个大规模欠定优化问题,需要引入约束,将其作为正则化问题来处理。在 MATLAB 中,其神经网络工具箱提供了随机梯度下降法和反向传播法来完成优化,并由可视化界面显示优化过程和结果。

**例 4.3.3** 20 世纪 20 年代,荷兰物理学家范德波尔(Balthasar van der Pol,1889~1959)对自激振动问题开展了精细的实验和理论研究,提出著名的 Van der Pol 系统,其无量纲化的动力学方程为

$$\begin{cases} \ddot{u}(t) + c[u^2(t) - 1]\dot{u}(t) + u(t) = 0, & t \in [0, 20] \\ u(0) = u_0, \quad \dot{u}(0) = \dot{u}_0 \end{cases} \quad (a)$$

取 $c = 1.0$；利用 MATLAB 在正方区域 $[-2.5, 2.5] \otimes [-2.5, 2.5]$ 中产生 10 个随机初始状态，计算其动响应作为训练数据，建立该系统的神经网络模型；再在该区域中生成 2 个随机初始状态，验证模型的正确性。

**解**：首先，用命令 rand 产生均匀分布随机数 $\xi_r$，$\eta_r \in [0, 1]$，$r \in I_{10}$，设置系统初始状态为

$$u_{0r} = 5(\xi_r - 0.5), \quad \dot{u}_{0r} = 5(\eta_r - 0.5), \quad r \in I_{10} \quad (b)$$

在式(b)所给的初始状态下，用 MATLAB 命令 ode45 求解式(a)。取采样周期 $\Delta t = 0.01$，得到系统动响应的采样数据 $u(t_j)$，$\dot{u}(t_j)$，$j \in I_n$，$n = 2\,001$。图 4.3.5(a) 是对应的相轨线，图中红色圆圈是系统的初始状态。由图可见，该系统具有 3.2.4 节所介绍的自激振动，亦即极限环振动。不论系统初始状态在极限环内部还是外部，系统动响应均随着时间延续而趋于极限环。

为了训练神经网络，将 $u(t_j)$，$\dot{u}(t_j)$，$j = 1, 2, \cdots, n-1$ 作为输入数据集 $X$，$u(t_j)$，$\dot{u}(t_j)$，$j = 2, 3, \cdots, n$ 作为输出数据集 $Y$。用命令 net = feedforwardnet([5 5]) 建立 2 层前馈神经网络，每层含 5 个神经元，其映射表达式为

$$y = f_2[f_1(x, A_1), A_2], \quad x \in X, \quad y \in Y, \quad A_1 \in \mathbb{R}^{5 \times 5}, \quad A_2 \in \mathbb{R}^{5 \times 5} \quad (c)$$

取 $f_1$ 中的激活函数为软阶跃函数 (logsig)，$f_2$ 中的激活函数为径向基函数 (radbas)。用命令 net = train(net, input.', output.') 训练该神经网络，调用随机梯度下降法对式(c)中的权系数矩阵 $A_1$ 和 $A_2$ 进行优化，在均方根误差达到 $5.874 \times 10^{-8}$ 时完成神经网络的训练，训练耗时 37 s。

为了检验上述神经网络的正确性，类比式(b)产生两组随机初始状态；求解式(a)中的常微分方程初值问题获得系统响应，将初始状态代入式(c)中的神经网络进行迭代获得对系统响应的预测，两种方法的结果如图 4.3.5(b) 所示。由图可见，经过训练的神经网络可很好预测该自激振动系统的动力学行为。此外，上述激活函数的选取对最终结果影响不大。例如，若将第 2 层激活函数也取为软阶跃函数，仍可得到预测精度很高的神经网络模型。

值得指出的是，虽然上述神经网络模型具有很强的非线性逼近能力，但式(c)中的权系数矩阵 $A_1$ 和 $A_2$ 并无物理意义。这表明，该模型缺乏**可解释性**。此外，如果将例 4.3.3 中的 Van der Pol 系统的参数改为 $c = 0.8$ 和 $c = 1.2$，采用已训练的神经网络模型预测系统响应，其结果如图 4.3.6 所示，即预测误差会显著增加，这种情况称为模型缺乏**可泛化性**。这两个问题是数据驱动建模存在的普遍问题。在 4.3.3 节，将对这两个问题作进一步讨论。

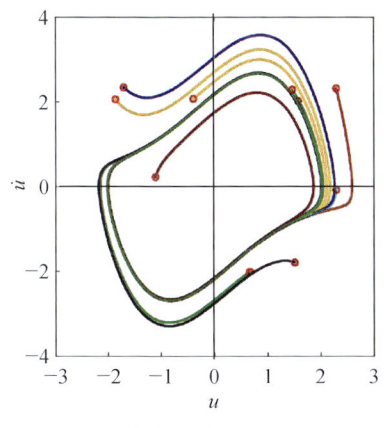

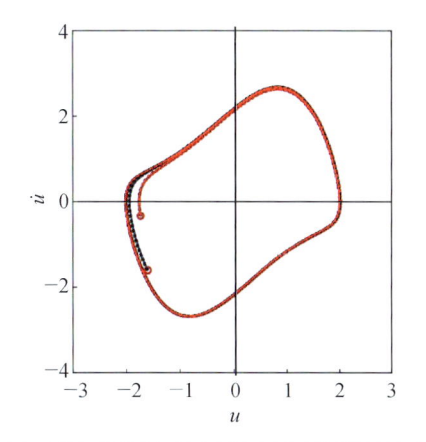

(a) 10个随机初始状态下的系统相轨线　　(b) 系统相轨线(实线)和神经网络预测结果(点线)

**图 4.3.5　基于 Van der Pol 系统响应数据的神经网络建模**

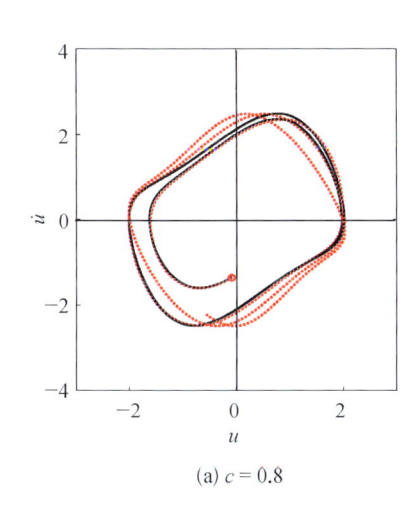

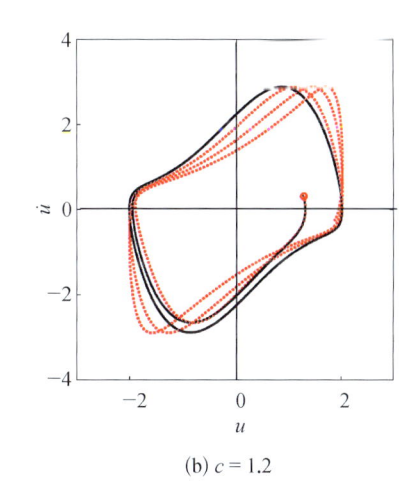

(a) $c = 0.8$　　(b) $c = 1.2$

**图 4.3.6　Van der Pol 系统的神经网络模型检验**

实线：系统相轨线；点线：神经网络预测结果

### 2. 卷积神经网络

在上述前馈经典神经网络中，相邻两层神经元之间均有联系，即权系数矩阵的元素均非零元素。对于例 4.3.3 中的单自由度非线性系统，训练 2 层、每层 5 个神经元的网络就涉及 $A_1 \in \mathbb{R}^{5\times 5}$ 和 $A_2 \in \mathbb{R}^{5\times 5}$ 这样 50 个参数的优化问题。随着神经元数量和层数增加，优化问题的规模骤增。为了缩小优化问题的规模，卷积神经网络应运而生。图 4.3.7 是卷积神经网络的结构示意图，其中卷积层和池化层是其最具特点的结构，其他层则被省略。现简要介绍卷积层和池化层。

**卷积层**：在卷积层中，输入信号向量与神经元定义的核函数向量作卷积，产生传递到下一层的信号。在图 4.3.7(a) 中，蓝色卷积窗口在该层神经元上滑动，对数据实施卷积；在图 4.3.7(b) 中，将结果通过激活函数传递到下一层的单元上。卷积层对二维图像处理

(a) 总体结构

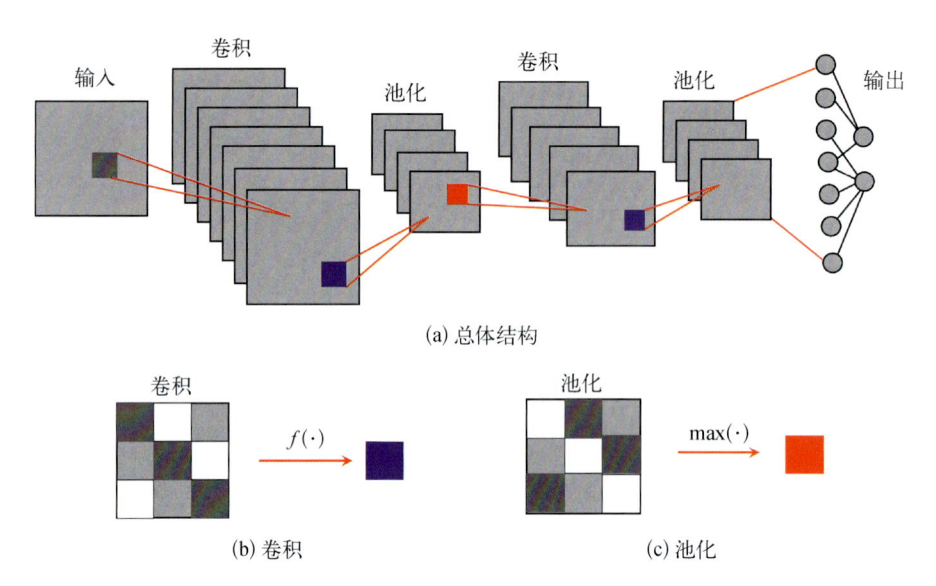

(b) 卷积

(c) 池化

**图 4.3.7　卷积神经网络的结构示意图**

特别有用,因为它可以提取相邻像素的信息特征。如果把卷积理解为矩阵与向量的乘法,则核函数矩阵中每行元素都可由上行元素平移一个元素所得。因此,两层神经元之间具有**稀疏联系**。

**池化层**:在池化层中,对输入信息进行统计,简化后输出。池化层中的函数(简称**池化函数**)用网络节点相邻输出的总体统计特征来替代网络节点的输出。例如,图 4.3.7(a)中红色矩形代表的**最大池化函数**给出相邻节点输出的最大值,即图 4.3.7(c)所示的操作并输出给下一层。当对网络输入进行少量平移时,池化后的大部分输出保持不变,这可降低表示空间的维数,减少网络中的参数和计算量。

目前,卷积神经网络已成为机器学习的重要研究领域。人们发展了多种具体网络结构,并在图像识别、聚类分析等方面有许多成功应用。近年来,力学家构造卷积神经网络来识别流场特征,重构流场等,展示出很好的发展前景。

**例 4.3.4**　流体力学界一直追求获得高分辨率流场。然而,即使采用粒子图像测速技术,仍无法直接获得许多流场细节。力学家通过插值,将低分辨率图像放大,用卷积神经网络拟合放大图像,提出了多种超原始数据分辨率的流场重构技术[1]。例如,文献[2]提出了静态卷积神经网络(static convolutional neural network,SCNN)和多时间路径卷积(multi time path convolution,MTPC)神经网络,可基于低分辨率的流场数据,构建高分辨率流场图像。图 4.3.8 是对各向同性湍流流场数据的重构结果,其中输入数据分辨率较低,而 SCNN 和 MTPC 均可显著提高流场分辨率。图中 MTPC 的结果与直接数值模拟(direct numerical simulation,DNS)的结果非常相近。

---

[1] 陈皓,郭明明,田野,等. 卷积神经网络在流场重构研究中的进展[J]. 力学学报,2022,54:2343-2360.

[2] Liu B, Tang J, Huang H, et al. Deep learning methods for super-resolution reconstruction of turbulent flows[J]. Physics of Fluids, 2020, 32:025105.

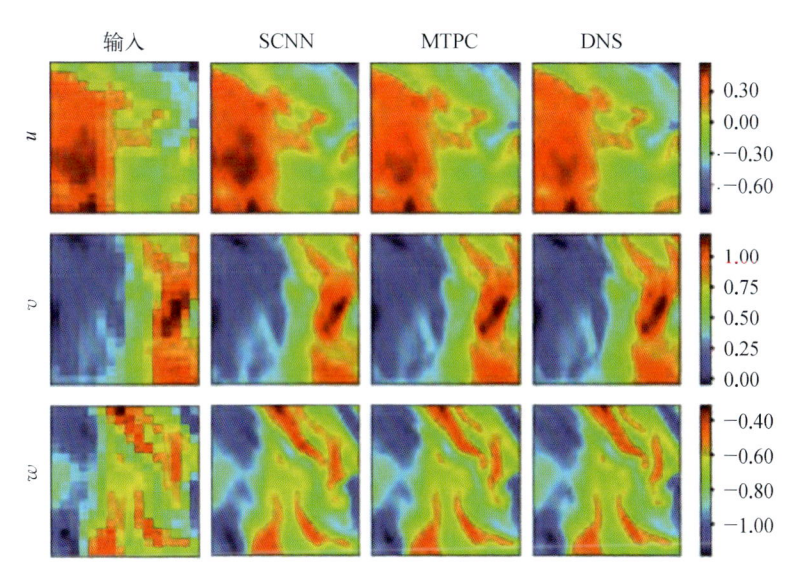

图 4.3.8 基于低分辨率流场数据重构高分辨率流场

### 4.3.3 嵌入知识建模

在 4.3.2 节已指出,数据建模往往缺乏可解释性和可泛化性。本小节将举例说明,如何在建模过程中嵌入力学知识,增强模型的可解释性和可泛化性。

#### 1. 增强可解释性

在基于数据建模时,总期望所建模型可完美逼近输入数据和输出数据之间的映射。由此会产生**过拟合**问题,即数据模型具有过多的待定参数(又称**拟合参数**),难以解释其物理意义。对于神经网络建模,这种情况尤为突出,即神经网络模型缺乏可解释性。

相对而言,4.3.1 节所介绍的线性回归模型较为简单,通常具有较好的可解释性。但若对模型的物理本质缺乏了解,也会产生过拟合问题,导致可解释性下降。现以单自由度非线性振动系统的数据建模为例,说明如何降低过拟合,增强可解释性。

**例 4.3.5** 在图 4.3.9(a)所示的非线性隔振系统中,质量为 $m$ 的设备通过 4 个图 4.3.9(b)所示的橡胶隔振器对称安装在刚性基础上,使设备仅做铅垂运动。4 个橡胶隔振器提供的弹性反力之和为 $p(y)$,其中 $y$ 是隔振器相对变形;提供的**等效黏性阻尼**反力之和为 $c\dot{y}$,其中 $c>0$。设计基于数据的非线性隔振器建模方案,并通过计算机仿真验证。

**解**:首先,拟定该问题的数据建模方案;其次,采用半双盲法进行数据建模,即由研究者 A 产生模拟实验数据,交给研究者 B 进行数据建模;再由研究者 A 检验模型的正确性,给研究者 B 必要反馈。

**第 1 步**:从力学角度讨论该问题的数据建模方案。以设备在重力作用下的静平衡位置为原点,记系统动态位移为 $w$,重力引起的弹簧静变形为 $\delta_s$,即 $p(\delta_s)=mg$。由此建立

(a) 非线性隔振系统　　　　　(b) 橡胶隔振器

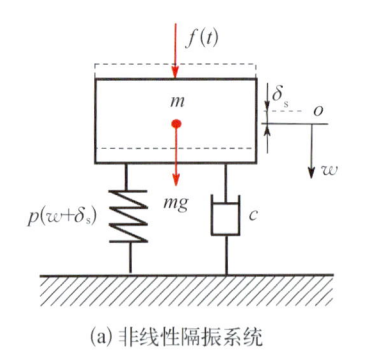

**图 4.3.9　非线性隔振系统的数据建模**

设备的动力学方程和静平衡方程：

$$\begin{cases} m\ddot{w}(t) + c\dot{w}(t) + p[w(t) + \delta_s] = f(t) + mg \\ p(\delta_s) = mg \end{cases} \tag{a}$$

将式(a)中的函数 $p(w(t)+\delta_s)$ 在 $\delta_s$ 处展开为 $n$ 次 Taylor 多项式，利用 $p(\delta_s) = mg$，得到：

$$m\ddot{w}(t) + c\dot{w}(t) + \sum_{r=1}^{n} b_r w^r(t) = f(t) \tag{b}$$

以 $\Delta t$ 为周期采样，获得离散化的激励 $f_j \equiv f(t_j)$、位移 $w_j \equiv w(t_j)$、速度 $\dot{w}_j \equiv \dot{w}(t_j)$ 和加速度 $\ddot{w}_j \equiv \ddot{w}(t_j)$，$j \in I_N$，$N = 1\,024$，由式(b)得到离散动力学方程：

$$\sum_{r=1}^{n} b_r w_j^r + c\dot{w}_j = s_j \equiv f_j - m\ddot{w}_j, \quad j \in I_N \tag{c}$$

**第 2 步**：研究者 A 将隔振器的等效黏性阻尼系数取为 $c = 5$ N·s/mm，弹性反力取为 $p(y) = k_1 y + k_3 y^3$，其中，$k_1 = 100$ N/mm 和 $k_3 = 500$ N/mm³；隔振器静变形取为 $\delta_s = 0.5$ mm，相应的设备质量为 $m = p(\delta_s)/g = 11.48$ kg。将 $p[w(t) + \delta_s]$ 在 $\delta_s = 0.5$ mm 处展开，得到非零系数如下：

$$b_1 = k_1 + 3k_3\delta_s^2 = 475 \text{ N/mm}, \quad b_2 = 3k_3\delta_s = 750 \text{ N/mm}^2, \quad b_3 = k_3 = 500 \text{ N/mm}^3 \tag{d}$$

再取系统位移(单位为 mm)为 $w_j = \sin(8\pi t_j)$，$j \in I_N$，在 MATLAB 中根据式(c)产生训练数据 $w_j, \dot{w}_j, s_j, j \in I_N$，并对所有数据添加 5%的随机噪声，其结果如图 4.3.10 所示。

**第 3 步**：研究者 B 获得上述训练数据后进行粗略分析。由图 4.3.10(b)可见，隔振器反力序列 $s_j$ 和位移序列 $w_j$ 之间具有非对称滞后环。不妨取 $n = 5$，根据式(c)构造如下数据模型：

$$\begin{cases} Pb = s \\ P \equiv [w_j \quad w_j^2 \quad w_j^3 \quad w_j^4 \quad w_j^5 \quad \dot{w}_j], \quad b \equiv [b_1 \quad b_2 \quad b_3 \quad b_4 \quad b_5 \quad c]^T, \quad s \equiv [s_j], \quad j \in I_N \end{cases} \tag{e}$$

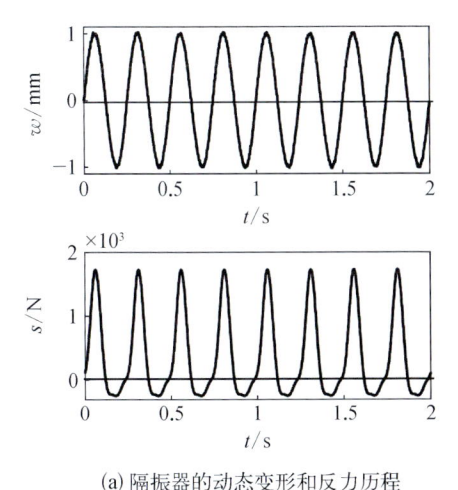

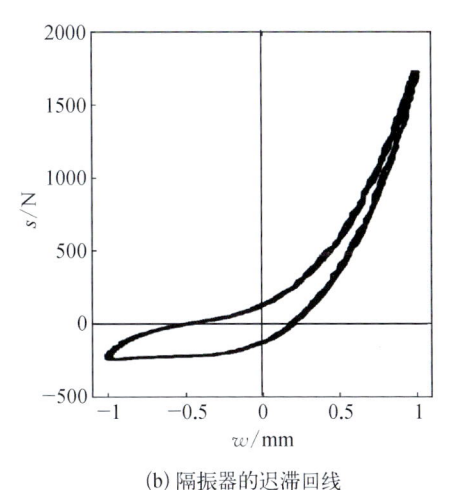

(a) 隔振器的动态变形和反力历程　　　　　　(b) 隔振器的迟滞回线

**图 4.3.10　非线性隔振系统的训练数据**

在 MATLAB 中调用命令 pinv,求得式(e)的最小二乘解:

$$\boldsymbol{b} = \boldsymbol{P}^+ \boldsymbol{s} = (\boldsymbol{P}^T \boldsymbol{P})^{-1} \boldsymbol{P}^T \boldsymbol{s} \tag{f}$$

将向量 $\boldsymbol{b}$ 提交给研究者 A。

**第 4 步**:研究者 A 将第 2 步设定的参数精确值和第 3 步得到的估计值 $\boldsymbol{b}$ 列为表 4.3.1 的第 2 行和第 3 行。其中,最右两列是对式(d)的验证,即

$$k_1 = b_1 - \frac{b_2^2}{3b_3}, \quad \delta_s = \frac{b_2}{3b_3} \tag{g}$$

研究者 A 告知研究者 B,其数据建模存在过拟合问题,即向量 $\boldsymbol{b}$ 不够稀疏。

**第 5 步**:研究者 B 检查向量 $\boldsymbol{b}$,认为 $b_4 w_j^4$ 和 $b_5 w_j^5$ 对隔振器反力的相对贡献较小,似乎可忽略不计。为了从数据回归角度得到这样的结果,采用如下正则化方法,给定权系数 $\lambda \in (0,1)$,求解优化问题:

$$\min_{\boldsymbol{b}} \{ \|\boldsymbol{P}\boldsymbol{b} - \boldsymbol{s}\|_2^2 + \lambda \|\boldsymbol{b}\|_1 \} \tag{h}$$

即谋求 $\boldsymbol{P}\boldsymbol{b} - \boldsymbol{s}$ 的 2-范数和向量 $\boldsymbol{b}$ 的 1-范数的加权最小值。在 MATLAB 中,取 $\lambda = 0.2$ 和 $\lambda = 0.4$,启动 cvx 工具箱,调用优化命令 minimize 求解式(h),获得正则解向量 $\boldsymbol{b}$,其元素 $b_4 = 0$, $b_5 = 0$。根据该结果,研究者 B 可判断非线性隔振器的弹性反力为 $p(y) = k_1 y + k_3 y^3$,并且推断出:

$$b_1 = k_1 + 3k_3 \delta_s^2, \quad b_2 = 3k_3 \delta_s, \quad b_3 = k_3 \tag{i}$$

这等价为

$$k_1 = b_1 - \frac{b_2^2}{3b_3}, \quad k_3 = b_3, \quad \delta_s = \frac{b_2}{3b_3} \tag{j}$$

*185*

此时，研究者 B 可给出式(e)中数据模型的物理解释性。

**第 6 步**：研究者 A 收到正则解向量 $\boldsymbol{b}$，将其列为表 4.3.1 中的第 4 行和第 5 行。将其与第 2 行和第 3 行对比可见，正则解明显优于最小二乘解，非常接近精确值，决定予以接受。

表 4.3.1　非线性隔振系统数据建模结果

| 参考标准与解法 | $b_1$ | $b_2$ | $b_3$ | $b_4$ | $b_5$ | $c$ | $k_1$ | $\delta_s$ |
| --- | --- | --- | --- | --- | --- | --- | --- | --- |
| 精确值 | 475.0 | 750.0 | 500.0 | 0.000 | 0.000 | 5.000 | 100.0 | 0.500 0 |
| 最小二乘解 | 460.3 | 757.5 | 566.8 | -10.10 | -57.86 | 5.000 | 122.8 | 0.445 5 |
| 正则解（$\lambda = 0.2$） | 479.3 | 748.7 | 492.9 | -0.000 | 0.000 | 5.007 | 100.2 | 0.506 3 |
| 正则解（$\lambda = 0.4$） | 479.9 | 748.2 | 491.6 | 0.000 | 0.000 | 5.007 | 100.2 | 0.507 3 |

### 2. 增强可泛化性

数据模型是否可泛化，与采用的训练数据密切相关。在力学系统的数据建模中，训练数据往往是可选择的，甚至是可设计的。因此，如果对力学系统进行定性研究，选择或设计能充分体现该系统工作状态的训练数据，则可提高数据模型的可泛化性。

**例 4.3.6**　图 4.3.11 是例 4.2.5 所讨论的 NACA0012 翼型，位于 $Ma = 0.71$ 和 $Re = 2.25 \times 10^6$ 的跨声速来流中。为了获得该翼型发生颤振时的非定常气动力数据模型，根据翼型气动弹性问题的知识设计输入数据，提高数据建模的质量。

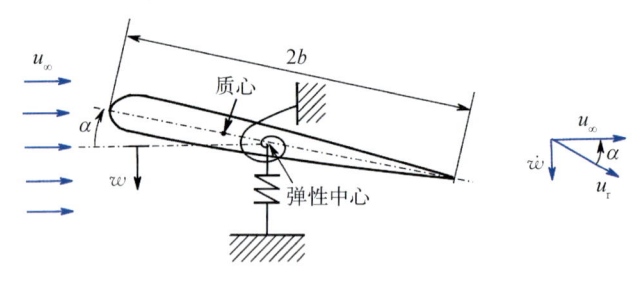

图 4.3.11　翼型的跨声速颤振问题

**解**：在例 4.2.5 中，将翼型的无量纲铅垂位移和攻角取为 0～20 Hz 频段内的随机振动 $w(t_k)/b$ 和 $\alpha(t_k)$，$k \in I_n$，将其作为流场的动边界；基于 CFD 软件计算非定常气动压强分布 $p(x_i, y_j, t_k)$，以此作为训练数据，建立翼型的气动弹性力学数据模型。现将上述翼型的随机振动称为传统激励，对翼型颤振进行定性分析，设计新的翼型激励。

首先，虽然例 4.2.5 中的翼型随机振动可覆盖翼型两个固有频率所在的 0～20 Hz 频段，但其幅值呈现快速随机变化，有别于翼型发生颤振时的定常幅值周期振动。因此，设计图 4.3.12 所示翼型的无量纲铅垂位移信号 $w(t_k)/b$，$k \in I_n$ 和攻角信号 $\alpha(t_k)$，$k \in I_n$。这两组信号的频率在 0～20 Hz 频段内线性变化，先由低到高、再由高到低；信号的幅值则呈现依次递增的几个台阶，进而充分激发翼型跨声速颤振时的非线性气动力作用。

其次，作用在翼型上的升力来自翼型上下表面的气动压强差，它正比于翼型与来流相

(a) 无量纲铅垂位移

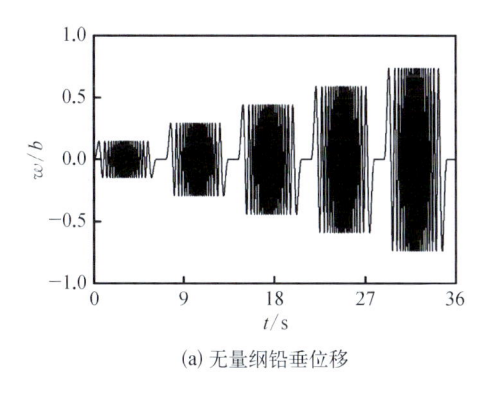

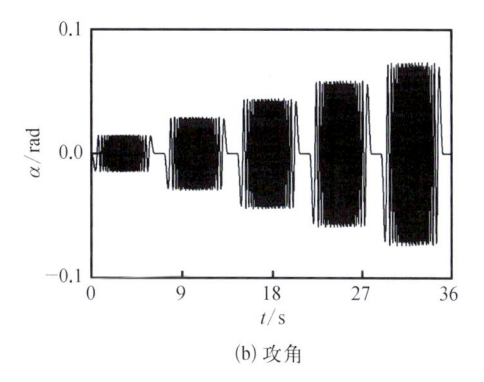

(b) 攻角

**图 4.3.12 新设计的翼型激励信号**

对速度 $u_r$ 的平方。根据图 4.3.11 右侧所示的速度关系,可得

$$u_r^2 = u_\infty^2 + \dot{w}^2, \quad u_r^2 = \frac{u_\infty^2}{\cos^2\alpha}, \quad \alpha = \arctan\left(\frac{\dot{w}}{u_\infty}\right) \tag{a}$$

由式(a)可见,上述压强差与翼型的铅垂速度 $\dot{w}$ 和攻角 $\alpha$ 有关,而与翼型铅垂位移 $w$ 无关。当然,这是针对定常流动升力的简化分析结果。更进一步,根据二维翼型的亚声速非定常气动力表达式[1],翼型铅垂位移 $w$ 对气动力和气动力矩没有影响。受上述分析启发,选择翼型的运动量 $\dot{w}/b$ 和 $\alpha$ 对跨声速流场进行激励。

本章作者团队的研究表明,采用新设计的激励可显著改善数据模型对翼型颤振的预测能力。图 4.3.13 给出 $Ma = 0.8$、无量纲来流速度 $u_\infty^*$ 变化时,翼型发生极限环颤振的无

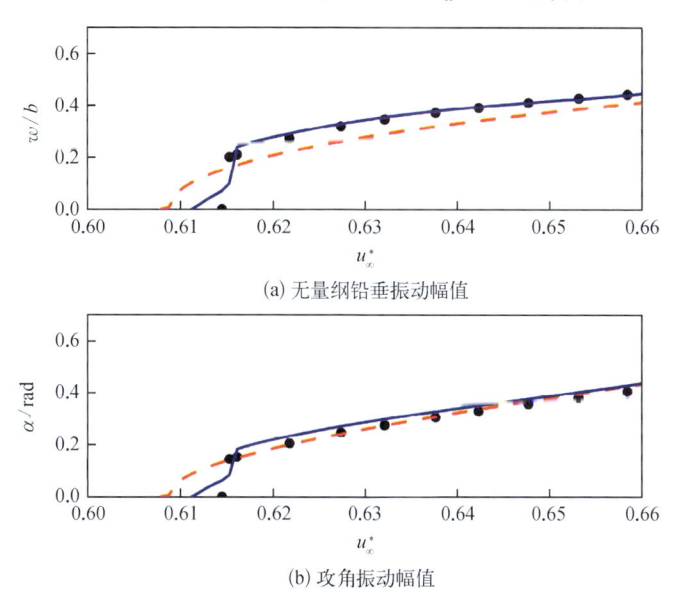

(a) 无量纲铅垂振动幅值

(b) 攻角振动幅值

**图 4.3.13 翼型颤振幅值**

黑圆点:CFD;蓝实线:新设计激励;红虚线:传统激励

---

[1] 赵永辉,黄锐.高等气动弹性力学与控制[M].北京:科学出版社,2015:3-4.

量纲铅垂位移幅值和攻角幅值[1]。其中,基于新设计激励建立的数据模型所预测颤振幅值非常接近CFD计算结果,明显优于采用传统激励所建立的数据模型。这表明,在力学问题的数据建模阶段,嵌入力学知识颇为重要。

最后指出,数据驱动研究正处于快速发展中,尤其在知识贫乏、数据丰富的领域取得了巨大成功。在工程力学领域,数据驱动不仅可用于系统建模,还可用于优化设计、状态监测、故障诊断等。建议读者重视将知识与数据融合的工程力学研究,而嵌入知识的广度和深度决定着数据研究的水平和成效。

## 思 考 题

**4.1** 对于一维非均质结构的波动测量问题,若已知其最高频率和最高波数,阐述选择传感器数量和采样频率的原则。

**4.2** 针对旋转机械的振动故障诊断问题,通过检索和阅读文献,思考压缩感知技术的应用前景。

**4.3** 两位学者对如何理解某流场压强矩阵 $P$ 的本征正交分解 $P = \boldsymbol{\Phi}\boldsymbol{\Sigma}\boldsymbol{\Psi}^{\mathrm{T}}$ 发生分歧。学者A认为,矩阵 $\boldsymbol{\Phi}$ 描述流场压强的空间变化,而矩阵 $\boldsymbol{\Sigma}\boldsymbol{\Psi}^{\mathrm{T}}$ 描述流场压强的时间变化,故本征正交分解相当于分离变量法,仅适用于由线性偏微分方程描述的流场。学者B则认为,本征正交分解并不限于由线性偏微分方程描述的流场。思考并评价他们的观点。

**4.4** 例4.3.3表明,采用卷积神经网络可由低分辨率流场数据构建高分辨率流场。讨论这种方法的合理性和局限性。

**4.5** 例4.3.5表明,采用正则化方法可缓解数据建模的过拟合问题。思考为何正则化方法具有这样的优点。

## 拓展阅读文献

1. 胡海岩. 机械振动基础[M]. 2版. 北京: 北京航空航天大学出版社, 2023.
2. 徐长发, 李国宽. 实用小波分析[M]. 3版. 武汉: 华中科技大学出版社, 2009.
3. 李惠, 鲍跃全, 李顺龙, 等. 结构健康监测数据科学与工程[M]. 北京: 科学出版社, 2016.
4. 杨强, 孟松鹤, 仲政, 等. 力学研究中"大数据"的启示、应用与挑战[J]. 力学进展, 2020, 50: 406-449.
5. Goodfellow I, Bengio Y, Courville A. Deep Learning[M]. Boston: MIT Press, 2016.
6. Mallat S. Understanding deep convolutional networks[J]. Philosophical Transactions of the Royal Society A: Mathematical, Physical and Engineering Sciences, 2016, 374: 20150203.

---

[1] Yao X J, Huang R, Hu H Y. Enhanced nonlinear state-space identification for efficient transonic aeroelastic predictions[J]. Journal of Fluids and Structures, 2023, 116: 103792.

7. Benner P, Ohlberger M, Cohen A, et al. Model reduction and approximation: theory and algorithm[R]. Philadelphia: SIAM-Society for Industrial & Applied Mathematics, 2017.
8. Brunton S L, Kutz J N. Data-Driven Science and Engineering: Machine Learning, Dynamical Systems and Control[M]. Cambridge: Cambridge University, 2019.

本章作者：胡海岩，北京理工大学，教授，中国科学院院士

# 第二篇

# 动力学篇

# 第 5 章
# "嫦娥二号"拓展任务的飞行轨道设计

深空探测是各航天强国竞相角逐的重要领域,其核心技术之一是航天器的飞行轨道设计。即针对受天体引力等太空因素作用的航天器,在工程约束条件下,为其设计最佳飞行轨道。该技术的科学基础包括动力学、天文学、自动控制等多个学科。

本章基于动力学理论和方法,介绍我国探月工程中"嫦娥二号"拓展任务的飞行轨道设计。"嫦娥二号"是探月工程二期的先导探测器,在圆满完成各项既定科学探测任务后,利用剩余燃料,完成了图 5.0.1 所示的两项拓展任务:一是飞向太阳与地球连线上的第二个 Lagrange 点(简称**日地 $L_2$ 点**或 $L_2$ 点)附近开展科学探测;二是飞越探测距离地球 700 万千米的图塔蒂斯(Toutatis)小行星。这两项任务实现了我国航天史上的两次突破,在世界上产生了重要影响。

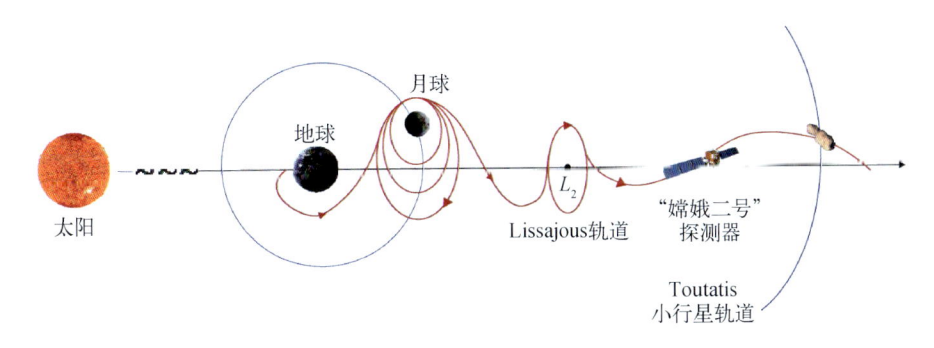

**图 5.0.1 "嫦娥二号"拓展任务示意图**

本章分两部分介绍上述拓展任务。一是介绍"嫦娥二号"探测器从绕月轨道飞向日地 $L_2$ 点所面临的挑战,分析日地 $L_2$ 点附近的轨道性质,讨论解决问题的思路,给出低耗能的飞行轨道设计。二是"嫦娥二号"探测器完成对日地 $L_2$ 点的科学探测后,分析探测其他天体的可行性,介绍如何选择探测目标,如何设计飞越探测 Toutatis 小行星的飞行轨道。

## 5.1 研究背景

2004 年,国家批复探月工程立项。2010 年 10 月 1 日,"嫦娥二号"探测器(本章简称

**探测器**)在西昌发射中心成功发射。10月6日,探测器实施近月点制动并被月球捕获,进入 100 km×100 km 和 100 km×15 km 的绕月工作轨道,获取了月球表面三维影像,探测了月球物质成分、月壤特性、地月与近月空间环境;获得了 7 m 分辨率全月图和虹湾区域 1 m 级高分辨率局部影像图,完成了全部预定任务。

由于发射及控制精准,该探测器在完成既定任务过程中节省了推进剂。鉴于探测器状态良好,探月工程总体部门决定开展从绕月轨道飞向日地 $L_2$ 点进行科学探测的拓展任务。该任务主要包括导航飞行控制和 $150×10^4$ km 远距离测控技术验证,利用星上科学载荷对地球远磁尾带电粒子、太阳耀斑爆发和宇宙伽马暴等进行科学探测。上述拓展任务对探测器轨道设计和控制带来如下三个方面的约束。

第一,燃料约束:探测器所剩燃料很有限,轨道设计应优先考虑低能耗。

第二,在轨时间约束:探测器除了完成科学探测任务外,还要对我国的地面深空测控站进行远距离测控验证,力争在轨飞行至 2012 年底;因此要求轨道控制(轨道修正)应节省能量,满足任务要求。

第三,测控支持约束:探测器在转移飞行段和 $L_2$ 点环绕段将择机开展科学探测和测控任务,轨道设计需要保证探测器在飞行任务关键阶段无遮挡、可测控。

以下两节将基于轨道动力学的基本原理和方法,探讨探测器是否可采用低能耗方式从绕月轨道飞向日地 $L_2$ 点,然后介绍其轨道设计和任务实施。

## 5.2 对飞往日地 Lagrange 点的认识

本节针对探测器从绕月轨道飞往日地 $L_2$ 点任务,通过简化模型介绍日地 $L_2$ 点及其附近的典型轨道,并讨论低能耗轨道设计的可能性。

### 5.2.1 简化模型

为了讨论探测器在日地系统中的飞行问题,可将其简化为**圆形限制性三体模型**:太阳(主天体)和地球(次天体)绕日地系统的质心做相对圆运动,而探测器作为第三体,其质量不影响两个主天体运动。为了描述和讨论该模型,现建立两类坐标系。

#### 1. 惯性坐标系

首先,考察一般的三体系统。记探测器的质量为 $m_0$,太阳和地球的质量为 $m_1$ 和 $m_2$。选择空间任意点为原点 $O$,建立惯性坐标系 $OXYZ$。在该坐标系中,记探测器的位置向量为 $\boldsymbol{r}_0$,太阳和地球的位置向量为 $\boldsymbol{r}_1$ 和 $\boldsymbol{r}_2$,定义 $\boldsymbol{r}_{0j} \equiv \boldsymbol{r}_0 - \boldsymbol{r}_j$,$r_{0j} \equiv \|\boldsymbol{r}_{0j}\|$,$j=1,2$,它们均随时间 $t$ 变化。根据万有引力定律,探测器在太阳引力和地球引力联合作用下的动力学方程为

$$m_0 \ddot{\boldsymbol{r}}_0 = -Gm_0\left(\frac{m_1}{r_{01}^3}\boldsymbol{r}_{01} + \frac{m_2}{r_{02}^3}\boldsymbol{r}_{02}\right) \quad (5.2.1)$$

其中，$G = 6.67 \times 10^{-11} \text{ N} \cdot \text{m}^2/\text{kg}^2$，为**天体引力常数**。一般情况下，该动力学方程无解析解。

对于圆形限制性三体模型，式(5.2.1)可得到简化。将太阳和地球所构成系统的质心 $C$ 作为原点，建立图5.2.1所示的**日地质心惯性坐标系 $CXYZ$**。其中，$XY$ 坐标面为日地运动平面，$Z$ 轴为该平面法向；在初始时刻，$X$ 轴由太阳指向地球。

现建立式(5.2.1)所对应的无量纲动力学方程。取质量单位为 $m_1 + m_2$，引入无量纲的太阳质量 $1 - \mu$ 和地球质量 $\mu$：

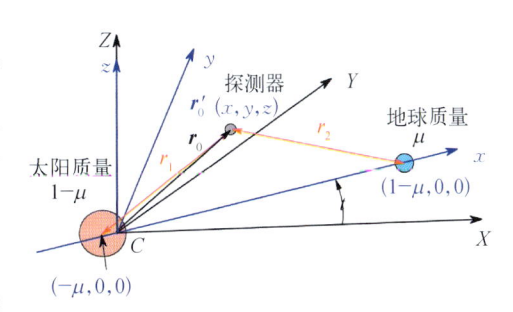

**图 5.2.1** 三体系统的日地质心坐标系和日地质心旋转坐标系

$$1 - \mu = \frac{m_1}{m_1 + m_2}, \quad \mu = \frac{m_2}{m_1 + m_2} \tag{5.2.2}$$

其中，**质量比 $\mu \approx 3.0404 \times 10^{-6}$**，称为**日地系统引力常数**。设日地系绕质心 $C$ 做相对圆运动，因此两者间距离 $a$ 是常数，可作为长度单位。取时间单位为 $\sqrt{a^3/[G(m_1 + m_2)]}$，则相对圆运动的转角为 $\theta(t) = t$。基于上述单位，式(5.2.1)的无量纲形式为

$$\ddot{\boldsymbol{r}}_0 = -(1-\mu)\frac{\boldsymbol{r}_{01}}{r_{01}^3} - \mu\frac{\boldsymbol{r}_{02}}{r_{02}^3} \tag{5.2.3}$$

根据图5.2.1，式(5.2.3)中各向量可表示为

$$\boldsymbol{r}_0 = \begin{bmatrix} X \\ Y \\ Z \end{bmatrix}, \quad \boldsymbol{r}_{01} = \begin{bmatrix} X + \mu\cos t \\ Y + \mu\sin t \\ Z \end{bmatrix}, \quad \boldsymbol{r}_{02} = \begin{bmatrix} X - (1-\mu)\cos t \\ Y - (1-\mu)\sin t \\ Z \end{bmatrix} \tag{5.2.4}$$

### 2. 旋转坐标系

在图5.2.1中引入**日地质心旋转坐标系 $Cxyz$**，其旋转角速度为 $\dot{\theta}(t) = 1$，故太阳和地球总处于 $x$ 轴上，其坐标如图中蓝色字体所示。在该坐标系中，记探测器、太阳和地球的位置向量分别为 $\boldsymbol{r}'_0$、$\boldsymbol{r}'_1$ 和 $\boldsymbol{r}'_2$，探测器相对太阳和地球的位置向量为 $\boldsymbol{r}'_{01} = \boldsymbol{r}'_0 - \boldsymbol{r}'_1$ 和 $\boldsymbol{r}'_{02} = \boldsymbol{r}'_0 - \boldsymbol{r}'_2$，探测器与太阳和地球之间的距离为

$$r_1 \equiv \|\boldsymbol{r}'_{01}\| = \sqrt{(x+\mu)^2 + y^2 + z^2}, \quad r_2 \equiv \|\boldsymbol{r}'_{02}\| = \sqrt{(x-1+\mu)^2 + y^2 + z^2} \tag{5.2.5}$$

坐标系 $Cxyz$ 绕坐标系 $CXYZ$ 的 $Z$ 轴转动，因此 $\boldsymbol{r}_0$ 和 $\boldsymbol{r}'_0$ 之间的坐标变换为

$$\boldsymbol{r}_0 = \begin{bmatrix} X \\ Y \\ Z \end{bmatrix} = \begin{bmatrix} \cos t & -\sin t & 0 \\ \sin t & \cos t & 0 \\ 0 & 0 & 1 \end{bmatrix} \begin{bmatrix} x \\ y \\ z \end{bmatrix} = \boldsymbol{R}_z(t) \boldsymbol{r}'_0 \tag{5.2.6}$$

将式(5.2.6)代入式(5.2.3),得到探测器在旋转坐标系 $Cxyz$ 中的动力学方程。此时,方程中的二阶导数项相互耦合。在方程两端左乘 $\boldsymbol{R}_z^{\mathrm{T}}(t)$,得到二阶导数项解耦的动力学方程:

$$\begin{cases} \ddot{x} = 2\dot{y} + x - \dfrac{(1-\mu)(x+\mu)}{r_1^3} - \dfrac{\mu(x-1+\mu)}{r_2^3} \\ \ddot{y} = -2\dot{x} + y - \dfrac{(1-\mu)y}{r_1^3} - \dfrac{\mu y}{r_2^3} \\ \ddot{z} = -\dfrac{(1-\mu)z}{r_1^3} - \dfrac{\mu z}{r_2^3} \end{cases} \tag{5.2.7}$$

其中,一次导数项是旋转坐标系 $Cxyz$ 引起的 Coriolis 力,线性项是该旋转坐标系引起的离心力,非线性项则是太阳和地球的引力。

### 5.2.2 Lagrange 点及其附近的轨道

现基于上述日地质心旋转坐标系,讨论圆形限制三体模型的 Lagrange 点及其附近的轨道,尤其是典型轨道的特点。

1. Lagrange 点

在引力和非惯性效应联合作用下,探测器可在旋转坐标系 $Cxyz$ 中处于静平衡。根据式(5.2.7),静平衡条件要求:

$$\begin{cases} x - \dfrac{(1-\mu)(x+\mu)}{r_1^3} - \dfrac{\mu(x-1+\mu)}{r_2^3} = 0 \\ y\left(1 - \dfrac{1-\mu}{r_1^3} - \dfrac{\mu}{r_2^3}\right) = 0 \\ z\left(\dfrac{1-\mu}{r_1^3} + \dfrac{\mu}{r_2^3}\right) = 0 \end{cases} \tag{5.2.8}$$

由式(5.2.8)中第三式知, $z=0$,即平衡点在 $xy$ 平面内。现根据式(5.2.8)中第二式,讨论两种情况。

**情况 1:** $y=0$,由式(5.2.8)的第一式可解出图 5.2.2 中位于 $x$ 轴上的三个**共线平衡点** $L_1$、$L_2$ 和 $L_3$。对于日地系统,由 $\mu \approx 3.0404 \times 10^{-6}$ 确定的三个共线平衡点的 $x$ 坐标为

$$x_1(\mu) \approx 0.990\,03, \quad x_2(\mu) = 1.010\,03, \quad x_3(\mu) = -1.000\,00 \qquad (5.2.9)$$

转换到标准量纲可知,日地 $L_2$ 点距离地球约 150 万 km。

**情况 2**:$y \neq 0$,式(5.2.8)的解满足 $r_1 = r_2 = 1$,即平衡点与太阳和地球呈等边三角形,如图 5.2.2 所示。由此得到**三角平衡点** $L_4$ 和 $L_5$,其坐标为

$$\begin{cases} x_4 = 0.5 - \mu, & y_4 = \sqrt{3}/2 \\ x_5 = 0.5 - \mu, & y_5 = -\sqrt{3}/2 \end{cases} \qquad (5.2.10)$$

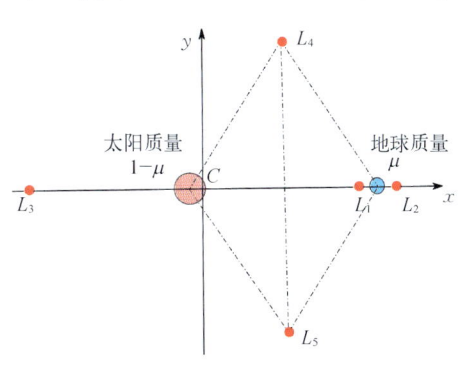

图 5.2.2 日地系统的五个 Lagrange 点

上述五个平衡点统称为 **Lagrange 点**。研究表明,两个三角平衡点是渐近稳定的;而三个共线平衡点是不稳定的鞍点,位于鞍点的探测器受扰动后将自行飞往附近的某个轨道。

在空间科学探测中,日地系统的不同 Lagrange 点具有不同意义。由于 $L_1$ 点和 $L_2$ 点距离地球较近,在深空探测中受到高度关注。$L_1$ 点位于日地之间,是观测太阳和持续监测日地空间环境变化的理想位置;$L_2$ 点位于日地连线的延长线上,是观测宇宙的理想位置。

**2. 周期与拟周期轨道**

研究表明,探测器在共线平衡点附近飞行时,存在多种类型的周期与拟周期轨道,可用作**任务轨道**。当然,探测器需要满足特定的状态(即位置和速度)条件,其运动才位于这样的任务轨道上。为了获得探测器进入任务轨道的初始状态,可采用探测器在共线平衡点附近的线性化动力学方程获得近似解,再通过微分修正(又称**打靶法**)得到高精度的数值解。

**例 5.2.1** 在日地质心旋转坐标系中,求解日地 $L_2$ 点附近的典型周期轨道与拟周期轨道。

**解**:记日地 $L_2$ 点的坐标为 $(x_2, 0, 0)$,设探测器在其附近受到小扰动$(\Delta x, \Delta y, \Delta z)$,将 $x = x_2 + \Delta x, y = \Delta y, z = \Delta z$ 代入式(5.2.7)并在 $L_2$ 点$(x_2, 0, 0)$处线性化,得到:

$$\begin{bmatrix} \Delta \ddot{x} \\ \Delta \ddot{y} \\ \Delta \ddot{z} \end{bmatrix} + \begin{bmatrix} 0 & -2 & 0 \\ 2 & 0 & 0 \\ 0 & 0 & 0 \end{bmatrix} \begin{bmatrix} \Delta \dot{x} \\ \Delta \dot{y} \\ \Delta \dot{z} \end{bmatrix} = \begin{bmatrix} f_{xx} & f_{xy} & f_{xz} \\ f_{yx} & f_{yy} & f_{yz} \\ f_{zx} & f_{zy} & f_{zz} \end{bmatrix} \begin{bmatrix} \Delta x \\ \Delta y \\ \Delta z \end{bmatrix} + O(\Delta x, \Delta y, \Delta z) \qquad (\text{a})$$

其中,$f_{ij}, i,j = x, y, z$ 表示式(5.2.7)右端项在点 $(x_2, 0, 0)$ 的一阶偏导数;$O(\Delta x, \Delta y, \Delta z)$ 表示小扰动的高阶量。该常微分方程组的速度项具有反对称系数矩阵,属于不耗能的陀螺力。

如果略去式(a)中的高阶量 $O(\Delta x, \Delta y, \Delta z)$,得到线性齐次常微分方程组,其解可表

示为

$$\begin{cases} \Delta x = a_x \cos(\lambda t + \varphi_x) \\ \Delta y = a_y \sin(\lambda t + \varphi_x) \\ \Delta z = a_z \sin(\nu t + \varphi_z) \end{cases} \tag{b}$$

其中，$\lambda$ 和 $\nu$ 分别为面内和面外振动频率，由式(a)对应线性常微分方程组的特征值决定；$a_j, j = x, y, z$ 和 $\varphi_j, j = x, z$ 分别为扰动分量振幅和初相位，它们均取决于初始条件。选择不同扰动分量振幅和初相位，得到不同轨道。当 $\lambda \neq \nu$ 时，将得到拟周期轨道，即**李萨如**(**Lissajous**)**轨道**[1]。

如果保留式(a)中的高阶量 $O(\Delta x, \Delta y, \Delta z)$，采用研究非线性振动的谐波平衡法或摄动法，可得到式(a)的高次近似解，其振幅与频率有关。选取合适的振幅，可使得 $\lambda = \nu$，进而得到周期轨道的近似解[2,3]，其周期为 $T = 2\pi/\lambda$。以近似解为初值，采用微分修正，可得到高精度的周期轨道，其思路为：根据近似解选择初始条件，数值积分到时间 $t = T$，检查是否满足周期性条件；若不满足，通过牛顿-拉弗森(Newton-Raphson)法进行迭代修正，直至满足周期性条件。为简化计算，还可根据轨道对称性，对半周期轨道检验对称条件。例如，轨道从垂直于对称轴(或平面)的初始条件出发，经过半个周期时要垂直返回对称轴(或平面)。

在 $L_2$ 点附近，常见周期轨道包括平面 Lyapunov 轨道、垂直 Lyapunov 轨道、晕(Halo)轨道等。现记轨道周期为 $T$，给出这几类轨道的初值选取和求解方法。

第一，平面 Lyapunov 轨道：平面 Lyapunov 轨道位于旋转坐标系的 $xy$ 平面内，且关于 $x$ 轴对称。根据式(c)的一阶近似解，取 $z = 0$；根据上述对称性，选取轨道初始状态向量为

$$\boldsymbol{w}_0^{\text{L}} = [x_0 \quad 0 \quad 0 \quad 0 \quad \dot{y}_0 \quad 0]^{\text{T}} \tag{c}$$

当 $t = T/2$ 时，轨道垂直穿过 $x$ 轴。因此，对 $\boldsymbol{w}_0^{\text{L}}$ 和 $T$ 进行修正，使轨道到达 $x$ 轴时满足 $\dot{x} = 0$。

第二，Halo 轨道：该轨道属于空间周期轨道，关于旋转坐标系的 $xz$ 平面对称，根据三阶解析解选取振幅，使得 $\lambda = \nu$，对应的轨道初始状态向量为

$$\boldsymbol{w}_0^{\text{H}} = [x_0 \quad 0 \quad z_0 \quad 0 \quad \dot{y}_0 \quad 0]^{\text{T}} \tag{d}$$

当 $t = T/2$ 时，轨道垂直穿过 $xz$ 平面。因此，对 $\boldsymbol{w}_0^{\text{H}}$ 和 $T$ 进行修正，使得轨道到达 $xz$ 平面时满足 $\dot{x} = 0$ 和 $\dot{z} = 0$。

---

[1] Howell K C, Pernicka H J. Numerical determination of Lissajous trajectories in the restricted three-body problem [J]. Celestial Mechanics, 1987, 41: 107-124.

[2] Howell K C. Three-dimensional periodic halo orbits[J]. Celestial Mechanics and Dynamical Astronomy, 1984, 32: 53-71.

[3] Farquhar R W, Kamel A A. Quasi-periodic orbits about the translunar libration point[J]. Celestial Mechanics, 1973, 7: 458-473.

第三,垂直Lyapunov轨道:该轨道呈现空间8字形,关于旋转坐标系的 $xz$ 平面和 $xy$ 平面对称,可根据三阶解析解选取振幅 $z=0$。由于高次项的影响,该轨道在 $xy$ 平面内的分量不为零,其初始状态向量同样满足:

$$\pmb{w}_0^\mathrm{V} = [\,x_0 \quad 0 \quad z_0 \quad 0 \quad \dot{y}_0 \quad 0\,]^\mathrm{T} \tag{e}$$

$t=T/2$ 时,轨道将垂直穿过 $xz$ 平面。因此,对 $\pmb{w}_0^\mathrm{V}$ 和 $T$ 进行修正,使得轨道到达 $xz$ 平面时满足 $\dot{x}=0$ 和 $\dot{z}=0$。

根据上述讨论,选择不同的轨道初始状态向量,得到图 5.2.3 所示几种类型的周期与拟周期轨道族。图中的坐标单位为日地平均距离,即**天文单位** AU($1\,\mathrm{AU} \approx 1.496 \times 10^8\,\mathrm{km}$)。

(a) 平面Lyapunov轨道族

(b) Halo轨道族

(c) 垂直Lyapunov轨道族

(d) Lissajous轨道族

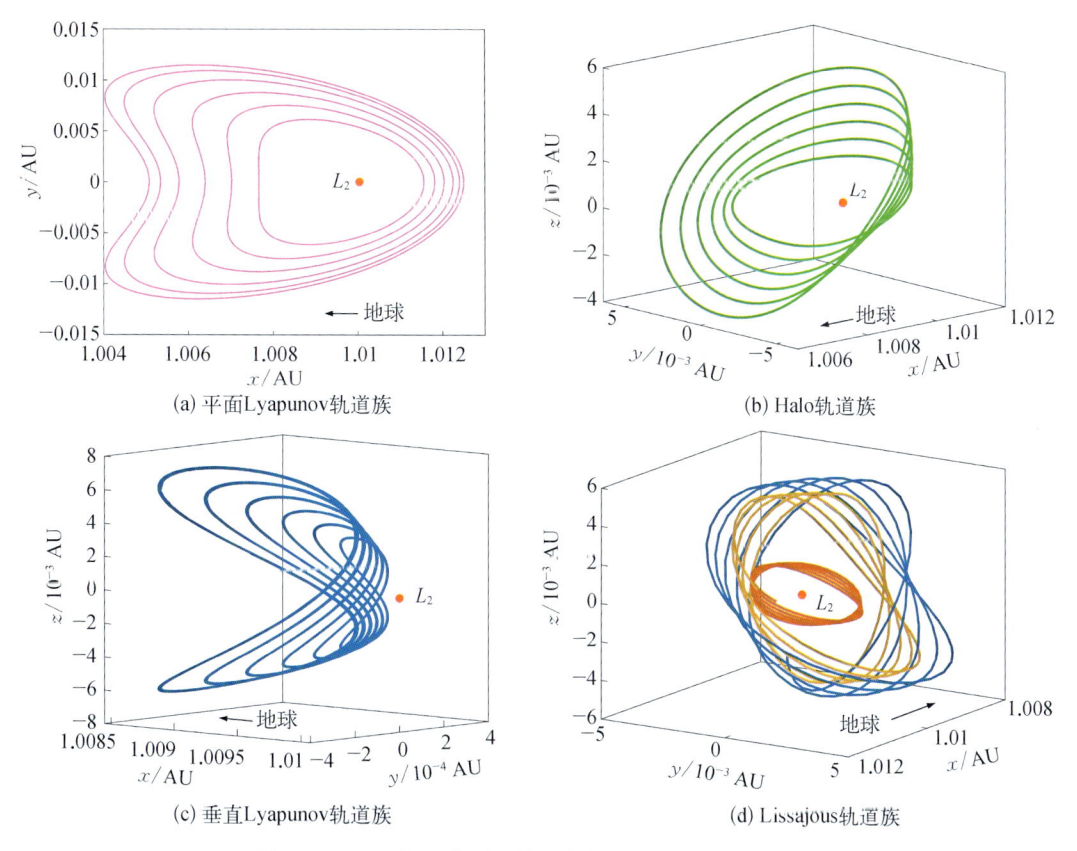

**图 5.2.3** 日地 $L_2$ 点附近的周期轨道族和拟周期轨道族

在 Lagrange 点探测任务中,探测器对任务轨道类型和轨道初始状态的选取与任务约束密切相关。对于本拓展任务,考虑到轨道转移与维持代价及地面测控能力,选择 $a_x = 2.9 \times 10^5\,\mathrm{km}$,$a_y = 9 \times 10^5\,\mathrm{km}$,$a_z = 3.9 \times 10^5\,\mathrm{km}$ 的 Lissajous 轨道作为任务轨道,其轨道周期约 180 天。

选定任务轨道后,需要设计探测器从绕月轨道至任务轨道的转移轨道。对于三体系统的转移轨道,通常先求解二体系统的两点边值问题作为初值,然后采用三体系统轨道动力学模型进行修正,确定脉冲推力及能耗。这样得到的转移时间为 60.76 天,其转移轨道需要充足燃料来产生速度增量 1.076 6 km/s。然而,探测器剩余燃料不满足上述要求。以下讨论探测器低能耗飞往该轨道的可能性。

### 3. 不变流形

回顾 3.2.4 节所介绍的简谐激励 Duffing 系统,其主共振是周期运动,在 Poincaré 截面上具有鞍点(又称**双曲不动点**),而鞍点具有稳定流形和不稳定流形。这是非线性动力系统的普遍性质。研究表明:Lagrange 点附近的周期轨道/拟周期轨道具有双曲性,在其附近存在图 5.2.4 所示的两类轨道。第一类是绿色的渐近稳定轨道,其随时间延续趋于双曲型轨道;第二类是红色的不稳定轨道,其随时间延续而远离双曲型轨道。在由探测器位置和速度构成的**相空间**中,可将上述渐近稳定轨道的集合和不稳定轨道的集合分别称为**稳定流形**和**不稳定流形**。这两种流形与描述轨道所选取的坐标系无关,属于几何不变量,统称为**不变流形**[1]。若探测器的飞行状态恰好位于日地 $L_2$ 点附近某双曲型轨道的稳定流形上,则不需要任何推力,探测器就会自动趋于该轨道;反之,探测器可不需要推力而沿着不稳定流形飞离该轨道。这为寻找低能耗转移轨道带来了重要启示。

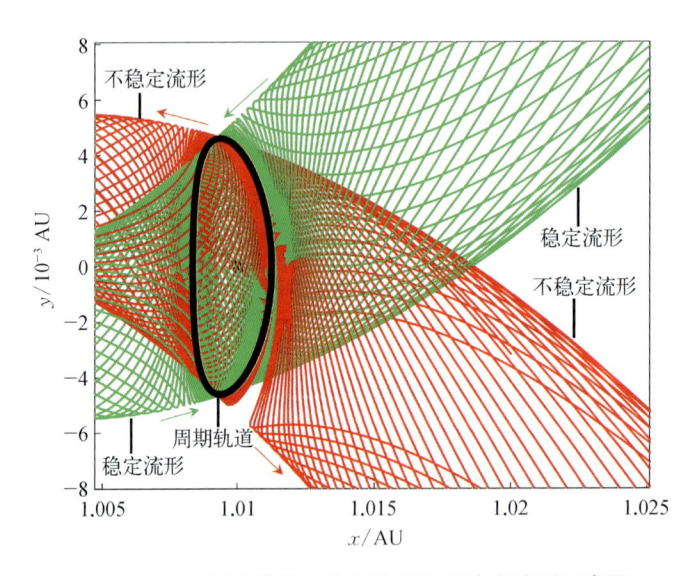

图 5.2.4 双曲型轨道的稳定流形和不稳定流形示意图

## 5.3 从绕月轨道至日地 $L_2$ 点的转移轨道设计

根据上节末所介绍的不变流形启示,现讨论如何确定目标轨道附近的不变流形,进而

---

[1] Gómez G, Koon W S, Lo M W. Connecting orbits and invariant manifolds in the spatial restricted three-body problem[J]. Nonlinearity, 2004, 17: 1571–1606.

使探测器尽早进入稳定流形,实现低能耗轨道转移。

### 5.3.1 低能耗轨道转移的可行性

确定不变流形的思路是:对周期轨道做小扰动,获得线性时变常微分方程历经一段时间后的状态转移矩阵,将其作为对上述扰动的线性映射;计算该矩阵的特征向量,获得线性映射的稳定方向和不稳定方向。它们是稳定流形和不稳定流形的切线,是对不变流形的近似。

考察从初始时刻 $t_0$ 出发、满足式(5.2.7)的某个周期轨道。记其六维状态向量为 $\boldsymbol{w}(t)$,周期为 $T$,即 $\boldsymbol{w}(t_0+T)=\boldsymbol{w}(t_0)$。对该周期轨道做小扰动,记扰动状态向量为 $\Delta\boldsymbol{w}(t)$。根据式(5.2.7),$\Delta\boldsymbol{w}(t)$ 满足如下线性常微分方程组:

$$\Delta\dot{\boldsymbol{w}}(t)=\boldsymbol{A}(t)\Delta\boldsymbol{w}(t),\quad \boldsymbol{A}(t+T)=\boldsymbol{A}(t) \tag{5.3.1}$$

其中,$\boldsymbol{A}(t)$ 为6阶周期时变方阵。根据线性变系数常微分方程理论,式(5.3.1)的解可表示为

$$\Delta\boldsymbol{w}(t)=\boldsymbol{\Phi}(t,t_0)\Delta\boldsymbol{w}(t_0) \tag{5.3.2}$$

此处,6阶方阵 $\boldsymbol{\Phi}(t,t_0)$ 是式(5.3.1)的**状态转移矩阵**,满足如下线性常微分方程组的初值问题:

$$\dot{\boldsymbol{\Phi}}(t,t_0)=\boldsymbol{A}(t)\boldsymbol{\Phi}(t,t_0),\quad \boldsymbol{\Phi}(t_0,t_0)=\boldsymbol{I}_6 \tag{5.3.3}$$

该问题可通过数值积分求解。

将矩阵 $\boldsymbol{\Phi}(t,t_0)$ 视为从初始时刻 $t_0$ 到时刻 $t_0+t$ 的线性映射,即可估算初始状态扰动向量 $\Delta\boldsymbol{w}(t_0)$ 对轨道演化的影响。周期轨道在 $t_0+T$ 时刻的状态转移矩阵称为**单值矩阵**,记作:

$$\boldsymbol{M}\equiv\boldsymbol{\Phi}(T,t_0) \tag{5.3.4}$$

矩阵 $\boldsymbol{M}$ 的特征值和特征向量刻画了探测器在周期轨道附近的运动特性。对于初始扰动 $\Delta\boldsymbol{w}(t_0)$,其经过一个周期演化为 $\Delta\boldsymbol{w}(t_0+T)=\boldsymbol{M}\Delta\boldsymbol{w}(t_0)$。记 $\lambda_j$ 为矩阵 $\boldsymbol{M}$ 的第 $j$ 个特征值,$\boldsymbol{\varphi}_j$ 为对应的特征向量,当 $|\lambda_j|<1$ 时,$\boldsymbol{\varphi}_j$ 给出该周期轨道的渐近稳定方向;当 $|\lambda_j|>1$ 时,$\boldsymbol{\varphi}_j$ 给出该周期轨道的不稳定方向。根据这些方向,即可获得近似的稳定流形和不稳定流形。

对于拟周期轨道,可拓展上述线性映射方法:设经过时间 $T'$,拟周期轨道回到其出发点的某个邻域内;该邻域越小,则拟周期轨道越接近周期轨道。当拟周期轨道的面内分量频率 $\lambda$ 与面外分量频率 $\nu$ 接近时,选取 $T'=2\pi/\lambda$ 或 $T'=2\pi/\nu$,记 $\boldsymbol{M}'\equiv\boldsymbol{\Phi}(T',t_0)$,通过计算矩阵 $\boldsymbol{M}'$ 的特征值和特征向量,可近似确定拟周期轨道的稳定流形和不稳定流形。

**例 5.3.1** 讨论探测器通过日地 $L_2$ 点附近稳定流形实现轨道转移的可行性。

**解**:根据上述特征向量描述的 $L_2$ 点附近周期轨道/拟周期轨道的稳定与不稳定方向,

可得到其对应的渐近稳定轨道和不稳定轨道,进而得到稳定流形和不稳定流形。图 5.3.1 给出日地 $L_2$ 点附近 Lissajous 轨道和 Halo 轨道的稳定流形和不稳定流形。

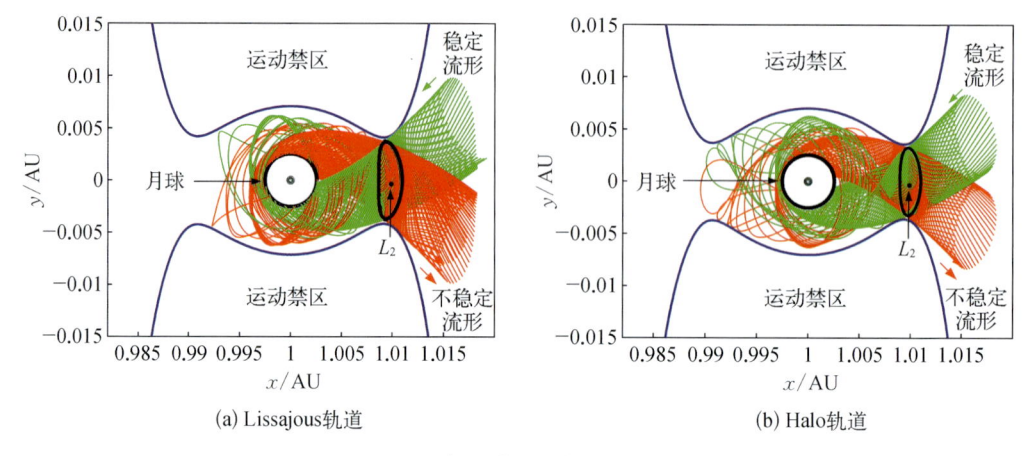

图 5.3.1　日地 $L_2$ 点附近轨道的不变流形

由图 5.3.1 可见,上述稳定流形和不稳定流形各有两个分支,分别朝靠近地月系统和远离地月系统的方向延伸。在月球绕地轨道附近建立 Poincaré 截面,选择朝地月方向延伸的稳定流形分支,并筛选出与月球轨道距离较小的流形作为备选轨道。以此为参考,可望获得探测器从绕月轨道飞向日地 $L_2$ 点附近 Lissajous 轨道的低能耗转移轨道。

### 5.3.2　低能耗转移轨道设计

值得指出,由例 5.3.1 得到的备选轨道与工程任务需求尚有较大差距。在工程任务设计中,需要放弃日地系统做相对圆运动的假设,在地心惯性坐标系中建立探测器动力学方程,并计入其他摄动力对探测器运动的影响。换言之,在工程设计中需要采用高精度动力学模型对设计初值进行修正。

**例 5.3.2**　在地心惯性坐标系中,计算并讨论从绕月轨道至日地 $L_2$ 点 Lissajous 轨道的转移窗口。

**解**:首先,约定地心惯性坐标系平行于日地质心惯性坐标系。由日地质心旋转坐标系到地心惯性坐标系的坐标变换可分解为绕日地质心惯性坐标系旋转和向地心平移。在地心惯性坐标系中,记探测器的位置向量为 $\boldsymbol{r}_e$,并采用国际制单位。在日地质心旋转坐标系中,记探测器相对地球的位置向量为 $\boldsymbol{r}'$,速度为 $\boldsymbol{v}'$,$L_2$ 点的 $x$ 坐标为 $x_2$;其长度单位为日地平均距离 $\bar{a} \approx 1.496 \times 10^8$ km,时间单位为 $\bar{T} \equiv \sqrt{\bar{a}^3 / [G(m_1 + m_2)]}$。

参考图 5.3.2,根据星历数据可得到地球绕太阳公转轨道的半长轴 $a$,偏心率 $e$,升交点赤经 $\alpha$,轨道倾角 $\beta$,近心点幅角 $\gamma$,真近点角 $\theta$。由于放弃日地系统做相对圆运动的假设,日地间距离 $a'$ 随时间变化,可用真近点角 $\theta$ 表示为

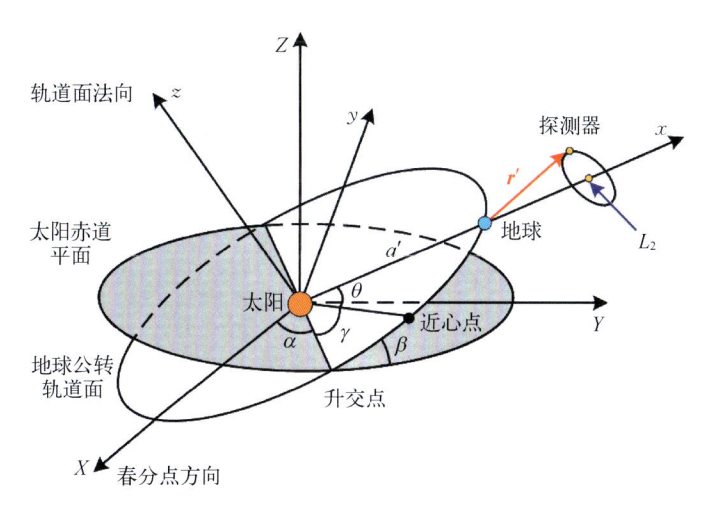

**图 5.3.2　日地质心惯性系与日地质心旋转坐标系的关系**

$$a' = \frac{a(1-e^2)}{1-e\cos\theta} \tag{a}$$

此时，$L_2$ 点在日地质心旋转坐标系中并不静止，称为**瞬时 $L_2$ 点**，仍记其坐标为 $(x_2, 0, 0)$。

设探测器轨道相对瞬时 $L_2$ 点位置保持不变，即 $a'(x-x_2) = \bar{a}(x-x_2)$，得到 $a'x = \bar{a}x + (a'-\bar{a})x_2$。参考图 5.2.1，将探测器与地球质心的距离表示为

$$a'[x-(1-\mu)] = \bar{a}x + (a'-\bar{a})x_2 - a'(1-\mu) = \bar{a}[x+(s-1)x_2 - s(1-\mu)] \tag{b}$$

其中，$s \equiv a'/\bar{a}$，称为**瞬时比例系数**。由此得到探测器在日地质心旋转坐标系中相对地球质心的位置向量，即

$$\boldsymbol{r}' = [x+(s-1)x_2-s(1-\mu) \quad y \quad z]^{\mathrm{T}} \tag{c}$$

为得到探测器在地心惯性坐标系中的位置向量 $\boldsymbol{r}_e$，只需将位置向量 $\boldsymbol{r}'$ 绕 $z$ 轴旋转 $-(\theta+\gamma)$，绕 $x$ 轴旋转 $-\beta$，绕 $z$ 轴旋转 $-\alpha$，再转换为国际单位制。根据式(5.2.6)的旋转变换矩阵，得到：

$$\boldsymbol{r}_e = \bar{a}\boldsymbol{R}_z(-\alpha)\boldsymbol{R}_x(-\beta)\boldsymbol{R}_z(-\gamma-\theta)\boldsymbol{r}' \tag{d}$$

类似地，可求出探测器在地心惯性坐标系中的速度向量和加速度向量，但因计算较为复杂而省略。

由于探测器质量远小于地球质量，根据万有引力定律，得到探测器在地心惯性坐标系中的轨道动力学方程：

203

$$\ddot{\boldsymbol{r}}_e = -\frac{\mu_e}{r_e^3}\boldsymbol{r}_e - \sum_{j=3}^{n}\mu_j\left(\frac{\boldsymbol{r}_{j2}}{r_{j2}^3} - \frac{\boldsymbol{r}_{j1}}{r_{j1}^3}\right) \tag{e}$$

其中，$\mu_e \equiv Gm_2$，为地球引力常数；$\mu_j$ 为其他摄动天体的引力常数；$\boldsymbol{r}_{j1}$ 和 $\boldsymbol{r}_{j2}$ 分别为摄动天体相对于地球和探测器的位置向量。

考虑多天体摄动等因素带来的非线性，将三体系统的轨道初值转换到星历模型后积分可能不收敛。因此，需采用二级微分修正方法对轨道进行修正，即将初始转移轨道划分为若干段，分别迭代修正端点处的速度和位置，使转移轨道位置和速度连续。基于星历模型，采用两级微分修正方法，对日地 $L_2$ 点 Lissajous 轨道附近筛选出来的流形分支进行轨道修正。最后，在日地质心旋转坐标系中观察计算结果。如图 5.3.3 所示，在绕月轨道附近设置 Poincaré 截面，将修正后的流形分支延伸至日地 $L_2$ 点 Lissajous 轨道的 Poincaré 截面，得到蓝色轨迹。

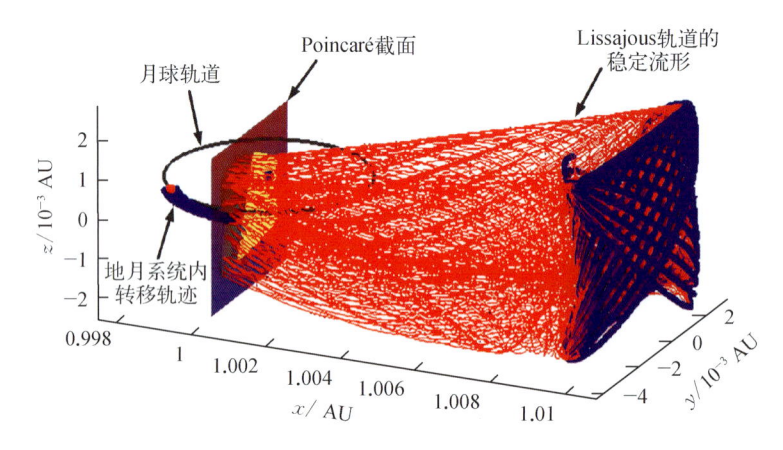

图 5.3.3  日地 $L_2$ 点 Lissajous 轨道延伸至绕月轨道附近的不变流形

在图 5.3.3 的 Poincaré 截面上选择两段轨道位置连续且速度差最小的轨道作为备选轨道，采用二级微分修正，得到状态连续的转移方案作为探测器的低能耗转移轨道方案。选择 2011 年 4~6 月时间段，得到图 5.3.4 所示探测器从绕月轨道出发飞越日地 $L_2$ 点 Lissajous 轨道的转移机会：图中 $x$ 轴是从环月轨道逃逸的日期，$y$ 轴是轨道转移所需的总速度增量。由图 5.3.4 可见，从绕月轨道出发的低能耗转移机会集中在四个时间段，即 2011 年 4 月 6 日附近，5 月 10 日附近，5 月 25 日附近，6 月 25 日附近；所需速度增量均小于 650 m/s。

从工程角度看，该探测器从绕月轨道出发时间的选择，除了低能耗之外，还需考虑月食、测控等因素，最后权衡选在 2011 年 6 月 5 日至 6 月 10 附近，所需速度增量约 660 m/s。与传统转移轨道设计所需的速度增量 1 076.6 m/s 相比，可节省燃料约 38.6%。为了满足工程需求，还要考虑太阳光压摄动、地球非球形摄动、月球非球形摄动等因素，建立高精度动力学模型进行轨道修正。

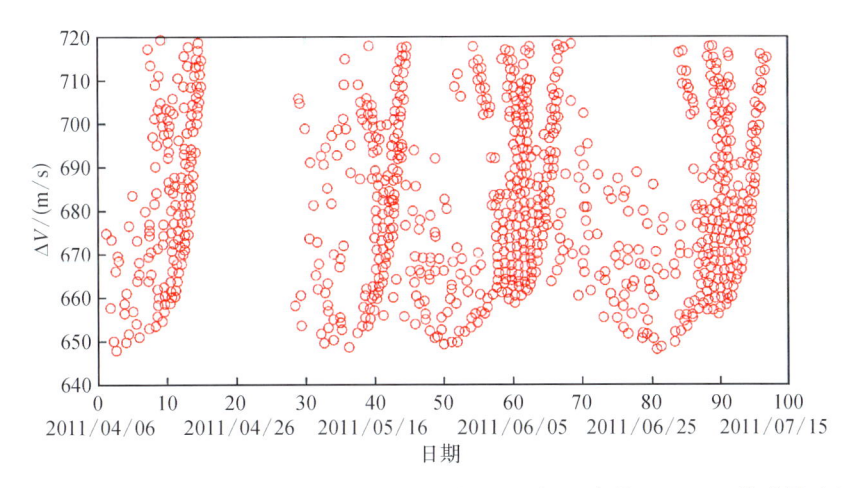

图 5.3.4 2011 年 4~6 月从绕月轨道出发飞越探测日地 $L_2$ 点的 Lissajous 轨道转移机会

**例 5.3.3** 在日心惯性坐标系中建立高精度轨道动力学模型,完成从绕月轨道至日地 $L_2$ 点 Lissajous 轨道的转移轨道设计。

**解：** 在前述分析基础上,进一步考虑太阳光压摄动、地球非球形摄动、月球非球形摄动等因素,建立探测器的高精度轨道动力学方程:

$$\ddot{r}_s = -\frac{\mu_s}{r_s^3}r_s - \sum_{j=3}^{n}\mu_j\left(\frac{r_{j2}}{r_{j2}^3} - \frac{r_{j1}}{r_{j1}^3}\right) + \frac{1}{m_0}(f_{srp} + f_{ens} + f_{mns}) \qquad (a)$$

其中,$r_s$ 为探测器在日心惯性坐标系中的位置向量;$\mu_s \equiv Gm_1$,为太阳引力常数;求和号给出其他天体的引力摄动;$m_0$ 为探测器质量;$f_{srp}$、$f_{ens}$ 和 $f_{mns}$ 分别为太阳光压摄动力、地球非球形摄动力和月球非球形摄动力。

根据例 5.3.2 所选择的转移机会,考虑月食等约束条件,对式(a)的初值进行微分修正,得到高精度转移轨道。图 5.3.5 给出在日地质心旋转坐标系中观察到的转移轨道。

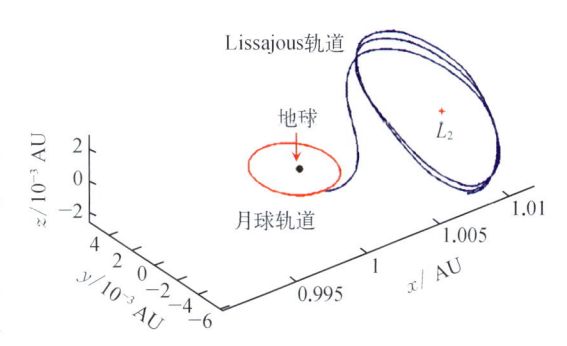

图 5.3.5 探测器从环月轨道至日地 $L_2$ 点 Lissajous 轨道转移

### 5.3.3 任务实施效果

在实施任务时,日地 $L_2$ 点探测轨道飞行过程包括三个阶段,即月球逃逸段,转移与捕获飞行段,抵达 $L_2$ 点附近的 Lissajous 轨道环绕段。

**1. 逃逸月球轨道**

如果探测器从 100 km 绕月轨道上直接加速飞往 $L_2$ 点,所需的脉冲速度增量较大,采用一次加速控制开机时间过长,会导致重力损耗和控制误差较大。综合考虑能耗和逃逸过渡轨道阴影区时长对探测器的影响,设计用两次加速控制的方式。第一次加速控制,探测器进入椭圆过渡轨道,其近月点约 100 km,远月点约 3 565 km,周期约 5.3 h;第二次加速,探测器逃逸月球轨道,进入飞向日地 $L_2$ 点的转移轨道。

2011 年 6 月 8 日 14 时,对探测器实施第一次加速控制,使其进入周期为 5.3 h 的椭圆轨道;2011 年 6 月 9 日 16 时,对探测器实施第二次加速控制,关机后探测器进入距离月面高度约 322.6 km、倾角为 83°的双曲线轨道。

### 2. 转移与捕获轨道

2011 年 6 月 9 日,探测器从月球轨道逃逸后,沿转移轨道飞行;到达 $L_2$ 点附近后,捕获进入日地 $L_2$ 点的 Lissajous 轨道。为保证能顺利进入该目标轨道,计划在转移飞行段根据需要实施 3~6 次中途修正。中途修正的基本原则是:若轨道控制的速度增量大于 2 m/s,则必须实施轨道机动;否则取消或推迟择机实施。

探测器进入转移飞行轨道后,根据设计方案和实际测控数据对比分析。2011 年 6 月 12 日,计划执行第一次中途修正,测控数据表明,所需速度增量为 1.43 m/s,故推迟此次修正。2011 年 6 月 20 日 23 时,实施了第一次中途修正,测控数据表明修正状况良好。根据中途修正原则,取消了后续两次修正。2011 年 8 月 25 日,探测器飞经日地 $L_2$ 点附近时,实施了捕获控制,消耗速度增量为 3.58 m/s。

### 3. 环绕 Lissajous 轨道

2011 年 8 月 25 日,探测器进入所设计的 Lissajous 轨道并飞行 200 余天,完成了对地球远磁尾带电粒子、太阳耀斑爆发和宇宙伽马暴的科学探测和工程试验任务。至此,探测器圆满完成了第一次任务拓展。

## 5.4 再次拓展任务分析

探测器完成上述第一次任务拓展后,飞行状态良好,还剩少量燃料。因此,探月工程总体部门探讨开展飞向更远深空的再拓展任务。因探测器剩余燃料非常有限,探测什么目标成为讨论的重点。

### 5.4.1 行星际飞行任务及其约束

根据当时的情况,该探测器飞向更远的深空面临以下几个问题和挑战。

第一,燃料约束:探测器在完成日地 $L_2$ 点探测任务后,可用于飞向更远深空目标的燃料非常有限,能够提供的变轨能力仅约 120 m/s。

第二,寿命约束:探测器的设计评估寿命为 24~36 个月,而探测器已在轨飞行超过 20 个月,其剩余评估寿命不超过 16 个月。

第三,推力约束:探测器原计划在 2012 年 4 月 15 日进行 Lissajous 轨道修正,若有新的探测任务要求,则此次修正需进行 1 次 490 N 主推力发动机测试,速度增量需大于 5 m/s。

第四,时间约束:一是在 2013 年 3 月前完成更远深空目标的飞行任务;二是为避免与其他任务时间冲突,从 Lissajous 轨道变轨飞向深空目标的时间应避开 2012 年 6 月和 7 月,力争在 2012 年 5 月底前后出发。

第五,测控约束:远距离深空测控约束要求飞行关键时点(变轨、修正、飞越)通信无遮挡、地面可测控。在 2012 年 10 月前,我国大型深空测控站尚不支持远距离测控能力,故要求飞越探测时间在 2012 年 10 月后;而且在该时间前,探测器距离地球不超过 350 万 km。

### 5.4.2 行星际飞行任务的探测目标选择

基于以上约束考虑,探测器从日地 $L_2$ 点 Lissajous 轨道出发,可探测的目标非常有限。按轨道位置来分,包括火星、金星、小天体等。以下先从所剩燃料角度,讨论这几类目标的可达性问题。

首先,分析探测器飞越探测金星和火星的可行性。考虑到探测器的变轨能力仅剩 120 m/s,飞越目标的时间应在 2013 年 3 月之前。基于日心惯性系坐标($x_s$, $y_s$, $z_s$)描述的探测器高精度动力学方程,将探测器所在 Lissajous 轨道的不稳定流形分别向金星和火星方向延伸,得到图 5.4.1 所示的空间关系。由图可见,该不稳定流形与金星和火星的公转轨道无交点。计算表明,若在 2013 年 3 月 1 日之前采用最优脉冲转移轨道飞越金星,约需 km/s 级速度增量;而飞越火星所需的速度增量更大。

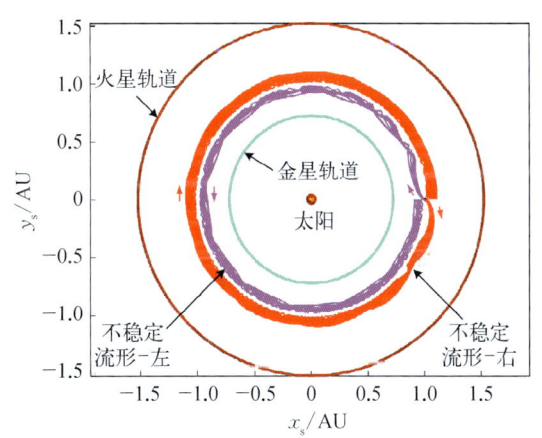

图 5.4.1 探测器的日地 $L_2$ 点 Lissajous 轨道不稳定流形与金星和火星轨道关系

其次,讨论探测小天体目标是否能满足任务约束。在 2012 年,人类已发现的小天体有 70 多万颗,可分为近地小行星、主带小行星、特洛伊群、柯伊柏带。多数近地小行星的轨道会穿越地球轨道;主带小行星的轨道介于火星轨道和木星轨道之间,大约距离太阳 2~4 AU,这是小行星密集区域;特洛伊族小行星主要聚集在太阳与木星构成的三体系统的 $L_4/L_5$ 点附近;柯伊柏带小行星主要分布在海王星轨道外侧。在日心惯性坐标系中,图 5.4.2 给出在任务时间约束内探测器的日地 $L_2$ 点 Lissajous 轨道与近地小行星和主带小行星的位置。由图可见,主带小行星与 Lissajous 轨道距离过远,无法探测。近地小行星轨道在任务约束时间内可能与该 Lissajous 轨道相交,且近地小行星与地球距离较近,容易满足测控约束。因此,将近地小行星作为进一步讨论的对象。

(a) 主带小行星位置

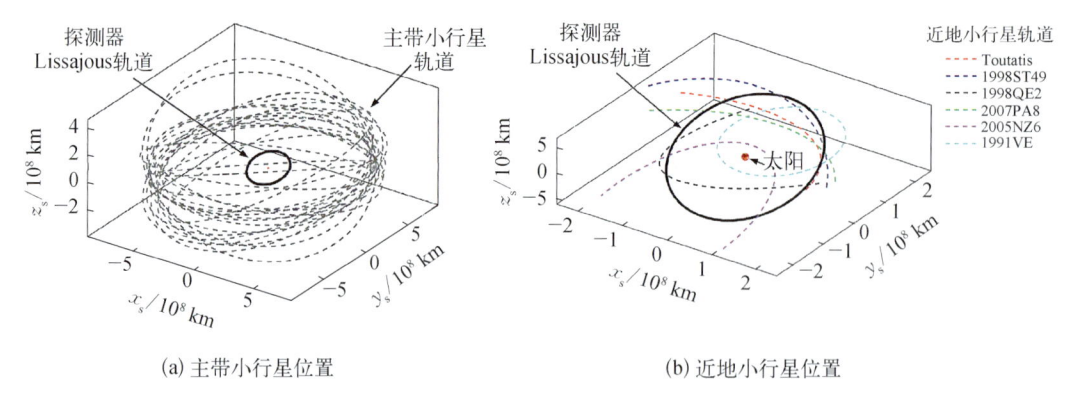

(b) 近地小行星位置

图 5.4.2　Lissajous 轨道与小行星轨道位置关系

### 5.4.3　飞越探测近地小行星的目标选择

根据轨道半长轴 $a$、近日点距离 $q$ 和远日点距离 $Q$，将近地小行星分为如下四种类型。

第一，阿登(Aten)型：其轨道半长轴小于 1 AU，且穿越地球轨道，即 $a < 1.0$ AU 且 $Q > 0.983$ AU，此处的 0.983 AU 为地球轨道的近日点距离。

第二，阿波罗(Apollo)型：其轨道半长轴大于 1 AU，且穿越地球轨道，即 $a > 1.0$ AU 且 $q < 1.017$ AU，此处的 1.017 AU 为地球轨道的远日点距离。

第三，阿莫尔(Amor)型：其轨道在地球轨道的外侧，近日点距离 $q$ 大于地球轨道的远日点距离(1.017 AU)且小于 1.3 AU，即 1.017 AU $< q <$ 1.3 AU。

第四，阿提拉(Atira)型：其轨道在地球轨道的内侧，远日点距离 $Q$ 小于地球轨道的近日点距离(0.983 AU)，即 $Q < 0.983$ AU。

值得注意的是，Aten 型和 Apollo 型的小行星轨道会穿越地球轨道，具有撞击地球的威胁；而 Amor 型和 Atira 型虽然不穿越地球轨道，但有时可能距离地球非常近。

首先，根据以上任务约束，通过轨道递推和距离约束进行初步筛选；然后，通过探测器的成像约束进行物理特性筛选；最后，通过轨道可达性筛选，得到可能的备选目标。

**例 5.4.1**　采用高精度动力学模型，推算小行星轨道并初选探测目标。

**解**：在日心惯性坐标系中，建立小行星的高精度动力学方程：

$$\ddot{\boldsymbol{r}}_\text{s} = -\frac{\mu_\text{s}}{r_\text{s}^3}\boldsymbol{r}_\text{s} - \sum_{j=3}^{n}\mu_j\left(\frac{\boldsymbol{r}_{j2}}{r_{j2}^3} - \frac{\boldsymbol{r}_{j1}}{r_{j1}^3}\right) + \frac{\boldsymbol{f}_\text{srp}}{m_0} \qquad (\text{a})$$

其中，$\boldsymbol{r}_\text{s}$ 为小行星在日心惯性坐标系中的位置向量；$\mu_\text{s}$ 为太阳引力常数；$\boldsymbol{r}_{j1}$ 和 $\boldsymbol{r}_{j2}$ 分别为摄动天体相对于太阳和小行星的位置向量；$\mu_j$ 为其他摄动天体的引力常数；$m_0$ 为小行星质量；$\boldsymbol{f}_\text{srp}$ 为太阳光压摄动力。摄动天体主要考虑八大行星、月球、冥王星及谷神星。

选取近地小行星，进行轨道递推。递推时间为观测定轨星历的历元时刻至 2013 年 6 月 30 日，搜索满足 2012 年 10 月~2013 年 6 月与地球最近距离小于 1 500 万 km 的目标。

计算结果表明：满足测控与通信约束、时间约束的备选目标有51颗；其中，距离地球小于500万km的目标有7颗，大于500万km且小于1000万km的目标有22颗，大于1000万km且小于1500万km的目标有22颗。

本章作者团队根据探测器的能力和这51颗小行星的物理特性，从中筛选探测目标。

1. 对小行星成像要求

选择探测器上的太阳翼监视相机作为飞越探测小行星的主要载荷。考虑到成像质量，要求目标小行星直径大于1 km，且轨道参数确定，即有明确编号。在表5.4.1中，直径接近或超过1 km的目标有8颗，同时满足直径和编号约束的备选目标有6颗。鉴于小行星的反照率决定成像质量，表中还给出了部分小行星的反照率。在6颗备选目标中，在2012年10月1日~2013年6月30日，距离地球小于1000万km的有4颗，即Toutatis、1998QE2、2007PA8和2005NZ6；大于1000万km的有2颗，即1998ST49和1991VE。

表5.4.1 距离地球小于1500万km，有确定编号同时直径接近或大于1 km的目标

| 序 号 | 小行星编号/名称 | 最近距离/万 km | 距离最近时间 | 反 照 率 | 直径/km |
|---|---|---|---|---|---|
| 1 | (4179) Toutatis | 693.09 | 2012-12-12 | 0.13 | 2.8 |
| 2 | (136993) 1998ST49 | 1 102.2 | 2012-10-18 | 0.18 | 0.9 |
| 3 | (285263) 1998QE2 | 585.97 | 2013-05-31 | 0.06 | 2.75 |
| 4 | (214869) 2007PA8 | 647.61 | 2012-11-05 | — | 1.6 |
| 5 | (242643) 2005NZ6 | 958.02 | 2013-04-29 | — | 0.9~2.0 |
| 6 | (162004) 1991VE | 1307.03 | 2012-10-26 | — | 0.7·1.5 |

2. 测控距离与飞越时间节点约束

小行星1998ST49距离地球最近为1102.2万km，时间为2012年10月18日。小行星1991VE距离地球最近为1307.03万km，时间为2012年10月26日。根据任务计划和安排，深空测控站于2012年10月中旬才能进行跟踪测试工作，在此之前尚无法对飞越小行星任务提供支持。因此，这两颗小行星被排除在备选目标之列。此外，2007PA8小行星距离地球最近为647.61万km，时间为2012年11月5日，该时间距离大型深空站启用时间较近，而且缺少反照率参数，故也排除在备选目标之列。

3. 飞越时间节点与物理参数约束

2005NZ6小行星距离地球最近为958.02万km，时间为2013年4月29日；1998QE2小行星距离地球最近为585.97万km，时间为2013年5月31日。这两颗星的反照率参数缺乏，但尚有较充足的时间开展观测，故作为潜在备选目标。Toutatis小行星距离地球最近为693.09万km，时间为2012年12月12日，反照率参数为0.13，其直径约为2.8 km，

是表中最大的小行星,列为备选目标。

经过上述筛选,获得三颗潜在备选目标 Toutatis、2005NZ6 和 1998QE2。这三颗备选目标在任务约束时间内与地球的距离变化如图 5.4.3 所示。

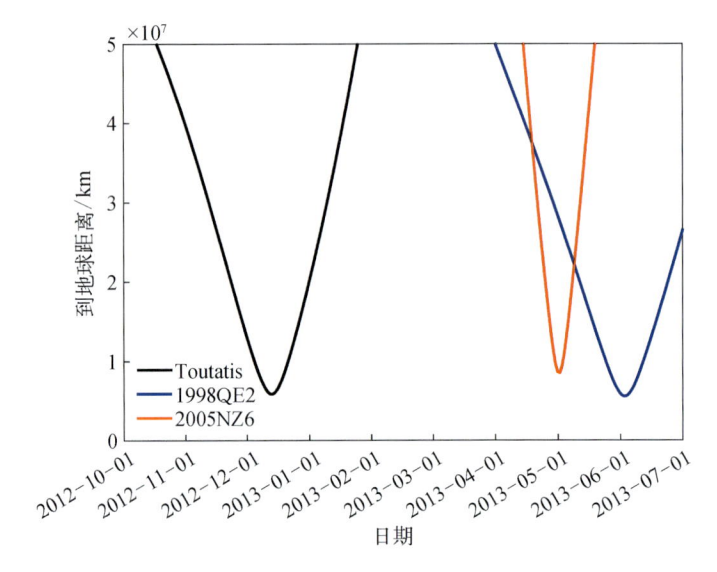

图 5.4.3　三颗备选小行星在任务时间约束内与地球的距离变化

**例 5.4.2**　根据推进剂约束,对目标小行星进行可达性评估。

**解**:截至 2011 年 9 月,探测器剩余推进剂约 115 kg,除去管道残余、推进剂估计误差及在 Lissajous 轨道的轨控所需速度增量等,可用于再拓展任务的速度增量仅为 120 m/s。根据该约束对以上 3 颗潜在备选目标的飞越机会及所需速度增量进行分析,并进一步筛选和确认飞越目标星。表 5.4.2 给出了这 3 颗目标的轨道根数(2012 - 09 - 29 12:00)。

表 5.4.2　潜在备选目标的轨道根数

| 轨 道 根 数 | (4179)Toutatis | (285263)1998QE2 | (242643)2005NZ6 |
|---|---|---|---|
| 半长轴 $a$/AU | 2.529 34 | 2.421 5 | 1.833 93 |
| 偏心率 $e$ | 0.629 47 | 0.570 94 | 0.864 52 |
| 轨道倾角 $\gamma$/(°) | 0.446 | 12.854 | 8.496 |
| 升交点赤经 $\Omega$/(°) | 124.508 | 250.174 | 39.531 |
| 近心点角距 $\omega$/(°) | 278.564 | 345.596 | 48.171 |
| 平近点角 $M$/(°) | 348.566 | 299.293 | 291.934 |

基于高精度动力学模型,采用二级微分修正求解两点边值问题,分析探测器飞越上述备选目标的机会及所需速度增量,得到表 5.4.3 所示的结果。

表 5.4.3 探测备选目标的转移机会和所需速度增量

| 备选目标 | 离轨时间 | 飞越时间 | 所需速度增量/(m/s) |
| --- | --- | --- | --- |
| (4179)Toutatis | 2012-06-07 | 2012-12-13 | 87.4 |
| (285263)1998QE2 | 2013-03-09 | 2013-05-31 | 377.4 |
| (242643)2005NZ6 | 2012-07-05 | 2013-05-04 | 59.9 |

根据以上分析，Toutatis 和 2005NZ6 均可作为本拓展任务飞越探测的目标小行星。但 2005NZ6 的观测数据较少，缺少反照率等物理参数。而 Toutatis 是一颗轨道与地球轨道相交，有潜在撞击威胁的小行星，并且有较为丰富的光学和雷达数据。因此，最终选择 Toutatis 作为飞越探测的目标小行星。

Toutatis 是一颗 Apollo 型近地小行星，其轨道远日点接近木星轨道，近日点处于地球轨道附近。轨道倾角很小（$\gamma = 0.446°$），其公转周期大约是 4 年，因此 Toutatis 频繁接近地球，与地球的最小距离为 150 万 km。Toutatis 小行星最近一次接近地球是在 2008 年 11 月 9 日，距离 750 万 km。经地面雷达观测，Toutatis 的尺寸约为 4.5 km×2.4 km×1.9 km。在日心惯性坐标系中，图 5.4.4 给出了探测器轨道与 Toutatis 小行星轨道的位置关系。

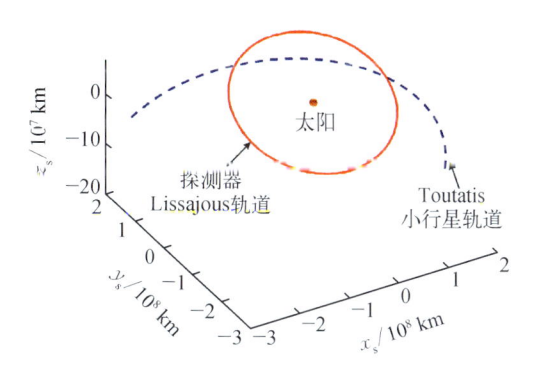

图 5.4.4 探测器轨道与 Toutatis 小行星轨道的相对关系

## 5.5 飞越探测小行星的轨道设计

基于以上分析和评估，最终确定将 Toutatis 小行星作为探测器再次拓展任务的目标，实现人类首次对高危小行星 Toutatis 的近距离飞越探测。本节将介绍其转移轨道设计方法和任务实施效果。

### 5.5.1 转移轨道设计

现介绍从日地 $L_2$ 点附近 Lissajous 轨道出发的低能耗飞越探测轨道设计。本章作者团队提出利用 Lissajous 轨道的不稳定流形实现低能耗转移的设计思路如下：首先，基于星历模型求解上述不稳定流形；然后，评估小行星轨道与不稳定流形的空间关系；最后，考虑是否需要增加深空机动进行飞行轨道调节。

**例 5.5.1** 从日地 $L_2$ 点 Lissajous 轨道出发，设计飞越探测小行星的转移轨道。

**解：** 在日心惯性坐标系中，探测器的高精度动力学方程为

$$\ddot{\boldsymbol{r}}_\text{s} = -\frac{\mu_\text{s}}{r_\text{s}^3}\boldsymbol{r}_\text{s} - \sum_{j=3}^{n}\mu_j\left(\frac{\boldsymbol{r}_{j2}}{r_{j2}^3} - \frac{\boldsymbol{r}_{j1}}{r_{j1}^3}\right) + \frac{\boldsymbol{f}_\text{srp}}{m_0} \quad (\text{a})$$

其中，$\boldsymbol{r}_\text{s}$ 为探测器在日心惯性坐标系的位置向量；$\mu_\text{s}$ 为太阳引力常数；$\boldsymbol{r}_{j1}$ 和 $\boldsymbol{r}_{j2}$ 分别为摄动天体相对于太阳和探测器的位置向量；$\mu_j$ 为其他摄动天体的引力常数；$m_0$ 为探测器质量；$\boldsymbol{f}_\text{srp}$ 为太阳光压摄动力。基于式(a)计算探测器在日地 $L_2$ 点 Lissajous 轨道的不稳定流形，在日地质心旋转坐标系中观察结果，得到图 5.5.1。

图 5.5.2 给出了在日地质心旋转坐标系中观察到日地 $L_2$ 点 Lissajous 轨道不稳定流形向 Toutatis 小行星轨道方向延伸的情况。由图可见，Toutatis 小行星轨道位于该不稳定流形的下方。这表明，探测器无法沿其 Lissajous 轨道不稳定流形以接近于零的低能耗转移轨道飞越探测 Toutatis 小行星。

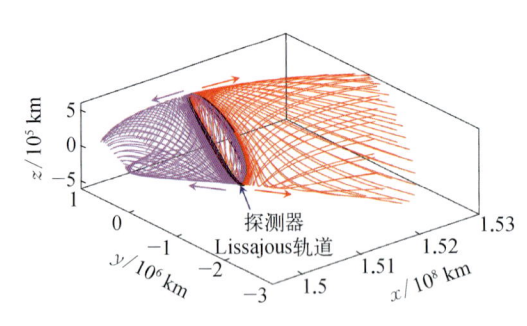

图 5.5.1　探测器的 Lissajous 轨道不稳定流形

图 5.5.2　探测器的 Lissajous 轨道不稳定流形与 Toutatis 小行星轨道的相对关系

现采用拟流形摄动法来构造新的飞越机会。设在 $t_i$ 时刻探测器的状态向量为 $\boldsymbol{w}_i = [\boldsymbol{r}_i^\text{T} \;\; \boldsymbol{v}_i^\text{T}]^\text{T} \in \mathbb{R}^6$，对应的不稳定特征向量为 $\boldsymbol{\varphi}_i^\text{u} = [\boldsymbol{r}_i^{\text{uT}} \;\; \boldsymbol{v}_i^{\text{uT}}]^\text{T} \in \mathbb{R}^6$。对探测器施加脉冲，使其状态向量满足：

$$\boldsymbol{w}_i' = [\boldsymbol{r}_i^\text{T} \;\; (\boldsymbol{v}_i + \varepsilon \boldsymbol{v}_i^\text{u}/\|\boldsymbol{v}_i^\text{u}\|)^\text{T}]^\text{T} \in \mathbb{R}^6 \quad (\text{b})$$

其中，$\varepsilon > 0$ 为扰动量幅值，其大小应满足燃料约束。对扰动后的轨道状态向量积分，得到一条新转移轨道，并同时获得相对于目标的最小飞越高度 $h$ 和对应时间。以 $h = 0$ km 为目标，对转移轨道进行修正，得到精确的飞越探测轨道。

采用上述方法，分析探测器在 2012 年 6 月从日地 $L_2$ 点 Lissajous 轨道出发飞越 Toutatis 小行星的窗口，得到图 5.5.3。其中，$x$ 轴为探测器离开 Lissajous 轨道的时间 [协调世界时 (coordinated universal time, UTC)]，$y$ 轴为飞越 Toutatis 小行星的时间 (UTC)，等高线描述的是从 Lissajous 轨道出发所需的速度增量，单位为 km/s。由图可见：若探测器在 2012 年 6 月中上旬从日地 $L_2$ 点 Lissajous 轨道出发，较好的出发时间是 2012 年 6 月 7 日。计算表明，所需速度增量约 87 m/s，飞越 Toutatis 小行星的时间在 2012 年 12 月 13 日附近，此时 Toutatis 小行星距离地球最近约 700 万 km。

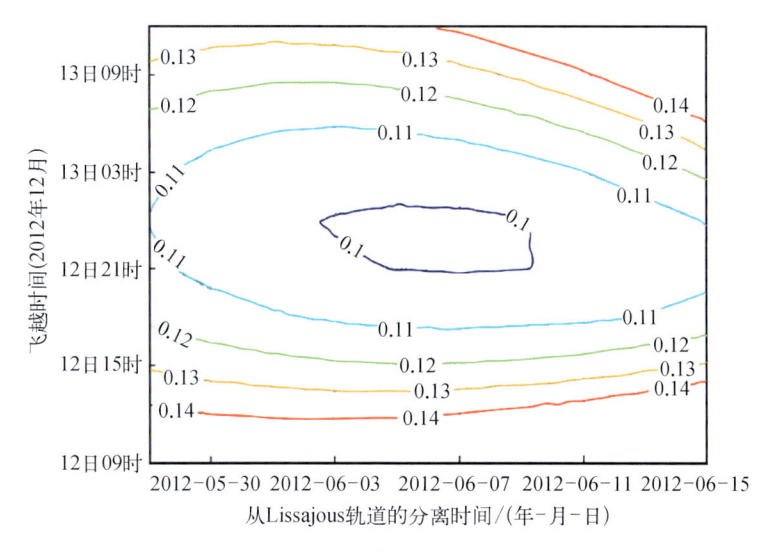

图 5.5.3　从日地 $L_2$ 点 Lissajous 轨道出发飞越 Toutatis 小行星的窗口

在例 5.5.1 的分析基础上,根据探测器飞越小行星任务约束,要求分两次机动实施:在 2012 年 4 月 15 日附近,实施第 1 次机动;在 2012 年 5 月,实施第 2 次机动。在任务设计中,最终选择在 2012 年 4 月 15 日和 2012 年 5 月 31 日分别施加机动,图 5.5.4 是在日地质心旋转坐标系中观察到的转移轨道。

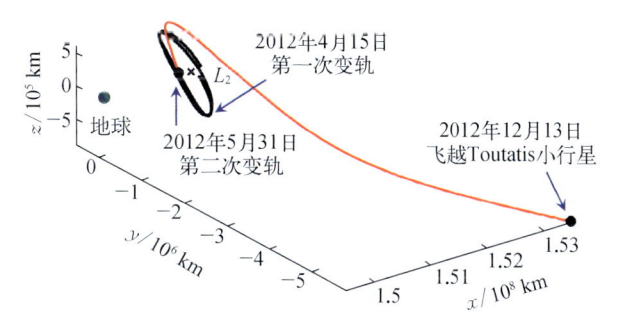

图 5.5.4　探测器从 Lissajous 轨道出发飞越 Toutatis 小行星的转移轨道

## 5.5.2　任务实施效果

### 1. 探测器飞行验证

2012 年 4 月 15 日 13:20(UTC),探测器实施第 1 次变轨机动,速度增量为 6.2 m/s,探测器进入一个新的 Lissajous 轨道。2012 年 5 月 31 日 18:00(UTC),探测器实施第 2 次变轨机动,速度增量为 104.986 m/s,探测器进入飞向 Toutatis 小行星的转移轨道。

### 2. 探测器轨道控制

2012 年 7 月 31 日,探测器进行了第一次轨道修正,速度增量为 3.785 m/s。2012 年 10 月 9 日,探测器进行了第二次轨道修正,速度增量为 0.828 m/s。根据原计划,2012 年 11 月 10 日进行第三次轨道修正,但因所需速度增量小于门限而推迟;2012 年 11 月 30 日,探测器执行第三次轨道修正,速度增量为 0.8 m/s。2012 年 12 月 12 日,探测器进行了飞越小行星前最后一次轨道修正与姿态调整,速度增量为 3.3 m/s。

2012 年 12 月 13 日 8:30(UTC),即北京时间 2012 年 12 月 13 日 16:30,探测器以近

213

距离飞越 Toutatis 小行星,获得许多高分辨率的 Toutatis 小行星光学图像,如图 5.5.5 所示。这是我国首次实现对小行星的飞越探测,也是人类首次实现对 Toutatis 小行星的近距离光学探测。至此,探测器的再次拓展任务圆满完成。

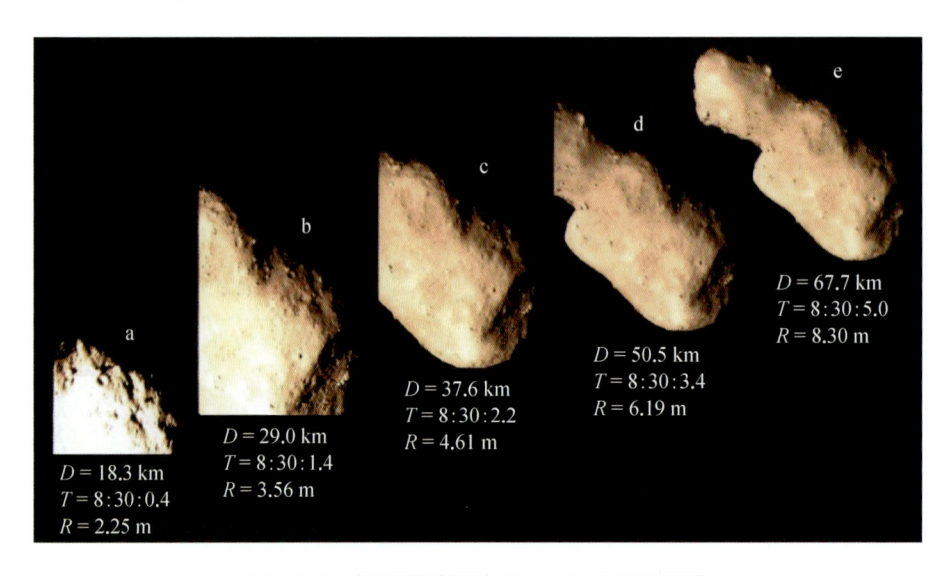

**图 5.5.5  探测器拍摄的 Toutatis 小行星照片**
*D*:成像距离;*T*:飞越时间(UTC);*R*:图像分辨率

## 5.6 问题与展望

虽然本次飞越探测 Toutatis 小行星取得了圆满成功,但对其轨道设计还可作进一步探讨。事实上,飞行轨道设计是在复杂多约束情况下寻求最合适结果,但未必是最优结果。现基于主向量原理,进一步讨论飞越探测 Toutatis 小行星的转移轨道设计。

**例 5.6.1**  基于主向量原理,讨论飞越探测 Toutatis 小行星的转移轨道优化设计。

**解:** 在日心惯性坐标系中,计入推力的探测器高精度轨道动力学方程为

$$\ddot{\boldsymbol{r}}_s = -\frac{\mu_s}{r_s^3}\boldsymbol{r}_s - \sum_{j=3}^{n}\mu_j\left(\frac{\boldsymbol{r}_{j2}}{r_{j2}^3} - \frac{\boldsymbol{r}_{j1}}{r_{j1}^3}\right) + \frac{\boldsymbol{f}_{\text{srp}}}{m_0} + a_T\boldsymbol{u} \tag{a}$$

其中,$\boldsymbol{r}_s$ 为探测器在日心惯性坐标系的位置向量;$\mu_s$ 为太阳引力常数;$\boldsymbol{r}_{j1}$ 和 $\boldsymbol{r}_{j2}$ 分别为摄动天体相对于太阳和探测器的位置向量;$\mu_j$ 为其他摄动天体的引力常数;$m_0$ 为探测器质量;$\boldsymbol{f}_{\text{srp}}$ 为太阳光压摄动力;$a_T > 0$,为发动机推力产生的加速度;$\boldsymbol{u}$ 表示推力方向的单位向量。

为讨论方便,将式(a)简写为

$$\ddot{\boldsymbol{r}}_s = \boldsymbol{g}(\boldsymbol{r}) + a_T\boldsymbol{u} \tag{b}$$

在设计脉冲转移轨道时,可定义目标函数为

$$J \equiv \sum_k \Delta v_k \tag{c}$$

其中,$\Delta v_k$ 为速度增量;$k$ 为脉冲数。现寻找在时间约束下满足初始状态向量 $[\boldsymbol{r}_i^T \ \boldsymbol{v}_i^T]^T \in \mathbb{R}^6$ 和末端状态向量 $[\boldsymbol{r}_f^T \ \boldsymbol{v}_f^T]^T \in \mathbb{R}^6$ 的最优转移轨迹,使目标函数 $J$ 最小。

根据最优控制理论,式(b)的哈密顿(Hamilton)函数为

$$H = K + \boldsymbol{\lambda}_r^T \boldsymbol{v} + \boldsymbol{\lambda}_v^T [\boldsymbol{g}(\boldsymbol{r}) + a_T \boldsymbol{u}] \tag{d}$$

其中,$K$ 为系统动能;$\boldsymbol{\lambda}_r \in \mathbb{R}^3$ 和 $\boldsymbol{\lambda}_v \in \mathbb{R}^3$ 分别是对应向量 $\boldsymbol{r}$ 和 $\boldsymbol{v}$ 的协态向量。系统的协态方程为

$$\dot{\boldsymbol{\lambda}}_r^T = -\frac{\partial H}{\partial \boldsymbol{r}} = -\boldsymbol{\lambda}_v^T \frac{\partial \boldsymbol{g}}{\partial \boldsymbol{r}}, \quad \dot{\boldsymbol{\lambda}}_v^T = -\frac{\partial H}{\partial \boldsymbol{v}} = -\boldsymbol{\lambda}_r^T \tag{e}$$

根据式(e)中的第二式,可将式(d)改写为

$$H = \boldsymbol{\lambda}_v^T \boldsymbol{g}(\boldsymbol{r}) - \dot{\boldsymbol{\lambda}}_v^T \boldsymbol{v} + a_T(\boldsymbol{\lambda}_v^T \boldsymbol{u} + 1) \tag{f}$$

根据庞特里亚金(Pontryagin)极值原理,单位向量 $\boldsymbol{u}$ 与协态向量 $\boldsymbol{\lambda}_v$ 应满足 $\boldsymbol{\lambda}_v^T \boldsymbol{u} < 0$,方可使 $H$ 取最小值。现定义**主向量** $\boldsymbol{\lambda} \equiv -\boldsymbol{\lambda}_v^T$,并用其评价转移轨道的最优性。对于式(c)所定义的目标函数 $J$,如果沿转移轨道的主向量出现 $\|\boldsymbol{\lambda}\| > 1$,则可通过增加中途脉冲找到更好的解[1]。否则,该转移轨道就是最优结果。

如果不考虑对机动时间的约束,根据图 5.5.3 可得探测器的最优出发时间在 2012 年 6 月 7 日。图 5.6.1 是以此为标称轨道得到的主向量变化图。由图可见,其主向量最大值大于 1,因此存在速度增量更优的多脉冲转移机会。基于主向量对该轨道机动进行优化,可得中途机动的时间为 2012 年 9 月 24 日,其对应的速度脉冲为 58.8 m/s;同时从 Lissajous 轨道出发时的脉冲减小为 14.4 m/s,飞越探测的总速度增量可降至 73.1 m/s。图 5.6.2 给出了在日地质心旋转坐标系中优化前后的转移轨道。

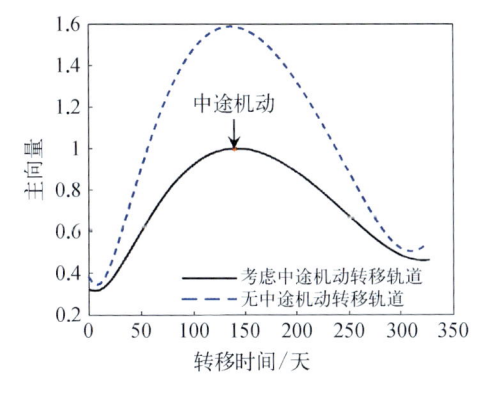

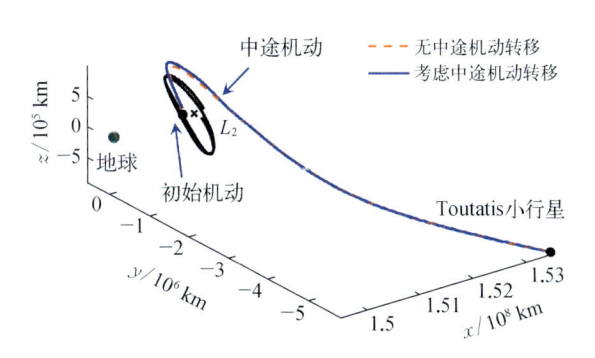

**图 5.6.1** 优化前后的转移轨道主向量历程     **图 5.6.2** 优化设计前后的转移轨道

---

[1] Lion P M, Handelsman M. Primer vector on fixed-time impulsive trajectories[J]. AIAA Journal, 1968, 6: 127–132.

上述例题和分析表明,通过增加中途机动和主向量优化方法,可得到燃料消耗更优的小行星飞越探测转移机会。由此可见,航天器轨道动力学在航天任务的设计与实施中起着重要作用,其深化研究可改变任务设计形式,获得创新的轨道设计结果。

进一步看,深空探测任务中的航天器总是在多天体系统中飞行,其任务设计的理论基础是多天体系统轨道动力学。近半个世纪来,该领域的研究取得长足进步。在动力学模型方面,除了本章所介绍的圆形限制性三体模型外,对椭圆限制性三体模型、双圆四体模型与拟双圆四体模型等均有深入研究,已认识了对应的特征运动形式及运动稳定性。在周期运动方面,已揭示了多天体系统中平衡点附近的周期轨道及相关的轨道族和演化规律。在多天体系统内,已发现了共振轨道等具有全局特性的周期运动特性。此外,深入研究了多天体系统内不同周期轨道间的逃逸、转移与捕获运动等问题,提出了弱稳定边界和稳定集理论等轨道设计方法,并已应用于深空探测任务设计。

展望未来,航天器在多天体系统中的运动特征及结合航天任务而产生的特殊运动形式,还存在诸多值得研究的问题。例如,多天体系统中轨道动力学的两点边值问题存在多个解,尚未得到清晰而完整的表征和界定;多天体引力与航天器推力结合,特别是与电推进共同作用下的运动行为问题,尚待进一步研究;航天器在多天体引力场中的运动对误差非常敏感,对多天体系统轨道误差不确定性传播规律的研究具有重要意义,这也是对航天器实现轨道高精度控制的关键。此外,在多天体系统内,航天器相对运动特性问题,特别是平衡点附近的相对运动规律和运动稳定性还有待进一步研究。随着深空任务日趋复杂,未来需要多个航天器组成编队或星座来共同完成任务,这无疑具有极大挑战。

综上所述,深刻认知航天器在多天体系统内的轨道运动行为并将其运用于航天任务中,将是众多学者不懈努力的方向。

# 思 考 题

**5.1** 在讨论日地 Lagrange 点时,引入了日地质心旋转坐标系,思考其必要性和特点。

**5.2** 对于圆形限制三体模型,质量比 $\mu$ 对 Lagrange 点及其附近周期轨道影响较大。对于地月系统,$\mu \approx 0.01215$,考察对应的 Lagrange 点位置及附近周期轨道的特性。

**5.3** 在圆形限制性三体模型中,除了 $L_2$ 点,还存着两个共线平衡点和两个三角平衡点。思考探测器在这些平衡点附近的运动特性并讨论这些特性在空间科学探测中的意义。

**5.4** 在研究三体系统时,若放弃主天体和次主天地做相对圆运动假设,会带来什么困难?

**5.5** 在讨论转移轨道设计时,为何有时用日心惯性系,有时用地心惯性系。

# 拓展阅读文献

1. 杨嘉墀. 航天器轨道动力学与控制[M]. 北京：中国宇航出版社，2001.
2. 孙义燧，周济林. 现代天体力学导论[M]. 北京：高等教育出版社，2008.
3. 乔栋，黄江川，崔平远，等. 嫦娥二号卫星飞越探测小行星的目标选择[J]. 中国科学：技术科学，2013, 43(6)：602-608.
4. 乔栋，黄江川，崔平远，等. 嫦娥二号卫星飞越 Toutatis 小行星转移轨道设计[J]. 中国科学：技术科学，2013, 43(5)：487-492.
5. Lawden D F. Optimal Tajectories for Space Navigation[M]. Burlington M A：Butterworths，1963.
6. Szebehely V G. Theory of Orbits — The Restricted Problem of Three Bodies[M]. New York and London：Academic Press，1967.
7. Moulton F R. An Introduction to Celestial Mechanics[M]. Chelmsford：Courier Corporation，1970.
8. Marchand B G，Howell K C，Wilson R S. Improved corrections process for constrained trajectory design in the n-body problem[J]. Journal of Spacecraft and Rockets，2007, 44：884-897.

本章作者：乔　栋，北京理工大学，教授
　　　　　李翔宇，北京理工大学，副教授

# 第 6 章
# 高速铁路的动力学选线设计

进入 21 世纪以来,我国铁路交通建设突飞猛进,尤其是高速铁路的建设和运营取得了举世瞩目的成就。目前,我国不仅拥有世界上规模最大的高速铁路网,而且已成为高速列车运营速度最高的国家。在铁路交通领域,**选线设计**是指选择经济合理、技术可行、环境协调的最佳线路走向和空间位置设计方案。在高速铁路建设中,选线设计是保证高速铁路高安全、高稳定、高可靠运营品质的重要基础。

本章首先介绍铁路选线设计的定义和任务,以及现代铁路动力学选线设计的发展背景、工程需求和科学内涵。随后,基于系统科学思想,阐述高速铁路动力学选线设计的理论基础,包括动力学模型、动力学方程、计算方法和数值案例。在此基础上,论述列车和线路动态性能最佳匹配设计原理,提出线路平纵断面优化设计方法。最后,通过两个高速铁路选线设计应用实践案例,论证动力学选线设计方法的科学性和实用性。

## 6.1 研究背景

铁路交通建设是以线路为纽带,涉及轨道、路基、桥梁、隧道、站场、列车、电力、通信、给排水、施工、投资等众多领域的国家重大工程。选线设计是铁路交通建设的重要环节,不仅关系到铁路建设和运营的安全性、稳定性和经济性,还对促进区域经济发展和生态环境保护等具有重要意义。列车在线路上行驶,两者构成一个相互作用、相互依存的动力学系统。特别是现代高速、重载铁路的快速发展对降低轮轨动力作用、提升行车的安全性及平稳性提出了高要求。在上述工程背景下,铁路工程界提出了现代铁路动力学选线设计的基本理念,以期为现代铁路轮轨运输系统高安全性、高平稳性线路设计需求提供科学指导。本节简要介绍传统铁路选线设计和现代铁路动力学选线设计。

### 6.1.1 传统铁路选线设计

铁路选线设计,就是在地形图、地面上铁路线路的控制点间,综合考虑政治、经济与自然条件等各种因素,选出经济合理、技术可行、环境协调的最佳线路走向和空间位置设计方案。铁路选线设计的基本任务包括如下几个方面[1]。

第一,根据国家政治、经济、社会、国防的需求,结合线路经过地区的自然条件、资源分布、工农业发展等情况,规划线路的基本走向,选定铁路的主要技术标准。

第二,根据沿线的地形、地质、水文等自然条件,以及城市、村镇、交通、农田、水利设施等具体情况,设计线路的平面位置和纵断面位置,并在保证行车安全的前提下,力争提高线路质量,降低工程造价,节约运营支出。

第三,与其他各专业共同研究,布置线路上的各种建筑物,如车站、桥梁、隧道、涵洞路基、挡墙等,并确定其类型和大小,使其相互配合,经济合理,为下一步单项设计提供依据。

线路平面和纵断面设计是铁路选线设计的关键环节,必须满足列车不脱钩、不断钩、不脱轨、不途停、不运缓及旅客乘坐舒适性(平稳性)等要求[2]。在传统铁路选线设计中,对于曲线半径、曲线外轨超高、相邻曲线之间所夹直线长度等平面参数,以及线路坡度、坡段长度、**竖曲线**(即与坡段直线相切的竖向曲线)半径等纵断面参数,或是基于列车运动学推导得来,或是根据经验公式和已有运营实践确定。这种设计方法的特点是,将列车简化为在线路上运动的单自由度质点,不考虑列车运行过程中的线路结构动态变形,以及列车与线路之间的动态相互作用,基于质点运动学理论分析预测列车在线路上的运动状态,获得满足列车运动学性能和运营实践经验的线路平纵断面设计参数。

### 6.1.2　现代铁路动力学选线设计理念

随着我国现代轨道交通运输事业的飞速发展,特别是列车运行速度、运载重量和运输密度的大幅度提高,使得列车与轨道之间的动力学问题更加突出,也更趋复杂。例如,客运列车运行速度越高,列车与轨道之间的动态相互作用越强,行车安全性与乘车舒适性问题就越突出。在工程实践中,既要保证列车高速通过线路平纵断面曲线不脱轨、不倾覆,又要保证列车在线路激扰下能平稳运行、乘坐舒适。又如,货运列车运载质量越大,轮轨之间的动力作用越强,列车对线路结构的动力破坏作用也越严重,必须最大限度地减轻轮轨之间的动力作用。总之,客运高速化、货运重载化导致了日益突出的列车与线路动态相互作用安全问题,而传统铁路选线设计的固有局限性,使其难以满足铁路线路动态安全设计需求。因此,面向行车安全性和平稳性的现代铁路动力学选线设计方法应运而生。

现代铁路动力学选线设计,就是在传统铁路选线设计的基础上,将车辆和轨道作为一个耦合系统,从系统科学角度开展线路平纵断面动态安全设计与车轨系统动力学性能评估,以降低轮轨动力作用、提升行车安全性及乘车平稳性为目标,获得既能满足线路自身动力性能要求、又能保证列车在该设计线路上安全平稳运行的最佳线路设计方案。与基于质点运动学的传统选线设计方法相比,现代铁路动力学选线设计的优势体现在以下几

---

[1]　易思蓉,何华武.铁路选线设计[M].5版.成都:西南交通大学出版社,2022:22.
[2]　易思蓉,何华武.铁路选线设计[M].5版.成都:西南交通大学出版社,2022:96.

个方面。

第一,可全面考虑列车和线路相互耦合的复杂动力学行为,在优化线路平纵断面参数的同时,兼顾列车和线路协同匹配设计(如车辆悬挂、轨道刚度、轮轨廓形等),提升列车和轨道大系统的动力学性能和服役寿命。

第二,可定量评估复杂线路条件和服役环境下列车和轨道耦合系统的动力学性能,为线路设计方案的比选和优化提供更科学的动态设计和安全评估方法。

第三,对新运营需求(更高客运速度、更大货运载重等)和复杂线路条件(超长大坡道、多种线形复合等)下的选线设计具有更强的适应性,可突破缺乏国内外已有运营实践经验的局限性,以及对早期经验公式的依赖性,使得线路设计更加理性。

为了开展现代铁路动力学选线设计,需要针对车辆-轨道耦合动力学问题,建立其动力学模型和数值计算方法,获得正确的定性和定量认识;在此基础上,才能建立高速铁路线路平纵断面优化设计方法,开展具体工程问题的选线设计。

## 6.2 对车辆-轨道耦合动力学的认识

车辆-轨道耦合动力学是从传统的、彼此分离的车辆动力学、轨道动力学发展而来的理论体系[1],其基本学术思想是:将车辆系统和轨道系统视为一个相互作用、相互耦合的大系统,将轮轨相互作用关系作为连接这两个系统的纽带,通过构建车辆-轨道耦合动力学模型,综合研究车辆在弹性轨道结构上的动态运行行为、车辆作用下轨道结构动力学性能及轮轨动态相互作用特性。上述车辆-轨道耦合动力学的学术思想与现代铁路动力学选线设计的基本理念完全契合,可为现代高速铁路动力学选线设计提供理论基础。

如图 6.2.1 所示,列车与轨道是轮轨运输系统中密不可分的两大组成部分,两者通过

图 6.2.1 车辆-轨道耦合系统

---

[1] 翟婉明. 车辆-轨道耦合动力学[M]. 4 版. 北京:科学出版社,2015:1-94.

轮轨相互作用系统构成一个大系统。车辆在轨道上的运动是一个复杂的动力学相互作用过程,轨道的几何变形会激起车辆系统振动,而车辆振动经由轮轨接触界面作用力的传递,又会引起轨道结构振动的加剧。

图 6.2.2 给出了车辆-轨道耦合系统的动力学建模示意图。在建模中,基于多刚体系统动力学理论,将车辆系统简化成由一个车体、两个构架和四个轮对组成的质量-弹簧-阻尼系统。对于轨道系统,则基于弹性动力学理论建立其模型。以高速铁路常用的板式无砟轨道为例,其振动主要体现在钢轨和混凝土轨道板上。对于足够长的钢轨,可将其简化为两端铰支的 Euler-Bernoulli 有限长梁,而非铰支边界引起的近场波效应可忽略不计[1]。对于混凝土轨道板,因其厚度比长宽尺寸小很多,可简化为四边自由的 Kirchoff 矩形薄板来描述面外振动;而混凝土轨道板的面内刚度很大,其水平运动可视为刚体运动。

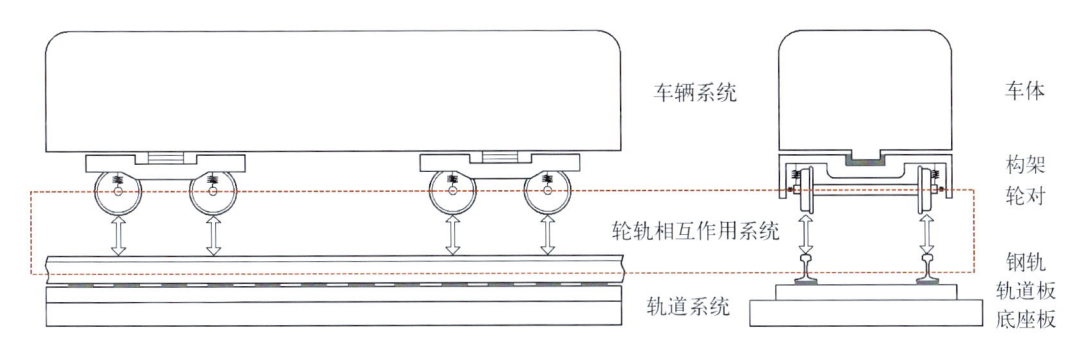

图 6.2.2 车辆-轨道耦合系统的动力学建模示意图

## 6.2.1 车辆-轨道耦合动力学模型

本小节以典型的高速铁路车辆-无砟轨道系统为例,采用车辆-轨道耦合动力学的建模方法,建立图 6.2.3 所示的车辆-轨道耦合动力学模型。

1. 高速车辆动力学模型

如图 6.2.3 所示,高速车辆包含 1 个车体、2 个构架和 4 个轮对,共计 7 个刚体;此外还有连接各刚体的一系悬挂和二系悬挂。图中,$L_c$ 和 $L_t$ 分别表示车辆定距之半和转向架轮对定距之半;$H_{cb}$、$H_{bt}$ 和 $H_{tw}$ 分别表示车体质心到二系悬挂上平面的垂向距离、构架质心到二系悬挂下平面的垂向距离和构架质心到轮对中心线的垂向距离;$d_s$ 和 $d_w$ 分别表示二系悬挂横向距离之半和一系悬挂横向距离之半。此外,$a_0$ 表示左右轮轨接触点横向距离之半;$r_{wL}$ 和 $r_{wR}$ 分别表示左车轮和右车轮的实际滚动圆半径。

---

[1] 胡海岩. 振动力学——研究性教程[M]. 北京:科学出版社,2020:293-297.

(a) 正视图

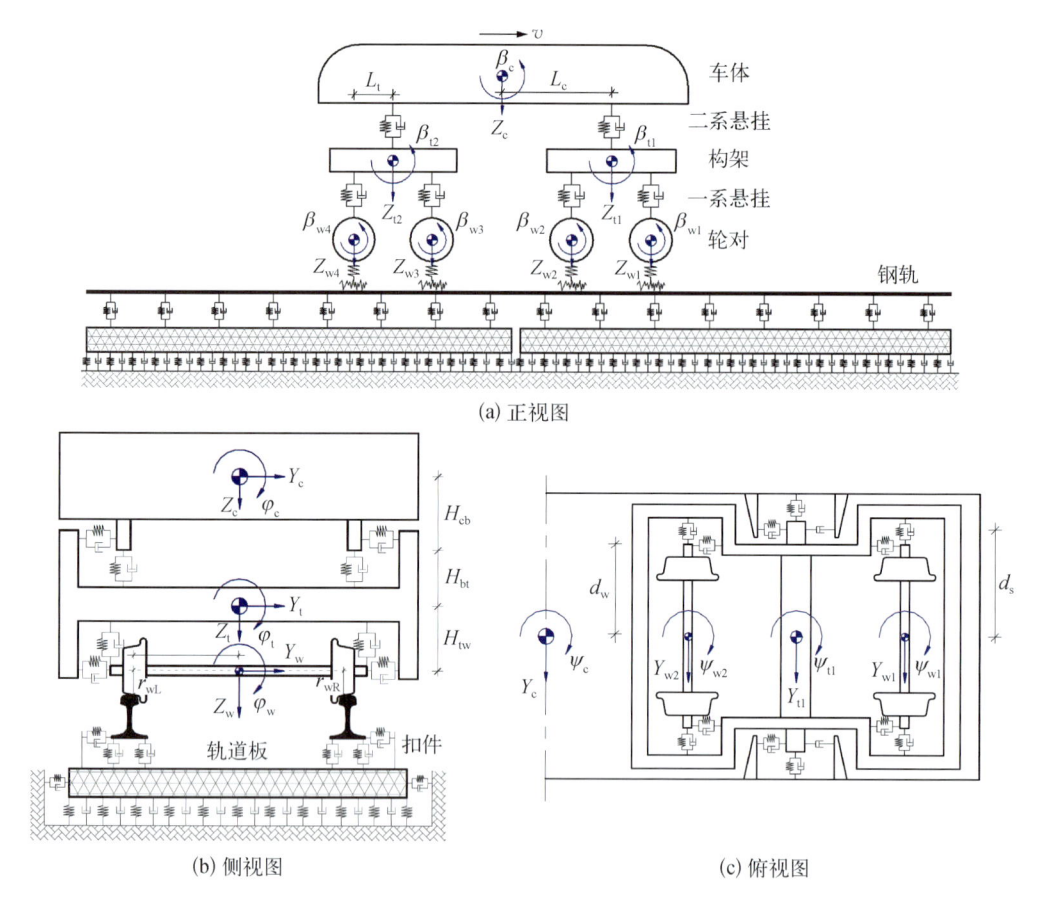

(b) 侧视图

(c) 俯视图

**图 6.2.3　高速车辆-无砟轨道耦合动力学模型**

本章为突出主要因素，考虑车辆以定常速度 $v$ 行驶，不计其纵向自由度。此时，每个刚体部件具有 5 个自由度，即横向位移 $Y$、垂向位移 $Z$、俯仰角 $\beta$、滚转角 $\varphi$ 和偏航角 $\psi$。因此，图 6.2.3 所示车辆具有表 6.2.1 所列出的 35 个自由度，其中下标 c、t 和 w 分别代表车体、构架和轮对。

**表 6.2.1　高速车辆动力学模型自由度**

| 车辆部件 | 运 动 形 式 ||||| 
| --- | --- | --- | --- | --- | --- |
| | 横向位移 | 垂向位移 | 俯仰角 | 滚转角 | 偏航角 |
| 车体 | $Y_c$ | $Z_c$ | $\beta_c$ | $\varphi_c$ | $\psi_c$ |
| 构架 ($k \in I_2$) | $Y_{tk}$ | $Z_{tk}$ | $\beta_{tk}$ | $\varphi_{tk}$ | $\psi_{tk}$ |
| 轮对 ($j \in I_4$) | $Y_{wj}$ | $Z_{wj}$ | $\beta_{wj}$ | $\varphi_{wj}$ | $\psi_{wj}$ |

根据刚体动力学理论，上述车辆系统的动力学方程可表示为如下矩阵形式：

$$\boldsymbol{M}\ddot{\boldsymbol{x}}(t) = \boldsymbol{f}_i(t) + \boldsymbol{f}_e(t) \tag{6.2.1}$$

其中，

$$\begin{cases} \boldsymbol{M} \equiv \mathrm{diag}[\boldsymbol{M}_\mathrm{c} \quad \boldsymbol{M}_\mathrm{t1} \quad \boldsymbol{M}_\mathrm{t2} \quad \boldsymbol{M}_\mathrm{w1} \quad \boldsymbol{M}_\mathrm{w2} \quad \boldsymbol{M}_\mathrm{w3} \quad \boldsymbol{M}_\mathrm{w4}] \in \mathbb{R}^{35\times 35} \\ \boldsymbol{M}_\mathrm{c} \equiv \mathrm{diag}[m_\mathrm{c} \quad m_\mathrm{c} \quad J_\mathrm{cx} \quad J_\mathrm{cy} \quad J_\mathrm{cz}] \\ \boldsymbol{M}_{tk} = \mathrm{diag}[m_\mathrm{t} \quad m_\mathrm{t} \quad J_\mathrm{tx} \quad J_\mathrm{ty} \quad J_\mathrm{tz}],\ k \in I_2 \\ \boldsymbol{M}_{wj} = \mathrm{diag}[m_\mathrm{w} \quad m_\mathrm{w} \quad J_\mathrm{wx} \quad J_\mathrm{wy} \quad J_\mathrm{wz}],\ j \in I_4 \\ \boldsymbol{x} = [\boldsymbol{x}_\mathrm{c}^\mathrm{T} \quad \boldsymbol{x}_\mathrm{t1}^\mathrm{T} \quad \boldsymbol{x}_\mathrm{t2}^\mathrm{T} \quad \boldsymbol{x}_\mathrm{w1}^\mathrm{T} \quad \boldsymbol{x}_\mathrm{w2}^\mathrm{T} \quad \boldsymbol{x}_\mathrm{w3}^\mathrm{T} \quad \boldsymbol{x}_\mathrm{w4}^\mathrm{T}]^\mathrm{T} \in \mathbb{R}^{35} \end{cases} \quad (6.2.2)$$

其中，$m_\mathrm{c}$、$m_\mathrm{t}$ 和 $m_\mathrm{w}$ 分别为车体、构架和轮对的质量；$J_\mathrm{cx}$、$J_\mathrm{cy}$ 和 $J_\mathrm{cz}$ 分别为车体绕 $X$ 轴、$Y$ 轴和 $Z$ 轴的转动惯量；$J_\mathrm{tx}$、$J_\mathrm{ty}$ 和 $J_\mathrm{tz}$ 分别为构架绕 $X$ 轴、$Y$ 轴和 $Z$ 轴的转动惯量；$J_\mathrm{wx}$、$J_\mathrm{wy}$ 和 $J_\mathrm{wz}$ 分别为轮对绕 $X$ 轴、$Y$ 轴和 $Z$ 轴的转动惯量；$\boldsymbol{x} \in \mathbb{R}^{35}$，为车辆的位移向量；$\boldsymbol{f}_i \in \mathbb{R}^{35}$，表示车辆的内载荷向量，其元素是上述刚体之间的相互作用力，如一系悬挂力、二系悬挂力等；$\boldsymbol{f}_e \in \mathbb{R}^{35}$，表示车辆的外载荷向量，其元素包括重力、轮轨相互作用力、横向气动力等。

**2. 钢轨动力学模型**

如前所述，将钢轨简化为两端铰支、无阻尼的 Euler–Bernoulli 梁，其承受轮轨力和扣件支撑力的作用。在直角坐标系中，钢轨横向、垂向和扭转运动的动力学方程可表示为

$$\begin{cases} m_\mathrm{r} \dfrac{\partial^2 Y_\mathrm{r}(x,t)}{\partial t^2} + E_\mathrm{r} I_\mathrm{rz} \dfrac{\partial^4 Y_\mathrm{r}(x,t)}{\partial x^4} = -\sum_{i=1}^{N_\mathrm{f}} f_{hi}(t)\delta(x-x_{fi}) - \sum_{j=1}^{N_\mathrm{w}} f_{wryj}(t)\delta(x-x_{wj}) \\ m_\mathrm{r} \dfrac{\partial^2 Z_\mathrm{r}(x,t)}{\partial t^2} + E_\mathrm{r} I_\mathrm{ry} \dfrac{\partial^4 Z_\mathrm{r}(x,t)}{\partial x^4} = -\sum_{i=1}^{N_\mathrm{f}} f_{vi}(t)\delta(x-x_{fi}) + \sum_{j=1}^{N_\mathrm{w}} f_{wrzj}(t)\delta(x-x_{wj}) \\ \rho_\mathrm{r} I_{r0} \dfrac{\partial^2 \Phi_\mathrm{r}(x,t)}{\partial t^2} - G_\mathrm{r} I_{rt} \dfrac{\partial^2 \Phi_\mathrm{r}(x,t)}{\partial x^2} = -\sum_{i=1}^{N_\mathrm{f}} M_{si}(t)\delta(x-x_{fi}) + \sum_{j=1}^{N_\mathrm{w}} M_{wj}(t)\delta(x-x_{wj}) \end{cases}$$

(6.2.3)

其中，$\rho_\mathrm{r}$、$m_\mathrm{r}$、$E_\mathrm{r}$ 和 $G_\mathrm{r}$ 分别表示钢轨的材料密度、单位长度质量、弹性模量和剪切模量；$Y_\mathrm{r}$、$Z_\mathrm{r}$ 和 $\Phi_\mathrm{r}$ 分别表示钢轨横向位移、垂向位移和扭转角；$I_\mathrm{ry}$ 和 $I_\mathrm{rz}$ 分别表示钢轨截面对 $Y$ 轴、$Z$ 轴的惯性矩；$I_{r0}$ 和 $I_{rt}$ 分别表示钢轨截面极惯性矩和扭转惯性矩；$f_{wrzj}$ 和 $f_{wryj}$ 分别表示第 $j$ 个轮轨垂向力和横向力；$f_{hi}$ 和 $f_{vi}$ 分别表示第 $i$ 个扣件的横向力和垂向力；$M_{si}$ 和 $M_{wj}$ 分别表示由扣件力和轮轨力换算作用至钢轨的等效力矩；$N_\mathrm{f}$ 表示计算长度范围内扣件总数；$N_\mathrm{w}$ 表示轮对总数；$x_{fi}$ 和 $x_{wj}$ 分别表示扣件和轮对位置坐标；$\delta(\cdot)$ 为 Dirac 函数。

根据振动力学中两端铰支 Euler–Bernoulli 梁的固有振动解，可引入钢轨的横向模态坐标 $q_{hk}(t)$、垂向模态坐标 $q_{vk}(t)$ 和扭转模态坐标 $q_{tk}(t)$。对式(6.2.3)实施模态坐标变换，得到描述钢轨振动的模态坐标动力学方程：

$$\begin{cases} \ddot{q}_{hk}(t) + \dfrac{E_r I_{rz}}{m_r}\left(\dfrac{k\pi}{L_r}\right)^4 q_{hk}(t) = -\sum_{i=1}^{N_f} f_{hi}(t) Y_k(x_{fi}) - \sum_{j=1}^{N_w} f_{wryj}(t) Y_k(x_{wj}), & k \in I_{N_h} \\ \ddot{q}_{vk}(t) + \dfrac{E_r I_{ry}}{m_r}\left(\dfrac{k\pi}{L_r}\right)^4 q_{vk}(t) = -\sum_{i=1}^{N_f} f_{vi}(t) Z_k(x_{fi}) + \sum_{j=1}^{N_w} f_{wrzj}(t) Z_k(x_{wj}), & k \in I_{N_v} \\ \ddot{q}_{tk}(t) + \dfrac{G_r I_{rt}}{\rho_r I_{r0}}\left(\dfrac{k\pi}{L_r}\right)^2 q_{tk}(t) = -\sum_{i=1}^{N_f} M_{si}(t) \Phi_k(x_{fi}) + \sum_{j=1}^{N_w} M_{wj}(t) \Phi_k(x_{wj}), & k \in I_{N_t} \end{cases}$$

(6.2.4)

其中，$L_r$ 是钢轨长度；$N_h$、$N_v$ 和 $N_t$ 分别是钢轨的横向振型、垂向振型和扭转振型的最高阶数；$Y_k$、$Z_k$ 和 $\Phi_k$ 分别是钢轨横向、垂向、扭转的固有振型函数，即

$$\begin{cases} Y_k(x) = \sqrt{\dfrac{2}{m_r L_r}} \sin\left(\dfrac{k\pi x}{L_r}\right), & k \in I_{N_h} \\ Z_k(x) = \sqrt{\dfrac{2}{m_r L_r}} \sin\left(\dfrac{k\pi x}{L_r}\right), & k \in I_{N_v} \\ \Phi_k(x) = \sqrt{\dfrac{2}{\rho_r I_0 L_r}} \sin\left(\dfrac{k\pi x}{L_r}\right), & k \in I_{N_t} \end{cases}$$

(6.2.5)

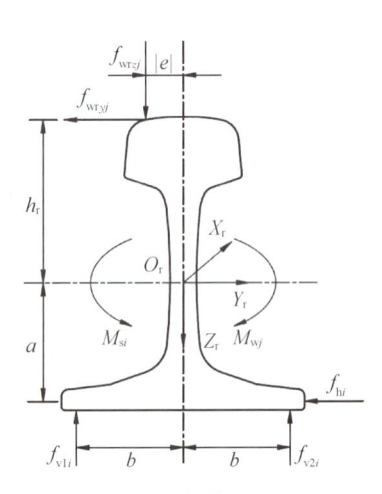

**图 6.2.4** 钢轨截面的外力矩分析示意图

图 6.2.4 给出了钢轨在第 $i$ 个支点处的受力情况。其中，$f_{hi}$ 是水平反力；$f_{v1i}$ 和 $f_{v2i}$ 分别是钢轨左侧和右侧的支点垂向反力；力矩 $M_{si}$ 和 $M_{wj}$ 可由上述反力来确定；$O_r$ 是钢轨扭转中心；$e$ 是轮轨接触点在钢轨坐标系 $O_r X_r Y_r Z_r$ 中的横坐标；$h_r$ 是轮轨力作用点到扭转中心的垂直距离；$a$ 是钢轨支点反力作用点到扭转中心的垂直距离；$b$ 是钢轨左右支点反力作用点的水平距离之半。

以右侧钢轨为例，钢轨受到的支点垂向反力为

$$\begin{cases} f_{v1i} = \dfrac{1}{2} k_{pv}[Z_r - b\Phi_r - w(x_{pi}, y_{pi} - b, t)] + \dfrac{1}{2} c_{pv}[\dot{Z}_r - b\dot{\Phi}_r - \dot{w}(x_{pi}, y_{pi} - b, t)] \\ f_{v2i} = \dfrac{1}{2} k_{pv}[Z_r + b\Phi_r - w(x_{pi}, y_{pi} + b, t)] + \dfrac{1}{2} c_{pv}[\dot{Z}_r + b\dot{\Phi}_r - \dot{w}(x_{pi}, y_{pi} + b, t)] \end{cases}$$

(6.2.6)

其中，$w$ 表示轨道板中性层的面外位移；$x_{pi}$ 和 $y_{pi}$ 分别是轨道板上第 $i$ 个钢轨扣结点的纵向及横向位置；$d$ 是左右侧钢轨中心间距之半；$k_{pv}$ 和 $c_{pv}$ 分别是扣件的垂向刚度系数和阻尼系数。类似可得右侧钢轨受到的支点反力、反力矩为

$$\begin{cases} f_{hi} = k_{ph}[Y_r - a\Phi_r - y_s - h_s w'_{0,y}(x_{pi}, y_{pi}, t)/2] \\ \qquad + c_{ph}[\dot{Y}_r - a\dot{\Phi}_r - \dot{y}_s - h_s \dot{w}'_{0,y}(x_{pi}, y_{pi}, t)/2] \\ f_{vi} = f_{v1i} + f_{v2i} \\ M_{si} = (f_{v2i} - f_{v1i})b - f_{hi}a \end{cases} \quad (6.2.7)$$

其中，$(\cdot)'_y \equiv \partial(\cdot)/\partial y$；$y_s$ 是轨道板横向位移；$k_{ph}$ 和 $c_{ph}$ 分别是扣件的横向刚度系数和阻尼系数；其他参数如图 6.2.4 所示。根据图 6.2.4，还可得到第 $j$ 个轮轨力对右侧钢轨的力矩：

$$M_{wj} = f_{wrzj} e - f_{wryj} h_r \quad (6.2.8)$$

### 3. 轨道板动力学模型

图 6.2.5 给出了典型轨道板的坐标系及受力情况，其中，$L_s$、$W_s$ 和 $h_s$ 分别是轨道板的长度、宽度和厚度。记轨道板的材料密度为 $\rho_s$，弹性模量为 $E_s$，Poisson 比为 $\nu_s$。根据振动力学中 Kirchoff 薄板的弯曲振动理论，无阻尼轨道板的受迫弯曲振动 $w(x, y, t)$ 满足如下条件：

$$\rho_s h_s \frac{\partial^2 w}{\partial t^2} + D_s \left( \frac{\partial^4 w}{\partial x^4} + 2 \frac{\partial^4 w}{\partial x^2 \partial y^2} + \frac{\partial^4 w}{\partial y^4} \right) = f_z(x, y, t) \quad (6.2.9)$$

其中，$f_z(x, y, t)$ 表示作用在轨道板上的垂向分布荷载；$D_s$ 是轨道板的弯曲刚度，定义为

$$D_s \equiv \frac{E_s h_s^3}{12(1 - \nu_s^2)} \quad (6.2.10)$$

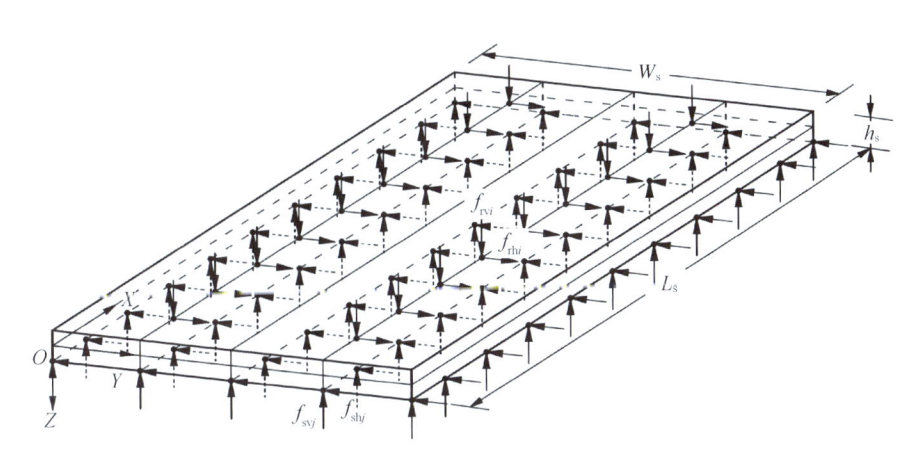

**图 6.2.5** 轨道板受力示意图

首先，考虑无阻尼轨道板的自由振动问题。根据 Kirchoff 薄板振动理论，将轨道板做自由振动的动能和应变能表示为

$$\begin{cases} T_s = \dfrac{\rho_s h_s}{2} \iint_A \left(\dfrac{\partial w}{\partial t}\right)^2 \mathrm{d}x\mathrm{d}y \\ V_s = \dfrac{D_s}{2} \iint_A \left[ \left(\dfrac{\partial^2 w}{\partial x^2}\right)^2 + \left(\dfrac{\partial^2 w}{\partial y^2}\right)^2 + 2\nu_s \dfrac{\partial^2 w}{\partial x^2}\dfrac{\partial^2 w}{\partial y^2} + 2(1-\nu_s)\left(\dfrac{\partial^2 w}{\partial x \partial y}\right)^2 \right] \mathrm{d}x\mathrm{d}y \end{cases}$$
(6.2.11)

其中，$A$ 表示轨道板的中性面。现将轨道板的自由振动表示为如下分离变量形式：

$$w(x, y, t) = W(x, y)\sin(\omega t) \tag{6.2.12}$$

其中，$W(x, y)$ 是轨道板的自由振动幅值函数；$\omega$ 是轨道板的自由振动圆频率。将式 (6.2.12) 代入式 (6.2.11)，得到轨道板做自由振动的最大动能和最大应变能：

$$\begin{cases} T_{s,\max} = \dfrac{1}{2}\rho_s h_s \omega^2 \iint_A W^2 \mathrm{d}x\mathrm{d}y \\ V_{s,\max} = \dfrac{D_s}{2} \iint_A \left[ \left(\dfrac{\partial^2 W}{\partial x^2}\right)^2 + \left(\dfrac{\partial^2 W}{\partial y^2}\right)^2 + 2\nu_s \dfrac{\partial^2 W}{\partial x^2}\dfrac{\partial^2 W}{\partial y^2} + 2(1-\nu_s)\left(\dfrac{\partial^2 W}{\partial x \partial y}\right)^2 \right] \mathrm{d}x\mathrm{d}y \end{cases}$$
(6.2.13)

在此基础上，定义轨道板自由振动的 **Rayleigh** 商：

$$R(W) \equiv \dfrac{V_{s,\max}}{T_{s,\max}/\omega^2} \tag{6.2.14}$$

根据振动力学，轨道板的固有频率 $\omega_{mn}$ 将使 Reyleigh 商取极值，其对应的固有振型函数为 $W_{mn}(x, y)$。

现采用 Ritz 法求解上述极值问题，将轨道板的自由振动幅值函数 $W(x, y)$ 近似为

$$W(x, y) = \sum_{p=1}^{N_x} \sum_{q=1}^{N_y} c_{pq} R_p(x) S_q(y) \tag{6.2.15}$$

其中，$c_{pq}$ 表示待求系数；$N_x$ 和 $N_y$ 分别是沿轨道板长度和宽度方向所关心的固有振动最高阶数；$R_p(x)$ 和 $S_q(y)$ 分别为轨道板长度和宽度方向的基函数[1]：

---

[1] Beslin O, Nicolas J. A hicrarchical functions set for predicting very high order plate bending modes with any boundary conditions[J]. Journal of Sound and Vibration, 1997, 202: 207-269.

$$\begin{cases} R_1(x) = \sin\left[\frac{1}{4}\pi(2\xi-1) + \frac{3}{4}\pi\right]\sin\left[\frac{1}{4}\pi(2\xi-1) + \frac{3}{4}\pi\right] \\ R_2(x) = \sin\left[\frac{1}{4}\pi(2\xi-1) + \frac{3}{4}\pi\right]\sin\left[-\frac{1}{2}\pi(2\xi-1) - \frac{3}{2}\pi\right] \\ R_3(x) = \sin\left[\frac{1}{4}\pi(2\xi-1) - \frac{3}{4}\pi\right]\sin\left[\frac{1}{4}\pi(2\xi-1) - \frac{3}{4}\pi\right] \\ R_4(x) = \sin\left[\frac{1}{4}\pi(2\xi-1) - \frac{3}{4}\pi\right]\sin\left[\frac{1}{2}\pi(2\xi-1) - \frac{3}{2}\pi\right] \\ R_p(x) = \sin\left[\frac{1}{2}\pi(p-4)(2\xi-1) + \frac{1}{2}\pi(p-4)\right]\sin\left[\frac{1}{2}\pi(2\xi-1) + \frac{1}{2}\pi\right], \quad p \geqslant 5 \end{cases}$$

(6.2.16)

其中，$\xi \equiv x/L_s$。$S_q(y)$ 的表达式与 $R_p(x)$ 类似，只需将 $x$、$L_s$ 和 $p$ 替换为 $y$、$W_s$ 和 $q$。

把式(6.2.15)代入式(6.2.13)和式(6.2.14)，由 Rayleigh 商极值条件得到如下特征值问题：

$$(\boldsymbol{K}_s - \omega^2 \boldsymbol{M}_s)\boldsymbol{c} = \boldsymbol{0} \tag{6.2.17}$$

其中，$\boldsymbol{K}_s$ 和 $\boldsymbol{M}_s$ 为 $N_x N_y$ 阶方阵；$\boldsymbol{c}$ 为 $N_x N_y$ 维向量，其元素为式(6.2.15)中的系数 $c_{pq}$。求解式(6.2.17)得到轨道板的固有频率 $\omega_{mn}$，将其对应特征向量 $\boldsymbol{c}_{mn}$ 的元素代入式(6.2.15)，即得到固有振型函数 $W_{mn}(x,y)$，其中 $m \in I_{N_x}$ 和 $n \in I_{N_y}$。

其次，考虑式(6.2.9)所描述的受迫弯曲振动，将其表示为模态展开式：

$$w(x,y,t) = \sum_{m=1}^{N_x}\sum_{n=1}^{N_y} W_{mn}(x,y) q_{mn}(t) \tag{6.2.18}$$

其中，$q_{mn}(t)$ 表示轨道板做弯曲振动的模态坐标。将式(6.2.18)代入式(6.2.9)得到：

$$\rho_s h_s \sum_{m=1}^{N_x}\sum_{n=1}^{N_y} W_{mn}(x,y)\ddot{q}_{mn}(t) + \\ D_s \sum_{m=1}^{N_x}\sum_{n=1}^{N_y} q_{mn}(t)\left[\frac{\partial^4 W_{mn}(x,y)}{\partial x^4} + 2\frac{\partial^4 W_{mn}(x,y)}{\partial x^2 \partial y^2} + \frac{\partial^4 W_{mn}(x,y)}{\partial y^4}\right] = f_z(x,y,t)$$

(6.2.19)

根据矩形薄板的固有频率与固有振型关系，可将式(6.2.19)简化为

$$\rho_s h_s \sum_{m=1}^{N_x}\sum_{n=1}^{N_y} W_{mn}(x,y)[\ddot{q}_{mn}(t) + \omega_{mn}^2 q_{mn}(t)] = f_z(x,y,t) \tag{6.2.20}$$

利用矩形薄板的固有振型函数正交条件：

$$\iint_A \rho_s h_s W_{mn} W_{kl} \mathrm{d}x\mathrm{d}y = \begin{cases} = 0, & m \neq k \text{ 或 } n \neq l \\ \neq 0, & m = k \text{ 且 } n = l \end{cases} \tag{6.2.21}$$

对式(6.2.20)在轨道板中性面上积分,参考图 6.2.5 所示轨道板的受力情况,可将式(6.2.20)解耦,得到由模态坐标 $q_{mn}(t)$ 描述的 $m \times n$ 个单自由度系统受迫振动方程:

$$\ddot{q}_{mn}(t) + \omega_{mn}^2 q_{mn}(t) = \frac{\sum_{i=1}^{N_p} f_{rvi}(t) W_{mn}(x_{pi}, y_{pi}) - \sum_{j=1}^{N_b} f_{svj}(t) W_{mn}(x_{bj}, y_{bj})}{\iint_A \rho_s h_s W_{mn}^2(x, y) dx dy} \quad (6.2.22)$$

其中,$m \in I_{N_x}$ 和 $n \in I_{N_y}$;$N_p$ 是轨道板上左右钢轨总的扣结点数;$N_b$ 是轨道板下离散支承点数;$x_{bj}$ 和 $y_{bj}$ 分别是轨道板下第 $j$ 个支承点的纵向及横向位置;$f_{rvi}$ 是轨道板上第 $i$ 个钢轨扣结点的垂向力;$f_{svj}$ 是轨道板上第 $j$ 个支承点的垂向反力。

若考虑混凝土轨道板的能量耗散,可对其引入模态阻尼,将式(6.2.22)拓展为

$$\ddot{q}_{mn}(t) + 2\zeta_{mn}\omega_{mn}\dot{q}_{mn}(t) + \omega_{mn}^2 q_{mn}(t) = \frac{\sum_{i=1}^{N_p} f_{rvi}(t) W_{mn}(x_{pi}, y_{pi}) - \sum_{j=1}^{N_b} f_{svj}(t) W_{mn}(x_{bj}, y_{bj})}{\iint_A \rho_s h_s W_{mn}^2(x, y) dx dy}$$
(6.2.23)

其中,$\zeta_{mn}$ 为第 $mn$ 阶模态阻尼比;$m \in I_{N_x}$ 和 $n \in I_{N_y}$。将式(6.2.23)的解代入式(6.2.18),即得到轨道板的横向振动。

最后,根据对轨道板模型的讨论,得到轨道板做水平刚体运动的动力学方程:

$$\rho_s L_s W_s h_s \ddot{y}_s(t) = \sum_{i=1}^{N_p} f_{rhi}(t) - \sum_{j=1}^{N_b} f_{shj}(t) \quad (6.2.24)$$

其中,$f_{rhi}$ 是第 $i$ 个钢轨扣结点的水平力;$f_{shj}$ 是第 $j$ 个支承点的水平反力。

#### 4. 轮轨空间动态耦合模型

轮轨动态耦合关系是车辆-轨道耦合动力学的核心,它是车辆系统和轨道系统之间的连接纽带,两个系统之间的动态耦合与反馈作用均通过该环节来实现。此处,轮轨动态耦合关系是相对经典车辆动力学中"钢轨静止不动"的假设而言的。在经典轮轨关系模型中,不考虑轨道体系振动及钢轨弹性变形对轮轨接触几何关系和轮轨动作用力的影响。下面简要介绍轮轨动态耦合模型,其推导过程详见文献[1]。

在轨道交通领域,将车轮与钢轨之间的小接触区称为**接触斑**。在接触斑中心建立坐标系,描述轮轨间的相互作用,包括法向力、切向蠕滑力及其力矩。对于轮轨间的法向力,可用弹性力学的 Hertz 接触模型来描述;对于轮轨切向蠕滑力,则先用 Kalker 线性蠕滑理论[2]

---

[1] 翟婉明. 车辆-轨道耦合动力学[M]. 4版. 北京:科学出版社,2015:77-89.
[2] Kalker J J. On the rolling contact of two elastic bodies in the presence of dry friction[D]. Delft: Delft University of Technology, 1967: 63-100.

来近似描述,再用沈-赫-叶氏(Shen - Hedrick - Elkins)模型[1]进行非线性修正。在求解得到轮轨间作用力后,还需要通过坐标变换,将其转化到绝对坐标系下的钢轨和轮对的动力学方程中。在绝对坐标系中,轮轨纵、横、垂向力及绕对应方向的力矩可表示为

$$\begin{bmatrix} f_{wrx} \\ f_{wry} \\ f_{wrz} \end{bmatrix} = \boldsymbol{ET}_{ca}\boldsymbol{E} \begin{bmatrix} \varepsilon f_{cx} \\ \varepsilon f_{cy} \\ f_n \end{bmatrix} = \boldsymbol{ET}_{ca}\boldsymbol{E} \begin{bmatrix} \varepsilon(-\eta_{11}\xi_x) \\ \varepsilon(-\eta_{22}\xi_x - \eta_{23}\xi_y) \\ \left[\dfrac{\delta Z_{wr}}{G\cos(\delta_w \pm \phi_w)}\right]^{3/2} \end{bmatrix} \quad (6.2.25)$$

$$\begin{bmatrix} M_{wrx} \\ M_{wry} \\ M_{wrz} \end{bmatrix} = \boldsymbol{T}_{ca} \begin{bmatrix} 0 \\ 0 \\ \varepsilon M_{cz} \end{bmatrix} = \boldsymbol{T}_{ca} \begin{bmatrix} 0 \\ 0 \\ \varepsilon(\eta_{23}\xi_y - \eta_{33}\xi_{sp}) \end{bmatrix} \quad (6.2.26)$$

其中,

$$\begin{cases} \boldsymbol{E} \equiv \mathrm{diag}[1\ \ 1\ \ -1] \\ \boldsymbol{T}_{ca} \equiv \begin{bmatrix} \cos\psi_w & -\cos(\delta_w \pm \varphi_w)\sin\psi_w & \pm\sin(\delta_w \pm \varphi_w)\sin\psi_w \\ \sin\psi_w & \cos(\delta_w \pm \varphi_w)\cos\psi_w & \mp\sin(\delta_w \pm \varphi_w)\cos\psi_w \\ 0 & \pm\sin(\delta_w \pm \varphi_w) & \cos(\delta_w \pm \varphi_w) \end{bmatrix} \\ \varepsilon \equiv \begin{cases} 1 - \dfrac{1}{3}\left(\dfrac{f_c}{\mu_k f_n}\right) + \dfrac{1}{27}\left(\dfrac{f_c}{\mu_k f_n}\right)^2, & f_c \leqslant 3\mu_k f_n \\ \dfrac{\mu_k f_n}{f_c}, & f_c > 3\mu_k f_n \end{cases} \\ f_c \equiv \sqrt{f_{cx}^2 + f_{cy}^2} \end{cases} \quad (6.2.27)$$

其中,当计算左侧轮轨力时,"±"和"∓"取上面的符号;当计算右侧轮轨力时,"±"和"∓"取下面的符号;$\boldsymbol{T}_{ca}$表示从接触斑坐标系到绝对坐标系的变换矩阵;$f_n$表示轮轨法向力;$G$是轮轨法向力的接触常数;$\delta Z_{wr}$是轮轨垂向相对位移;$\delta_w$是车轮踏面接触角;$f_c$、$f_{cx}$和$f_{cy}$分别是按照Kalker线性蠕滑理论得到的轮轨蠕滑力及其纵向、横向分量;$M_{cz}$是蠕滑力矩;$\varepsilon$表示Shen - Hedrick - Elkins模型的非线性修正系数;$\mu_k$是轮轨间的动摩擦系数;$\eta_{11}$、$\eta_{22}$、$\eta_{23}$和$\eta_{33}$是蠕滑系数;$\xi_x$、$\xi_y$和$\xi_{sp}$分别为纵向、横向和自旋蠕滑率。

### 6.2.2 车辆-轨道耦合动力学数值仿真

6.2.1节所建立的车辆-轨道耦合动力学方程最终归结为二阶非线性常微分方程

---

[1] Shen Z Y, Hedrick J K, Elkins J A. A comparison of alternative creep force models for rail vehicle dynamic analysis[C]. Cambridge: Proceedings of the 8th IAVSD Symposium, 1983: 591-605.

组,其自由度可达到数千个,必须借助计算机获得数值积分解。例如,可选择振动力学计算中常用的线性加速度法、威尔逊-$\theta$(Wilson-$\theta$)法和 Newmark 法进行数值积分[1]。在车辆-轨道耦合系统中,系统质量矩阵常为对角阵。此时,本章作者提出的新型显式二步数值积分法无须联立求解大型代数方程组,其计算效率更具优势[2]。本小节简要介绍基于车辆-轨道耦合动力学模型和该快速显式数值积分方法构建的车辆-轨道空间耦合动力学仿真分析软件 TTISIM(Train/Track Interaction SIMulation)[3]。该仿真软件主要用于研究车辆在弹性轨道结构上的运行安全性与平稳性,具有自主知识产权。

1. TTISIM 软件的模块化结构

车辆-轨道空间耦合动力学仿真分析软件 TTISIM 是基于车辆-轨道耦合动力学模型而构建的,包含三大模块,即车辆模块、轨道模块和轮轨关系模块,如图 6.2.6 所示。由图可见,轮轨关系在车辆-轨道耦合系统中具有纽带作用,它将车辆系统与轨道系统耦合成一个相互作用、互为反馈的大系统。

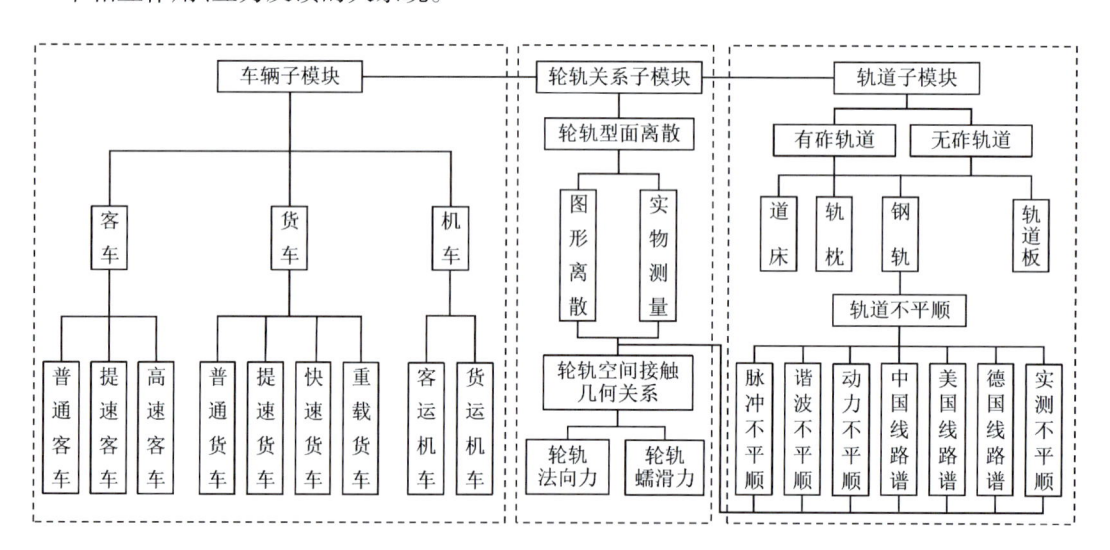

图 6.2.6 TTISIM 软件的模块化结构

2. TTISIM 软件的计算流程

对 TTISIM 仿真分析软件输入车辆与轨道计算参数后,该软件可自动形成车辆动力学方程与轨道动力学方程;用户输入系统激励、选择动力学分析类型、确定轮轨型面离散方法之后,该软件可对动力学方程进行数值积分,计算系统各部件的动态位移、速度响应;随后应用轮轨空间动态耦合关系确定轮轨法向力、蠕滑力/力矩,并将轮轨力代入车辆与轨

---

[1] 胡海岩. 机械振动基础[M]. 2 版. 北京: 北京航空航天大学出版社, 2022: 138–142.
[2] Zhai W M. Two simple fast integration methods for large-scale dynamic problems in engineering[J]. International Journal for Numerical Methods in Engineering, 1996, 39: 4199–4214.
[3] 翟婉明. 车辆-轨道耦合动力学[M]. 4 版. 北京: 科学出版社, 2015: 156–159.

道动力学方程求解加速度；存入该步计算结果，并进入下一时间积分循环直到计算结束。TTISIM 软件计算流程框图如图 6.2.7 所示。

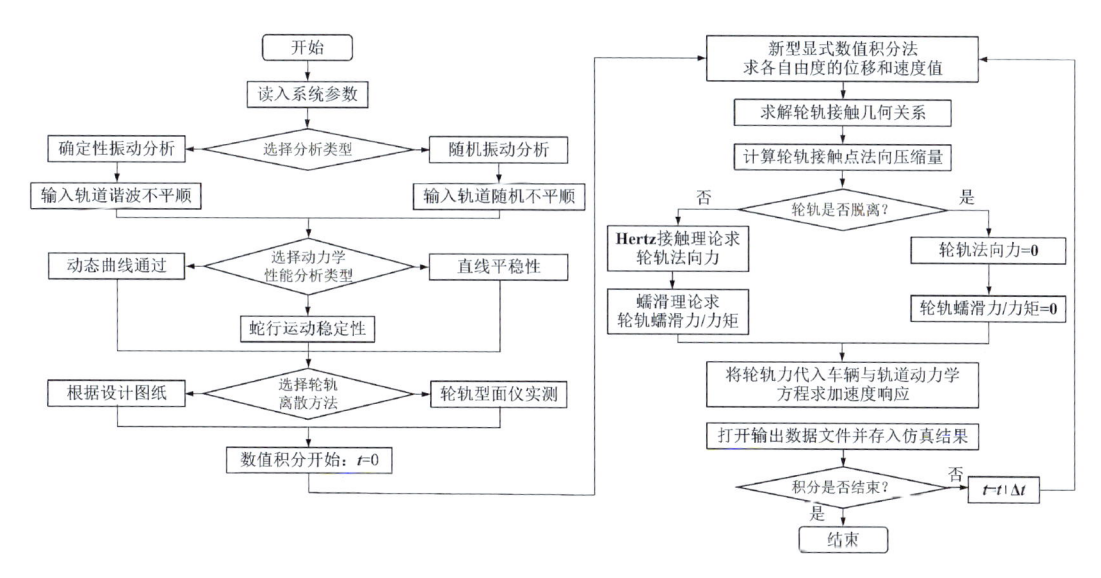

**图 6.2.7　TTISIM 软件计算流程框图**

### 3. TTISIM 软件的功能

TTISIM 软件的主要功能包括：分析机车车辆（客车、货车、机车）在弹性轨道结构上的蛇行运动稳定性；分析机车车辆在弹性轨道结构上的运行平稳性（乘车舒适性）；分析机车车辆动态通过曲线轨道的安全性；分析列车与轨道的动态相互作用特性。

TTISIM 软件的输入包括：确定性轨道不平顺，如轨道高低、水平、轨距等不平顺及其复合不平顺、线路三角坑、路桥过渡段折角不平顺、线路平纵断面几何参数等；由实测线路谱或标准轨道谱描述的线路随机不平顺。

TTISIM 软件的仿真结果包括：轮轨垂向力、轮轨横向力及其导出的脱轨系数、轮重减载率、轮轴横向力；车体、构架和轮对的动态位移、加速度及其导出的车体垂向、横向平稳性指标；钢轨、轨枕和道床的振动位移、加速度响应及其导出的轨距动态扩大量；钢轨-轨枕支反力等。

综上所述，TTISIM 软件可用于新型机车车辆的动力学性能预测及参数优化设计、现有机车车辆的动力性能改进设计、列车对线路动力作用分析评估、列车与轨道结构动力性能最佳匹配设计、轨道几何状态维护及安全管理等问题，已经通过了系统的现场测试验证和大量的工程案例的考核。

### 6.2.3　车辆-轨道耦合动力学案例

本小节通过一个数值计算案例，对比车辆-轨道耦合动力学模型（简称**耦合模型**）与传统车辆动力学模型（简称**传统模型**）的计算结果差异，从定量角度考察在铁路动力学选线设计中考虑车辆-轨道耦合的必要性。

**例 6.2.1** 某段曲线轨道设计参数为：曲线半径 6 000 m，缓和曲线长度 370 m，外轨超高 120 mm。考察"和谐号"高速列车以 300 km/h 速度通过该曲线轨道时的动力学性能指标。

**解：** 基于 6.2.1 节所建立的车辆-轨道耦合模型，采用 TTISIM 软件进行计算。图 6.2.8 和图 6.2.9 给出了基于耦合模型和传统模型得到的两个关键行车安全平稳性指标对比，即轮轨横向力和车体横向加速度。

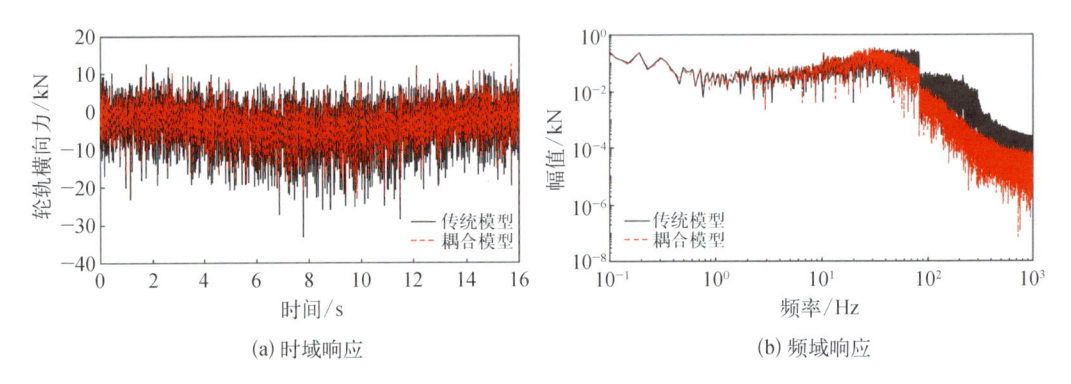

(a) 时域响应　　(b) 频域响应

**图 6.2.8** 基于耦合模型与传统模型计算得到的轮轨横向力对比

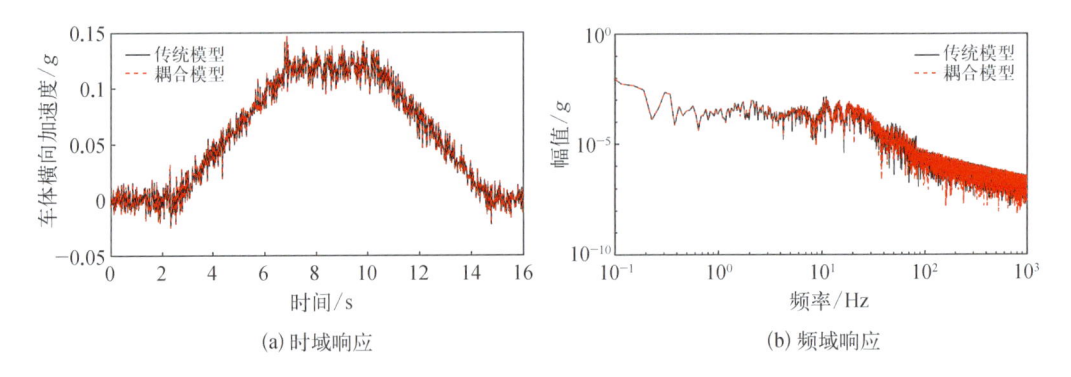

(a) 时域响应　　(b) 频域响应

**图 6.2.9** 基于耦合模型与传统模型计算得到的车体横向加速度对比

由图 6.2.8(a) 可见，传统模型的轮轨横向力时间历程明显大于耦合模型，前者的最大值为 31.22 kN，比耦合模型大 43.93%。由图 6.2.8(b) 可见，在 40 Hz 以下，两种模型并无显著差异；而在 40 Hz 以上，采用传统模型得到的轮轨横向力幅值明显大于耦合模型。其原因是，在传统模型中具有弹性/阻尼效应的轨道结构体系没有参与振动，不能吸收中频振动和高频振动的能量，而耦合模型则考虑了这一效应。此外，车辆通过曲线轨道时，钢轨不可避免地产生横向弹性位移，轨距瞬态扩大，该因素对轮轨动态接触关系具有不可忽视的影响。

由图 6.2.9 可见，上述两种模型计算得到的车体动力学响应差异甚微。其原因在于，车辆的一系和二系悬挂系统有效衰减了来自轮轨动力作用的中频振动和高频振动，使轨道结构振动对位于二系悬挂以上的车体振动影响显著降低。

表 6.2.2 列出了基于两种模型得到的车辆主要动力学性能指标的最大值。可以看到,耦合模型和传统模型的动态响应差异总体呈现自下而上、逐层递减的趋势,轮轨力和轴箱加速度的差异尤为明显,构架次之,车体最小。值得一提的是,两种模型在轮轴横向力、脱轨系数和轮重减载率等评估车辆运行安全性的重要指标上存在不同程度的差异。对于本案例而言,传统模型得到的脱轨系数略大于耦合模型,且传统模型计算的轮轴横向力已超过 40.32 kN 的限值要求,而耦合模型计算值却在安全范围之内。此外,传统模型大幅低估了车辆通过曲线轨道时的轮重减载率,其计算值为 0.47,较耦合模型小24.19%,使动力性能评估偏于不安全。另外,耦合模型计算的轨距动态扩大量为0.56 mm,而传统模型假设轨道固定不动,故无法提供该性能指标。

表 6.2.2 基于传统模型与耦合模型计算得到的车辆动力学性能指标最大值比较

| 动力性能指标 | 传统模型 | 耦合模型 |
| --- | --- | --- |
| 轮轨横向力/kN | 33.22 | 23.08 |
| 轮轨垂向力/kN | 115.66 | 106.39 |
| 轮轴横向力/kN | 48.89 | 34.74 |
| 脱轨系数 | 0.36 | 0.32 |
| 轮重减载率 | 0.47 | 0.62 |
| 车体横向振动加速度/g | 0.145 | 0.148 |
| 车体垂向振动加速度/g | 0.028 2 | 0.028 4 |
| 构架垂向振动加速度/g | 0.26 | 0.27 |
| 轴箱垂向振动加速度/g | 10.25 | 8.14 |
| 轨距动态扩大量/mm | — | 0.56 |

该案例表明,在高速铁路动力学选线设计中,应采用车辆-轨道耦合动力学理论,进而获得车辆在弹性轨道上的动力学性能,为铁路选线设计提供更加科学的动态安全评估方法。

## 6.3 高速铁路线路平纵断面优化设计方法

本节将介绍基于车辆-轨道耦合动力学理论及其仿真分析平台提出的列车与线路动态性能最佳匹配设计原理。运用这一原理,可进一步发展得到面向列车行车安全性和运行平稳性的线路平纵断面优化设计方法,为高速铁路动力学选线设计提供科学指导,也使得车辆-轨道耦合动力学理论更好地应用于工程实际。

### 6.3.1 列车与线路动态性能最佳匹配设计原理

动力学研究的归宿在于设计出动态性能优异的功能系统或改进动力性能差的既有系

统,以实现系统功能的最佳发挥。铁路车辆(或轨道)动力学研究也不例外,其目标就是要实现列车(或轨道)系统的动力性能最优化。然而,动力性能优质的列车系统与同样优质的轨道系统组合起来,未必能成为一个整体性能优质的车辆-轨道系统,还要看两者是否匹配。基于传统的车辆动力学、轨道动力学理论,采用两个系统独立设计的方式对此无能为力。

6.2 节所介绍的车辆-轨道耦合动力学为实现车辆与轨道整体系统动力性能最优设计提供了学术基础,可将车辆-轨道作为一个大系统来综合研究考察车辆动力学性能、轨道动力学性能及轮轨动力相互作用性能,亦即车辆-轨道耦合动力学性能。基于车辆-轨道耦合动力学理论及其仿真分析平台,本章作者提出了列车与线路动态性能最佳匹配设计原理和方法[1],为现代铁路轮轨运输系统高安全性、高平稳性设计提供了科学途径。

图 6.3.1 给出了列车与线路动态性能最佳匹配设计的基本原理框图。无论设计的主体对象是列车还是线路,都将对方视为主体对象的动态环境,通过车辆-轨道耦合动力学建模和分析方法来考虑对方的动态影响;对主体对象的动力性能进行优化设计,同时分析评估主体对象对另一系统的动态影响,再根据评估结果改进主体对象的设计参数,重新考察主体对象的动力性能,评估主体对象对另一系统的动态影响指标;如此反复,直到整体系统动态性能最优为止。

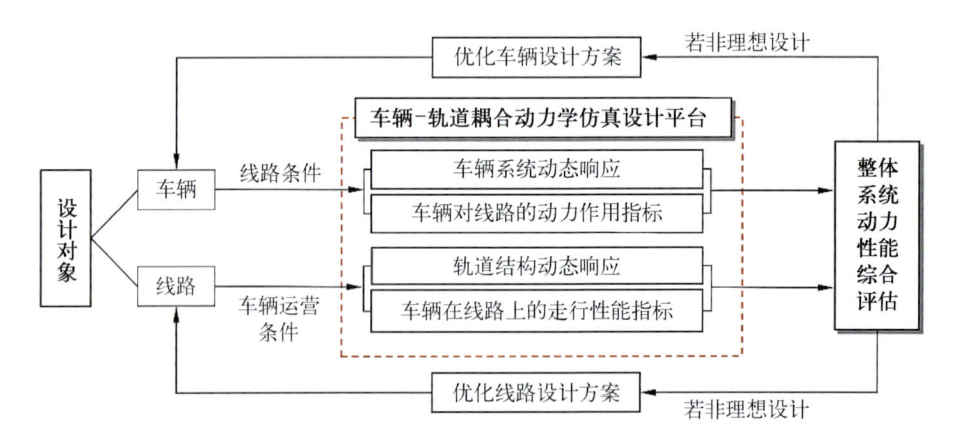

**图 6.3.1 车辆与线路动态性能最佳匹配设计原理框图**

关于设计主体对另一系统的动态影响指标,分为两种情况。当设计主体为列车时,主要考虑列车对线路的动力作用性能指标,即轮轨动作用力及线路动态变形;而当设计主体是线路时,可定义为列车在线路上的**走行性能**指标,即行车安全性和运行平稳性。

### 6.3.2 线路平纵断面动态优化设计方法

基于列车与线路动态性能最佳匹配设计原理,可以开展线路平纵断面优化设计。其

---

[1] 翟婉明. 机车车辆与线路最佳匹配设计原理、方法及工程实践[J]. 中国铁道科学,2006,27(2): 60-65.

目标函数是列车走行性能,即行车安全性和乘车舒适性(平稳性)。图 6.3.2 给出了基于匹配设计原理的线路平纵断面动态设计方法,其具体步骤如下[1]。

第一步,将线路初始平纵断面设计方案连同未来将要运营的列车条件(列车动力学参数及运行速度)输入车辆-轨道耦合动力学仿真分析软件。

第二步,分析预测轨道结构动力响应,包括轨道振动特性、轨道受力特性及轨道变形特性,同时计算得到列车在该设计线路上的走行性能指标,包括运行平稳性及轮轨动态安全性指标。

第三步,根据列车及线路动力性能评定标准,对上述动力响应指标进行综合评估,并由此评价线路设计的合理性。

第四步,若上述结果非理想设计,寻找动力性能较差的指标及对这些指标敏感的平纵断面参数,如曲线半径、超高、缓和曲线长度等。

第五步,优化相关线路设计参数,重新输入动力学数值仿真平台进行动力性能分析与评估。

第六步,如此反复改进,直到满意为止,即可获得既能满足线路自身动力性能要求又能保证列车在该设计线路上安全平稳运行的最佳设计方案。

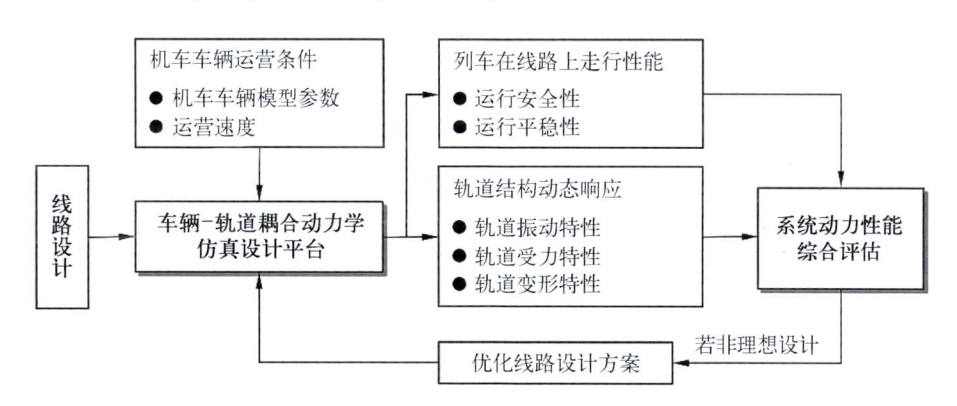

**图 6.3.2 基于匹配设计原理的线路平纵断面动态设计方法**

## 6.4 高速铁路动力学选线设计应用实践

自 21 世纪以来,车辆-轨道耦合动力学理论及由其发展而来的列车与线路动态性能最佳匹配设计方法,在我国高速铁路线路设计中已得到了广泛应用。本节选取有代表性的两个工程案例,介绍高速铁路动力学选线设计应用实践。它们分别是:广深港(广州-深圳-香港)高速铁路平纵断面设计[2]和京沪(北京-上海)高速铁路选线设计优化。

---

[1] 翟婉明.机车车辆与线路最佳匹配设计原理、方法及工程实践[J].中国铁道科学,2006,27(2):60-65.
[2] 翟婉明.车辆-轨道耦合动力学[M].4 版.北京:科学出版社,2015:502-508.

## 6.4.1　广深港高速铁路选线设计

广深港高速铁路是连接广州、东莞、深圳、香港的高速铁路。在我国"四纵四横"高速铁路主网中,该高速铁路是京广(北京-广州)高速铁路至深圳、香港的延伸线,亦为珠三角城际快速轨道交通网的骨干部分。

如图 6.4.1 所示,广深港高速铁路需跨越珠江口内水域的狮子洋。设计单位提出了途经沙仔岛和途经海鸥岛的两种选线方案,对每种选线方案又分别提出了采用长大隧道和采用桥隧结合的两种设计方案,分别简称为**长隧方案**和**桥隧方案**,如图 6.4.2 和图 6.4.3 所示,其中涉及 20‰、30‰ 和 34‰ 等多种大坡度纵断面。广深港高速铁路在该路段的设计速度是 300 km/h,高速列车能否以 300 km/h 速度安全、平稳地通过如此大的纵坡?

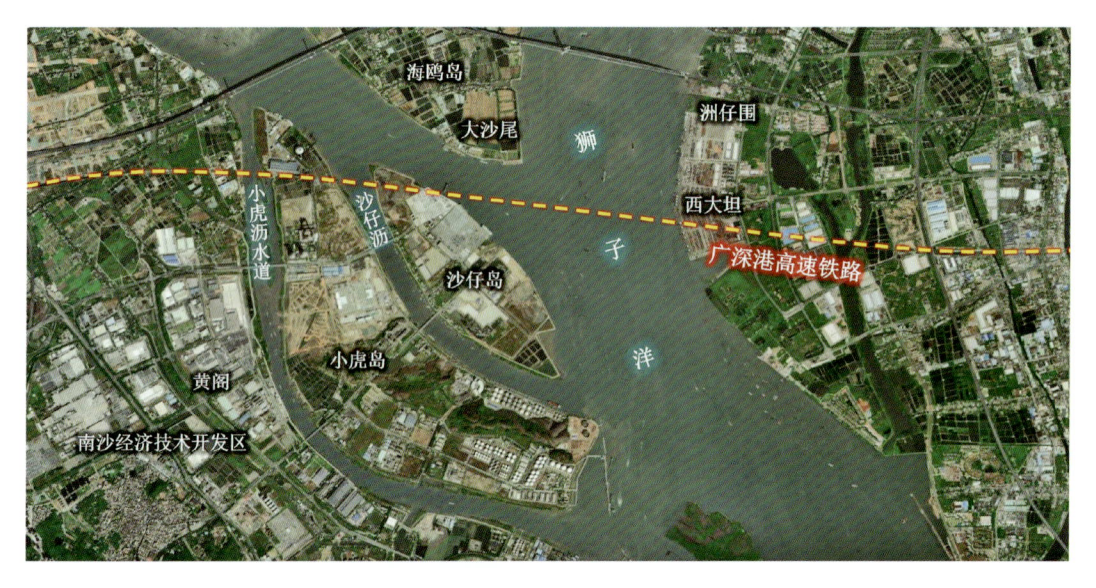

图 6.4.1　广深港高速铁路跨越珠江水域狮子洋平面示意图

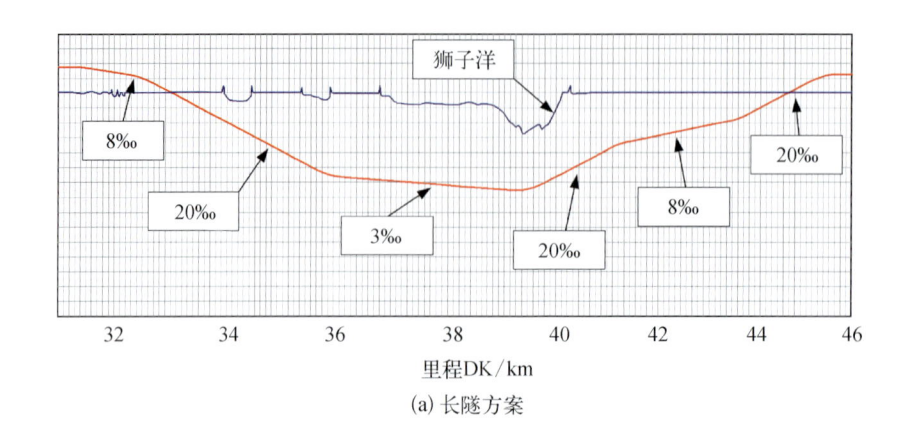

(a) 长隧方案

(b) 桥隧方案

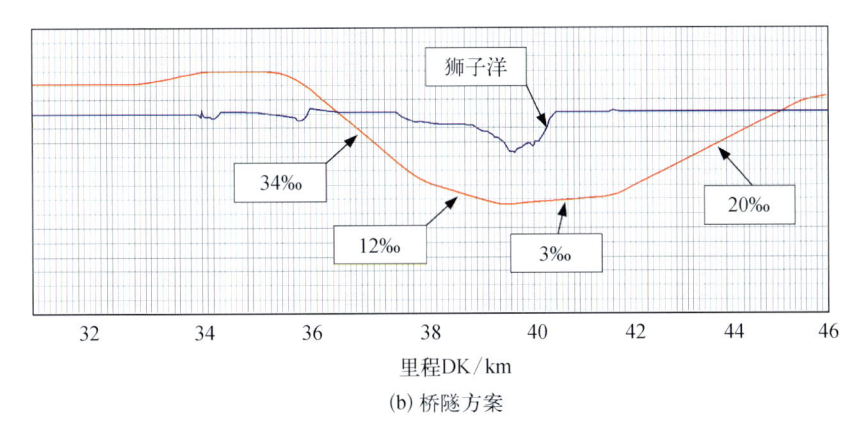

**图 6.4.2　沙仔岛 DK31~DK45 段两种设计方案的纵断面示意图**

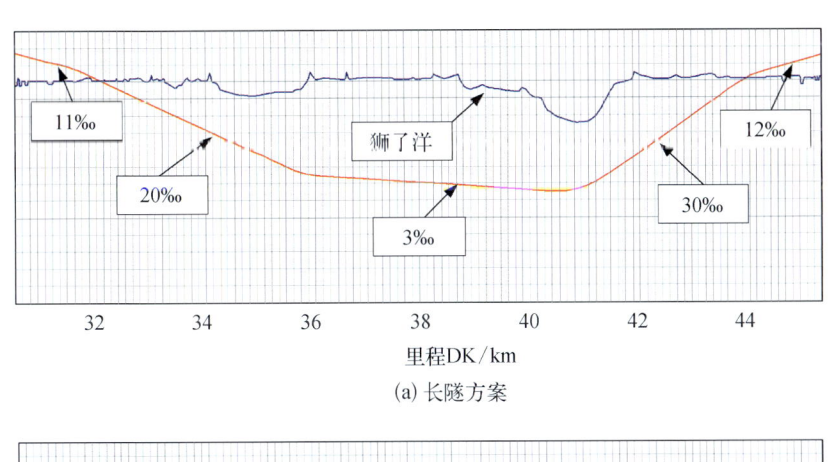

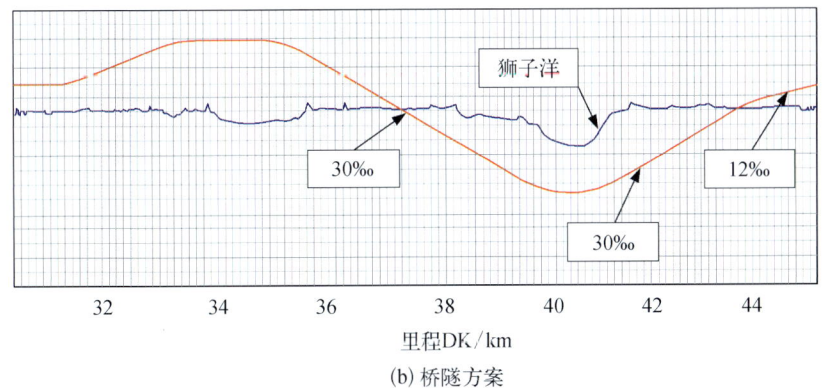

(a) 长隧方案

(b) 桥隧方案

**图 6.4.3　海鸥岛 DK32~DK43 段两种设计方案的纵断面示意图**

这是我国高速铁路建设工程中首次涉及如此复杂的大坡度线形,也是涉及选线技术经济性和高速行车安全舒适性的重大工程技术难题。

2005 年,受工程设计单位委托,本章作者团队运用高速铁路动力学选线设计理念及面向列车走行性能的线路平纵断面优化设计方法,对高速列车以 300 km/h 速度通过狮子洋段的四种选线方案线路平纵断面时的运行安全性及乘车舒适性进行了全程动力学分析,并根据列车动力学性能评定规范进行安全评估和方案比选,提出了最佳方案建议,现介绍如下。

图 6.4.4 和图 6.4.5 分别给出了高速列车以两种方案通过沙仔岛时的脱轨系数和车体横向振动加速度响应。在桥隧方案中,当高速列车运行至 DK36+390 位置(DK 表示设计施工阶段的里程坐标,这里指 36.39 km 位置处)时,即 34‰下坡之变坡切点,在 34‰纵坡曲线与半径 7 000 m 的平面缓和曲线的叠加作用下,脱轨系数由正常状态突然增大;该过程一直持续到 DK38+539 位置,即 12‰下坡与 3‰上坡之变坡切点,其中脱轨系数最大值达到 0.98,超出了高速行车动态安全限值 0.8。相比之下,长隧方案的脱轨系数值一直

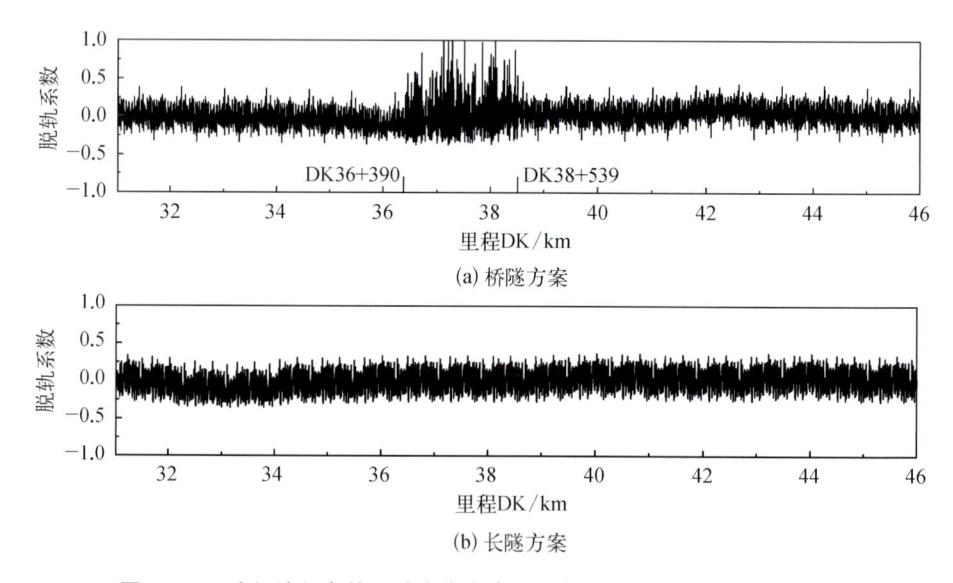

图 6.4.4 途经沙仔岛的两种方案中高速列车脱轨系数的全程变化情况

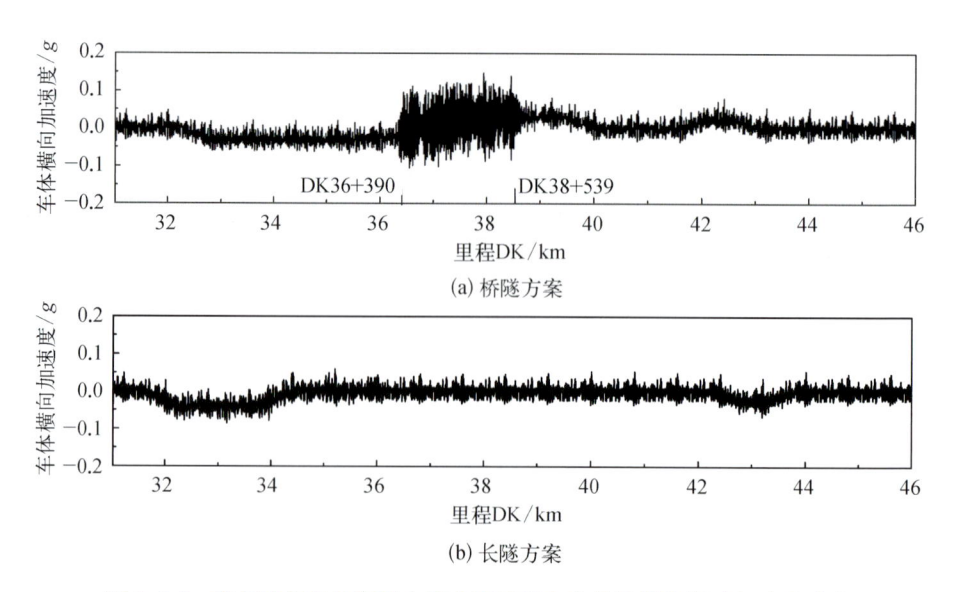

图 6.4.5 途经沙仔岛的两种方案中高速列车车体的横向振动加速度响应

处于安全范围之内,且数值较小。由图 6.4.5 可见,在桥隧方案中,车体横向振动加速度也在 DK36+390~DK38+539 地段出现异常波动,其最大值达到 0.15$g$,超出了高速列车乘坐舒适度标准,比长隧方案下的最大值增大 66.7%,而长隧方案未超标。

由此可见,在沙仔岛长隧方案中,高速列车运行安全性指标及舒适性指标均能满足要求,并且具有较大的安全余量;而对于沙仔岛桥隧方案,高速列车的运行安全性及乘车舒适性得不到保障。

对于海鸥岛的两种设计方案,高速列车的走行性能也出现与沙仔岛设计方案中类似的变化特征,行车安全性及舒适性等各项动力性能指标最大值的仿真结果汇总于表 6.4.1。对比安全性指标可知,长隧方案下的脱轨系数最大值为 0.53,满足合格上限值 0.8;桥隧方案下的脱轨系数最大值达到 0.92,超出合格上限值。长隧方案下的轮重减载率最大值为 0.41,满足合格上限值 0.65;桥隧方案下的最大峰值达到了 0.98,不合格。对比平稳性指标可见,长隧方案下的车体横向平稳性指标为 2.44,达到优级;而桥隧方案下的相应值为 2.94,属于合格等级。对比垂向平稳性指标,长隧方案和桥隧方案均属优级。

表 6.4.1　海鸥岛两种方案中全程动力性能指标最大值的计算结果

| 动力性能指标 | 长隧方案 | 桥隧方案 |
| --- | --- | --- |
| 脱轨系数 | 0.53 | 0.92 |
| 轮重减载率 | 0.41 | 0.98 |
| 轮轨横向力/kN | 27.89 | 30.97 |
| 车体横向振动加速度/$g$ | 0.08 | 0.16 |
| 车体垂向振动加速度/$g$ | 0.05 | 0.07 |
| 垂向平稳性指标 | 2.25 | 2.33 |
| 横向平稳性指标 | 2.44 | 2.94 |

由此可见,海鸥岛长隧方案中的所有安全性及舒适性指标均能满足高速行车要求,并且具有足够的安全储备;而对于桥隧方案,在曲线半径为 7 000 m 的平面曲线与 30‰ 的纵坡曲线共同作用下,部分安全性指标值超出限值,且乘坐舒适性大大下降,故不满足要求。

根据上述分析结果可知,沙仔岛及海鸥岛的长隧方案均能满足行车安全、乘车舒适要求。为了达到优选出最佳设计方案的目的,本章作者团队进一步对比了沙仔岛长隧方案和海鸥岛长隧方案的动力学性能指标,见表 6.4.2。由表可见,列车高速通过沙仔岛时采用长隧设计方案的关键安全性指标(脱轨系数及轮轨横向力)均小于海鸥岛的长隧设计方案值;而两种方案的轮重减载率非常接近,乘坐舒适度也无明显差别。

表 6.4.2　沙仔岛及海鸥岛长隧方案高速行车性能指标比较（速度 300 km/h）

| 动力性能指标 | 沙仔岛 | 海鸥岛 |
| --- | --- | --- |
| 轮轨横向力/kN | 18.85 | 27.89 |
| 轮轨垂向力/kN | 97.67 | 105.21 |
| 脱轨系数 | 0.37 | 0.53 |
| 轮重减载率 | 0.47 | 0.41 |
| 车体横向振动加速度/g | 0.09 | 0.08 |
| 车体垂向振动加速度/g | 0.06 | 0.05 |
| 横向平稳性指标 | 2.46 | 2.44 |
| 垂向平稳性指标 | 2.24 | 2.25 |

基于上述讨论，本章作者团队确定的最佳选线设计方案为途经沙仔岛的长隧设计方案，该方案最终被广深港高速铁路狮子洋段工程所采用。2011 年 12 月 26 日，广深港高速铁路广深段正式开通运营。其中，狮子洋隧道全长 6.8 km，是目前世界上行车速度最高的水底铁路隧道。从开通前的线路运行试验结果及运营至今的实际效果来看，高速动车组在狮子洋段的走行性能良好，完全满足高速行车安全性与乘车舒适性要求。

因此，上述研究解决了当时我国高速铁路设计中首次遇到的复杂、大坡度选线难题，而工程实践检验了研究结果的正确性和可靠性。

### 6.4.2　京沪高速铁路选线设计优化

京沪高速铁路是目前世界上一次建成里程最长、标准最高的高速铁路。它的建成从根本上解决了京沪两个特大城市间的运输能力紧张问题，极大地提升了我国高速铁路设计、施工、运营管理及养护维修等方面的技术水平。

2008 年，受工程设计单位委托，本章作者团队开展了京沪高速铁路选线设计优化工作。主要研究内容包括：分析评估线路平纵断面的设计参数对高速行车安全性和舒适性的影响，提出线路平纵断面设计参数优化建议。现介绍如下。

将京沪高速铁路按照里程共划分为 112 个区段进行全线动力学分析评估。分析结果表明，当高速列车主要以 350 km/h 速度通过全线（部分限速地段除外）时，绝大多数动力学性能指标都能满足安全合格限值，全线所有地段的平稳性指标均属优级。在全线 194 条平面曲线中，仅在极个别区段出现安全性指标、舒适性指标超限。现以第 161 条曲线为例，介绍动力学选线设计方法在平纵断面参数设计优化方面的应用。

通过车辆-轨道耦合动力学仿真发现，高速车辆行驶在该曲线轨道（半径为 9 000 m）上时，车体的横向振动加速度、轮轴横向力和脱轨系数均超出了限值要求。考察图 6.4.6 所示的该地段的平纵断面线形参数发现，在原设计方案下，平面曲线的缓圆点与竖曲线 2‰ 和 19.5‰ 之间的变坡点相距非常近，几乎重叠，使得坡度代数差达到 21.5‰。因此，初步判断该地段的平、纵断面匹配存在问题，导致高速行车安全性和舒适性指标超过限值。对此,以 350 km/h 速度等级为目标,以提高列车运行安全性和舒适性为目的,对该平纵断面进行优化设计。

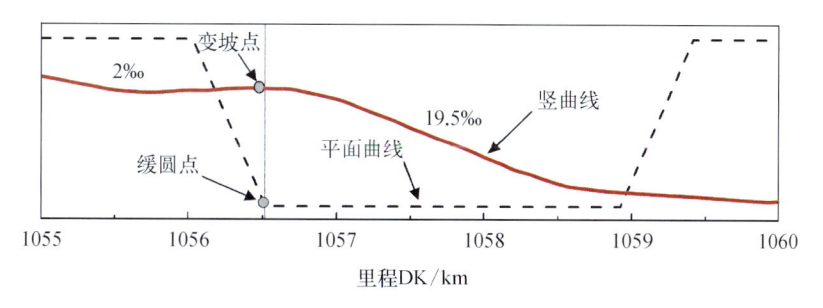

图 6.4.6 原方案的平纵断面参数设置

为了尽量少改变线路工程量,对该曲线的缓和曲线长度进行优化设计时,提出如下三种设计方案。

方案一:将缓和曲线长度由 490 m 增加到 540 m。经与设计部门沟通,该方案所涉及的平面曲线参数调整将导致桥梁和路基出现较大废弃工程。

方案二:将原竖曲线的 2‰坡度改为 1.14‰,其长度由 1 200 m 增加到 1 250 m。为了不改变其他竖曲线位置,将坡度 19.5‰的竖曲线长度缩短 50 m,如图 6.4.7 所示。该方案轨面设计高程最大下调量为 0.77 m,对该段深路堑的挡墙和附近大桥产生较大影响。

图 6.4.7 方案二与原方案的平纵断面参数对比

方案三:如图 6.4.8 所示,增大平面曲线的缓圆点与变坡点的距离 $\Delta L$,此举可同时减少坡度代数差。该方案对纵断面参数的调整量最小。

基于车辆-轨道耦合动力学数值仿真平台,本章作者团队对三种线路优化设计方案进行了动力学分析评估,得到的主要安全平稳性指标如表 6.4.3 所示。由表可见,方案一和方案二均能满足 350 km/h 高速行车安全性及舒适性要求,但存在前述不足。为此,针对方案三的关键设计参数 $\Delta L$ 具体取值作进一步分析。根据方案三的动力学计算结果,为使动力学指标满足限值要求并具有一定的安全储备,该段平面曲线缓圆点与变坡点的距离原则上应大于 20 m;在困难条件下,平面曲线缓圆点与变坡点的距离应不小 17 m,即将

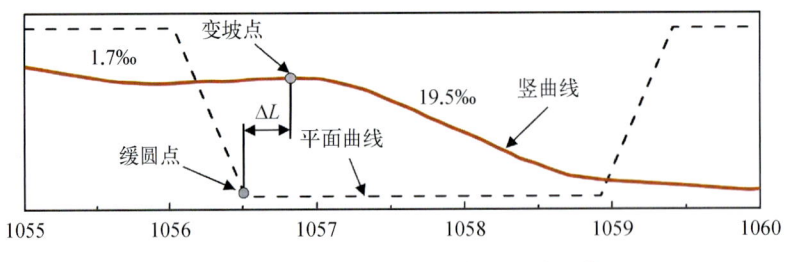

**图 6.4.8　方案三的平纵断面参数设计示意图**

原设计中 1 200 m 长的 2‰ 坡段的坡率调整为 1.7‰，坡长增长为 1 217 m，相应的 19.5‰ 的坡段缩短 17 m，调整后的平纵断面参数如图 6.4.9 所示，此即为推荐的最终优化设计方案。与原方案的动力学分析结果相比，轮轴横向力、脱轨系数、车体横向振动加速度等指标均满足限值要求，且动态响应幅值显著降低，大幅提升了高速行车安全性和乘车舒适性。

**表 6.4.3　三种线路优化设计方案的动力学分析结果**

| 动力性能指标 | 原方案 | 方案一 | 方案二 | 方案三 $\Delta L = 10$ m | 方案三 $\Delta L = 17$ m | 方案三 $\Delta L = 20$ m | 方案三 $\Delta L = 50$ m |
|---|---|---|---|---|---|---|---|
| 轮轴横向力最大值/kN | 60.53 | 29.44 | 22.21 | 40.54 | 37.46 | 26.85 | 21.22 |
| 脱轨系数 | 0.866 | 0.460 | 0.261 | 0.436 | 0.281 | 0.195 | 0.223 |
| 车体横向加速度最大值/g | 0.242 | 0.161 | 0.158 | 0.190 | 0.172 | 0.162 | 0.161 |

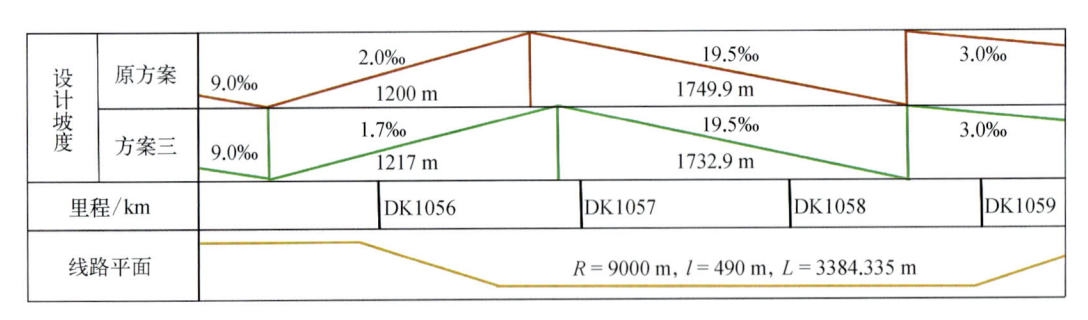

**图 6.4.9　方案三与原方案的平纵断面参数对比**

在京沪高铁设计中，上述平纵断面参数设计优化方案得到了直接应用，既满足了高速行车安全性与平稳性的要求，又尽可能减少了废弃工程，节省了大量工程建设费用，有力地支撑了我国运营里程最长、标准最高的高速铁路设计与建设。

2011 年 6 月 30 日，京沪高速铁路全线正式通车，其最高运营速度为 350 km/h，标志着我国高速铁路交通建设步入世界先进水平。

## 6.5 问题与展望

当前,我国的"四纵四横"高铁干线已经全面建成,"八纵八横"高铁主骨架网正在加密成型。预计到 2035 年,我国高速铁路总里程将达到 7 万 km。与此同时,处在险峻地形地貌和活跃地震带等复杂地域的高铁工程越来越多,这类线路条件使高速行车安全和动力学选线设计面临更加严峻的挑战。例如,铁路选线需要尽量绕避地壳运动活跃地带,如果无法完全避让,则应选择地震活动较弱的地段,使其对行车安全平稳性的影响最小。又如,面对艰险山区超长大坡道及其与平面曲线复合的线路条件,国内外尚缺乏足够运营实践经验。平纵断面关键参数如何科学设计?现有设计规范能否突破?新的技术标准如何提出?这些都需要以现代铁路动力学选线设计方法为基础,通过开展系统动力性能匹配与行车安全评估来回答。

高速铁路的最高运营速度到底多少合适?这是全球铁道工程界的未解之谜。为了实现高速铁路的引领发展,我国对此开展了积极探索与实践。2022 年,我国首条预留时速 400 km 的高速铁路——成渝(成都-重庆)中线启动建设。然而,目前我国的铁路选线设计标准均针对时速 350 km 及以下的线路,因此亟待研究制定更高设计时速的线路平纵断面技术标准,而动力学选线设计将为解决该问题提供行之有效的研究方法和策略。此外,更高的运营速度势必带来更强的轮轨动力作用,车辆与轨道系统刚柔耦合作用及其对动力性能匹配影响机制等力学问题也将愈趋复杂。因此,需要构建适应于更高速度的车辆-轨道耦合动力学模型,以准确评估系统动力学性能。

综上所述,我国高速铁路正朝着线路条件更复杂、运营速度更高的方向发展。因此,高速铁路动力学选线设计面临着诸多前所未有之挑战,必须从系统科学角度开展深入细致的研究,进而为高速轮轨运输系统高安全性、高平稳性线路设计持续提供科学支撑。

## 思 考 题

**6.1** 传统铁路选线设计与现代铁路动力学选线设计的主要区别在哪里?后者有哪些优势?

**6.2** 观察 6.2.1 节所介绍的车辆和轨道系统动力学方程的质量矩阵有什么特点,如何高效求解高自由度的车辆-轨道耦合非线性系统动力学响应?

**6.3** 在求解钢轨动力学方程时,引入了模态坐标描述,思考如何将模态坐标系下的钢轨动态响应转化到物理坐标系?

**6.4** 简述 TTISIM 仿真分析软件的计算流程;若要进一步考虑桥梁、路基等基础结构的影响,新增模块与 TTISIM 软件的内在关系如何,会带来什么新的求解挑战?

**6.5** 结合 6.4 节给出的两个高速铁路动力学选线设计工程案例,思考高速铁路动力学选线设计包含哪些核心环节，最佳的线路设计方案需要综合考虑哪些因素。

# 拓展阅读文献

1. 易思蓉,何华武.铁路选线设计[M].5版.成都：西南交通大学出版社,2022.
2. 翟婉明.车辆-轨道耦合动力学[M].4版.北京：科学出版社,2015.
3. 翟婉明.机车车辆与线路最佳匹配设计原理、方法及工程实践[J].中国铁道科学,2006,27(2)：60-65.
4. 翟婉明.车辆-轨道耦合动力学理论的发展与工程实践[J].科学通报,2022,67：3793-3807.
5. 翟婉明,姚力,孙立,等.基于车辆-轨道耦合动力学的400 km/h 高速铁路线路平面参数设计研究[J].高速铁路技术,2021,12(2)：1-10,16.
6. Kalker J J. Three Dimensional Elastic Bodies in Rolling Contact[M]. Dordrecht：Kluwer Academic Publishers,1990.
7. Zhai W M. Two simple fast integration methods for large-scale dynamic problems in engineering[J]. International Journal for Numerical Methods in Engineering, 1996, 39：4199-4214.
8. Luo J, Zhu S Y, Zhai W M. An advanced train-slab track spatially coupled dynamics model：theoretical methodologies and numerical applications[J]. Journal of Sound and Vibration, 2021, 501：116059.

本章作者：翟婉明,西南交通大学,教授,中国科学院院士
　　　　　罗　俊,西南交通大学,助理研究员

# 第 7 章
# 高层建筑结构的抗震整体可靠性分析

我国既是拥有高层建筑的世界第一大国,又是地震多发国家。高层建筑在地震作用下的安全性,是在其结构设计阶段必须重点考虑的因素,涉及许多复杂的力学问题。

本章主要介绍高层建筑结构的抗震整体可靠性研究。首先,简要介绍高层建筑抗震的研究背景;概述高层建筑结构的特点、地震激励的特点,研究高层建筑抗震问题的思路。然后,建立高层建筑结构的简化模型,通过对小震引起的结构线性随机振动分析,阐述若干基本概念。更进一步,介绍如何建立精细化的力学模型,研究大震引起的高层建筑结构非线性随机响应,进而分析结构的整体可靠性。

## 7.1 研 究 背 景

从传说中的巴比塔到汉武帝建承露台、从我国辽代应县木塔到意大利比萨斜塔,人类对建筑物高度的追求由来已久。19 世纪末以来,力学理论的发展、工程材料的变革、建造技术的进步、重要配套装备的发明,使这一追求得以实现。1889 年,"巴黎万国博览会"期间建成的埃菲尔铁塔,使工程结构首次突破 300 m 高度;1931 年在纽约建成高达 381 m 的帝国大厦,拉开了现代高层建筑快速发展的序幕。到 20 世纪 80 年代后期,全球 200 m 以上的高层建筑已超过百座。高层建筑成为综合反映城市经济繁荣、社会进步和现代科技水平的重要标志。

在我国,随着 1996 年建成约 384 m 高的深圳地王大厦、1997 年建成约 421 m 高的上海金茂大厦,高层建筑建设步入快车道。我国现已拥有 200 m 以上的高层建筑 1 000 余栋,其中 300 m 以上的高层建筑 100 余栋。在图 7.1.1 所示世界上最高的 10 栋建筑(截至 2023 年)中,我国拥有 6 栋。

我国是世界上遭受地震等自然灾害威胁最为严重的国家之一。例如,我国陆地面积仅占世界陆地面积约 7%,却承受了全球陆地上 35% 的破坏性大地震。高层建筑结构在灾害性动力作用下的安全性,是保障人民生命财产安全的重要基础。图 7.1.1 给出了以设防烈度或地震加速度强度表征的世界十大最高建筑的抗震设防标准。由图可见,在这些高层建筑设计过程中,均需要考虑抗震设防。

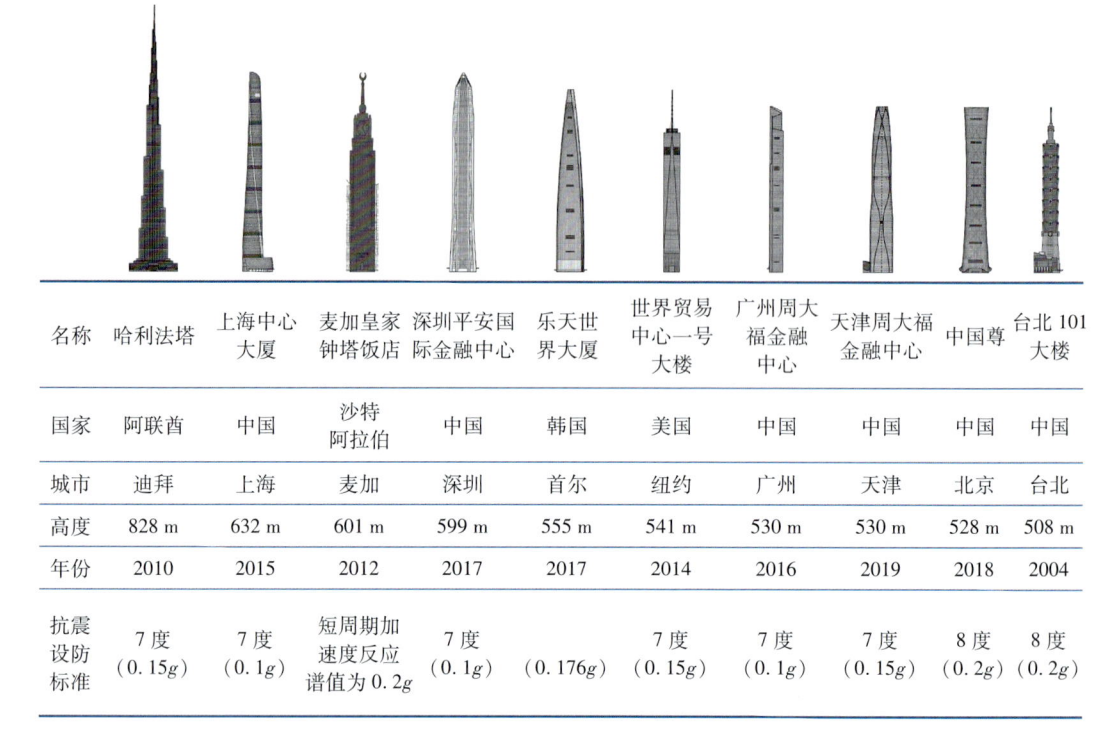

| 名称 | 哈利法塔 | 上海中心大厦 | 麦加皇家钟塔饭店 | 深圳平安国际金融中心 | 乐天世界大厦 | 世界贸易中心一号大楼 | 广州周大福金融中心 | 天津周大福金融中心 | 中国尊 | 台北101大楼 |
|---|---|---|---|---|---|---|---|---|---|---|
| 国家 | 阿联酋 | 中国 | 沙特阿拉伯 | 中国 | 韩国 | 美国 | 中国 | 中国 | 中国 | 中国 |
| 城市 | 迪拜 | 上海 | 麦加 | 深圳 | 首尔 | 纽约 | 广州 | 天津 | 北京 | 台北 |
| 高度 | 828 m | 632 m | 601 m | 599 m | 555 m | 541 m | 530 m | 530 m | 528 m | 508 m |
| 年份 | 2010 | 2015 | 2012 | 2017 | 2017 | 2014 | 2016 | 2019 | 2018 | 2004 |
| 抗震设防标准 | 7度 (0.15g) | 7度 (0.1g) | 短周期加速度反应谱值为0.2g | 7度 (0.1g) | (0.176g) | 7度 (0.15g) | 7度 (0.1g) | 7度 (0.15g) | 8度 (0.2g) | 8度 (0.2g) |

**图 7.1.1　世界最高的 10 栋建筑及其抗震设防标准**

高层建筑结构的抗震安全性涉及许多复杂力学问题,以结构整体可靠性为例,其复杂性主要体现在以下三个方面。

第一,问题的非线性。高层建筑结构所采用的主要材料是混凝土和钢材。混凝土的本构关系具有很强的非线性,其单轴受压时,当应力超过强度的 30%~40% 时即开始表现出明显的非线性,超过强度峰值后则具有很强的软化效应;而其多轴受力行为更为复杂。钢材的应力超过屈服应力后也具有明显的非线性。因此,在大地震作用下,高层建筑结构几乎不可避免地进入非线性受力状态,甚至发生严重破坏乃至倒塌,而上述非线性一般无法用多项式等解析形式在动力学方程中得以显式表达。

第二,问题的随机性。作为主要结构材料的混凝土的力学性质具有不可忽略的随机性。同时,作为高层建筑结构外部激励的地震更具有很强的不确定性。这些随机性与结构受力行为非线性的耦合,将导致极为复杂的结构非线性随机响应。因此,高层建筑结构地震响应与安全性分析,是一个高维非线性系统的随机响应分析与可靠度分析问题。

第三,问题的多样性。与飞机、车辆、船舶、机械等批量生产的产品不同,高层建筑结构往往体量大、个性强,具体结构布置与配筋设计差异甚大。因此,很难从全尺寸或大比例模型的角度进行多样本试验和统计,进而把握高层建筑结构的地震响应规律与抗震安全性。因此,需要发展以固体力学理论和随机动力学理论为基础的、具有普适性的方法,为各种高层建筑结构的抗震可靠度分析提供统一研究工具。

## 7.2 对高层建筑结构地震响应的认识

本节针对高层建筑结构,先介绍其主要类型和受力特点,再介绍地震激励的特点。在此基础上,按照由易到难的原则,对本章将讨论的动力学问题进行分类。

### 7.2.1 高层建筑结构的主要类型

图 7.2.1 给出高层建筑结构的主要结构形式,其中包括以梁、柱构件为主的框架结构,以抗震墙为主的**剪力墙**结构,以及两者相结合的框架-剪力墙结构、筒体结构、筒体-巨柱外框架结构等[1]。例如,上海中心大厦是图 7.2.2 所示的核心筒-巨柱外框架结构。

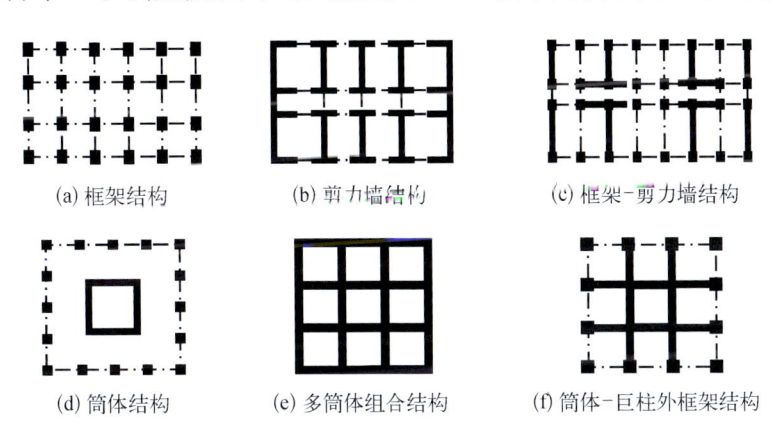

(a) 框架结构　　(b) 剪力墙结构　　(c) 框架-剪力墙结构

(d) 筒体结构　　(e) 多筒体组合结构　　(f) 筒体-巨柱外框架结构

**图 7.2.1　高层建筑结构体系的典型平面形式**

不同的结构形式导致不同的结构受力特征。例如,从局部来看,框架结构的受力构件(梁、柱)以一维应力状态为主;剪力墙则主要是二维平面受力状态;而在梁柱节点、筒体及巨柱中,则存在三维应力状态。从整体来看,不超过 10 层的规则框架结构在地震作用下以剪切变形为主,而规则的高层剪力墙、筒体结构则以弯曲-剪切耦合变形或弯曲变形为主。

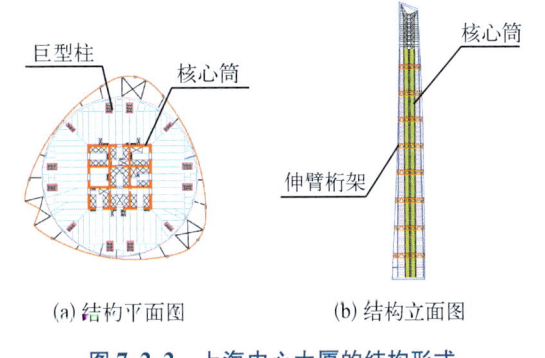

(a) 结构平面图　　(b) 结构立面图

**图 7.2.2　上海中心大厦的结构形式**

### 7.2.2 高层建筑结构的地震响应问题

高层建筑结构承受的主要载荷包括恒载荷(主要是重力作用)、活载荷(如住宅建筑

---

[1] 吕西林.复杂高层建筑结构抗震理论与应用[M].北京:科学出版社,2007:9-52.

中的家具、商店建筑中的货物和人群、医院建筑中的设备等)和地震、风灾等偶然性作用。在地震中,地面运动引起高层建筑结构的惯性效应。地震载荷包括水平载荷和竖向载荷。通常,水平载荷对高层建筑结构的影响更为重要,是高层建筑抗侧力体系设计的控制性载荷。因此,本章主要讨论水平地震载荷作用下的结构效应问题。

在地震震源处断层的破裂释放能量引起振动,以地震波的形式向四周传播,最终导致地表震动,称为**地震动**。根据 d'Alembert 原理,地震动引起的建筑结构惯性力与结构弹性力和阻尼力形成动平衡。因此,可将上述惯性力假想为地面固定时的"外力"。于是,对于地震地面运动的各运动量(如地面运动位移、速度与加速度),只需关心地震动加速度过程。地震动加速度过程一般是图 7.2.3 所示的不规则动态时间历程,其主要频率成分一般为 0.1~20 Hz。由于一般高层建筑结构的固有频率位于此区间之内,地震动将引起高层建筑结构的显著动响应。

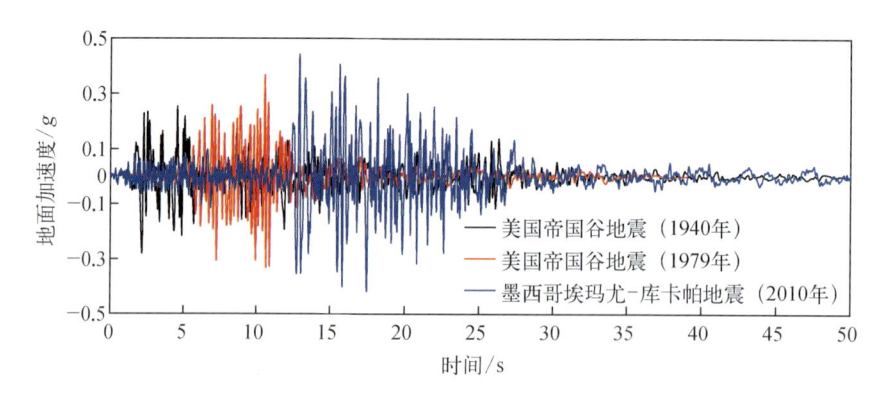

**图 7.2.3 典型地震动的加速度记录**

另外,由于地震发生的时间、地点、强度及其传播途径和场地特性均具有很强的随机性,给定工程场址上的地震动加速度过程的幅值、频谱和持续时间都具有强烈的随机性[1]。事实上,由于地球构造背景、断层与地质条件等的显著差别,不同地区的地震危险性与地震动特性统计信息并不相同。例如,在我国台湾地区和青藏高原南部,由于地处地球板块构造边缘,地震发生的频度和强度很高;而在江西省和湖南省的大部分地区,地震危险性则较低。

在我国的抗震设计工程实践中,主要以地震动加速度峰值(幅值)表征给定区域或工程场址的地震动强度,并根据地震危险性分析方法,获得给定区域地震加速度峰值的概率分布。通常,将加速度峰值超越概率为 63.2% 对应的地震称为**多遇地震**或**小震**,加速度峰值超越概率为 10% 对应的地震称为**基本地震**或**中震**,加速度峰值超越概率为 2%~3% 对应的地震称为**罕遇地震**或**大震**。

由于各地的地震危险性不同,为了在工程上对于其强弱有一个总体把握,以抗震设防

---

[1] 李杰,李国强. 地震工程学导论[M]. 北京:地震出版社,1992: 43-44.

烈度表示设防标准。在具体实施中,则给出实际对应的加速度峰值。例如,根据我国抗震规范,上海地区的抗震设防烈度为 7 度,对应的中震加速度峰值为 0.1$g$(其中 $g \equiv 9.8 \text{ m/s}^2$,表示重力加速度),小震和大震的加速度峰值分别为 0.035$g$ 和 0.22$g$;而北京地区的抗震设防烈度为 8 度,对应的中震加速度峰值为 0.2$g$,小震和大震加速度峰值分别为 0.07$g$ 和 0.4$g$。因此,在同等风险情况下,对于不同地区的高层建筑抗震设计,所采用的实际地震动强度是不同的。小震和大震是相对于本地区地震危险性而言的。

从图 7.2.3 还可见,地震动加速度过程是高度非平稳的随机过程,它包括起震、强震和衰减三个阶段。因此,高层建筑结构的地震响应分析是在非平稳随机激励作用下的随机动力学分析问题。

通常,在小震作用下,要求建筑结构处于线弹性阶段,故需要进行结构的线弹性随机地震响应分析。在大震作用下,建筑结构可能进入强非线性阶段,甚至可能发生严重的损伤和破坏,故需要进行结构的非线性随机地震响应分析和结构整体可靠性分析。

从历史发展来看,结构抗震研究起源于 20 世纪初。到 20 世纪 30 年代,人们认识到动力学效应是结构地震响应的核心特征之一。20 世纪 50~60 年代,地震动及其导致的地震响应的随机性引起地震工程界的高度重视。到 20 世纪 80 年代中期,线性结构随机地震响应分析进入工程实践。与此同时,在 20 世纪 60~90 年代,结构非线性地震响应分析成为人们重点关注的基础研究。21 世纪初以来,由于工程需求的推动、力学理论的发展、计算技术的进步,复杂建筑结构的非线性地震响应分析与整体可靠性分析取得了重要突破。

综上所述,高层建筑结构在小震作用下的响应属于线性随机动力学,而大震作用下的响应属于非线性随机动力学。对于前者,可根据线性系统的模态展开法,将问题归结为 3.6.3 节所介绍的单自由度系统随机响应问题来求解。对于后者,则需要考虑如何描述结构的非线性力学行为,如何高效计算非线性随机响应。本章后续两节,将分别讨论这两个问题。

## 7.3 高层建筑结构的线性地震响应

本节通过建立尽可能简化的力学模型,讨论高层建筑结构在小震激励下的线性响应问题。内容包括如何建立高层建筑结构的简化力学模型、如何描述地震载荷、如何分析结构的线性随机响应。这既是工程中多遇的地震响应分析问题,又对理解和把握高层建筑结构的总体力学特性与抗震性能具有理论意义。

### 7.3.1 高层建筑结构的简化力学模型

1. 近似梁模型

对于高度不超过 40 m、10 层左右的框架结构,其在地震作用下的变形以层间剪切变形为主,弯曲变形可以忽略,简称**剪切型结构**。

参考图 7.3.1(a)和 7.3.1(b),取一榀代表性框架作为平面结构进行分析。由于平面框架的变形主要为图 7.3.1(c)所示的剪切变形,可进一步将其近似为图 7.3.1(d)和图 7.3.1(e)所示的等截面剪切梁。

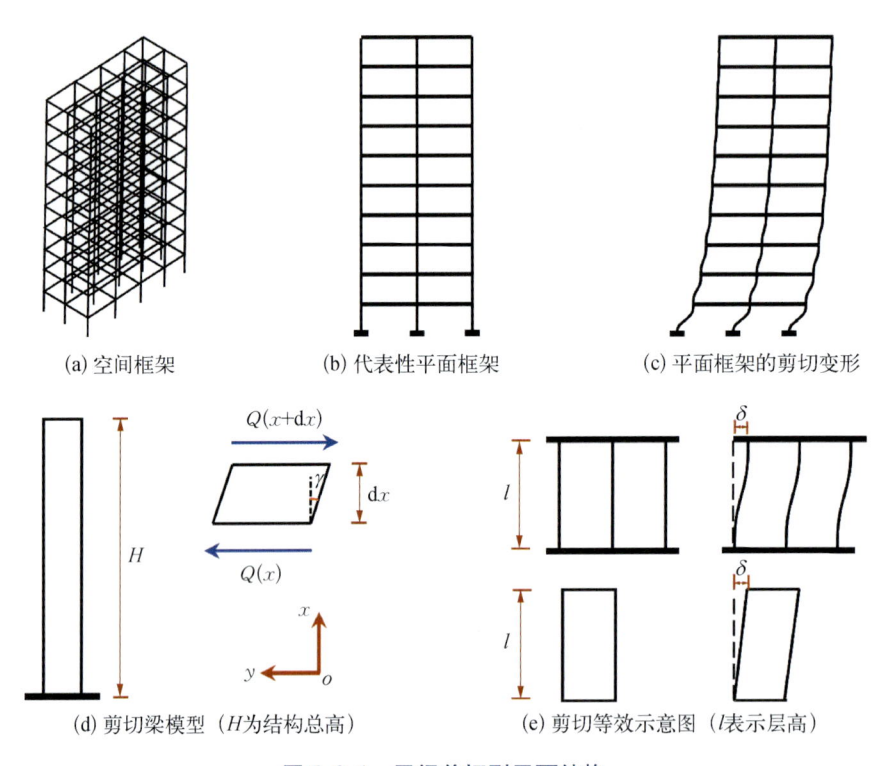

(a) 空间框架　　(b) 代表性平面框架　　(c) 平面框架的剪切变形

(d) 剪切梁模型（$H$ 为结构总高）　　(e) 剪切等效示意图（$l$ 表示层高）

**图 7.3.1　层间剪切型平面结构**

建立图 7.3.1(d)所示的坐标系,记剪切梁沿 $y$ 方向的挠度为 $w(x, t)$,横截面积为 $A$,总高为 $H$,材料密度为 $\rho$,剪切弹性模量为 $G$,$\gamma$ 为剪切梁在小变形情况下的剪应变,$\gamma = \partial w/\partial x$,故梁微段截面上的剪力为 $Q = GA\gamma = GA\partial w/\partial x$。根据 Newton 第二定律,梁微段的运动满足:

$$\rho A \mathrm{d}x \frac{\partial^2 w(x, t)}{\partial t^2} = Q(x + \mathrm{d}x, t) - Q(x, t) = \frac{\partial Q(x, t)}{\partial x} \mathrm{d}x \quad (7.3.1)$$

将上述剪力关系代入式(7.3.1),消去 $\mathrm{d}x \neq 0$,得到剪切梁的动力学方程:

$$\frac{\partial^2 w(x, t)}{\partial t^2} = c_\mathrm{s}^2 \frac{\partial^2 w(x, t)}{\partial x^2} \quad (7.3.2\mathrm{a})$$

其中,$c_\mathrm{s} = \sqrt{G/\rho}$,为**剪切波速**。该剪切梁的边界条件为根部固定和端部剪力为零,即

$$w(0, t) = 0, \quad \left.\frac{\partial w}{\partial x}(x, t)\right|_{x=H} = 0 \quad (7.3.2\mathrm{b})$$

采用分离变量法求解式(7.3.2),可得到剪切梁的无限多个固有振动:

$$w_r(x, t) = \varphi_r(x)\sin(\omega_r t), \quad r \in I_\infty \tag{7.3.3}$$

其中,$I_\infty$ 表示正整数集;$\omega_r$ 和 $\varphi_r(x)$ 分别为剪切梁的第 $r$ 阶固有频率和固有振型,满足:

$$\omega_r = \frac{(2r-1)\pi}{2}\frac{c_s}{H}, \quad \varphi_r(x) = \sin\left[\frac{(2r-1)\pi}{2}\frac{x}{H}\right], \quad r \in I_\infty \tag{7.3.4}$$

对应的固有振动周期(简称**固有周期**)为 $T_r \equiv 2\pi/\omega_r$,而第一阶固有周期为 $T_1 = 4H/c_s$。

式(7.3.4)中第一式表明,剪切梁的固有频率 $\omega_r$ 与剪切波速 $c_s$ 成正比,与高度 $H$ 成反比,且各阶固有频率之间满足比例关系:

$$\frac{\omega_r}{\omega_1} = 2r - 1, \quad r = 1, 2, 3, \cdots \tag{7.3.5}$$

式(7.3.4)中第二式表明,剪切梁的第一阶固有振型为 1/4 个正弦波 $\varphi_1(x) = \sin[\pi x/(2H)]$。从波动角度看,由剪切梁底端入射的剪切波上行,经顶部自由端反射,成为同相位下行波;再经底端反射,成为反相位上行波;如此上行和下行各两次,形成一个完整正弦波[1]。

**例 7.3.1** 考察图 7.3.1(b)所示的 10 层剪切型框架结构(二跨三柱),其柱截面尺寸为 500 mm×400 mm,层高为 3 m。将结构楼板上下各半层范围内的所有质量折算为该层的集中质量置于楼板高度处,得到第 1~9 层的集中质量均为 120 t,第 10 层的集中质量为 60 t。设备柱为钢筋混凝土柱,等效弹性模量均为 30 GPa。讨论该框架结构的固有频率计算问题。

**解:** 为了用式(7.3.4)来估算剪切型结构的固有频率,现采用结构力学方法获得结构的等效剪切波速 $c_s$。根据结构力学,结构层间侧移刚度为 $K = 12\sum_{j=1}^{3}EI_j/l^3 = 36EI/l^3$,其中 $EI$ 为单根柱的截面弯曲刚度,$l$ 为层高。根据图 7.3.1(e),将楼层局部受力与变形等效,则有 $K\delta = GA\gamma = GA\delta/l$。因此,结构的等效剪切模量为 $G = 36EI/(Al^2)$。记 $m$ 为楼层集中质量,取等效密度为 $\rho = m/(Al)$。由此得到结构的等效剪切波速 $c_s \equiv \sqrt{G/\rho} = 6\sqrt{EI/(ml)} = 111.8$ m/s,进而得到结构的第 1 阶固有频率估算值 $f_1 = \omega_1/(2\pi) = c_s/(4H) = 0.93$ Hz。

表 7.3.1 给出了该结构前 8 阶固有频率精确值及其与基频的比例关系,其中前 4 阶固有频率的比例关系与式(7.3.5)高度吻合。上述估算的第 1 阶固有频率与表 7.3.1 中的精确值完全一致,故按式(7.3.4)估算的前 3 阶固有频率均与精确值高度吻合。

---

[1] 廖振鹏.工程波动理论导论[M].北京:科学出版社,2002:45-46.

表 7.3.1　10 层剪切型结构的固有频率精确值及其比值

| 阶　次 | 1 阶 | 2 阶 | 3 阶 | 4 阶 | 5 阶 | 6 阶 | 7 阶 | 8 阶 |
|---|---|---|---|---|---|---|---|---|
| 固有频率/Hz | 0.93 | 2.77 | 4.54 | 6.20 | 7.70 | 9.02 | 10.11 | 10.96 |
| 相对基频比值 | 1.0 | 3.0 | 4.9 | 6.7 | 8.3 | 9.7 | 10.9 | 11.8 |

为了理解上述结构的等效剪切波速,现考察混凝土固体的剪切波速。取混凝土的弹性模量为 $E_c = 30\,\text{GPa}$,Poisson 比为 $\mu_c = 0.25$,密度为 $\rho_c = 2.4 \times 10^3\,\text{kg/m}^3$。则混凝土的剪切模量为 $G_c = E_c/[2(1+\mu_c)] = 12\,\text{GPa}$,其剪切波速为 $c_s^c \equiv \sqrt{G_c/\rho_c} = 2\,236.1\,\text{m/s}$。由于框架结构并非实心固体,将式(7.3.2)作为波动方程来看时,它实际上描述了结构的等效剪切波,其传播速度 $c_s$ 远小于混凝土固体中的剪切波速 $c_s^c$。

随着建筑高度增加,其结构的弯曲变形逐步增大,并超过剪切变形。这时,可采用底端固支的铁摩辛柯(Timoshenko)梁简化模型。对于高宽比更大的高层建筑结构,其横向变形主要是弯曲变形,而剪切变形可以忽略。此时,可采用底端固支的 Euler–Bernoulli 梁作为高层建筑结构的近似模型,估算结构的低阶固有频率。其求解步骤与上述剪切梁模型类似,兹不赘述。

**2. 有限元模型及其缩聚**

高层建筑结构含有众多构件,包括梁、柱、墙、核心筒、楼板等。其中,墙、核心筒、楼板往往是不规则开孔构件。要对高层建筑结构进行数值模拟,通常采用有限元模型。对于梁、柱构件,可采用一维梁单元;对于墙、板、核心筒等构(部)件,可采用二维平板壳单元;对于受力特别复杂的区域,如复杂节点、巨柱(截面积可达 20~30 m²)等,则需要采用三维实体单元。对系统进行缩聚以高效地把握高层建筑结构的整体力学特性,具有重要的意义。在 7.4 节中,将对此作详细介绍。

图 7.3.2(a)所示高层建筑具有多个楼层,在建模中可将楼层作为具有一个或多个自由度的天然节点,将楼层上下各半高的质量集中在该楼层处,建立图 7.3.2(b)所示的**层质量模型**。例如,对于具有 $n$ 层楼板的高层建筑,若仅考虑楼层沿图中水平方向的位移,则层质量模型的质量矩阵 $\boldsymbol{M} \in \mathbb{R}^{n \times n}$ 是对角阵。根据结构静力学方法,可确定该模型的刚度矩阵或柔度矩阵。以建立柔度矩阵为例,在第 $k$ 层楼板施加单位水平力 $f = 1$,根据图 7.3.2 中的有限元模型或层质量模型,可计算得到任意楼层 $j \in I_n$ 的水平位移 $d_{jk}$,由此得到柔度矩阵 $\boldsymbol{D} \equiv [d_{jk}] \in \mathbb{R}^{n \times n}$。对该柔度矩阵求逆,得到刚度矩阵 $\boldsymbol{K} = \boldsymbol{D}^{-1}$。

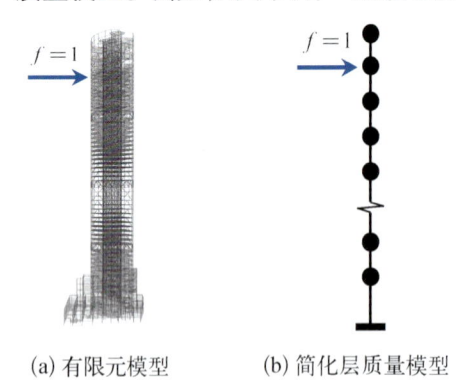

(a) 有限元模型　　(b) 简化层质量模型

**图 7.3.2　基于静力等效确定简化模型**

对于刚度中心与质量中心基本重合的高层建

筑结构,其扭转效应较小,可分别对两个正交水平方向 $x$ 和 $y$ 建立层质量模型。这时,按照上述方法分别在结构的各层楼板处施加 $x$ 方向单位力并计算结构各层的 $x$ 方向位移,即获得 $x$ 方向的层质量模型柔度矩阵,对柔度矩阵求逆即可获得对应的刚度矩阵。类似地,可获得 $y$ 方向的层质量模型刚度矩阵。

值得指出,尽管在层质量模型中,每个楼层仅保留水平自由度,但由于柔度系数通过整体结构的静力分析而来,转角自由度的效应已内蕴凝聚于该模型之中。因此,该方法同时适用于剪切为主和弯曲为主的高层建筑结构的简化建模。

**例 7.3.2** 考察图 7.3.3 所示的高层建筑,其总高度为 288 m,包含地下 3 层和地上 57 层,结构高度为 269.2 m,建筑面积逾 $1.4 \times 10^5 \, m^2$。该建筑采用钢筋混凝土混合结构体系,墙、次梁采用钢筋混凝土,柱、主梁采用型钢混凝土。将该高层建筑结构简化为层质量模型并计算其固有周期,与有限元模型的结果进行对比。

**解**:为了进行对比,先建立图 7.3.4 所示高层建筑结构的有限元模型。该模型总计有 85 384 个单元、102 445 个节点,共计 305 802 个自由度。

图 7.3.3 高层建筑效果图　　图 7.3.4 高层建筑结构的有限元模型

按照前面介绍的方法,将该结构简化为层质量模型。将结构地下室顶板作为固支端,则结构可简化为具有 57 个质点的模型,记其质量矩阵为 $\boldsymbol{M}$。在 57 个楼层的楼板处分别施加 $x$ 方向单位力,得到 57 阶柔度矩阵 $\boldsymbol{D}$,其对应的刚度矩阵为 $\boldsymbol{K} = \boldsymbol{D}^{-1}$。求解下述两个特征值问题中的任意一个,即可得到结构 $x$ 方向的固有频率和固有振型:

$$(\boldsymbol{K} - \omega^2 \boldsymbol{M})\boldsymbol{\varphi} = \boldsymbol{0} \quad \Leftrightarrow \quad (\boldsymbol{I} - \omega^2 \boldsymbol{DM})\boldsymbol{\varphi} = \boldsymbol{0} \tag{a}$$

其中,第一个问题是对称矩阵的广义特征值问题,需计算 57 阶逆矩阵 $\boldsymbol{K} = \boldsymbol{D}^{-1}$;第二个问题可免去计算上述逆矩阵,但属于非对称矩阵的标准特征值问题;两者求解各有利弊。类似地,可得到结构 $y$ 方向的固有频率和固有振型。由上述固有频率即可得到对应的固有周期。

在基于有限元模型得到的所有固有振动中,包括 $x$ 方向振动占优、$y$ 方向振动占优、扭转振动及局部振动等。将各阶振型对应的固有周期按照从大到小排列,然后从中分别将 $x$ 方向振动占优振型的固有周期和 $y$ 方向振动占优振型的固有周期取出。表 7.3.2 给出由此得到的 $x$ 方向振动占优的前 10 阶固有周期与 $x$ 方向简化层质量模型获得的前 10 阶固有周期对比,表 7.3.3 给出基于有限元模型获得的 $y$ 方向振动占优的前 10 阶固有周期与 $y$ 方向简化层质量模型获得的前 10 阶固有周期对比。表中有限元模型阶次指 $x$ 与 $y$ 方向占优的振型在所有振型中的排序。由表 7.3.2 和表 7.3.3 可见,采用简化层质量模型获得的前 10 阶固有周期误差最大为 3.2%,具有很高的精度。

表 7.3.2 有限元模型与层质量模型在 $x$ 方向的前 10 阶固有周期对比

| 有限元模型 | 阶次 | 2 | 5 | 12 | 16 | 19 | 23 | 28 | 31 | 35 | 41 |
|---|---|---|---|---|---|---|---|---|---|---|---|
| | 周期/s | 4.277 | 1.364 | 0.759 | 0.545 | 0.421 | 0.330 | 0.274 | 0.239 | 0.210 | 0.182 |
| 层质量模型 | 阶次 | 1 | 2 | 3 | 4 | 5 | 6 | 7 | 8 | 9 | 10 |
| | 周期/s | 4.299 | 1.365 | 0.764 | 0.539 | 0.416 | 0.324 | 0.269 | 0.234 | 0.205 | 0.180 |
| 相对误差/% | | 0.5 | 0.1 | 0.7 | 1.1 | 1.2 | 1.8 | 1.8 | 2.1 | 2.4 | 1.1 |

表 7.3.3 有限元模型与层质量模型在 $y$ 方向的前 10 阶固有周期对比

| 有限元模型 | 阶次 | 1 | 4 | 11 | 17 | 20 | 25 | 30 | 36 | 40 | 44 |
|---|---|---|---|---|---|---|---|---|---|---|---|
| | 周期/s | 5.089 | 1.448 | 0.775 | 0.511 | 0.370 | 0.290 | 0.241 | 0.207 | 0.185 | 0.158 |
| 层质量模型 | 阶次 | 1 | 2 | 3 | 4 | 5 | 6 | 7 | 8 | 9 | 10 |
| | 周期/s | 5.071 | 1.460 | 0.781 | 0.526 | 0.376 | 0.293 | 0.241 | 0.210 | 0.191 | 0.161 |
| 相对误差/% | | 0.4 | 0.8 | 0.8 | 2.9 | 1.6 | 1.0 | 0.0 | 1.4 | 3.2 | 1.9 |

上述简化模型不仅有助于把握复杂结构的总体力学特性,而且是对高层建筑结构开展线性随机地震响应分析、结构减振控制的重要基础。

### 7.3.2 地震动的加速度功率谱密度

根据 3.6.3 节所介绍的随机振动理论,将场地土等效为图 7.3.5(a) 所示的单自由度系统,在场地基岩上输入白噪声,则场地的地表绝对加速度功率谱密度为

$$S_{\ddot{x}_g}(\omega) = \frac{1 + 4\zeta_0^2 (\omega/\omega_0)^2}{[1 - (\omega/\omega_0)^2]^2 + 4\zeta_0^2 (\omega/\omega_0)^2} S_0 \quad (7.3.6)$$

其中,$\omega_0$ 为场地等效频率;$\zeta_0$ 为场地等效阻尼比,根据实测记录识别的结果,其值一般在 0.6~0.9;$S_0$ 为场地基岩上的入射白噪声功率谱密度,可通过场地所在区域的抗震设防地震动强度等信息确定。

1960年，在日本学者金井清(Kiyoshi Kanai，1907~2008)研究的基础上，日本学者田治见宏(Hiroshi Tajimi，1924~2011)提出了上述功率谱密度。后人将该功率谱密度命名为 **Kanai-Tajimi 谱**，并在此基础上进行了许多研究和改进。其中，有代表性的研究包括 1962 年由我国学者胡聿贤(1922~2023)和周锡元(1938~2011)提出的改进滤波模型[在图 7.3.5(b)中表示为 Hu-Zhou]，1975 年由美国学者克劳夫(Ray Clough，1920~2016)和彭齐恩(Joseph Penzien，1924~2011)提出的双层滤波模型等[1]。图 7.3.5(b)给出了这几类典型的地震动功率谱密度。

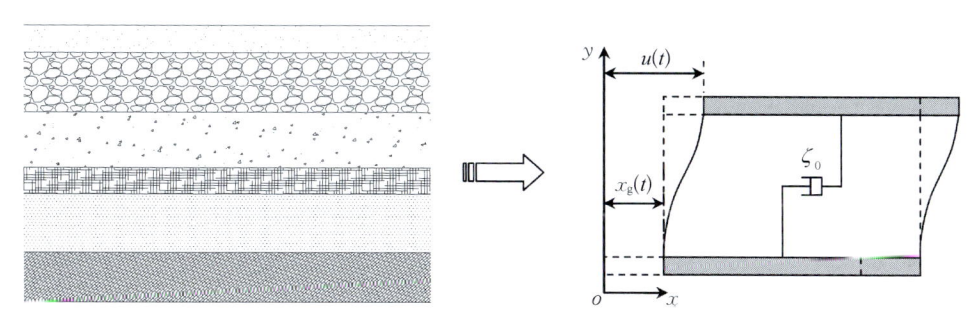

(a) 从场地土到等效单自由度系统的转化

(b) 地震动的加速度功率谱密度

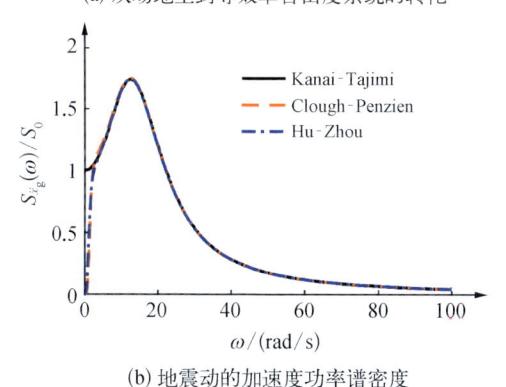

**图 7.3.5　从场地土到等效单自由度系统的转化和典型地震动的加速度功率谱密度**

值得指出的是，上述功率谱密度仅适用于平稳随机过程。地震动加速度过程是非平稳随机过程，但在简化分析中可仅考虑地震动强震段，从而将其近似视为零均值平稳随机过程。在更一般的情况下，可引入演变功率谱密度描述非平稳随机过程。

### 7.3.3　随机地震响应分析

将高层建筑结构的有限元模型视为 $n$ 自由度系统，其满足如下动力学方程：

$$M\ddot{u} + C\dot{u} + Ku = -MI\ddot{x}_g(t, \xi) \tag{7.3.7}$$

其中，$u \in \mathbb{R}^n$ 是系统相对地面的位移向量；$M \in \mathbb{R}^{n \times n}$、$C \in \mathbb{R}^{n \times n}$ 和 $K \in \mathbb{R}^{n \times n}$ 分别为系统

---

[1] Li J, Chen J B. Stochastic Dynamics of Structures[M]. Singapore: John Wiley & Sons, 2009: 49-50.

的质量矩阵、阻尼矩阵和刚度矩阵；$\boldsymbol{I} \in \mathbb{R}^n$ 是分量均为 1 的向量；$\ddot{x}_g(t,\xi)$ 是地震动引起的地面加速度随机过程，$\xi$ 表示该随机过程的样本标记。为简化计算，以下仅考虑系统在强震段的随机响应，并将其近似为平稳随机响应分析问题。

根据式(7.3.7)所对应的无阻尼系统自由振动方程，可得到系统固有频率 $\omega_r$，$r \in I_n$ 和固有振型向量 $\boldsymbol{\varphi}_r \in \mathbb{R}^n$，$r \in I_n$。在工程中，通常假设系统阻尼矩阵 $\boldsymbol{C}$ 满足比例阻尼条件，进而通过固有振型正交性将式(7.3.7)中的 $n$ 自由度系统解耦。具体地说，引入模态展开式：

$$\boldsymbol{u}(t) = \sum_{r=1}^{n} \boldsymbol{\varphi}_r q_r(t) \tag{7.3.8}$$

将其代入式(7.3.7)，在等式两端左乘 $\boldsymbol{\varphi}_s^T$，$s \in I_n$，利用固有振型的加权正交性，得到 $n$ 个解耦的单自由度系统：

$$\ddot{q}_r + 2\zeta_r \omega_r \dot{q}_r + \omega_r^2 q_r = -\eta_r \ddot{x}_g(t,\xi), \quad r \in I_n \tag{7.3.9}$$

其中，$\zeta_r \equiv \boldsymbol{\varphi}_r^T \boldsymbol{C} \boldsymbol{\varphi}_r / (2\omega_r \boldsymbol{\varphi}_r^T \boldsymbol{M} \boldsymbol{\varphi}_r)$ 为**模态阻尼比**；$\eta_r \equiv \boldsymbol{\varphi}_r^T \boldsymbol{M} \boldsymbol{I} / (\boldsymbol{\varphi}_r^T \boldsymbol{M} \boldsymbol{\varphi}_r)$ 为**模态参与因子**。

基于 3.6.3 节介绍的功率谱密度分析，可求解式(7.3.9)所描述的单自由度系统平稳随机振动问题。为了用有限 Fourier 变换来计算功率谱密度，定义：

$$Q_r(\omega, T) \equiv \int_{-T}^{T} q_r(t) \exp(-\mathrm{i}\omega t) \mathrm{d}t, \quad \ddot{X}_g(\omega, T, \xi) \equiv \int_{-T}^{T} \ddot{x}_g(t,\xi) \exp(-\mathrm{i}\omega t) \mathrm{d}t \tag{7.3.10}$$

其中，$Q_r(\omega, T)$ 和 $\ddot{X}_g(\omega, \xi, T)$ 分别为 $q_r(t)$ 和 $\ddot{x}_g(\xi, t)$ 的**有限 Fourier 谱**。类似地，对式(7.3.8)两侧实施有限 Fourier 变换，得到：

$$\boldsymbol{U}(\omega, T) = \sum_{r=1}^{n} \boldsymbol{\varphi}_r Q_r(\omega, T) \tag{7.3.11}$$

其中，$\boldsymbol{U}(\omega, T)$ 为 $\boldsymbol{u}(t)$ 的有限 Fourier 谱。对式(7.3.9)两端实施有限 Fourier 变换，可得

$$Q_r(\omega, T) = -\eta_r H_r(\omega) \ddot{X}_g(\omega, T, \xi) + \psi(T) \tag{7.3.12}$$

其中，$H_r(\omega) = 1/(\omega_r^2 - \omega^2 + \mathrm{i}2\zeta_r \omega_r \omega)$，是式(7.3.9)中单自由度系统的频响函数；$\psi(T)$ 是一个余项且满足 $\lim_{T \to +\infty} \psi(T)/T = 0$ [1]。

将式(7.3.12)代入式(7.3.11)，类比式(3.5.10)和式(3.6.15)，得到系统响应的功率谱密度矩阵：

$$\boldsymbol{S}_u(\omega) = \sum_{s=1}^{n} \sum_{r=1}^{n} \boldsymbol{\varphi}_r \boldsymbol{\varphi}_s^T \eta_r \eta_s H_r(\omega) H_s^H(\omega) S_{\ddot{x}_g}(\omega) \in \mathbb{R}^{n \times n} \tag{7.3.13}$$

---

[1] Li J, Chen J B. Stochastic Dynamics of Structures[M]. Singapore: John Wiley & Sons, 2009: 150.

其中,

$$S_u(\omega) = \lim_{T \to +\infty} \frac{1}{2T} \mathcal{E}[\boldsymbol{U}(\omega, T)\boldsymbol{U}^{\mathrm{H}}(\omega, T)], \quad S_{\ddot{x}_g}(\omega) = \lim_{T \to +\infty} \frac{1}{2T} \mathcal{E}[\ddot{X}_g(\omega, T, \xi)\ddot{X}_g^{\mathrm{H}}(\omega, T, \xi)]$$
(7.3.14)

其中,上标 H 表示复共轭转置(对标量则表示复共轭); $\mathcal{E}$ 是 3.6.1 节定义的数学期望运算,此处可理解为样本平均。

通常,在式(7.3.13)中只需计入 $m$ 个低频固有振型($m \ll n$),即可获得高精度结果。当系统 $n = 1$ 时,式(7.3.13)退化为式(3.6.15)。仿照式(3.6.17),对功率谱密度矩阵积分,即可得到系统响应的方差矩阵。

**例 7.3.3** 对例 7.3.2 中高层建筑的 $y$ 方向简化层质量模型,考察其在地震输入下的层间位移功率谱密度函数,并对其动力可靠性进行初步分析。

**解:** 根据我国《建筑抗震设计规范》(GB 50011—2010)(2016 版)和该高层建筑的建设场址,该建筑的抗震设防烈度为 8 度,相应的多遇地震(小震)地面加速度最大值为 0.11g。建筑所在的场地为Ⅱ类(第二组),场地特征周期为 0.4 s。假设场地的地面运动加速度功率谱密度函数符合 Clough – Penzien 谱,按照文献[1]确定相应抗震设防标准下的谱强度和谱参数。在本例中,将地震动加速度假设为零均值平稳随机过程。

高层建筑在水平力作用下以弯曲变形为主,通常结构上部的层间位移大于结构下部。为此,考察结构顶层的层间位移响应。假设简化模型具有比例阻尼,且前两阶模态阻尼比均为 0.05。按式(7.3.13)计算该简化模型顶层的层间位移响应功率谱密度,以及前三阶固有振型的贡献与一阶、二阶固有振型交叉项的贡献,结果见图 7.3.6。由图可见,在位移功率谱密度中,第一阶振型和第二阶振型的贡献较大,且远大于其交叉项的贡献。

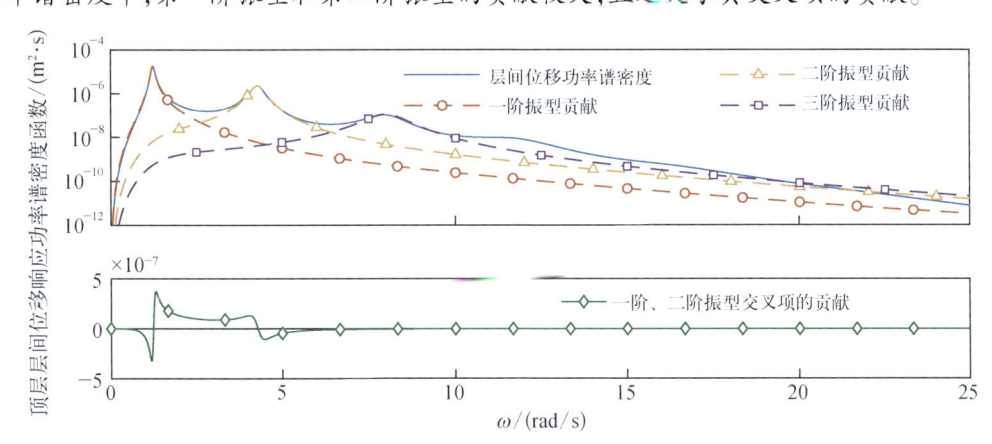

**图 7.3.6** 随机地震动输入下高层建筑简化模型顶层的层间位移功率谱密度及前三阶振型贡献

---

[1] 欧进萍,牛获涛,杜修力.设计用随机地震动的模型及其参数确定[J].地震工程与工程振动,1991,11(3):45-54.

现进一步考察顶层的层间位移方差。对顶层的层间位移功率谱密度函数实施 Fourier 变换可得到其方差,开平方即得到顶层的层间位移标准差。根据计算结果,前三阶固有振型对方差的贡献见表 7.3.4。由表可见,前固有三阶振型的贡献已占到主导地位。

**表 7.3.4　前三阶振型对顶层位移方差的贡献对比**

| 贡献及占比 | 一　阶 | 二　阶 | 三　阶 | 前三阶总计 |
| --- | --- | --- | --- | --- |
| 贡献量/m² | $1.06\times10^{-6}$ | $4.76\times10^{-7}$ | $6.75\times10^{-8}$ | $1.61\times10^{-6}$ |
| 占比/% | 63.94 | 28.63 | 4.06 | 96.62 |

根据计算,结构顶层的层间位移标准差为 0.001 3 m。由于设地震动加速度为零均值过程,结构顶层的层间位移均值为零。为了初步判断结构设计的合理性,考虑顶层的层间位移响应±3 倍标准差范围,即±0.003 9 m。该结构顶层的层高为 5 m,故顶层的层间位移角±3 倍标准差范围为±1/1282。若响应为正态过程,此即瞬时分布的 99.7%范围。根据工程经验,对该高层建筑结构所采用的框架-核心筒结构,层间位移角限值可取为 1/1 000。因此,该结构顶层的层间位移角±3 倍标准差范围已经较接近设计限值。若以瞬时分布计算,根据上述层间位移响应,层间位移角超过 1/1 000 的概率为 $1.06\times10^{-4}$。对于抗震动力可靠度,更合理的方式是采用 7.4.3 节将要讨论的首次超越破坏概率或物理综合法。当采用首次超越破坏破坏准则时,若地震动持续时间取 50 s,应用跨越过程理论并引入跨越事件的 Poisson 过程假定[1],可得到失效概率为 $2.67\times10^{-2}$,显著大于采用瞬时概率分布计算的上述瞬时超越概率值。由此可见,对于该高层建筑结构的抗震可靠性还需进行更细致的分析。

## 7.4　高层建筑结构的非线性地震响应与整体可靠性

在高层建筑的服役过程中,其结构可能遭受大震而呈现强非线性动力学特征,甚至发生破坏和倒塌。因此,对高层建筑结构开展精细化的非线性地震随机响应与抗震整体可靠性分析是保障其安全的基石。为开展上述分析,需要建立高层建筑结构的精细化力学模型并掌握不确定性因素的演化规律[2]。自 21 世纪初以来,本章作者团队在这两方面的研究取得了重要进展,为研究高层建筑结构的抗震安全性提供了理论基础与技术工具。

### 7.4.1　非线性结构响应精细化分析的力学基础

20 世纪 60 年代中后期以来,结构非线性地震响应分析即成为地震工程界研究的重点之一。直到 90 年代中期,人们主要是利用非线性材料力学方法,采用实验或数值计算

---

[1] Li J, Chen J B. Stochastic Dynamics of Structures[M]. Singapore: John Wiley & Sons, 2009: 288-292.
[2] 李杰. 论第三代结构设计理论[J]. 同济大学学报(自然科学版),2017,45: 618-624.

给出梁、柱、墙等结构构(部)件在低频周期载荷下的受力-变形非线性关系[1],如钢筋混凝土梁的弯矩-曲率关系,并在此基础上采用有限元方法形成结构非线性分析动力学方程。这一以构件内力-变形为基础(而不直接采用材料本构关系)的结构非线性分析方法,虽然可以应用于钢筋混凝土框架结构,但难以反映复杂的内力耦合效应且模型参数难以标定,尤其是难以描述包含剪力墙和核心筒的结构。自20世纪90年代末以来,力学分析理论,特别是材料非线性本构理论和以非线性有限元为代表的计算力学方法的发展,推动了复杂结构非线性地震响应分析从上述近似的结构非线性分析方法向以固体力学为基础的结构精细化非线性分析方法的转变。

事实上,对高层建筑结构进行非线性响应精细化分析涉及三个重要问题,即材料本构关系、结构模型的空间离散(空间有限元建模)和时间离散(时域数值积分),以下分别进行介绍。

**1. 混凝土的随机损伤本构关系**

高层建筑结构的主要材料是混凝土和钢材。钢材的匀质性较好,但混凝土是一类多相复合材料,其本构关系具有显著的非线性与不可忽略的随机性。例如,混凝土的本构关系具有单轴软化、拉压异性(如受拉强度仅为受压强度的1/10左右)、双压强化、卸载退化等非线性特征,而这些特征又往往表现出强烈的随机性。这使得高层建筑结构在强地震作用下的动力学过程呈现强非线性,并且与随机性高度耦合。因此,混凝土本构关系研究是混凝土研究的核心。近二十年来,混凝土随机损伤力学的发展改变了这种局面。

混凝土由骨料、砂浆凝胶体和界面过渡区构成,具有天然的孔洞与微缺陷。在外力作用下,这些孔洞与微缺陷处的应力集中造成材料损伤的不断发展。同时,界面滑移与凝胶体变形会导致材料发生不可恢复的变形。弹塑性损伤力学为全面反映混凝土的非线性本构关系提供了理论框架。参考图7.4.1,单轴受力下的混凝土弹塑性损伤本构关系可表示为

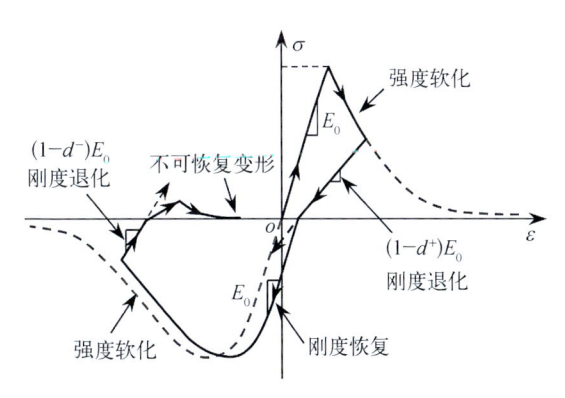

**图7.4.1 混凝土的单轴损伤本构关系**

$$\sigma = (1-d)\bar{\sigma} = [1 - d(\varepsilon)]E_0(\varepsilon - \varepsilon_\mathrm{p}) \quad (7.4.1)$$

其中,$\sigma$和$\bar{\sigma}$分别是柯西(Cauchy)应力和有效应力,后者即假想无损伤材料中的"真实"应力;$E_0$为初始弹性模量;$d$为损伤变量;$\varepsilon$和$\varepsilon_\mathrm{p}$分别为总应变和塑性应变。

对于多轴应力状态,混凝土的弹塑性损伤本构模型可表达为

---
[1] 朱伯龙,董振祥. 钢筋混凝土非线性分析[M]. 上海:同济大学出版社,1985:42-93.

$$\boldsymbol{\sigma} = [\boldsymbol{I}_4 - \boldsymbol{D}(\boldsymbol{\varepsilon})] : \boldsymbol{E}_0 : (\boldsymbol{\varepsilon} - \boldsymbol{\varepsilon}_p) \tag{7.4.2}$$

其中,$\boldsymbol{\sigma}$ 是 Cauchy 应力张量;$\bar{\boldsymbol{\sigma}}$ 是有效应力张量;$\boldsymbol{E}_0$ 是四阶弹性张量;$\boldsymbol{\varepsilon}$ 为总应变张量;$\boldsymbol{\varepsilon}_p$ 为塑性应变张量;: 为张量的双点积;$\boldsymbol{I}_4$ 为四阶单位张量;$\boldsymbol{D}$ 为四阶损伤张量。由于混凝土的拉压性质不同,可将损伤张量进行拉伸和压缩分解,即

$$\boldsymbol{D}(\boldsymbol{\varepsilon}) = d^+(\boldsymbol{\varepsilon})\boldsymbol{P}^+ + d^-(\boldsymbol{\varepsilon})\boldsymbol{P}^- \tag{7.4.3}$$

其中,$d^+$ 和 $d^-$ 分别为受拉与受压损伤变量;$\boldsymbol{P}^+$ 和 $\boldsymbol{P}^-$ 分别为正、负投影张量。

在具体计算中,首先进行有效应力张量特征分解,然后将正、负特征值分量分离构成拉、压应力张量,从而实现上述正、负投影运算。

在式(7.4.1)和式(7.4.2)中,确定损伤变量演化法则是损伤力学的核心任务。目前,可采用如下两种模型化方法:一种是连续-损伤力学框架下的唯象物理模型,另一种是微-细观随机断裂损伤模型。

在连续-损伤力学框架下,可引入与损伤功共轭的损伤能释放率作为驱动损伤发展的热力学力。根据混凝土的受力特征,受拉与受压的损伤能释放率分别为[1]

$$Y^+ = -\frac{\partial \psi^+}{\partial d^+} = \psi_0^{e+} + \psi_0^{p+} \approx \psi_0^{e+}, \quad Y^- = -\frac{\partial \psi^-}{\partial d^-} = b(\alpha \bar{I}_1^- + \sqrt{2\bar{J}_2^-})^2 \tag{7.4.4}$$

其中,$\psi^+$ 和 $\psi^-$ 分别为受拉与受压亥姆霍兹(Helmholtz)自由能,来自总 Helmholtz 自由能的弹、塑性分解为 $\psi(d^+, d^-, \boldsymbol{\varepsilon}^e, \boldsymbol{\kappa}) = \psi^e(d^+, d^-, \boldsymbol{\varepsilon}^e) + \psi^p(d^+, d^-, \boldsymbol{\kappa})$,此处 $\boldsymbol{\kappa}$ 是塑性参数向量;$\alpha$ 和 $b$ 是材料参数;$\bar{I}_1^-$ 表示有效应力空间中拉压分解后受压应力张量的第一不变量;$\bar{J}_2^-$ 则表示有效应力空间中受压偏应力张量的第二不变量。

引入正交流动法则,可给出损伤变量的演化法则为

$$\dot{d}^\pm = \dot{\lambda} \frac{\partial g^\pm}{\partial Y^\pm} \tag{7.4.5}$$

其中,$\lambda$ 为损伤演化因子;$g^+$ 和 $g^-$ 分别为受拉和受压损伤势函数。然而,该损伤演化法则有两个局限性:其一,所描述的是确定性损伤变量演化,不能反映损伤的随机演化性质与规律;其二,对于损伤势函数 $g^\pm(Y^\pm)$ 的具体形式,必须借助于经验来猜测。上述局限性无疑限制了该法则的普适性。

事实上,从微观上考察,损伤演化取决于材料的微-细观力学机制。按照该机制,可以抽象出微-细观随机断裂模型。对于图 7.4.2 所示的单轴受拉与单轴受压损伤,可设想分别是微观并联受拉和受剪弹簧随机断裂所导致的。若仅考虑弹性损伤,根据应变等效可得[2]

---

[1] Wu J Y, Li J, Faria R. An energy release rate-based plastic-damage model for concrete[J]. International Journal of Solids and Structures, 2006, 43: 583-610.

[2] 李杰,张其云. 混凝土随机损伤本构关系[J]. 同济大学学报,2001,29: 1135-1141.

$$d^{\pm}(\varepsilon) = \lim_{N\to+\infty} \frac{1}{A} \sum_{j=1}^{N} H[\varepsilon^{\pm} - \varepsilon_{cr,j}^{\pm}(\xi)] A_j = \int_0^1 H[\varepsilon^{\pm} - \varepsilon_{cr}^{\pm}(x,\xi)] dx, \quad H(\zeta) \equiv \begin{cases} 1, & \zeta > 0 \\ 0, & \zeta \leq 0 \end{cases}$$
(7.4.6)

其中，$H(\zeta)$ 称为**赫维赛德(Heaviside)函数**；上标±分别表示受拉与受压(剪)相关的量；$N$ 是将代表性体积元(如 150 mm×150 mm×150 mm 的混凝土试件)划分为离散弹簧的个数；$\varepsilon_{cr,j}^{\pm}(\xi)$ 是第 $j$ 个弹簧的断裂应变阈值；$A_j$ 是第 $j$ 个弹簧所代表的混凝土微单元横截面积；$A$ 是代表性体积元的横截面积；$\varepsilon_{cr}^{\pm}(x,\xi)$ 是代表性体积元内受拉或受剪断裂应变阈值随机场；$\xi$ 表示基本随机事件，可认为是不同随机场样本的标签；$x$ 是该体积元内图示方向的长度归一化坐标。$\varepsilon_{cr}^{\pm}(x,\xi)$ 是随机场，因此 $d^{\pm}(\varepsilon)$ 是随机变量。在实践中，可通过单轴应力-应变关系的测试曲线来确定断裂应变阈值 $\varepsilon_{cr}^{\pm}(x,\xi)$ 的随机场模型参数。

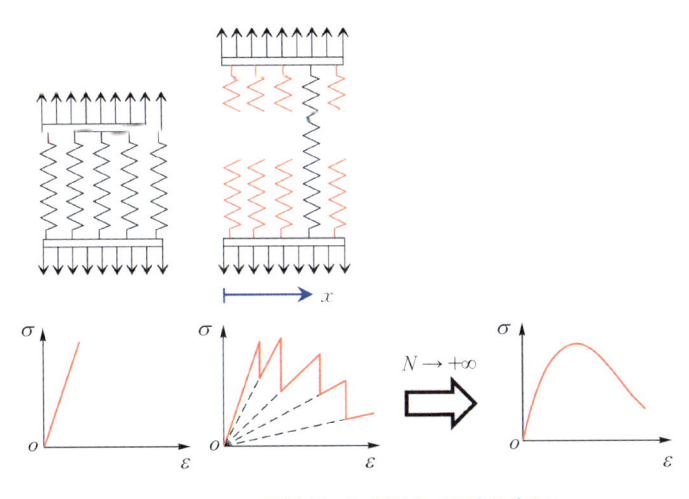

图 7.4.2　单轴微-细观随机断裂示意图

从上述一维损伤本构模型向多维损伤本构模型拓展的核心，是损伤演化的物理一致性条件。事实上，尽管微细观弹簧断裂的过程与应力状态和实际受力过程有关，但断裂应变随机场是材料本身的性质，不依赖于具体的应力状态与受力过程。因此，对于初始损伤相同的两种受力状态(如一维受力和多维受力状态)，若损伤能释放率相同，则相应损伤相等。这就是损伤演化的**物理一致性条件**，图 7.4.3 给出了示意图。由图可见，损伤能释放率等值线上的不同受力状态对应于损伤面上的损伤值相同。依据物理一

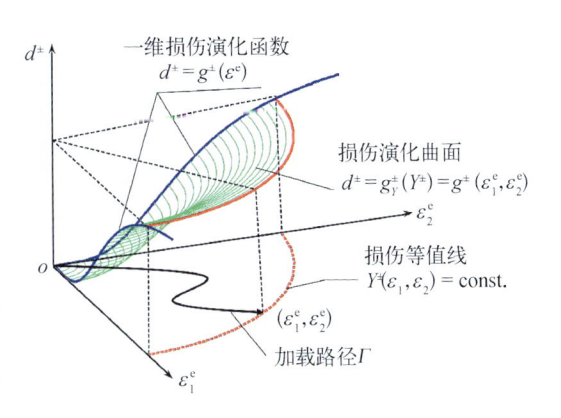

图 7.4.3　损伤能量等效示意图

致性条件,混凝土在一维受力和多维受力情况下的损伤能释放率具有等效性,由此可引入能量等效应变[1]:

$$\varepsilon_{eq}^{e\pm} \equiv \sqrt{Y^{\pm}/Y_1^{\pm}}\,\varepsilon^{e\pm} = \theta^{\pm}\varepsilon^{e\pm} \tag{7.4.7}$$

其中,$Y^{\pm}$ 和 $Y_1^{\pm}$ 分别为多维和一维受力情况下的损伤能释放率。

据此,可将式(7.4.6)推广为多轴损伤演化法则:

$$d^{\pm}(\varepsilon_{eq}^{e\pm}) = \int_0^1 H[\varepsilon_{eq}^{e\pm} - \varepsilon_{cr}^{\pm}(x,\xi)]\,dx \tag{7.4.8}$$

将式(7.4.8)代入前述损伤张量的拉压分解表达式[式(7.4.3)],再将结果代入式(7.4.2),即可实现多维弹塑性随机损伤本构模型的闭合。

图 7.4.4 给出了典型的混凝土单轴拉压曲线、双轴强度的理论分析与试验统计结果

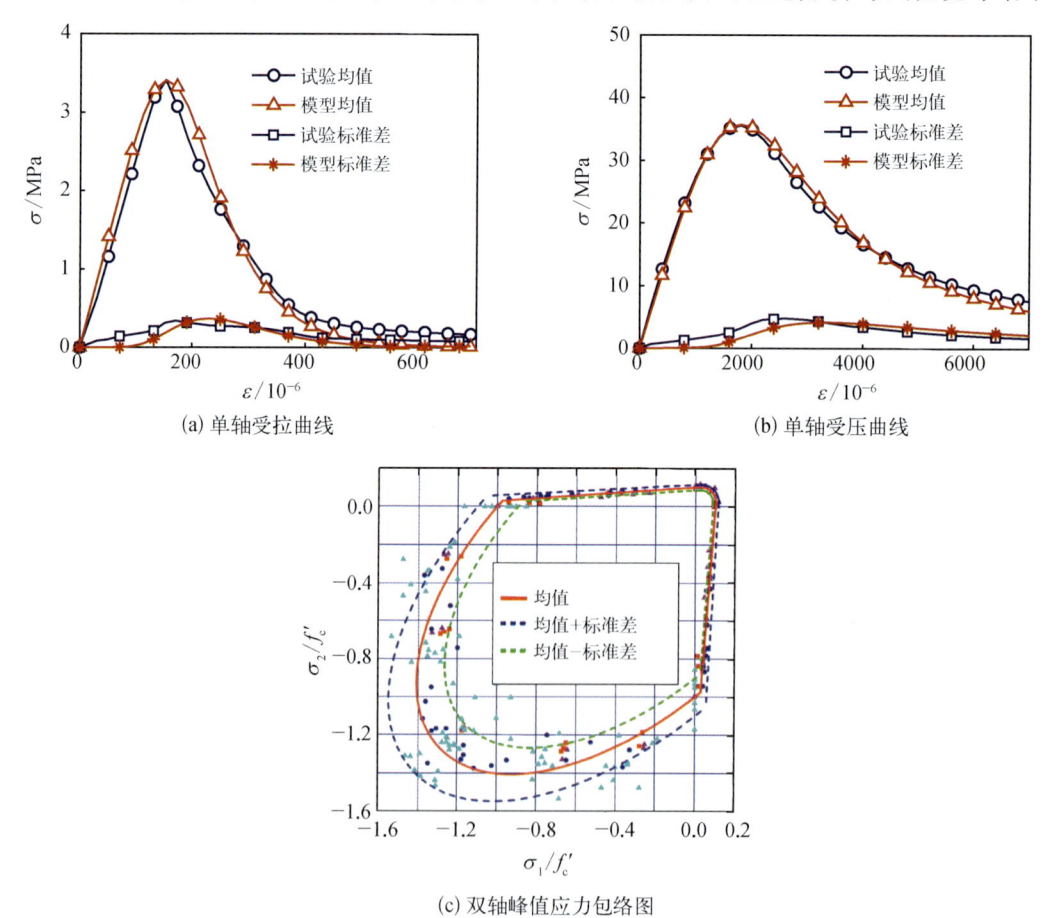

(a) 单轴受拉曲线

(b) 单轴受压曲线

(c) 双轴峰值应力包络图

图 7.4.4　混凝土的本构全曲线与多轴强度变异性

---

[1] Li J, Ren X D. Stochastic damage model for concrete based on energy equivalent strain[J]. International Journal of Solids and Structures, 2009, 46: 2407-2419.

的对比。由图可见,上述微-细观断裂随机损伤本构模型不仅刻画了混凝土本构行为的非线性,而且定量反映了其随机性。混凝土随机损伤本构模型的建立,为复杂混凝土结构非线性分析奠定了关键基础。

2. 混凝土结构有限元概述

高层建筑结构由众多构件组成,其有限元模型一般同时包含一维、二维和三维单元。此外,这些构件多由钢筋和混凝土两种材料组成。因此,高层建筑结构的有限元建模既非常重要,又具有难度。此处仅简要介绍纤维梁单元和分层壳单元。

在高层建筑结构的梁、柱中,主承力钢筋大多垂直于梁和柱的横截面。在不考虑黏结滑移的情况下,可将横截面划分为图 7.4.5 所示的纤维束,根据截面平衡方程给出单元平衡方程。此时,无论是钢筋纤维还是混凝土纤维,都只需采用单轴本构关系。通常,以位移插值法导出单元刚度矩阵较为方便。在高层建筑结构的非线性分析中,当混凝土和钢筋的变形进入非线性阶段后,其变形不均匀程度通常较大,导致位移插值精度降低。但在单元范围内,其内力分布形式主要决定于静力平衡,因而并不随着非线性发展而显著变化。因此,人们发展了基于力插值的纤维梁单元分析方法。采用力插值单元,当单元大小达位移插值单元的 4 倍时,依然可以达到与后者相当的精度。

高层建筑结构存在较多剪力墙、筒体等构件,壳单元是高层建筑结构有限元模型中的重要基本单元。在壳单元的厚度方向,可将构件沿厚度方向划分为不同的层,并分别将钢筋和混凝土通过等效原则转化为图 7.4.6 所示的一层,进而利用截面几何协调条件和平衡条件构成单元基本方程。此时,对于混凝土层,需要嵌入二维随机损伤本构模型。

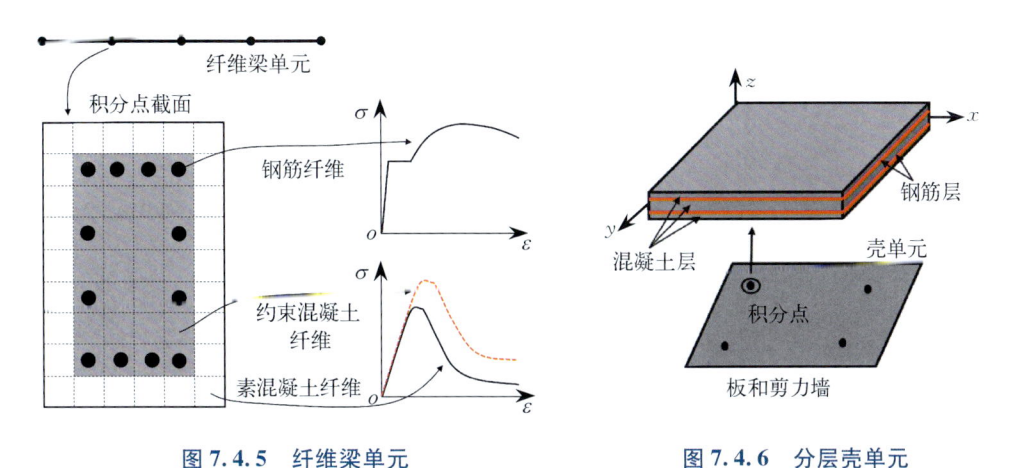

图 7.4.5　纤维梁单元　　　　　　图 7.4.6　分层壳单元

根据上述有限元建模,高层建筑结构的非线性动力学满足如下常微分方程组:

$$M\ddot{u} + C\dot{u} + f(u) = -MI\ddot{x}_g(t) \qquad (7.4.9)$$

其中，$\ddot{x}_g(t)$ 表示地震动加速度。与式(7.3.8)相比，式(7.3.9)含有非线性弹性力向量 $f(u)$。值得指出，非线性弹性力向量 $f(u)$ 通常通过各单元节点力组集而来，而单元节点力向量则来自单元应力的积分，即

$$f_e = \int_{V_e} B_e^T \sigma dV \tag{7.4.10}$$

其中，$f_e$ 表示单元 $e$ 的节点力向量；$B_e$ 表示单元 $e$ 的形函数导数矩阵；$V_e$ 为单元 $e$ 的体积域。根据式(7.4.2)，结构发生塑性变形后的应力与加载历史有关，因此上述非线性弹性力也与加载历史有关，并非位移向量 $u$ 的单值函数向量。

### 3. 时域数值积分概述

由式(7.4.9)描述的结构非线性动力学问题是关于连续时间 $t$ 的二阶常微分方程组。从数学角度看，通过定义状态向量 $w \equiv [u^T \quad \dot{u}^T]^T$，可将该方程组转化为一阶常微分方程组，进而用 Euler 法或 Runge-Kutta 法来计算数值解。但此时未知函数的数量翻倍，导致计算效率大幅下降。因此，工程界提出若干直接求解二阶常微分方程组的数值积分方法，包括中心差分法等显式方法和 Newmark 方法、Wilson-$\theta$ 法、广义 $\alpha$ 方法等隐式方法。

显式方法在计算中仅需当前时刻以前的信息，无须矩阵求逆，因而计算效率高；但受限于条件稳定性，往往需要采用较小的时间步长。在一些强非线性系统的计算中，时间步长甚至小到 $10^{-4}$。地震动加速度过程持续时间一般为 20~70 s，因此所需的数值积分计算工作量很大。隐式方法可以设计成无条件稳定的数值算法，从而采用较大的时间步长；但求解下一时刻响应时用到该时刻的动力学方程，因此需要对刚度矩阵求逆，有时还需迭代更新等效刚度矩阵，计算较为耗时。因此，在整体结构的强非线性动力响应分析中，常采用显式算法。

## 7.4.2 随机动力系统的概率密度演化

高层建筑结构所受到的地震动作用、结构自身参数(如材料本构关系等)均具有不可忽略的随机性。因此，需要研究随机性在高层建筑结构非线性响应过程中的传播。由于非线性与随机性的耦合，经典的概率密度函数偏微分方程，包括刘维尔(Liouville)方程、福克尔-普朗克-柯尔莫哥洛夫(Fokker-Planck-Kolmogorov, FPK)方程等，都必须同时考虑所有状态量的联合概率密度函数，因而其维数至少是自由度数的两倍。对于高层建筑结构来说，这意味着偏微分方程组中待求的联合概率密度函数中含有数百万个，甚至数千万个自变量，求解如此大规模的偏微分方程组几乎是不可能的。因此，直到 20 世纪末，高维非线性随机系统的分析依然面临巨大挑战。概率密度演化理论的发展，为解决这一问题提供了有力工具。

上一小节指出，对于混凝土本构关系，其随机性可通过细观随机场的关键参数来标

定,并记为 $\boldsymbol{\Theta}_{st}$。对于地震动的随机过程,则可以通过随机谐和函数方法等,将其表达为基本随机变量 $\boldsymbol{\Theta}_g$ 的函数形式[1]。在此基础上,将结构参数与地震动用关于基本随机变量的函数综合表示出来,则式(7.4.9)成为

$$M(\boldsymbol{\Theta}_{st})\ddot{\boldsymbol{u}} + C(\boldsymbol{\Theta}_{st})\dot{\boldsymbol{u}} + f(\boldsymbol{u}, \boldsymbol{\Theta}_{st}) = -M\boldsymbol{1}\ddot{x}_g(t, \boldsymbol{\Theta}_g) \qquad (7.4.11)$$

在下述分析中,记 $\boldsymbol{\Theta} \equiv [\boldsymbol{\Theta}_{st}^T \quad \boldsymbol{\Theta}_g^T]^T$,并称为**源随机向量**,其联合概率密度函数为 $p_{\boldsymbol{\Theta}}(\boldsymbol{\theta}) = p_{\boldsymbol{\Theta}_{st}}(\boldsymbol{\theta}_{st})p_{\boldsymbol{\Theta}_g}(\boldsymbol{\theta}_g)$,其中 $\boldsymbol{\theta} \equiv [\theta_1 \quad \theta_2 \quad \cdots \quad \theta_s]^T$,$s$ 表示基本随机变量的总数。

在保守随机系统演化的过程中概率守恒,这一原理可称为**概率守恒原理**。这一原理的含义是:随机变量经过确定性变换,其概率不发生变化。概率守恒原理是随机性演化遵循的基本原理,基于这一原理,可以方便地确立随机动力系统中概率密度函数的演化过程。

对于由式(7.4.11)所描述的高层建筑结构的非线性随机动力学方程,结构中的任意物理量 $\boldsymbol{Z} \equiv [Z_1 \quad Z_2 \quad \cdots \quad Z_m]^T$ 都是源随机向量的函数。此处的 $\boldsymbol{Z}$ 可以是位移,也可以是内力、变形和应力等。考虑 $\boldsymbol{\Theta}$ 分布空间中的任意子域 $D_{\boldsymbol{\Theta}}$,记 $\boldsymbol{Z}(t_1)$ 对应的子域为 $D_{t_1}$,而 $\boldsymbol{Z}(t_2)$ 对应的子域为 $D_{t_2}$。参考图 7.4.7,由于 $\{(\boldsymbol{Z}(t_1), \boldsymbol{\Theta}) \in D_{t_1} \times D_{\boldsymbol{\Theta}}\}$ 和 $\{(\boldsymbol{Z}(t_2), \boldsymbol{\Theta}) \in D_{t_2} \times D_{\boldsymbol{\Theta}}\}$ 是同一随机事件在演化过程中不同时刻的表现,根据概率守恒原理必有

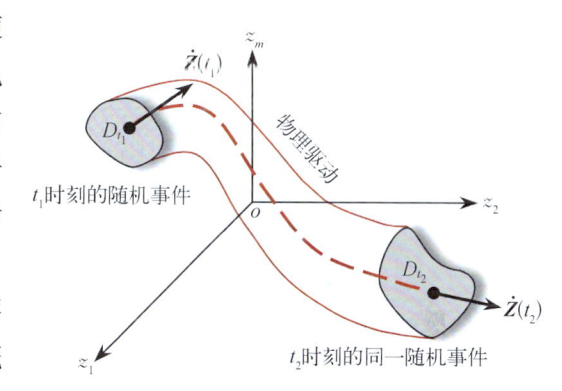

**图 7.4.7 概率守恒原理的随机事件描述**

$$P\{(\boldsymbol{Z}(t_1), \boldsymbol{\Theta}) \in D_{t_1} \times D_{\boldsymbol{\Theta}}\} = P\{(\boldsymbol{Z}(t_2), \boldsymbol{\Theta}) \in D_{t_2} \times D_{\boldsymbol{\Theta}}\} \qquad (7.4.12)$$

记 $(\boldsymbol{Z}(t), \boldsymbol{\Theta})$ 的联合概率密度函数为 $p_{Z\boldsymbol{\Theta}}(\boldsymbol{z}, \boldsymbol{\theta}, t)$,其中 $\boldsymbol{z} \equiv [z_1 \quad z_2 \quad \cdots \quad z_m]^T$,则有

$$P\{(\boldsymbol{Z}(t), \boldsymbol{\Theta}) \in D_t \times D_{\boldsymbol{\Theta}}\} = \int_{D_t \times D_{\boldsymbol{\Theta}}} p_{Z\boldsymbol{\Theta}}(\boldsymbol{z}, \boldsymbol{\theta}, t) \mathrm{d}\boldsymbol{z}\mathrm{d}\boldsymbol{\theta} \qquad (7.4.13)$$

将其代入式(7.4.12),并注意到该随机事件的概率不随时间变化,得到:

$$\frac{\mathrm{d}}{\mathrm{d}t}\int_{D_t \times D_{\boldsymbol{\Theta}}} p_{Z\boldsymbol{\Theta}}(\boldsymbol{z}, \boldsymbol{\theta}, t) \mathrm{d}\boldsymbol{z}\mathrm{d}\boldsymbol{\theta} = 0 \qquad (7.4.14)$$

这对于任意 $D_t \times D_{\boldsymbol{\Theta}} \subset \mathbb{R}^m \times \Omega_{\boldsymbol{\Theta}}$ 均成立,其中 $\Omega_{\boldsymbol{\Theta}}$ 表示源随机向量的分布域。

---

[1] Chen J B, Sun W L, Li J, et al. Stochastic harmonic function representation of stochastic processes[J]. Journal of Applied Mechanics, 2013, 80: 011001.

式(7.4.14)左侧是一个被积函数与积分区域均时变的求导问题。经过将积分区域变换为初始区域并进行求导,且注意到 $D_t \times D_\Theta$ 的任意性,最后可得

$$\frac{\partial p_{Z\Theta}(z, \boldsymbol{\theta}, t)}{\partial t} + \sum_{j=1}^{m} \dot{Z}_j(\boldsymbol{\theta}, t) \frac{\partial p_{Z\Theta}(z, \boldsymbol{\theta}, t)}{\partial z_j} = 0 \qquad (7.4.15a)$$

其中,$\dot{Z}_j(\boldsymbol{\theta}, t)$ 表示物理量 $Z_j(\boldsymbol{\theta}, t)$ 对时间的导数。式(7.4.15a)的初始条件可表示为

$$p_{Z\Theta}(z, \boldsymbol{\theta}, 0) = \bar{\delta}(z - z_0) p_\Theta(\boldsymbol{\theta}) \qquad (7.4.15b)$$

其中,$\bar{\delta}(z - z_0) \equiv \prod_{j=1}^{m} \delta(z_j - z_{0,j})$,$\delta(\cdot)$ 为 Dirac 函数;$z_0 \equiv \begin{bmatrix} z_{0,1} & z_{0,2} & \cdots & z_{0,m} \end{bmatrix}^T$,是 $Z(t)$ 的确定性初始向量。在上述初始条件下求解式(7.4.15a),即可得到 $Z(t)$ 的联合概率密度:

$$p_Z(z, t) = \int_{\Omega_\Theta} p_{Z\Theta}(z, \boldsymbol{\theta}, t) \mathrm{d}\boldsymbol{\theta} \qquad (7.4.16)$$

值得特别注意的是,式(7.4.16)中并未对感兴趣物理量的个数 $m$ 做出限制。与经典的 Liouville 方程和 FPK 方程相比,此处偏微分方程中未知概率密度函数的自变量个数完全由感兴趣的物理量数目决定,与原系统的状态维数无关。换言之,式(7.4.15a)是一个与式(7.4.11)完全解耦的偏微分方程。特别地,当 $m = 1$ 时,有

$$\frac{\partial p_{Z\Theta}(z, \boldsymbol{\theta}, t)}{\partial t} = -\dot{Z}(\boldsymbol{\theta}, t) \frac{\partial p_{Z\Theta}(z, \boldsymbol{\theta}, t)}{\partial z} \qquad (7.4.17)$$

式(7.4.15)和式(7.4.17)就是广义概率密度演化方程[1],它们清晰地表明:联合概率密度函数的时间导数与空间导数成正比,其比例系数就是物理量的变化速率,而该变化速率正是系统物理状态变化快慢的度量。换言之,系统概率密度的演化(即不确定性演化)是由系统物理机制所驱动的。

为了对工程问题中不确定性演化进行定量分析过程,一般需要如下四个步骤:

第一,对概率空间 $\Omega_\Theta$ 进行剖分,将整体的概率密度演化问题转化为一系列子域上的演化问题;

第二,在概率空间子域内或子域代表点上,采用有限元方法求解确定性系统动力学方程,即式(7.4.11),获取感兴趣物理量的变化速率信息;

第三,将上述信息代入广义概率密度演化方程的初值问题,即式(7.4.15),并采用有限差分方法或其他合适的数值方法求解;

第四,对各子域求解结果进行合成。

---

[1] Li J, Chen J B. The principle of preservation of probability and the generalized density evolution equation[J]. Structural Safety, 2008, 30: 65-77.

针对上述步骤中的具体算法,近年来先后发展了点演化与群演化求解方法[1]。

## 7.4.3 非线性随机地震响应与结构整体可靠性

基于上述两小节所建立的理论基础,可对复杂高层建筑结构的非线性随机地震响应进行分析。在此基础上,引入结构整体失效准则,不难进行结构整体可靠度分析。

在工程中,结构的**抗震动力可靠度**可以定义为首次超越破坏可靠度问题。对于感兴趣的物理量 $Z(t)$,定义:

$$R(t) = P\{Z(\tau) \in \Omega_s, \quad \tau \in [0, t]\} \quad (7.4.18)$$

其中,$\Omega_s$ 表示安全域。

式(7.4.18)表明,一旦物理量 $Z(t)$ 越出安全域,结构即失效。根据概率守恒原理的随机事件描述,这意味着一旦发生失效,则该事件"携带"的概率即不再返回安全域。因此,需要对式(7.4.15)中的广义概率密度演化方程施加如下吸收边界条件:

$$p_{Z\Theta}(z, \boldsymbol{\theta}, t) = 0, \quad z \notin \Omega_s \quad (7.4.19)$$

$z \notin \Omega_s$ 即为结构失效准则。在此条件下,求解式(7.4.15)获得的概率密度函数可称为**剩余概率密度函数**,记为 $\breve{p}_Z(z, t)$,于是结构动力可靠度为

$$R(t) = \int_{\Omega_s} \breve{p}_Z(z, t) \mathrm{d}z \quad (7.4.20)$$

更一般地,当结构存在倒塌或多重失效准则时,可将相应的物理失效准则整合进广义概率密度演化方程之中。这时,上述 $Z$ 可选取系统中的一个指示变量(如某层位移),式(7.4.18)中的失效准则可以转化为失效乃至倒塌物理准则。这一整合了系统物理方程、失效物理准则与广义概率密度演化方程的思想,称为结构整体可靠性分析的**物理综合法**[2]。

**例 7.4.1** 考察例 7.3.2 所讨论的高层建筑结构,要求其设计使用年限为 50 年,抗震设防烈度为 8 度(地震动加速度峰值 $0.30g \approx 0.294 \mathrm{~m/s^2}$)。采用例 7.3.2 提供的基本信息及有限元模型,讨论该结构的非线性随机地震响应与可靠度。

**解**:采用图 7.3.4 所示的结构有限元模型,其具有 85 384 个单元,305 802 个自由度。在该模型中,梁和柱采用纤维梁单元、剪力墙和楼板采用分层壳单元(在混凝土材料中添加钢筋层)[3]。

---

[1] Tao W F, Li J. An ensemble evolution numerical method for solving generalized density evolution equation[J]. Probabilistic Engineering Mechanics, 2017, 48: 1-11.

[2] 李杰. 工程结构整体可靠性分析研究进展[J]. 土木工程学报, 2018, 51(8): 1-10.

[3] Wan Z Q, Chen J B, Tao W F. A two-stage uncertainty quantification framework for reliability and sensitivity analysis of structures using the probability density evolution method integrated with the Fréchet-derivative-based method[J]. Engineering Structures, 2023, 294: 116782.

首先,考虑结构的确定性非线性地震响应分析。对结构参数取均值,采用 El Centro 地震记录作为地震动,分别考虑图 7.4.8 所示的多遇地震(小震,峰值加速度 $1.1\ \mathrm{m/s^2}$)和罕遇地震(大震,峰值加速度 $5.1\ \mathrm{m/s^2}$)。图 7.4.9 给出了结构典型部位的混凝土和钢筋应力-应变曲线,由图可见,在罕遇地震阶段,钢筋和混凝土均进入了强非线性阶段。

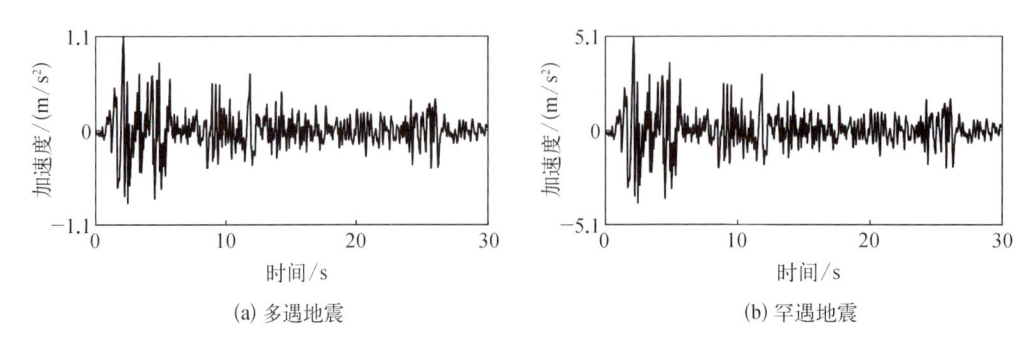

(a) 多遇地震

(b) 罕遇地震

**图 7.4.8　多遇地震(小震)与罕遇地震(大震)的输入地震动加速度时程**

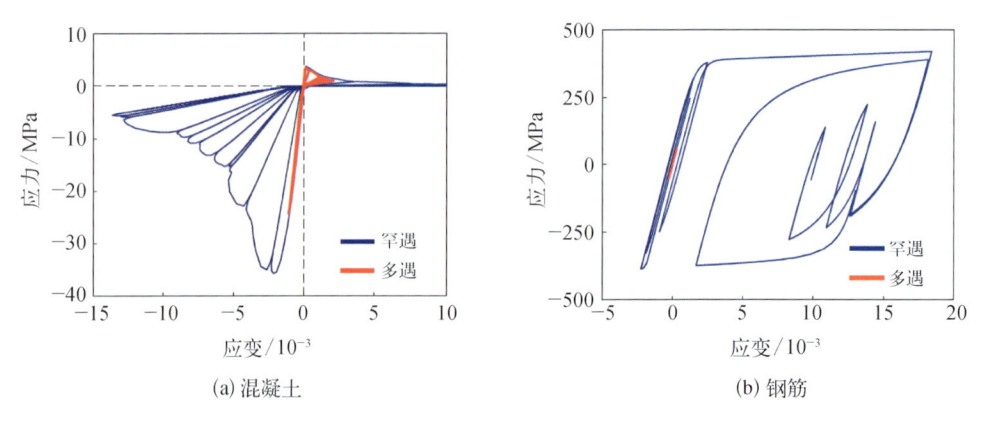

(a) 混凝土

(b) 钢筋

**图 7.4.9　结构典型部位的混凝土和钢筋的应力-应变曲线**

其次,可获得多遇地震和罕遇地震作用下的结构响应。图 7.4.10 给出了罕遇地震作用下的最大层间位移角分布(实心点代表避难层)。在高层建筑结构中,通常以层间位移

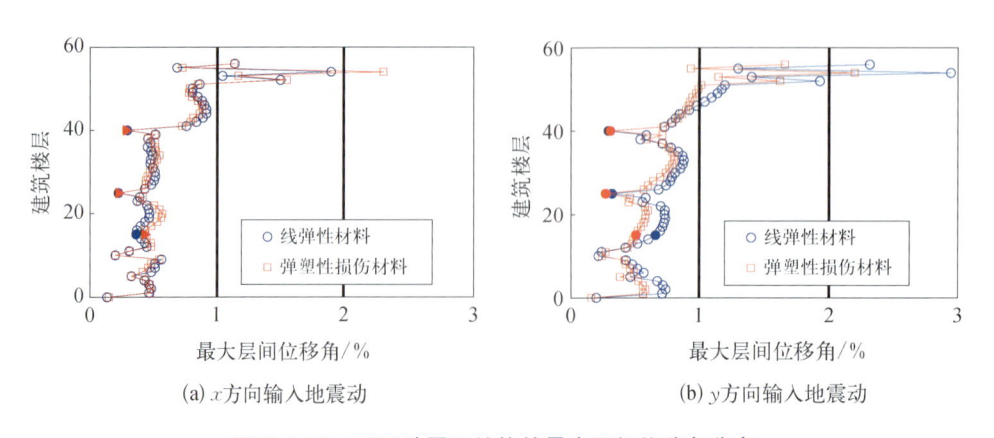

(a) $x$ 方向输入地震动

(b) $y$ 方向输入地震动

**图 7.4.10　罕遇地震下结构的最大层间位移角分布**

角 1/50(即 2%)作为罕遇地震防倒塌限值。由图 7.4.10 可见,在罕遇地震作用下,该结构的抗震安全性可能不满足要求。尽管这是确定性分析结果,但仍然可以作为定性判断与数量级参考的重要依据。

然后,研究该结构的非线性随机响应分析。考虑混凝土材料的随机性,在本构关系中采用 C30、C40、C50 和 C60 混凝土,总计考虑 14 个随机参数。对于地震动,采用物理随机地震动模型[1],它含有 4 个基本随机变量。

图 7.4.11(a)给出了 $t = 24.8$ s 时结构层间位移角的概率密度函数,图 7.4.11(b)则是 $t \in [24, 28]$ s 时段内的概率密度演化曲面等值线。在工况一中,仅结构参数具有随机性,地震动输入为参数取均值时的确定性地震动;在工况二中,采用随机地震动输入,但结构是确定性的;在工况三中,同时考虑结构参数与地震动的随机性。

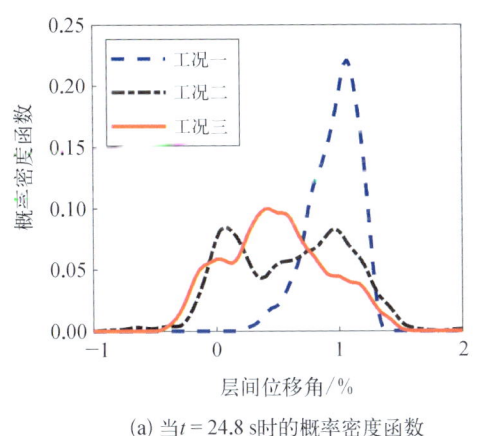

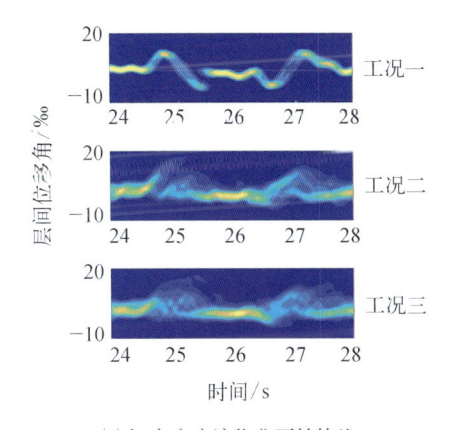

(a) 当 $t = 24.8$ s 时的概率密度函数　　(b) 概率密度演化曲面等值线

**图 7.4.11　第 53 层的层间位移角概率密度函数**

由图 7.4.11 可见,结构参数与地震动两者的随机性耦合,导致结构随机地震响应分布与仅考虑地震动输入的确定性结构随机地震响应分布存在显著区别。换言之,结构参数的随机性对系统响应与安全性的影响是不可忽略的。

最后,表 7.4.1 给出了上述三种分析工况下获得的结构失效概率与可靠度。不难看到,全面考虑结构参数与随机性情况下的失效概率与仅考虑地震动参数随机性而不考虑结构参数随机性时的失效概率差异显著。

**表 7.4.1　三种分析工况下的结构失效概率与可靠度**

| 安全性度量 | 工况一 | 工况二 | 工况三 |
| --- | --- | --- | --- |
| 失效概率 | $6.7 \times 10^{-4}$ | $7.6 \times 10^{-2}$ | $8.6 \times 10^{-2}$ |
| 可靠度 | 0.999 3 | 0.924 0 | 0.914 0 |

---

[1] 李杰,王鼎.工程随机地震动物理模型的参数统计与检验[J].地震工程与工程振动,2013,33(4):81-88.

## 7.5 问题与展望

高层建筑在服役过程中,不仅可能遭受地震作用,而且还会面临台风、火灾甚至爆炸等多种灾害。其中,有些灾害可能同时出现,如爆炸往往同时引起火灾;而有些灾害在数十年时间尺度范围内可能先后出现,如结构在服役过程中可能经历多次超强台风并引起损伤、然后再遭遇地震。同时,混凝土结构还面临多种环境作用和介质侵蚀,引起混凝土老化和钢筋锈蚀,从而导致结构性能退化。上述多种荷载作用与环境作用将导致高层建筑结构在服役过程中面临多场耦合作用问题,如火灾和爆炸导致温度场-力场耦合问题、环境作用则导致温度-湿度-化学场-力场共同作用问题。因此,高层建筑结构在多场耦合作用下的全寿命受力行为精细化分析问题,是有待进一步研究的重要力学问题。

此外,在灾害性作用下,复杂高层建筑结构的损伤、破坏乃至倒塌,亦如"千丈之堤、以蝼蚁之穴溃",是从混凝土这样的多相复合材料的微细观孔洞与缺陷的扩展,到裂纹传播与扩展开始的。因此,从空间尺度上看,高层建筑结构的破坏,跨越从微观到宏观的多个尺度。同时,结构在全寿命期可能受到的作用,从爆炸作用的毫秒级,到地震作用的秒级、强风作用的分钟级,再到疲劳与环境作用的十年量级,同样跨越多个时间尺度。在空间、时间多尺度意义下考虑随机性的传播,进一步实现高层建筑结构的精细化分析与优化设计,是随机力学乃至随机物理学发展的重要研究与实践领域。

可喜的是,实验技术的进步、超级计算技术的发展、力学基础理论及多学科交叉与综合的深度发展,为上述挑战性科学问题的解决带来了新契机。因此,土木工程界正推动高层建筑结构可靠性分析与设计朝着以固体力学精细化分析、不确定性全概率量化、基于整体可靠性的结构智能优化为鲜明特征的第三代结构设计理论发展,进而保障日益复杂的高层建筑更加安全、更加经济,服务经济社会发展与人民生活品质提升。

## 思 考 题

**7.1** 对于高宽比较大、竖向刚度均匀的高层建筑结构,能否通过等效 Timoshenko 梁或 Euler-Bernoulli 梁模型来手算估计第一阶固有振动频率?

**7.2** 对于地震动的功率谱密度,根据图 7.3.5(a) 的等效示意图推导 Kanai-Tajimi 谱的表达式,并进一步考虑如何通过双层过滤模型对 Kanai-Tajimi 谱加以改进?

**7.3** 图 7.4.11 给出了结构参数与地震动参数引起的耦合效应对比。试采用单自由度系统模型,对其耦合效应给出定性解释。

**7.4** 在动力冲击作用下,混凝土的弹性模量和强度都具有显著的应变率效应,且应变率越大,弹性模量和强度越高。请思考如何对随机损伤本构模型进行推广,以反映应变率行为。

**7.5** 大型结构的参数往往具有显著的空间变异性,因而需要用随机场描述。请思考在此情况下如何应用概率密度演化理论实现复杂结构随机响应分析。

# 拓展阅读文献

1. 李杰. 随机结构系统-分析与建模[M]. 北京:科学出版社,1996.
2. 李杰,吴建营,陈建兵. 混凝土随机损伤力学[M]. 北京:科学出版社,2014.
3. 朱位秋,蔡国强. 随机动力学引论[M]. 北京:科学出版社,2017.
4. Beer M, Kougioumtzoglou I A, Patelli E, et al. Encyclopedia of Earthquake Engineering[M]. Heidelberg:Springer,2015.
5. Belytschko T, Liu W K, Moran B, et al. Nonlinear Finite Elements for Continua and Structures[M]. 2nd ed. Chichester:John Wiley & Sons,2014.
6. Clough R, Penzien J. Dynamics of Structures[M]. 3rd ed. Berkeley:Computers & Structures Inc.,2003.
7. Lutes L D, Sarkani S. Random Vibrations[M]. Amsterdam:Elsevier,2004.
8. Li J, Chen J B. Stochastic Dynamics of Structures[M]. Singapore:John Wiley & Sons,2009.

本章作者:李 杰,同济大学,教授,中国科学院院士
　　　　　陈建兵,同济大学,教授
　　　　　任晓丹,同济大学,教授

# 第三篇
# 固体力学篇

# 第 8 章
# 装备结构的轻量化设计

近年来,材料技术和结构技术不断进步,有力推动了各类装备的发展和升级。对于以运载火箭、人造卫星、高速舰船、高速列车等为代表的先进运载系统,结构轻量化是提升系统性能的关键技术,受到力学界和工程界的高度重视。

本章首先介绍先进装备发展对结构轻量化设计的需求,包括设计重量轻、体积小、承力与功能一体的超结构。然后,以承受弯曲作用的梁结构为例,介绍开展轻量化设计的思路。在此基础上,以舰船升降跳板为例,详细介绍设计轻质夹层结构的流程。另外,本章对如何基于多孔芯体夹层结构来进一步构建重量轻、体积小、承力和功能一体的超结构进行讨论,并指出这类结构的发展前景和值得研究的力学问题。

## 8.1 研究背景

图 8.1.1 是英国材料学家阿什比(Michael Farries Ashby,1935~)总结的材料发展历程,表明人类对材料技术的探索经历了漫长时期。与此同时,人类发明了基于材料的制造技术。以武器装备的发展为例,可谓是一代材料,一代装备。最早,人类利用天然材料(如木材、石头)制造出木棍、弓箭、石斧等原始兵器。人类进入青铜器和铁器时代之后,发明了青铜剑、铁剑、铁矛等冷兵器,其锋利度、强度和耐用性得到显著提升。在冶金技术和化工技术的推动下,人类研制出枪炮等热兵器,使远距离杀伤威力大幅提升。自 20 世纪以来,在高性能特种钢、钛合金等先进材料技术的推动下,人类发明的坦克、军舰、歼击机等武器装备实现了陆海空三维打击能力。进入 21 世纪后,复合材料、高分子材料、陶瓷和无机材料技术的发展,为设计和制造先进武器装备提供了更广阔的材料选择方案。

有了各类先进材料之后,如何基于材料来设计和制造装备结构,尤其是其承力结构,对装备性能的提升起着重要作用。根据材料力学可知,具有相同质量、不同横截面的梁,其承受弯曲载荷的能力有很大差异。图 8.1.2 给出了四种典型的梁截面:从早期的均质梁,到后来承载能力大幅提升的加筋梁、工字梁及夹层梁(又称**三明治梁**)。换言之,在相同承载能力下,改变结构截面形状可显著降低材料使用量,使结构变得轻巧,实现**结构**

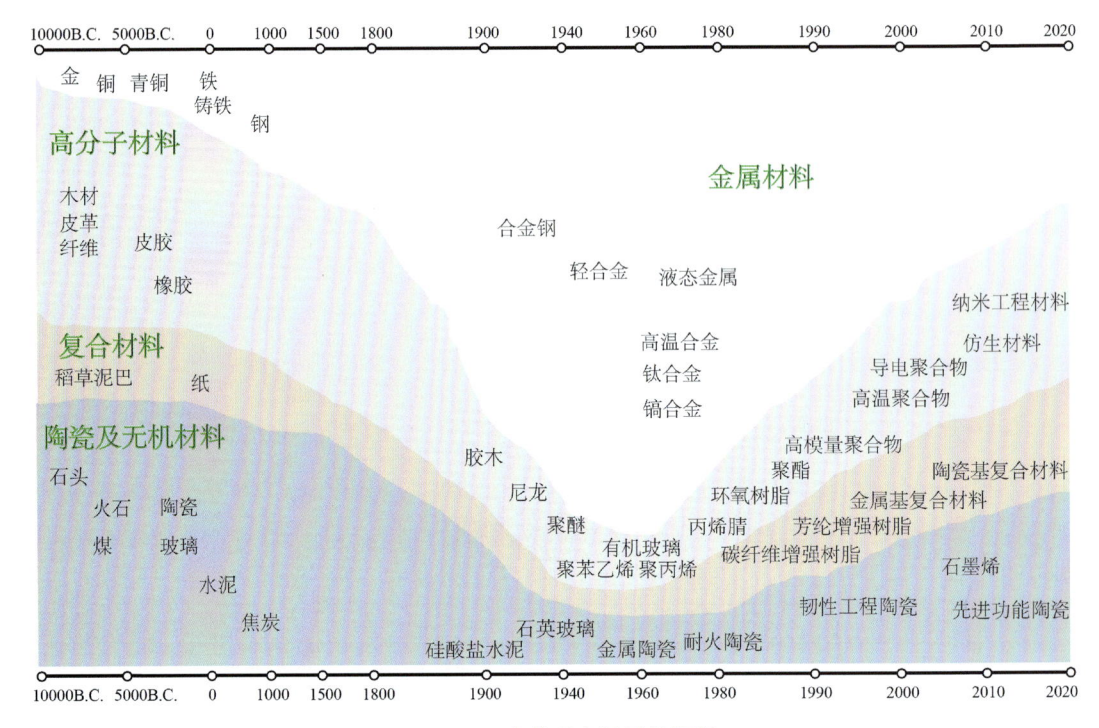

图 8.1.1 人类研究材料的历程

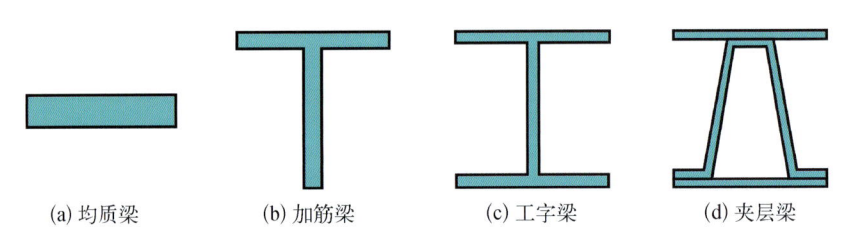

图 8.1.2 梁的横截面发展历程

(a) 均质梁　(b) 加筋梁　(c) 工字梁　(d) 夹层梁

**轻量化设计**。因此，基于装备结构的性能指标，可进一步绘制结构选择图，为装备轻量化设计提供结构选择方案。除了材料种类及结构构型，不同的载荷条件（如准静态载荷、冲击载荷、热载荷等）、边界条件（如铰支、固支、自由等）和服役环境（湿度、温度等）等也会对装备结构的轻量化设计方案产生影响。

已有研究表明，基于蜂窝、波纹等超轻多孔芯体所设计的夹层结构具有良好的轻质和承载性能，已广泛应用于航天、航空、船舶、交通等领域的装备轻量化设计。例如，波纹芯体夹层结构因其结构简单、加工制造方便及制造成本低而应用于高速列车车身、舰船升降跳板、机库大门、浮桥等装备的承力结构。

如图 8.1.3 所示，超轻多孔结构在装备领域的发展与自然界生物结构的启发密切相关。例如，左上方的人类头盖骨是无序多孔芯体夹层结构，而中上方的候鸟翅膀是周期多孔芯体夹层结构。借鉴自然，人造多孔结构已经历了三种典型结构的发展，由随机多孔结构[图 8.1.3(a)所示的金属泡沫、高分子泡沫等],到规则多孔结构[图 8.1.3(b)所示的波纹、金字塔、蜂窝等],再到混杂多孔结构[图 8.1.3(c)所示的泡沫填充波纹、蜂窝填充波纹等]。

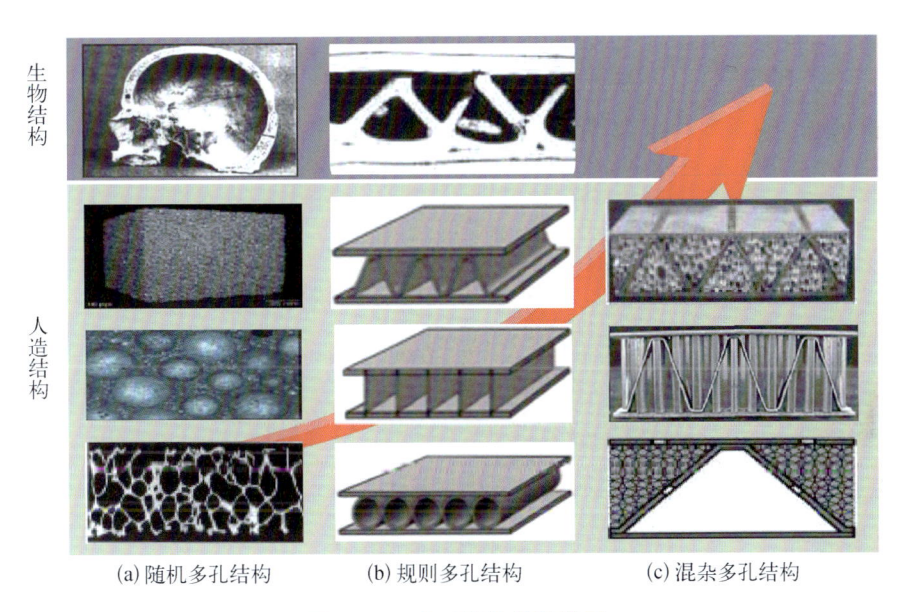

图 8.1.3　多孔结构发展谱系

近年来,针对深海探测、高超声速飞行、深空探测等需求,在装备结构轻量化设计中还需考虑极端压力、极端温度等问题,对结构的承载、承热等功能提出了更高要求。现有装备的承力结构大多与功能结构分离,造成结构、重量及体积的冗余,性能难以实现进一步提升。因此,为了大幅提升上述装备的综合性能,重量轻、体积小、承力与功能一体的超结构应运而生,正成为结构轻量化设计的一个重要发展方向。

## 8.2　对结构轻量化设计的认识

结构由不同构件组成,这些构件可简化为梁、板、壳等**基本结构**,而其所受载荷可分解为拉压、弯曲和扭转等**基本载荷**的组合。对于线性结构力学问题,基本结构的变形是各种基本载荷引起的变形之叠加。本节以承受弯曲的梁为例,介绍结构轻量化设计的流程。读者了解和掌握梁的轻量化设计流程后,不难举一反三,对其他构件或结构整体进行轻量化设计。

### 8.2.1　轻量化设计的表述

考察图 8.2.1 所示的两端铰支梁,其长度为 $L$,横截面是边长为 $b$ 的正方形,在梁跨

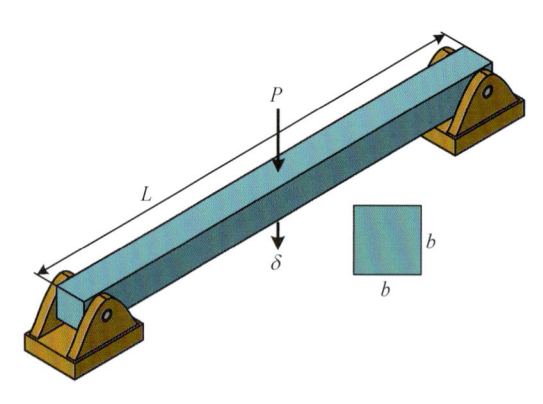

图 8.2.1 受集中载荷的两端铰支梁

中点承受集中压力 $P$。以谋求梁的弯曲刚度最大化为例[1],可提出如下轻量化设计需求:保持截面形状不变,调节截面尺寸,使梁在压力 $P$ 作用下的最大挠度不超过 $\delta$,并使梁足够轻。

现将上述轻量化设计分为两个步骤:第一步,针对具有简单截面形状的梁,确定满足刚度设计要求的最轻材料;第二步,在保持梁刚度不变的前提下,选择其最佳截面形状来实现轻量化目标。

### 8.2.2 材料的选择

图 8.2.1 中的两端铰支梁质量为

$$m = \rho b^2 L \tag{8.2.1}$$

正方形截面关于中性轴的惯性矩为

$$I = \frac{b^4}{12} \tag{8.2.2}$$

由材料力学可知,在集中力 $P$ 作用下,为使梁的最大挠度不超过 $\delta$,梁的弯曲刚度 $S$ 应满足:

$$S = \frac{P}{\delta} = \frac{48EI}{L^3} = \frac{4Eb^4}{L^3} \geqslant S_{\min} \tag{8.2.3}$$

其中,$E$ 为材料的弹性模量;$S_{\min}$ 是梁的弯曲刚度需满足的下限,即设计要求。

从式(8.2.1)中解出 $b^2 = m/\rho L$ 并代入式(8.2.3),经整理后可得

$$m \geqslant \frac{\rho}{\sqrt{E}}\sqrt{\frac{S_{\min}L^5}{4}} = \frac{1}{M_b}\sqrt{\frac{S_{\min}L^5}{4}}, \quad M_b \equiv \frac{\sqrt{E}}{\rho} \tag{8.2.4}$$

其中,$M_b$ 定义为上述两端铰支梁弯曲问题的**材料指标**,它与材料密度 $\rho$ 成反比。

给定式(8.2.4)中 $S_{\min}$ 和 $L$ 的值,则最佳材料是 $M_b$ 最大的材料。将式(8.2.4)的第二式表达为对数形式,得到:

$$\lg E = 2\lg \rho + 2\lg M_b \tag{8.2.5}$$

---

[1] Ashby M F. Materials Selection in Mechanical Design[M]. 5th ed. Oxford: Elsevier Publisher, 2017: 164-216.

根据式(8.2.5),可在图8.2.2所示材料的弹性模量与密度关系图中得到一组斜率为2的平行线,这组直线称为材料选择的**基准线**。对于上述两端铰支梁的弯曲问题,图8.2.2给出了对应材料指标$M_b$的平行线。材料性能在基准线上基本相似,线上方的材料表现较好,而线下方的材料表现较差。对于承受任意载荷、拥有任意截面的梁,可通过图8.2.2选择表现最优(重量最轻)的材料子集。

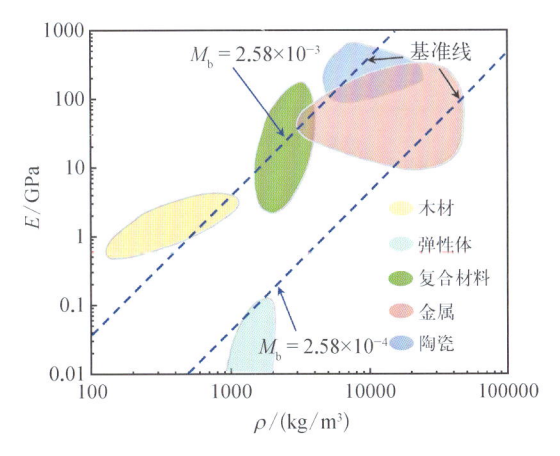

图 8.2.2 材料弹性模量与密度关系图

## 8.2.3 材料与形状组合的选择

根据材料力学,将某种给定材料加工成工字形梁或空心管梁,可实现比等质量方截面梁更高的刚度,即在给定载荷下实现更小的挠度。此外,可将梁截面设计成其他形状,以实现不同功能,如控制光的反/衍/折射、改变材料的触感等。如图8.2.3所示,材料可视为有力学性能而无形状,结构则可视为具有一定宏观形状的材料。

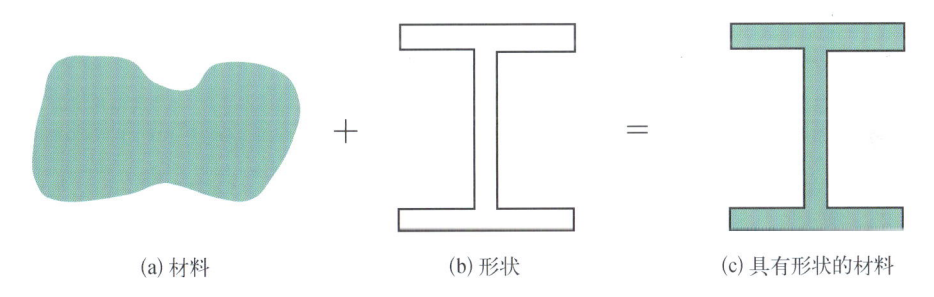

(a) 材料  (b) 形状  (c) 具有形状的材料

图 8.2.3 材料与宏观形状组合示意图

在给定的载荷和刚度条件下,现介绍如何改变梁的横截面形状,以提高其母材的使用效率。为了定量分析,以下引入结构形状因子来衡量其母材使用效率。把结构形状视为变量,则结构形状因子出现在力学性能指标的表达式中。因此,可通过结构形状因子来比较不同形状结构的力学性能,进而寻找最佳的材料与形状组合。

现考虑承受弯曲载荷的梁,其弯曲刚度$S$与$EI$成正比,即$S \propto EI/L^3$。其中,梁绕中性轴的截面惯性矩$I$为

$$I = \int_s z^2 \mathrm{d}A \tag{8.2.6}$$

其中,$z$是面积微元$\mathrm{d}A$到中性轴的距离。对于边长为$b_s$,截面积为$A_s = b_s^2$的正方形截面梁,其截面惯性矩$I_s$为

$$I_{\mathrm{s}} = \frac{b_{\mathrm{s}}^4}{12} = \frac{A_{\mathrm{s}}^2}{12} \tag{8.2.7}$$

其中,下标 s 代表实心正方形截面。

以正方形截面梁为基准,对于材料相同、截面形状不同的梁,采用**弯曲形状因子** $\Phi_{\mathrm{B}}^{\mathrm{e}}$ 来衡量截面形状导致的弯曲刚度变化,其定义为

$$\Phi_{\mathrm{B}}^{\mathrm{e}} \equiv \frac{S}{S_{\mathrm{s}}} = \frac{EI}{EI_{\mathrm{s}}} = \frac{12I}{A_{\mathrm{s}}^2} \tag{8.2.8}$$

显然,$\Phi_{\mathrm{B}}^{\mathrm{e}}$ 是无量纲数,其大小取决于截面形状,而与尺寸无关。

**例 8.2.1** 对图 8.2.4 所示的几种截面形状进行讨论,在截面积不变前提下比较其弯曲形状因子。值得指出,图中波纹形截面是一种便于计算的简化形式,其实际形式取决于制造工艺和制造成本等因素。

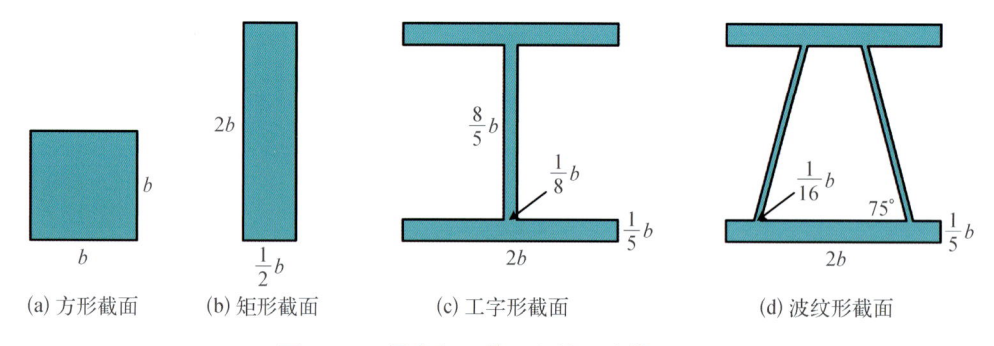

(a) 方形截面　　(b) 矩形截面　　(c) 工字形截面　　(d) 波纹形截面

**图 8.2.4** 具有相同截面积的几种截面形状

**解:** 对于图 8.2.4 中的矩形、工字形、波纹形,其截面惯性矩分别为

$$I_1 = \frac{b^4}{3}, \quad I_2 = \frac{52b^4}{75}, \quad I_3 = \frac{16}{375}b^4 + \frac{244}{375}b^4 = \frac{52}{75}b^4 \tag{a}$$

若它们由相同材料制成,则三种截面的弯曲形状因子依次为

$$\Phi_{\mathrm{B1}}^{\mathrm{e}} = \frac{b_{\mathrm{s}}^4/3}{b_{\mathrm{s}}^4/12} = 4, \quad \Phi_{\mathrm{B2}}^{\mathrm{e}} = \frac{52b_{\mathrm{s}}^4/75}{b_{\mathrm{s}}^4/12} \approx 8.3, \quad \Phi_{\mathrm{B3}}^{\mathrm{e}} = \frac{52b_{\mathrm{s}}^4/75}{b_{\mathrm{s}}^4/12} \approx 8.3 \tag{b}$$

因此,在截面积不变的前提下,可通过改变截面形状增大弯曲形状因子,进而增加弯曲刚度。在本例中,工字截面和波纹截面具有相同的弯曲形状因子。在工程实践中,需综合考虑制造工艺和制造成本等因素,确定合适的截面形状。

在截面积不变情况下选择弯曲形状因子大的截面后,可在材料的弹性模量 $E$ 和密度 $\rho$ 关系图中引入弯曲形状因子 $\Phi_{\mathrm{B}}^{\mathrm{e}}$。将式(8.2.8)代入式(8.2.3),将两端铰支梁的弯曲刚度表示为

$$S = \frac{48EI}{L^3} = \frac{48E\Phi_B^e I_s}{L^3} \geqslant S^* \tag{8.2.9}$$

此时,式(8.2.4)可表示为

$$m \geqslant \frac{1}{M_b}\sqrt{\frac{S_{\min}L^5}{4}}, \quad M_b \equiv \frac{\sqrt{\Phi_B^e E}}{\rho} \tag{8.2.10}$$

再进一步,可将上述 $M_b$ 改写为

$$M_b = \frac{\sqrt{\Phi_B^e E}}{\rho} = \frac{\sqrt{\Phi_B^e/E}}{\rho/\Phi_B^e} = \frac{\sqrt{E^*}}{\rho^*}, \quad E^* \equiv \frac{E}{\Phi_B^e}, \quad \rho^* \equiv \frac{\rho}{\Phi_B^e} \tag{8.2.11}$$

式(8.2.11)表明:对于由弹性模量和密度分别为 $E$ 和 $\rho$ 的材料制造的梁,可通过改变截面形状,将其等效为由弹性模量和密度分别为 $E/\Phi_B^e$ 和 $\rho/\Phi_B^e$ 的一种新材料制造的梁。在图8.2.2的基础上,用 $E^*$ 和 $\rho^*$ 标识该等效新材料的弹性模量和密度,可绘制同时考虑材料属性和形状因子的结构选择图,如图8.2.5所示。通过选择工字形截面的形状因子 $\Phi_B^e = 8.3$,可使材料选择点从 $(\rho, E)$ 移到 $(\rho^*, E^*) = (\rho/8.3, E/8.3)$,即通过改变结构截面形状,可使材料从低于选择基准线移至高于选择基准线的位置,实现材料和形状的优化组合,提升结构力学性能。

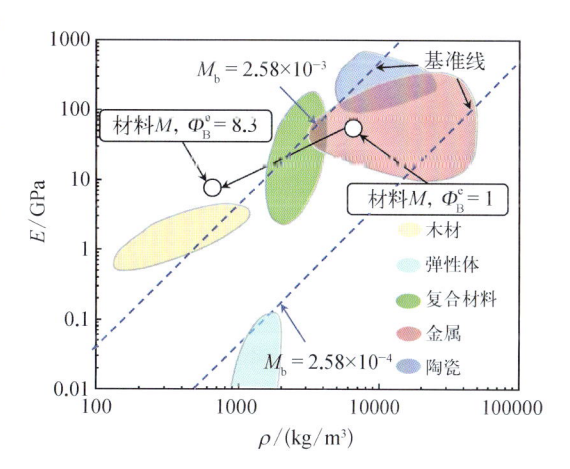

图 8.2.5 同时考虑材料属性和形状因子的结构选择图

因此,将图8.2.1中的正方形截面梁更换为工字形截面梁或波纹形截面梁,均可实现结构轻量化。更进一步,可将上述工字形截面和波纹形截面视为胞元,经周期延拓得到图8.2.6所示的I型芯体和波纹芯体夹层结构。这类结构由上下两块薄面板和中间夹层(简称**芯体**)组成,可在确保结构整体力学性能的同时大幅降低质量。在相同弯曲刚度前提下,这类芯体夹层结构可减少30%~50%的质量[1]。近年来,芯体夹层结构已在众多领域广泛应用。

目前,I型芯体夹层板已广泛用于建筑领域。在装备领域,由于采用薄板材制备I型芯体夹层板时,需保证面板与芯体紧密贴合,才能获得较好的黏结或焊接效果,其工艺复

---

[1] Valdevit L, Hutchinson J W, Evans A G. Structurally optimized sandwich panels with prismatic cores[J]. International Journal of Solids and Structures, 2004, 41: 5105-5124.

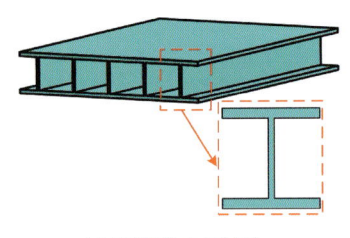

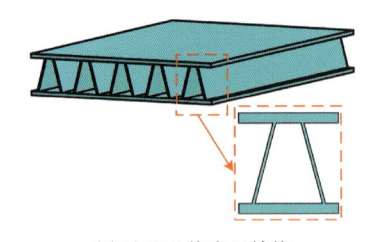

(a) I型芯体夹层结构　　　　　　　(b) 波纹芯体夹层结构

图 8.2.6　两种多孔芯体夹层结构

杂性制约了大规模生产[1]。相比之下,波纹芯体夹层结构比 I 型芯体夹层板具有更好的综合力学性能(如弯曲刚度、剪切刚度等),而且有多种制备技术,适合大规模生产。因此,波纹芯体夹层结构已在高速列车车身、舰船升降跳板、军用浮桥等装备中获得成功应用。

## 8.3　轻质结构的力学设计

前两节简要介绍了轻质结构的重要性,并阐述了若干基本概念。本节以舰船装备的重要部件——升降跳板为对象,介绍如何对装备结构进行轻量化设计。首先,介绍舰船升降跳板及其力学模型。其次,在弹性变形前提下,对结构刚度进行优化设计。然后,在非破坏前提下,对结构强度进行优化设计。最后,总结结构轻量化设计的流程。

### 8.3.1　舰船升降跳板及其力学模型

在各类舰船中,图 8.3.1 所示的升降跳板是人员、货物、设备等进出船舱内部的主要通道。舰船靠近码头后,其封闭门体(有时与升降跳板合为一体)打开,升降跳板放下并搭在码头平台上,形成人员和货物通道。如前所述,减轻装备重量既可节省原材料,还可降低能耗。就升降跳板而言,减轻重量还可增强其机动性,故有必要开展轻量化力学设计。

针对升降跳板开展结构设计前,首先分析其受力情况,以便建立简化的力学模型。对于工作状态下水平放置的升降跳板,其一端通过铰链与船体连接,另一端搭在岸上。在初步设计时,可忽略升降跳板在宽度方向的变化,将其简化为两端铰支夹层梁。

对于两端铰支夹层梁,当载荷作用在跨中点时,梁的弯矩达到最大值,且跨中点挠度最大。为此,考虑集中载荷 $P$ 作用在夹层梁跨中点的极端情况,其力学模型如图 8.3.2 所示,图中的三角符号表示铰支边界。此时,夹层梁受到剪力和弯矩的共同作用。

---

[1] Zhao Z Y, Li L, Wang X, et al. Strength optimization of ultralight corrugated-channel-core sandwich panels[J]. Science China Technological Sciences, 2019, 62: 1467 - 1477.

图 8.3.1 某舰船尾部的升降跳板 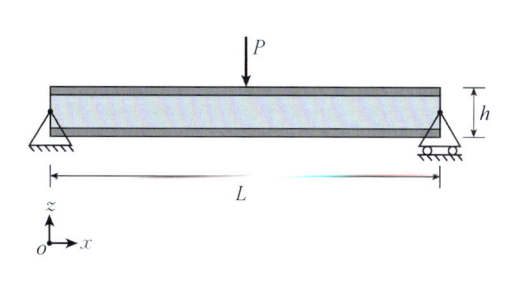　　　　图 8.3.2 承受集中力的铰支夹层梁模型

为了便于无量纲分析,设夹层梁的最大弯矩 $M_{max}$ 和最大剪力 $Q_{max}$ 可通过某个特征长度 $l$ 来关联,记 $l \equiv M_{max}/Q_{max}$。对于本问题,$Q_{max} = P/2$ 和 $M_{max} = Q_{max}L/2$,因此 $l = L/2$。引入特征长度 $l$ 将有利于推广本节思路,适用于任意受弯矩和剪力联合作用的夹层梁。

为了简化分析,约定夹层结构的芯体和面板采用相同的金属母材,上下面板的壁厚相同,面板和芯体均为薄壁结构。此外,根据梁模型的特点,在 $h/L \leqslant 0.1$ 的前提下进行力学分析和设计。设计目标是:在满足给定承载性能的前提下,使夹层梁具有最小的质量。

## 8.3.2 轻质夹层结构的刚度设计

讨论刚度设计时,约定波纹芯体夹层结构始终处于线弹性变形范围,不发生局部屈曲。因此,基于 3.3 节所介绍的均匀化思想,可将波纹芯体等效为均质实体,仅关注其宏观弹性行为,并通过力学分析获得其宏观等效刚度系数。

**1. 波纹芯体的等效刚度系数**

针对包含大量薄壁胞元的波纹芯体,可在两个不同的尺度上进行力学分析。在宏观尺度上,将芯体视为均匀正交各向异性实体;在细观尺度上,将胞元作为薄壁结构。研究这类非均匀介质的宏观-细观本构关系时,可参考例 3.3.1 对蜂窝芯体等效弹性模量的研究,选择非均匀介质的**代表性体积元**(RVE)开展细观力学分析,进而根据宏观尺度应变能和细观尺度应变能的等效关系,获得宏观本构关系中的等效刚度系数。

现将图 8.3.3 中的波纹芯体视为一个方向周期变化、另一个方向无限延伸的介质,取单位宽度的最小胞元作为 RVE,其几何参数为胞元壁长度 $l_c$、胞元壁厚度 $t_c$、波纹角 $\theta$。这些参数是后续进行结构优化设计时的设计变量。

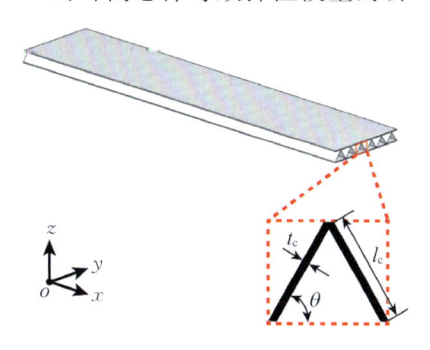

图 8.3.3 波纹芯体夹层结构及其 RVE 的几何参数

设波纹芯体的 RVE 在 $oyz$ 平面内承受宏观面内应变张量 $E$ 作用,产生如图 8.3.4 所示的变形。由于波纹壁的厚度 $t_c$ 通常远小于其长度 $l_c$,可将其简化为两端固支的 Euler-Bernoulli 梁。此时,梁的应变为 $En_0$($n_0$ 表示沿变形前梁轴线的单位向量),在梁端点产生的宏观位移向量 $\boldsymbol{\delta}$ 为[1]

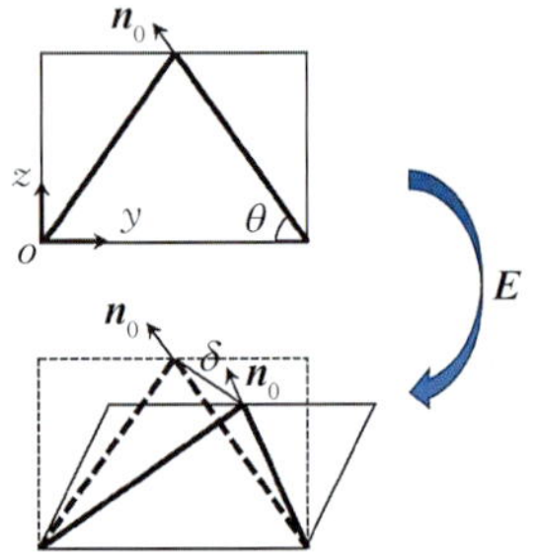

$$\boldsymbol{\delta} \equiv \begin{bmatrix} \delta_y \\ \delta_z \end{bmatrix} = l_c \boldsymbol{E} \boldsymbol{n}_0, \quad \boldsymbol{E} \equiv \begin{bmatrix} \varepsilon_{yy} & \varepsilon_{yz} \\ \varepsilon_{zy} & \varepsilon_{zz} \end{bmatrix} \quad (8.3.1)$$

其中,$\delta_y$ 和 $\delta_z$ 分别为位移向量 $\boldsymbol{\delta}$ 沿 $y$ 轴和 $z$ 轴的分量。在全局坐标系中,RVE 中第 $i$ 根梁的端点位移向量可表示为 $\boldsymbol{u}_i = [\delta_y^\xi, \delta_z^\xi, \varphi^\xi, \delta_y^\tau, \delta_z^\tau, \varphi^\tau]_i^\mathrm{T}$,其中上标 $\xi$ 和 $\tau$ 表示两个端点,$\varphi$ 表示梁端点的转角。对于两端固支梁,其端点位移向量可简化为 $\boldsymbol{u}_i = [\delta_y \quad \delta_z \quad 0 \quad 0 \quad 0 \quad 0]_i^\mathrm{T}$。

图 8.3.4 面内应变张量 $E$ 作用下 RVE 的变形

根据材料力学,波纹芯体 RVE 的宏观应变能密度可表示为

$$V = \frac{1}{\Omega} \sum_{i=1}^{2} \frac{1}{2} \boldsymbol{u}_i^\mathrm{T} \boldsymbol{K}_i \boldsymbol{u}_i \quad (8.3.2)$$

其中,$\boldsymbol{K}_i$ 是 RVE 的第 $i$ 根梁在全局坐标系中的刚度矩阵;$\Omega$ 是 RVE 的体积。根据应变能密度与应变分量的关系可知,波纹芯体 RVE 在 $oyz$ 平面内的等效刚度系数可表示为

$$k_{ij} = \frac{\partial^2 V}{\partial e_i \partial e_j}, \quad i,j \in I_3 \quad (8.3.3)$$

$$\boldsymbol{e} \equiv [e_1 \quad e_2 \quad e_3 \quad e_4 \quad e_5 \quad e_6]^\mathrm{T} \equiv [\varepsilon_{xx} \quad \varepsilon_{yy} \quad \varepsilon_{zz} \quad 2\varepsilon_{xy} \quad 2\varepsilon_{yz} \quad 2\varepsilon_{xz}]^\mathrm{T} \quad (8.3.4)$$

式(8.3.4)右端还可表示为 $[\varepsilon_{11} \quad \varepsilon_{22} \quad \varepsilon_{33} \quad 2\varepsilon_{12} \quad 2\varepsilon_{23} \quad 2\varepsilon_{13}]^\mathrm{T}$,以便用张量符号来简便表示。

上述推导给出了计算波纹芯体胞元等效刚度系数的一般流程。波纹芯体胞元的几何特征表明,其宏观等效刚度系数满足弹性力学中的正交各向异性条件,有 9 个独立的等效刚度系数。在 $oyz$ 平面内施加应变张量 $E$,只能获得 4 个等效参数。其余的等效参数需借助在 $oxz$ 平面和 $oxy$ 平面内施加相应的面内应变张量并分析相关平衡关系后获得,此处不再赘述。

获得波纹芯体胞元的等效刚度系数后,可将波纹芯体等效为均匀的正交各向异性介质,进而将波纹芯体夹层梁等效为具有均质芯体的夹层梁,可大幅简化其变形计算。

---

[1] Liu T, Deng Z C, Lu T J. Structural modeling of sandwich structures with lightweight cellular cores[J]. Acta Mechanica Sinina, 2007, 23: 545-558.

## 2. 夹层梁的弯曲挠度

如图 8.3.5 所示，对于面板很薄的夹层梁，其发生弯曲变形时的剪力主要由芯体承担。夹层梁的变形可视为弯矩 $M(x)$ 引起的弯曲变形与剪力 $Q(x)$ 引起的芯体剪切变形的叠加。对于两端铰支的夹层梁，其最大挠度发生在跨中点，满足：

$$\delta = \frac{PL^3}{48D_{eq}} + \frac{PL}{4(AG)_{eq}} \quad (8.3.5)$$

其中，$D_{eq}$ 和 $(AG)_{eq}$ 分别表示夹层梁的等效弯曲刚度和等效剪切刚度。

基于小变形假设，夹层梁的等效弯曲刚度可表示为

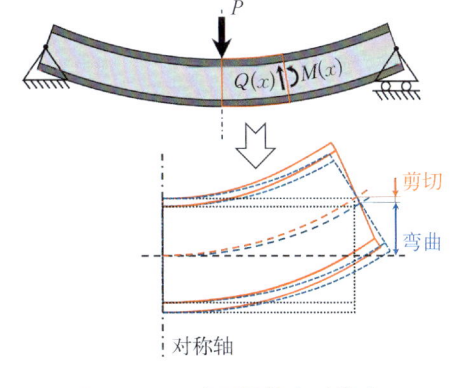

$$D_{eq} = 2D_f + D_0 + D_c \quad (8.3.6)$$

图 8.3.5 夹层梁的变形模式

其中，$D_f = Et_f^3/12$，是面板的弯曲刚度，$t_f$ 是面板厚度；$D_0 = Et_f^2(h-t_f)/2$，是面板相对于夹层梁中性面的弯曲刚度；$E$ 是母材的弹性模量；$D_c = E_c(h-2t_f)^3/12$，是芯体的弯曲刚度，$E_c$ 是芯体在跨长方向的等效弹性模量。通过等效刚度系数计算，可得

$$E_c = \frac{k_{11}k_{22}k_{33} - k_{11}k_{23}^2 - k_{22}k_{13}^2 - k_{33}k_{12}^2 - 2k_{12}k_{13}k_{23}}{k_{22}k_{33} - k_{23}^2} \quad (8.3.7)$$

面板很薄，可忽略其对夹层梁在 $x$ 方向整体剪切刚度的贡献，因此夹层梁的等效剪切刚度可近似为芯体的等效剪切刚度，即

$$(AG)_{eq} = (h - t_f)G_c \quad (8.3.8)$$

其中，$G_c$ 是芯体的等效剪切模量。当波纹芯体如图 8.3.3 布置时，$G_c$ 可表示为

$$G_c = G\frac{t_c \sin\theta}{l_c \cos\theta} \quad (8.3.9)$$

其中，$G$ 是母材的剪切模量。

## 3. 优化问题

波纹芯体夹层梁的刚度设计归结为多设计变量的单目标优化问题。在给定夹层梁长度 $L$、厚度 $h$ 和载荷 $P$ 的前提下，设计变量包括：面板厚度 $t_f$、芯体胞元壁厚 $t_c$ 和波纹角 $\theta$；优化目标是夹层梁质量最小。为使优化结果更加通用，根据图 8.3.3 的几何关系，将目标函数定义为单位宽度下波纹夹层梁的无量纲质量，即

$$\psi \equiv \frac{\bar{m}}{\rho l} = \frac{2t_f}{l} + \frac{t_c}{l\cos\theta} \quad (8.3.10)$$

其中，$\rho$ 是母材的密度；$\bar{m}$ 是夹层梁的面密度，即夹层梁质量与其长宽之积的比值。

根据《钢质海船入级规范 2023》[1]，升降跳板的许用挠度为 $L/200$，即夹层梁的无量纲挠度应满足 $\delta/l \leqslant 0.01$。据式(8.3.5)，该优化问题的控制方程为

$$\frac{\delta}{l} = \frac{PL^3}{48lD_{eq}} + \frac{PL}{4l(AG)_{eq}} \tag{8.3.11}$$

由于波纹夹层结构在制造中会受几何构型限制，选择无量纲设计变量的取值范围为：$h/(50l) \leqslant t_f/l \leqslant h/(2l)$，$h/(50l) \leqslant t_c/l$，$30° \leqslant \theta \leqslant 65°$。

根据上述目标函数、控制方程和设计变量约束，波纹夹层梁的轻量化优化列式为

$$\begin{cases} \text{find} & (t_f, t_c, \theta) \\ \min & \psi \equiv \dfrac{2t_f}{l} + \dfrac{t_c}{l}\dfrac{1}{\cos\theta} \\ \text{s.t.} & \dfrac{FL^3}{48lD_{eq}} + \dfrac{FL}{4l(AG)_{eq}} \leqslant 0.01 \\ & \dfrac{h}{50l} \leqslant \dfrac{t_f}{l} \leqslant \dfrac{h}{2l}, \quad \dfrac{h}{50l} \leqslant \dfrac{t_c}{l}, \quad 30° \leqslant \theta \leqslant 65° \end{cases} \tag{8.3.12}$$

其中，find 代表求解；min 代表最小化；s.t. 表示求解时应满足的约束条件。单目标优化问题相对较简单，求解时可选用梯度下降法。对于多目标优化，问题会变得更复杂，需要精心选择优化算法。

**例 8.3.1** 考察某舰船的升降跳板结构设计问题。设计条件为：升降跳板水平放置在船体与码头之间，其跨度为 $L = 5$ m，宽度为 $b = 3$ m，高度为 $h = 0.2$ m；所采用的钢材具有弹性模量 $E = 200$ GPa，Poisson 比 $\nu = 0.3$；在承重 $P = 5$ t 时，最大无量纲挠度 $\delta/l \leqslant 0.01$。将升降跳板简化为波纹夹层梁，在上述条件下设计波纹夹层结构参数。

**解：** 首先，根据式(8.3.7)和式(8.3.9)计算波纹芯体胞元的等效弹性模量和等效剪切模量，将结果代入式(8.3.6)和式(8.3.8)，获得夹层梁的等效弯曲刚度和等效剪切刚度。然后，据式(8.3.5)计算梁的挠度。此外，工程部门通常给出对结构整体尺寸的限制，例如，在本例中，梁的高度与长度之比满足 $h/l = 0.08$。根据上述结果，将式(8.3.12)表示为如下优化列式：

$$\begin{cases} \text{find} & (t_f, t_c, \theta) \\ \min & \psi \equiv \dfrac{2t_f}{l} + \dfrac{t_c}{l}\dfrac{1}{\cos\theta} \\ \text{s.t.} & \dfrac{FL^3}{48lD_{eq}} + \dfrac{FL}{4l(AG)_{eq}} \leqslant 0.01 \\ & \dfrac{h}{l} = 0.08, \quad 0.0016 \leqslant \dfrac{t_f}{l} \leqslant 0.04, \quad \dfrac{t_c}{l} \geqslant 0.0016, \quad 30° \leqslant \theta \leqslant 65° \end{cases} \tag{a}$$

---

[1] 中国船级社. 钢质海船入级规范 2023[S/OL]. [2023 – 10 – 14]. https://www.ccs.org.cn/ccswz/specialDetail?id=202306270224745636.

使用 MATLAB 内置的优化程序求解式(a),得到最优设计参数和对应的无量纲质量:

$$\begin{cases} 波纹通道平行于跨长方向: t_f \approx 4 \text{ mm}, \quad t_c \approx 4 \text{ mm}, \quad \theta = 55.9°; \quad \psi \approx 0.006\ 1 \\ 波纹通道垂直于跨长方向: t_f \approx 16 \text{ mm}, \quad t_c \approx 4 \text{ mm}, \quad \theta = 54.7°; \quad \psi \approx 0.015\ 6 \end{cases} \tag{b}$$

由式(b)可见,在波纹通道平行于跨长方向和垂直于跨长方向的两种布局中,前者的无量纲质量更小,即承载性能更优。这与根据力学常识得到的直观想象结果完全一致。

### 8.3.3 轻质夹层结构的强度设计

上一小节介绍了仅考虑线弹性变形时,波纹芯体夹层梁在集中载荷下的优化设计方法,未涉及结构是否会发生破坏。例如,上述设计不能保证夹层梁的面板或芯体不发生屈服或屈曲。换言之,在上述设计中缺少强度约束条件,其优化结果有超过结构强度的风险。因此,有必要对结构进行强度设计,以完善设计结果。强度设计的目标是:给定载荷,寻求结构不发生破坏的最小质量及设计参数集合。

与 8.3.1 节类似,仍然分析图 8.3.2 所示跨中点受集中力 $P$ 的两端铰支夹层梁模型。此时,梁的危险点在跨中点,该点受最大弯矩 $M_{max}$ 和最大剪力 $Q_{max}$ 共同作用。为便于理解,现分析相对简单的情况,即波纹通道垂直于梁的跨长方向。在这种情况下,由于面板和芯体均为薄壁结构,可假定面板仅承受弯矩,波纹芯体仅承受剪力。

#### 1. 破坏条件

对于面板,危险点的正应力近似为

$$\sigma_f = \frac{M_{max}}{t_f(h-t_f)} = \frac{Q_{max}l}{t_f(h-t_f)} \tag{8.3.13}$$

对于波纹芯体,危险点的正应力为近似为

$$\sigma_c = \frac{Q_{max}}{t_c \sin \theta} \tag{8.3.14}$$

忽略材料发生塑性变形后的强化行为,可得到结构的初始破坏条件如下。

面板屈服:

$$\sigma_f = \sigma_Y \tag{8.3.15a}$$

面板屈曲:

$$\sigma_f = \frac{\pi^2 E I_f k_f}{\lambda_f^2 t_f} \tag{8.3.15b}$$

波纹芯体屈服:

$$\sigma_c = \sigma_Y \tag{8.3.15c}$$

波纹芯体屈曲：

$$\sigma_{\mathrm{f}} = \frac{\pi^2 E I_{\mathrm{c}} k_{\mathrm{c}}}{\lambda_{\mathrm{c}}^2 t_{\mathrm{c}}} \qquad (8.3.15\mathrm{d})$$

其中，$\sigma_Y$ 是母材的屈服应力；$\lambda_f$ 和 $\lambda_c$ 分别是一个胞元内面板构件和芯体胞元壁的长度，可以表示为 $\lambda_f = 2(h-t_f)/\tan\theta$，$\lambda_c = (h-t_f)/\sin\theta$；$I_f = t_f^3/12$ 和 $I_c = t_c^3/12$ 分别是单位宽度上面板和芯体胞元壁的截面惯性矩；$k_f$ 和 $k_c$ 分别是面板和芯体胞元壁的屈曲系数，它们是对临界屈曲应力的修正参数，与面板和芯体胞元壁的边界条件相关。确定参数 $k_f$ 和 $k_c$ 时，可将面板和芯体胞元壁简化为两端铰支细长杆，在其端部配置扭转弹簧，通过调整弹簧刚度来模拟相邻构件提供的约束。研究表明，在计算时需排除处于屈曲边缘的相邻构件提供的刚度，否则得到的屈曲载荷有风险。在工程应用中，一般需通过数值计算和实验等手段，对基于上述简化模型得到的参数 $k_f$ 和 $k_c$ 进行验证。

首先，介绍如何计算受压面板的扭转刚度。在图 8.3.6 中，粗实线代表所分析的杆件；虚线代表可能受压屈曲的杆件，不考虑其扭转刚度的贡献；细实线代表受拉杆件，考虑其扭转刚度。在结构强度优化中，应使其各子构件充分参与承载。因此，当设计参数位于优化结果附近时，可设芯体胞元的受压斜杆接近屈曲，面板两端仅有芯体胞元的一根受拉斜杆提供端部支撑。类似地，忽略端部节点相邻面板构件提供的约束。由此，可将约束简化为铰接模型来描述杆件屈曲时其端部的扭转行为，故扭转刚度可表示为

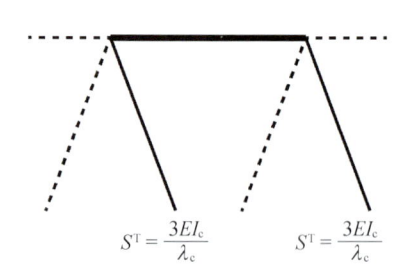

图 8.3.6　面板构件扭转刚度分析模型

$$S_{\mathrm{f},1}^{\mathrm{T}} = S_{\mathrm{f},2}^{\mathrm{T}} = \frac{3EI_{\mathrm{c}}}{\lambda_{\mathrm{c}}} \qquad (8.3.16)$$

其中，系数 3 对应将约束简化为铰链的情形[1]。

然后，介绍如何计算受压芯体胞元斜杆的扭转刚度。在图 8.3.7 中，粗实线代表所分析的杆件；虚线代表可能受压屈曲的杆件，不考虑其扭转刚度的贡献；细实线代表受拉杆件，考虑其扭转刚度。在其中一个端部，面板受压；在优化结果附近，设其状态接近屈曲。因此，只有一个芯体胞元的受拉斜杆为该受压斜杆提供端部支撑。在另一个端部，其邻近的面板构件和波纹斜杆构件受拉，均为该受压斜杆提供端部支撑。因此，所研究

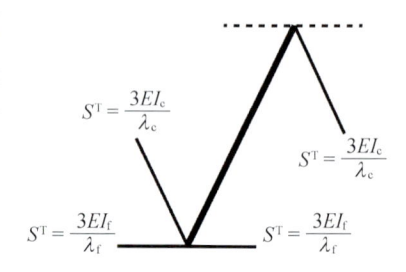

图 8.3.7　波纹芯体胞元斜杆扭转刚度分析模型

---

[1] Valdevit L, Hutchinson J W, Evans A G. Structurally optimized sandwich panels with prismatic cores [J]. International Journal of Solids and Structures, 2004, 41: 5105-5124.

斜杆的两端具有不同的端部约束,分别为

$$S_{c,1}^{T} = \frac{6EI_f}{\lambda_f} + \frac{3EI_c}{\lambda_c}, \quad S_{c,2}^{T} = \frac{3EI_c}{\lambda_c} \tag{8.3.17}$$

杆的屈曲系数与端部扭转刚度相关,可通过以下公式进行计算[1]:

$$k_f = \frac{(0.4 + \eta_{f,1})(0.4 + \eta_{f,2})}{(0.2 + \eta_{f,1})(0.2 + \eta_{f,2})}, \quad k_c = \frac{(0.4 + \eta_{c,1})(0.4 + \eta_{c,2})}{(0.2 + \eta_{c,1})(0.2 + \eta_{c,2})} \tag{8.3.18}$$

其中,$\eta_{f,i} = EI_f/(\lambda_f S_{f,i})$,$\eta_{c,i} = EI_c/(\lambda_c S_{c,i})$,$i = 1, 2$。根据 $\lambda_f$ 和 $\lambda_c$ 的定义,可推知 $\lambda_f = 2\lambda_c \cos\theta$,由此可得

$$k_f = \left[\frac{2.4(t_c/t_f)^3 \cos\theta + 1}{1.2(t_c/t_f)^3 \cos\theta + 1}\right]^2, \quad k_c = 1.375 \left[\frac{1.2(t_c/t_f)^3 + 2.2\cos\theta}{0.6(t_c/t_f)^3 + 1.6\cos\theta}\right] \tag{8.3.19}$$

**2. 优化问题**

为了便于建立控制方程,引入无量纲载荷系数 $Q_{max}^2/(EM_{max})$,将式(8.3.15)的结构破坏条件改写为如下无量纲形式。

面板屈服:

$$\frac{Q_{max}^2}{EM_{max}} = \frac{\sigma_Y}{E} \frac{t_f}{l} \left(\frac{h}{l} - \frac{t_f}{l}\right) \tag{8.3.20a}$$

面板屈曲:

$$\frac{Q_{max}^2}{EM_{max}} = \frac{k_f \pi^2}{48} \left(\frac{h}{l} - \frac{t_f}{l}\right)^{-1} \left(\frac{t_f}{l}\right)^3 \tan^2\theta \tag{8.3.20b}$$

波纹芯体屈服:

$$\frac{Q_{max}^2}{EM_{max}} = \frac{\sigma_Y}{E} \frac{t_c}{l} \sin\theta \tag{8.3.20c}$$

波纹芯体屈曲:

$$\frac{Q_{max}^2}{EM_{max}} = \frac{k_c \pi^2}{12} \left(\frac{h}{l} - \frac{t_f}{l}\right)^{-2} \left(\frac{t_c}{l}\right)^3 \sin^3\theta \tag{8.3.20d}$$

如果要求夹层结构在不发生破坏的前提下承受载荷,则面板和芯体的应力水平均应小于任何可能发生的破坏模式对应的破坏条件。设计目标仍然是寻求夹层结构的最小质量。结合前面所述波纹芯体夹层结构在制造中受到的几何构型限制,将该轻量化设计问

---

[1] Bazant Z P, Cedolin L. Stability of Structures: Elastic, Inelastic, Fracture and Damage Theories[M]. Singapore: World Scientific Press, 2010: 12-19.

题表示为如下优化列式：

$$\begin{cases} \text{find} \quad (t_f, t_c, \theta) \\ \min \quad \psi \equiv \dfrac{2t_f}{l} + \dfrac{t_c}{l}\dfrac{1}{\cos\theta} \\ \text{s.t.} \quad \dfrac{Q_{max}}{EM_{max}}\dfrac{E}{\sigma_Y}\dfrac{l}{t_f}\left(\dfrac{h}{l}-\dfrac{t_f}{l}\right)^{-1} \leqslant 1, \quad \dfrac{Q_{max}}{EM_{max}}\dfrac{48}{k_f\pi^2\tan^2\theta}\left(\dfrac{h}{l}-\dfrac{t_f}{l}\right)\left(\dfrac{l}{t_f}\right)^3 \leqslant 1 \\ \qquad \dfrac{Q_{max}}{EM_{max}}\dfrac{1}{\sin\theta}\dfrac{E}{\sigma_Y}\dfrac{l}{t_c} \leqslant 1, \quad \dfrac{Q_{max}}{EM_{max}}\dfrac{12}{k_c\pi^2\sin^3\theta}\left(\dfrac{h}{l}-\dfrac{t_f}{l}\right)^2\left(\dfrac{l}{t_c}\right)^3 \leqslant 1 \\ \qquad \dfrac{h}{l}=0.08, \quad 0.0016 \leqslant \dfrac{t_f}{l} \leqslant 0.04, \quad \dfrac{t_c}{l} \geqslant 0.0016, \quad 30° \leqslant \theta \leqslant 65° \end{cases}$$

(8.3.21)

对于波纹通道与夹层梁跨长方向平行的布局，构造优化问题的过程与前述类似。值得注意的是，波纹纵向布置时，无法假设弯矩和剪力分别由面板和波纹芯体承受，需计算横截面的应力分布图并开展更为细致的研究。当然，待求解的优化问题仍可定义为类似于式(8.3.21)的单目标优化问题。

对于式(8.3.21)，可采用 MATLAB 的内嵌算法对上述优化问题进行求解。研究表明，使波纹夹层结构具有较优抗剪能力的波纹倾斜角 $\theta$ 取值在一个变化较小的范围内[1]。因此，结合 8.3.1 节的刚度优化结果，可直接选取对应较高抗剪能力的 $\theta$ 值，进而减少计算量。

**例 8.3.2** 对于例 8.3.1 所讨论的舰船升降跳板，选用波纹通道与夹层梁跨长垂直布局，保持载荷、总体结构尺寸、母体材料等不变；给定材料屈服应力 $\sigma_Y = 450$ MPa，在面板和芯体均不发生破坏的前提下，对结构进行轻量化设计。

**解**：对于集中载荷 $P = 5$ t 位于跨中的最危险工况，可分别求得两端铰支夹层梁危险点处的最大弯矩和最大剪力为

$$Q_{max} = \dfrac{P}{2} = \dfrac{5 \times 10^3 \times 10}{2} = 2.5 \times 10^4 (\text{N}), \quad M_{max} = Q_{max}l = 1.25 \times 10^5 (\text{N} \cdot \text{m}) \quad \text{(a)}$$

无量纲载荷系数为

$$\dfrac{Q_{max}^2}{EM_{max}} = \dfrac{(2.5 \times 10^4)^2}{2 \times 10^{11} \times 1.25 \times 10^5} = 2.5 \times 10^{-8} \quad \text{(b)}$$

取波纹倾斜角为 $\theta = 54.7°$，将式(b)和材料参数代入式(8.3.21)。此外，与例 8.3.1 相似，添加约束条件 $h/l = 0.08$。使用 MATLAB 内置的单目标优化程序对该问题进行求解，得到最优设计参数和对应的无量纲质量：

---

[1] Lu T J, Hutchinson J W, Evans A G. Optimal design of a flexural actuator[J]. Journal of the Mechanics and Physics of Solids, 2001, 49: 2071-2093.

$$t_\mathrm{f} \approx 6 \text{ mm}, \quad t_\mathrm{c} \approx 4 \text{ mm}, \quad \theta = 54.7°; \quad \psi \approx 0.0076 \qquad (\mathrm{c})$$

与例 8.3.1 相比，此处优化结果的质量更小。由此可判断，例 8.3.1 中的优化结果未超过结构的强度极限。这说明，该问题的刚度约束强于对结构强度极限施加的约束。然而，针对不同问题，也可能发生刚度优化结果超过结构强度极限的情况，故仍有必要开展轻质夹层结构的强度优化设计。此外，还可将刚度约束和强度约束联立，进行刚度-强度优化设计。

虽然上述结构刚度设计和结构强度设计具有形式相似的优化问题的定义，但其约束条件具有显著差异。通常，结构刚度设计关注小变形问题，其求解相对容易；而强度设计往往涉及非线性问题，如材料的弹塑性本构关系，其求解难度较大。

基于上述方法，可研究不同的轻质多孔结构，并得到相关的优化结果。图 8.3.8 给出了几种典型芯体夹层结构在承受弯曲情形下的优化结果（$\varepsilon_\mathrm{ys} = \sigma_\mathrm{Y}/E$，为母材的屈服应变）。由图可见，波纹夹层结构纵向布置比横向布置具有明显的性能优势，而性能更好的是具有蜂窝芯体的夹层结构。在工程实践中，综合考虑力学性能、制备工艺复杂度、加工成本、结构通风防锈等因素，波纹夹层结构仍具有不可替代的优势。因此，在高速列车、舰船等装备中，波纹夹层结构得到成功应用。换言之，在结构设计中，不仅需要基于力学来优化性能，还需根据其他影响因素来选择结果。

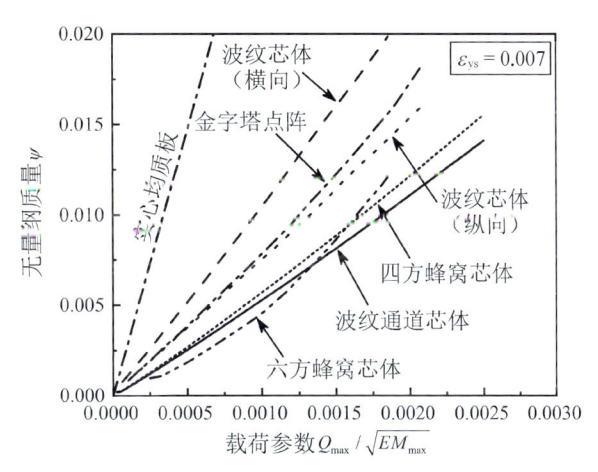

**图 8.3.8 典型轻质多孔芯体夹层结构的强度优化设计结果**

### 8.3.4 结构轻量化设计的流程

根据前两小节介绍的轻质夹层结构刚度设计和强度设计，装备结构的轻量化设计是一个由整体到局部的过程。首先，针对装备结构进行分析，抓住主要矛盾，建立简化力学模型；其次，建立力学模型与轻质结构内部微结构的联系，分析相关力学性能；利用分析结果构建控制方程和设计约束，结合优化目标定义优化问题；最后，采用优化算法求解优化问题，获得优化结果。图 8.3.9 给出了结构轻量化设计的流程。

值得指出的是，上述优化设计方法并不受限于结构力学设计。对于结构的电学性能、热学性能、声学

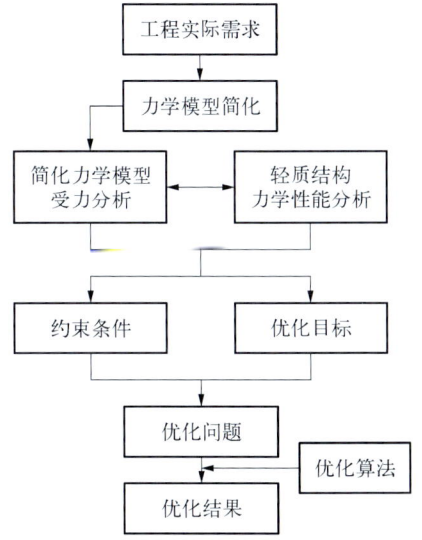

**图 8.3.9 结构轻量化设计的流程**

性能等设计,只需根据物理知识建立控制方程,即可进行优化设计。对于不同物理性能之间的耦合,可基于3.4节所讨论的单向耦合概念来分析可否化简,进而定义尽可能简化的优化问题。例如,为了便于理解,本节针对刚度设计和强度设计进行了分步介绍。在工程实践中,若求解规模不大,通常会将两者进行耦合优化设计。另外,优化目标也并非单一,可选取合适的优化算法开展多目标优化。再者,针对更加复杂的优化问题,若难以建立控制方程,可采用数值仿真-机器学习办法来构造优化问题。因此,建议读者掌握这种力学分析及优化设计的思路,针对具体问题,采取具体解决办法,但万变不离其宗。

值得指出,上述结构轻量化设计是以结构整体为设计对象。在工程实践中,还会涉及结构局部分析和设计。以上述舰船升降跳板为例,当车辆通过时,车轮对结构的压强可能导致其局部破坏。此时,需要对结构进行局部加强设计,例如,采用混杂芯体对结构的局部和整体刚度/强度进行增强。

此外,工程结构的服役条件很复杂,且具有不同工况。例如,高速列车车身、舰载机升降平台、深海采油平台的直升机升降台等需具有高压溃吸能、高抗冲击吸能、高面内压缩强度等不同的力学性能需求,甚至包括减振降噪、传热散热等多功能需求。对于这些问题,可参考本节所介绍的设计思路进行具体研究。

## 8.4 轻巧承力功能一体超结构研究

上节以波纹芯体夹层结构为例介绍结构轻量化设计,内容侧重于结构承力性能。在现代装备中,对结构的要求已不再仅限于承力,还要求其具备其他功能,如冲击吸能、减振降噪、散热隔热、吸波、可重构等,以适应复杂苛刻的服役条件。为解决现有装备承力结构与功能分离这一共性问题,需进一步开展多功能结构设计,实现装备性能的提升。

目前,传统材料已经演变到了超材料阶段。**超材料**是指具有人造微结构的材料,具有天然材料不具备的超常物理性质。通常,超材料被视作功能材料,未必具备重量轻、体积小、承力大等特征。若要显著提升装备结构的承力和多功能一体性能,需将装备的结构和功能紧密融合,在一定结构层次基础上形成人工复合或变异结构,使其重量轻、体积小、承力大,并具有所需的其他功能,进而在航空、航天、车辆、舰船、国防、能源等领域得以广泛应用。本章作者将这类新型结构定义为**轻巧承力功能一体超结构**。需要强调的是,设计这类结构时不仅需同时考虑至少四个目标函数(重量、体积、承载、功能),同时还需考虑其多材料、跨尺度、层级结构、多场耦合等特征。

轻巧承力功能一体超结构是对传统装备设计的一种突破性改进,其设计关键是引入具有多种优势(如重量轻、体积小、高比强度、高比刚度、耐冲击、功能多样化等特点)的多尺度人造多孔结构,将装备结构的整体性能提升到一个全新水平。由于千变万化的孔隙结构为多孔结构带来丰富的可设计性,多孔芯体夹层结构为设计超结构提供了重要基础。因此,本节将以波纹芯体夹层结构为例,介绍如何利用其独特的多孔芯体来设计重量轻、体积小、承力和功能一体的不同超结构方案,以适应复杂的工程应用需求。

### 8.4.1 轻巧-承力-散热超结构

波纹芯体夹层结构除了具有优异的力学性能外,其紧凑的开放式芯体通道不仅可进一步增加结构的轻量化特性,还可在强迫对流下作为优良的传热介质,具有主动散热功能,特别适用于对重量、体积、承载和散热均有较高要求的场景,如高超声速超燃冲压发动机的冷却板、航天器的热控板、航空母舰的喷气偏流装置等。

图 8.4.1 是这类超结构的示意图。由图可见,通过对波纹芯体进行较为开放的通道设计,将波纹芯体旋转 90°,并将旋转后的波纹等距排列构成通道,可形成一种力学性能优异,并同时满足散热需求的新型波纹通道夹层结构[1]。

图 8.4.2 表明,与相同母材制造的其他多孔结构相比,波状通道结构在面外压缩强度指标方面有明显优势。在此基础上,可进一步考虑该结构的承载-散热双功能特性,即在承受沿纵向波纹弯曲载荷的同时,在其波纹通道内通入冷却介质进行主动散热。结构的散热指标可定义为 $I_1 = c/\Delta p$,其中 $c$ 为传热性能,$\Delta p$ 为冷却介质压降。为同时考虑承载和散热功能,可构造包括散热、轻质的双功能设计指标 $I_2 = I_1 \bar{\rho} \cos^2 \theta$,其中 $\bar{\rho}$ 为芯体的相对密度,$\theta$ 为波纹夹角。图 8.4.3 给出了指标 $I_2$ 与芯体相对密度 $\bar{\rho}$ 之间的关系。对于图中给定的 Reynolds 数,$I_2$ 随 $\bar{\rho}$ 增大出现先增大后减小的趋势,最优性能对应的 $\bar{\rho}$ 值约为 46%,即图中圆圈对应的横坐标。需指出的是,该值高于仅考虑散热性能的芯体相对密度,表明需通过增加芯体的相对密度来兼顾承载和散热的双功能要求。

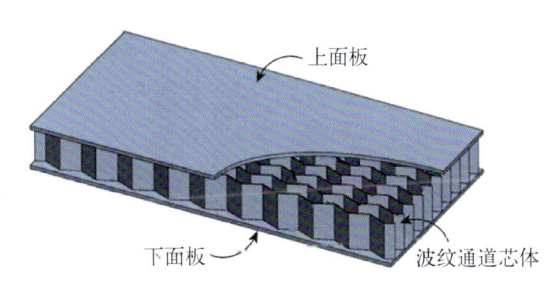

图 8.4.1 波纹通道夹层结构示意图

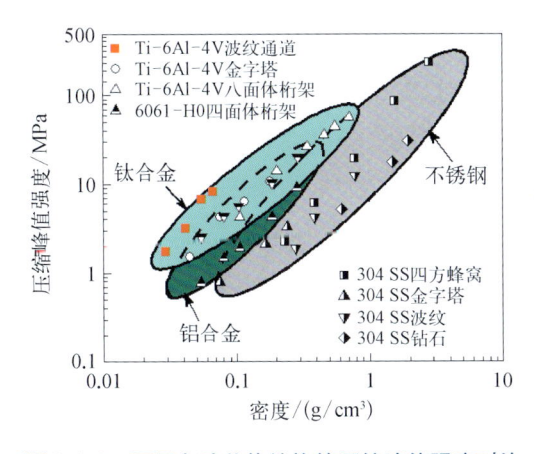

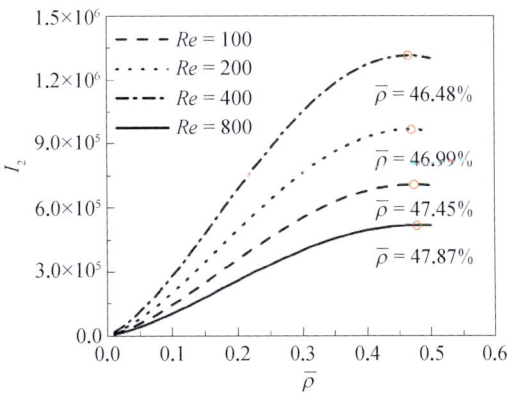

图 8.4.2 不同多孔芯体结构的压缩峰值强度对比  图 8.4.3 双功能指标与芯体相对密度间的关系

---

[1] 赵振宇. 波纹通道夹层结构力学性能研究及多功能设计[D]. 西安:西安交通大学,2019:74-83.

### 8.4.2 轻巧-承力-可重构超结构

随着材料科学和技术的进步,智能材料、生物材料、纳米材料等不断涌现,为设计波纹夹层结构功能提供了更多可能,进而可拓展其作为轻巧承力功能一体超结构的应用范畴。

本章作者在波纹夹层结构中引入形状记忆合金等智能材料,发明了具有主动变形控制能力的轻巧承力结构,可在承载的同时通过调整温度来改变结构形貌,实现结构重构[1]。图 8.4.4 给出了不同结构的载荷指数-无量纲质量关系。**载荷指数**定义为 $\Pi = P/(ELB)$,其中 $P$ 为面外恒定力,$E$ 为材料弹性模量,$L$ 和 $B$ 分别为结构长度和宽度。该结构与传统的双压电晶体片可重构结构相比,在轻质的前提下能承受更大的约束力。与面板所承受的轴向应力相比,芯体承受的应力很小;当面板发生拉伸(收缩)变形时,芯体对面板的阻力可忽略不计。因此,基于形状记忆合金设计的波纹夹层结构在温度发生变化时更易产生变形。形状记忆合金的温度响应速度低于压电材料的电致响应速度,因此这类结构适合于慢重构结构。

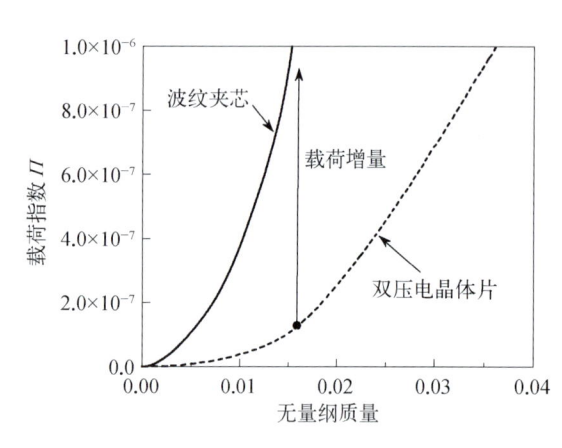

**图 8.4.4** 不同结构的载荷指数-无量纲质量关系图

### 8.4.3 轻巧-承力-吸能一体超结构

除了通过改变波纹结构的母材来提升结构性能,还可基于杂化理念,利用波纹结构自身具有较大孔隙的特点,在其内部填充蜂窝材料,发明新的结构。例如,图 8.4.5 是本章作者团队发明的集轻巧、承力、冲击吸能于一体的波纹-蜂窝混杂夹层结构[2]。

常规的铝制蜂窝夹层结构的剪切强度较低,采用 304 不锈钢作为蜂窝的母材或将蜂窝更换为波纹结构,可提高剪切强度,但会带来增重问题。相对而言,基于铝合金构造的波纹-蜂窝混杂夹层结构具有与钢制蜂窝或波纹夹层结构类似的剪切强度,但可大幅减轻重量。

在面外压缩、弯曲及其他形式的载荷作用下,波纹-蜂窝混杂夹层结构比传统的蜂窝和波纹夹层结构具有更好的承载性能。以剪切加载为例,单一波纹结构因压缩而发生屈曲失效,波纹板在随后的变形过程中出现图 8.4.6(a)所示的三个塑性铰。蜂窝结构则因局部屈

---

[1] Lu T J, Hutchinson J W, Evans A G. Optimal design of a flexural actuator[J]. Journal of the Mechanics and Physics of Solids, 2001, 49: 2071-2093.

[2] Han B, Qin K K, Zhang Q C, et al. Free vibration and buckling of foam filled composite corrugated sandwich plates under thermal loading[J]. Composite Structures, 2017, 172: 173-189.

曲而失效,随后发生图 8.4.6(b)所示的渐进剪切折叠。与单一波纹或蜂窝结构相比,波纹-蜂窝混杂结构内的波纹板出现更多的塑性铰,其蜂窝出现图 8.4.6(c)所示的更大范围剪切带。图 8.4.6(d)表明,波纹-蜂窝之间的耦合变形使混杂结构在剪切载荷下更为强韧,可改善单一蜂窝或波纹结构的剪切性能较弱的固有缺点。如图 8.4.7 所示,与其他多孔夹层结

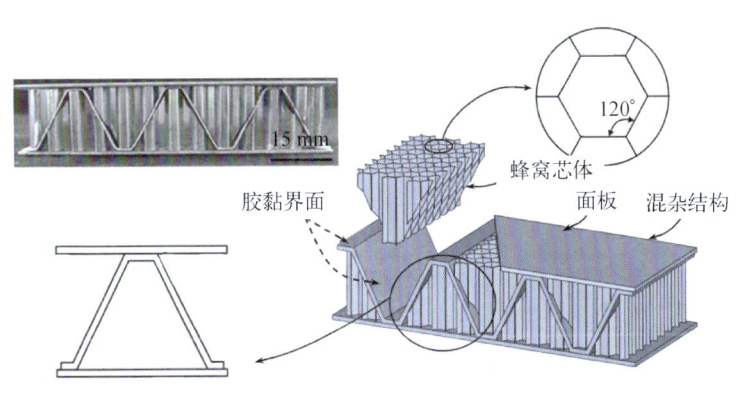

图 8.4.5 波纹-蜂窝混杂夹层结构示意图

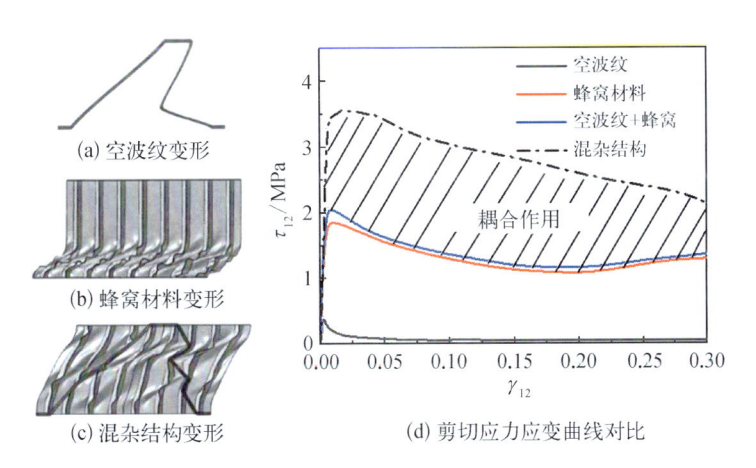

图 8.4.6 几种多孔结构的力学性能对比

构相比,波纹-蜂窝混杂夹层结构在压缩、剪切等载荷作用下的吸能效率具有明显优势。因此,基于波纹-蜂窝混杂思想,可设计集轻巧、高比刚度/强度、高比吸能于一体的超结构。

值得指出,上述混杂夹层结构是基于金属材料加工制造的。对于高超声速飞行器、深空探测器、高速列车等装备,可采用纤维增强复合材料来进一步减轻结构重量。研究表明,由复合材料制成的波纹-蜂窝混杂结构,不仅具

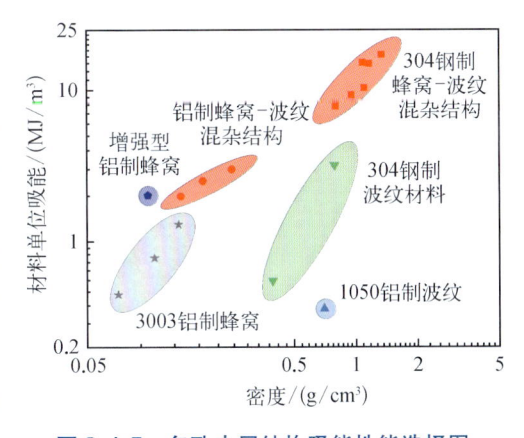

图 8.4.7 多孔夹层结构吸能性能选择图

有更高的比刚度和比强度，其固有频率也显著提升[1]。因此，全复合材料混杂结构是一类性能更加优异的超结构，具有广阔的应用潜力。

### 8.4.4 轻巧-承力-吸能-降噪一体超结构

如图8.4.8所示，通过在面板和波纹上布置微穿孔，可设计集轻巧、承力、吸能和降噪等多种功能于一身的微穿孔波纹-蜂窝混杂超结构，进而满足发动机声衬等对轻巧、承载、吸能、减振和降噪的多重需求。与图8.4.9(a)中仅在面板上打孔的蜂窝夹层结构不同，图8.4.9(b)中的微穿孔波纹-蜂窝混杂夹层结构拥有多种不同形态的 Helmholtz 共振子单元[2]。与图8.4.9(c)中波纹板上未穿孔的波纹-蜂窝结构相比，微穿孔波纹-蜂窝混杂结构既有单层微穿孔吸声结构子单元，又有双层微穿孔吸声结构子单元。上述子单元的差异性使这类超结构拥有更多的共振频率，可显著拓宽其吸声带宽。为了评价性能提升的效果，定义**吸声系数**为入射声波被结构吸收的能量与入射声波携带的总能量之比。图8.4.9(d)对比了上述三种结构的吸声性能。与单一蜂窝或芯体未布置微穿孔的波纹-蜂窝混杂结构相比，微穿孔波纹-蜂窝混杂结构的吸声频谱更宽，具有更为优异的低频宽带吸声性能。此外，由于穿孔的直径为亚毫米级别，即 0.1~1 mm，其对结构宏观力学性能的影响可忽略不计。

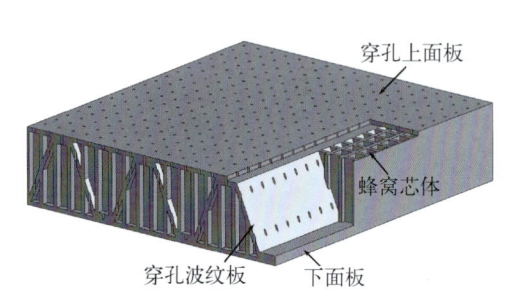

图 8.4.8 微穿孔波纹-蜂窝混杂夹层结构示意图

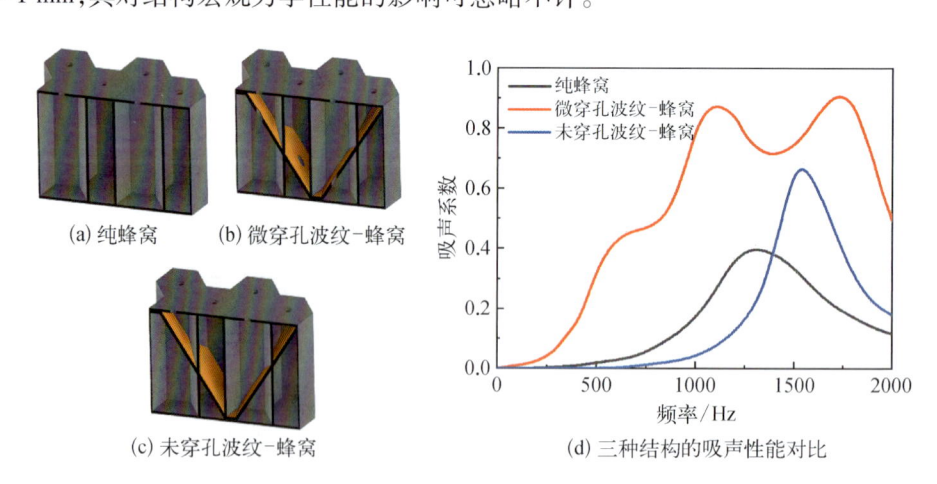

图 8.4.9 混杂结构与传统微穿孔结构的吸声性能对比

---

[1] Kang R, Shen C, Lu T J. A three-dimensional theoretical model of free vibration for multifunctional sandwich plates with honeycomb-corrugated hybrid cores[J]. Composite Structures, 2022, 298: 115990.

[2] 张丰辉，唐宇帆，辛锋先，等. 微穿孔蜂窝-波纹复合声学超材料吸声行为[J]. 物理学报，2018，67：120-130.

除了轻巧、承力、吸能、减振和降噪功能,采用复合材料制备的波纹夹层结构及混杂夹层结构还可满足未来飞行器的隐身需求[1]。这主要得益于以下三个方面:第一,以玻璃纤维为代表的复合材料是理想的透波材料,常用作吸波材料的增强体;第二,新型波纹结构设计不仅可提高结构承载效率,还可实现吸波/透波一体化设计;第三,波纹夹层结构可使电磁波在结构内部发生多次吸收,进而实现电磁波的超宽带高效精确调控。

### 8.4.5 轻巧-承力-吸能一体曲面超结构

与平板结构相比,曲面结构具有更高的结构稳定性和更大的容积效率[2]。以图 8.4.10 所示的高速列车车身为例,其多采用曲面铝合金挤压成型的波纹结构制成[3],呈现卓越的承载和能量吸收能力,在遭受外部剧烈冲击时能更好地保护乘客和车辆的安全性。

近年来,我国正在研制时速 600 km 以上的磁悬浮列车。对于如此高的速度,现有波纹结构无法满足耐撞性需求。为解决该瓶颈问题,需创新车身结构设计。一种方案是在波纹结构中填充轻质并具有优异吸能特性的多孔材料,形成比强度、比吸能更高的轻巧承力吸能超结构。例如,在圆筒形波纹夹层结构中填充聚甲基丙烯酰亚胺(polymethacrylimide,PMI)泡沫,形成泡沫-波纹混杂圆柱壳结构[4]。这类泡沫填充复合结构在轴向压缩载荷下具有明显的耦合强化效应。如图 8.4.11 中的阴影区域所示,该结

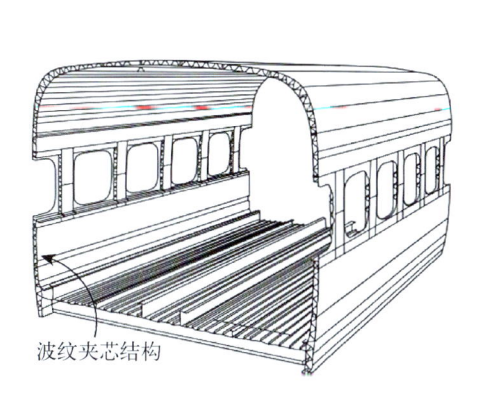

图 8.4.10 波纹夹层结构应用于高速列车车身

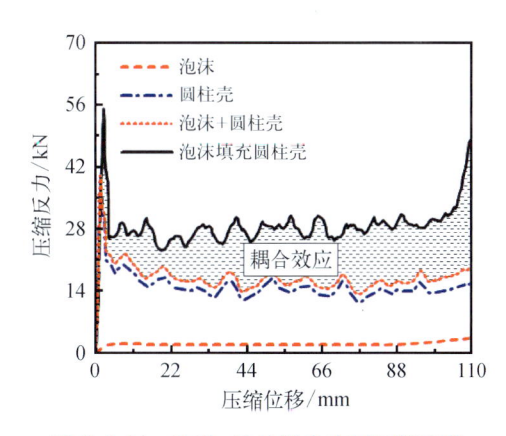

图 8.4.11 泡沫-波纹混杂夹层圆柱壳的力-位移关系

[1] Jiang W, Ma H, Yan L, et al. A microwave absorption/transmission integrated sandwich structure based on composite corrugation channel: design, fabrication and experiment[J]. Composite Structures, 2019, 229: 111425.
[2] Yang Z, Yan H, Huang C, et al. Experimental and numerical study of circular, stainless thin tube energy absorber under axial impact by a control rod[J]. Thin-Walled Structures, 2014, 82: 2432.
[3] Matsumoto M, Masai K, Wajima T. New technologies for railway trains[J]. Hitachi Review, 1999, 48(3): 134-138.
[4] 苏鹏博. 金属波纹及其复合增强型夹芯圆柱壳耐撞性能及抗爆性能研究[D]. 西安: 西安交通大学, 2021: 56-64.

构的能量吸收提升了67%。图8.4.12表明,在混杂夹层壳的轴向加载过程中,壳体褶皱会侵入泡沫区域,导致泡沫材料的压缩更为充分,吸收更多的冲击能量。此外,混杂夹层壳中褶皱的弯曲变形促使各层褶皱相互挤压,导致更多材料发生塑性变形,进而吸收更多的冲击能量。

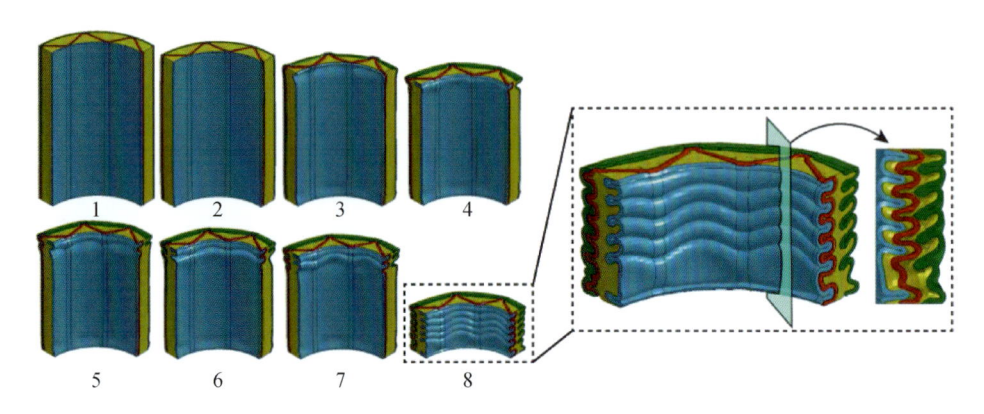

**图8.4.12 泡沫-波纹混杂夹层圆柱壳的轴向压溃过程(从序号1到序号8)**

与上述夹层圆柱壳结构相比,圆锥壳结构具有更低的峰值力、更稳定的变形模式、更好的抵抗斜压的能力,以及更多的可设计性[1]。本章作者团队据此设计了泡沫-波纹混杂夹层圆锥壳,该结构能充分利用泡沫自身的吸能特性及泡沫与管壁之间的耦合作用,实现比吸能的显著提升[2]。该新颖结构可望为未来的高速列车头部设计提供新技术。

### 8.4.6 轻巧-承力-吸能含液多孔超结构

高速列车在行驶中可能会遇到各种外部撞击,如飞禽、碎石、车辆等,故其车身结构需具备良好的抗冲击性能。在冲击载荷作用下,高速列车车身采用的波纹结构易发生塑性屈曲和渐进折叠失效,从而吸收一定的冲击能量。为进一步提升其冲击吸能能力,除了在波纹芯体内填充金属或非金属多孔材料(如蜂窝或泡沫材料)外,可仿照人类头盖骨,在多孔芯体内填充液体(如水),形成新颖的设计方案。

图8.4.13的实验结果表明,当填充水的金属波纹夹层结构受到面外冲击载荷作用时,由于水的惯性和不可压缩性,波纹板与水之间产生流固耦合效应,有助于波纹板更好地维持其形状,增强结构的整体刚度,提高波纹芯体对塑性屈曲的抵抗力,显著降低波纹芯体前后两个面板的变形挠度[3]。在高速列车的正常行驶过程中,波纹夹层结构可充当副水箱,既不增加额外的质量,还有助于冲击吸能,甚至大幅降低现有水箱的容积。

---

[1] Baroutaji A, Sajjia M, Olabi A G. On the crashworthiness performance of thin-walled energy absorbers: recent advances and future developments[J]. Thin-Walled Structures, 2017, 118: 137–163.
[2] 杨茂. 波纹夹芯圆锥壳及其改进型结构的耐撞性研究与优化设计[D]. 西安: 西安交通大学, 2021: 17–34.
[3] Wang X, Yu R P, Zhang Q C, et al. Dynamic response of clamped sandwich beams with fluid-filled corrugated cores[J]. International Journal of Impact Engineering, 2020, 139: 103533.

(a) 空波纹结构

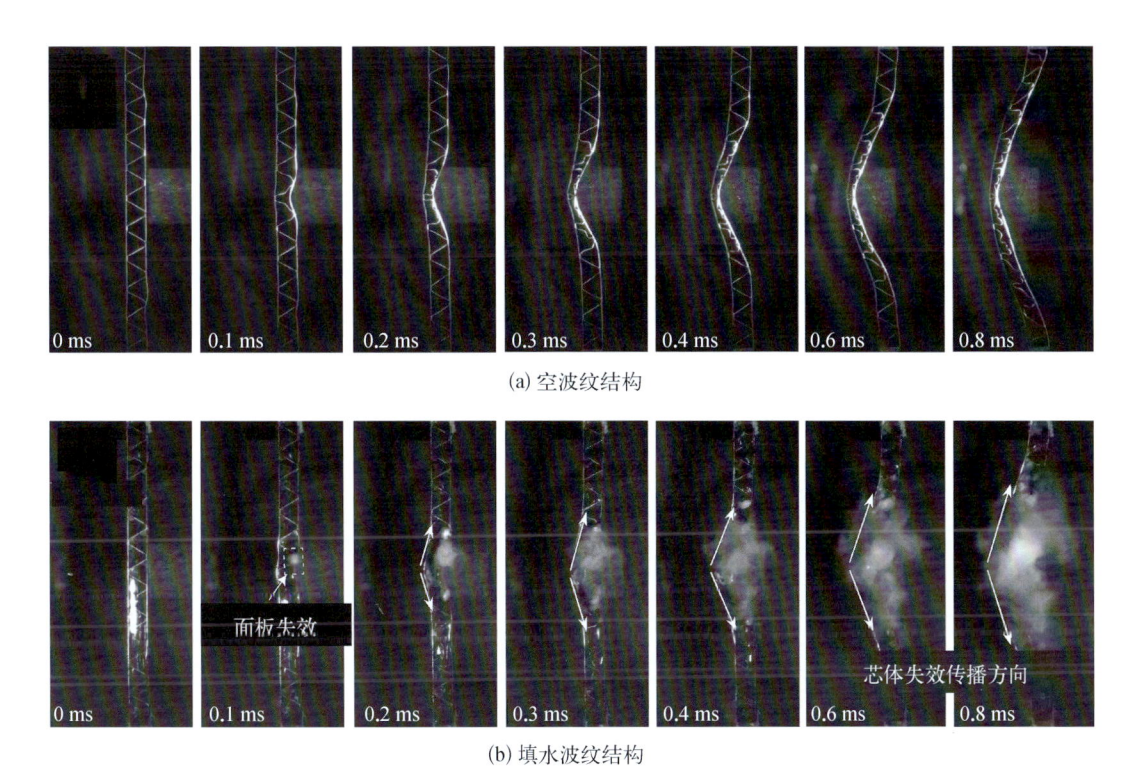

(b) 填水波纹结构

图 8.4.13　冲击变形过程对比（载荷冲量 8.0 kPa·s）

## 8.5　问题与展望

以多孔夹层结构为骨架，引入多功能人造多孔结构构建的轻巧承力功能一体超结构，已成为引人注目的新技术。这类超结构不仅具有质轻、体小及承载的基本特质，还在吸能、减振、降噪、热管理、可重构、隐形等多个方面展现出了巨大的潜力和广阔的应用前景。

例如，将陶瓷、混凝土、砂粒等引入轻质夹层结构的多孔芯体，可实现集轻质、体小、承载、抗爆、抗弹（破片群）等多种功能于一体的超结构防护设计方案。目前，多孔金属夹层结构在水面舰艇的防护结构中已实现成功应用。此外，将轻质高强纤维复合材料（如密度小于水、具有优异抗侵彻性能的超高分子量聚乙烯）引入超结构设计，可进一步提升结构在极端载荷下的防护性能，更好应对日益复杂的威胁和挑战。

随着材料技术和制造技术的发展，基于超轻多孔结构，有望构建规模更加宏大、功能更加丰富、性能更加优越的超结构家族。在可预见的未来，有如下值得关注的发展态势。

第一，随着智能材料和控制系统的广泛应用，结合材料/结构混杂理念，具备可编程重构、可反复折叠等功能的智能超结构将成为现实。这种超结构不仅具备轻质和承载能力,还拥有出色的形态适应性功能。例如,在可变体飞行器中,智能超结构可根据不同飞行需求,自动调整机翼形状和尺寸,获得最佳飞行性能。智能材料和控制系统的整合,可为超结构引入新的性能及功能维度,预期在高端装备、建筑结构等领域发挥重要作用。

第二,增材制造、精密加工和自动化生产线的发展,为不同超结构的制造技术提供了强大支撑。例如,增材制造技术为跨尺度-多层级-多材料超结构的制造提供了更多可能性。此外,相关技术的日益进步,不仅有助于降低制造成本,还提高了超结构的质量和可靠性。

第三,建立超结构的多物理性能评价体系是重要的发展方向。通过开发高应变率、高温高压、热流固耦合、高噪声等极端环境下的多物理性能表征技术,形成多功能轻质承力构件综合性能评价方法,可望为跨尺度-多层级-多材料超结构的设计方法、制造技术和工程应用提供系统科学的指导。

# 思 考 题

**8.1** 在8.2.2节中,介绍了以刚度为指标对梁进行轻量化设计的途径。若以强度为指标,应如何实现轻量化设计?

**8.2** 针对承受压缩载荷的构件,通过何种途径实现轻量化设计?

**8.3** 在8.3节中,轻质夹层结构刚度设计与强度设计的异同是什么?

**8.4** 对于夹层板强度设计问题,由于波纹芯体难以发生屈服,可不计式(8.3.20c)。假定其余破坏模式同时发生,即式(8.3.20)中各个无量纲载荷系数相等。取 $\theta = 57.4°$, $\varepsilon_{ys} \equiv \sigma_Y/E = 0.007$,并对式(8.3.10)取 $\psi = 0.01$。在上述条件下求解无量纲几何参数 $t_f/l$, $t_c/l$ 和 $h/l$,并计算无量纲载荷系数。在图8.3.8中标注得到的点 $(Q_{max}/\sqrt{EM_{max}}, \psi)$,观察并解释所发现的现象。

**8.5** 除了波纹结构,是否可采用蜂窝、桁架等不同的多孔芯体构建超结构?与波纹芯体为基础的超结构设计对比,这些结构具有哪些优势?

# 拓展阅读文献

1. 何德坪. 超轻多孔金属[M]. 北京:科学出版社,2008.
2. 卢天健,辛锋先. 轻质板壳结构设计的振动和声学基础[M]. 北京:科学出版社,2012.
3. 卢天健,林敏,徐峰. 牙齿的热-力-电生理耦合行为[M]. 北京:科学出版社,2015.
4. 卢天健,沈承. 多功能轻量化材料与结构[M]. 北京:科学出版社,2023.
5. Budiansky B. On the minimum weights of compression structures[J]. International Journal of Solids and Structures, 1999, 36: 3677-3708.

6. Tian Y S, Lu T J. Optimal design of compression corrugated panels[J]. Thin-Walled Structures, 2005, 43: 477–498.
7. Lu T J, Xu F, Wen T. Thermofluid Behaviour of Periodic Cellular Metals[M]. Berlin: Springer-Verlag; Beijing: Science Press, 2013.

本章作者：卢天健，南京航空航天大学，教授
　　　　　赵振宇，南京航空航天大学，副研究员

# 第9章
# 大推力火箭发动机的主传力结构设计

由国务院新闻办公室发布的《2021中国的航天》白皮书指出：未来五年,我国将"加快推动重型运载火箭工程研制"。在重型火箭研制中,其核心装备是具有高推重比的新一代大推力火箭发动机,它可使重型火箭的推力达3500 t(约$3.5×10^7$ N),将质量超过100 t的有效载荷送入近地轨道。迄今,世界上仅有美国和苏联成功研制并发射了重型运载火箭。

本章首先介绍大推力火箭发动机主传力结构的研制背景,讨论主传力结构设计的应用需求、优化目标和约束条件,并对基于优化方法的结构设计技术作简要介绍。在此基础上,将分别采用离散体结构拓扑优化方法和连续体结构拓扑优化方法,介绍大推力火箭发动机主传力结构的设计流程。最后,指出采用结构拓扑优化技术支撑大型装备研制所面临的挑战性问题,并对结构拓扑优化技术的未来发展进行展望。

## 9.1 研 究 背 景

图9.1.1给出了几种典型的大推力火箭发动机及其主传力结构。主传力结构位于发动机顶部,连接发动机机体与火箭箭体,是传递发动机推力的主要部件。在火箭发射过程

(a) 中国YF-100系列　　(b) 俄罗斯RD-180系列　　(c) 美国F-1系列　　(d) 俄罗斯RD-191系列

图 9.1.1　典型大推力火箭发动机及其主传力结构

中,主传力结构必须安全、可靠地将发动机推力传递至火箭箭体。例如,若主传力结构的刚度或强度不足,则其可能在较大推力作用下发生显著变形,乃至破坏。又如,若主传力结构设计不当,无法将推力均匀地传递至火箭箭体,则会导致箭体发生较大的局部变形,甚至破坏。当然,为了保证火箭发动机高推重比,必须实现主传力结构的轻量化设计与制造,这也是对航天产品的基本要求。使用给定材料,在给定载荷及质量等约束下,设计具有最优性能的结构,无疑需要使用结构优化方法。

如图9.1.1(a)所示,我国YF-100系列发动机的主传力结构采用较为厚重的方形截面十字构型,以保障结构安全性。这使得我国长征系列(CZ5型~CZ8型)火箭发动机的主传力结构质量过大,其质量占比远高于美国、俄罗斯的同类发动机,导致我国火箭发动机的推重比明显落后于美国、俄罗斯的同类发动机。造成这种局面的原因在于:美国、俄罗斯的航天科技工业起步早,在火箭发动机主传力结构设计方面具备丰富的工程经验和深厚的技术积累。

为了达到乃至超越美国、俄罗斯的大推力火箭发动机推重比,满足重型火箭轻量化设计需求,必须为大推力火箭发动机设计新的主传力结构。面向我国航天工程的上述需求,本章作者团队开展了大推力火箭发动机的主传力结构优化设计研究。

## 9.2 对主传力结构优化设计的认识

本节简要介绍火箭发动机主传力结构的服役环境,讨论结构设计所需考虑的设计区域、载荷工况和边界条件,并确定相关优化设计问题的设计变量、设计目标与约束条件。

### 9.2.1 结构设计需求分析

考察图9.2.1(a)所示的火箭发动机顶部,按照不改变火箭发动机结构的要求,主传力结构的轮廓仍为十字构型,其中间圆环体维持不变,可设计区域是图9.2.1(b)中呈对称分布的四个梁状立方体。如图9.2.1(b)所示,发动机推力的作用点位于主传力结构下

(a) 火箭发动机主传力结构　　(b) 主传力结构的受力状态

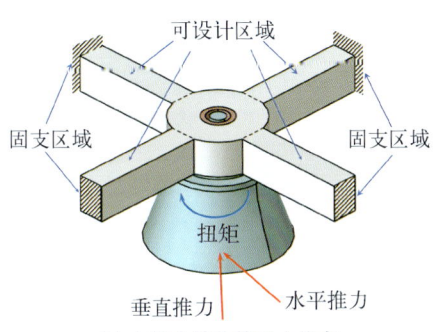

**图 9.2.1 火箭发动机主传力结构与受力状态**

方。主传力结构的功能是,将作用在圆环体上的发动机推力传递至与四个梁状立方体连接的火箭箭体。在初步设计阶段,可假设主传力结构与火箭箭体之间为刚性连接,同时对设计区域端部施加固支边界条件,即限定边界位移和转角均为零。

火箭发动机具有两种典型工况:一种是火箭沿弹道飞行的**零位工况**,此时火箭发动机推力与主传力结构的对称轴相重合,各梁状立方体承受剪力和弯矩;另一种是为了调整火箭飞行姿态的**摆摆工况**,即火箭发动机通过摆摆来调整推力方向,此时推力不再与主传力结构的对称轴重合,各梁状立方体承受剪力、弯矩和扭矩。为了确保火箭服役安全,上述主传力结构需要同时具备足够的抗弯刚度和抗扭刚度。

根据工程设计单位提供的信息,图9.2.2(a)给出了火箭发动机主传力结构的轮廓尺寸和经过简化的载荷。鉴于主传力结构的对称性,只需取其1/4作为结构设计区域,即图9.2.2(b)所示的悬臂梁状立方体空间。在零位工况下,该设计区域自由端仅承受红色垂直推力;在摆摆工况下,该设计区域的自由端除了承受红色垂直推力和水平推力外,还要承受蓝色扭矩。特别地,当推力的摆摆方向与某梁状立方体的轴向相同时,将导致主传力结构产生明显的局部变形。因此,发动机的摆摆工况相对更为严酷,是主传力结构设计时关注的重点。

(a) 主传力结构的轮廓尺寸与载荷  (b) 悬臂梁状立方体设计区域

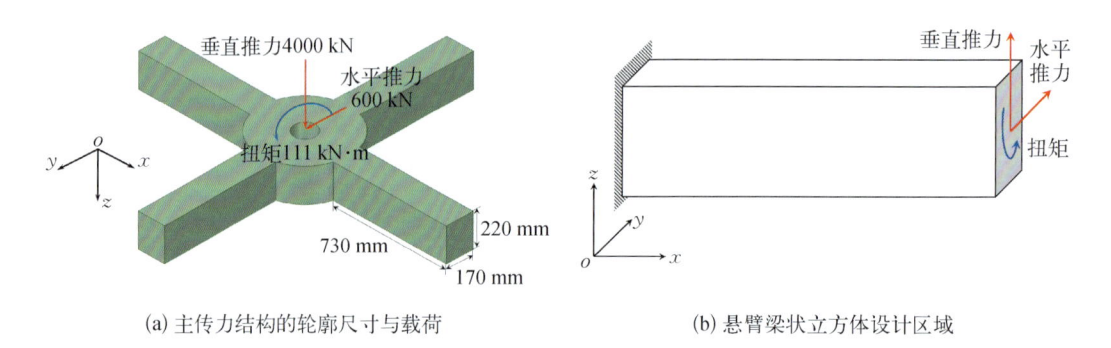

**图 9.2.2 主传力结构所受载荷及设计区域**

### 9.2.2 设计目标与约束条件

为了在保证主传力结构安全性的同时实现结构轻量化,需要在设计时同时考虑的指标是结构刚度和结构质量。

在火箭发射过程中,主传力结构承受极大的载荷,故要求其必须具有足够的刚度,以抵抗变形。若其刚度不足,将导致火箭发动机沿推力方向产生过大的变形,甚至引发主传力结构与火箭内部设备发生直接碰撞,造成严重的安全隐患。因此,在主传力结构设计中,选取结构整体刚度最大化为设计目标。

另外,主传力结构的质量决定了火箭发动机的推重比,影响运载能力和发射成本。通过对主传力结构进行轻量化设计,不仅能够有效提升火箭的运载能力,还能避免因非有效载荷质量过大而导致的发射成本过高等问题。因此,选取主传力结构质量作为结构设计中必须满足的约束条件。工程设计单位要求，主传力结构可设计区域的质量上限为 400 kg。

此外，在主传力结构设计中，还需考虑设计空间约束和制造工艺等要求。这里，对设计空间的约束条件直接决定了设计区域的选取。同时，设计结果还应具有较好的可制造性，以满足制造工艺要求。

### 9.2.3 优化设计问题的表述

为了研究结构优化设计问题，需给出相应的数学列式。首先，在结构优化设计中，通常将结构的几何参数、材料参数等作为设计变量。记 $\boldsymbol{p} \equiv \begin{bmatrix} p_1 & p_2 & \cdots & p_n \end{bmatrix}^{\mathrm{T}}$ 是由 $n$ 个设计变量构成的向量，称为**设计向量**。其次，还应明确**目标函数**，它是设计向量 $\boldsymbol{p}$ 的标量函数，可记为 $C = C(\boldsymbol{p})$。对于约束优化问题，若存在 $m$ 个不等式约束条件，则可将这些**约束函数**统一表示为 $g_j(\boldsymbol{p}) \leqslant 0$，$j \in I_m$。通常，还将关于设计变量的上下限约束单独写出。因此，可给出火箭发动机主传力结构优化设计问题的如下数学列式：

$$\begin{cases} \text{find} & \boldsymbol{p} \equiv \begin{bmatrix} p_1 & p_2 & \cdots & p_n \end{bmatrix}^{\mathrm{T}} \\ \min & C \equiv C(\boldsymbol{p}) \\ \text{s.t.} & g_j(\boldsymbol{p}) \leqslant 0, \quad j \in I_m \\ & p_{i,\min} \leqslant p_i \leqslant p_{i,\max}, \quad i \in I_n \end{cases} \quad (9.2.1)$$

通过求解上述优化问题，即可得到满足约束条件的最优结构设计变量。在本章后面内容中，将根据火箭发动机主传力结构优化设计的不同需求，给出目标函数和约束函数的具体形式，并对优化结果进行讨论。

### 9.2.4 结构优化概述

1870 年，英国学者麦克斯韦(James Clerk Maxwell，1831~1879)基于弹性力学理论研究了如何用尽可能少的材料来设计桥梁。他指出：相应的最优结构可以由与主应力方向一致的桁架单元构成。1904 年，英国工程师米歇尔(Anthony George Maldon Michell，1870~1959)在 Maxwell 的工作基础上，针对单一载荷作用下的桁架结构，研究了考虑应力约束的结构体积最小化问题，并提出著名的**满应力准则**：即在该问题最优解对应的桁架结构中，每根杆件都应处于**满应力**状态(即每根杆件都达到了其许用应力)。他利用这个准则，通过解析方法得到了图 9.2.3 中对应集中载荷的两种最优桁架结构，后来将这些结构统称为 **Michell 桁架**。受限于当时的制造技术，Michell 桁架只能作为评估最大优化潜力的理论界限。然而，关于 Michell 桁架的研究具有重要的理论价值，引起了学者的广泛关注，并由此揭开了结构优化研究的序幕。

根据优化任务的不同，结构优化大致可分为**尺寸优化**、**形状优化**和**拓扑优化**等几个不同层次。第一，**尺寸优化**：主要关注如何优化结构构件的尺寸参数。在尺寸优化中，设

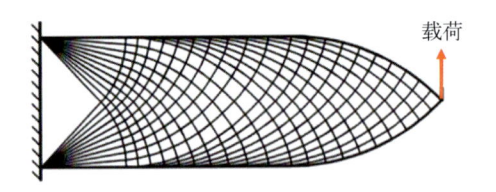

图 9.2.3　两种典型 Michell 桁架结构

变量通常包括构件的横截面积、高度、长度等。第二，**形状优化**：主要关注结构的最优的几何形貌，如结构中孔洞的形状、梁的截面形式等。第三，**拓扑优化**：主要关注结构中材料的最优分布方式及构件之间的最优连接关系，它可细分为**离散体结构拓扑优化**和**连续体结构拓扑优化**。前者寻求桁架/网架/梁系等由离散的结构体单元组成的承载体系之最优布局及结构单元的最优尺寸参数；而后者研究在给定设计区域内满足一定约束条件下固体材料的最优分布方式。

20 世纪 60 年代以来，随着计算力学、数学规划和计算技术的飞速发展，设计自由度最大且能够带来最大优化收益的结构拓扑优化逐渐发展成为最受瞩目的结构优化研究方向。20 世纪 60～70 年代，美国学者普拉格（William Prager，1903～1980）和罗兹瓦内（George Rozvany，1930～2015）在 Michell 的工作基础上建立了**古典结构最优布局理论**。20 世纪 80 年代初，我国学者程耿东和丹麦学者奥尔霍尔（Olhoff）在弹性薄板最优厚度分布研究中首次将微结构引入优化列式，引发了持续至今 40 余年的**现代结构最优布局（拓扑优化）理论**的研究热潮。当前，结构拓扑优化技术已广泛应用于各类工业装备的结构设计。

针对本章所考虑的优化设计问题，以下两节将按照由浅入深的方式，分别在离散体拓扑优化和连续体拓扑优化框架下，研究火箭发动机主传力结构的最优设计。

## 9.3　空间桁架型主传力结构的优化设计

本节将在离散体结构拓扑优化框架下，研究具有空间桁架形式的火箭发动机主传力结构最优设计问题，引导读者理解结构拓扑优化的基本原理和方法流程。

### 9.3.1　基结构法与等应力准则

如前所述，离散体结构拓扑优化是以杆或梁为基元，通过优化各根杆/梁单元的尺寸参数及不同基元之间的连接方式，以获得结构的最优设计。对于离散体结构拓扑优化问题，通常采用**基结构法**进行求解。

现参考图 9.3.1，介绍桁架型基结构法的思路。首先如图 9.3.1(a) 所示，在设计区域内构思一个包含足够多杆件的基础结构（即**基结构**）；然后从基结构出发，以杆件截面积为设计变量并允许它们连续变化，通过优化迭代不断更新设计变量的取值，直至收敛，得到图 9.3.1(b) 所示的结构。最后，在优化结果中将横截面积小于一定阈值的杆件删除，得到图 9.3.1(c) 所示的桁架结构。相对于基结构，优化后的桁架结构发生了拓扑变化。

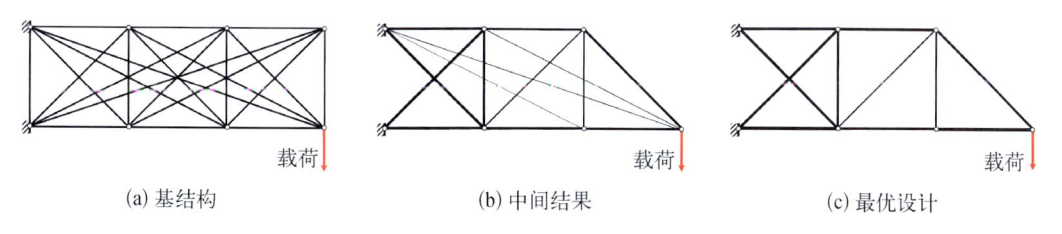

(a) 基结构　　　　　　(b) 中间结果　　　　　　(c) 最优设计

**图 9.3.1　采用基结构的离散体结构拓扑优化流程**

现根据 9.2.1 节所介绍的火箭发动机主传力结构特点，采用基结构方法，寻求图 9.2.2(b) 中悬臂梁状结构的最优空间桁架形式。为便于理解和简化计算，从图 9.3.2 所示悬臂梁状的静定桁架基结构出发，暂不考虑结构上的外力，从内力角度讨论结构优化设计准则。

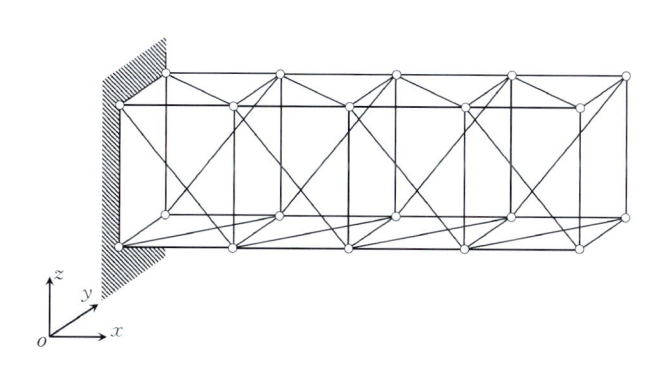

**图 9.3.2　悬臂梁状静定桁架基结构**

记该结构中杆件总数为 $n$，所有杆件的材料弹性模量均为 $E$，密度均为 $\rho$；第 $i$ 根杆件的长度和横截面积分别为 $l_i$ 和 $A_i$，$i \in I_n$。现要求该桁架结构的质量不超过 $m_{\max}$，研究如何设计杆件截面积 $A_i$，$i \in I_n$，使该结构的整体刚度最大。

为了优化该桁架结构的整体刚度，只要使结构的整体柔度最小，即结构的应变能最小。在静定桁架中，所有杆件均为二力杆，其内力与截面积无关。定义结构的两倍应变能为目标函数，则有

$$C \equiv \sum_{i=1}^{n} f_i \Delta l_i = \sum_{i=1}^{n} f_i \frac{f_i l_i}{EA_i} = \sum_{i=1}^{n} \frac{f_i^2 l_i}{EA_i} \tag{9.3.1}$$

其中，$f_i$ 为第 $i$ 根杆件的内力；$\Delta l_i$ 为该杆件的拉压变形量。将结构质量作为约束，则约束函数可表示为

$$g \equiv \sum_{i=1}^{n} \rho A_i l_i - m_{\max} \leqslant 0 \tag{9.3.2}$$

因此，该结构优化问题的列式可表示为

$$\begin{cases} \text{find} & \boldsymbol{A} \equiv \begin{bmatrix} A_1 & A_2 & \cdots & A_n \end{bmatrix}^{\text{T}} \\ \min & C \equiv \sum_{i=1}^{n} \dfrac{f_i^2 l_i}{E A_i} \\ \text{s.t.} & g \equiv \sum_{i=1}^{n} \rho A_i l_i - m_{\max} \leqslant 0, \quad A_i > 0, \quad i \in I_n \end{cases} \quad (9.3.3)$$

观察目标函数和约束函数的形式可发现，当 $A_i > 0$ 时，目标函数关于各设计变量 $A_i$ 单调递减。因此，在 $A_i > 0$ 的前提下，目标函数应在 $g = 0$ 时取得最优解。引入中间变量 $x_i \equiv \rho A_i l_i / m_{\max} > 0$ 和 $r_i \equiv f_i^2 l_i^2 \rho / (E m_{\max}) > 0$，$i \in I_n$，可将式(9.3.3)等价地表示为

$$\min \left\{ \sum_{i=1}^{n} \frac{r_i}{x_i} \,\Big|\, \sum_{i=1}^{n} x_i = 1 \right\} \quad (9.3.4)$$

为了求解含等式约束的极值问题，引入 Lagrange 乘子 $\lambda$ 并构造增广 Lagrange 函数：

$$f \equiv \left[ \sum_{i=1}^{n} \frac{r_i}{x_i} + \lambda \left( \sum_{i=1}^{n} x_i - 1 \right) \right] \quad (9.3.5)$$

式(9.3.5)的驻值条件为

$$\frac{\partial f}{\partial \lambda} = \sum_{i=1}^{n} x_i - 1 = 0, \quad \frac{\partial f}{\partial x_i} = -\frac{r_i}{x_i^2} + \lambda = 0, \quad i \in I_n \quad (9.3.6)$$

从式(9.3.6)的第二式中消去 Lagrange 乘子 $\lambda$，得到最优解应满足的必要条件：

$$\frac{x_j}{x_i} = \sqrt{\frac{r_j}{r_i}}, \quad i, j \in I_n \quad (9.3.7)$$

根据式(9.3.7)可知，最优解的设计变量应满足如下关系：

$$\frac{\rho A_j l_j / m_{\max}}{\rho A_i l_i / m_{\max}} = \frac{x_j}{x_i} = \sqrt{\frac{r_j}{r_i}} = \sqrt{\frac{f_j^2 l_j^2 \rho / (E m_{\max})}{f_i^2 l_i^2 \rho / (E m_{\max})}}, \quad i, j \in I_n \quad (9.3.8)$$

式(9.3.8)可化简为

$$|\sigma_i| \equiv \frac{|f_i|}{A_i} = |\sigma_j| \equiv \frac{|f_j|}{A_j}, \quad i, j \in I_n \quad (9.3.9)$$

式(9.3.9)表明：对于给定的结构质量约束，当所有杆件的应力绝对值相等时，结构的应变能取最小值，即结构具有最大整体刚度。该条件可简称为**等应力准则**。

在等应力准则下，根据式(9.3.6)中第二式得到：

$$\lambda = \frac{r_i}{x_i^2} = \frac{f_i^2 l_i^2 \rho/(Em_{max})}{(\rho A_i l_i/m_{max})^2} = \frac{m_{max}}{\rho E} \frac{f_i^2}{A_i^2}, \quad i \in I_n \tag{9.3.10}$$

由此获得杆件的最优截面积:

$$A_i = a \mid f_i \mid, \quad a \equiv \sqrt{\frac{m_{max}}{\rho E \lambda}}, \quad i \in I_n \tag{9.3.11}$$

其中,系数 $a$ 的单位与 $1/\mid \sigma_j \mid$ 相同。

虽然系数 $a$ 与 Lagrange 乘子 $\lambda$ 相关,但可以绕开 $\lambda$,由如下质量约束条件来确定:

$$m_{max} = \rho \sum_{i=1}^{n} A_i l_i = \rho a \sum_{i=1}^{n} \mid f_i \mid l_i \tag{9.3.12}$$

由式(9.3.12)解出:

$$a = \frac{m_{max}}{\rho \sum_{i=1}^{n} \mid f_i \mid l_i} \tag{9.3.13}$$

对于静定桁架,根据外载荷即可确定杆件内力 $f_i, i \in I_n$,而式(9.3.13)中的其他参数已给定,进而可确定系数 $a$,从而由式(9.3.11)确定各杆件的最优截面积 $A_i, i \in I_n$。

### 9.3.2 主传力结构的优化设计案例

首先,确定悬臂梁状结构自由端的载荷。根据图 9.2.2(a)中主传力结构上的载荷,可认为火箭发动机垂直推力由四根悬臂梁状结构平均承担,每根梁状结构承担 1 000 kN;在最危险工况下,水平推力与扭矩仅由两根梁状结构承担,每根梁状结构承担 300 kN 水平推力和 55.5 kN·m 扭矩。如图 9.3.3 所示,4 个蓝色向量给出悬臂桁架结构自由端承受的 2 个水平推力 $f_y = 150$ kN 和 2 个垂直推力 $f_z = 500$ kN。4 个红色向量 $f_t = 100$ kN 用于等效扭矩,其水平分量和垂直分量之比的绝对值满足 $\mid f_{ty}/f_{tz} \mid = 220/170$,即 $\mid f_{ty} \mid = 79.13$ kN 和 $\mid f_{tz} \mid = 61.14$ kN。不难验证 $4(0.11 \mid f_{ty} \mid + 0.085 \mid f_{ty} \mid) \approx 55.5$ k·Nm。

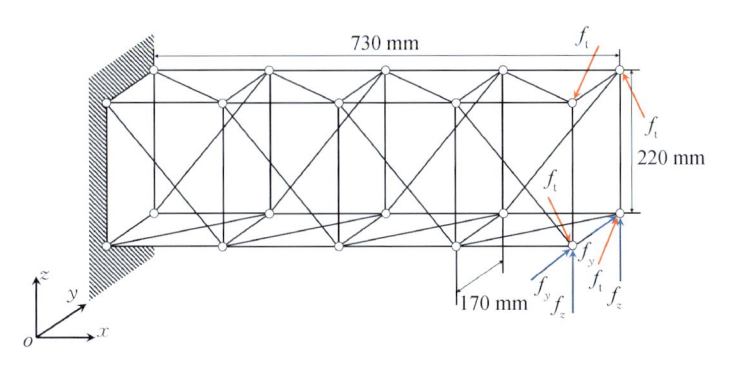

**图 9.3.3 悬臂梁状静定桁架结构的尺寸其受力情况**

现根据 9.3.1 节所介绍的基结构法和等应力准则,依据火箭发动机主传力结构的轮廓尺寸和材料参数,设计其对应的最优空间桁架结构。

**例 9.3.1** 图 9.3.3 所示静定悬臂桁架结构的杆件均由高强钢制成,其材料密度为 $\rho = 7.85 \times 10^3 \text{ kg/m}^3$,弹性模量为 $E = 210 \text{ GPa}$。现要求该桁架结构的质量上限为 $m_{\max} = 100 \text{ kg}$,且结构具有最小应变能,设计各杆件的最优截面积。

**解:** 该静定悬臂桁架结构由 4 个相同的子结构组成,将其从左向右编号为 1~4。先分析图 9.3.4 所示子结构 4 的杆件优化问题;再自右向左分析相邻子结构的杆件优化问题。

根据图 9.3.3 中的尺寸,可推断图 9.3.4 中子结构 4 的杆件尺寸:1~4 号杆件长度均为 182.5 mm;5 号和 6 号杆件长度为 285.8 mm;7 号和 8 号杆件长度为 249.4 mm;9 号和 10 号杆件长度为 220.0 mm;11 号和 12 号杆件长度为 170.0 mm。根据几何关系可得,$\cos \alpha = 0.732$,$\sin \alpha = 0.682$,$\cos \beta = 0.770$,$\sin \beta = 0.680$。

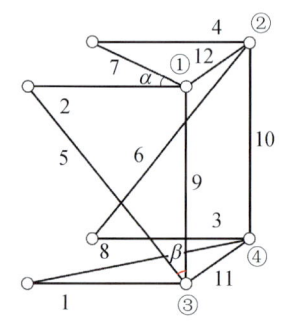

图 9.3.4 悬臂桁架结构的最右端子结构杆件编号与节点编号

记该子结构右端节点①、②、③、④处的外力分量分别为 $f_{xj}, f_{yj}, f_{zj}, j \in I_4$。将图 9.3.3 中推力的水平推力、垂直推力及扭转外力都转化为节点外力,得到:

$$\begin{cases} f_{x1} = 0, & f_{y1} = -79.1 \text{ kN}, & f_{z1} = -61.1 \text{ kN} \\ f_{x2} = 0, & f_{y2} = -79.1 \text{ kN}, & f_{z2} = 61.1 \text{ kN} \\ f_{x3} = 0, & f_{y3} = 229.1 \text{ kN}, & f_{z3} = 438.9 \text{ kN} \\ f_{x4} = 0, & f_{y4} = 229.1 \text{ kN}, & f_{z4} = 561.1 \text{ kN} \end{cases} \quad (a)$$

参考图 9.3.5,以杆件受拉为正,记各杆内力分别为 $f_j, j \in I_{12}$,得到 4 个节点处的力平衡方程:

$$\begin{cases} ①: f_{x1} - f_2 - f_7 \cos \alpha = 0, & f_{y1} + f_{12} + f_7 \sin \alpha = 0, & f_{z1} - f_9 = 0 \\ ②: f_{x2} - f_4 - f_6 \sin \beta = 0, & f_{y2} - f_{12} = 0, & f_{z2} - f_{10} - f_6 \cos \beta = 0 \\ ③: f_{x3} - f_1 - f_5 \sin \beta = 0, & f_{y3} + f_{11} = 0, & f_{z3} + f_9 + f_5 \cos \beta = 0 \\ ④: f_{x4} - f_3 - f_8 \cos \alpha = 0, & f_{y4} - f_{11} - f_8 \sin \alpha = 0, & f_{z4} + f_{10} = 0 \end{cases} \quad (b)$$

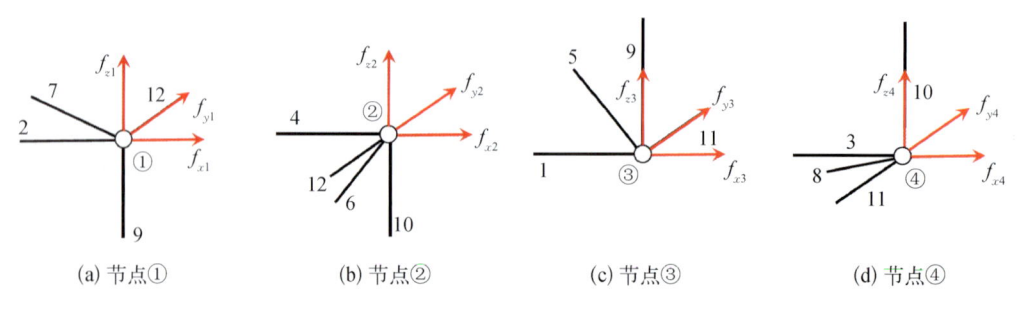

(a) 节点①　　(b) 节点②　　(c) 节点③　　(d) 节点④

图 9.3.5 子结构中各节点的力平衡关系

根据式(b),可解出各杆件内力分别为

$$\begin{cases} f_1 = f_{x3} + (f_{z3} + f_{z1})\dfrac{\sin\beta}{\cos\beta}, & f_5 = -\dfrac{f_{z3}+f_{z1}}{\cos\beta}, & f_9 = f_{z1} \\ f_2 = f_{x1} + (f_{y1} + f_{y2})\dfrac{\cos\alpha}{\sin\alpha}, & f_6 = \dfrac{f_{z2}+f_{z4}}{\cos\beta}, & f_{10} = -f_{z4} \\ f_3 = f_{x4} - (f_{y3} + f_{y4})\dfrac{\cos\alpha}{\sin\alpha}, & f_7 = -\dfrac{f_{y1}+f_{y2}}{\sin\alpha}, & f_{11} = -f_{y3} \\ f_4 = f_{x2} - (f_{z2} + f_{z4})\dfrac{\sin\beta}{\cos\beta}, & f_8 = \dfrac{f_{y4}+f_{y3}}{\sin\alpha}, & f_{12} = f_{y2} \end{cases} \quad (c)$$

将式(a)代入式(c),得到各杆件内力如下:

$$\begin{cases} f_1 = -313.3 \text{ kN}, & f_5 = -490.8 \text{ kN}, & f_9 = -61.1 \text{ kN} \\ f_2 = -170.0 \text{ kN}, & f_6 = 808.5 \text{ kN}, & f_{10} = -561.1 \text{ kN} \\ f_3 = -492.0 \text{ kN}, & f_7 = 232.2 \text{ kN}, & f_{11} = -229.1 \text{ kN} \\ f_4 = -516.2 \text{ kN}, & f_8 = 672.3 \text{ kN}, & f_{12} = -79.1 \text{ kN} \end{cases} \quad (d)$$

根据式(9.3.11),可取各杆件的最优截面积为

$$\begin{cases} A_1 = 313 \times 10^3 f_0 a, & A_5 = 491 \times 10^3 f_0 a, & A_9 = 61 \times 10^3 f_0 a \\ A_2 = 170 \times 10^3 f_0 a, & A_6 = 809 \times 10^3 f_0 a, & A_{10} = 561 \times 10^3 f_0 a \\ A_3 = 492 \times 10^3 f_0 a, & A_7 = 232 \times 10^3 f_0 a, & A_{11} = 229 \times 10^3 f_0 a \\ A_4 = 516 \times 10^3 f_0 a, & A_8 = 672 \times 10^3 f_0 a, & A_{12} = 79 \times 10^3 f_0 a \end{cases} \quad (e)$$

其中,$f_0 = 1 \text{ N}$,代表单位力。

关于其他三个子结构的杆件截面积设计,完全类似于上述过程。例如,根据子结构4中的杆件内力,可得到其相邻子结构3所受的外力分量 $f'_{xj}, f'_{yj}, f'_{zj}, j \in I_4$,即

$$\begin{cases} f'_{x1} = f_2 + f_5\sin\beta, & f'_{y1} = 0, & f'_{z1} = -f_5\cos\beta \\ f'_{x2} = f_4 + f_7\cos\alpha, & f'_{y2} = -f_7\sin\alpha, & f'_{z2} = 0 \\ f'_{x3} = f_1 + f_8\cos\alpha, & f'_{y3} = f_8\sin\alpha, & f'_{z3} = 0 \\ f'_{x4} = f_3 + f_6\sin\beta, & f'_{y4} = 0, & f'_{z1} = f_6\cos\beta \end{cases} \quad (f)$$

根据式(d)和三角函数的取值,得到各外力分量:

$$\begin{cases} f'_{x1} = -503.6 \text{ kN}, & f'_{y1} = 0, & f'_{z1} = 377.9 \text{ kN} \\ f'_{x2} = -346.3 \text{ kN}, & f'_{y2} = -158.4 \text{ kN}, & f'_{z2} = 0 \\ f'_{x3} = 805.6 \text{ kN}, & f'_{y3} = 458.5 \text{ kN}, & f'_{z3} = 0 \\ f'_{x4} = 57.9 \text{ kN}, & f'_{y4} = 0, & f'_{z4} = 622.6 \text{ kN} \end{cases} \tag{g}$$

类比式(b),可建立子结构3中各杆件内力$f'_j, j \in I_{12}$的平衡方程,进而解出:

$$\begin{cases} f'_1 = 1\,118.6 \text{ kN}, & f'_5 = -490.8 \text{ kN}, & f'_9 = 377.7 \text{ kN} \\ f'_2 = -653.1 \text{ kN}, & f'_6 = 808.5 \text{ kN}, & f'_{10} = -622.3 \text{ kN} \\ f'_3 = -467.7 \text{ kN}, & f'_7 = 232.2 \text{ kN}, & f'_{11} = -458.3 \text{ kN} \\ f'_4 = -862.5 \text{ kN}, & f'_8 = 672.3 \text{ kN}, & f'_{12} = -158.3 \text{ kN} \end{cases} \tag{h}$$

根据式(9.3.11),可取子结构3中各杆件的最优截面积为

$$\begin{cases} A'_1 = 1\,119 \times 10^3 f_0 a, & A'_5 = 491 \times 10^3 f_0 a, & A'_9 = 378 \times 10^3 f_0 a \\ A'_2 = 653 \times 10^3 f_0 a, & A'_6 = 809 \times 10^3 f_0 a, & A'_{10} = 622 \times 10^3 f_0 a \\ A'_3 = 468 \times 10^3 f_0 a, & A'_7 = 232 \times 10^3 f_0 a, & A'_{11} = 458 \times 10^3 f_0 a \\ A'_4 = 863 \times 10^3 f_0 a, & A'_8 = 672 \times 10^3 f_0 a, & A'_{12} = 158 \times 10^3 f_0 a \end{cases} \tag{i}$$

依此类推,可获得表9.3.1所示4个子结构中所有杆件的最优截面积。

表 9.3.1　静定桁架传力结构中各杆件的最优截面积

| 杆件截面积 | 子结构1 | 子结构2 | 子结构3 | 子结构4 |
| --- | --- | --- | --- | --- |
| $A_1$ | $2\,729 \times 10^3 f_0 a$ | $1\,924 \times 10^3 f_0 a$ | $1\,119 \times 10^3 f_0 a$ | $313 \times 10^3 f_0 a$ |
| $A_2$ | $1\,620 \times 10^3 f_0 a$ | $1\,136 \times 10^3 f_0 a$ | $653 \times 10^3 f_0 a$ | $170 \times 10^3 f_0 a$ |
| $A_3$ | $419 \times 10^3 f_0 a$ | $443 \times 10^3 f_0 a$ | $468 \times 10^3 f_0 a$ | $492 \times 10^3 f_0 a$ |
| $A_4$ | $1\,555 \times 10^3 f_0 a$ | $1\,209 \times 10^3 f_0 a$ | $863 \times 10^3 f_0 a$ | $516 \times 10^3 f_0 a$ |
| $A_5$ | $491 \times 10^3 f_0 a$ | $491 \times 10^3 f_0 a$ | $491 \times 10^3 f_0 a$ | $491 \times 10^3 f_0 a$ |
| $A_6$ | $809 \times 10^3 f_0 a$ | $809 \times 10^3 f_0 a$ | $809 \times 10^3 f_0 a$ | $809 \times 10^3 f_0 a$ |
| $A_7$ | $232 \times 10^3 f_0 a$ | $232 \times 10^3 f_0 a$ | $232 \times 10^3 f_0 a$ | $232 \times 10^3 f_0 a$ |
| $A_8$ | $672 \times 10^3 f_0 a$ | $672 \times 10^3 f_0 a$ | $672 \times 10^3 f_0 a$ | $672 \times 10^3 f_0 a$ |
| $A_9$ | $378 \times 10^3 f_0 a$ | $378 \times 10^3 f_0 a$ | $378 \times 10^3 f_0 a$ | $61 \times 10^3 f_0 a$ |
| $A_{10}$ | $622 \times 10^3 f_0 a$ | $622 \times 10^3 f_0 a$ | $622 \times 10^3 f_0 a$ | $561 \times 10^3 f_0 a$ |
| $A_{11}$ | $458 \times 10^3 f_0 a$ | $458 \times 10^3 f_0 a$ | $458 \times 10^3 f_0 a$ | $229 \times 10^3 f_0 a$ |
| $A_{12}$ | $158 \times 10^3 f_0 a$ | $158 \times 10^3 f_0 a$ | $158 \times 10^3 f_0 a$ | $79 \times 10^3 f_0 a$ |

最后,根据式(9.3.13),得到:

$$a = \frac{100}{7.85 \times 10^3 \times (2729 \times 10^3 \times 0.1825 + \cdots + 79 \times 10^3 \times 0.17)}$$
$$= 1.987 \times 10^{-9} (\text{m}^2/\text{N}) \tag{j}$$

将 $a = 1.987 \times 10^{-9}$ m²/N = $1.987 \times 10^{-3}$ mm²/N 代入表 9.3.1,即得到桁架中所有杆件的最优截面积。例如,最粗的杆是子结构 1 的杆件 1,其截面积为 5 423 mm²,相当于直径为 83.1 mm 的圆截面杆;最细的杆件是子结构 4 的杆件 9,其截面积为 121 mm²,相当于直径为 12.4 mm 的圆截面杆。值得指出,在上述计算中仅取了 3~4 位有效数字。若使用双精度浮点数进行编程计算,可得到 $a = 2.000 \times 10^{-3}$ mm²/N。

**例 9.3.2** 将例 9.3.1 中桁架的所有杆件截面积取为相等,与例 9.3.1 的结果进行对比。

**解:** 根据该桁架结构的质量上限 $m_{max} = 100$ kg,材料密度 $\rho = 7.85 \times 10^3$ kg/m³ 和所有杆件长度之和,可确定杆件截面积为 1 234 mm²,这相当于直径为 39.6 mm 的圆截面杆。

经计算知,该桁架结构端部的最大位移绝对值为 26.67 mm,而例 9.3.1 中的桁架端部的最大位移绝对值为 16.71 mm。这表明,通过对杆件截面积优化设计,可使结构整体刚度提升近 60%。图 9.3.6 给出了两种桁架结构的位移分布对比,展示了结构优化的有效性。

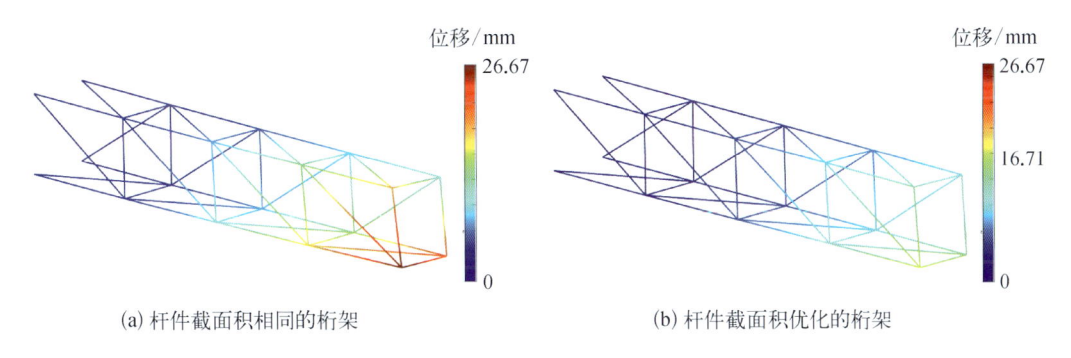

(a) 杆件截面积相同的桁架　　　　　　　(b) 杆件截面积优化的桁架

**图 9.3.6　悬臂梁状桁架结构优化前后的位移分布对比**

值得指出的是:为便于力学分析,本小节选用静定桁架作为基结构,介绍了基于等应力准则的结构整体刚度最大化设计流程。静定基结构中无冗余杆件,因此不允许再进行杆件删除,故相应的结构拓扑优化问题退化为杆件横截面的尺寸优化问题。若要对空间桁架结构实施拓扑优化,则需要选择静不定桁架作为基结构进行计算。在获得各杆件的最优截面积后,将截面积小于一定阈值的杆件删除,即可实现桁架结构的拓扑变化。

**例 9.3.3** 在例 9.3.1 的静定桁架的基础上,增加 16 根杆件,组成图 9.3.7 所示的静不定桁架基结构,其材料、外力、边界条件均与例 9.3.1 相同。仍以杆件截面积为设计变量,同样要求质量上限为 $m_{max} = 100$ kg,且结构具有最小应变能,设计各杆件的最优截面积。

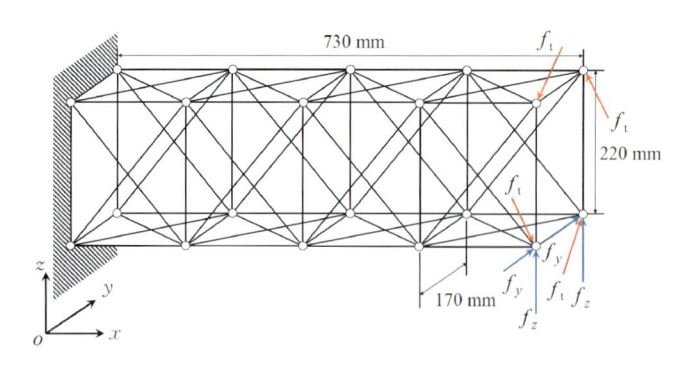

图 9.3.7 悬臂梁状静不定桁架基结构

**解：** 在静不定桁架优化问题中，各杆件内力会随截面积改变而发生变化，无法通过一次受力分析确定最优截面积分布。对这类优化问题的求解，通常需要进行数值迭代，其关键是构造一种迭代格式，使迭代过程能逐渐趋近于优化列式的解，从而获得最优结构。受篇幅所限，本章不再列出详细的迭代方法与求解过程。

图 9.3.8 给出了对静不定桁架的优化设计结果。在图 9.3.8(a) 中，将截面积小于给定阈值的 16 根杆件删除，标注为红色虚线，故优化结构较基结构发生了显著拓扑变化。在本例中，优化后结构的最大位移绝对值为 8.49 mm。与例 9.3.1 中优化结构的最大位移绝对值 16.71 相比，相当于结构整体刚度又提升了约 97%。

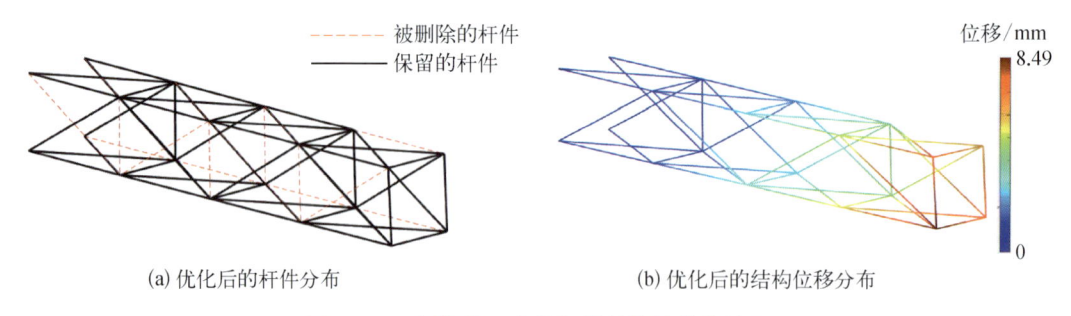

(a) 优化后的杆件分布  (b) 优化后的结构位移分布

图 9.3.8 根据静不定桁架基结构的优化结果

根据例 9.3.3 可见，采用静不定桁架作为基结构，虽然其优化问题的求解难度增加，但扩大了优化设计的**可行域**，即允许材料分布到设计区域 $D$ 中更多的区域，其优化效果显著优于将静定桁架作为基结构。可以预见，若进一步拓展优化设计可行域，则有望获得性能更优的结构，由此即引出了连续体结构拓扑优化。

## 9.4　连续体型主传力结构的优化设计

与离散体结构拓扑优化不同，在连续体结构拓扑优化中，无须预先假设最优结构由何种单元构成，而是通过在给定的设计区域内以最优方式分布材料，以获得结构的最优设计。本节首先概述连续体结构拓扑优化的基本方法,然后介绍基于移动可变形组件法的大推力火箭发动机主传力结构的拓扑优化设计。

### 9.4.1 连续体拓扑优化方法简介

图 9.4.1 左侧是两端铰支平面结构的设计区域 $D$ 及其网格,图 9.4.1 右侧的粗实线代表拓扑优化的平面结构。图中,$\chi(\boldsymbol{x})$ 是定义在设计区域 $D$ 上的**特征函数**,用来标识点 $\boldsymbol{x} \in D$ 处是否有材料:$\chi(\boldsymbol{x}) = 1$ 表示点 $\boldsymbol{x}$ 处有材料,而 $\chi(\boldsymbol{x}) = 0$ 表示点 $\boldsymbol{x}$ 处无材料。

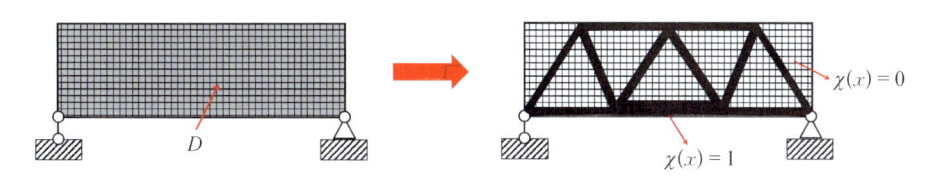

**图 9.4.1 连续体结构拓扑优化示意图**

将图 9.4.1 中的描述推广到一般情况,用 $D$ 表示结构的设计区域,用上述特征函数 $\chi(\boldsymbol{x})$ 描述材料在设计区域 $D$ 上的分布,则集合 $\tilde{D} \equiv \{\boldsymbol{x} \in D \mid \chi(\boldsymbol{x}) = 1\}$ 代表充满材料的区域,而结构拓扑优化的任务就是寻找特征函数 $\chi(\boldsymbol{x})$。因此,可将连续体结构拓扑优化问题的列式表示为

$$\begin{cases} \text{find} & \chi(\boldsymbol{x}) \\ \min & C = \int_{\tilde{D}} f[\boldsymbol{u}(\boldsymbol{x})] \mathrm{d}V \\ \text{s.t.} & L[\boldsymbol{u}(\boldsymbol{x})] = 0, \quad \forall \boldsymbol{x} \in \tilde{D} \\ & B[\boldsymbol{u}(\boldsymbol{x})] = 0, \quad \forall \boldsymbol{x} \in \tilde{D} \\ & g_i[\boldsymbol{u}(\boldsymbol{x})] \leqslant 0, \quad \forall \boldsymbol{x} \in \tilde{D}, \ i \in I_n \\ & \chi(\boldsymbol{x}) \in \{0, 1\}, \quad \forall \boldsymbol{x} \in D \end{cases} \quad (9.4.1)$$

其中,$C$ 是优化问题的目标函数;$\boldsymbol{u}(\boldsymbol{x})$ 是在区域 $\tilde{D}$ 上由力学条件所确定的结构位移场;$L$ 代表区域 $\tilde{D}$ 中力平衡方程的算子;$B$ 代表区域 $\tilde{D}$ 边界 $\partial \tilde{D}$ 上边界条件的算子;而 $g_i \leqslant 0$,$i \in I_n$ 表示 $n$ 个不等式约束条件。设计区域 $D$ 中具有无限多个空间点,因此式 (9.4.1) 对应一个无穷维优化设计问题。

对结构拓扑优化问题求解的逻辑是:寻找特征函数 $\chi(\boldsymbol{x})$ 进而确定材料分布区域 $\tilde{D}$,在区域 $\tilde{D}$ 上求得位移场 $\boldsymbol{u}(\boldsymbol{x})$ 并计算目标函数 $C$,通过变更 $\chi(\boldsymbol{x})$ 使目标函数 $C$ 取最小值。这是一个极为复杂的寻优过程,只能通过数值求解。通常,将结构的设计区域离散为有限元模型,赋予每个有限单元一个标识,即特征函数在该单元的取值。然后,建立单元设计变量与该单元力学性质之间的关系。这样,结构位移等力学响应就可以表示为设计变量的函数。以线弹性结构的静力学问题为例,可得到如下离散形式的连续体结构拓扑优化列式:

$$\begin{cases} \text{find} & \boldsymbol{p} \\ \min & C = C(\boldsymbol{p}) \\ \text{s.t.} & \boldsymbol{K}(\boldsymbol{p})\boldsymbol{u}(\boldsymbol{p}) = \boldsymbol{f} \\ & \boldsymbol{u}(\boldsymbol{p}) = \bar{\boldsymbol{u}}, \quad \boldsymbol{u} \in \varGamma_u \\ & g_i(\boldsymbol{p}) \leqslant 0, \quad i \in I_n \\ & \boldsymbol{p} \subset U_p \end{cases} \tag{9.4.2}$$

其中，$\boldsymbol{p}$ 代表设计向量；$U_p$ 代表 $\boldsymbol{p}$ 的允许取值集合；$\boldsymbol{K}(\boldsymbol{p})\boldsymbol{u}(\boldsymbol{p}) = \boldsymbol{f}$，为离散形式的结构力平衡方程；$\boldsymbol{K}(\boldsymbol{p})$ 为结构有限元模型的刚度矩阵；$\boldsymbol{u}$ 为结构节点位移向量；$\boldsymbol{f}$ 为结构节点外力向量；$\varGamma_u$ 和 $\bar{\boldsymbol{u}}$ 分别代表结构的指定位移边界及其上给定的节点位移向量。依据单元上拓扑设计变量构造方式的不同，人们提出了多种拓扑优化方法。本小节介绍几种有代表性的方法。

1. 均匀化(homogenization)方法

该方法是由丹麦学者 Bendsøe 和 Kikuchi 在前面提到的程耿东和 Olhoff 的工作基础上建立起来的[1]。如图 9.4.2 所示，该方法的基本思路是：假设各单元由具有周期性微结构的多孔材料构成，选取各单元上刻画微结构形式的几何参数作为拓扑设计变量，通过渐近均匀化理论建立每个单元上多孔材料的等效弹性常数与该单元设计变量之间的函数关系，通过有限元计算和优化算法不断更新设计变量取值，进而确定结构的最优拓扑。

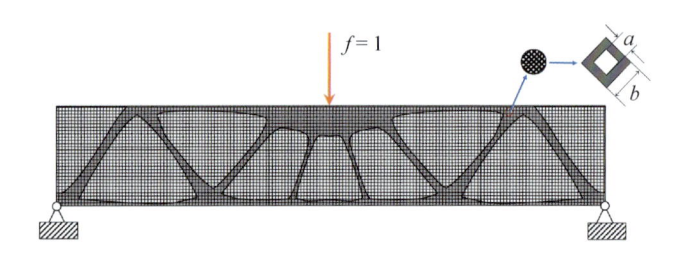

**图 9.4.2 拓扑优化的均匀化方法示意图**

2. 各向同性固体材料罚函数方法

各向同性固体材料罚函数(solid isotropic material with penalization, SIMP)方法是由美国学者 Zhou、Rozvany 和丹麦学者 Bendsøe 等在均匀化方法的基础上发展起来的[2]。他们的思路是：首先，设每个单元均由各向同性材料构成，并直接赋予每个单元一个人工密度作为拓扑设计变量；然后，假定一个力学上合理的单元材料弹性模量和 Poisson 比与该人工密度之间的函数关系(通常采用幂指数关系)；通过不断更新每个单元的人工密度，以获得结构的最优拓扑。由于该方法的力学意义明确，实施方便，逐渐成为连续体结构拓

---

[1] Bendsøe M P, Kikuchi N. Generating optimal topologies in structural design using a homogenization method[J]. Computer Methods in Applied Mechanics and Engineering, 1988, 71: 197–224.

[2] Zhou M, Rozvany G I N. The COC algorithm, part II: topological, geometrical and generalized shape optimization[J]. Computer Methods in Applied Mechanics and Engineering, 1991, 89: 309–336.

扑优化最常用的方法。在该方法的基础上,后来还发展出了渐近结构优化(evolutionary structural optimization,ESO)、独立连续映射(independent continuous mapping,ICM)、离散 0-1 变量(discrete 0-1 variable)等方法。

3. 水平集(level set)方法

该方法由美国学者 Osher 等[1]、中国香港学者 Wang 等[2]和法国学者 Allaire 等[3]提出。他们的思路是:在设计区域 D 上引入描述结构拓扑的**拓扑描述函数** $\phi = \phi(\boldsymbol{x})$(又称**水平集函数**):

$$\begin{cases} \phi(\boldsymbol{x}) > 0, & \boldsymbol{x} \in \Omega \\ \phi(\boldsymbol{x}) < 0, & \boldsymbol{x} \in D/\Omega \\ \phi(\boldsymbol{x}) = 0, & \boldsymbol{x} \in \partial\Omega \end{cases} \quad (9.4.3)$$

其中,$\Omega$ 为材料所占据的区域;$D/\Omega$ 为无材料的区域;$\partial\Omega$ 为区域 $\Omega$ 的边界。采用 Heaviside 函数:

$$H(\xi) \equiv \begin{cases} 1, & \xi \geqslant 0 \\ 0, & \xi < 0 \end{cases} \quad (9.4.4)$$

可定义设计区域 D 上的特征函数 $\chi(\boldsymbol{x}) \equiv H[\phi(\boldsymbol{x})]$。

4. 移动可变形组件

在上述诸方法中,由于无法直接从特征函数中确定有关结构中的组件数量、组件尺寸、组件之间的连接方式等拓扑和几何特征,只能通过较为繁复的后处理过程"提取"相关信息。因此,可将这些方法视为"隐式拓扑优化方法"。隐式方法虽然取得了巨大成功,但其在拓扑/几何特征直接控制、与 CAD 系统无缝连接、优化与分析模型有效解耦等方面存在不易克服的困难。近年来,越来越多的学者开始致力于发展"显式拓扑优化方法"。2014 年,本章作者团队提出显式拓扑优化概念,并基于这一概念发展了求解结构拓扑优化问题的移动可变形组件(moving morphable components,MMC)方法[4]。

MMC 方法的基本思想与乐高积木类似。在乐高积木游戏过程中,通过对不同形状、颜色的积木进行位置与顺序的排列组合,可以搭建出丰富多彩的结构,如塔楼、城堡、桥梁等。同样,在 MMC 方法中,可通过引入一些位置可动、形状可变的组件作为拓扑优化的基元。如图 9.4.3 所示,通过将组件在设计区域内移动、变形、交叠和覆盖,可构造出各种拓扑构型。与隐式方法中将设计变量取为定义在整个设计区域上的人工密度函数和水平集函数不同,在 MMC 方法中,设计变量是描述每个组件的位置、方位角、特征尺寸的一组几何参数。

---

[1] Osher S J, Fedkiw R P. Level Set Methods and Dynamic Implicit Surfaces[M]. Heidelberg:Springer-Verlag, 2002:23-94.

[2] Wang M Y, Wang X, Guo D. A level set method for structural topology optimization[J]. Computer Methods in Applied Mechanics and Engineering, 2003, 192:227-246.

[3] Allaire G, Jouve F, Toader A M. Structural optimization using sensitivity analysis and a level-set method[J]. Journal of Computational Physics, 2004, 194:363-393.

[4] Guo X, Zhang W S, Zhong W L. Doing topology optimization explicitly and geometrically:a new moving morphable components based framework[J]. Journal of Applied Mechanics, 2014, 81:081009.

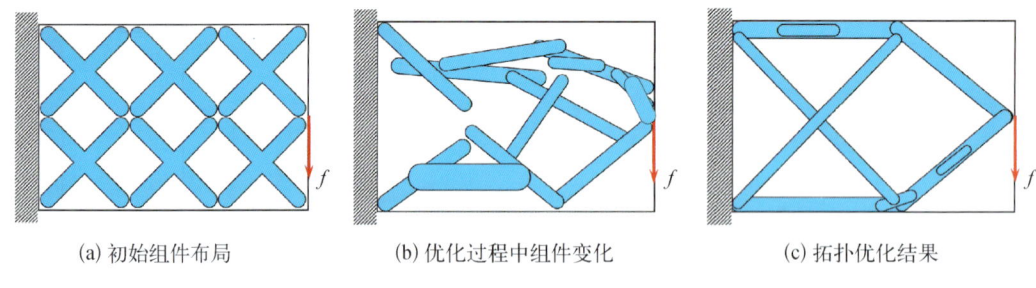

(a) 初始组件布局　　(b) 优化过程中组件变化　　(c) 拓扑优化结果

图 9.4.3　基于 MMC 方法的拓扑优化过程示意图

例如，选择以超椭圆为边界的组件作为二维拓扑优化设计的第 $i$ 个基元，此时与该基元对应的设计变量分别为：超椭圆中心位置 $(x_i, y_i)$、长轴方位角 $\theta_i$、长轴长度 $a_i$、短轴长度 $b_i$，相应的设计向量为 $\boldsymbol{p}_i \equiv [x_i \quad y_i \quad \theta_i \quad a_i \quad b_i]^\mathrm{T}$。根据向量 $\boldsymbol{p}_i$，即可构造第 $i$ 个基元的拓扑描述函数 $\phi_i(\boldsymbol{x}, \boldsymbol{p}_i)$，即

$$\begin{cases} \phi_i(\boldsymbol{x}, \boldsymbol{p}_i) > 0, & \boldsymbol{x} \in \Omega_i \\ \phi_i(\boldsymbol{x}, \boldsymbol{p}_i) < 0, & \boldsymbol{x} \in D/\Omega_i \\ \phi_i(\boldsymbol{x}, \boldsymbol{p}_i) = 0, & \boldsymbol{x} \in \partial\Omega_i \end{cases} \tag{9.4.5}$$

其中，$\Omega_i$ 为该基元所占据的空间区域。对于三维问题，则可选择超椭球作为基元。

如果在结构设计区域内共有 $n$ 个可移动变形组件，则可将整个结构的设计向量表示为 $\boldsymbol{p} \equiv [\boldsymbol{p}_1^\mathrm{T} \quad \boldsymbol{p}_2^\mathrm{T} \quad \cdots \quad \boldsymbol{p}_n^\mathrm{T}]^\mathrm{T}$。根据各组件的拓扑描述函数 $\phi_i(\boldsymbol{x}, \boldsymbol{p}_i)$, $i \in I_n$，定义整个结构的拓扑描述函数：

$$\phi(\boldsymbol{x}, \boldsymbol{p}) \equiv \phi(\phi_1(\boldsymbol{x}, \boldsymbol{p}_1), \phi_2(\boldsymbol{x}, \boldsymbol{p}_2), \cdots, \phi_n(\boldsymbol{x}, \boldsymbol{p}_n)) \tag{9.4.6}$$

记 $\Omega_i$ 为第 $i$ 个基元所占据的空间区域，定义 $\Omega \equiv \bigcup_{i=1}^{n} \Omega_i$，则有

$$\begin{cases} \phi(\boldsymbol{x}, \boldsymbol{p}) > 0, & \boldsymbol{x} \in \Omega \\ \phi(\boldsymbol{x}, \boldsymbol{p}) < 0, & \boldsymbol{x} \in D/\Omega \\ \phi(\boldsymbol{x}, \boldsymbol{p}) = 0, & \boldsymbol{x} \in \partial\Omega \end{cases} \tag{9.4.7}$$

与水平集方法类似，设计区域 $D$ 上的特征函数为 $\chi(\boldsymbol{x}, \boldsymbol{p}) \equiv H[\phi(\boldsymbol{x}, \boldsymbol{p})]$。

与经典的隐式拓扑优化优化方法相比，MMC 方法通过组件的局部参数化实现了结构的整体参数化，其突出的优点如下。第一，能够对结构构型予以显式几何描述，从而可方便地获得结构中组件个数、组件特征尺寸、组件之间的连接关系，以及结构边界外法线方向等拓扑和几何信息，并予以直接控制。第二，设计变量数目呈数量级减少，且不依赖于结构有限元模型的网格分辨率，仅需较少数量的几何参数，即可描述复杂的结构拓扑。这在三维拓扑优化问题中体现得尤为明显。此外，借助传力路径识别和自由度删除技术，还可以大幅减少有结构限元计算的自由度，从而有效提升优化问题的求解效率。第三，在

MMC 方法中,有限元计算模型和结构优化模型相互独立,可直接避免棋盘格模式、网格依赖性等 SIMP 方法中经常出现的数值问题。第四,便于将优化结果与 CAD 系统之间的无缝连接,有效减少拓扑优化结果的后处理工作量。

鉴于 MMC 方法的上述优点,在 9.4.2 节将采用 MMC 方法进行大推力火箭发动机主传力结构的拓扑优化设计。

### 9.4.2 主传力结构的优化设计案例

如 9.2.1 节所述,大推力火箭发动机主传力结构的摇摆工况最危险,其对应的载荷如图 9.4.4 所示。在图 9.4.4 中,各梁状结构端部的红色区域是主传力结构与火箭箭体之间的连接位置。在初步设计阶段,此处为自由度完全约束的固支边界。

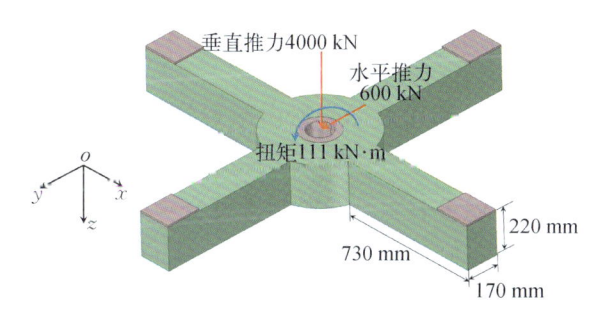

图 9.4.4 主传力结构的设计区域、载荷与边界条件

与例 9.3.1 相同,在主传力结构设计中采用高强度钢,其材料密度 $\rho = 7.85 \times 10^3$ kg/m³,弹性模量 $E = 210$ GPa,Poisson 比 $\nu = 0.3$。选取两倍的结构应变能作为目标函数,使其极小化以提升结构整体刚度。设计约束条件是,主传力结构的质量不超过 400 kg。经计算可知,这相当于材料体积与设计区域体积之比不超过 28.3%。

将图 9.4.4 中的设计区域用规则六面体实体单元进行离散,将红色区域设置为不可设计区域。采用式 (9.4.2) 作为优化列式,图 9.4.5 是其求解流程。其中,目标函数仍为两倍的结构应变能;约束条件为 $g \equiv V(\boldsymbol{p})/\bar{V} - 0.283 \leq 0$,而 $V(\boldsymbol{p})$ 和 $\bar{V}$ 分别代表主传力结构和设计区域的体积。值得指出的是,在结构优化过程中,除了需要不断进行有限元计算外,还需反复计算目标函数和约束函数对于设计向量的灵敏度,即 $\partial C/\partial \boldsymbol{p}$ 和 $\partial g/\partial \boldsymbol{p}$。因篇幅所限,关于 $\partial C/\partial \boldsymbol{p}$ 和 $\partial g/\partial \boldsymbol{p}$ 的

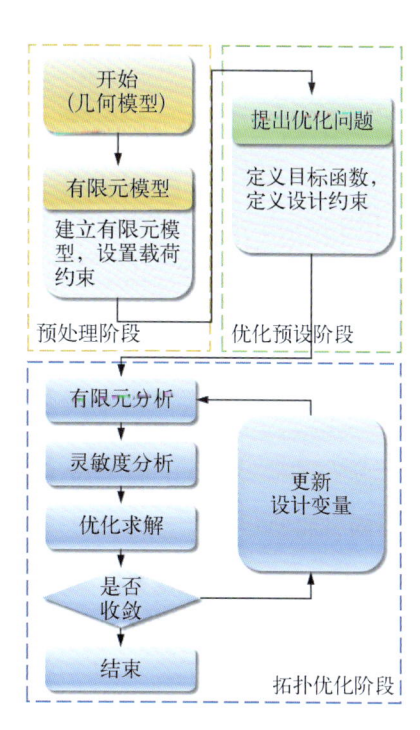

图 9.4.5 结构拓扑优化的实施流程

详细计算步骤此处从略。

图 9.4.6 展示了基于 MMC 方法进行主传力结构拓扑优化的迭代过程。值得指出的是：在第一步迭代开始前，需在设计区域内布置一系列初始组件。随着优化迭代过程推进，各组件会逐渐移动、旋转、交叉和重叠，并逐渐搭建起最优结构。

第1步迭代　　　　　　　第20步迭代　　　　　　　第80步迭代

图 9.4.6　主传力结构的拓扑优化过程

### 9.4.3　拓扑优化结果的几何重建

拓扑优化迭代结束后，得到如图 9.4.7 所示的主传力结构优化构型。该构型的传力路径清晰，材料分布合理。值得注意的是，优化结果在中间受载区域与火箭相连位置形成了翼板结构，进一步提高了主传力结构在摇摆工况下的弯曲刚度和扭转刚度。

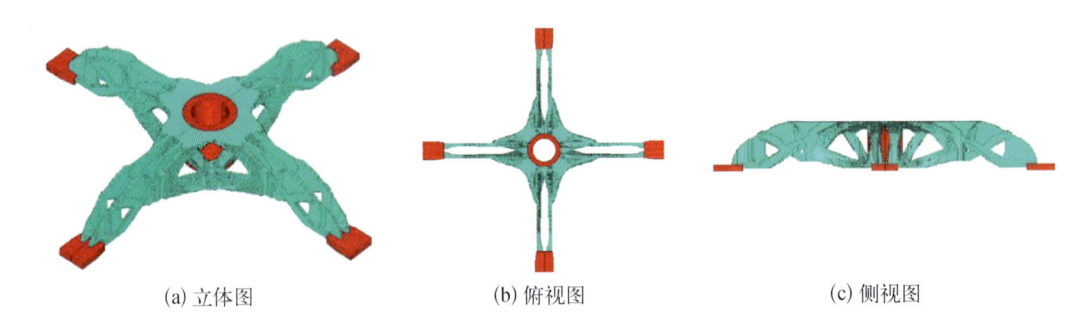

(a) 立体图　　　　　　(b) 俯视图　　　　　　(c) 侧视图

图 9.4.7　经拓扑优化得到的主传力结构

图 9.4.8　经几何重构的薄壁盒式主传力结构

根据结构拓扑优化结果，在 CAD 软件中对结构完成进一步的几何重构，并根据制造工艺约束要求，对结构的几何尺寸加以适当微调，以适应加工工艺。经重构调整，最终得到如图 9.4.8 所示的薄壁盒式主传力结构构型，其质量小于 400 kg。该构型增加了翼板等附属结构，且在结构内部形成了空腹腔体，既有效提升了传力结构的刚度，又大幅减轻了其结构重量，从而显著提升了发动机的推重比。

### 9.4.4　拓扑优化结果的校核

对重构后的主传力结构再次进行有限元计算校核，得到图 9.4.9 所示重构后的主传力结构位移云图。由图可见,所设计的主传力结构在零位工况、摇摆工况下的最大水平位移绝对值分别为 1.086 mm 和 1.219 mm,最大垂直位移绝对值分别为 4.815 mm 和 4.969 mm,最大总位移绝对值分别为 4.818 mm 和 4.970 mm,完全满足主传力结构的刚度要求。

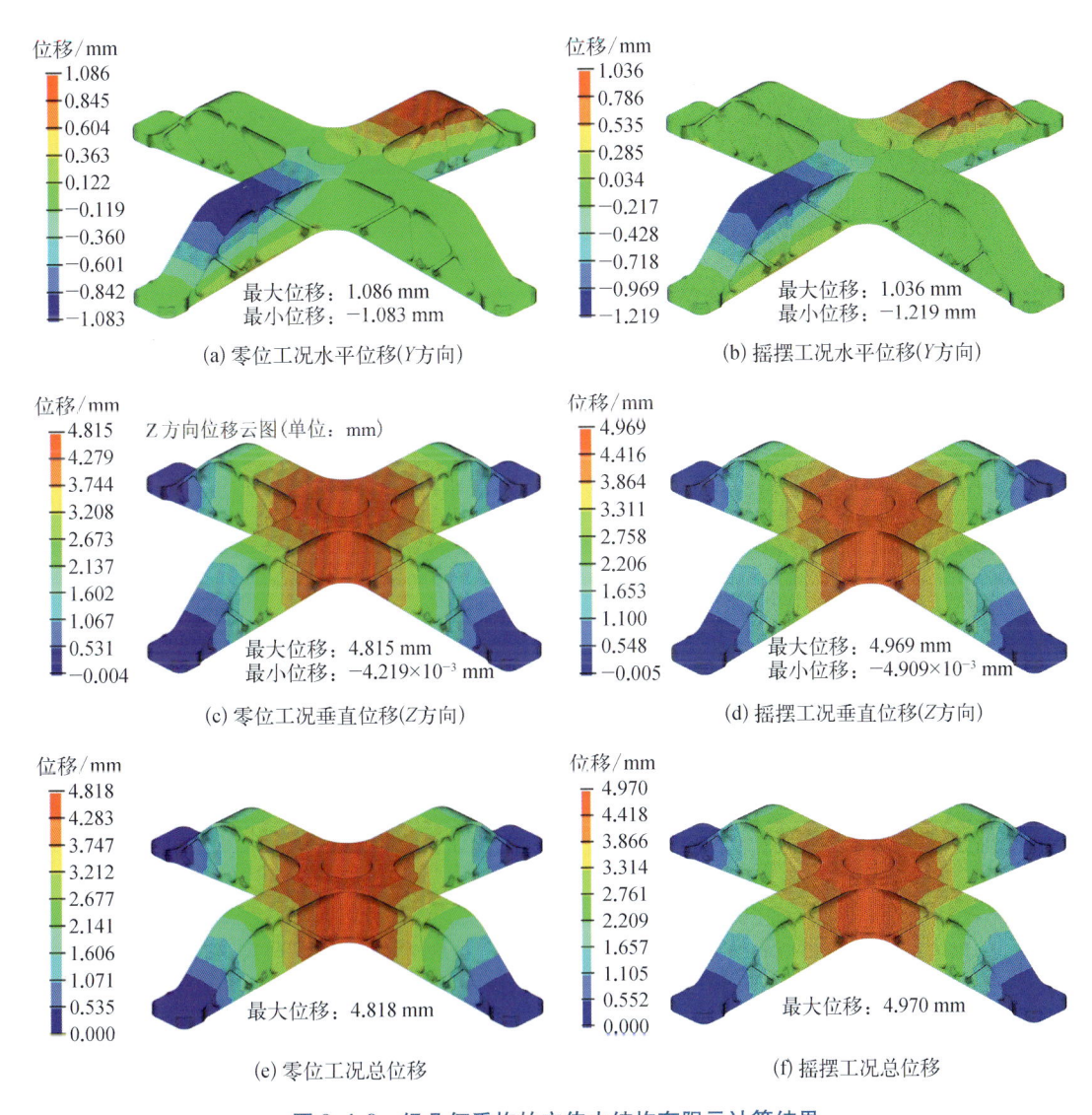

(a) 零位工况水平位移($Y$方向)

(b) 摇摆工况水平位移($Y$方向)

(c) 零位工况垂直位移($Z$方向)

(d) 摇摆工况垂直位移($Z$方向)

(e) 零位工况总位移

(f) 摇摆工况总位移

图 9.4.9  经几何重构的主传力结构有限元计算结果

回顾 9.3.2 节所设计的桁架型主传力结构,其静定桁架型主传力结构的最大位移绝对值为 16.71 mm,静不定桁架型主传力结构的最大位移绝对值为 8.49 mm。此处,通过连续体拓扑优化获得薄壁盒式主传力结构,其最大位移绝对值进一步缩小到 4.970 mm,相当于结构整体刚度分别提升了 236.2% 和 70.8%。这得益于连续体拓扑优化方法无须预先假定结构拓扑形式,因而显著拓展了优化设计的可行域。

### 9.4.5 关于优化设计效能的讨论

观察图 9.4.10,可发现在主传力结构的四个传力臂上,拓扑优化构型的加强筋分布与弯矩载荷作用下的拓扑优化构型非常相似。这种传力构型可以使弯矩扩散为沿杆件轴向的正应力,进而提升结构的安全性。在传力梁的横截面内,拓扑优化构型的截面形成了薄壁盒式截面拓扑形状,可以有效减少承受扭矩时截面上的翘曲正应力。这表明,结构拓扑优化方法通过严格的数学列式和数学规划算法求解,创造性地提供优化构型,有针对性地自动将多个力学优化构型有机结合,为工程结构设计提供解决方案。

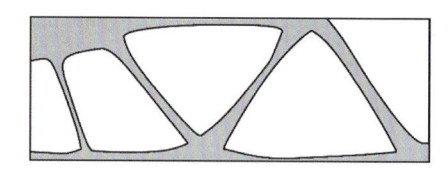

(a) 薄壁盒式主传力结构　　　　　　(b) 典型优化梁结构

**图 9.4.10　薄壁盒式主传力结构与典型优化梁结构的对比**

目前,上述薄壁盒式主传力结构已成功应用于我国下一代大推力火箭发动机。对于零位载荷和摇摆载荷,该主传力结构均具备优异的抗弯与抗扭性能。使用该优化设计构型,可在保障结构安全的前提下,有效降低主传力结构的质量,进而提高发动机的推重比。

在迄今最大的单室推力载荷下,该主传力结构不仅能够保证结构安全性,而且实现了火箭发动机大幅减重,使发动机的推重比达到了世界领先水平。通过实施结构优化,已将国产火箭发动机的推重比由落后于美国、俄罗斯现役同类发动机的水平,提升至超过美国、俄罗斯现役同类发动机的水平,成功破解了我国在大推力火箭发动机主传力结构设计方面的瓶颈问题。

## 9.5　问题与展望

复杂装备结构优化设计往往对应大规模结构拓扑优化。解决这类拓扑优化问题,需要反复求解大规模线性代数方程组(其维数可达 $10^7 \sim 10^8$),获得目标函数/约束函数及其灵敏度,进而对设计变量进行更新。因此,结构拓扑优化具有很高的计算复杂性。以图 9.5.1 中飞机机翼的线性结构刚度优化设计问题为例,为了达到 $10^9$ 的网格分辨率,需要在配有 8 000 个中央处理器(central processing unit,CPU)的欧洲"居里"超级计算机上计算 5 天。在经典数值分析框架下,有限元分析的计算复杂度存在理论下界,而计算机硬件水平在短时期内难以实现巨大改进。因此,为了有效提升复杂装备结构拓扑优化的计算效率,需要拓展具有"颠覆性"的创新思路。

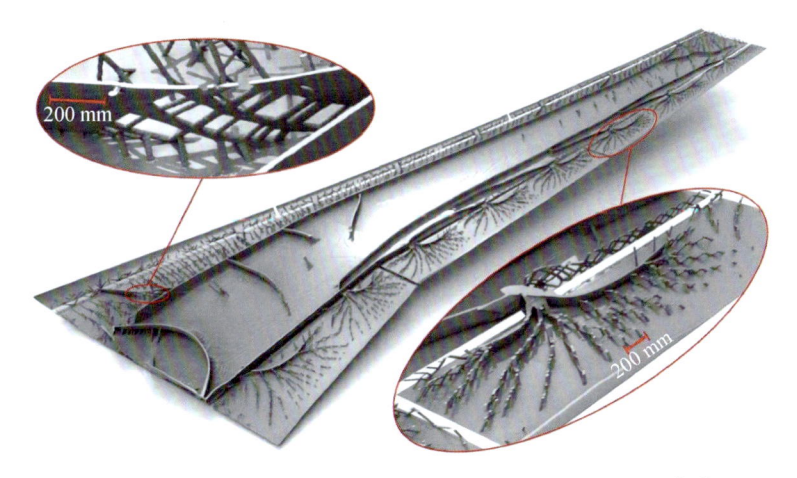

图 9.5.1　具有 $10^9$ 网格分辨率的机翼结构拓扑优化设计[1]

近年来,人工智能理论和方法的快速发展为破解上述挑战性问题提供了新范式,并涌现出一批具有显示度的成果。例如,针对固定的设计区域和边界条件,可以通过机器学习,训练神经网络建立载荷位置、大小等与最优设计之间的端到端映射关系。基于训练好的神经网络,输入载荷位置和大小即可直接获得近似的优化设计结果,在某种程度上具有了实时优化能力。然而,此类端到端映射的训练需要预先求解大量给定外载荷、边界条件及设计区域形状下的拓扑优化问题以生成样本。对于需要极高网格分辨率的大规模拓扑优化问题,这不仅导致机器学习成本非常高,而且泛化能力严重受限,无法适应外载荷、边界条件复杂多变的拓扑优化需求。为解决这一问题,近年来研究者提出了基于问题无关机器学习(problem independent machine learning,PIML)的结构分析与优化设计框架[2],为求解大规模结构拓扑优化问题提供了新思路。

目前,基于机器学习的拓扑优化研究大多尚仅限于数学性态较好的结构整体刚度优化设计问题。如何利用机器学习技术,高效求解考虑强度、稳定性及动力学等复杂响应的大规模结构拓扑优化问题,并实现工程应用,是值得关注的重要研究方向,仍有待青年学者投身其中。

## 思 考 题

**9.1**　什么是结构优化? 结构优化主要分为哪三种类型?
**9.2**　结构拓扑优化的主要方法有哪几种? 分析各种方法的优势和劣势。

---

[1] Aage N, Andreassen E, Lazarov B S, et al. Giga-voxel computational morphogenesis for structural design[J]. Nature, 2017, 550(7674): 84-86.
[2] Huang M, Du Z, Liu C, et al. Problem-independent machine learning (PIML)-based topology optimization — a universal approach[J]. Extreme Mechanics Letters, 2022, 56: 101887.

**9.3** 如果 9.3.1 节中的基结构为图 9.3.7 中所示的静不定结构,应如何建立相应的最优化准则? 如考虑的约束为某指定节点的位移值,又应如何建立相应的最优化准则?

**9.4** 对于三维拓扑优化问题,应如何构造 MMC 方法中的拓扑优化设计基元? 相应的设计向量为何?

**9.5** 试推导 9.4.2 节中目标和约束函数关于设计向量的灵敏度,即 $\partial C/\partial \boldsymbol{p}$ 和 $\partial g/\partial \boldsymbol{p}$。

# 拓展阅读文献

1. 程耿东. 工程结构优化设计基础[M]. 大连:大连理工大学出版社,2012.
2. 钱令希. 工程结构优化设计[M]. 北京:水利电力出版社,1983.
3. Bendsøe M P, Sigmund O. Topology Optimization: Theory, Methods, and Applications[M]. Heidelberg: Springer-Verlag, 2004.
4. Aage N, Andreassen E, Lazarov B S, et al. Giga-voxel computational morphogenesis for structural design[J]. Nature, 2017, 550(7674): 84–86.
5. Guo X, Zhang W S, Zhong W L. Doing topology optimization explicitly and geometrically: a new moving morphable components based framework[J]. Journal of Applied Mechanics, 2014, 81: 081009.
6. Huang M, Du Z, Liu C, et al. Problem-independent machine learning (PIML)-based topology optimization — a universal approach[J]. Extreme Mechanics Letters, 2022, 56: 101887.

本章作者:郭　旭,大连理工大学,教授,中国科学院院士
　　　　　孙　直,大连理工大学,副教授

# 第 10 章
# 基于高温复合材料的空天结构设计

21世纪以来,在先进飞行器发展需求的牵引下,空天材料和结构技术正朝着高性能和多功能方向发展,继续印证"一代材料、一代结构、一代装备"的发展规律。例如,随着高温复合材料走向成熟,其可设计性为研制耐高温的轻量化结构提供了契机,有力推动了高超声速飞行器的研制。与此同时,新材料和新结构的设计、制造与评估带来许多新的力学问题。

本章以高温复合材料结构为对象,基于尽可能简单的力学模型和知识,讨论其力学设计问题。首先,介绍高温复合材料结构设计所涉及的力学问题、优化问题与处理思路。然后,通过理论、计算、实验相互结合的方法,介绍高温复合材料结构力学设计的方法流程。最后,以某型固体火箭发动机的高温喷管为例,介绍其力学设计过程,并给出相关设计结果。

## 10.1 研 究 背 景

在航空航天装备中,许多重要部件要在高温环境下服役。如图10.1.1所示,火箭发动机喷管的最高温度可达1 400℃,航空发动机涡轮叶片的最高温度可达1 600℃,高超声速飞行器鼻锥的最高温度可达2 000℃。对于这些承受高温的部件,将其结构称为**高温结构**或**热结构**,它们是部件维持外形和保障功能的基础。

(a) 火箭发动机喷管　　(b) 航空发动机涡轮叶片　　(c) 高超声速飞行器鼻锥

**图 10.1.1　空天飞行器中的典型高温结构**

### 1. 高温复合材料

由于传统材料无法承受如此苛刻的高温服役环境，人们发明了**高温复合材料**。它是由两种或多种不同属性材料按特定结构排布而成的多相材料，在保留组分材料原始性能的同时，可通过复合作用获得组分材料所不具备的高性能。高温复合材料的特定结构排布使其具有多尺度几何特征。例如，图10.1.2给出了碳纤维→纤维束→编织预制体→复合材料→火箭发动机喷管的逐级制造流程。其中，纤维或基体组分涉及微观尺度，纤维和基体空间排布组成的微结构涉及细观尺度，而复合材料结构涉及宏观尺度。

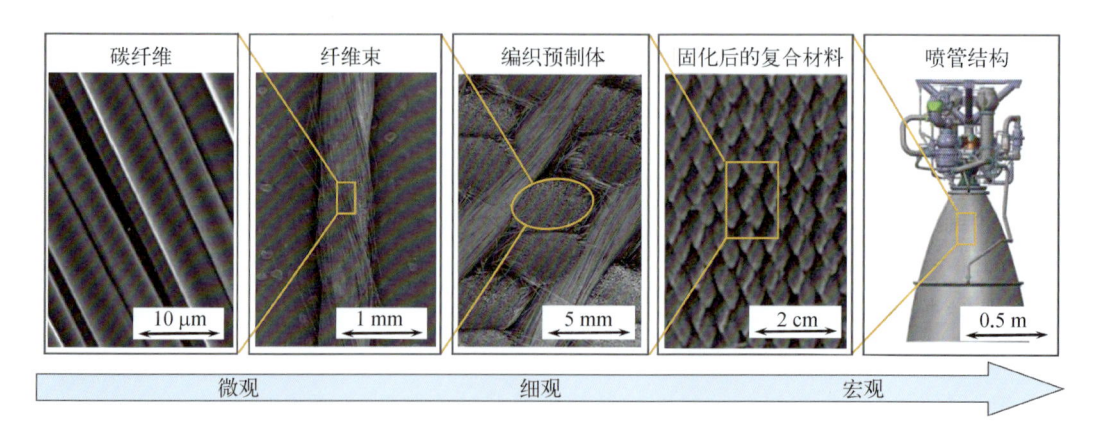

图 10.1.2　高温复合材料的多相异质和多尺度特征[1]

上述多相异质和多尺度特征可极大地丰富高温复合材料结构的可设计域，使其成为功能性结构材料，即在实现高性能的同时，还为多种功能集成提供了可能。例如，编织复合材料作为一种典型的高温复合材料，已被用作火箭发动机喷管、导弹翼舵和航空发动机叶片等耐高温、耐烧蚀和耐高速冲刷的结构材料，还被用作导弹天线罩透波材料、耐磨损刹车片材料等功能性材料。因此，可以通过高温复合材料结构力学设计实现结构功能一体化。

### 2. 力学问题及其复杂性

高温结构在服役过程中除了承受极端热载荷外，还要承受气动压强等力学载荷、烧蚀等复杂载荷。高温结构在这样的环境下可靠服役并实现预期功能，其设计面临许多力学问题。这些问题的复杂性表现如下。

第一，从流体力学看，气动载荷复杂。先进飞行器、航空发动机等装备在服役过程中，高温结构与高速气流发生相对运动和相互作用。若将高速气流视为作用在高温结构上的气动载荷，它往往呈现非定常、非线性、激波等特征，甚至与热结构耦合发生气动弹性失稳。

第二，从热力学看，热载荷复杂。当高温结构与高速气流具有相对运动时，两者间的

---

[1]　贺春旺. 先进复合材料及结构的多尺度分析方法研究[D]. 北京：北京理工大学，2022：1-2.

摩擦剧烈,产生气动加热,导致高温结构的热载荷急剧增加。热载荷与气流和材料的特性(如比热容、导热系数等)及两者的边界条件密切相关,十分复杂。

第三,从固体力学看,热力耦合复杂。一方面,热载荷会使高温结构的材料物性发生变化并产生热应力,改变高温结构的外形,使气动载荷更为复杂;另一方面,材料物性和结构外形的变化会影响气动载荷,并引起热载荷变化。上述热力耦合过程会严重影响高温结构,乃至装备的服役性能和功能。

高温结构涉及的上述三个复杂力学问题相互耦合,难以同时求解;若再考虑到高温复合材料的多相异质和多尺度特征,则高温复合材料结构力学设计极具挑战性。本章后续几节将先介绍高温复合材料结构在工程应用中的载荷边界和功能需求,梳理高温复合材料结构力学设计的基本思路;再从高温复合材料的可设计性、与温度相关的材料物性、多种功能的耦合性入手,讨论高温复合材料结构力学设计的具体方法流程;最后介绍某型固体火箭发动机的喷管结构设计。

## 10.2 对高温复合材料结构力学设计的认识

高温复合材料结构力学设计属于系统性的工程设计,其内容包括材料设计、结构设计和功能设计等。设计的主要目的是:确定复合材料的微结构布局方案,给出复合材料与温度相关的物性参数及力学和功能特性描述模型,提供具备最佳性能和最优功能的高温复合材料结构的设计方案。

鉴于高温复合材料结构力学设计比较复杂,本节先介绍高温复合材料结构的常见载荷约束,再探讨结构设计中面临的挑战,给出高温复合材料结构力学设计常用的思路。下节将介绍具体的设计方法和流程。

### 10.2.1 高温复合材料结构力学设计的载荷约束

在讨论高温复合材料结构力学设计时,需明确前提、目标和约束,现对其作简要介绍。

第一,**轻量化**:指在满足结构功能指标基础上,尽可能地减轻结构重量。轻量化可降低航空航天装备的发射和飞行成本,提升装备整体性能,故通常将其作为设计目标。

第二,**导热系数**:指在稳态传热条件下,当结构两侧温差为1 K时,单位时间内通过单位面积传递的热量。结构导热系数低有利于防隔热,故通常将其作为设计目标。

第三,**弹性模量**:指材料本构关系中弹性阶段的应力与应变之比。高温复合材料的力学性能具有明显的温度相关性,在结构设计中要计入弹性模量的温度相关性,通常将其作为设计输入。

第四,**强度**:指材料或结构抵御塑性变形或断裂破坏的能力。鉴于高温复合材料力学性能的温度相关性,在结构设计中要校核材料与结构在高温下的强度,通常将其作为设计约束。

在航空航天装备中,高温复合材料结构分为表面热结构与发动机热结构。**表面热结构**包括热防护面板、机翼前缘与头锥结构、控制面结构等,主要位于装备表面及其附近。在飞行器高速飞行过程中,热结构表面与空气剧烈摩擦,其大量动能转变为热能,使结构升温。表面热结构承担防隔热及力学承载的功能,既要耐受气动热环境(防热),同时也要维持结构内部温度不高于有效载荷的耐热极限(隔热),并且结构外形需要满足气动布局的约束。**发动机热结构**包括燃烧室、喷管、高温涡轮叶片等。发动机工作时,燃料化学能转化为热能,引起温度升高。热结构在保证防热与承受内压的基础上,为燃料、冷却液等流体提供流道,其结构外形需要满足流道几何形状的限制。

根据高温复合材料结构的工程应用背景与服役环境,其设计核心是保证其在高温下具备足够的力学承载能力,并满足功能要求与设计约束。高温复合材料结构需要在几何模型、载荷边界条件与重量等约束下进行设计。结构的内外部轮廓需要满足外部气动布局或者内部流道约束,几何设计空间被限定。结构处于高速气流中,流体和固体传热发生相互作用,其受到热学与力学载荷影响,在设计中,一般将上述复杂气动作用简化为结构所承受的热力学载荷约束条件。热结构的重量占比与装备的运载能力密切相关,减轻其重量可有效提高装备的运载能力。因此,在设计过程中需要满足重量约束条件,甚至要尽量减轻热结构重量,实现轻量化设计。

### 10.2.2 高温复合材料结构力学设计面临的挑战

在高温复合材料结构力学设计中,除了满足常温结构的强度、刚度等需求,还面临高温环境带来的如下挑战[1]。

第一,热应力显著。高温环境会使结构产生显著的温度升高与温度梯度。不同结构之间会因材料热膨胀系数差异而产生变形失配,产生显著的热应力。与此同时,高温复合材料组分(纤维束和基体)的热膨胀系数差异也会产生热应力。一般来说,温度变化引起的热应力要大于惯性载荷引起的应力。因此,在高温复合材料结构强度设计过程中,需要将热应力作为重要因素。

第二,热-力-化耦合效应明显。高温复合材料的力学性能不仅随温度变化,还与环境条件密切相关。不同的高温环境会导致复合材料结构的刚度和强度发生不同变化。在真空、惰性气体等环境下,残余热应力释放会使复合材料在中高温区的性能增强;而在大气、盐雾、潮湿环境下,复合材料受到温度、氧气、水分子等热-力-化耦合作用,会发生氧化、腐蚀等现象,导致性能严重劣化,如图10.2.1所示。因此,在高温复合材料结构设计中,需充分考虑服役温度与环境条件耦合作用对材料性能和行为的影响。

---

[1] 孟松鹤,解维华,杨强.高超声速飞行器热结构分析与评价方法[M].北京:科学出版社,2021:1-6.

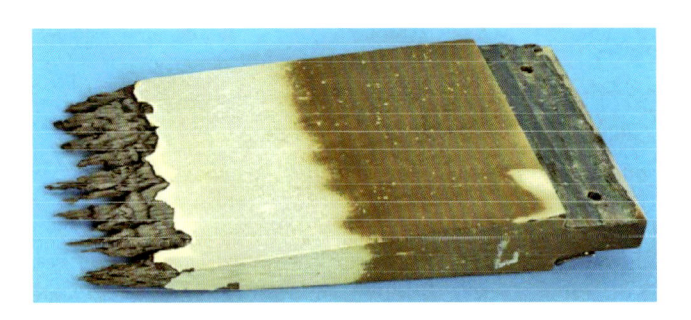

图 10.2.1　高温复合材料结构发生严重氧化后失效[1]

第三,承载性能、防隔热功能与轻量化协同设计。高温复合材料结构的服役温度很高,为了保证结构及其内部设备正常工作,在力学设计中还需嵌入防隔热设计。为了提升防隔热效果,通常要在结构表面设置低密度、低导热的隔热材料或在结构内部设置冷却系统进行冷却,减少热量传导。低密度、低导热隔热材料的承载能力较弱,而冷却系统会增加结构重量,因此在高温复合材料结构设计中,需要对其承载性能、防隔热功能与轻量化需求进行协同设计。

### 10.2.3　高温复合材料结构力学设计思路

在高温复合材料结构的力学设计中,首先要从装备的整体性能和功能需求入手,考虑其他部件的约束,建立设计变量、优化目标和约束条件,然后按照可行的方法开展设计。前两小节已经介绍了载荷约束和难点挑战,本小节将介绍常用的设计思路,为下一节介绍具体设计方法和流程做铺垫。高温复合材料结构的力学设计过程非常复杂,具有如下特点。

第一,多学科交叉。高温复合材料结构力学设计涵盖空气动力学、结构力学、热力学、复合材料力学等多个学科。这些学科间高度交叉,对设计思路和方法提出了较高要求。

第二,多变量、多目标和多约束优化问题。高温复合材料结构力学设计的设计变量、优化目标和约束条件众多且相互制约。例如,设计变量包括复合材料微结构和宏观几何外形,优化目标包括轻量化、高承载、多功能,还需考虑高温环境和部件装配等约束条件。这使得高温复合材料结构力学设计成为典型的多目标优化设计问题。

高温复合材料结构力学设计除了具有上述特点外,还具有自身独特的特点:一方面,考虑到常用的编织复合材料具有多尺度特征,应做到材料结构一体化设计;另一方

---

[1] Glass D. Ceramic matrix composite (CMC) thermal protection systems (TPS) and hot structures for hypersonic vehicles[C]. Dayton: Proceedings of the 15th AIAA International Space Planes and Hypersonic Systems and Technologies Conference, 2008: 2682.

面,高温复合材料结构的服役环境非常复杂,涉及热力化等多场耦合过程,优化目标包括承载、防热、隔热等功能。因此,需要开展材料结构的一体化设计、结构功能的一体化设计。

1. 材料结构一体化设计

对于传统单相均质材料组成的结构,其设计侧重于材料选型和拓扑设计。高温复合材料属于多相异质材料,具有多尺度特征,导致相应的结构设计十分复杂。长期以来,在高温复合材料结构设计中,一般先将材料等效为单相均质材料,按照单相均质材料结构的设计方法进行设计。这种设计属于在材料、结构两个层次上分离设计,两者之间的迭代匹配较少,无法充分发挥材料和结构在不同尺度下的性能潜力,导致设计安全裕度较高,使结构减重和性能提升面临瓶颈。

为了得到高性能的高温复合材料结构,应改变上述从材料到结构的串联式设计路线,从宏微观多尺度挖掘材料和结构的性能潜力,发展新的材料结构一体化并行式设计方法。如图10.2.2所示,基于材料组分的特定性能,通过微观、细观和宏观多尺度的结构构型匹配设计,实现宏观结构性能的可定制化[1]。这种一体化设计的基本思路是:在复杂载荷边界约束下,基于先进材料结构一体化设计方法理论,开展材料结构多尺度建模与性能表征,厘清材料分布和多尺度特征对结构性能的影响规律,实现多尺度材料与结构性能的协同设计和精准调控,突破传统设计极限,获得低成本、高性能的结构。

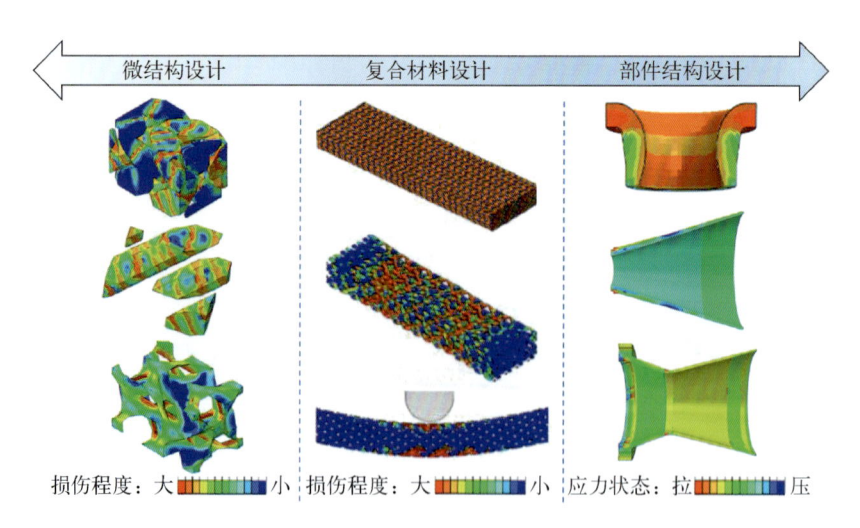

图10.2.2 高温复合材料结构一体化并行式设计示意图

以高温复合材料结构为例,首先分析宏观结构的载荷边界和几何约束,建立设计约束条件,在约束条件下进行高温复合材料组分和微结构设计,开展具有不同组分和微结构的

---

[1] Gu D D, Shi X Y, Poprawe R, et al. Material-structure-performance integrated laser-metal additive manufacturing [J]. Science, 2021, 372: eabg1487.

复合材料试件性能测试,建立材料性能数据库和描述其力学响应的理论模型;然后发展多尺度计算方法,实现材料组分、微结构和宏观结构三个尺度性能的协同匹配设计;最终得到满足载荷约束的高性能宏观结构。

**2. 结构功能一体化设计**

高温复合材料结构一般处于装备表面,除了承受力学载荷,还要兼具防热、隔热、透波等功能。传统设计是将具有不同功能的结构进行组合,这种设计易于实现,但往往增加装备重量,难以实现装备的轻量化。

在航空航天装备设计中,轻量化是基本需求。因此,迫切需要结构功能一体化设计,即通过材料、微结构、宏观结构的高度匹配集成创新设计,在一种结构上同时实现承载、防热、隔热、透波等多种功能。结构功能一体化设计的常用思路是:在功能需求和载荷边界约束下,研究不同尺度下结构的多种功能响应,揭示结构所需的多种功能特性间的耦合规律,建立多种功能一体化的兼容集成设计方法,得到满足设计目标的多功能一体化结构。

以图 10.2.3 所示的轻质/承载/防隔热一体化高温复合材料结构设计为例。首先,根据结构承受的热载荷、力学载荷,凝练出轻质、承载和防隔热等功能需求;其次,开展每种功能约束下不同尺度的结构设计,研究材料结构的功能特性,建立功能数据库和相应的描述模型;然后,研究多种功能特性之间的耦合关系,建立多功能耦合的分析模型和设计方法,解决各功能间易发生相互干扰的难题,实现不同尺度结构多种功能的协同匹配设计;最后,得到可以同时满足轻质、承载、防隔热需求的高性能结构。

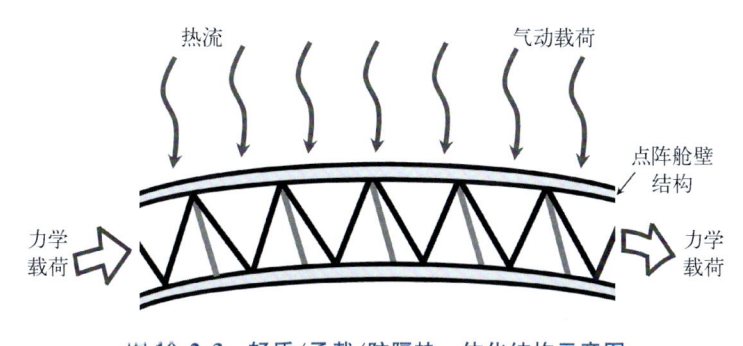

图 10.2.3 轻质/承载/防隔热一体化结构示意图

## 10.3 高温复合材料结构力学设计方法

高温复合材料结构力学设计涵盖多个学科。作为导论,本章从力学角度介绍高温复合材料结构设计方法。图 10.3.1 给出了高温复合材料结构力学设计的常用流程,主要包括:分析结构服役工况与功能需求,明确优化目标与约束条件;开展材料微结构设计,进行材料高温力学性能与行为实验表征，建立材料微结构与性能的映射关系；开展材料本构关系和断裂强度理论研究，为结构设计提供理论依据；开展结构功能一体化设计和结构高温强度定量评价，迭代优化之前的设计；最终完成满足设计目标的复合材料结构的实验验证。

本节重点介绍材料微结构设计、材料高温力学性能与行为实验表征、材料本构关系和断裂强度理论、结构功能一体化设计和结构高温强度定量评价。

### 10.3.1　材料的微结构设计

复合材料具有天然的多尺度特征。如图 10.3.2 所示，复合材料具有人为设计的各种微结构，并通过设计微结构来调控材料的宏观力学性能。例如，对于颗粒增强复合材料，通过设计颗粒的体积分数，可以调控材料密度。对于平纹编织复合材料，通过设计增强相与基底相的组分类别，可调控材料的等效弹性模量；对于三维编织复合材料，通过设计编织角、花节等微观参数，可调控各向异性和各向同性。

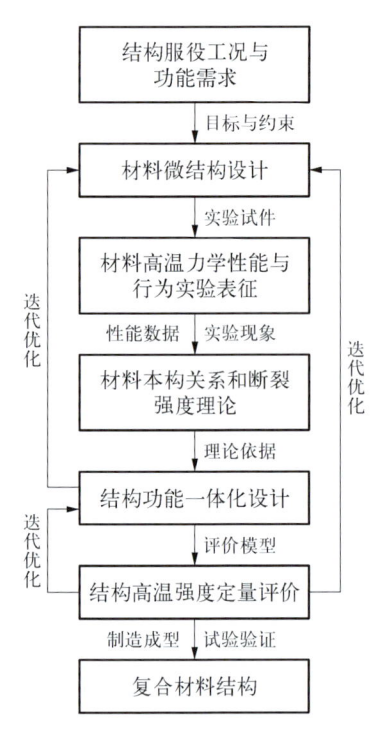

图 10.3.1　高温复合材料结构力学设计流程

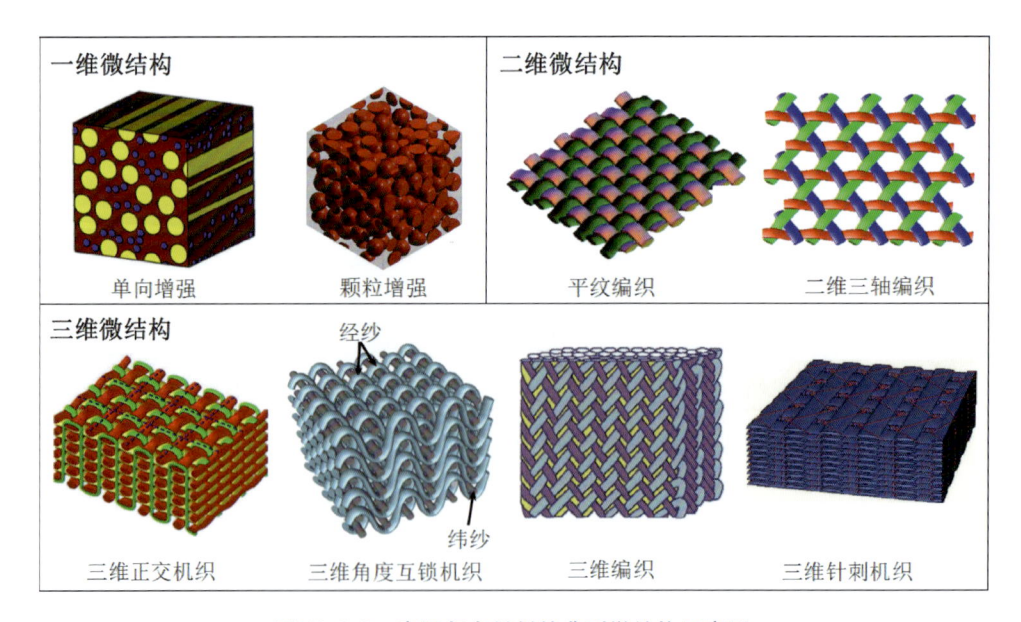

图 10.3.2　高温复合材料的典型微结构示意图

复合材料多尺度结构设计可以有效提升复合材料的力学性能，将各尺度的优异性有效传递到宏观尺度，拓展了材料的设计域。复合材料微结构设计是每个尺度设计的关键，

332

合理的微观结构设计能够巧妙地引导载荷的分布与传递,从而使各组分相扬长避短,实现 1 + 1 > 2 的设计目标。

### 10.3.2 材料高温力学性能与行为实验表征

复合材料微结构设计完成后,需要验证材料是否具有预期性能和功能。这要求在模拟服役工况条件下,测试和表征材料物性参数,评估和验证材料功能效果。例如,对于承载结构材料,要基于静态、振动、疲劳等力学实验开展力学性能参数测试和承载能力评估实验;对于防隔热结构材料,需要开展导热系数等热学性能测试和防隔热效果验证实验。本小节主要介绍复合材料的高温力学性能与行为实验表征。

材料力学性能是指材料在不同环境(温度、介质、湿度等)下,承受外载荷(拉伸、压缩、弯曲、扭转、冲击、交变应力等)时所表现出的力学特性,主要包括:弹性性能、塑性性能、蠕变性能、疲劳性能、断裂性能、抗冲击性能等。复合材料具有多相异质和多尺度特征,其力学性能表现出各向异性。因此,需要根据微结构取向与外加载荷方向的相对关系,用多组实验来确定材料不同方向的性能。此外,复合材料具有微结构,比均质材料具有更多的力学性能,如层间性能、纤维与基体的粘接性能等。因此,复合材料力学性能的测试表征十分复杂和困难。

#### 1. 材料高温力学性能测试

图 10.3.3 给出了高温力学性能测试的流程:首先,将试样装夹在形状和尺寸匹配的夹具上,再将夹具与测试仪器的加载模块相连,使外加载荷可靠地传递到试样上;然后,对试样同时进行温度和力学加载,并同时采集试样承受的载荷、温度、变形,绘制不同温度下的载荷位移曲线、应力-应变曲线;最后,通过分析上述曲线,计算得到弹性模量、强度和断裂韧性等力学性能参数。

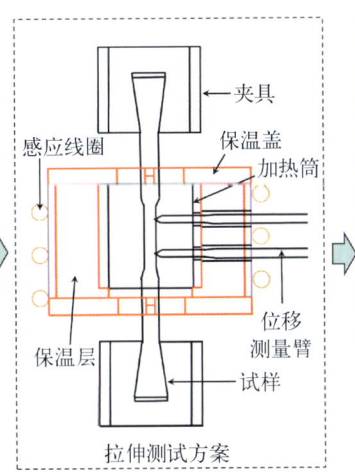

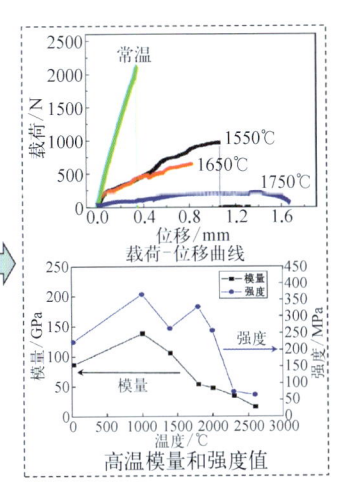

图 10.3.3 复合材料高温力学性能测试

在高温力学性能测试中,需重点考虑高温环境的影响。建立高温环境的常用方法是基于辐射、感应、通电等加热方式,对材料试样进行加热。此外,夹具要在高温环境下与试样相互作用,完成力学载荷加载。然而,大多数材料的强度在高温环境下会因为化学反应等因素而大幅降低,因此必须合理地选择夹具材料和设计夹具形状尺寸,保证外载荷可靠地传递到试样上。目前,高温夹具材料主要选取耐高温金属或陶瓷材料及高强石墨等,通过夹具形状尺寸优化设计来优化试样与夹具作用处的应力分布,降低应力数值。

高温环境给载荷和变形的精确测量带来许多挑战。测量载荷和变形的传感器需要进行隔热冷却处理,以减小高温环境的影响。考虑到外载荷的传递路径,加载装置、载荷传感器和试样一般按照串联布局设置,试样承受的载荷可通过串联的载荷传感器精确测量得到。但试样变形等位移如果用串联设置的位移传感器来进行测量,则需要消除夹具变形和部件间连接缝隙等因素的影响。上述因素往往是难以精确测量和评估的,一般是直接测量试样标距段的位移。常用的直接测量方法主要包括接触式和非接触式测量两种:接触式测量包括在试样表面粘贴高温应变片、将变形通过耐高温引伸杆引到低温区测量等;非接触式测量则包括数字图像相关等各类光学和射线测试方法[1]。

本章作者团队研制了一系列超高温力学测试仪器(如图 10.3.3 所示的 2 600℃快速升温/多气氛/超高温力学性能测试仪器),发展了系列高温准静态力学测试方法(包括拉伸、弯曲、压缩、剪切、压痕测试等),建立了高温复合材料力学性能数据库(包括弹性模量、强度、断裂韧性等),有力支撑了我国航天装备研制工作。

**2. 材料失效行为实验表征**

在工程中,高温复合材料结构具有多种失效形式,包括极端载荷引起的破坏,长期服役导致性能衰退(疲劳、腐蚀等)而发生破坏。从力学角度看,材料结构的失效破坏往往表现为宏观断裂,而其起因则是材料微结构和微缺陷(包括微裂纹、微孔洞等)的演化,如微裂纹萌生扩展导致宏观裂纹。高温复合材料的微结构和微缺陷十分复杂,导致其断裂行为也非常复杂,具有多种破坏模式,如纤维脱胶、纤维断裂、基体开裂等。破坏模式出现的时间顺序和空间位置对最终的断裂行为有着复杂的影响,因此需要对微结构和微缺陷演化过程及其导致的破坏模式进行实验表征。

在已有的实验表征方法中,采用射线成像法可对材料内部结构成像,进而揭示复合材料内部微结构的复杂性。作为射线成像法的代表,电子计算机断层扫描成像(computed tomography,CT)技术的测试精度可达到亚微米级别,已广泛应用于复合材料微结构的可视化观测。CT 技术是利用 X 射线对物体进行旋转扫描测试,采集不同角度的投影数据,根据不同密度物质对 X 射线的吸收程度不同,形成区分密度差异的图像,再通过图像处理,即可得到包含试样全场微结构三维信息的可视化数据。

为了模拟高温复合材料结构的服役过程,发展了同时具备力学和温度加载功能的原

---

[1] 方岱宁,李卫国. 超高温材料力学[M]. 北京:科学出版社,2022:291-304.

位CT技术,在对试样进行高温力学加载的同时,开展CT测试。在测试中,一般将试样加载到设定温度和力学载荷后,保持温度和力学载荷恒定,开展CT测试;一次CT测试结束后,重复上述过程,直至实验结束或试样断裂。原位CT测试会得到一系列温度和力学载荷对应的试样微结构信息,根据温度和力学载荷的加载历程,可实现热-力-化多场载荷作用下材料微结构演化过程(如微裂纹的萌生和扩展)的原位观测。基于图像分析方法,还可以实现材料内部微结构、孔洞和裂纹等特征的识别提取和定量化分析,为断裂和失效行为的分析提供支撑[1]。本章作者团队研制了图10.3.4所示基于实验室光源的1 200℃高温原位加载CT仪器,发展了快速高精度成像算法和表征方法。

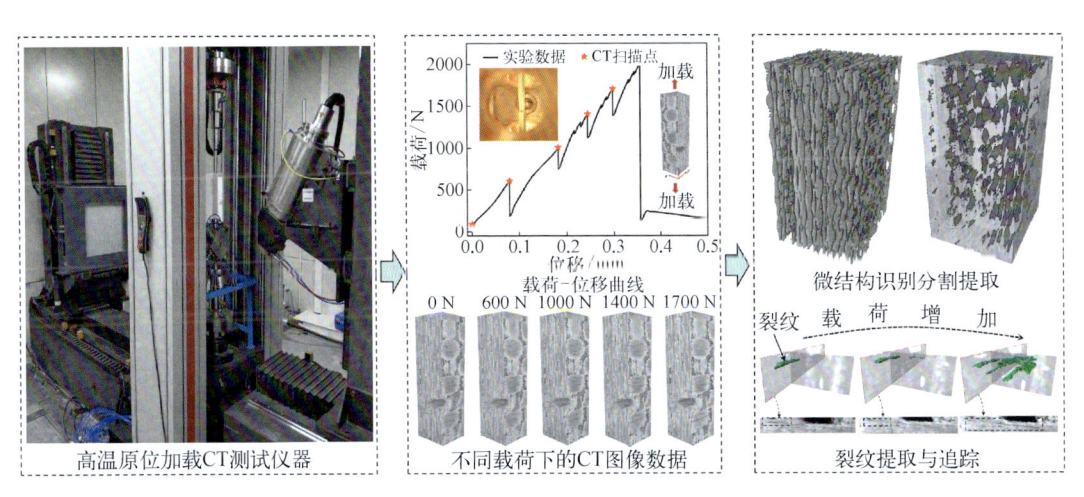

图10.3.4 复合材料高温原位加载CT测试

### 10.3.3 材料本构关系和断裂强度理论

经测试获得材料的高温力学性能和微结构演化行为后,要在此基础上建立材料本构关系和断裂强度判据,为结构设计提供理论依据。其中,本构关系是描述材料弹塑性力学行为的理论模型,断裂强度理论则是判断材料在复杂应力状态下是否断裂破坏的理论依据。

**1. 复合材料的高温本构关系**

高温复合材料的力学行为不仅与复合材料微细观结构相关,还与服役环境相关。例如,在陶瓷基复合材料中,纤维和基体两种组分材料的热膨胀系数相差巨大,当材料从制备温度冷却至室温时,两种组分间的热膨胀系数失配,会产生不可忽略的热失配应力。其中,一部分热失配应力释放会导致基体内部产生初始微裂纹;另一部分则会演化为热残余应力,导致沿纤维方向的基体受拉、纤维受压。在室温环境下,以较小载荷沿纤维束方向

---

[1] Zhu R Q, Niu G H, Qu Z L, et al. In-situ quantitative tracking of micro-crack evolution behavior inside CMCs under load at high temperature: a deep learning method[J]. Acta Materialia, 2023, 255: 119073.

拉伸,就会导致显著的非线性应力-应变行为。已有研究表明,惰性环境下陶瓷基复合材料的弹性模量、断裂强度、屈服强度及失效应变在一定温度范围内随着温度上升而增加,当温度超过一定值后开始减小。由于裂纹闭合时相当于无裂纹,沿纤维束方向的压缩分量不会引起非线性应力-应变行为,只有沿纤维束方向的拉伸应力分量和剪切应力分量才会引起非线性。

为讨论陶瓷基复合材料高温本构关系,先考虑其在常温下的塑性力学本构关系。回顾 3.2.2 节,各向同性材料在单轴拉伸下的屈服条件可表示为 $\sigma - \sigma_Y = 0$,其中 $\sigma$ 为拉应力,$\sigma_Y$ 为屈服应力。在三维应力状态下,各向同性材料由其三个主应力 ($\sigma_1$, $\sigma_2$, $\sigma_3$) 确定屈服条件 $f_Y(\sigma_1, \sigma_2, \sigma_3) = 0$,其中 $f_Y(\sigma_1, \sigma_2, \sigma_3)$ 称为**屈服函数**。根据主应力和应力分量的关系,屈服函数也可表示为 $f_Y(\sigma_{ij})$。在工程实践中,最常用的 **Mises 屈服函数**可表示为

$$f_Y \equiv \sqrt{\frac{1}{3}[(\sigma_1 - \sigma_2)^2 + (\sigma_2 - \sigma_3)^2 + (\sigma_3 - \sigma_1)^2]} - \bar{\sigma}(\bar{\varepsilon}_p)$$

$$= \sqrt{\frac{1}{3}[(\sigma_{11} - \sigma_{22})^2 + (\sigma_{22} - \sigma_{33})^2 + (\sigma_{33} - \sigma_{11})^2 + 6(\sigma_{12}^2 + \sigma_{23}^2 + \sigma_{31}^2)]} - \bar{\sigma}(\bar{\varepsilon}_p)$$

(10.3.1)

其中,$\sigma_{ij}$, $i, j \in I_3$ 为应力分量;$\bar{\sigma}$ 和 $\bar{\varepsilon}_p$ 分别为等效塑性屈服应力和等效塑性应变。在式 (10.3.1) 的基础上,进一步考虑复合材料所具有的各向异性,引入塑性参数 $a_i$, $i \in I_6$ 和 $a_{12}$, $a_{13}$, $a_{23}$,可将陶瓷基复合材料的 Mises 屈服函数表示为

$$\begin{aligned}f_Y \equiv &[a_1\hat{\sigma}_{11}^2 + a_2\hat{\sigma}_{22}^2 + a_3\hat{\sigma}_{33}^2 + 2(a_4\sigma_{23}^2 + a_5\sigma_{13}^2 + a_6\sigma_{12}^2) \\ &+ 2(a_{12}\hat{\sigma}_{11}\hat{\sigma}_{22} + a_{13}\hat{\sigma}_{11}\hat{\sigma}_{33} + a_{23}\hat{\sigma}_{22}\hat{\sigma}_{33})]^{1/2} - \bar{\sigma}(\bar{\varepsilon}_p)\end{aligned}$$

(10.3.2)

其中,$\hat{\sigma}_{ii} \equiv 0.5[1 + \text{sgn}(\sigma_{ii})]\sigma_{ii}$, $i \in I_3$,表明单边裂纹闭合时对屈服函数无贡献。

复合材料还具有拉压各向异性,而压应力对剪切屈服强度产生增强效应,因此将其等效屈服应力表示为

$$\bar{\sigma}(\bar{\varepsilon}_p) = b_i(\bar{\varepsilon}_p)^{n_i} + c_i, \quad i \in I_2$$

(10.3.3)

其中,$b_i$、$c_i$ 和 $n_i$ 为描述正交各向异性塑性的参数,$i = 1$ 代表拉伸/剪切应力状态,$i = 2$ 代表压应力状态。

对于非线性弹塑性材料,根据广义 Hook 定律,其应力张量 $\boldsymbol{\sigma}$ 的增量 $d\boldsymbol{\sigma}$ 满足:

$$d\boldsymbol{\sigma} = \boldsymbol{C} : d\boldsymbol{\varepsilon}_e = \boldsymbol{C} : (d\boldsymbol{\varepsilon} - d\boldsymbol{\varepsilon}_p)$$

(10.3.4)

其中,$d\boldsymbol{\varepsilon}$ 是应变张量的增量;$d\boldsymbol{\varepsilon}_e$ 和 $d\boldsymbol{\varepsilon}_p$ 分别为弹性应变张量增量和塑性应变张量增量;$\boldsymbol{C}$ 为弹性张量。在弹塑性加载过程中,屈服函数应满足一致性条件,由此得到塑性增量本构方程:

$$d\boldsymbol{\sigma} = \left[ \boldsymbol{C} - \frac{\left(\boldsymbol{C}:\frac{\partial f}{\partial \boldsymbol{\sigma}}\right) \otimes \left(\frac{\partial f}{\partial \boldsymbol{\sigma}}:\boldsymbol{C}\right)}{\frac{\partial f}{\partial \boldsymbol{\sigma}}:\boldsymbol{C}:\frac{\partial f}{\partial \boldsymbol{\sigma}} - \frac{\partial f}{\partial \bar{\varepsilon}_p}} \right] : d\boldsymbol{\varepsilon} \qquad (10.3.5)$$

在高温惰性环境下，等效屈服应力 $\bar{\sigma}$ 与温度 $T$ 关系可分为图 10.3.5 所示的两个阶段。在第一阶段，当环境温度由常温逐渐升高时，随着残余应力释放，等效屈服应力会随温度升高而单调递增；当温度升至临界温度 $T_{cr}$ 时，残余应力完全释放，等效屈服应力达到最大值 $\bar{\sigma}_{max}$。在第二阶段，当环境温度高于临界温度 $T_{cr}$ 后，因组分材料的热膨胀系数失配，在材料内部重新产生残余应力；随着温度趋于材料熔化温度 $T_m$，等效屈服应力降为零。

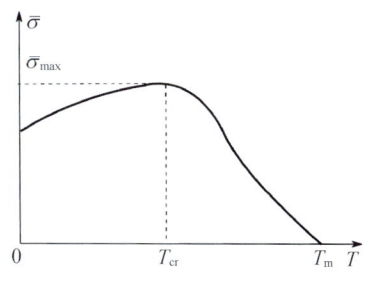

图 10.3.5 等效屈服应力与温度之间的关系

根据图 10.3.5，在式 (10.3.3) 的等效塑性屈服应力 $\bar{\sigma}(\bar{\varepsilon}_p)$ 中引入由温度 $T$ 带来的热效应，可将其表示为

$$\bar{\sigma}(\bar{\varepsilon}_p, T) = \begin{cases} [b_i(\bar{\varepsilon}_p)^{n_i} + c_i](1 + T^{*m_1}), & T \leqslant T_{cr} \\ [b_i(\bar{\varepsilon}_p)^{n_i} + c_i](1 - T^{*m_2})\eta, & T_{cr} < T < T_m \\ 0, & T \geqslant T_m \end{cases} \qquad (10.3.6)$$

其中，$T_{cr}$ 为热残余应力为零时的温度；$m_1$ 和 $m_2$ 为材料常数；$T^* \equiv (T - T_r)/(T_m - T_r) \in [0, 1]$，为无量纲温度；$T_r$ 和 $T_m$ 分别为室温和材料的熔化温度；$\eta \equiv (1 + T^{*m_1})/(1 - T^{*m_2})$。

引入温度效应以后，应变增量应分解为弹性、塑性和热变形三部分，即 $d\boldsymbol{\varepsilon} = d\boldsymbol{\varepsilon}_e + d\boldsymbol{\varepsilon}_p + d\boldsymbol{\varepsilon}_{th}$，其中 $d\boldsymbol{\varepsilon}_{th}$ 为温度引起的热应变。最终，与温度相关的增量型本构关系可表示为

$$d\boldsymbol{\sigma} = d\boldsymbol{C}(T):(\boldsymbol{\varepsilon} - \boldsymbol{\varepsilon}_p - \boldsymbol{\varepsilon}_{th}) - \boldsymbol{C}(T):d\boldsymbol{\varepsilon}_{th} - \Omega(T)\boldsymbol{C}(T):\frac{\partial f}{\partial \boldsymbol{\sigma}}$$
$$+ \left[ \boldsymbol{C}(T) - \frac{[\boldsymbol{C}(T):\frac{\partial f}{\partial \boldsymbol{\sigma}}] \otimes [\frac{\partial f}{\partial \boldsymbol{\sigma}}:\boldsymbol{C}(T)]}{\frac{\partial f}{\partial \boldsymbol{\sigma}}:\boldsymbol{C}(T):\frac{\partial f}{\partial \boldsymbol{\sigma}} - \frac{\partial f}{\partial \bar{\varepsilon}_p}} \right] d\boldsymbol{\varepsilon} \qquad (10.3.7a)$$

$$\Omega(T) \equiv \frac{\frac{\partial f}{\partial \boldsymbol{\sigma}}:d\boldsymbol{C}(T):(\boldsymbol{\varepsilon} - \boldsymbol{\varepsilon}_p - \boldsymbol{\varepsilon}_{th}) - \frac{\partial f}{\partial \boldsymbol{\sigma}}:\boldsymbol{C}(T):d\boldsymbol{\varepsilon}_{th} + \frac{\partial f}{\partial T}dT}{\frac{\partial f}{\partial \boldsymbol{\sigma}}:\boldsymbol{C}(T):\frac{\partial f}{\partial \boldsymbol{\sigma}} - \frac{\partial f}{\partial \bar{\varepsilon}_p}} \qquad (10.3.7b)$$

如图 10.3.6 所示，上述本构关系可准确预测陶瓷基复合材料在常温环境下偏轴拉

伸、偏轴压缩、面内剪切的应力-应变规律,还可准确预测陶瓷基复合材料在高温环境下轴向拉伸的应力-应变规律;此处偏轴是指偏离纤维束方向,而偏轴角是加载方向与纤维束的夹角。

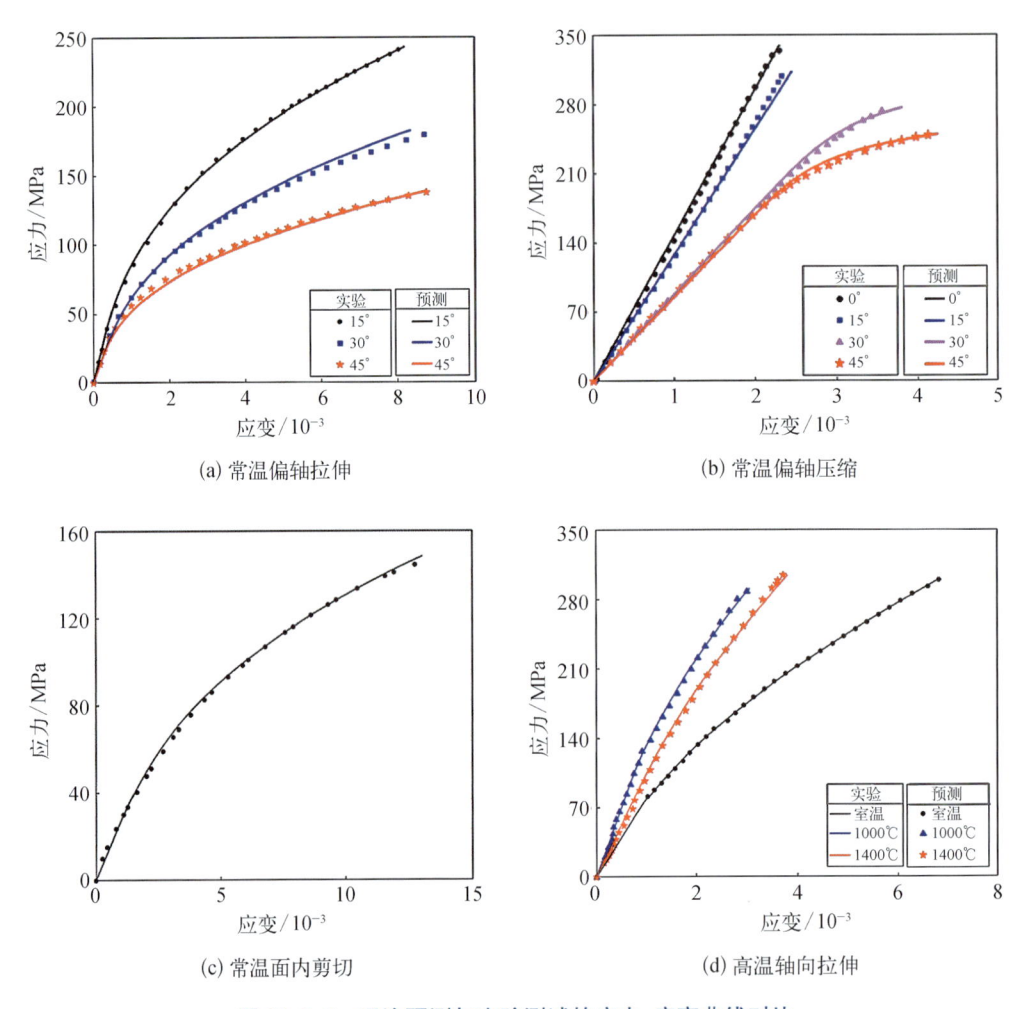

**图 10.3.6　理论预测与实验测试的应力-应变曲线对比**

### 2. 复合材料的高温断裂强度判据

在高温环境下,复合材料的破坏模式不仅随温度变化,还与其复杂多变的微结构相关,是相当复杂的力学问题。英国物理学家格里菲斯(Alan Arnold Griffith,1893～1963)基于能量分析建立了著名的脆性材料断裂理论:对于具有不稳定平衡状态的裂纹系统,其断裂强度 $\sigma$ 与裂纹初始尺寸 $d$ 之间满足如下关系:

$$\sigma = \frac{1}{\beta}\sqrt{\frac{2\gamma E}{d}} \quad (10.3.8)$$

其中,$E$ 为材料的弹性模量;$\gamma$ 为材料的断裂表面自由能;$\beta$ 为裂纹形状因子。

本章作者团队基于力热能量密度等效原理,发展了与温度相关的断裂强度理论。该理论的思路是:第一,对特定材料,认为其存在一个储能极限,即材料发生破坏时对应一个能量最大值,它可用应变能表征,也可用热能进行表征;第二,从材料破坏效果看,可认为材料储存的热能与应变能之间存在一种等效关系。

对于超高温陶瓷材料,可根据上述思路建立与温度相关的临界失效能密度准则,即认为在不同温度下,当材料内部的能量密度(应变能密度及与之等效的热能密度之和)达到临界值时,材料发生断裂。由此得到与温度相关的断裂强度理论模型如下:

$$\sigma_{\text{th}}(T) = \sigma_{\text{th}}^0 \sqrt{\frac{E(T)}{E_0} \frac{\int_T^{T_m} c_p(T) \mathrm{d}T}{\int_0^{T_m} c_p(T) \mathrm{d}T}} \tag{10.3.9}$$

其中,$\sigma_{\text{th}}(T)$ 为材料在温度 $T$ 的断裂强度;$E(T)$ 为材料在温度 $T$ 的弹性模量;$\sigma_{\text{th}}^0$ 和 $E_0$ 分别为材料在参考温度 0 K 时的断裂强度和弹性模量;$c_p(T)$ 为材料在温度 $T$ 的比定压热容;$T_m$ 为材料的熔点。$T_m$ 与 $c_p(T)$ 可以从《材料手册》查到,而不同温度时的材料弹性模量较易实测。图 10.3.7 表明,根据式(10.3.8)预测得到的 TiC 和 $ZrB_2$ 材料的断裂强度理论结果与实验结果高度吻合。

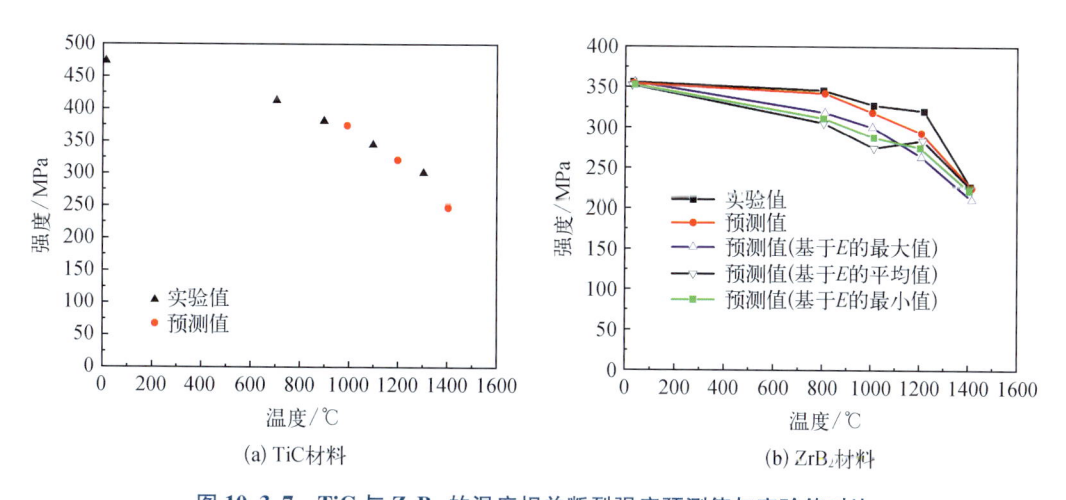

(a) TiC 材料

(b) $ZrB_2$ 材料

图 10.3.7　TiC 与 $ZrB_2$ 的温度相关断裂强度预测值与实验值对比

**例 10.3.1**　根据式(10.3.9),计算 $HfB_2$ 陶瓷材料在高温环境下的断裂强度 $\sigma_{\text{th}}(T)$。

**解**:通过查阅《材料手册》和文献,得到 $HfB_2$ 陶瓷的熔点为 $T_m = 3380℃$,在 0 K 时的弹性模量为 $E_0 = 441$ GPa,在其他温度时的弹性模量 $E(T)$ 如表 10.3.1 所示。在 0 K 时的断裂强度为 $\sigma_{\text{th}}^0 = 448$ MPa,材料的比定压热容为

$$c_p(T) = 73.346 + 7.824 \times 10^{-3}T - 2.301 \times 10^6 T^{-2} \text{ cal}/(\text{K} \cdot \text{mol}) \tag{a}$$

根据式(10.3.9),计算得到 HfB$_2$ 陶瓷在不同温度下的断裂强度 $\sigma_{th}(T)$ 如表 10.3.1 所示。

表 10.3.1　HfB$_2$ 陶瓷材料的弹性模量及断裂强度预测值

| 温度/℃ | 弹性模量上限/GPa | 断裂强度上限/MPa | 温度/℃ | 弹性模量下限/GPa | 断裂强度下限/MPa |
| --- | --- | --- | --- | --- | --- |
| 21.2 | 439.4 | 434.8 | 23.5 | 438.9 | 434.5 |
| 1 091.5 | 318.0 | 320.6 | 1 094.7 | 292.1 | 307.2 |
| 1 230.6 | 232.1 | 267.3 | 1 231.2 | 169.9 | 228.6 |
| 1 372.2 | 187.3 | 233.7 | 1 371.8 | 136.3 | 199.3 |
| 1 645.4 | 106.1 | 166.0 | 1 648.9 | 69.0 | 133.7 |

## 10.3.4　结构功能一体化设计

针对空天飞行器领域对高温复合材料结构多功能一体化需求,现以轻质点阵防隔热承载一体化结构设计为例来介绍结构功能一体化设计方法,如图 10.3.8 所示。由图可见,高温传热机制和热力耦合分析方法是关键。一般情形下,结构存在热传导、辐射、对流换热三种传热机制。实际上,传热机制与结构形式和温度分布有关:在温度不太高的情况下,传热和对流换热起主导作用;在温度较高时,辐射传热则主导了热量的传递。热力耦合分析方法可分为单向耦合和双向耦合。在防隔热承载一体化设计过程中,通常认为温度影响应力,但应力不影响温度,采用单向耦合来简化分析。

在设计过程中,首先要根据给定的热流或温度场选取合适的材料体系,确定优化问题的目标函数和约束条件,进行初步设计,并获得初始构型。常用的目标函数和约束条件如下:

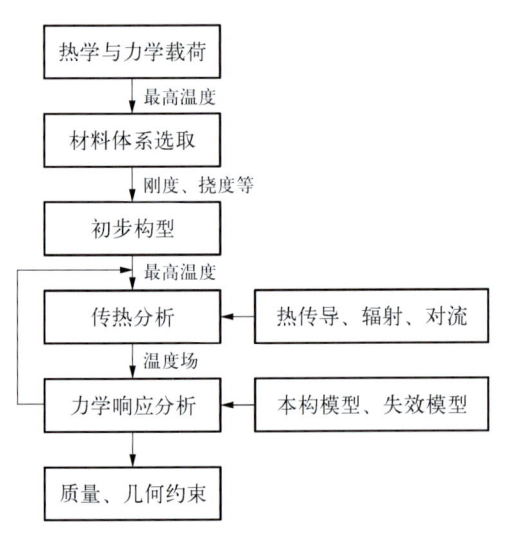

图 10.3.8　防隔热承载一体化设计方法

$$\begin{cases} \min\left[\lambda \dfrac{W}{W_{\text{ini}}} + (1-\lambda)\dfrac{Q}{Q_{\text{ini}}}\right] \\ \text{s.t.}\quad \dfrac{\delta_{\max}}{\delta_{\max,\text{ini}}} \leq 1.0,\quad \dfrac{V_f}{V_{f,\text{ini}}} \leq 1.0,\quad 0 < \rho_{\min} \leq \rho \leq 1 \end{cases} \tag{10.3.10}$$

其中,$W$ 是弹性应变能;$Q$ 是净传热速率;$\delta_{\max}$ 是外表面的最大挠度;$V_f$ 是腹板的体积分数;下标 ini 表示初始设计值;$\rho_{min}$ 是允许的最小网格单元密度(通常设置为 0.01 以提高数值稳定性);$\lambda \in [0, 1]$,是权重因子,用于平衡热约束和力学约束。

在初始构型设计中,无法全面考虑结构的传热机制、材料的高温本构关系及强度断裂等问题。因此,需对初始构型中的传热过程和力学强度进行校核分析,提高设计的精度和安全性。通常,以热流密度作为输入,考虑传导、辐射、对流的多种传热机制耦合作用,计算结构温度场;此外,还需考虑材料的导热系数、比热容、表面发射率及对流换热系数等参数随温度变化的影响。获得上述信息后,再进行力学分析。目前,工程力学领域的商业软件不包含高温复合材料本构关系及断裂强度模型,故需要对商业软件进行二次开发,使其具备预测高温复合材料应力-应变响应及失效行为的能力。

**例 10.3.2** 图 10.3.9(a)是基于承载、防隔热一体化设计方法得到的陶瓷基复合材料热防护结构[1]。其初始构型是高温复合材料波纹点阵结构,在结构内部和下表面分别填充气凝胶和隔热毡,而上表面承受图 10.3.9(b)所示的热载荷和气动载荷。采用有限元方法,对该设计进行考核。

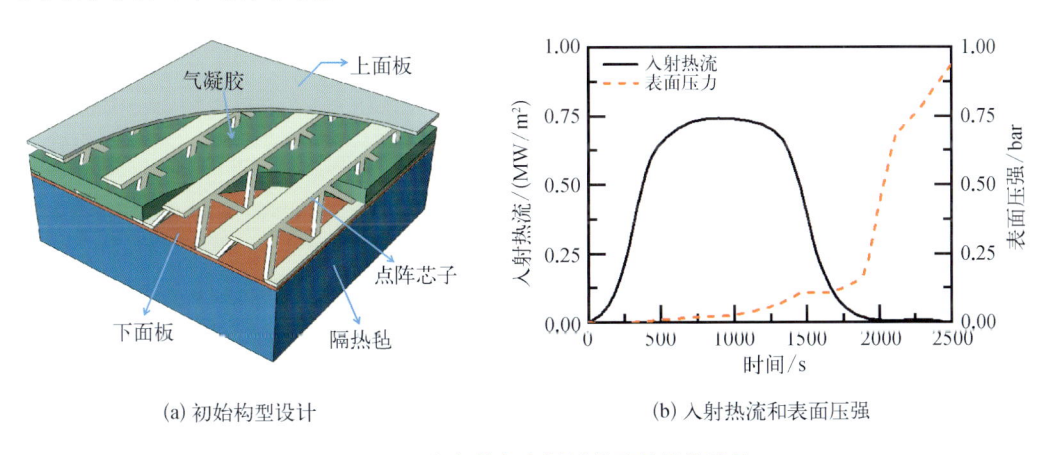

(a) 初始构型设计　　　　(b) 入射热流和表面压强

图 10.3.9　陶瓷基复合材料热防护结构设计

1 bar = 0.1 MPa

**解:**图 10.3.10(a)给出了复合材料热防护结构的温度场分布。由图可见,在结构的芯体杆和面板连接处,出现了热短路效应,高温和低温区域在上面板和下面板上均出现了周期性分布,在芯体杆和下面板的连接处呈现最高温度。

在该热防护结构中,气凝胶填充物和隔热毡的刚度较小,无法承载载荷。因此,点阵芯体几乎承受全部载荷。图 10.3.10(b)给出了点阵芯体的 Mises 应力云图,表明点阵芯体杆是主要的承载部件。最大的 Mises 应力位于热防护结构的两个区域:区域 1 是点阵芯体杆的连接处,区域 2 是点阵芯体杆和面板的连接处。

---

[1] 陈彦飞. 不同温度环境下先进复合材料与结构的力学行为研究[D]. 广州:华南理工大学,2018:93-110.

(a) 温度场　　　　　　　　　　　　(b) Mises应力场

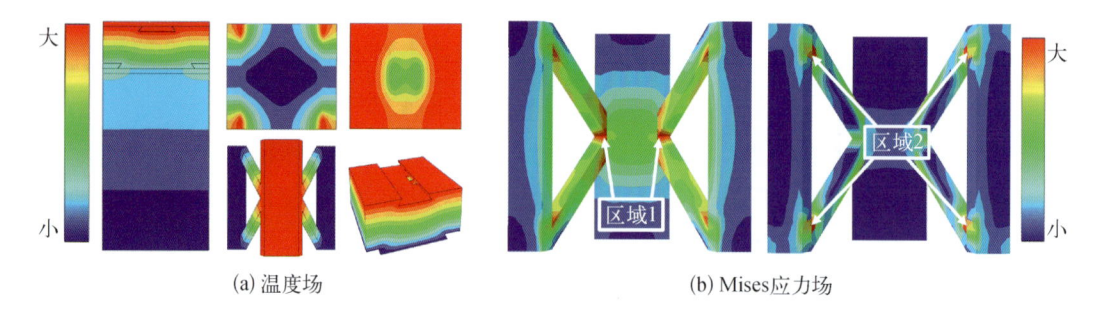

图 10.3.10　陶瓷基复合材料热防护结构考核

图 10.3.11 给出了复合材料热防护结构在气动载荷和热应力共同作用下的失效行为预测。由图可见，失效位置主要发生在点阵芯体杆、芯体杆和面板连接处。

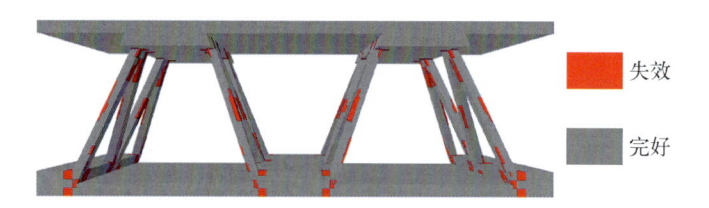

图 10.3.11　陶瓷基复合材料热防护结构的失效损伤分布

### 10.3.5　结构高温强度定量评价

在结构功能一体化设计基础上，需要对高温复合材料结构的强度进行定量评价，判断其在高温服役载荷下是否满足承载需求。鉴于高温复合材料力学行为的复杂性，定量评价只能借助数值模拟。

在传统的复合材料结构数值建模中，主要通过CAD来建立复合材料结构的几何模型，结合材料的高温本构关系与边界条件，通过有限元仿真预测复合材料与结构的力学响应。由于高温复合材料结构在制备、加工、运输、组装过程中，常因加工环境、外界受力、制造工艺、储藏环境、人为操作等因素而产生微裂纹、孔隙、界面脱黏等缺陷，对高温复合材料结构的力学性能产生显著影响。对于加工制造缺陷，可根据其产生位置分为纤维、基体、界面区域三类：第一类，纤维增强相在生产制备中易产生局部断裂、褶皱、扭结、错位等缺陷；第二类，基体的生产制造缺陷主要包括孔隙、裂纹、干斑等；第三类，复合材料层间易诱发分层缺陷。图10.3.12给出了部分高温复合材料样件的缺陷表征结果，由此可见，缺陷在高温复合材料构件中广泛存在。

复合材料结构内部的微结构包含：内部制造缺陷，纱线路径变化，微结构形态变异，纱线滑移、挤压、扭曲等，具有明显的非均匀、随机性与多样性，这些微结构对高温复合材料结构力学行为的影响很大。基于CAD建立的高温复合材料结构模型忽略了上述微结

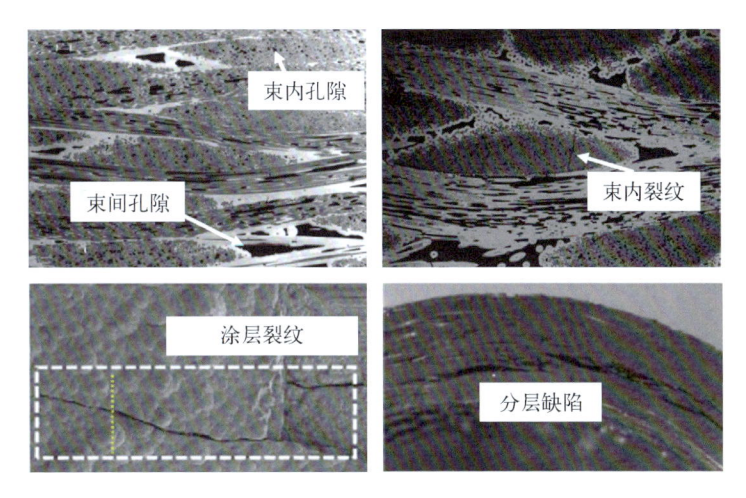

图 10.3.12　复合材料结构的常见缺陷类型[1]

构特征,与真实结构相差较远,这导致结构强度的数值评价具有较大误差。在工程实践中,常通过偏保守设计来规避风险。

为了减小分析误差,对高温复合材料结构的强度评价应考虑上述微结构影响。近年来,基于 CT 数据驱动的图像有限元方法为结构极限强度评价提供了新手段[2]。图 10.3.13(a)给出基于 CAD 建模得到的复合材料几何模型,图 10.3.13(b)则是基于 CT 数据重构的几何模型,后者提供了前者无法描述的细节。

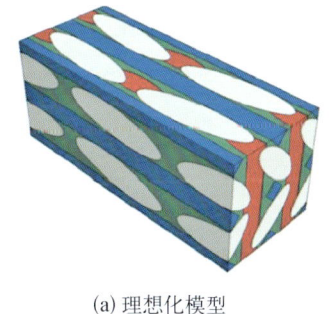

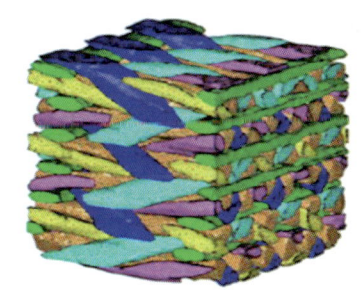

(a) 理想化模型　　　　　　(b) 基于CT数据重构的真实模型

图 10.3.13　复合材料的细观几何模型

图像有限元方法的流程是:第一步,用高分辨 CT 技术,获得高温复合材料结构的几何信息,分析结构内部微缺陷的分布特征;第二步,对图像内部不同相与缺陷进行分割与几何重构,获取高保真的结构数字化模型和可视化结果;第三步,将数字化模型进行网格

---

[1] Heidenreich B. C/SiC and C/C-SiC composites [M]//Bansal N P, Lamon J. Ceramic Matrix Composites: Materials, Modeling and Technology. New York: John Wiley and Sons, 2014: 147-216.
[2] Yang H, Wang W F, Shang J C, et al. Segmentation of computed tomography images and high-precision reconstruction of rubber composite structure based on deep learning[J]. Composites Science and Technology, 2021, 213: 108875.

划分,获取包含缺陷特征的有限元模型;第四步,对高温复合材料结构的强度进行精确计算。

图 10.3.14 是采用图像有限元方法对高温复合材料喉衬结构进行强度分析的流程和结果。复合材料结构内部含有大量随机分布的孔洞、裂纹等缺陷,受限于计算效率,无法在图像有限元数值建模时考虑所有缺陷。因此,在图像处理过程中,保留对结构影响较大的缺陷,如局部分层、直径较大的孔洞等。通过等值面提取方法,将 CT 数据重构为高温复合材料结构的高保真数字化模型,采用有限元网格划分算法,将数字化几何模型划分为四面体的数值计算模型,并将其导入 ABAQUS、ANSYS 等商业软件中进行数值求解。

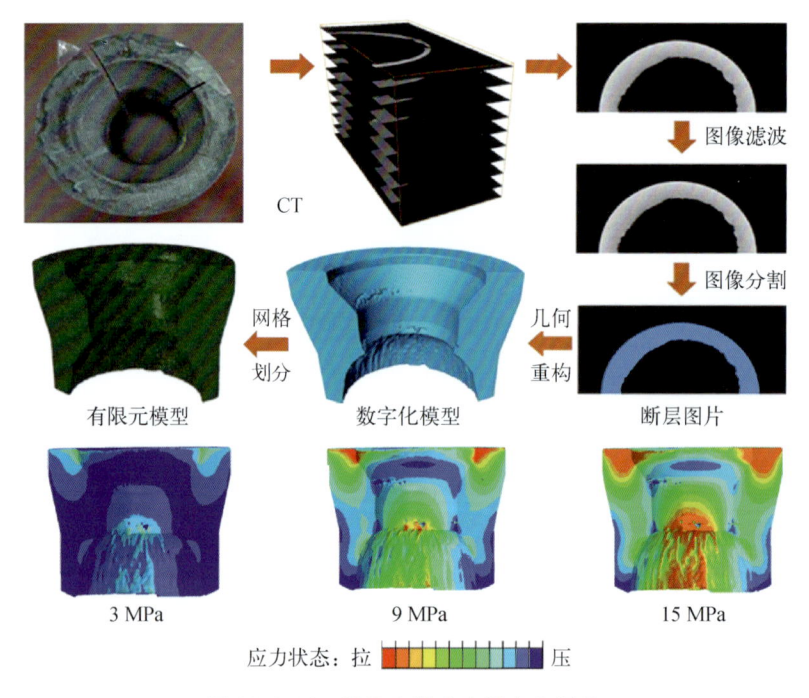

图 10.3.14　结构力学响应数字化评价

**例 10.3.3**　图 10.3.15 是设计制备的复合材料梁结构,其左侧连接孔固支,右侧孔受到铅垂向下的力。采用图像有限元方法分析复合材料制造缺陷对结构力学响应的影响,确定结构的应力集中位置。

(a) 几何模型　　　　　　　　　　(b) 试件实物

图 10.3.15　复合材料梁结构

**解**：采用CAD建模和CT数据重构，分别建立复合材料梁的理想有限元模型与图像有限元模型，进行结构力学有限元计算。在图10.3.16(a)中，理想有限元模型给出由外形、弯矩和剪力所决定的应力集中位置。在图10.3.16(b)中，图像有限元模型捕捉到结构右侧缺陷及由此导致的应力集中，表明结构会在右侧缺陷处失效。

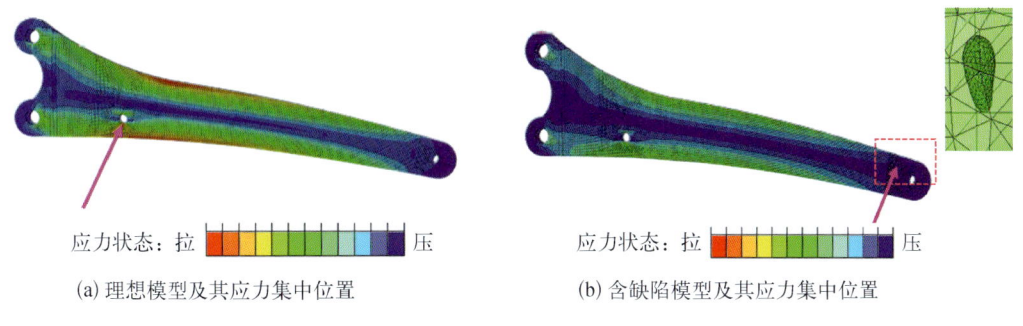

(a) 理想模型及其应力集中位置

(b) 含缺陷模型及其应力集中位置

图10.3.16　理想模型与含缺陷图像有限元模型的应力集中位置对比

## 10.4　工程实践-火箭用发动机喷管结构力学设计与评价

本节针对某型固体火箭发动机的轻量化需求，基于10.3节所介绍的材料结构一体化、结构功能一体化方法，设计耐高温、轻量化的全复合材料喷管。

### 10.4.1　喷管结构的服役工况与边界条件

图10.4.1是固体火箭发动机喷管的结构示意图。其中，喉衬与扩散段为工作部件，负责挤压高温高压燃气获得反推力；绝热套与背壁绝热层为隔热部件，负责阻断燃气产生的大量热量；固定壳体为承力部件，负责承接工作部件传递的热膨胀应力，并通过法兰与发动机主体连接。喷管最大直径为286 mm，高度为445 mm。

在火箭飞行过程中，喷管的受力主要来自两个方面：一是空气阻力，二是推进剂燃烧喷射产生的推进力。火箭为流线型结构，并且喷管前部被燃烧室阻挡，因此喷管受到的空气阻力很小，可以忽略，计算时只考虑推进剂喷射产生的推进力。

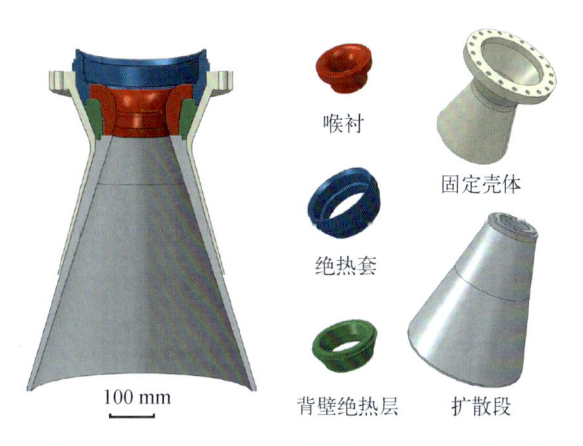

图10.4.1　固体火箭发动机喷管结构及内部部件

喷管结构的服役工况与边界条件：入口温度为3 450 K，入口压强为11.5 MPa。

约束条件：喷管总质量不超过9.2 kg，拉伸强度不小于150 MPa。

设计目标：以现有的金属喷管作为基准，减重30%，扩散段壳体比刚度提高10%，通过时长为10 s的发动机点火热试车考核。

### 10.4.2 喷管结构的承载/防隔热一体化设计

基于固体火箭发动机喷管服役工况与功能需求，围绕结构承载、防热、隔热等功能需求，采用材料结构一体化、结构功能一体化设计思路，开展承载防隔热一体化的高温复合材料结构正逆向迭代设计，其设计流程如图10.4.2所示。传统喷管结构较重，主要原因是其壳体采用钛合金，部件数量多。因此，喷管轻量化设计的核心是将壳体换为复合材料结构，并将多个部件进行结构功能一体化集成设计，缩减部件数量。

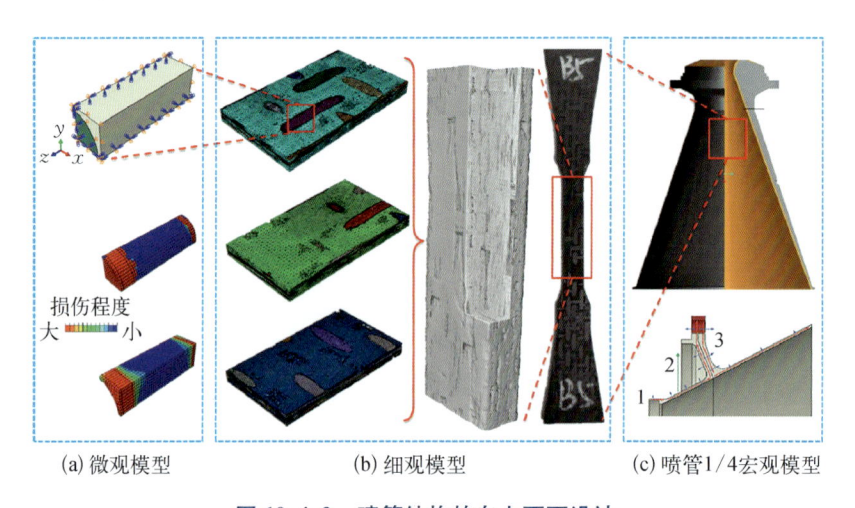

(a) 微观模型　　(b) 细观模型　　(c) 喷管1/4宏观模型

**图 10.4.2 喷管结构的自上而下设计**

首先，根据各部件功能，确定材料选取方案。喉衬与扩散段是工作部件，工作在高温高压、氧化烧蚀环境中，需要强度较高的碳/碳复合材料；喉衬与扩散段形态相异，对厚壁的喉衬采用三维正交碳/碳复合材料，对薄壁的扩散段采用平纹铺层碳/碳复合材料；绝热层需要有较低的热导率并具有一定刚度，采用高硅氧酚醛与二氧化硅纤维增强树脂基复合材料；扩散段外侧需要绝热层，二氧化硅纤维布恰好可以满足需求；高硅氧酚醛可加工为较厚的材料作为燃烧室与壳体、喉衬的绝热层；壳体则采用碳纤维树脂基复合材料。根据上述材料选取方案，将原来复杂的金属喷管简化为三个一体化结构组成的复合材料喷管，如图10.4.3所示。

其次，开展复合材料微结构设计。通过材料宏观力学实验与高温力学原位CT表征，揭示制造缺陷与复合材料热力耦合行为之间的内禀关系，建立材料高温性能数据库，确定复合材料的本构关系和断裂强度理论模型，为后续结构设计提供性能数据和理论模型支撑。

然后，建立喷管力学模型并进行计算。根据喷管工作过程，考虑热结构的主要特点，对喷管物理模型作如下假设：第一，发动机喷管气流是纯气相，其燃气参数（如温度与压

第 10 章 基于高温复合材料的空天结构设计

一体化结构：
(绝热层/喉衬)三向
正交碳/碳复合材料
最大直径71 mm

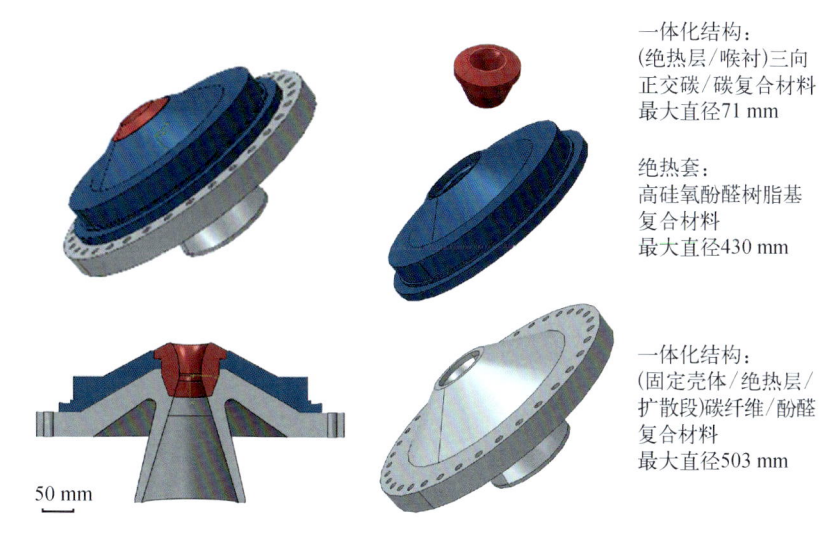

绝热套：
高硅氧酚醛树脂基
复合材料
最大直径430 mm

一体化结构：
(固定壳体/绝热层/
扩散段)碳纤维/酚醛
复合材料
最大直径503 mm

图 10.4.3　一体化复合材料喷管结构设计结果

强)不随时间变化；第二，不考虑内壁面烧蚀退移；第三，不考虑辐射传热与壁面粒子热增量。采用有限元软件建立喷管模型并完成数值计算，其基本步骤为：第一，建立各零件的三维模型；第二，对零件模型进行装配；第三，划分网格；第四，赋予材料主方向、本构关系和性能参数；第五，设置边界条件；第六，选择求解方法进行求解。对喷管施加发动机工作时的稳态温度与压强，计算喷管的热力单向耦合响应，调整复合材料微结构与结构构型的设计方案，经过迭代优化，设计出满足喷管服役工况的承载/防隔热一体化的高温复合材料结构。

图 10.4.4 给出了典型服役载荷下喷管各部件的温度场与强度分析结果。从整体来看，高温区分布在喉衬与扩散段这两个工作部件上，而壳体（特别是翻边与法兰部分）温

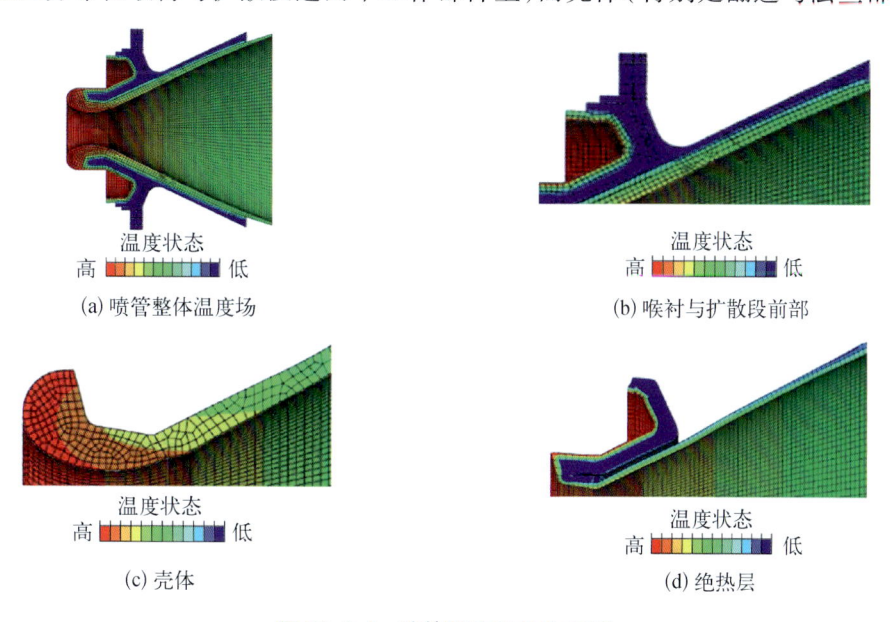

(a) 喷管整体温度场

(b) 喉衬与扩散段前部

(c) 壳体

(d) 绝热层

图 10.4.4　喷管温度场分布云图

度较低。喉衬与扩散段前段承受最为剧烈的高温载荷,其中喉衬温度在 3 000 K 以上。壳体温度最高区域为前段与扩散段隔热相贴合处,高达 1 000 K 以上。考虑到高温复合材料的短期使用温度可达 973 K 以上,因此能满足设计需求。壳体高于 500 K 的区域为包覆扩散段隔热的主体部分,翻边与法兰温度在 300~400 K。绝热层温度梯度最大,从高温燃烧室的 3 500 K 或与扩散段背壁接触的 2 500 K 下降至 300 K,说明隔热材料隔热效果显著。

图 10.4.5 给出了发动机喷管喉衬、扩散段、壳体的力学响应计算结果。由图可知,喉衬内部的环向压应力主要集中在喉衬内径最窄处至尾端的内壁处,此处内径狭窄,喉衬内壁材料受热迅速膨胀,而背壁温度较低,膨胀不足,造成材料相互挤压,产生较大压应力。喉衬外耳较厚处沿径向朝外膨胀,在折角处产生拉应力。随着时间增加,约在 7.5 s 以后,喉衬温度场趋于平稳,温度梯度下降,环向拉应力逐渐下降至 50 MPa 以下。扩散段拉应力集中在小端口与背壁区域,压应力则集中于小端内壁。小端内壁温度达 3 500 K,在高温下,强度明显降低。此区域的环向压应力基本到达材料强度值,表明该喷管强度满足设计需求。

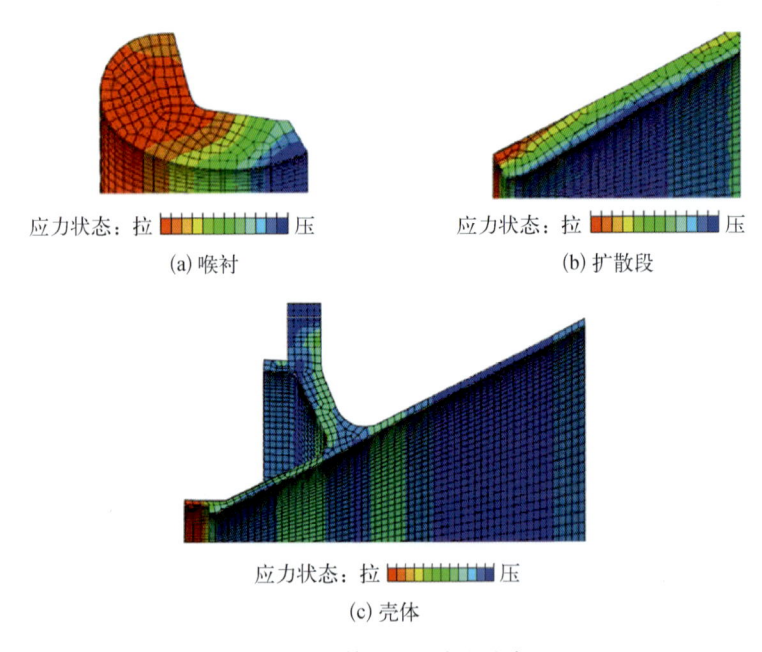

图 10.4.5 喷管 Mises 应力分布云图

## 10.4.3 发动机喷管考核验证

为了充分考核喷管热结构完整性,对于所设计的全复合材料喷管结构,需要进行扩散段轴压试验、固体壳体水压试验、喷管热试车试验等考核。

首先,通过模拟发动机工作状态,进行喷管高温复合材料扩散段轴压试验,考核喷管高温复合材料扩散段能承受的最大载荷。图 10.4.6 给出了扩散段在三个测点处的应变随轴向力变化的情况,表明结构变形较小,满足设计要求。

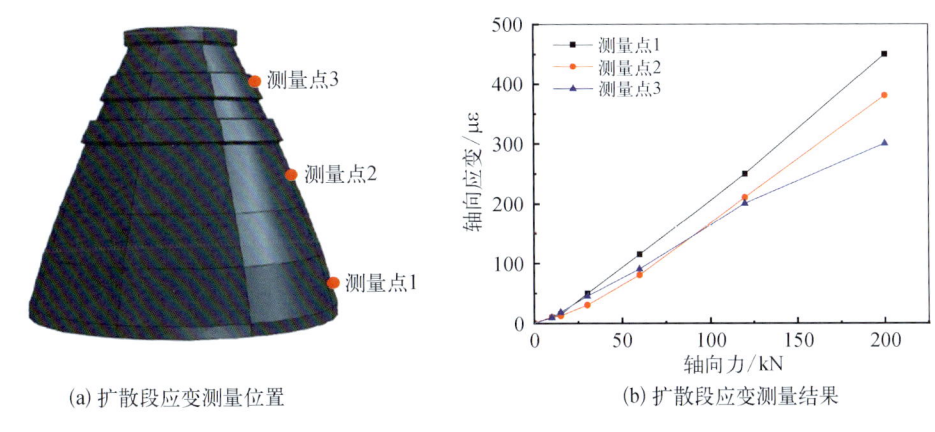

(a) 扩散段应变测量位置　　　　　(b) 扩散段应变测量结果

**图 10.4.6　喷管扩散段轴压实验结果**

其次,模拟发动机工作过程中的最大载荷状态,进行固定壳体水压试验。考虑约束条件对固定壳体的影响,通过不同部位的应力-应变情况分析固定壳体承载能力,为验证固定壳体结构的设计方案提供数据支撑。固定壳体水压试验的程序: 0 MPa→1 MPa(检漏 1 min)→2 MPa(保压 1 min)→3 MPa(保压 1 min)→4 MPa(保压 1 min)→5 MPa(保压 1 min)→6 MPa(保压 1 min)→7 MPa(保压 1 min)→8 MPa(保压 2 min)→13 MPa(保压 2 min)→0 MPa。在检查过程中,产品未发生泄漏,产品内外表面均未发现纤维断裂。水压试验后,检查喷管固定壳体,没有明显失效,满足设计需求。

最后,采用固体发动机燃烧室,对高温复合材料喷管进行热试车试验,验证全复合材料喷管设计能否满足发动机总体要求和喷管整体结构完整性。发动机与全复合材料喷管完成总装,并在 18~22℃ 范围内保温 48 h。然后,对发动机进行点火试验。根据测得的压强-时间、推力-时间曲线,该喷管成功通过了 15.8 s 的地面热试车考核验证,承受的平均压强为 6.7 MPa。试验后喷管结构完整,内型面光滑连续,表明其达到设计指标要求,实现了减重 33.59% 的目标。

## 10.5　问题与展望

本章所介绍的高温复合材料结构力学设计方法为空天结构轻量化和结构功能一体化提供了重要技术支撑,有力促进了高温复合材料在空天结构中的应用。未来,在空天飞行器技术发展的需求驱动下,建议聚焦高温复合材料结构技术发展中的如下两个重要问题。

第一,改进设计方法。高温复合材料结构力学设计既要考虑材料的多相异质和多尺度特征,又要兼顾多种功能需求,设计变量众多,优化目标相互耦合。现有设计方法大多采用设计目标解耦的思路,针对单个或多个目标分别进行分离设计,难以实现所有目标的协同优化。若采用控制变量的思路,依次进行设计变量的遍历优化,也难以得到最优的设计方案。近年来,人工智能技术的快速发展为多目标、多设计变量优化设计提供了解决思路。通过发展基于人工智能和物理模型相融合的优化算法,可望实现高温复合材料结构多相、多尺度、多功能耦合的协同优化分析。

第二,改进验证手段。目前,高温复合材料结构的设计方案一般为先通过数值计算校核,再进行实物的实验验证。数值计算校核大多基于经过适度简化的力学模型,难以计入结构在制造、装配与运输过程中产生的偏差和缺陷。实物的实验验证可得到真实可靠的实验数据,但难度大、成本高、耗时长。未来,数值计算和实验验证相结合的结构分析评价技术是重要的发展方向。该技术可借助CT等无损检测方法建立考虑真实细节的高保真力学模型,发展精确描述复杂物理化学过程的理论模型,利用先进的数值分析方法和平台,在少量实验数据的辅助验证下,实现结构服役响应的精准分析和寿命的精准预测。

# 思 考 题

**10.1** 在高温复合材料结构力学设计流程中,在哪些环节需要考虑高温的影响,思考如何进行分析?

**10.2** 讨论飞行器表面热结构与发动机热结构承受载荷的区别,思考两种结构承担的功能。

**10.3** 高温复合材料的力学性能具有设计域,思考能否通过结构设计使结构性能超越材料性能极限?

**10.4** 针对航空发动机的高温、高压、高转速服役工况,构思高温复合材料的涡轮叶片设计方案。

**10.5** 基于热能量密度等效原理及经典的断裂理论,尝试建立纤维增强复合材料高温断裂强度模型。

# 拓展阅读文献

1. 杜善义.高温固体力学[M].北京:科学出版社,2022.
2. 王俊山,冯志海,徐林,等.高超声速飞行器用热防护与热结构材料技术[M].北京:科学出版社,2021.
3. 张卫红,周涵,李韶英,等.航天高性能薄壁构件的材料-结构一体化设计综述[J].航空学报,2023,44(9): 25-41.
4. 程相孟.超高温陶瓷材料试验测试技术与表征方法[D].北京:北京大学,2016.
5. Uyanna O, Najafi H. Thermal protection systems for space vehicles: A review on technology development, current challenges and future prospects[J]. Acta Astronautica, 2020, 176: 341-356.
6. Binner J, Porter M, Baker B, et al. Selection, processing, properties and applications of ultra-high temperature ceramic matrix composites, UHTCMCs — a review[J]. International Materials Reviews,

2020, 65: 389-444.

7. Fang D N, Li W G, Cheng T B, et al. Review on mechanics of ultra-high-temperature materials[J]. Acta Mechanica Sinica, 2021, 37: 1347-1370.

8. Wang R Z, Li W G, Ji B H, et al. Fracture strength of the particulate-reinforced ultra-high temperature ceramics based on a temperature dependent fracture toughness model[J]. Journal of the Mechanics and Physics of Solids, 2017, 107: 365-378.

本章作者：方岱宁,北京理工大学,教授,中国科学院院士
陈彦飞,北京理工大学,副教授
曲兆亮,北京理工大学,副教授

# 第 11 章
# 柔性电子器件的结构力学设计

**柔性电子器件**是指在柔性基体上大面积、大规模地集成不同材料体系、不同功能单元,构成的可大变形电子器件。这类电子器件具有重量轻、可变形、功能可重构的特点,改变了传统电子器件的刚性形态。柔性电子器件具有广泛的应用,有望成为一项颠覆性技术。

本章首先介绍柔性电子器件发展及其需求背景,然后讨论如何基于力学原理将电子器件结构柔性化的思路。按照该思路,介绍几种典型的柔性电子器件结构力学特性和设计公式。最后,展望该领域的若干未来发展。

## 11.1 研究背景

传统的电子器件是相对刚硬的,无法按照使用需求产生大变形。柔性电子器件具备大变形能力,进而具有广泛的应用前景。不久前,由第四次工业革命中心在世界经济论坛发布的《2023年十大新兴技术》报告中,将图 11.1.1 中基于柔性电子技术的柔性电池、植物可穿戴传感器、柔性神经电子学评为最有潜力的新技术。

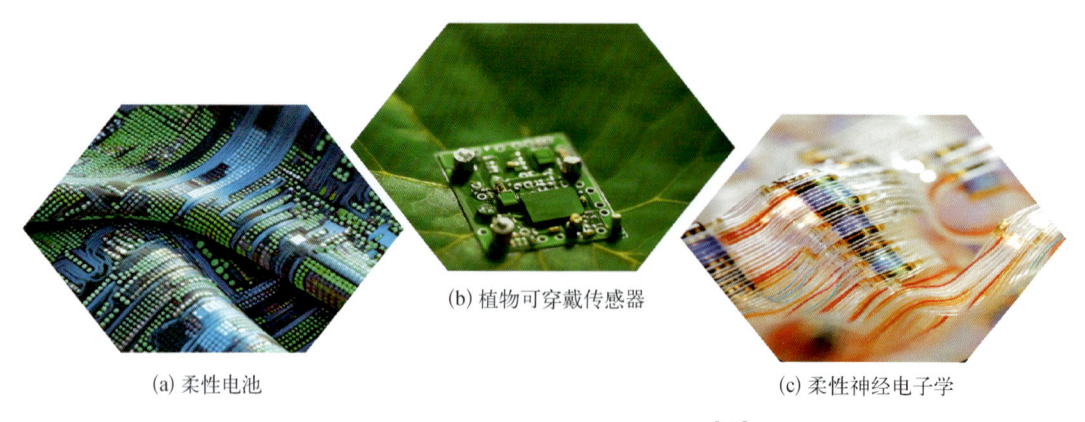

(a) 柔性电池　　(b) 植物可穿戴传感器　　(c) 柔性神经电子学

**图 11.1.1　几种典型的柔性电子技术**[1]

---

[1] Center for the Fourth Industrial Revolution. Top 10 emerging technologies of 2023[R]. Cologny: World Economic Forum, 2023.

以脑机接口(brain-computer interface，BCI)为例,其传统的前端使用硬质电子器件来实现信号采集/刺激。人体神经组织是三维软结构,因此在脑和机的界面存在几何结构与力学性质的失配。一方面,硬质电子器件的形态固定,难以与人体组织紧密贴合,导致信号的信噪比不够高,降低神经信号监测/刺激的质量。另一方面,两者的弹性模量的失配会引起神经组织的免疫反应,对神经组织造成不同程度的损伤。因此,采用柔性可延伸电子器件和生物相容性材料,不仅可以实现器件与神经组织的共形贴合,提升信号质量;还可有效降低免疫反应,减少对神经软组织的损伤。更为重要的是,可延伸器件/系统具有形态可重构特性,能主动适应生物生长、衰老所引起的组织形貌变化,更适用于长时间监测/刺激。在可穿戴医疗设备、生物医学传感器等领域,柔性电子器件与人体表面贴合良好且重量轻,大大提高了使用的舒适性和测量精度。

实现柔性电子器件有两条主要途径。第一种途径是:用柔性有机半导体材料代替传统无机硬质半导体材料(如硅等)。但现有柔性有机半导体材料的电学性能远低于硅材料,仍有待技术突破。第二种途径是:将无机半导体器件柔性化,即不改变材料体系,通过结构设计使器件实现柔性化。这种方式能在现有半导体工业体系下实现柔性电子器件,有利于柔性电子器件的大规模制造与应用。本章主要介绍如何实现无机电子器件的结构柔性化设计。

## 11.2 对电子器件结构柔性化的认识

电子器件结构柔性化是指:通过改进电子器件的结构设计和制造技术,获得可弯曲、可延伸的柔性电子器件。该技术的目的是:通过对电子器件进行结构设计,进而拓展电子器件的应用场景,而并非取代现有以无机半导体技术为基础的电子技术。

对于以硅基集成电路为主的传统电子器件,要实现其结构柔性化,首先要将封装基体材料替换为具备可弯曲、可延伸特性的柔性材料。例如,聚二甲基硅氧烷(polydimethylsiloxane, PDMS)的延伸率可达90%,而硅胶Dragon Skin的延伸率可达300%~1 000%。这类有机材料具有较低的弹性模量,且生物兼容性好,适用于人体健康监测设备。再如,聚萘二甲酸乙二醇酯(polyethylene naphthalate，PEN)、聚酰亚胺(polyimide，PI)等弹性模量较大的硬质有机材料,可实现低至1 μm以下的加工厚度,具有可弯曲性,已广泛应用于制作柔性印刷电路板。然而,在电子器件中,以硅为代表的无机半导体器件存在材料强度低、断裂韧性差的天然缺陷,如硅的断裂应变仅在1%左右。此外,电路中的导线通常由铜、铝等金属材料制成,同样不具备延伸性。

因此,柔性电子器件结构柔性化的主要任务是:根据固体力学理论来设计无机半导体器件和金属导线,利用结构变形、减少材料变形,使电子器件可承受足够大的变形。

按照变形能力,柔性电子器件结构分为**可弯曲结构**和**可延伸结构**。前者通常特指一类不具备可延伸性,但可弯曲的柔性结构,如手机柔性屏幕、柔性传感器等;后者采用可延伸的柔性材料,使器件可承受拉伸、弯曲、扭转等变形,可贴附在复杂曲面上。

### 11.2.1 可弯曲结构

回顾材料力学中承受纯弯曲的 Euler－Bernoulli 梁,其横截面上任意点的正应变为

$$\varepsilon = -\kappa z \tag{11.2.1}$$

其中,$z$ 为该点到梁中性轴的距离;$\kappa$ 为梁中性轴变形后的曲率。根据弹性力学可知,式(11.2.1)也适用于描述弹性薄板中的正应变。对于厚度为 $h$ 的均质弹性薄板,最大应变出现在板的上下表面,其绝对值为 $\varepsilon_{max} = \kappa h/2$。因此,不论是弹性梁还是弹性板,随着变形曲率 $\kappa$ 增加,结构的最大正应变增大,直至达到材料的强度极限,结构发生破坏。由此可见,为了描述结构弯曲变形能力,可用其在纯弯曲变形时能达到的最大曲率 $\kappa$ 或最小曲率半径 $1/\kappa$ 为基准,当正应变达到强度极限时,曲率半径越小,则结构的弯曲变形能力越强。

因此,对于以弯曲为主要变形的柔性电子器件,将关键性材料(如硅等半导体材料及铜、铝等金属材料)和基体材料(如 PEN、PI)制备得足够薄,就能有效提高器件的弯曲变形能力。例如,对厚度为 100 nm 的单晶硅薄膜进行弯曲性能测试,当曲率半径达到 1 cm 时,薄膜的最大应变只有 0.000 5%。将单晶硅薄膜放在厚度为 20 μm 的聚合物基体上,使其变形至同样的曲率半径时,薄膜的最大应变也只有 0.1%[1],详见本章思考题 11.1。

### 11.2.2 可延伸结构

可延伸结构,是指其局部或整体能具有受较大的拉伸变形能力。根据材料力学可知,这要求电子器件在极大的拉伸应变(≫1%)下不出现裂纹,并保持完整的功能。传统的无机半导体器件、金属导线等不具有这种延伸性,因为无法通过改变其结构横截面尺寸来提升延伸性。

然而,从结构设计角度看,可以使硬质材料所制造的结构具备整体延伸性。例如,对于金属铜材,其在塑性变形前的延伸率通常小于 1%,但若将其制成图 11.2.1(a)中的弹簧,其整体延伸率(拉伸后长度/原始长度)可超过 200%,而且不发生塑性变形。图 11.2.1(b)是受弹簧启发所设计的蛇形导线,通过将导线设计成曲线形状,即可使其具备可延伸性。这种通过改变结构初始构型获得电子器件结构延伸性的设计结果还包括:波浪结构、岛桥结构、三维可延伸柔性结构等。下节详细介绍这几种柔性结构的力学设计。

---

[1] Baca A J, Ahn J H, Sun Y G, et al. Semiconductor wires and ribbons for high-performance flexible electronics [J]. Angewandte Chemie International Edition, 2008, 47: 5524－5542.

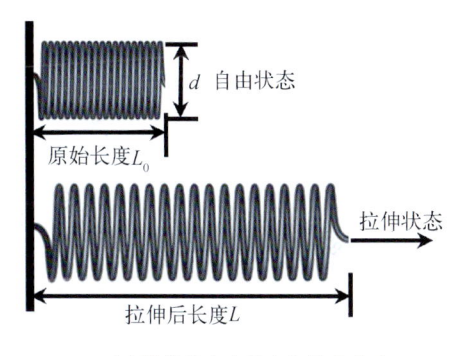

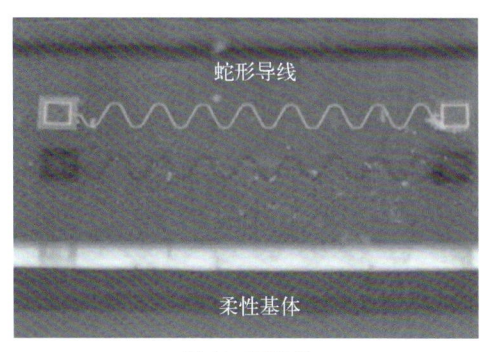

(a) 弹簧的自由状态与拉伸状态　　　　(b) 蛇形导线[1]

图 11.2.1　可延伸结构示意图

## 11.3　结构柔性化设计

根据 11.2 节所述,柔性电子器件本质是柔性基体与硬质半导体材料、金属材料的结合,其在外部载荷作用下可发生较大的弯曲、拉伸变形。因此,研究柔性结构的大变形力学行为,建立设计准则,是实现柔性电子器件结构柔性化,尤其是可延伸柔性化的关键。

研究柔性结构力学的方法包括理论研究、数值计算、实验验证。理论研究适用于较为简单的结构,例如,基于柔性梁理论描述弯曲导线在可延伸电路中的变形。通过对复杂问题进行简化,理论研究可提供简洁而精确的结果,但不适用于复杂结构与真实载荷条件。数值计算可弥补理论研究的这一不足,适用于柔性结构所涉及的非线性力学问题;但计算精度与建模精度相关,计算时间较长。实验验证主要用于对理论研究和数值计算进行校核,也用于验证所设计的柔性结构是否满足设计要求。在柔性电子器件结构设计中,通过柔性结构力学的研究分析获得器件的力学响应,并据此对设计进行改进,进一步提升柔性电子器件的结构性能。

根据 11.2.1 节所述,结构的弯曲变形能力与结构厚度相关,只要通过特殊工艺将结构关键部件和基体材料制备得足够薄,就可有效提升器件的弯曲能力。在可延伸柔性器件中,柔性基体材料与硬质功能材料存在材料属性的天然矛盾,对结构设计提出较大挑战。因此,本节主要讨论如何设计可延伸结构,包括基于力学原理提出的波浪结构、岛桥结构、三维可延伸柔性结构和柔性基体结构,给出相关的力学分析和设计公式。

### 11.3.1　波浪结构

图 11.3.1 是典型的**波浪结构**,其成型过程来自硬薄膜和软基体组成的结构系统的屈

---

[1] Zhao Q, Liang Z W, Lu B W, et al. Toothed substrate design to improve stretchability of serpentine interconnect for stretchable electronics[J]. Advanced Materials Technologies, 2018, 3(11): 1-10.

曲。具体地说,将柔性基体沿一个方向作预拉伸处理,然后将硬质薄膜(如硅或铜)底面完全黏结在基体上。将柔性基体的预拉伸释放后,薄膜沿基体预拉伸方向受压而发生屈曲,导致薄膜和基体共同形成波浪。预拉伸基体引发薄膜屈曲,使薄膜发生了等效压缩,这种波浪状的结构能使薄膜和基体承受较大的拉伸变形。

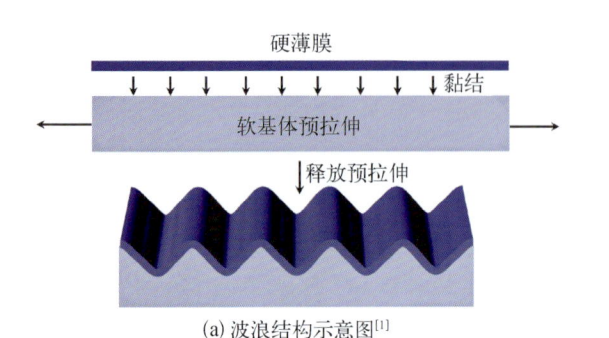

(a) 波浪结构示意图[1]   (b) 单晶硅条带在PDMS基体上形成的波浪结构[2]

图 11.3.1　柔性电子器件的波浪结构

图 11.3.2 展示了单晶硅条带及其基体的波浪结构制备过程。首先,将一块单晶硅板从下往上刻蚀,下面部分被氧化,上面留下一层单晶硅薄膜;再通过光刻,在单晶硅薄膜上形成若干硅条带。其次,将一个表面经过处理、黏结性很强的弹性基体(如 PDMS)预拉伸后放置在单晶硅板上,与硅条带黏结。然后,撕开原基体,硅条带跟随新基体一起被撕开。最后,翻转新基体,释放新基体的预应变,则薄膜屈曲,带动新基体形成波浪结构。

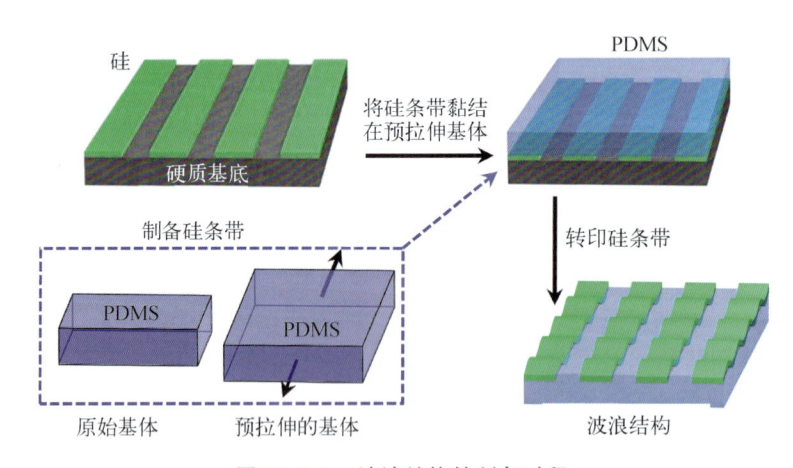

图 11.3.2　波浪结构的制备过程

### 1. 波浪结构的屈曲分析与设计公式

现考察图 11.3.3 中单晶硅矩形薄膜和 PDMS 基体形成的波浪结构,基于 3.1.1 节的

---

[1] Rogers J A, Someya T, Huang Y G. Materials and mechanics for stretchable electronics[J]. Science, 2010, 327(5973): 1603-1607.

[2] Khang D Y, Jiang H Q, Huang Y G, et al. A Stretchable form of single-crystal silicon for high-performance electronics on rubber substrates[J]. Science, 2006, 311(5758): 208-212.

屈曲分析方法，研究产生波浪的预应变条件和描述波浪的参数。

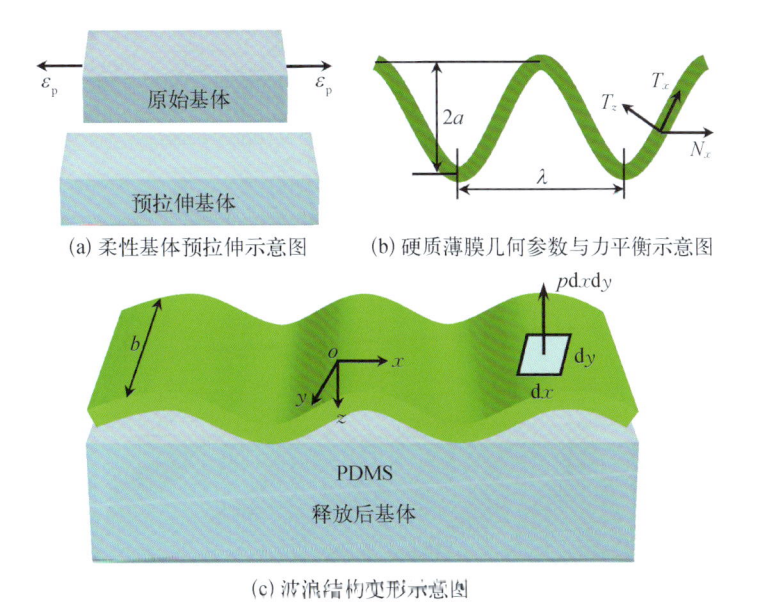

(a) 柔性基体预拉伸示意图　(b) 硬质薄膜几何参数与力平衡示意图

(c) 波浪结构变形示意图

图 11.3.3　单晶硅矩形薄膜和 PDMS 基体形成的波浪结构[1]

若硬质薄膜与柔性基体的宽度均趋向于无穷（$b \to \infty$），则可将问题简化为平面应变问题。将薄膜屈曲后沿 $z$ 方向的位移表示为

$$w = a\cos(kx) \tag{11.3.1}$$

其中，$a$ 为波幅；$k$ 为波数；$\lambda \equiv 2\pi/k$，为波长。

记 $u$ 为薄膜沿面内 $x$ 方向的位移，参考例 3.2.1 的应变表达式，由基体拉伸（薄膜压缩）和弯曲变形所导致的薄膜面内 $x$ 方向正应变为

$$\varepsilon_x = -\varepsilon_p + \frac{\partial u}{\partial x} + \frac{1}{2}\left(\frac{\partial w}{\partial x}\right)^2 \tag{11.3.2}$$

其中，$\varepsilon_p$ 为沿 $x$ 方向的预应变。根据线弹性本构关系，可将薄膜面内沿 $x$ 方向的内力表示为

$$N_x = h\bar{E}_f \varepsilon_x \tag{11.3.3}$$

其中，$h$ 为薄膜厚度；$\bar{E}_f = E_f/(1 - \nu_f^2)$，$E_f$ 和 $\nu_f$ 分别为薄膜的弹性模量和 Poisson 比。

如图 11.3.3(b) 所示，为了平衡内力 $N_x$，薄膜与基体间的界面上存在平行于界面的剪切力 $T_x$ 和垂直于界面的法向力 $T_z$。研究表明，由硬质薄膜与柔性基体组成的系统发生

---

[1] Jiang H Q, Khang D Y, Fei H Y, et al. Finite width effect of thin-films buckling on compliant substrate: experimental and theoretical studies[J]. Journal of the Mechanics and Physics of Solids, 2008, 56: 2585-2598.

屈曲变形时，剪切力 $T_x$ 的影响可忽略不计[1]。因此，由力平衡关系得到内力 $N_x$ 为常数，从而由式(11.3.3)可知，正应变 $\varepsilon_x$ 为常数。根据此结果和式(11.3.2)，可建立薄膜与基体在单位波长内的如下变形协调条件：

$$0 = \int_0^{2\pi/k} \frac{\partial u}{\partial x} dx = \int_0^{2\pi/k} \left[\varepsilon_x + \varepsilon_p - \frac{1}{2}k^2 a^2 \sin^2(kx)\right] dx = \frac{2\pi}{k}(\varepsilon_x + \varepsilon_p) - \frac{\pi}{2}ka^2 \tag{11.3.4}$$

由式(11.3.4)得到正应变：

$$\varepsilon_x = \frac{k^2 a^2}{4} - \varepsilon_p \tag{11.3.5}$$

将式(11.3.5)代入式(11.3.2)积分，得到薄膜沿 $x$ 方向的位移：

$$u = \frac{ka^2}{8}\sin(2kx) \tag{11.3.6}$$

以下采用能量法来确定屈曲后的波幅 $a$ 和波数 $k$。单位宽度和波长的薄膜弯曲应变能为

$$V_b = \frac{k}{2\pi}\int_0^{2\pi/k} \frac{1}{2}D\left(\frac{\partial^2 w}{\partial x^2}\right)^2 dx = \frac{h^3 \bar{E}_f}{48}k^4 a^2 \tag{11.3.7}$$

其中，$D = \bar{E}_f h^3 / 12$，为薄膜的平面应变弯曲刚度。上述薄膜的面内变形应变能可表示为

$$V_m = \frac{1}{2}N_x \varepsilon_x = \frac{1}{2}h\bar{E}_f\left(\frac{k^2 a^2}{4} - \varepsilon_p\right)^2 \tag{11.3.8}$$

考虑到柔性基体与硬质薄膜在边界上黏结良好，故基体上表面具有沿 $z$ 轴的位移 $w = a\cos(kx)$。基于弹性力学基本解，可得到基体上表面的法向力为[2]

$$p = \frac{1}{2}\bar{E}_s kw \tag{11.3.9}$$

其中，$\bar{E}_s = E_s/(1 - \nu_s^2)$，$E_s$ 和 $\nu_s$ 分别为基体的弹性模量和 Poisson 比。忽略界面上的剪切应力，可得到单位宽度和单位波长基体的应变能为

$$V_s = \frac{k}{2\pi}\int_0^{2\pi/k}\left(\frac{1}{2}pw\right)dx = \frac{\bar{E}_s k^2 a^2}{8\pi}\int_0^{2\pi/k}\cos^2(kx)dx = \frac{\bar{E}_s}{8}ka^2 \tag{11.3.10}$$

---

[1] Huang R. Kinetic wrinkling of an elastic film on a viscoelastic substrate[J]. Journal of the Mechanics and Physics of Solids, 2005, 53: 63 – 89.

[2] Huang Z Y, Hong W, Suo Z G. Nonlinear analyses of wrinkles in a film bonded to a compliant substrate[J]. Journal of the Mechanics and Physics of Solids, 2005, 53: 2101 – 2118.

系统的总势能 $V_t$ 可表示为硬质薄膜的应变能 $V_b + V_m$ 与柔性基体的应变能 $V_s$ 之和：

$$V_t = V_b + V_m + V_s \quad (11.3.11)$$

根据最小势能原理，在所有可能的位移场中，真实位移场使总势能取最小值，而势能的极值条件为 $\partial V_t/\partial a = 0$。由此，可解出波幅：

$$a = \begin{cases} \dfrac{2}{k}\sqrt{\varepsilon_p - \varepsilon_{cr}}, & \varepsilon_p > \varepsilon_{cr} \\ 0, & \varepsilon_p \leqslant \varepsilon_{cr} \end{cases} \quad (11.3.12)$$

其中，$\varepsilon_{cr} \equiv \dfrac{1}{12}h^2k^2 + \dfrac{1}{2}\dfrac{\bar{E}_s}{hk\bar{E}_f}$。式(11.3.12)表明，只有当预应变 $\varepsilon_p$ 超过临界预应变 $\varepsilon_{cr}$ 时，薄膜才会发生屈曲。对式(11.3.12)的临界预应变 $\varepsilon_{cr}$ 取极值条件 $\partial\varepsilon_{cr}/\partial k = 0$，得到对应的波数 $k = (1/h)(3\bar{E}_s/\bar{E}_f)^{1/3}$，将其代入式(11.3.12)及波长关系 $\lambda = 2\pi/k$，得到薄膜屈曲的波幅与波长分别为

$$a = h\sqrt{\dfrac{\varepsilon_p}{\varepsilon_{cr}} - 1}, \quad \lambda = \dfrac{\pi h}{\sqrt{\varepsilon_{cr}}}, \quad \varepsilon_{cr} = \dfrac{1}{4}\left(\dfrac{3\bar{E}_f}{\bar{E}_s}\right)^{\frac{2}{3}} \quad (11.3.13)$$

式(11.3.13)表明，在小应变情况下，薄膜屈曲后的波长与预应变值无关。

至此，得到了使硬质薄膜、柔软基体通过共同屈曲形成波浪结构的临界预应变 $\varepsilon_{cr}$、波浪的波幅 $a$ 和波长 $\lambda$，可用于指导设计。

基于式(11.3.13)，形成波浪结构的预应变 $\varepsilon_p$ 具有最小值，即临界预应变 $\varepsilon_{cr}$。当取 $\varepsilon_p = \varepsilon_{cr}$ 时，由式(11.3.5)给出预拉伸引起的薄膜的轴向应变为 $\varepsilon_x = (k^2a^2/4) - \varepsilon_{cr}$。此时，薄膜具有最小的延伸率 $\delta$，即预拉伸之前的长度/释放后的长度，并可表示为

$$\delta \equiv \dfrac{L_0}{L} = \dfrac{1}{1 + \varepsilon_x} \geqslant \dfrac{1}{(1 + k^2a^2/4) - \varepsilon_{cr}} \quad (11.3.14)$$

同时，施加的预应变也具有上限，即施加的预应变使结构发生屈曲变形时，不超过硬质薄膜的应变极限。以硅材料为例，其轴向应变应满足 $\varepsilon_x = (k^2a^2/4) - \varepsilon_p \geqslant \varepsilon_{max}^{-Si}$，其中 $\varepsilon_{max}^{-Si}$ 为单晶硅薄膜所能承受的最大压应变。此外，对于屈曲形成的波浪结构进行拉伸，则薄膜应变会逐渐减小。随着拉力增加，薄膜结构会由屈曲形态逐渐转变为拉伸状态。结构可承受的拉应变与施加在软基体上的预应变有关，最大拉应变为 $\varepsilon_{max} = \varepsilon_p + \varepsilon_{max}^{+Si}$，其中 $\varepsilon_{max}^{+Si}$ 为单晶硅薄膜所能承受的最大拉应变。通常，对 PDMS 基体施加一定的拉力并使其应变接近预应变 $\varepsilon_p$ 时，单晶硅薄膜内的应力状态最小。

## 2. 案例与讨论

**例 11.3.1** 将宽度 20 μm、间距 20 μm、厚度 100 nm 的单晶硅条带粘贴在具有预应变的 PDMS 基体上,释放预应变形成波浪结构。基于实验结果,对前述屈曲分析进行讨论。

**解:** 图 11.3.4 给出了该波浪结构的实测结果,即硅条带波幅和波数沿轴向距离的变化情况。图中黑点为实验数据,对其拟合得到正弦曲线。由图 11.3.4(a)可见,释放预应变后,硅条带屈曲为正弦状的波浪。图 11.3.5 表明,当预应变为 0.9% 时,硅条带的波幅和波长均随着硅条带厚度线性变化。

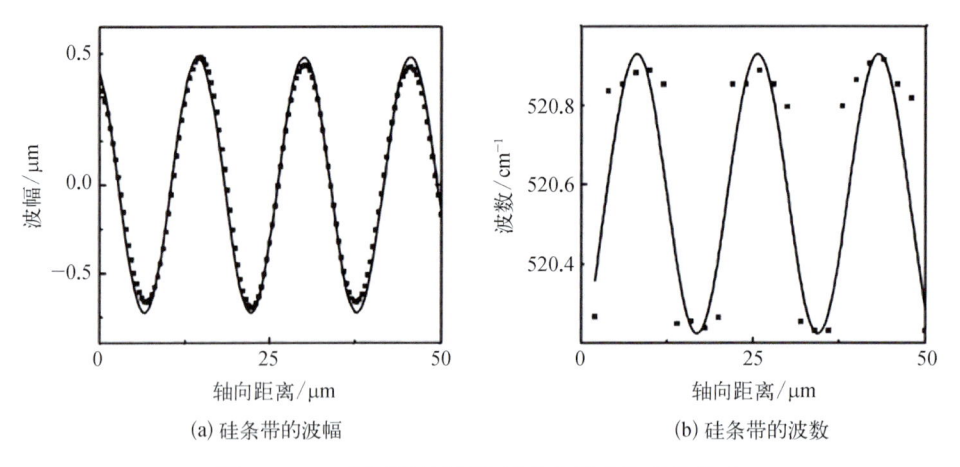

(a) 硅条带的波幅

(b) 硅条带的波数

**图 11.3.4 硅条带的波幅和波数与轴向距离的关系**

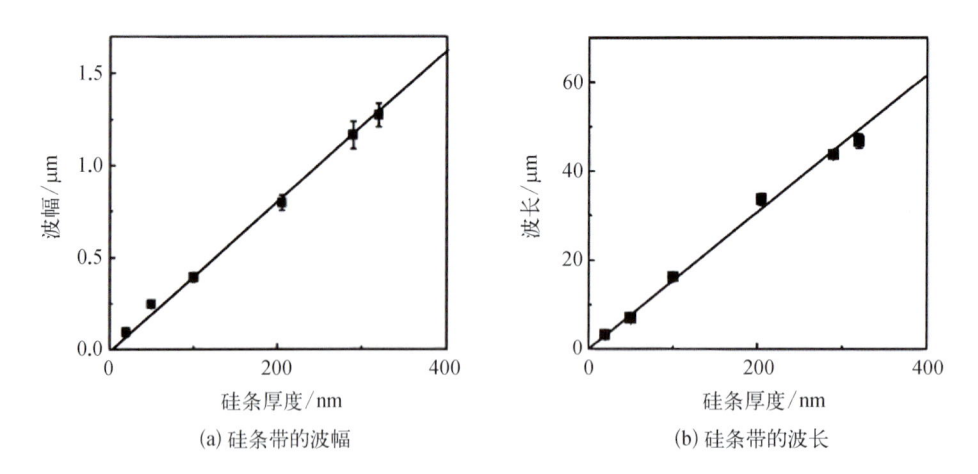

(a) 硅条带的波幅

(b) 硅条带的波长

**图 11.3.5 波浪结构的波幅和波长与硅条带厚度的关系**

在前述屈曲分析中,未考虑单晶硅条带宽度的影响。实验表明,当硅条带宽度小于 40 μm 时,由预应变引起的波浪结构波长和波幅会显著降低。图 11.3.6 给出了厚度 100 nm 的单晶硅条带粘贴在预应变为 1.3% 的 PDMS 基体上时,波浪结构的波长和波幅与硅条带宽度的关系,其理论值与实验值符合。由图可见,当硅条带宽度为 80 μm 时,波长约为 15.5 μm，波幅约为 0.55 μm，薄膜应变为 -0.057%；当硅条带宽度为 20 μm 时，波长约为 14.5 μm，波幅约为 0.5 μm，薄膜应变为 -0.13%，均远小于单晶硅材料的断裂应变（~1.8%）[1]。

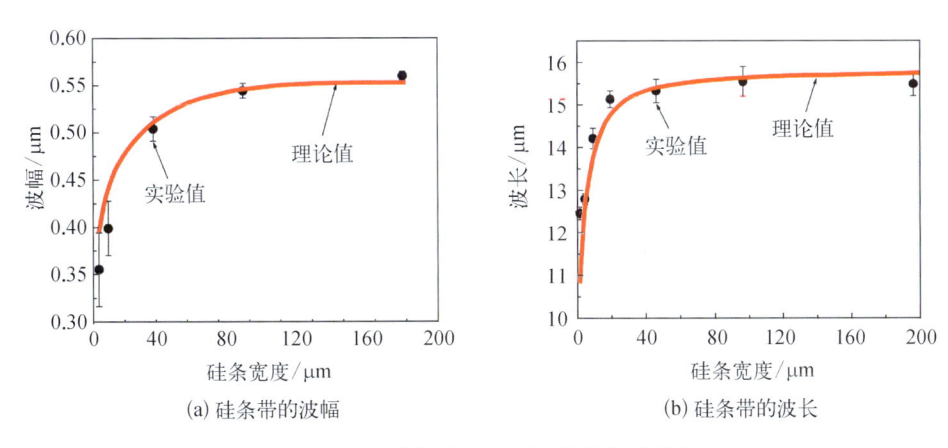

(a) 硅条带的波幅

(b) 硅条带的波长

**图 11.3.6  硅条带宽度对波浪结构的影响**

此外，值得指出，前述屈曲分析基于小应变假设，故其结果仅适用对 PDMS 基体施加较小预应变的状况。当预应变较大时，小应变理论将偏离实验数据。如图 11.3.7 所示，薄膜屈曲后的波长会随着预应变增加而减小，不再独立于预应变。

图 11.3.8 给出了当厚度 100 nm 的单晶硅薄膜粘贴在 PDMS 基体上时，其波浪结构的波长和波幅与预应变的关系。由图可见，与上述小应变理论相比，大应变理论更接近实验及有限元计算结果。图 11.3.9 为相同硅薄膜的峰值应变及膜应变与预应变的关系。此时，薄膜应变很小，且不随预应变的变化而变化。此外，通过预应变方式，系统获得的延伸性（~29.2%）可远大于单晶硅薄膜的断裂应变（~1.8%）。

最后值得指出，由于薄膜和基体在完全变形中相互黏合，材料力学属性对波浪结构的屈曲形态影响很大。以发生波浪状屈曲的硅条带为例，其通常在断裂失效前可承受 15%~20% 的结构应变。如果对波浪结构进行改进，仅让一部分薄膜与基体黏合，则释放预应变后只有未黏合的薄膜

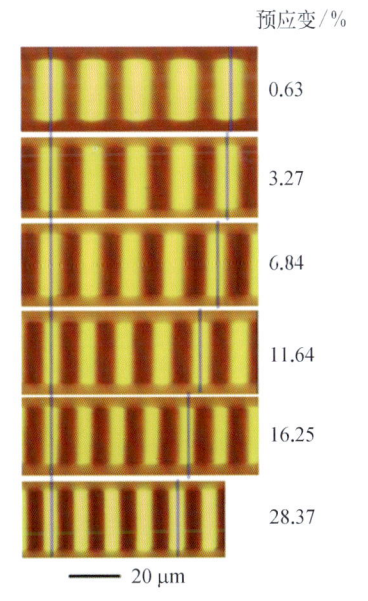

**图 11.3.7  施加不同预应变时 PDMS 基体上屈曲的单晶硅条带**[2]

---

[1] Song J Z, Jiang H Q, Huang Y G, et al. Mechanics of stretchable inorganic electronic materials[J]. Journal of Vacuum Science & Technology A: Vacuum, Surfaces and Films, 2009, 27: 1107-1125.

[2] Song J Z, Jiang H Q, Liu, Z J, et al. Buckling of a stiff thin film on a compliant substrate in large deformation[J]. International Journal of Solids and Structures, 2008, 451: 3107-3121.

发生屈曲,形成图 11.3.10 所示的屈曲可控波浪结构。在合理的设计下,这种波浪结构可实现超过 100% 的应变,远大于完全黏合的波浪结构的最大应变。该设计思路引发了下一小节将介绍的岛桥结构研究。

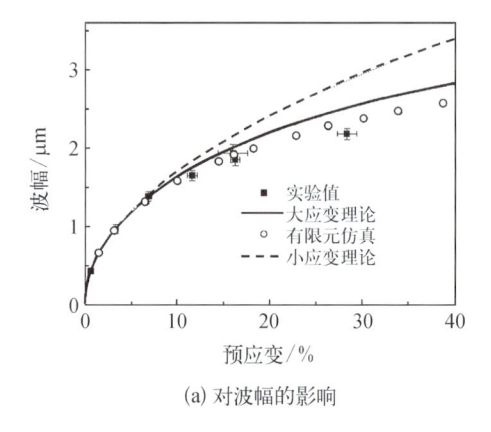

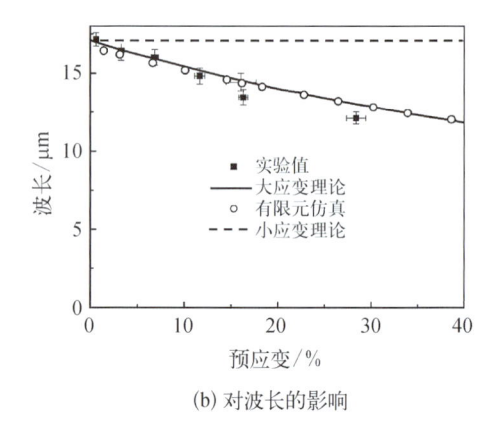

(a) 对波幅的影响

(b) 对波长的影响

图 11.3.8　预应变对波浪结构的影响

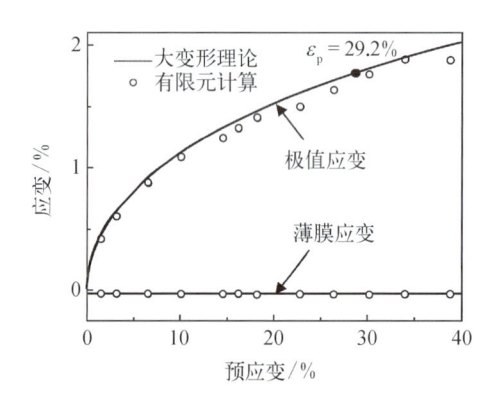

图 11.3.9　预应变对膜应变及峰值应变的影响

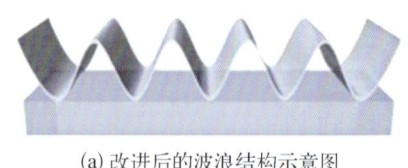

(a) 改进后的波浪结构示意图

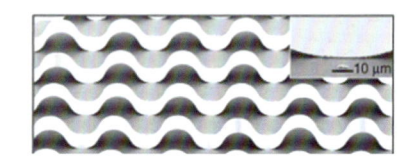

(b) 砷化镓(GaAs)条带在PDMS基体部分黏合[1]

图 11.3.10　改进后的波浪结构及其应用

## 11.3.2　岛桥结构

受波浪结构的启发,Kim 等发明了图 11.3.11 所示的直导线岛桥结构,其发明思路如下。在图 11.3.11(a)中,将功能组件(岛)通过化学方法黏合在经过预拉伸的基体上,组件之间通过导线(桥)进行连接,导线与基体之间不发生强黏合。基体预应变被释放后,导线发生面外屈曲而拱起。如图 11.3.11(b)所示,当柔性电子器件发生变形时,屈曲的柔性桥可产生扭转、对角拉伸、弯曲/拉伸耦合等三种变形方式,而刚性岛的变形很小。通过对柔性桥与刚性岛的合理设计,可大大提高柔性电子器件的延伸性。

---

[1] Kim D H, Xiao J L, Song J Z, et al. Stretchable, curvilinear electronics based on inorganic materials[J]. Advanced Materials, 2010, 22: 2108 – 2124.

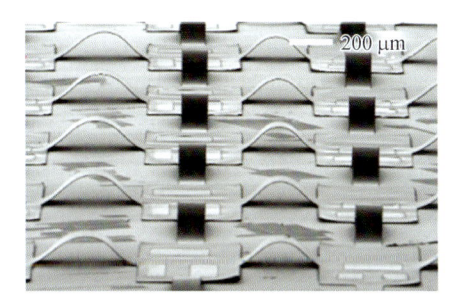

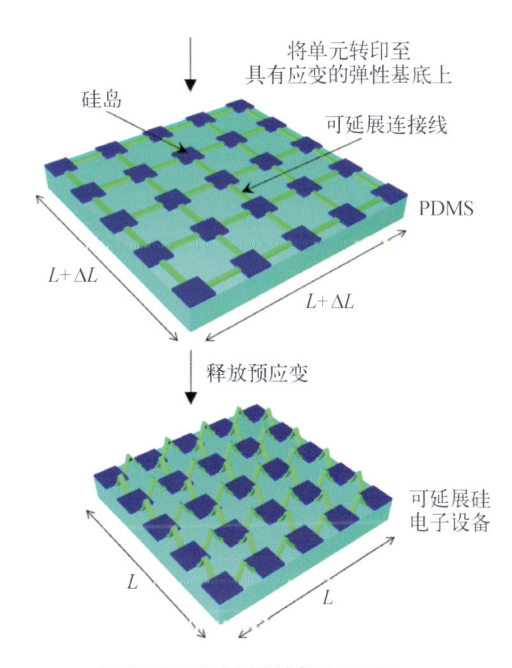

第 11 章　柔性电子器件的结构力学设计

(a) 20%预应变下的岛桥结构[1]

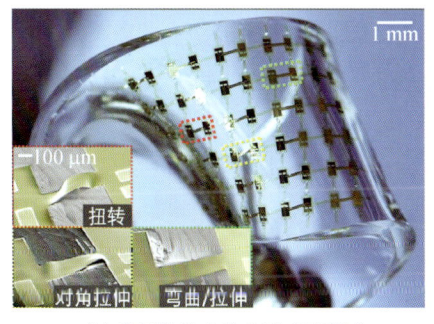

(b) 岛桥结构中的典型变形模式

(c) 岛桥结构的制造过程示意图[2]

图 11.3.11　直导线岛桥结构的示意图

本小节先推导柔性桥的屈曲条件,再分析刚性岛的变形,进而给出岛桥结构的力学设计公式。

1. 柔性桥的力学分析与设计公式

将柔性桥视为两端固支的 Euler-Bernoulli 梁,在图 11.3.12 所示的屈曲状态下,其面外位移可表示为

$$w = \frac{a}{2}\left[1 + \cos\left(\frac{2\pi x}{L_b}\right)\right] = \frac{a}{2}\left[1 + \cos\left(\frac{2\pi x}{L_b^0}\right)\right] \quad (11.3.15)$$

其中,$x$ 是轴向坐标;$L_b^0$ 是桥的初始长度;$L_b$ 是桥变形后的长度;屈曲幅值 $a$ 待定。

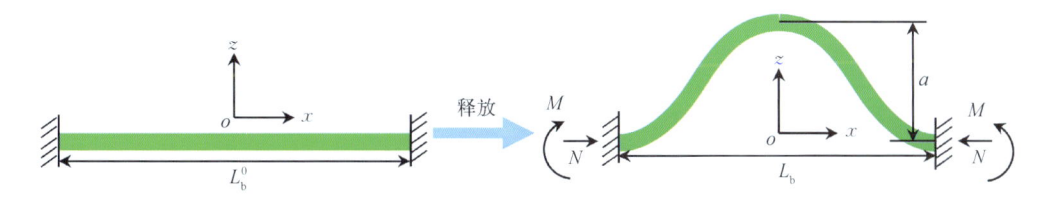

图 11.3.12　直导线岛桥结构的导线力学模型

---

[1] Kim D H, Song J Z, Won M C, et al. Materials and noncoplanar mesh designs for integrated circuits with linear elastic responses to extreme mechanical deformations[J]. Proceedings of the National Academy of Sciences of the United States of America, 2008, 105: 18675-18680.

[2] Song J Z, Huang Y G, Xiao J L, et al. Mechanics of noncoplanar mesh design for stretchable electronic circuits [J]. Journal of Applied Physics, 2009, 105(12): 1-6.

现基于最小势能原理,确定式(11.3.15)中的幅值 $a$。桥的应变能 $V^\text{b}$ 包含两部分,即由弯曲变形引起的应变能 $V_\text{b}^\text{b}$ 和由轴向伸缩引起的应变能 $V_\text{m}^\text{b}$。桥的弯曲变形应变能为

$$V_\text{b}^\text{b} = \frac{1}{2} \frac{E_\text{b} h_\text{b}^3}{12} \int_{-L_\text{b}^0/2}^{L_\text{b}^0/2} \left(\frac{\partial^2 w}{\partial x^2}\right)^2 \mathrm{d}x = \frac{E_\text{b} h_\text{b}^3}{12} \frac{\pi^4 a^2}{(L_\text{b}^0)^3} \tag{11.3.16}$$

为计算轴向变形应变能 $V_\text{m}^\text{b}$,根据桥沿轴向 $x$ 的位移 $u$,将轴向应变表示为

$$\varepsilon_\text{b}^\text{m} = \frac{\partial u}{\partial x} + \frac{1}{2}\left(\frac{\partial w}{\partial x}\right)^2 \tag{11.3.17}$$

记 $E_\text{b}$ 和 $h_\text{b}$ 分别为桥的弹性模量与厚度;轴力 $N = E_\text{b} h_\text{b} \varepsilon_\text{b}^\text{m}$ 均匀分布,因此 $\mathrm{d}N/\mathrm{d}x = 0$,即轴向应变 $\varepsilon_\text{b}^\text{m}$ 为常数。根据该结果并考虑式(11.3.15)和式(11.3.17),桥的轴向变形可表示为

$$L_\text{b} - L_\text{b}^0 = \int_{-L_\text{b}^0/2}^{L_\text{b}^0/2} \frac{\mathrm{d}u}{\mathrm{d}x} \mathrm{d}x = \int_{-L_\text{b}^0/2}^{L_\text{b}^0/2} \left[\varepsilon_\text{b}^\text{m} - \frac{1}{2}\left(\frac{\mathrm{d}w}{\mathrm{d}x}\right)^2\right] \mathrm{d}x = \varepsilon_\text{b}^\text{m} L_\text{b}^0 - \frac{\pi^2 a^2}{4 L_\text{b}^0} \tag{11.3.18}$$

由式(11.3.18)可解出桥的轴向应变:

$$\varepsilon_\text{b}^\text{m} = \frac{\pi^2 a^2}{4(L_\text{b}^0)^2} - \frac{L_\text{b}^0 - L_\text{b}}{L_\text{b}^0} \tag{11.3.19}$$

因此,桥的轴向变形应变能为

$$V_\text{b}^\text{m} = \frac{1}{2} \int_{-L_\text{b}^0/2}^{L_\text{b}^0/2} E_\text{b} h_\text{b} (\varepsilon_\text{b}^\text{m})^2 \mathrm{d}x = \frac{1}{2} E_\text{b} h_\text{b} L_\text{b}^0 \left[\frac{\pi^2 a^2}{4(L_\text{b}^0)^2} - \frac{L_\text{b}^0 - L_\text{b}}{L_\text{b}^0}\right]^2 \tag{11.3.20}$$

将上述应变能代入势能极值条件 $\partial V^\text{b}/\partial a = \partial(V_\text{b}^\text{b} + V_\text{b}^\text{m})/\partial a = 0$,得到屈曲幅值:

$$a = \frac{2 L_\text{b}^0}{\pi} \sqrt{\frac{L_\text{b}^0 - L_\text{b}}{L_\text{b}^0} - \varepsilon_\text{cr}}, \quad \varepsilon_\text{cr} \equiv \frac{\pi^2 h_\text{b}^2}{3(L_\text{b}^0)^2} \tag{11.3.21}$$

其中, $\varepsilon_\text{cr}$ 为两端固支 Euler–Bernoulli 梁的临界屈曲应变。显然,桥要发生屈曲,必须使式(11.3.21)中根号内的表达式满足 $(L_\text{b}^0 - L_\text{b})/L_\text{b}^0 > \varepsilon_\text{cr}$。在实践中,$(L_\text{b}^0 - L_\text{b})/L_\text{b}^0 \gg \varepsilon_\text{cr}$。

根据 Euler–Bernoulli 梁理论,桥的最大压应变发生在桥固支端的上表面,满足:

$$\varepsilon_\text{b}^\text{max} = \frac{h_\text{b}}{2} \frac{\partial^2 w}{\partial x^2}\bigg|_{x=0} = -\frac{\pi^2 h_\text{b}}{(L_\text{b}^0)^2} a \approx -\frac{2\pi h_\text{b}}{L_\text{b}^0} \sqrt{\frac{L_\text{b}^0 - L_\text{b}}{L_\text{b}^0}} = -\frac{2\pi h_\text{b}}{L_\text{b}^0} \sqrt{\frac{\varepsilon_\text{p}}{1 + \varepsilon_\text{p}}}$$

$$\tag{11.3.22}$$

式(11.3.22)中的近似源自式(11.3.21)中的 $(L_\text{b}^0 - L_\text{b})/L_\text{b}^0 \gg \varepsilon_\text{cr}$,此外 $\varepsilon_\text{p} \equiv (L_\text{b}^0 - L_\text{b})/L_\text{b}$,为预应变。

## 2. 刚性岛的力学分析与设计公式

将刚性岛简化为厚度 $h_i$ 远小于长度 $L_i$ 的薄板,屈曲的桥对其施加轴力与弯矩。通过有限元计算,得到图 11.3.13 所示的应变分布,岛桥结构的最大应变发生在导线与桥的边界处。其中,由弯曲引起的应变占主导,而轴力引起的应变可忽略。

对刚性岛的最大应变进行量纲分析,可将岛结构的最大应变简化为

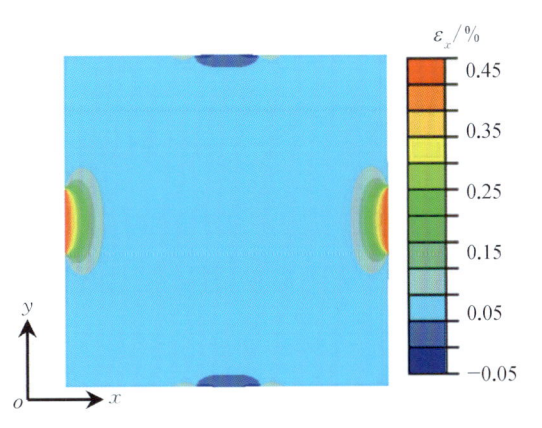

图 11.3.13 岛桥结构中导线由 20 μm 释放至 17.5 μm 时的岛应变分布

$$\varepsilon_i^{max} = \frac{(1-\nu_i^2)E_b h_b^2}{E_i h_i^2}\varepsilon_b^{max} \tag{11.3.23}$$

式(11.3.23)表明,增强岛的弹性模量 $E_i$ 并增大厚度 $h_i$,可有效减小其内部最大应变。

通过式(11.3.22)和式(11.3.23),可反推岛桥结构的最大预应变 $\varepsilon_p^{max}$。将岛(通常是硅晶片)失效的应变取为1.8%,则最大预应变满足:

$$\varepsilon_p^{max} < \frac{f^2}{1-f^2}, \quad f \equiv \frac{L_b^0}{2\pi h_b}\min\left[\varepsilon_b^f, \frac{E_i h_i^2}{(1-\nu_i^2)E_b h_b^2}\varepsilon_i^{max}\right] < 1 \tag{11.3.24}$$

如果 $f \geq 1$,则根据 PDMS 基体的失效来确定最大预应变。

对于整个岛桥结构,在预应变 $\varepsilon_p$ 释放后,结构的尺寸从 $L_b^0 + L_i^0$ 变为 $L_b + L_i^0$。其中,刚性岛的尺寸变化非常小而被忽略。此时,若通过外载荷施加应变 $\varepsilon_a$ 使岛桥结构尺寸变为 $L_b' + L_i^0$,则施加的应变可表示为

$$\varepsilon_a = \frac{L_b' - L_b}{L_b + L_i^0} \tag{11.3.25}$$

根据式(11.3.25),可进一步定义岛桥结构的拉伸/压缩特性,即结构变形的极限能力。通常,岛(桥)发生失效时施加的应变极限与岛(桥)的极限应变 $\varepsilon_b^f(\varepsilon_i^f)$ 相关。

现将岛桥结构的**拉伸特性**定义为屈曲桥恢复至平直状态时的应变,即

$$\varepsilon_s \equiv \frac{L_b^0 - L_b}{L_b + L_i^0} = \frac{\varepsilon_p}{1 + (1+\varepsilon_p)L_i^0/L_b^0} \tag{11.3.26}$$

式(11.3.26)表明,桥的尺寸越长、岛的尺寸越短、预应变越大,则岛桥结构的拉伸性能越好。

再将岛桥结构的**压缩特性**定义为:结构中桥或岛材料的应变达到桥的失效应变 $\varepsilon_b^f$ 或

岛的失效应变 $\varepsilon_i^f$，或相邻的两个岛在压缩时发生接触时的应变，即

$$\varepsilon_{cr} = \min\left[\frac{(1+\varepsilon_p)b^2-\varepsilon_p}{1+(1+\varepsilon_p)L_i^0/L_b^0}, \frac{1}{1+(1+\varepsilon_p)L_i^0/L_b^0}\right], \quad b \equiv \frac{L_b^0}{2\pi h_b}\min\left[\varepsilon_b^f, \frac{E_i h_i^2 \varepsilon_i^{max}}{(1-\nu_i^2)E_b h_b^2}\right]$$

(11.3.27)

在式(11.3.27)的方括号中，第一项表示桥较短（$b$ 较小）时，压缩变形引起的桥或岛达到失效应变；第二项则表示桥较长（$b$ 较大）时，相邻的岛在压缩时发生接触。

**例 11.3.2** 图 11.3.14 给出了硅制岛桥结构的拉压特性与预应变关系。其中，材料参数为 $E_i = E_b = 130 \text{ GPa}$ 和 $\nu_i = \nu_b = 0.27$，失效应变为 $\varepsilon_b^f = \varepsilon_i^f = 1\%$，结构尺寸为 $L_i^0 = 20 \text{ μm}$ 和 $L_b^0 = 20 \text{ μm}$，$h_i = 50 \text{ nm}$ 和 $h_b = 50 \text{ nm}$，$b_b = 4 \text{ μm}$。由图可见，随着预应变增大，结构拉伸特性增强，但压缩特性减弱。通过调整预应变的值，可得到合理的拉伸、压缩特性的比例。

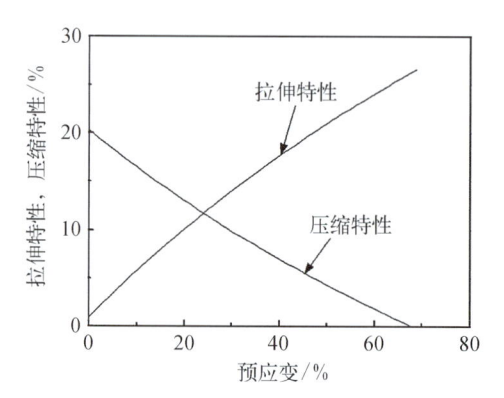

**图 11.3.14** 岛桥结构拉压特性与预应变的关系

### 11.3.3 三维可延伸柔性结构

近年来，电子器件的平面制造技术已经接近其物理极限，遵循摩尔（Moore）定律所预测的技术路线发展遇到了瓶颈。为了克服平面制造技术的挑战，人们日益关注采用直接三维制造或间接三维组装等方式的三维电子技术。本小节从基于仿生学和控制屈曲原理的两类三维可延伸柔性结构设计出发，介绍近期三维柔性神经电子的研究进展及应用。

如图 11.3.15 所示，牵牛花等植物可利用其螺旋结构攀爬并黏附于支撑物上，在不失去稳定性的情况下向上生长，以获取更多的阳光和其他资源，而且不会对支撑物造成干扰。这种攀爬、缠绕的结构为柔性电子器件的仿生设计带来灵感，可用于神经电刺激的螺旋电极。

为了设计犹如攀爬植物的电子器件，需要建立植物攀爬问题的力学模型。以往关于植物攀爬的理论研究主要是基于摩擦学分析攀爬状态的稳定性，无法解释植物攀爬角的位置相关性，也无法给出植物攀爬的临界半径。

本章作者团队将植物攀爬问题简化为弹性细杆绕刚性支撑圆柱的缠绕过程，并将其细分为图 11.3.16 所示的四个子过程，分别为初始自由状态、展平状态、拉伸状态和缠绕状态，现对其逐一介绍。

第一步，考察图 11.3.16(a) 所示细杆的初始缠绕状态，其初始缠绕角为 $\beta_0$，缠绕半径为 $r_0$，在展平状态 1 时，杆的横截面厚度为 $h$，宽度为 $d$，长度为 $L$，杆的横截面尺寸远小

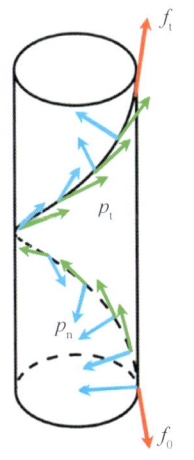

第11章 柔性电子器件的结构力学设计

(a) 植物攀爬、缠绕示意图（左）和缠绕物的表面微观结构（右）

(b) 细杆与支撑圆柱间的相互作用

图 11.3.15 受植物攀爬启发的三维柔性电子器件

$p_t$ 和 $p_n$ 分别表示切向力和法向力；$f_0$ 和 $f_t$ 表示细杆的轴向拉力

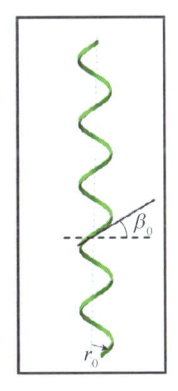

(a) 初始自由状态

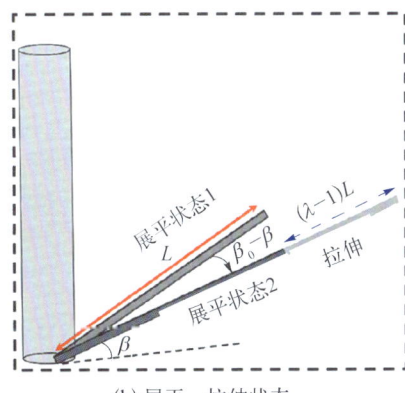

(b) 展平、拉伸状态

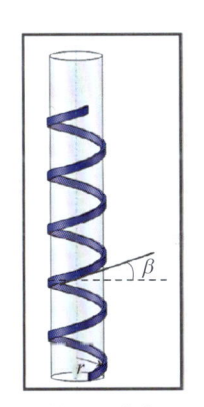

(c) 缠绕状态

图 11.3.16 弹性细杆缠绕刚性支撑圆柱过程及其子过程分解

于支撑圆柱的半径。第二步,将细杆由展平状态1旋转角度 $(\beta_0-\beta)$ 到展平状态2。第三步,将细杆拉伸到延伸率为 $\lambda$。第四步,将拉伸后的细杆缠绕在半径为 $r$ 的支撑圆柱上,倾角为 $\beta$。将这四个子过程分别称为**展平子过程**、**刚性转动子过程**、**拉伸子过程**[图 11.3.16(b)]及**缠绕子过程**[图 11.3.16(c)]。

由于求解细杆与支撑圆柱间的相互作用涉及较为复杂的非线性弹性力学理论,此处直接给出结果并进行讨论,其详细推导过程可参阅文献[1]。

在初始自由状态至缠绕状态的过程中,在初始角 $\beta_0$ 下发生变形的细杆会依据自身的

---

[1] Zhang Y C, Wu J, Ma Y J, et al. A finite deformation theory for the climbing habits and attachment of twining plants[J]. Journal of the Mechanics and Physics of Solids, 2018, 116: 171-184.

延伸率 $\lambda$、支撑圆柱的半径 $r$、杆的厚度 $h$、缠绕半径 $r_0$ 等参数改变其缠绕角 $\beta$。由此可建立缠绕角 $\beta$ 与这些参数的关系 $\beta = \beta(\lambda, r, h, r_0, \beta_0)$。引入无量纲的半径比 $\alpha_1 \equiv r/r_0$ 和 $\alpha_2 \equiv h/r_0$，可将该关系进一步简化为 $\beta = \beta(\lambda, \alpha_1, \alpha_2, \beta_0)$。

在不同的参数 $\lambda$、$\alpha_1$、$\alpha_2$ 下，通过给定初始缠绕角 $\beta_0$，可以得到最佳缠绕角 $\beta$。图 11.3.17(a) 给出了缠绕角与半径比 $\alpha_1$ 在不同延伸率下的关系，此时保持初始缠绕角 $\beta_0 = 60°$ 与 $\alpha_2 = 0.1$ 不变。结果表明，支撑圆柱半径及细杆延伸率对缠绕角有较大影响。对于给定的延伸率，缠绕角 $\beta$ 随支撑圆柱半径增大而减小。图 11.3.17(b) 给出了波长比 $\zeta/\zeta_0$ 与曲率比 $\kappa/\kappa_0$ 随半径比的变化，其中 $\zeta_0 = r_0 \tan\beta_0$ 和 $\zeta = r \tan\beta$ 分别为初始自由状态和缠绕状态下的波长，$\kappa_0 = 1/(r_0 + r_0 \tan^2\beta_0)$ 和 $\kappa = 1/(r + r \tan^2\beta)$ 分别为初始状态和缠绕状态下的曲率。结果表明，随着支撑圆柱半径增大，细杆的波长增大，曲率减小，以维持稳定性。

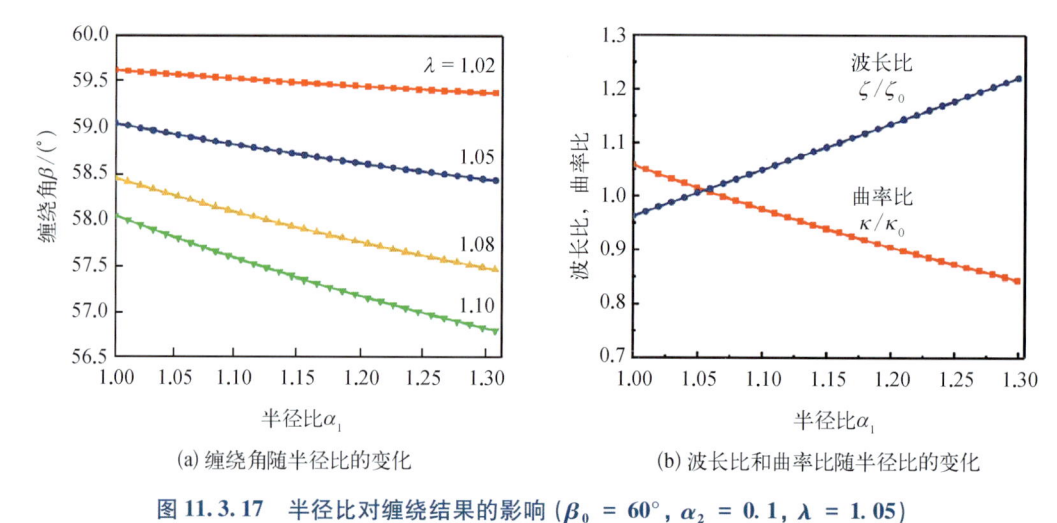

(a) 缠绕角随半径比的变化

(b) 波长比和曲率比随半径比的变化

图 11.3.17　半径比对缠绕结果的影响（$\beta_0 = 60°$, $\alpha_2 = 0.1$, $\lambda = 1.05$）

显然，细杆与支撑圆柱间需要有摩擦力才能保持缠绕状态，避免细杆滑落。在忽略细杆所受重力情况下，其正压力与如下参数相关，即延伸率 $\lambda$、无量纲参数 $\alpha_1$ 和 $\alpha_2$、初始缠绕角 $\beta_0$。在给定厚度与初始半径之比 $\alpha_2 = h/r_0 = 0.1$ 和初始缠绕角 $\beta_0 = 60°$ 时，图 11.3.18 给出了在不同半径比 $\alpha_1$ 和初始缠绕角 $\beta_0$ 下，无量纲正压力 $p_n$ 与延伸率 $\lambda$ 之间的关系。结果表明，在不同半径比和初始缠绕角下，无量纲正压力 $p_n$ 随延伸率 $\lambda$ 增加而增大，即细杆延伸提供了在缠绕过程中产生摩擦所需的正压力。同时，在给定延伸率时，细杆倾向于更小的初始缠绕角，以获得更好的稳定性，而增大支撑圆柱半径则会减小正压力。

对于细杆和支撑圆柱所构成的双材料界面，在外力作用下可能发生界面分离导致的结构失效。根据断裂力学理论[1]，双材料界面的失效准则是：产生新的单位面积所需的

---

[1] Griffith A A. The phenomena of rupture and flow in solids[J]. Philosophical Transactions of the Royal Society of London, Series A, 1921, 221(582-593): 163-198.

(a) $\beta_0 = 60°$, $\alpha_2 = 0.1$

(b) $\alpha_1 = 1.2$, $\alpha_2 = 0.1$

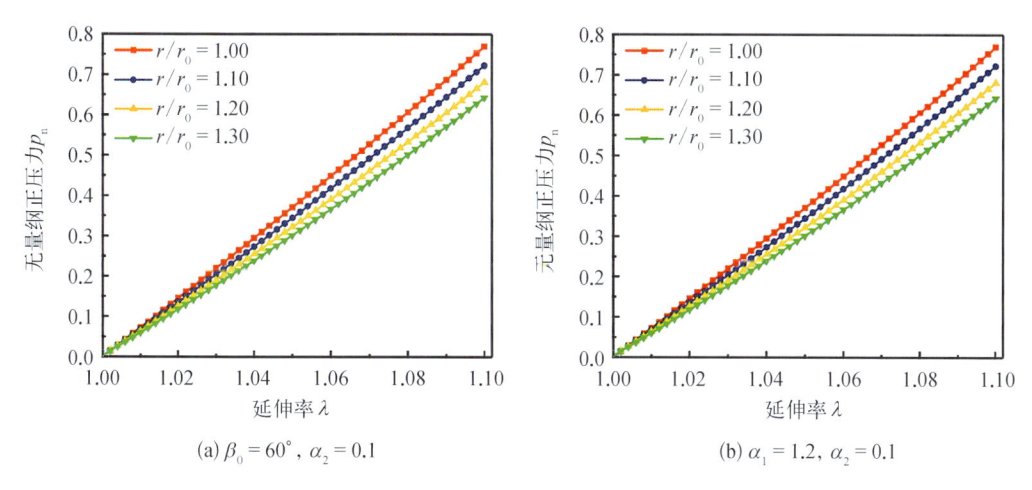

图 11.3.18　无量纲正压力 $p_n$ 随延伸率 $\lambda$ 的变化

外界驱动力(也称为能量释放率 $G$)大于等于界面强度。其中,界面强度是与界面接触状态及界面两侧材料的属性相关的固有参数。考虑到支撑圆柱的刚度远大于细杆,根据能量平衡,能量释放率可表示为细杆单位接触面积下的应变能变化,其无量纲形式为 $G/(\mu h) = G(\lambda, \alpha_1, \alpha_2, \beta_0)/(\mu h)$,与延伸率 $\lambda$、无量纲参数 $\alpha_1$ 和 $\alpha_2$,以及初始缠绕角 $\beta_0$ 相关。

对于给定的延伸率 $\lambda$ 和初始俯仰角 $\beta_0$,延伸率可增加正压力 $p_n$,而缠绕半径比 $\alpha_1 = r/r_0$ 会减小正压力。如图 11.3.19(a)中绿线所示,名义界面强度 $\gamma$ 随着延伸率 $\lambda$ 增加而增加,直到饱和水平。图 11.3.19(b)中紫色线表明,对于给定的延伸率,名义界面强度 $\gamma$ 随着缠绕半径比 $\alpha_1$ 增大而减小。同时,无量纲能量释放率 $G/(\mu h)$ 随着延伸率 $\lambda$ 和半径比 $\alpha_1$ 增大而单调增加。因此,细杆在攀爬支撑圆柱时存在最大延伸率 $\lambda_{\max}$ 和最大半径比 $\alpha_1^{\max}$。若对应参数大于此最大值,即 $\lambda > \lambda_{\max}$,则能量释放率大于界面强度,界面将发生分离失效。

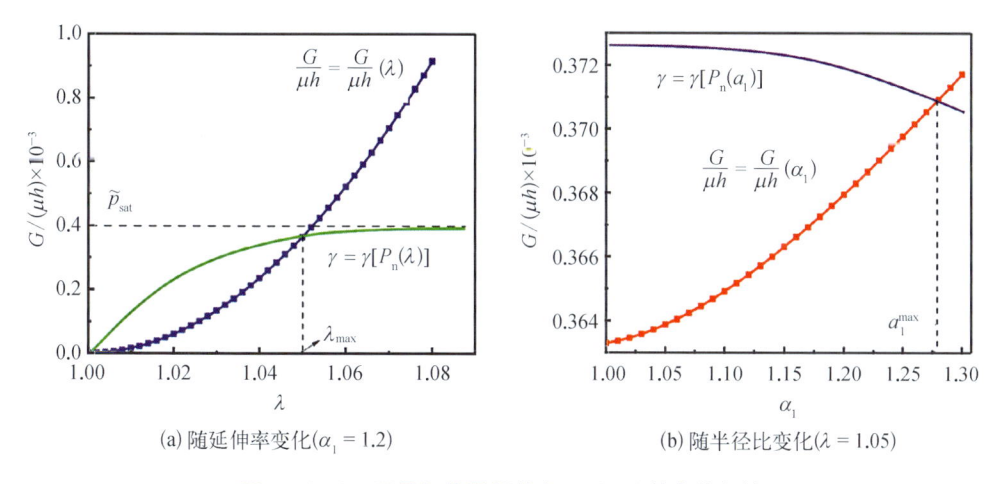

(a) 随延伸率变化($\alpha_1 = 1.2$)

(b) 随半径比变化($\lambda = 1.05$)

图 11.3.19　无量纲能量释放率 $G/(\mu h)$ 的变化规律

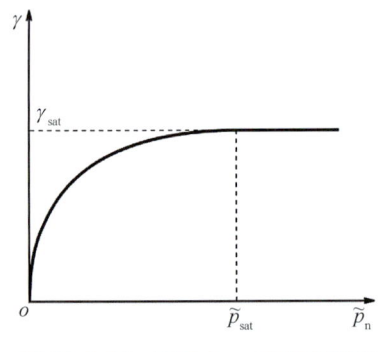

图 11.3.20 正压力 $p_n$ 对名义界面强度 $\gamma$ 的影响

最后指出,通过实验观察可发现,攀爬物和支撑物表面存在多种微结构,类似于昆虫和壁虎的附着垫,这对界面强度有极大的影响。对仿生微图案表面黏附力的研究表明,名义界面强度随着正压力增加而增加,直至饱和水平。图 11.3.20 给出了名义界面强度 $\gamma$ 与正压力之间的关系。其中,$\gamma_{sat}$ 表示无量纲的名义饱和界面强度;$\tilde{p}_n \equiv Y p_n$,是与形状参数相关的正压力;$Y$ 表示无量纲的形状参数,它是微观结构的几何参数(如尺寸和分布特征)。

### 11.3.4 柔性基体结构设计

在柔性电子器件的互连导线设计中,通过一定的构型设计,如蛇形线设计,可借助导线自身的离面位移和扭转,使导线在应变较小的情况下获得较大的延伸率。将蛇形互连导线与柔性基体集成,可为系统提供所需的延伸性,而其延伸性能取决于基体的柔性及导线的构型。与柔性基体集成的蛇形导线,不可避免地受到基体约束的限制,因而制约了蛇形导线的自由屈曲,导致系统的整体延伸性能降低。另外,受约束的蛇形导线在拉伸过程中容易出现断裂和疲劳破坏。

不难设想,如果将柔性基体设计为齿形结构,其悬空部分可使蛇形导线有更多的自由延伸空间,释放基体对蛇形互连导线的部分约束,使器件具有更优越的拉伸性能。

1. 齿形基体设计

通常,互连导线由两层绝缘材料(PI)包裹一层导电金属铜(Cu)或金(Au)等构成。蛇形导线是柔性电子器件中最常用的互连导线形式,通常由圆弧段和直线段构成,其基本设计参数包括:幅值 $a$、圆弧半径 $r$、圆弧角 $\theta$。如果已知上述参数,即可确定蛇形导线的几何构型。

现考察图 11.3.21 所示的蛇形导线设计问题。根据图 11.3.21(a)中的几何关系,导线的直线段长度 $L$ 满足:

$$L = \frac{2[a - r + r\cos(\theta/2)]}{\sin(\theta/2)} \tag{11.3.28}$$

此处,蛇形导线呈现周期性构型,其周期 $T$ 为

$$T = 4\left\{r\sin\left(\frac{\theta}{2}\right) + \left[a - r + r\cos\left(\frac{\theta}{2}\right)\right]\cot\left(\frac{\theta}{2}\right)\right\} \tag{11.3.29}$$

为了进行定量讨论,取蛇形导线的幅值为 $a = 500\ \mu m$,半径为 $r = 250\ \mu m$,圆弧角为 $\theta = 130°$。在图 11.3.21(a)中,导线处于自由拉伸状态;图 11.3.21(c)中,导线完全黏附于平面基体上;在图 11.3.21(e)中,导线则黏附于齿形基体上。以 0.3% 的应变作为导线

(a) 蛇形导线的几何尺寸示意图

(b) 可自由伸缩的蛇形导线应变云图

(c) 蛇形导线-平面柔性基体结构

(d) 图(c)结构的蛇形导线受拉应变云图

(e) 蛇形导线-齿形柔性基体结构

(f) 图(e)结构的蛇形导线受拉应变云图

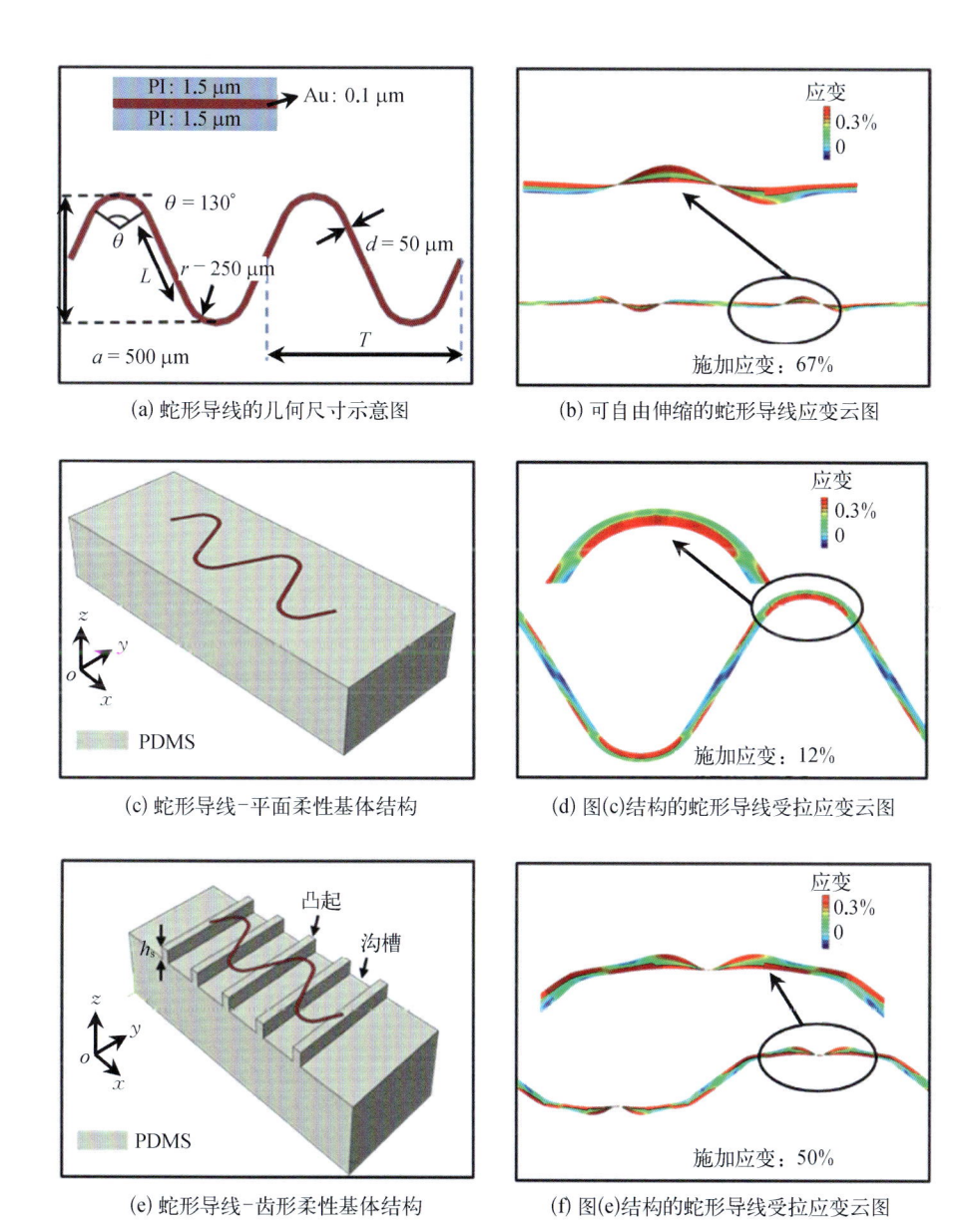

图 11.3.21 蛇形导线在不同基体上的拉伸性能对比

材料(Au)的屈服极限,图 11.3.21(b)表明,自由拉伸的蛇形导线最大延伸率可达 0.67;图 11.3.21(d)表明,位于平面基体上的蛇形导线的最大延伸率仅为 0.12;图 11.3.21(f)则表明,采用齿形基体后,蛇形导线的最大延伸率可达到 0.5。

在齿形微结构基体受拉过程中,悬空部分的蛇形导线可被完全拉直。若假设其贴附于基体凸台上的部分不可拉伸,则该结构完全拉伸时的最大延伸率下限值为

$$\varepsilon_{\max^-} = \frac{l_2 + l_3}{l_1 + l_2} - 1 \quad (11.3.30)$$

其中，$l_1$ 和 $l_2$ 分别为齿形基体的凹槽宽度和凸台宽度；$l_3$ 为蛇形导线悬空部分的长度。蛇形导线的周期长度为 $T = 2(l_1 + l_2)$，凸台占空比可表示为 $\varphi = 2l_2/T$。

蛇形导线与齿形基体的相对位置有两种情况：第一，只有蛇形导线的直线段部分落在基体凸台上；第二，除了直线段部分，圆弧段两端部分也落在基体凸台上。这两者间的临界条件为：圆弧段与直线段的连接点刚好落在基体凸台边缘，而直线段部分刚好完全落在基体凸台上。此时，$l_2 = L\cos(\theta_{cr}/2)$，其中 $\theta_{cr}$ 是临界角。将式(11.3.28)、式(11.3.29)和 $\varphi = 2l_2/T$ 代入 $l_2 = L\cos(\theta_{cr}/2)$，得到：

$$r\cos^2\left(\frac{\theta_{cr}}{2}\right) + (1-\varphi)(a-r)\cos\left(\frac{\theta_{cr}}{2}\right) - \varphi r = 0 \qquad (11.3.31)$$

对于给定的蛇形导线-齿形基体，已知 $a$、$r$ 和 $\varphi$，即可确定临界角 $\theta_{cr}$。

当 $\theta < \theta_{cr}$ 时，只有蛇形导线的直线段部分位于凸台上，圆弧段完全悬空。此时，$l_3 = r\theta + L - l_4$。而当 $\theta > \theta_{cr}$ 时，蛇形导线圆弧段两端部分位于基体凸台上，进而 $l_3$ 为圆弧段弧长与位于凸台上的圆弧段弧长之差，即 $l_3 = r(\theta - 2\alpha)$，其中 $\alpha$ 是位于基体凸台上圆弧段的弧度值，满足如下关系：

$$2r\sin\left(\frac{\alpha}{2}\right)\cos\left(\frac{\theta}{2} - \frac{\alpha}{2}\right) = r\varphi\sin\left(\frac{\theta}{2}\right) + (\varphi - 1)\left[a - r + r\cos\left(\frac{\theta}{2}\right)\right]\cot\left(\frac{\theta}{2}\right)$$
$$(11.3.32)$$

因此，对于不同的 $\theta$ 值，可得到两种情况下最大延伸率的下限分别为

$$\varepsilon_{\max^-} = \begin{cases} \dfrac{\dfrac{\theta}{4}r\sin\theta - r\varphi\left[1 - \cos\left(\dfrac{\theta}{2}\right)\right]^2 + (r + a\varphi)\cos^2\left(\dfrac{\theta}{2}\right) + (a - r - a\varphi)\cos\left(\dfrac{\theta}{2}\right)}{(a-r)\cos^2\left(\dfrac{\theta}{2}\right) + r\cos\left(\dfrac{\theta}{2}\right)} - 1, & \theta < \theta_{cr} \\[2em] \dfrac{r\left(\dfrac{\theta}{2} - \alpha\right)\sin\left(\dfrac{\theta}{2}\right) + (a-r)\varphi\cos\left(\dfrac{\theta}{2}\right) + r\varphi}{(a-r)\cos\left(\dfrac{\theta}{2}\right) + r} - 1, & \theta > \theta_{cr} \end{cases}$$
$$(11.3.33)$$

当 $\theta$ 很小时，蛇形导线最初的构型接近于直线，其延伸率较低；而当 $\theta$ 很大时（如接近 180°），其受基体凸台约束的区域变大，延伸率也较低。因此，可能存在一个最优的 $\theta$ 值，对应于最大的延伸率。然而，过低的占空比有可能导致蛇形导线与基体凸台的脱黏问题，降低结构的可靠性。因此，选取理想占空比时，需同时考虑蛇形导线与基体间不脱黏和较好的导线拉伸性能。

上述计算是基于黏附于基体凸台上的蛇形导线不可拉伸假设，即凸台为刚性假设，因此上述预测结果是蛇形导线的最大延伸率下限，其上限则对应于基体凸台很软，蛇形导线

几乎不受约束的情况,即接近可自由伸缩的蛇形导线。因此,可将蛇形互连导线完全拉伸至直线状态时的延伸率作为结构最大延伸率的上限值 $\varepsilon_{\max^+}$,从而有

$$\varepsilon_{\max^+} = \frac{\dfrac{r\theta}{2}\sin\left(\dfrac{\theta}{2}\right) + r\cos\left(\dfrac{\theta}{2}\right) + a - r}{(a-r)\cos\left(\dfrac{\theta}{2}\right) + r} - 1 \quad (11.3.34)$$

### 2. 导线自塌陷问题

齿形微结构基体设计容易受结构不稳定性的影响,例如,悬空部分蛇形导线的自塌陷会导致蛇形导线与基体凹槽上表面的接触。通常,引起导线与基体凹槽接触的载荷有如下两种。第一种,拉伸过程中蛇形导线的离面位移,若其大于基体凸台的高度,则有可能引起蛇形导线与基体凹槽接触。因此,基体凸台的高度要高于蛇形导线离面位移,以避免两者接触。第二种,由外部载荷引起的塌陷,如使用过程中不可避免的手指接触等会引起蛇形导线和基体凹槽的接触。因此,结构设计应使得外力撤掉后,蛇形导线能够自动恢复到其未塌陷的状态。

考察图 11.3.22(a) 中凹槽上方长度为 $l_3$ 的悬空部分导线的塌陷问题。根据结构对称性,将该问题简化为图 11.3.22(b) 所示的悬臂梁塌陷问题,梁的长度为 $l_3/2$,塌陷长度为 $c$。在此塌陷状态下,系统的总势能为 $V_t = V_d - 2c\gamma_a$,其中 $V_d$ 为悬臂梁的应变能,$2c\gamma_a$ 为 PDMS 与 PI 界面的黏附能。

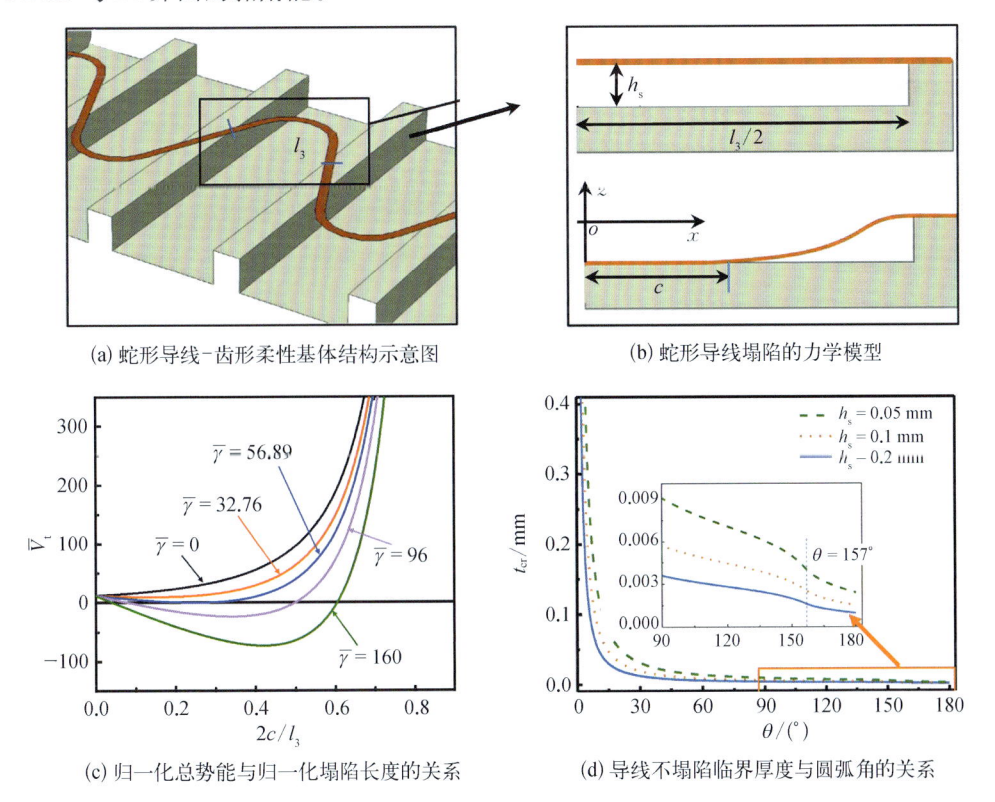

(a) 蛇形导线-齿形柔性基体结构示意图　　(b) 蛇形导线塌陷的力学模型

(c) 归一化总势能与归一化塌陷长度的关系　　(d) 导线不塌陷临界厚度与圆弧角的关系

图 11.3.22　悬空段导线塌陷问题计算模型及结果

蛇形导线的厚度远小于其长度($t \ll l_3/2$),因此可将其视为梁的平面应变问题。由图 11.3.22(b)可知,梁的塌陷部分挠度值 $w$ 为常数,大小等于凸台高度 $h_s$;在未塌陷部分,满足梁的如下静力学边值问题:

$$\begin{cases} \dfrac{\mathrm{d}^4 w}{\mathrm{d} x^4} = 0 \\ w\big|_{x=l_3/2} = 0, \quad \dfrac{\mathrm{d} w}{\mathrm{d} x}\bigg|_{x=l_3/2} = 0, \quad w\big|_{x=c} = -h_s, \quad \dfrac{\mathrm{d} w}{\mathrm{d} x}\bigg|_{x=c} = 0 \end{cases} \tag{11.3.35}$$

式(11.3.35)的解为

$$w(x) = \begin{cases} -h_s, & |x| < c \\ -\dfrac{h_s(l_3/2 - |x|)^2(l_3/2 - 3b + 2|x|)}{(l_3/2 - b)^3}, & c < |x| \leqslant l_3/2 \end{cases} \tag{11.3.36}$$

因此,悬臂梁的应变能如下:

$$V_\mathrm{d} = 2\int_c^{l_3/2} \dfrac{D_\mathrm{st}}{2}\left(\dfrac{\mathrm{d}^2 w}{\mathrm{d} x^2}\right)^2 \mathrm{d} x = 12 D_\mathrm{st} h_s^2 \left(\dfrac{l_3}{2} - c\right)^{-3} \tag{11.3.37}$$

其中,$D_\mathrm{st}$ 为蛇形导线的弯曲刚度。在蛇形导线中,AU 导线的厚度 $t_\mathrm{AU}$ 远小于 PI 绝缘层厚度 $t_\mathrm{PI}$,从而可忽略,故 $D_\mathrm{st} \approx 8 E_\mathrm{PI} t_\mathrm{PI}^3 / [12(1-\nu_\mathrm{PI}^2)]$,其中 $E_\mathrm{PI}$ 和 $\nu_\mathrm{PI}$ 分别为 PI 的弹性模量和 Poisson 比。

根据式(11.3.37),整个结构的归一化总势能可表示为

$$\overline{V}_\mathrm{t} \equiv \dfrac{l_3^3 V_\mathrm{t}}{8 D_\mathrm{st} h_s^3} = 12\left(1 - \dfrac{2c}{l_3}\right)^{-3} - 2\overline{\gamma}_\mathrm{a}\left(\dfrac{2c}{l_3}\right) \tag{11.3.38}$$

其中,$\overline{\gamma}_\mathrm{a} = \gamma_\mathrm{a} l_3^4/(16 D_\mathrm{st} h_\mathrm{st}^2)$,为归一化的黏附能。图 11.3.22(c)给出了归一化总势能 $\overline{V}_\mathrm{t}$ 与归一化塌陷长度 $2c/l_3$ 之间的关系。当归一化的黏附能小于其临界值 $\overline{\gamma}_\mathrm{acr} = 56.89$,即 $\overline{\gamma}_\mathrm{a} < \overline{\gamma}_\mathrm{acr}$(弱黏附)时,归一化总势能 $\overline{V}_\mathrm{t} > 0$,塌陷状态不稳定,蛇形导线塌陷后可恢复;当 $\overline{\gamma}_\mathrm{a} > \overline{\gamma}_\mathrm{acr}$(强黏附)时,归一化总势能 $\overline{V}_\mathrm{t} < 0$,塌陷处于稳定状态。

图 11.3.22(d)给出了 PI 绝缘层临界厚度 $t_\mathrm{cr}$ 与圆弧角 $\theta$ 的关系。由图可见:凸台高度 $h_s$ 或圆弧角 $\theta$ 越大,则蛇形导线悬空部分发生自塌陷的可能性越低,所需的临界厚度越小。由图中 90°~180°的放大区域可见,在圆弧角 $\theta = 140° \sim 160°$ 范围内出现一个波动点,这恰好对应延伸率的最大值;另一点则在圆弧角 $\theta = 157°$ 处,对应占空比为 20%时圆弧段与直线段的连接点刚好位于凸台边缘的临界角 $\theta_\mathrm{cr}$。此外,在圆弧角 90°~180°范围内,临界厚度 $t_\mathrm{cr}$ 的取值范围为 1~9 μm,这恰好落入柔性电子器件常用的设计厚度范围内。

## 11.4　问题与展望

三维曲面电子是柔性电子器件发展的重要趋势和方向,不但可实现与任意三维曲面的共形,而且可将器件结构从二维拓展到三维。受限于电子材料性能、制备工艺复杂和曲面覆盖度不足等问题,制造三维曲面电子器件面临许多挑战。以下介绍两种正处于研究中的方法。

### 1. 转印方法

**转印**是一种与半导体工艺兼容的电子器件集成制备方法。如图 11.4.1 所示,通过包裹式转印技术,可将电路从类花瓣的图章转印至目标球体上,得到三维曲面的电路。

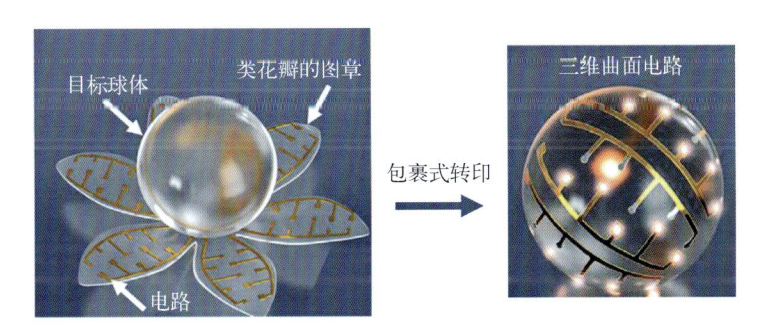

图 11.4.1　基于类花瓣图章的三维曲面电子器件包裹式转印技术[1]

转印方法的主要步骤如下。首先,利用半导体工艺制备出平面电路,并将其转移到花瓣印章上。同时,在圆筒装置上利用气压撑开一段弹性膜,弹性膜与圆筒壁完全贴合后,将小孔封闭;在弹性膜和筒壁之间形成一定程度的负压,弹性膜在大气压作用下紧贴圆筒内壁。然后,将平面电路和球体对准放入圆筒内部。随后,打开圆筒壁小孔,外部空气在大气压作用下进入膜壁之间的负压环境,预张紧的弹性膜在压差变化下自然回缩,驱使花瓣印章对目标表面进行自动包裹,从而实现平面电路到球面的转移。最后,通过紫外光固化,得到三维曲面电子器件。

### 2. 压缩屈曲自组装方法

压缩屈曲自组装方法主要依靠柔性可变形基体触发二维前驱体结构的受压屈曲行为,并通过结构的空间弯曲/扭转变形和平移/旋转运动等,实现受控的二维到三维的转换。图 11.4.2 展示了基于压缩屈曲的自组装过程。

压缩屈曲自组装方法的主要步骤如下。第一步,制备二维前驱体,即采用平面光刻技

---

[1] Chen X Y, Jian W, Wang Z J, et al. Wrap-like transfer printing for three-dimensional curvy electronics[J]. Science Advances, 2023, 9(30): eadi0357.

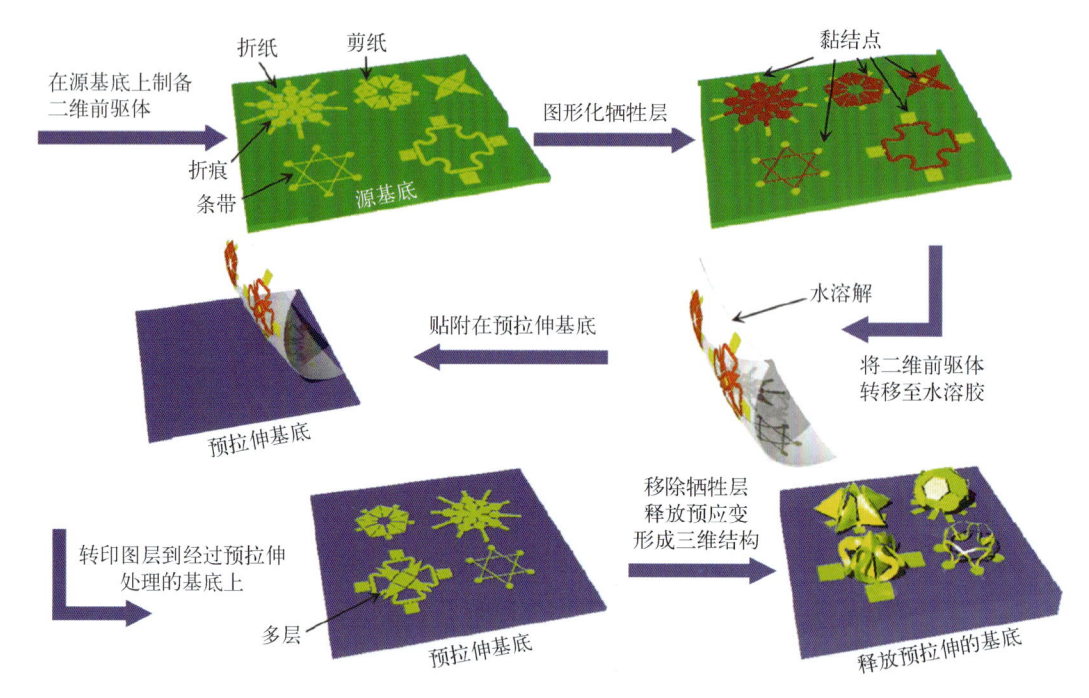

图 11.4.2 由可控屈曲引导的自组装过程示意图[1]

术制备二维前驱体结构,并利用溅射或蒸发技术制备选择性黏结点和牺牲层。第二步,进行转印,即通过 PDMS 图章或水溶性胶带,将二维前驱体转移到预拉伸的弹性体基体上,然后激活键位来诱导牢固的共价键。第三步,通过屈曲实现三维结构,即通过释放基体的预应变在黏结处产生压缩力,使二维前驱体发生屈曲,转换为预先设计好的三维几何构型。

在上述自组装过程中,二维前驱体模式、应变分布、应变释放路径等关键控制因素决定了组装后的三维形状。确定这些因素,则需要基于力学理论来建立目标三维形状与设计参数之间的映射关系[2,3]。

# 思 考 题

**11.1** 在 11.2.1 节讨论了单层结构的纯弯曲应变,而柔性电子器件的一种典型形态是题 11.1 图所示的双层结构,其上方为硅条带,下方为 PDMS 基体。设硅条带

---

[1] Cheng X, Zhang Y H. Micro/nanoscale 3D assembly by rolling, folding, curving, and buckling approaches[J]. Advanced Materials, 2019, 31(36): 1 – 27.

[2] Cheng X, Fan Z C, Yao S L, et al. Programming 3D curved mesosurfaces using microlattice designs[J]. Science, 2023, 379(6638): 1225 – 1232.

[3] Fan Z C, Yang Y Y, Zhang F, et al. Inverse design strategies for 3D surfaces formed by mechanically guided assembly[J]. Advanced Materials, 2020, 32(14): 1 – 10.

厚度远小于 PDMS 基体厚度,而硅的弹性模量远大于 PDMS 的弹性模量,思考如何确定硅条带的最大应变。

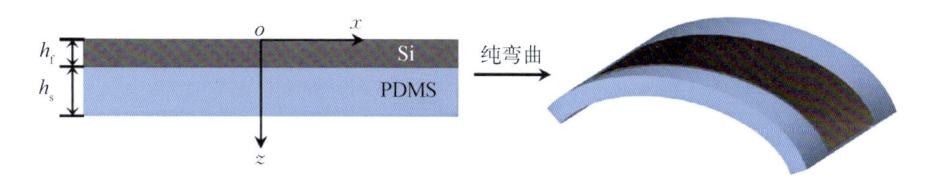

题 11.1 图　硅条带与 PDMS 基体构成的结构纯弯曲问题

取硅条带厚度 $h_f = 100$ nm,PDMS 基体厚度 $h_s = 20$ μm,硅的弹性模量 $E_f = 130$ GPa,PDMS 的弹性模量 $E_s = 2.2$ MPa,弯曲半径为 $R = 1$ cm,计算硅条带中的最大应变。

**11.2** 在 11.3.1 节讨论波浪结构时,采用小应变理论和大应变理论描述薄膜屈曲时的波长。尝试分析在施加多少预应变 $\varepsilon_p$ 时,两种方法所得波长产生显著差异。采用大应变理论计算薄膜屈曲的波长 $\lambda$ 时,可参考前人得到的如下结果:

$$\lambda = \frac{\lambda_0}{(1+\varepsilon_p)(1+\zeta)^{1/3}}, \quad \zeta = \frac{5\varepsilon_p(1+\varepsilon_p)}{32}, \quad \lambda_0 = 2\pi h_f \left(\frac{\bar{E}_f}{3\bar{E}_s}\right)^{\frac{1}{3}}$$

$$\bar{E}_f = \frac{E_f}{1-\nu_f^2}, \quad \bar{E}_s = \frac{E_s}{1-\nu_s^2}$$

其中,弹性模量为 $E_f = 130$ GPa 和 $E_s = 1.8$ MPa,Poisson 比为 $\nu_f = 0.27$ 和 $\nu_s = 0.48$。

**11.3** 在 11.3.2 节中,介绍了岛桥结构的力学模型,并探讨了结构拉伸、压缩特性随预应变的变化。对于如下条件:长度 $L_i^0 = 30$ μm 和 $L_b^0 = 20$ μm,厚度 $h_i^0 = 50$ nm 和 $h_b^0 = 50$ nm,宽度 $b = 5$ μm,岛桥失效应变 $\varepsilon_b^f = \varepsilon_i^f = 1\%$,绘制结构拉伸、压缩特性随预应变的变化图。

**11.4** 在 11.3.4 节中,描述了齿形凸台上的蛇形导线在拉伸下的变形,其中导线的圆弧角 $\theta$ 及占空比 $\varphi$ 的变化对于导线的最大延伸率下限 $\varepsilon_{\max^-}$ 有限制性影响,试求解占空比 $\varphi$ 分别为 10%、20% 和 30% 时,导线的最大延伸率下限 $\varepsilon_{\max^-}$。

**11.5** 在 11.3.1 节中提出的波浪结构是基于无限宽度基体求解的,对于有限宽度基体的情况,思考如何求解波长和幅值的关系。

# 拓展阅读文献

1. 冯雪. 柔性电子技术[M]. 北京:科学出版社,2021.
2. 尹周平,黄永安. 柔性电子制造:材料、器件与工艺[M]. 北京:科学出版社出版,2016.
3. 常若菲,冯雪,陈伟球,等. 可延展柔性无机电子器件的结构设计力学[J]. 科学通报,2015,60: 2079-2090.

4. 陈颖,陈毅豪,李海成,等.超薄类皮肤固体电子器件研究进展[J].中国科学：信息科学,2018,48：605-625.
5. Wong W S, Salleo A. Flexible Electronics：Materials and Applications[M]. Berlin：Springer-Verlag, 2009.
6. Li H B, Ma Y J, Huang Y G. Material innovation and mechanics design for substrates and encapsulation of flexible electronics：a review[J]. Materials Horizons, 2021, 8：383-400.
7. Ma Y J, Zhang Y C, Cai S S, et al. Flexible hybrid electronics for digital healthcare[J]. Advanced Materials, 2020, 32：1902062.
8. Lim H R, Kim H S, Qazi R, et al. Advanced soft materials, sensor integrations, and applications of wearable flexible hybrid electronics in healthcare, energy, and environment[J]. Advanced Materials, 2020, 32：1901924.

本章作者：冯　雪,清华大学,教授
　　　　　王禾翎,清华大学,副研究员

# 第四篇

# 流体力学篇

# 第 12 章
# 风力发电机叶片的气动设计

面对日益严峻的生态与环境问题,各工业化国家均积极发展风力发电产业。风力发电机是将风能转变为电能的机电设备,其设计和制造涉及力学、机械、材料、制造、控制、电气和并网等众多学科的交叉和融合。风力发电机的叶片可将风能转换为机械能,是其重要部件。叶片的空气动力学性能决定着风力发电机的性能、效率和安全稳定性,是风力发电机设计中最关键的力学问题。

本章以水平轴风力发电机为研究对象,先针对叶片气动设计需求,介绍所涉及的复杂力学问题;再通过建立简化力学模型,阐述叶片汲取风能的原理,讨论叶片气动设计思路;然后通过理论、计算、设计、校核,论述叶片气动设计过程;最后,以某型 2.5 MW 风力发电机叶片为例,给出其气动设计的过程和结果。

## 12.1 研究背景

风力发电机的基本工作原理为:自然风在风力发电机的叶片表面产生气动力,驱动其做定轴转动,将自然风的部分动能转换为机械能;机械能通过传动系统进入机电系统,被转换为电能而进入电网。

本章关注图 12.1.1 所示的水平轴风力发电机,它由叶片、轮毂、机舱、齿轮变速箱、发电机、控制器、变流器、塔架、基础等构成,简称**机组**。在机组中,将风能转换为机械能的旋转机械称为**风力机**。风力机的叶片与轮毂构成**风轮**,轮毂与主轴相连,将自然风驱动下的风轮转动通过齿轮变速箱传递给发电机的转子,带动转子旋转发电。控制器和变流器负责保障机组的最优运行、安全性及与电网的最佳匹配。本章仅关注风力机的气动问题,不讨论机组的发电、控制、变流等问题。

如图 12.1.2 所示,风力机叶片长达数十米,甚至上百米,不仅是机组的大型部件,还是最重要的部件。首先,叶片的气动性能直接影响机组从风中提取能量的多少,决定了风能利用效率。其次,叶片在机组的成本占比达 20%~30%,重量占比达 10%~20%,必须合理选择材料,设计紧凑高效的结构构型。再次,作用在叶片上的非定常气动力决定着机组安全性。因此,风力机叶片是提高机组风能利用效率、减小非定常载荷、提升安全性和寿

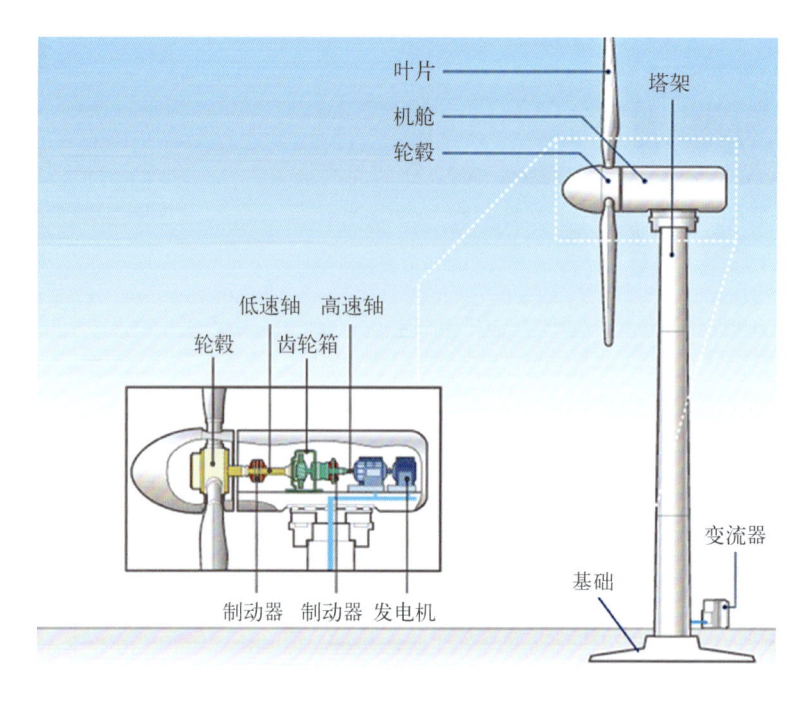

图 12.1.1　水平轴风力发电机的构成

图 12.1.2　由大型拖车运输的风力机叶片

命、降低发电成本、提高风电竞争力的重要保障。

　　风力机是运行在大气边界层底部的大型旋转机械,甚至是地球上最大的旋转机械。因此,其设计面临非常复杂的力学问题,涉及力学的多个分支学科。

　　第一,从流体力学看,来流非常复杂。风能来自地表不均匀受热和地球自转的 Coriolis 力,受地形地貌、大气热力效应及自由大气气压梯度的共同作用,形成复杂的湍流风特性。风资源主要集中在离地 300 m 高度以内,具有风切变、风转向、突风、海气交换等工况,使风力机叶片的气动问题具有非定常性。

　　第二,从固体力学看,动态载荷复杂。风力机叶片工作在非定常入流、大分离流动、塔影效应、偏航、变桨、动态变形等条件下,常处于深失速和动态失速状态,所承受的动态载

## 1. 正设计

**正设计**是指将叶片的气动设计和结构设计独立依次开展,采用设计-验证-改进的循环策略,也称为**流程化设计**。如图 12.2.3 所示,该方法包括如下几步[1]。

第一步:依据预先选择的叶片参数、材料属性和设计标准等,进行气动设计,得到气动性能良好的叶片外形。

第二步:预设叶片结构铺层,计算叶片的极限载荷,并检查强度、挠度、重量和固有频率等是否满足结构设计要求;若不满足,则进一步改进气动外形和结构铺层,并再次计算叶片极限载荷和检查约束准则,反复迭代,直至满足所有结构校核约束条件。

第三步:输出叶片设计结果,进行全尺寸叶片细节结构分析与校核,并对叶片结构定位、设计选材和铺层细节进行改进。

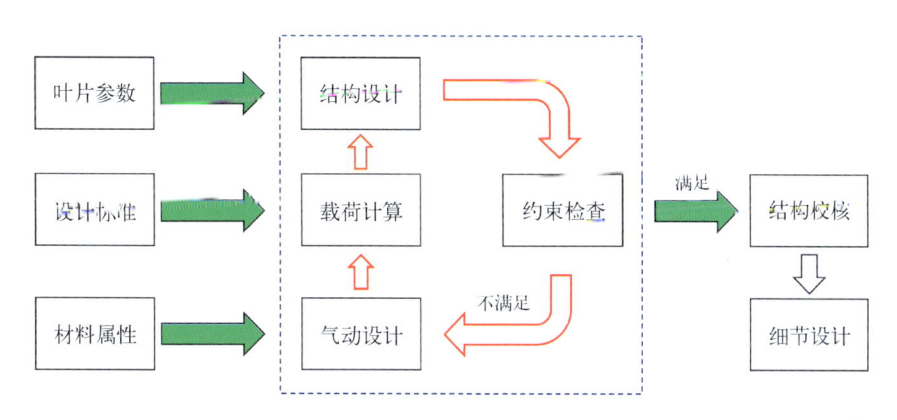

**图 12.2.3  叶片的正设计流程示意图**

在气动设计方面,主要有两种思路。第一种是将叶片分为若干段(简称**叶素**),将 12.2.2 节介绍的一维动量理论应用于叶素,计算叶素的弦长和扭转角。第二种是对叶片外形进行参数化建模,建立约束条件,并以叶片的整体性能为优化目标,借助优化算法获得叶片气动外形。通常,从单一角度出发设计具有较高气动性能的叶片并不太难,而难点在于载荷控制及其与结构设计的匹配。

在结构设计方面,工程中的常用方法是基于薄壁盒型梁理论建立叶片截面结构优化模型。该方法较为成熟,简单易用,基本能满足叶片结构初步设计的需求。当前的研究重点主要集中在叶片结构的参数化建模、承载构件的铺层优化等方面。此外,图 12.2.3 所示的结构校核是结构设计中必不可少的重要环节。基于有限元软件构建精细化的叶片结构模型,是工程常用方法。

综上所述,正设计方法将叶片的气动设计和结构设计分离开来并依次开展。设计者需要具备丰富的工程经验,才能较好地协调众多目标函数、设计变量和约束条件之间的复杂关系。通常,因设计者经验的限制,仅能得到一个气动、结构和约束都可接受的结果,未

---

[1] 王珑.大型风力机叶片多目标优化设计方法研究[D].南京:南京航空航天大学,2014:29-30.

必能获得各优化目标和约束条件均达到最佳匹配的结果。

2. 反设计

**反设计**是将气动设计和结构设计耦合进行,也称为叶片的**气动-结构一体化设计**。如图 12.2.4 所示,该方法的思路可分为如下三步。

第一步:对叶片气动和结构进行参数化建模,建立描述气动外形和结构铺层的设计变量,明确其取值范围。

第二步:采用叶片气动和结构计算方法,综合评估叶片载荷、气动效率和结构强度。

第三步:以设计目标为优化前进方向,基于多目标优化理论,协调各目标之间、目标和约束之间的复杂耦合关系,修改设计变量,最终获得最优解或最优解集。

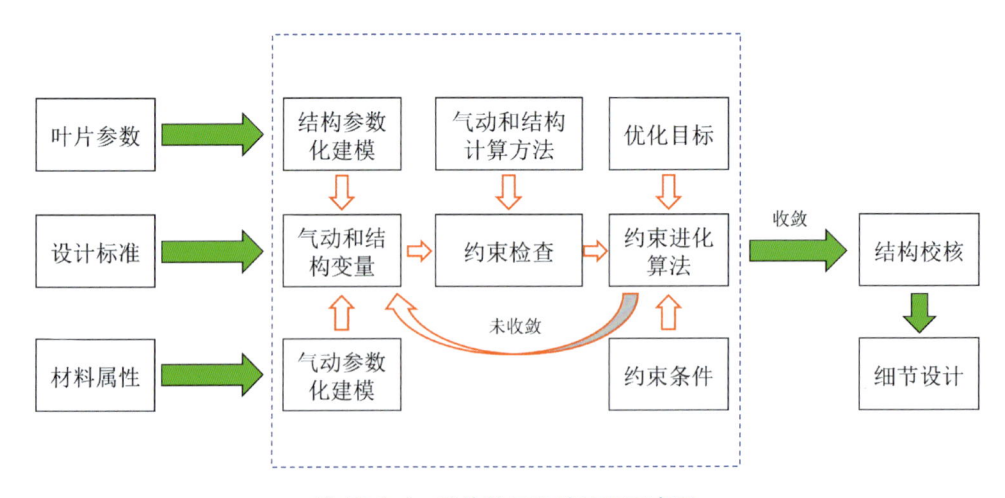

图 12.2.4 叶片的反设计流程示意图

更具体地看,叶片反设计方法包含四项内容,即参数化建模、优化目标和约束条件的构建、气动和结构计算方法及优化算法。对于前两项内容,目前已有大量成果可供参考,在使用中主要考虑如何将其融入优化算法中。在第三项内容中,气动力计算可采用叶素方法和非定常气动力修正模型;结构力学计算则采用薄壁盒型梁理论,再结合国际电工委员会(International Electrotechnical Commission, IEC)标准,进而保证风力机设计的力学分析要求。对于第四项内容,由于叶片设计属于复杂的非线性、强耦合、多约束优化问题,对算法的效率、收敛性和鲁棒性等均提出了苛刻要求,目前发展了以全局准则和约束准则为主的优化方法和策略。

与正设计相比,反设计方法具有如下优势。一是气动和结构的一体化设计,即反设计方法将气动和结构设计统一建模,形成设计变量并在优化算法的主导下实现相互协调。二是设计过程的灵活性,即反设计方法基于预设—评估—优化的思路,可对气动和结构仿真进行任意合理的建模和约束,也可以设置多种优化目标和约束条件,使其更为灵活、可拓展性更强。三是自动寻优,即只需通过工程经验确认气动外形和结构铺层的参数化模型、目标函数和约束条件等,就可通过算法自动化寻优,整个过程不需要人工参与。四是设计结果的最优性,即该方法基于优化理论协调众多优化目标和约束条件之间的复杂关系,通常可获得给定设计条件下的最优解或最优解集。

## 12.3 风力机叶片的气动设计方法

与风力机叶片设计相关的理论和方法涵盖的内容较为广泛,包括:设计标准、风资源特性、气动计算和设计模型、材料及结构构型、结构动力学计算模型、气动弹性计算分析方法、结构失效准则等。这些内容相互关联耦合,缺一不可,共同构成了叶片设计的理论基础。本节重点介绍经典气动设计方法和气动弹性分析方法。

### 12.3.1 几何特性描述

风力机叶片的主要几何参数包括:叶片展长 $L$、沿叶片展向变化的当地弦长 $b$ 和当地扭转角 $\theta$,如图 12.3.1 所示。图中,随展向变化的翼型集合称为**翼型族**。

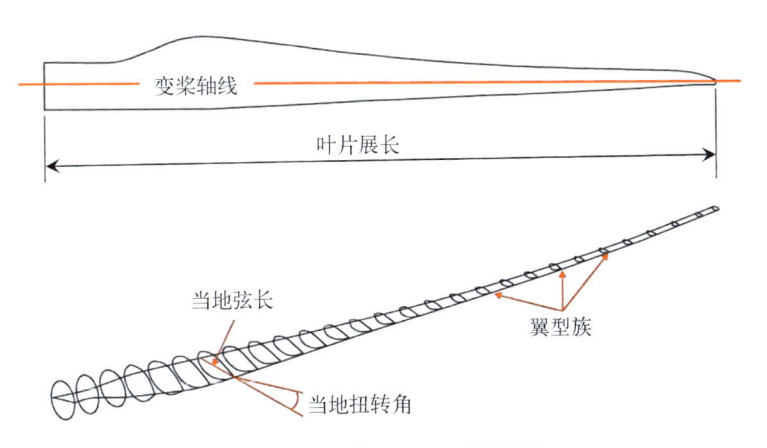

图 12.3.1 叶片的几何特性描述

在叶片设计中,通常将其粗略地划分为三个区域,即叶根区域($0 \sim 0.2L$)、叶中区域($0.2L \sim 0.95L$)和叶尖区域($0.95L \sim L$),现分别介绍其特点。

从翼型看,叶根与轮毂固支连接而承受最大载荷,将其截面取为圆截面,预埋金属杆等连接增强构件;叶根的其他区域则采用大厚度翼型,以便为结构加强留出足够设计空间;叶片中部区域是汲取风能的主要区域,在满足结构强度和刚度要求的前提下,尽可能选用升力较大的翼型;叶尖区域较短,在设计中主要考虑减弱叶尖涡的影响,采用对称翼型的后掠翼设计。

从弦长看,叶片最大弦长通常位于 $0.2L \sim 0.25L$ 附近;由此处开始,弦长沿叶尖方向和叶根方向递减。值得指出的是,叶中区域的弦长、扭转角和厚度要合理匹配,使叶片汲取风能最大化的同时,降低气动载荷。

从扭转角看,其在叶根处最大,并向叶尖方向逐渐减小。扭转角设计原则是保证叶片中部区域尽可能运行在最佳升阻比攻角下;在叶尖区则需要反扭设计,以降低叶尖涡的影响。

### 12.3.2 气动特性描述

风力机叶片的外形可视为沿展向变化的翼型族,它决定了叶片气动性能。同时,翼型也是风力机载荷的源头,从根本上影响机组的安全性与经济性。因此,对风力机翼型的研究和开发尤为重要[1]。

20世纪80年代之前,设计风力机叶片时多直接采用小厚度、高升力的飞机翼型,如NACA63系列和LS系列等。目前,这些翼型仍普遍应用于中小型风力机叶片。翼型性能主要包括形状几何参数和气动性能参数。如图12.3.2(a)所示的翼型形状几何参数,翼型的**压力面**和**吸力面**分别定义为正对和背对来流方向,**弦线**是前缘点和后缘点的连线,**中弧线**是翼型上下表面中点的连线,**弯度**定义为中弧线与弦线的最大距离,**厚度**是翼型的最大相对厚度。翼型的前缘是圆形,因此还存在前缘半径,后缘的上下表面切向方向的夹角称为**后缘角**,这些参数通常都表述成与弦长比值的无量纲形式。

图12.3.2(b)给出了翼型的气动力参数,包括**升力系数** $C_L$、**阻力系数** $C_D$ 和**气动力矩系数** $C_M$,分别定义为

$$C_L \equiv \frac{f_L}{\rho c u_1^2/2}, \quad C_D \equiv \frac{f_D}{\rho c u_1^2/2}, \quad C_M \equiv \frac{M}{\rho c u_1^2/2} \quad (12.3.1)$$

其中,$u_1$ 为来流速度;$c$ 为弦长;$f_L$ 和 $f_D$ 分别为升力和阻力;$M$ 为气动力矩,以1/4弦长处为参考点(简称**气动中心**),并规定前缘抬头为正。通常,$C_L$、$C_D$ 和 $C_M$ 是攻角 $\alpha$ 的函数,可通过风洞实验或高精度数值计算来获取。翼型的气动特性取决于外形几何参数,在低速来流情况下,采用圆头前缘、尖后缘的翼型能有效提高升力系数。在一定范围内增加翼型的弯度和厚度会增加升力,但也会提高阻力。

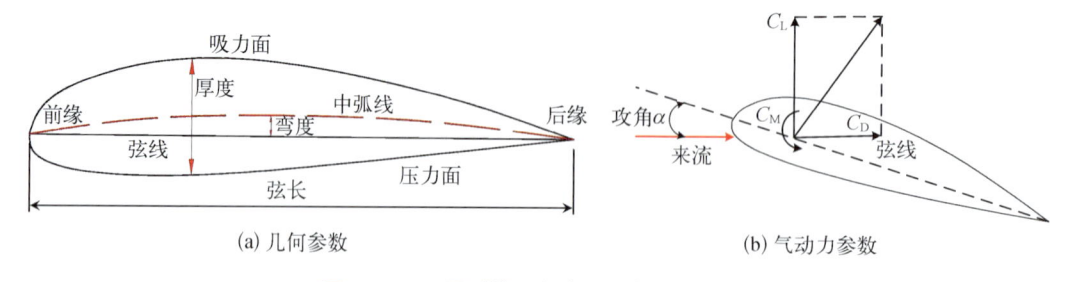

(a) 几何参数  (b) 气动力参数

**图12.3.2 翼型的几何参数和气动力参数**

---

[1] 王同光,田琳琳,钟伟,等.风能利用中的空气动力学研究进展Ⅰ:风力机气动特性[J].空气动力学学报,2022,40(4):1-21.

图 12.3.3 给出了典型翼型的气动力系数变化曲线和升阻力系数的极坐标曲线。在选取叶片翼型时,希望翼型有较大升力和较小阻力,因此格外关注图中的升力系数峰值点 $A$ 和升阻比最佳点 $B$。在点 $A$,升阻力系数都大于点 $B$;但在点 $B$,翼型的升阻比最大。当翼型攻角由点 $A$ 继续增大时,升力系数下降,阻力系数上升,这就是**失速现象**。根据升力和阻力间的三角关系,最大升力不仅无法增大风能输出功率,还可能降低叶片力矩并增加叶片载荷。因此,叶片最佳设计点通常选在升阻比最佳点 $B$,或介于点 $A$ 和点 $B$ 之间。风力机常用翼型的最大升阻比通常介于 80~150。

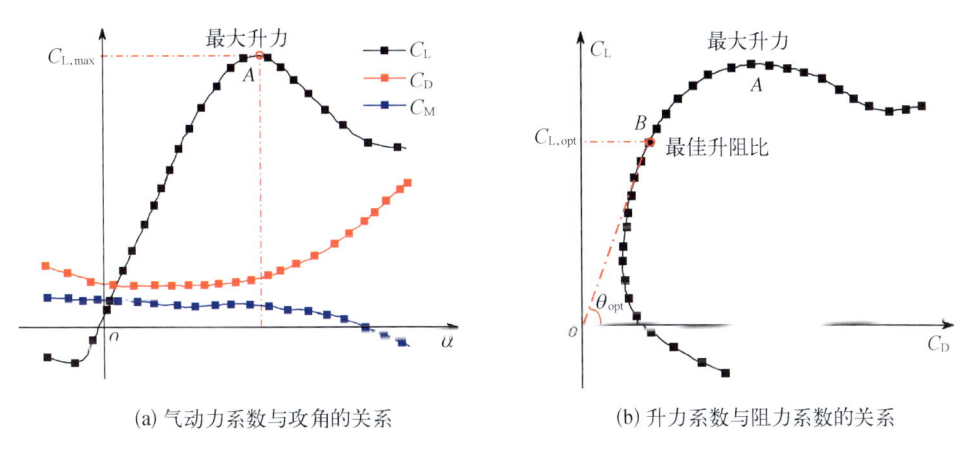

(a) 气动力系数与攻角的关系     (b) 升力系数与阻力系数的关系

图 12.3.3 典型翼型的气动特性曲线

近年来,欧美国家的风能研究机构相继设计了一些风力机叶片专用翼型,如瑞典的 FFA-W 系列、丹麦的 Risø-A 系列、荷兰的 DU 系列、美国的 NREL-S 系列等经典翼型族。与飞机翼型相比,风力机叶片专用翼型的主要区别如下:第一,飞机翼型的相对厚度通常为 4%~18%,而风力机翼型相对较厚,可达 15%~53%,且后缘为钝体;第二,飞机翼型通常仅需在巡航时具有高升阻比,但风力机叶片翼型需在全风速范围内有较高升力系数和升阻比;第三,风力机叶片翼型需具备平稳的静态失速特性和表面粗糙度不敏感性;第四,风力机叶片翼型还应兼顾气动噪声、结构强度、生产制造等方面的要求。

表 12.3.1 是荷兰学者 Van Rooij 所归纳的风力机叶片截面设计原则[1]。叶片在叶根区的相对厚度大于 28%,翼型以满足结构需求和几何相容性为主,对升阻比要求较低,不追求对粗糙度的低敏感性(用星号代表关注度);叶片在叶中区的相对厚度为 21%~28%,翼型应具有较高的升阻比和较低的粗糙度敏感性;叶片在叶尖区采用相对厚度小于 21% 的薄翼型,要求升阻比高、最大升力系数较低、失速特性和缓、粗糙度不敏感及噪声低。该几何设计思路既能较好地满足叶片气动性能的要求,又能有效增强叶片的结构强度,是 MW 级风力机叶片设计的常用策略。

---

[1] Timmer W, Van Rooij R. Summary of the Delft university wind turbine dedicated airfoils[J]. Journal of Solar Energy Engineering, 2003, 125: 488-496.

表 12.3.1　MW 级水平轴风力机叶片对翼型的要求

| 性能要求 | >28% | 21%~28% | <21% |
|---|---|---|---|
| 相对厚度 | | | |
| 高升阻比 | ★ | ★★ | ★★★ |
| 最大升力较低 | | | ★★ |
| 失速特性和缓 | | | ★★ |
| 粗糙度不敏感 | ★ | ★★ | ★★★ |
| 低噪声 | | ★ | ★★★ |
| 几何相容性 | ★★ | ★★ | ★★ |
| 满足结构要求 | ★★★ | ★★ | ★ |

### 12.3.3　叶素-动量理论

在 12.2.2 节讨论 Betz 极限时,将风轮简化为无厚度的致动盘,忽略气流经过风轮后所发生的旋转。这样的模型可用于讨论风轮汲取风能的上限,但无法用于叶片设计。1948 年,英国空气动力学家格劳特(Hermann Glauert,1892~1934)将叶片分为若干小段(即**叶素**),与动量理论相结合,提出了可指导叶片设计的**叶素-动量**(blade element momentum,BEM)**理论**。该理论的模型简单、计算成本低,适用于风力机叶片气动设计及载荷计算,是风力机叶片气动设计中最常用的方法。

BEM 理论的基本思想是:首先,将叶片沿展向离散成若干叶素,其典型翼型如图 12.3.4 所示;其次,假设作用在各叶素上的气流互不干扰,结合动量理论建立当地诱导速度因子与叶素翼型升阻特性之间的关系,用二维翼型的气动分析方法计算各叶素的推力和力矩;采用牛顿迭代求解叶片上的气动力和诱导速度因子;最后,积分求得整个叶片的气动力。

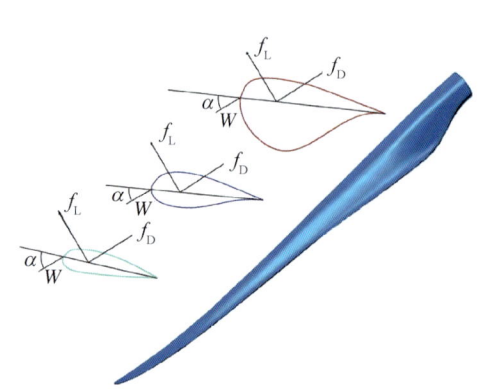

图 12.3.4　叶片外形和典型叶素上的气动力

在上述过程中,翼型气动数据是计算的前提和基础,其数据质量决定了叶片动力计算的准确性,通常由翼型实验或计算获得。前者是开展翼型在各攻角和 Reynolds 数条件下的多项实验,收集汇总成翼型气动数据库供查表使用;但实验较为昂贵、耗时、低效,限制了其工程适用性。后者则是基于 CFD 方法进行模拟仿真,可高效、较准确地得到翼型在各类工况(含常规工况及实验条件无法顾及的极端工况)条件下的气动特性。

BEM 理论操作简单、计算量小,可融合于风力机叶片的气动弹性和结构动态响应等计算中。实践证明,如果翼型的气动数据准确,BEM 理论能给出相对可靠的气动计算结果,已成为 AeroDyn、GH Bladed 和 ADAMS 等多种风力机仿真和认证领域商业软件采用的计算模块。考虑到 BEM 理论是进行叶片气动设计的基础,下面对其进行较为详细的说明。

1. 二维动量理论

如图 12.3.5 所示,将流管沿径向划分,在风轮径向位置 $r$ 处取宽度为 $dr$ 的环形单元作为**流环**。根据式(12.2.6),可得到流环作用在风轮上的推力为

$$df_T = \frac{1}{2}\rho u_1^2 [4a(1-a)](2\pi r dr) \quad (12.3.2)$$

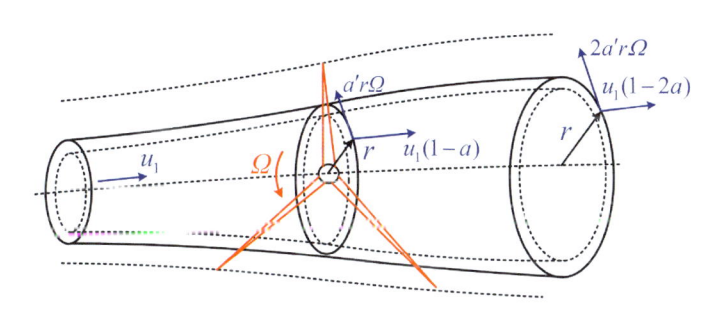

**图 12.3.5　风轮流场的二维流管模型**

在 12.2.2 节介绍的一维动量理论中,假设风轮后的尾流不旋转。事实上,气流推动风轮以角速度 $\Omega$ 做定轴旋转,气流通过旋转风轮后受其作用发生反向旋转。记其旋转角速度为 $\omega$,引入**切向诱导速度因子** $a' \equiv \omega/\Omega$,描述尾流的相对转速。此时,风轮径向位置 $r$ 处的气流切向诱导速度为 $a'r\Omega$,相对叶片的切向速度为 $(1+a')r\Omega$,流管出口处的切向诱导速度为 $2a'r\Omega$。根据角动量定理,流环作用在风轮上的力矩 $dM_T$ 等于尾流角动量变化,此时风轮上下游气流切向诱导速度之差为 $2a'r\Omega$,故有

$$dM_T = [\rho u_1(1-a)(2a'r\Omega)r](2\pi r dr) = 2\rho u_1(1-a)a'r^2\Omega(2\pi r dr) \quad (12.3.3)$$

2. 叶素理论

若风轮环形单元的宽度 $dr$ 足够小,则对应的叶素近似为二维翼型。如图 12.3.6 所示,该叶素与叶片旋转平面间具有扭转角 $\theta$。

由图 12.3.6 可见,作用在叶素上的气流法向速度为 $u_1(1-a)$;经过叶素后的气流角速度为 $\omega$,其方向与叶素角速度 $\Omega$ 相反,故作用在叶素上的气流切向速度为 $r(\Omega+\omega) = r\Omega(1+a')$。因此,叶素的**当地入流速度** $W$ 可表示为

$$W = \sqrt{u_1^2(1-a)^2 + r^2\Omega^2(1+a')^2} \quad (12.3.4)$$

定义入流速度与旋转平面的夹角为**入流角** $\phi$,由图 12.3.6 可见:

$$\tan\phi = \frac{u_1(1-a)}{r\Omega(1+a')} = \frac{1-a}{\lambda_r(1+a')} \tag{12.3.5}$$

其中,$\lambda_r$ 为**当地叶尖速比**;$\lambda_0$ 为**叶尖速比**。$\lambda_r$ 和 $\lambda_0$ 分别定义为

$$\lambda_r \equiv \frac{r\Omega}{u_1} = \frac{r\lambda_0}{R}, \quad \lambda_0 = \frac{R\Omega}{u_1} \tag{12.3.6}$$

而攻角 $\alpha$ 满足:

$$\alpha = \phi - \theta \tag{12.3.7}$$

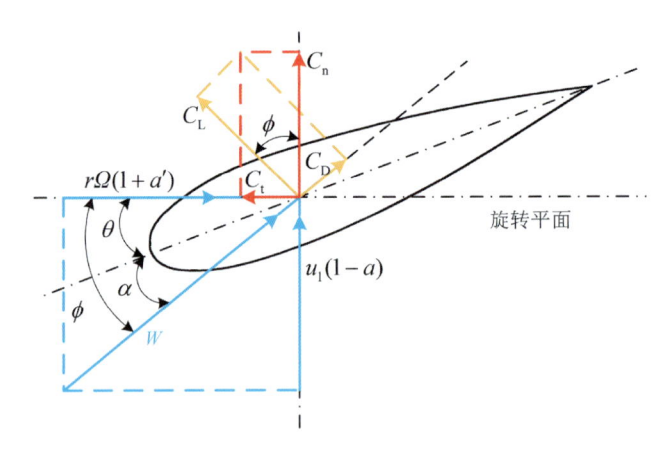

**图 12.3.6 叶素的受力分析**

根据图 12.3.6,叶素上的法向力系数 $C_n$ 和切向力系数 $C_t$ 可分别表示为

$$C_n = C_L\cos\phi + C_D\sin\phi, \quad C_t = C_L\sin\phi - C_D\cos\phi \tag{12.3.8}$$

流环作用在风轮上的推力和力矩分别为

$$\mathrm{d}f_T = \frac{1}{2}C_n(\rho cB\mathrm{d}r)W^2, \quad \mathrm{d}M_T = \frac{1}{2}C_t(\rho cBr\mathrm{d}r)W^2 \tag{12.3.9}$$

其中,$c$ 为叶素弦长;$B$ 为叶片数。对式(12.3.9)沿展长积分,即可得到作用在风轮上的推力 $f_T$ 和力矩 $M_T$。

将由动量理论得到的式(12.3.2)和式(12.3.3)与由叶素理论得到的式(12.3.9)联立,利用式(12.3.5)和式(12.3.8),可求解并整理得到:

$$\frac{a}{1-a} = \frac{\sigma_r(C_L\cos\phi + C_D\sin\phi)}{4\sin^2\phi}, \quad \frac{a'}{1+a'} = \frac{\sigma_r(C_L\sin\phi - C_D\cos\phi)}{4\sin\phi\cos\phi} \tag{12.3.10}$$

其中,$\sigma_r \equiv Bc/(2\pi r)$,定义为**叶素实度**,代表叶素总弦长与叶素所在风轮处的周长之比。**叶片实度**定义为叶片总面积与风轮面积的比值,是表征风轮性能的重要参数。增加实度

能提高风能利用率,但也会带来较大的风轮推力。

3. Glauert 设计法

叶片气动设计的主要参数是:叶片沿展向的弦长分布、扭转角分布、厚度分布等。经典的叶片气动设计是在 BEM 理论基础上发展而来的,需要预设厚度分布及攻角,然后通过解析求解或数值优化来获得叶片的弦长和扭转角分布。常用的方法包括 Glauert 设计法和 Wilson 设计法,以下介绍 Glauert 设计法。

Glauert 设计法是在 BEM 理论的基础上忽略气动阻力,且不考虑叶根和叶尖修正,获取求解叶片弦长和扭转角的解析表达式。忽略气动阻力系数 $C_D$ 后,式(12.3.10)可改写为

$$C_L Bc = \frac{8\pi r a \sin^2\phi}{(1-a)\cos\phi}, \quad C_L Bc = \frac{4\pi r a' \sin(2\phi)}{(1+a')\sin\phi} \qquad (12.3.11)$$

将式(12.3.11)中两式相除,得到:

$$\left(\frac{a}{1-a}\right)\left(\frac{1+a'}{a'}\right) = \cot^2\phi \qquad (12.3.12)$$

将式(12.3.12)与式(12.3.5)联立,解出:

$$a' = \frac{1}{2}\left[\sqrt{1 + \frac{4a(1-a)}{\lambda_r^2}} - 1\right] \qquad (12.3.13)$$

现考察流环作用在风轮上的力矩 $dM_T$ 对应的功率 $dM_T\Omega$ 与推力 $df_T$ 对应的功率 $dP_{wind}$ 之比,将其定义为**当地功率系数** $C_{P,r}$。根据式(12.3.3)和式(12.3.6),得到:

$$C_{P,r} \equiv \frac{dM_T\Omega}{dP_{wind}} = \frac{2\rho u_1(1-a)a'r^2\Omega^2(2\pi r dr)}{0.5\rho(2\pi r dr)u_1^3} = 4\lambda_r^2(1-a)a' \qquad (12.3.14)$$

将式(12.3.13)代入式(12.3.14),得到:

$$C_{P,r} = 2\lambda_r^2(1-a)\left[\sqrt{1 + \frac{4a(1-a)}{\lambda_r^2}} - 1\right] \qquad (12.3.15)$$

对于给定的 $\lambda_r$,$C_{P,r}$ 取极值的条件为 $\partial C_{P,r}/\partial a = 0$,由此解出:

$$\lambda_r^2 = \frac{16a^3 - 24a^2 + 9a - 1}{3a - 1} = \frac{4\gamma^3 - 3\gamma + 1}{3\gamma - 1}, \quad \gamma \equiv 1 - 2a \qquad (12.3.16)$$

将式(12.3.16)视为关于参数 $\gamma$ 的三次代数方程,引入变换:

$$\gamma = \sqrt{\lambda_r^2 + 1}\cos\beta \qquad (12.3.17)$$

通过三角函数关系,可将式(12.3.16)简化为

$$\cos(3\beta) = -\frac{1}{\sqrt{1+\lambda_r^2}} \qquad (12.3.18)$$

由此得到两组解:

$$\beta = \frac{1}{3}\left[\pi \pm \arccos\left(\frac{1}{\sqrt{\lambda_r^2+1}}\right)\right] = \frac{1}{3}(\pi \pm \arctan\lambda_r) \qquad (12.3.19)$$

需要说明的是,将式(12.3.19)的 $\beta$ 值代入式(12.3.17)可见,当 $\beta = (\pi - \arctan\lambda_r)/3$ 时,$\gamma > 1$;根据式(12.3.16)中的第二式可知,这导致 $a < 0$,无物理意义。因此,应该取 $\beta = (\pi + \arctan\lambda_r)/3$。

综上所述,Glauert 设计法的求解过程分可为四步:一是根据风轮叶尖速比和式(12.3.6)确定当地速比 $\lambda_r$,得到 $\beta = (\pi + \arctan\lambda_r)/3$,进而由式(12.3.17)得到 $\gamma$;二是根据式(12.3.16)中的第二式和式(12.3.13)得到 $a$ 和 $a'$,进而由式(12.3.12)得到 $\phi$;三是根据给定的攻角 $\alpha$,得到叶素扭转角 $\theta = \phi - \alpha$;四是根据式(12.3.11)中的第一式得到叶素弦长 $c$。至此,完成了叶片气动设计,即弦长和扭转角沿叶片展向的分布。

### 12.3.4 气动弹性分析

随着风电技术的发展,风力机逐渐趋于大型化,而叶片也朝着轻量化和柔性化的方向发展。受材料力学性能和制造技术的限制,轻柔化的叶片变形大、固有频率低,在运行中易发生复杂和有害的振动,由此带来的一系列气动弹性问题成为风电领域的研究热点[1]。柔性叶片的气动弹性模型由空气动力学模型和结构动力学模型耦合而成。前者用以计算与结构变形相关联的气动载荷,后者用以确定结构在复杂载荷下的动态响应特性。前几小节已给出叶片的空气动力学模型,本小节介绍叶片的结构分析模型与气动弹性稳定性分析。

**1. 薄壁盒型梁的变形**

风力机叶片多采用薄壁盒型梁结构,可基于二维薄壁截面剪力流分析和一维工程梁模型相结合的方法建模,其计算较为准确且速度快,便于与气动求解算法耦合。现采用该方法分析叶片的结构特性,计算气动弹性分析时所需的气动-结构耦合变量。

为建立叶片的薄壁盒型梁模型,根据叶片受力和变形的特点,引入以下几个假设:一是叶片满足线弹性和小变形假设;二是由于叶片摆动刚度比挥舞刚度要大许多,假设叶片截面没有弦向变形;三是假设叶片薄壁中的剪应力沿其厚度均匀分布;四是制造叶片用的复合材料具有正交各向异性特性,设计时采用铺层堆积方式逐层计算质量和刚度。

虽然叶片截面外形与材料分布均不同,但结构构型基本一致。为了较精确地得到截

---

[1] Shang L, Xia P Q, Hodges H. Aeroelastic response analysis of composite blades based on geometrically exact beam theory[J]. Journal of the American Helicopter Society, 2019, 64: 022007.

面特性与变形,可先沿叶片展向将其离散成叶素,再通过数值积分逐段进行计算。

由多个闭盒组成的叶素是静不定结构。在求解其静变形时,可根据材料力学中求解静不定问题的思路,解除约束并用待定约束力来保持原变形。例如,图 12.3.7 中的叶素具有三个闭盒,将各闭盒上方沿展向虚拟切开;为使各切口处的变形保持不变,在切口处分别施加(红色)剪力 $q_{01}$, $q_{02}$, $q_{03}$,然后补充变形协调条件来确定这些剪力。如图 12.3.7 所示,由于剪力成对出现,叶素横截面上会产生(黑色)剪力流,简称**附加剪力流**。

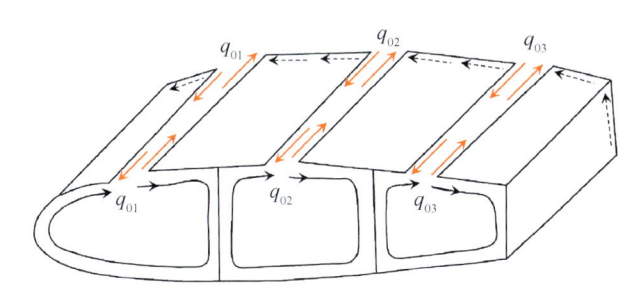

**图 12.3.7 叶素虚拟切口及其附加剪力流**

现参考图 12.3.8(a),讨论具有 $n$ 个闭盒的叶素变形计算问题。为了计算剪力流 $q$,将该叶素的各闭盒上方同时虚拟切开,形成图 12.3.8(b) 所示的开口截面。此时,多闭盒截面的剪力流 $q$ 可转化为开口截面剪力流 $\tilde{q}$ 与图 12.3.8(c) 中的附加剪力流 $q_{0j}$, $j \in I_n$ 之和。不同切口位置对开口截面剪力流和附加剪力流的大小均有影响,但对合成的多闭盒截面剪力流 $q$ 无影响。以下,分三步完成剪力流 $q$ 的计算。

(a) 多闭盒截面的剪力流

(b) 开口截面的剪力流　　　　　　(c) 开口截面的附加剪力流

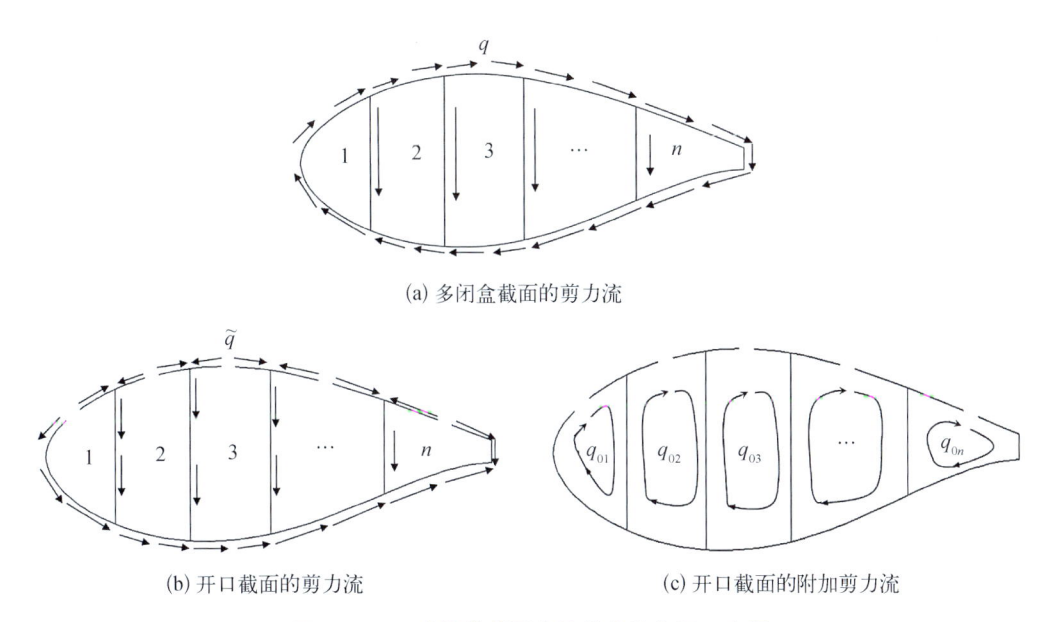

**图 12.3.8 叶片横截面上的剪力流分解示意图**

第一步,计算开口截面的剪力流 $\tilde{q}$。在截面形心主轴坐标系 $oxy$ 下,剪力流 $\tilde{q}$ 满足:

$$\tilde{q} = \frac{f_x}{I_{xx}}S_x + \frac{f_y}{I_{yy}}S_y \qquad (12.3.20)$$

其中,$f_x$ 和 $f_y$ 分别为沿坐标轴 $x$ 和 $y$ 的外部剪力;$I_{xx}$ 和 $I_{yy}$ 分别为截面面积对坐标轴 $x$ 和 $y$ 的惯性矩;$S_x$ 和 $S_y$ 分别为截面面积对上述坐标轴的静矩。

第二步,建立各附加剪力流方程和变形协调方程。由于开口截面的剪力流 $\tilde{q}$ 只满足与剪力 $f_x$ 和 $f_y$ 相平衡的式(12.3.20),而多闭盒截面的剪力流 $q$ 应满足力矩平衡方程。取叶素截面形心为力矩中心,即剪力作用点,则剪力流 $q$ 产生的内力矩与外力矩(气动力矩)平衡,即

$$\int_S q\xi \mathrm{d}s = M \qquad (12.3.21)$$

其中,$\xi$ 是剪力流 $q$ 到力矩中心的距离;$M$ 为施加在叶素上的气动力矩。将开口截面的剪力流和附加剪力流代入式(12.3.21),得到:

$$\int_S \tilde{q}\xi \mathrm{d}s + \sum_{j=1}^n A_j q_{0j} = M \qquad (12.3.22)$$

其中,$A_j$ 是第 $j$ 个周线所围面积的两倍。

为求出式(12.3.22)中的附加剪力流,需要补充截面变形协调条件,即各盒段的相对扭转角 $\theta_j, j \in I_n$ 都等于截面相对扭转角 $\theta$。根据材料力学,该条件可表示为

$$\theta_j = \frac{1}{A_j} \oint_j \frac{q}{Gh} \mathrm{d}s = \theta, \quad j \in I_n \qquad (12.3.23)$$

其中,曲线积分是沿附加剪力流所在周线的积分;$G$ 是材料的剪切弹性模量;$h$ 是铺层厚度。联立求解式(12.3.22)和式(12.3.23),得到各附加剪力流 $q_{0j}, j \in I_n$。

第三步,计算多闭盒截面的剪力流 $q$:将开口截面的剪力流 $\tilde{q}$ 与各附加剪力流 $q_{0j}, j \in I_n$ 叠加,得到叶片截面的剪力流为

$$q = \tilde{q} + \sum_{j=1}^n q_{0j} \qquad (12.3.24)$$

将式(12.3.24)代入式(12.3.23),得到截面相对扭转角 $\theta$。取 $\theta = 1$,可得到叶素截面扭转刚度 $k_\alpha$。将截面相对扭转角 $\theta$ 沿叶片展向进行积分,即可得到各截面的扭转角展向分布。

### 2. 气动弹性稳定性分析

在进行风力机叶片的气动弹性稳定性分析时,可认为结构在稳态载荷作用下的变形是缓慢发生的,由变形速度和加速度引起的气动力与弹性力相比,可以忽略不计[1],属于

---

[1] 陈佳慧.风力机气动弹性与动态响应计算[D].南京:南京航空航天大学,2011:13-19.

3.4.3 节讨论的流固耦合静力学问题。根据小变形假设,叶片截面扭转角变化引起攻角增量 $\alpha_e$,其对气动载荷的影响比叶片其他方向弹性变形的影响大得多。因此,在弹性变形计算时只考虑叶片沿展向的截面扭转角变化。

如前所述,翼型的气动力中心位于翼型的 1/4 弦长处。在叶片截面上,不引起扭转的剪力作用点称为**弯心**。通常,气动力中心位于截面弯心位置前,气动力导致叶素截面发生扭转。因此,叶素截面的气动弹性平衡方程为

$$f_L e + M = k_\alpha \alpha_e \tag{12.3.25}$$

其中,$f_L$ 为升力;$e$ 为气动力中心至弯心的距离;$M$ 为气动力矩;$k_\alpha$ 为叶素截面扭转刚度;$\alpha_e$ 为叶素截面扭转引起的攻角增量。

当风力机在大攻角下运行时,需要对式(12.3.25)进行拓展,计入升力 $f_L$ 和阻力 $f_D$ 的联合作用。记 $\alpha_0$ 为叶素的运行攻角,建立如下气动弹性力矩平衡方程:

$$f_L e \cos(\alpha_0 + \alpha_e) + f_D e \sin(\alpha_0 + \alpha_e) + M = k_\alpha \alpha_e \tag{12.3.26}$$

式(13.3.26)等号左端为气动载荷对叶素截面弯心的外力矩;右端为叶素截面变形引起的内力矩。

最后,由图 12.3.9 给出叶片气动弹性计算的流程。

### 12.3.5 气动设计流程

前几小节提供了风力机叶片气动设计的基本理论和方法,但其解析结果仅适用于某些简化情况。在工程实践中,需要基于上述理论和方法实施数值优化设计。图 12.3.10 给出了风力机叶片气动设计和气动弹性分析的技术路线,主要包括三个模块。第一个模块是翼型选取,即选择最优翼型族,根据 12.3.2 节的叶片截面设计准则,获得叶片展向的翼型分布。第二个模块是气动外形设计,即根据形状约束设计叶片弦长、扭转角和厚度等几何参数;计算气动外形所对应的气动载荷并结合叶片结构特性,以风场发电功率和运营成本为优化目标,评估叶片气动外形设计的优劣性。第三个模块是翼型-气动-结构耦合的叶片设计,即以气动弹性稳定性分析为依据,以最优翼型族的形状和气动性能为设计基准,基于遗传算法等优化方法,获得满足形状约束条件的几何外形参数分布,实现叶片最终的外形设计。

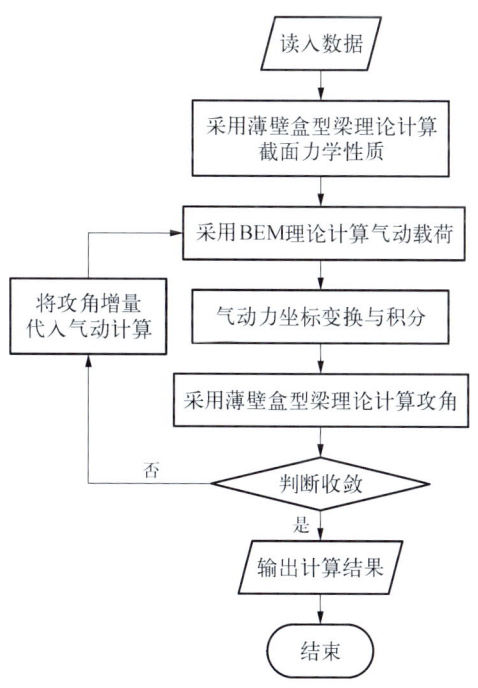

**图 12.3.9 叶片气动弹性稳定性分析流程**

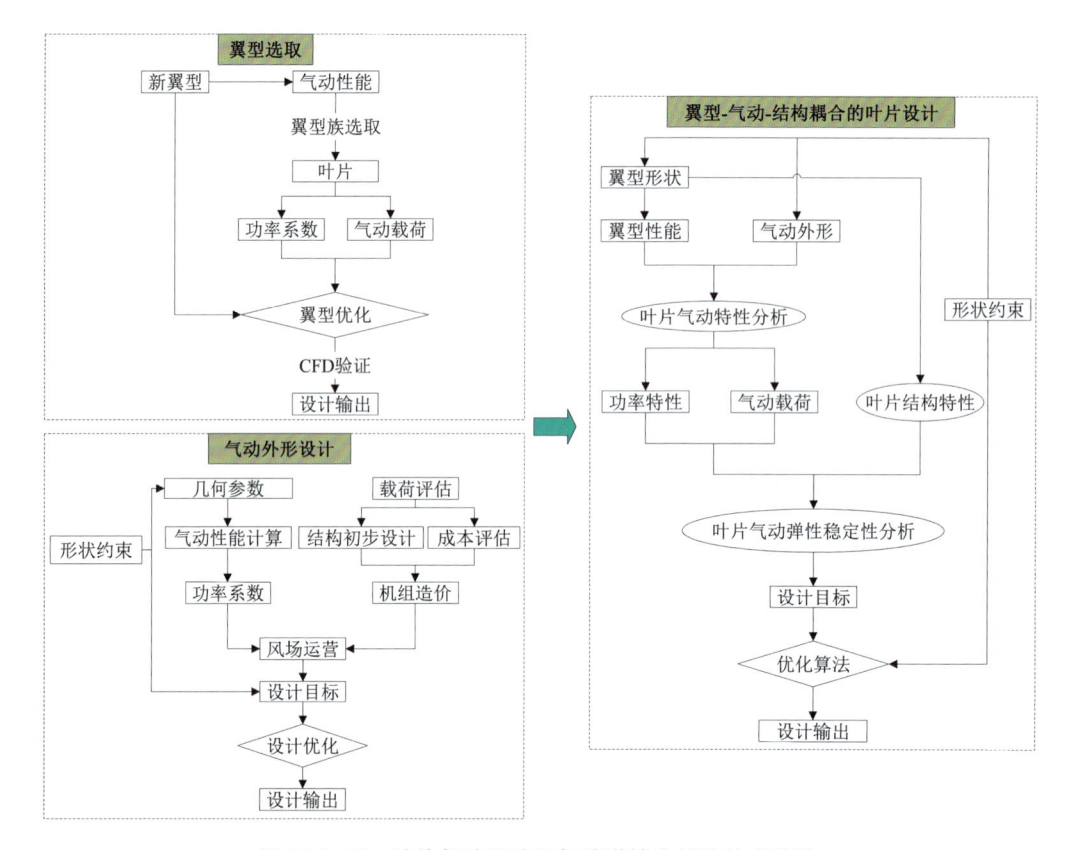

图 12.3.10　叶片气动设计和气动弹性分析的技术路线

## 12.4　风力机叶片设计的工程实践

现以某型 2.5MW 风力机的叶片 2.5MW－71m(简称 B71)为对象,采用叶片气动-结构一体化设计方法,按照图 12.3.10 所示的技术路线,介绍本章作者团队开展的叶片气动设计。

工业部门提供的设计输入如下:风场额定风速为 $u_1$ = 10.2 m/s,空气密度为 $\rho$ = 1.21 kg/m³;采用三叶片风轮,其额定转速为 $\Omega$ = 10.9 r/min,叶片展长为 $L$ = 71 m,采用主动变桨控制实现叶片最佳功率系数 $C_p$ = 0.495。

### 12.4.1　翼型族选取

叶片的弦长、扭转角和厚度都与翼型族分布及选取密切相关,不同厚度的翼型分布在叶片展向不同位置,决定了叶片的气动参数设计结果。为了避免叶片外形曲率奇异和载荷突变,通常采用连续变厚度分布的翼型族。在设计中,根据丹麦国家可再生能源实验室公开的翼型数据库[1]及本章作者团队研究的翼型,选取 B71－60、B71－40、B71－DU－

---

[1]　Bertagnolio F, Sprensen N. Wind turbine airfoil catalogue[R]. Roskilde: Risø National Laboratory, 2001.

30、B71-DU-25、B71-NACA-21 和 B71-NACA-18 为基础翼型族。

表 12.4.1 是各翼型的相对厚度和气动性能参数,其最大升阻比可保证叶片的工作效率。图 12.4.1 是叶片翼型形状分布和相关气动特性曲线。在设计时,将采用这些翼型的性能数据作为输入,并基于此进行叶片气动性能评估。

表 12.4.1　B71 叶片的翼型的相对厚度和气动性能参数

| 翼型名称 | 相对厚度/% | 最大升力系数 | 最大升阻比 | 最大升阻比攻角/(°) |
| --- | --- | --- | --- | --- |
| B71-60 | 60 | 0.360 | 1.88 | 12 |
| B71-40 | 40 | 1.067 | 55.6 | 4.0 |
| B71-DU-30 | 30 | 1.518 | 108.5 | 7.5 |
| B71-DU-25 | 25 | 1.496 | 139.8 | 5.5 |
| B71-NACA-21 | 21 | 1.350 | 138.1 | 5.5 |
| B71-NACA-18 | 18 | 1.370 | 164.7 | 5.0 |

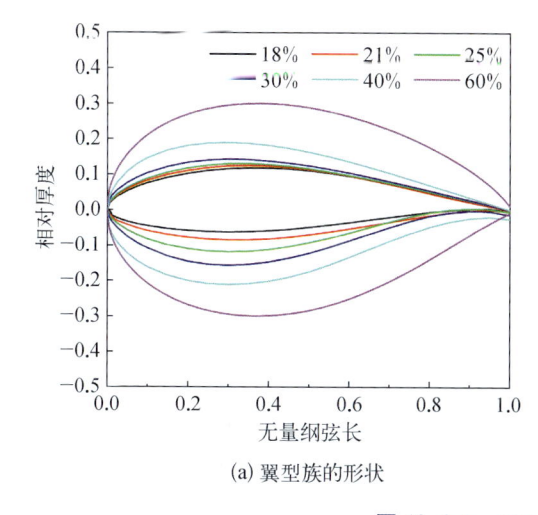

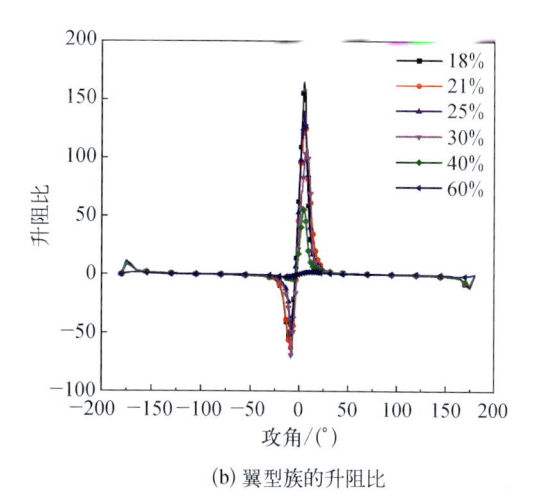

(a) 翼型族的形状　　(b) 翼型族的升阻比

图 12.4.1　B71 叶片的翼型性能

## 12.4.2　气动外形设计

以 12.2.3 节所介绍的反设计方法为基本设计框架,选取 12.3.3 节的 Glauert 模型作为气动设计模型,根据 12.3.4 节的薄壁盒型梁理论获得叶片结构特性,开展叶片气动-结构一体化优化设计。

以实现 $C_P$ 最大为目标,通过与结构、载荷的耦合迭代,得到叶片的气动外形,包括最大弦长为 4.48 m 的弦长布局和叶根扭转角为 20°的扭转角分布。然后,采用 12.3.4 节介绍的气动弹性稳定性分析方法,将结构扭转变形引起的气动攻角变化代回气动设计,迭代计算气动力与结构变形,直至气动载荷与结构变形均满足气动弹性分析的收敛条件。图 12.4.2 给出了叶片的扭转角分布、弦长分布、截面外形。至此,完成了 B71 叶片的气动外形设计。

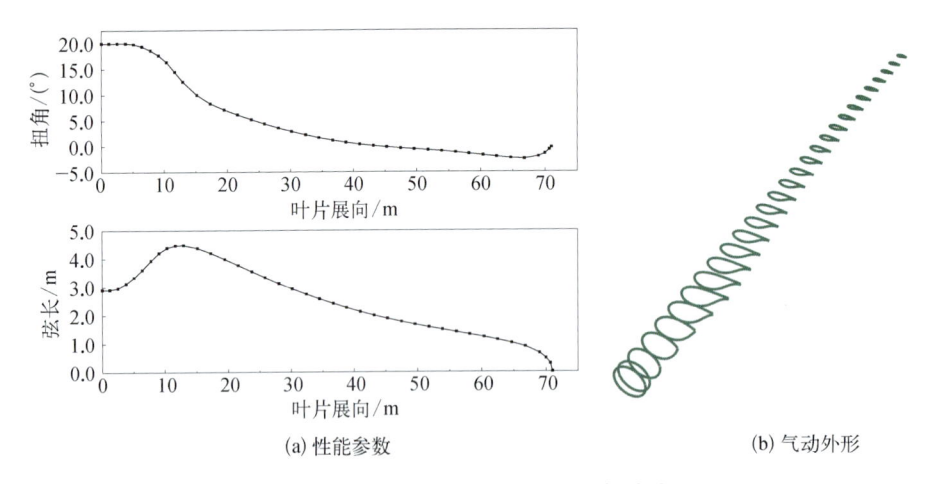

图 12.4.2  B71 叶片的性能参数及气动外形

### 12.4.3 结构性能设计

B71 叶片采用复合材料结构,其铺层主要包括纤维增强复合材料、芯材和结构胶等材料体系。其中,纤维增强复合材料采用环氧树脂作为基体结合不同规格的单向布(如 UDH-1215)、双轴布(如 2AX-0800-0440、2AX-0600-0330)和三轴布(如 3AX-1215-7220)制成,应用于主梁、后缘梁、蒙皮、叶根加强层和腹板这些主要承载结构区域。芯材包括巴沙木和聚氯乙烯(polyvinylchloride,PVC),其中巴沙木应用于叶根至最大弦长叶片段的壳体夹芯处,其他壳体夹芯和腹板芯材均为 PVC。此外,叶片壳体合模的粘接区域采用环氧结构胶。图 12.4.3 给出了叶片截面上的复合材料分布。

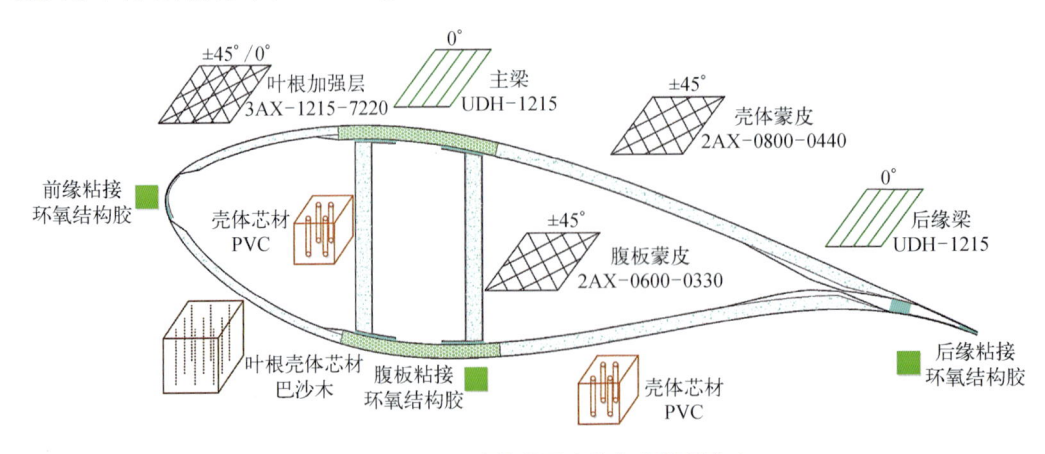

图 12.4.3  B71 叶片截面上的复合材料分布

B71 叶片的铺层设计基于薄壁盒型梁理论,选取叶尖挥舞方向挠度最小(刚度约束)、叶片总重量最轻(质量约束)和叶片主梁强度安全余量大于 1.2(强度约束)为目标,将结构模型与气动载荷耦合迭代,实现叶片材料选材、铺层设计和结构特性计算,得到满足叶片重量、强度和刚度约束的结构设计。图 12.4.4 和图 12.4.5 给出了叶片结构性能,此时叶片沿展向的质量、弯曲和扭转刚度满足设计约束和承载能力要求。图 12.4.6 给出了用于分析叶片气动弹性特性的各"心"沿展向的分布情况，包括截面质心、弯心、气动中心，其中上下两条黑色曲线是所设计的叶片轮廓。至此，完成了 B71 叶片的结构性能设计。

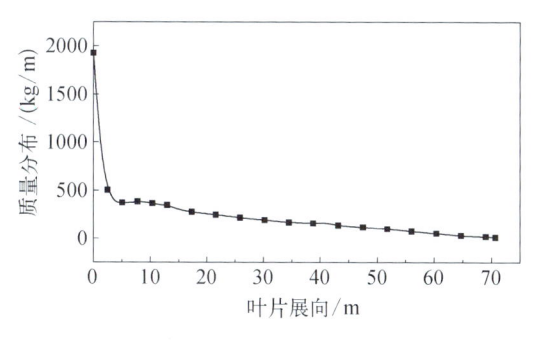

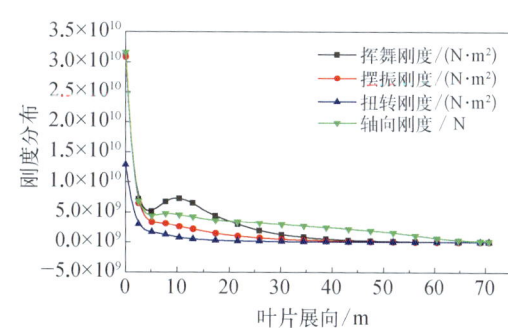

图 12.4.4  B71 叶片的质量分布

图 12.4.5  B71 叶片的刚度分布

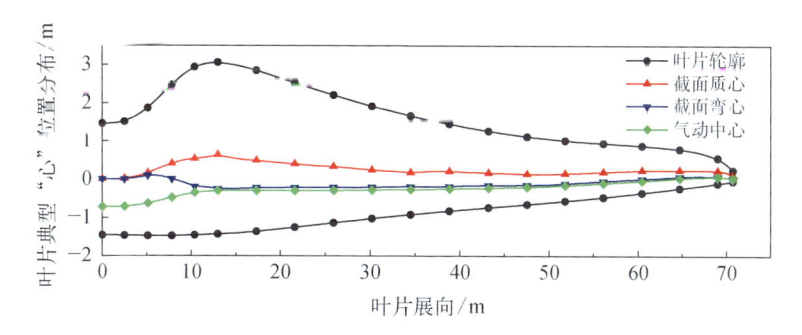

图 12.4.6  B71 叶片轮廓、截面质心、截面弯心和气动中心位置分布

### 12.4.4　气动弹性考核

设风场来流是稳定均匀的，且不考虑塔影效应和重力影响。根据风力机从切入风速到切出风速的整个运行过程，将其工作状态分为三个阶段[1]。

第一，低风速切入阶段：在风速小于 5 m/s 时，风轮转速恒定，叶尖速比逐渐减小，功率系数逐渐增大至最大值。

第二，功率系数恒定阶段：当风速处于 5~10 m/s 时，随风速的增大，为了使功率系数稳定在最大值，风轮转速将逐渐增大，直至风力机达到额定功率。

第三，额定功率阶段：当风力机达到额定功率后，通过改变桨距角使风力机输出功率始终为额定功率，直至风速达到切出速度。

现基于 12.3.4 节介绍的叶片气动弹性分析方法，根据前述翼型、气动外形和结构特性，对 B71 叶片的稳态工况进行气动弹性响应分析。

---

[1] 李松进.基于翼型库的风力机叶片气动外形与结构一体化设计理论研究[D].重庆：重庆大学，2015：50-51.

首先,根据叶片的运行状况及叶片参数,计算 B71 风轮的发电功率、风轮转速和桨距角(由变桨控制系统调节)分布,结果如图 12.4.7 所示。然后,分别计算切入风速(3 m/s)、额定风速附近(10 m/s)和切出风速(20 m/s)的稳态工况下气动特性沿叶片展向的分布。随风速变化的气动特性若呈现稳定平均状态,则代表 B71 叶片的气动弹性稳定性满足设计需求。基于 BEM 理论及薄壁盒型梁理论,计算各截面的气动攻角、气动载荷和结构扭转角,直至气动载荷和攻角变化都满足收敛条件。最终,得到图 12.4.8 所示 B71 叶片的气动攻角和气动力系数分布。至此,完成了对 B71 叶片设计的气动弹性考核。

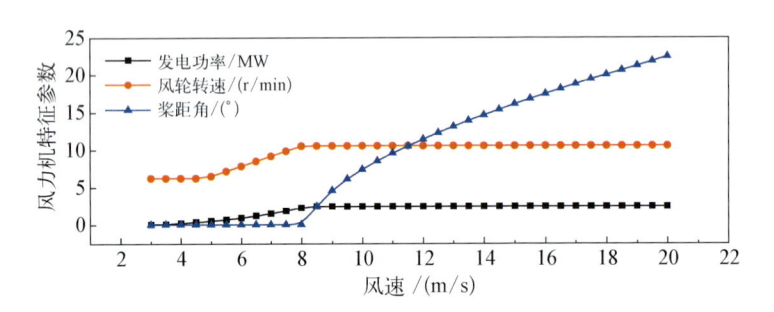

图 12.4.7 B71 风轮的稳态功率曲线

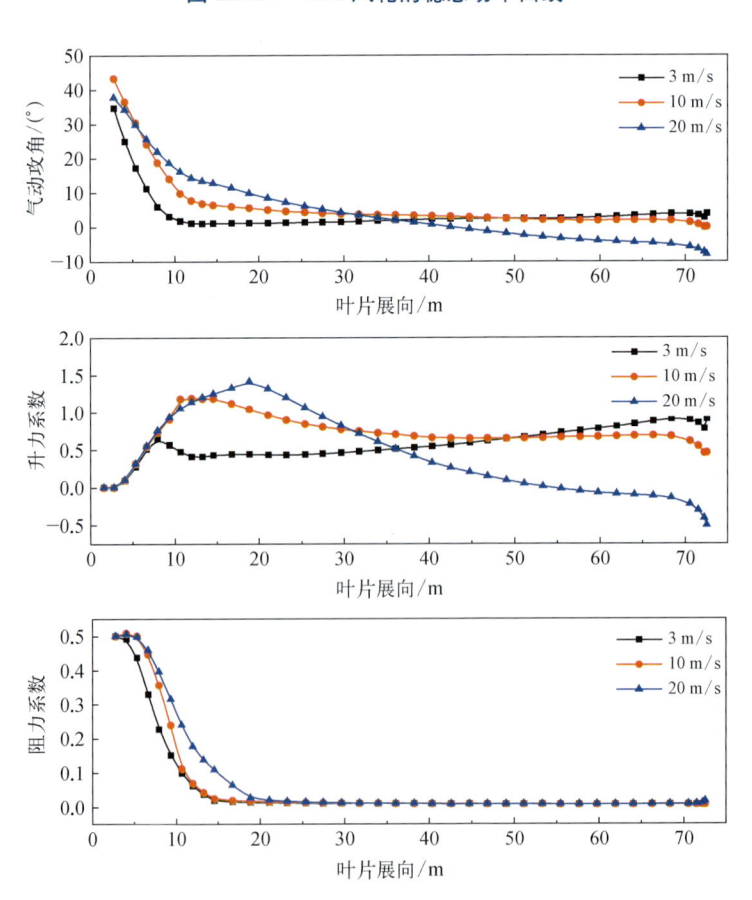

图 12.4.8 B71 叶片在典型风速下的气动攻角、升力系数和阻力系数分布

## 12.5 问题与展望

本章介绍的 BEM 理论对于均匀入流、无偏航、定桨距、定转速工况下的风力机气动计算较为有效,但对复杂风况和工况的计算精度不足。因此,风电行业发展了一系列修正模型。例如,采用叶尖损失修正模型来描述数量有限的风力机叶片;采用三维旋转效应修正模型(三维失速延迟模型)描述离心力和 Coriolis 力导致的旋转叶片失速延迟现象;采用动态失速修正模型来描述旋转叶片当地攻角随时间变化而导致的叶片气动力非定常效应等。在风力机叶片气动计算中,采用这些修正模型可提高气动性能的预测精度。

近年来,风力机大型化导致其气动问题与结构问题日益复杂,风力机的力学建模和计算难度骤增,而气动和结构、部件与部件间的耦合作用进一步加剧了这种复杂性。今后,风力机设计将朝着气动、结构、控制等多学科一体化设计方向发展,其科学基础之一是高精度力学建模和仿真。对于图 12.5.1 所示的风力机尾流涡系结构演化,需要借助涡尾迹方法和 CFD 方法来替代经典的 BEM 理论。图 12.5.2 中,风力机叶片的大型化、轻柔化导致非线性气动弹性问题。此时,线性薄壁盒型梁模型已呈现局限性,需要建立非线性有限元模型来描述叶片的大变形。此外,近年来蓬勃发展的多柔体系统动力学方法可精确描述叶片旋转和大变形的相互耦合,将为风力机叶片设计提供更精确的动力学建模和计算工具。

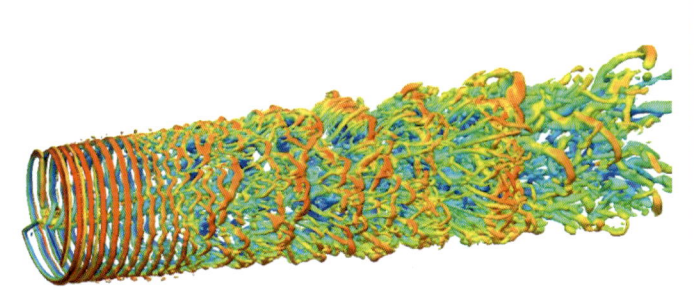

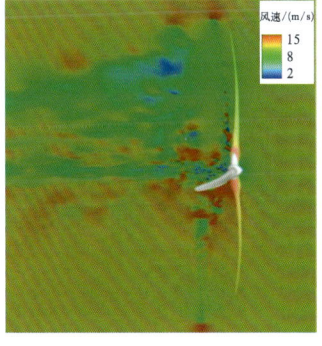

图 12.5.1 某 6 MW 风力机运行时的尾流涡系结构演化计算结果

图 12.5.2 某风力机叶片大变形时周围流场的计算云图[1]

## 思 考 题

**12.1** 查阅文献,思考如何根据风场的风资源统计数据确定风力机设计时的额定

---

[1] Wang L, Liu X W, Kollos A. State of the art in the aeroelasticity of wind turbine blades: aeroelastic modeling[J]. Renewable and Sustainable Energy Reviews, 2016, 64: 195-210.

风速。

**12.2** 对于12.2节所介绍风轮汲取风能的简化分析,思考其简化模型的合理性,并解释功率损失的原因。

**12.3** 在12.3.3节所介绍的Glauert设计方法中,忽略了气动阻力。若计入气动阻力,思考如何设计叶素的扭转角和弦长?

**12.4** 考虑2 MW水平轴风力机的设计问题,其叶片数为$B=3$,叶片长度为$L=50$ m,额定风速为$u_1=8$ m/s,风能利用系数为$C_P=0.4$,叶尖速比为$\lambda=7$。根据12.3.3节介绍的Glauert方法,将叶片分为7个叶素,选择其截面为NACA63系列翼型,相对厚度依次为16%、18%、21%、25%、30%、40%和100%,设计叶片弦长和扭转角分布。

**12.5** 思考哪些因素影响风力机叶片的气动弹性稳定性,这些因素如何相互作用和制约?

# 拓展阅读文献

1. 王同光,李慧,陈程,等.风力机叶片结构设计[M].北京:科学出版社,2015.
2. 王同光,钟伟,钱耀如,等.风力机空气动力性能计算方法[M].北京:科学出版社,2019.
3. 王珑.大型风力机叶片多目标优化设计方法研究[D].南京:南京航空航天大学,2014.
4. Jens Nørkær Sørensen. General Momentum Theory for Horizontal Axis Wind Turbines[M]. Cham: Springer, 2015.
5. Ageze M B, Hu Y F, Wu H C. Wind turbine aeroelastic modeling: basics and cutting edge trends[J]. International Journal of Aerospace Engineering, 2017, 2017: 1–15.
6. Veers P, Dykes K, Lantz E, et al. Grand challenges in the science of wind energy[J]. Science, 2019, 366: eaau2027.
7. Giacomo D P, Stefano L, Matteo B. A two-way coupling method for the study of aeroelastic effects in large wind turbines[J]. Renewable Energy, 2022, 190: 971–992.

本章作者:赵　宁,南京航空航天大学,教授
　　　　　田琳琳,南京航空航天大学,副研究员

# 第 13 章
# 武器战斗部的聚能射流效应设计

武器战斗部是毁伤目标的最终单元,主要由壳体、炸药装药、引爆装置、保险装置等组成。根据毁伤生成机理,战斗部可分为杀伤战斗部、爆破战斗部、侵彻战斗部、聚能战斗部等。本章讨论聚能战斗部。

在聚能战斗部中,采用特定的炸药装药形式,使爆炸能量沿特定方向驱动片状金属罩汇聚形成高温、高速的金属流体,即**聚能射流**。它可对目标形成破甲和切割作用,具有武器发射平台简单、能量利用率高、破甲能力强等优点,广泛应用于反坦克导弹、火箭弹、鱼雷、枪榴弹等破甲类战斗部。在民用领域,聚能射流已广泛应用于资源勘探、建筑拆除、矿山开采、钢板切割、陨石撞击模拟、材料高应变率力学性能研究等。

本章以聚能射流战斗部为研究对象,针对聚能射流效应设计问题,建立尽可能简单的力学模型,阐述设计过程。首先介绍聚能射流效应的基本概念、力学问题、设计原理与方法;然后,通过理论、设计、仿真等方式,论述聚能射流效应设计的具体步骤;最后,以某反坦克火箭弹的聚能破甲战斗部设计为例,介绍其聚能装药结构设计过程,并给出相关的设计结果和应用。

## 13.1 研究背景

图 13.1.1 给出了典型的聚能装药基本结构,它由炸药和药型罩组成。其中,炸药是

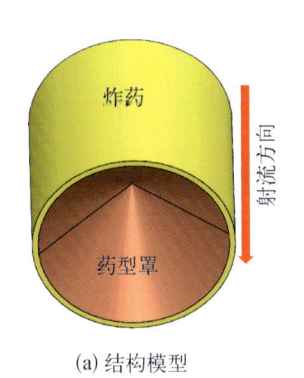

(a) 结构模型　　　　　　　(b) 结构实物

**图 13.1.1　聚能装药的基本结构**

产生能量的来源，**药型罩**是形成聚能射流的部件。药型罩由金属、陶瓷或玻璃制成，其材料性能直接影响射流的稳定性，必须合理选择；药型罩的结构构型和尺寸决定了射流能否形成及成型速度，并最终直接决定聚能射流对目标的破甲能力，必须根据性能需求进行匹配设计。

聚能射流的形成是一个极端物理过程，主要包括药型罩压垮与闭合（简称**压合**）、射流伸长与拉断等，其复杂性表现如下。

第一，药型罩在爆炸能量作用下发生大变形、热软化，呈现出典型的力-热耦合问题。具体看，药型罩在炸药爆轰波的作用下，在微秒量级时间内发生塑形变形；塑形变形产生的热量来不及扩散而使药型罩快速升温，这导致材料发生热软化，进一步增大药型罩变形。因此，需了解结构变形-快速升温-材料软化-结构变形之间的耦合关系。

第二，药型罩在爆轰波作用下发生近似流体状态的高速运动，呈现出典型的流-固耦合问题。具体看，炸药爆炸瞬间的化学反应产物是流体状的爆轰产物。它以冲击波形式传播，先作用于药型罩顶部，同时药型罩壁面对冲击波产生反射作用；随后，爆轰波沿着药型罩壁面逐渐向药型罩顶部加载，爆轰波与药型罩相互作用过程中产生极大的压强，以至于药型罩材料的强度可忽略不计。因此，可将药形罩的各微元运动视为不可压缩流动。

第三，聚能射流运动的后期存在沿轴向断裂的现象，呈现典型的不稳定性问题。具体看，聚能射流在初始阶段具有极高的头部速度和略低的尾部速度，该速度梯度导致射流的轴向长度随时间迅速增大。由于材料延伸率的限制，射流最终会在某些轴向部位断裂成颗粒状，限制连续射流的长度。一旦射流断裂成颗粒状，其破甲性能将急剧地下降。因此，需了解射流的断裂现象并延缓其断裂。

上述三个复杂力学问题涉及固体力学、流体力学、工程热物理等知识，且问题间相互耦合，难以同时破解。从聚能射流的基本功能和聚能射流的形成过程来看，为了破解难题，可先将药型罩简化为理想弹塑性流体，基于流体力学的基本原理，分析聚能射流的形成原理，梳理药型罩设计的思路；再将聚能射流简化为一维长杆状流体，研究一维流动的不稳定性，讨论药型罩设计的具体问题。本章将按此思路进行讨论，并在此基础上介绍某反坦克火箭弹聚能射流战斗部的设计方法。

## 13.2 对聚能射流效应的认识

本节通过考察不同炸药柱在靶板上静爆炸产生的破坏效果，介绍聚能射流及其破甲现象，并对其进行定性分析，为进一步开展定量研究奠定基础。

### 13.2.1 聚能射流的基本概念

如图 13.2.1 所示，在同一块靶板上安放四种结构构型不同、外形尺寸相同的炸药柱，分别为圆柱形装药、含锥形空腔的装药、含锥形空腔并内衬金属罩的装药、有炸高 $h$ 的含金属罩装药,使用相同雷管分别引爆四种药柱,可发现不同装药结构对靶板的破坏效果差异极大。

(a) 圆柱形装药　(b) 含锥形空腔的装药　(c) 含锥形空腔并内衬金属罩的装药　(d) 有炸高的含金属罩装药

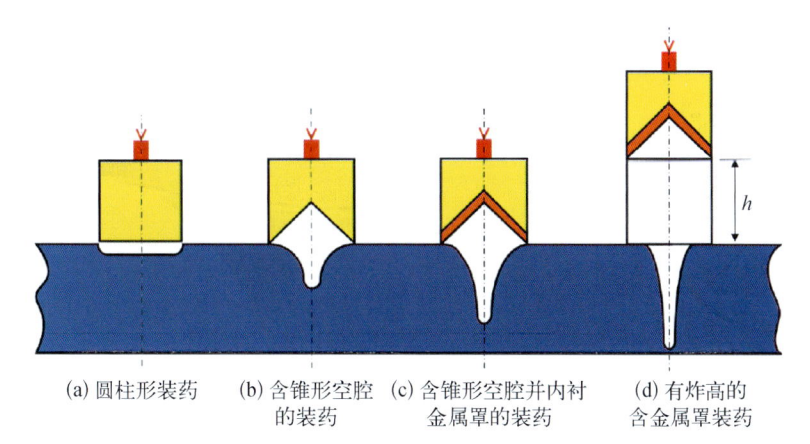

**图 13.2.1　不同装药结构对靶板的破坏示意图**

第一种情况:如图 13.2.1(a)所示,圆柱形装药爆炸后,仅在靶板上产生很浅的凹坑。由爆轰理论可知,圆柱形炸药爆炸后,高温、高压的爆轰产物大多沿炸药表面法线方向朝外飞散。如图 13.2.2(a)所示,在靶板方向上,圆柱形装药产生毁伤的有效装药量仅占装药质量的很少一部分;而且药柱对靶板的作用面积较大,故能量密度较低,最终只在靶板上形成一个很浅的凹坑。

第二种情况:将图 13.2.2(a)中的圆柱形装药去除部分锥形炸药,形成具有锥形空腔的装药,其爆炸后在靶板上形成较深的凹坑,结果如图 13.2.1(b)所示。图 13.2.2(b)给出了这种情况的原理:虽然锥形空腔使装药量减小,但有效装药量反而提高;空腔另一端起爆后,空腔部分的爆轰产物沿装药表面法线方向朝外飞散,并且相互碰撞、挤压,在轴线

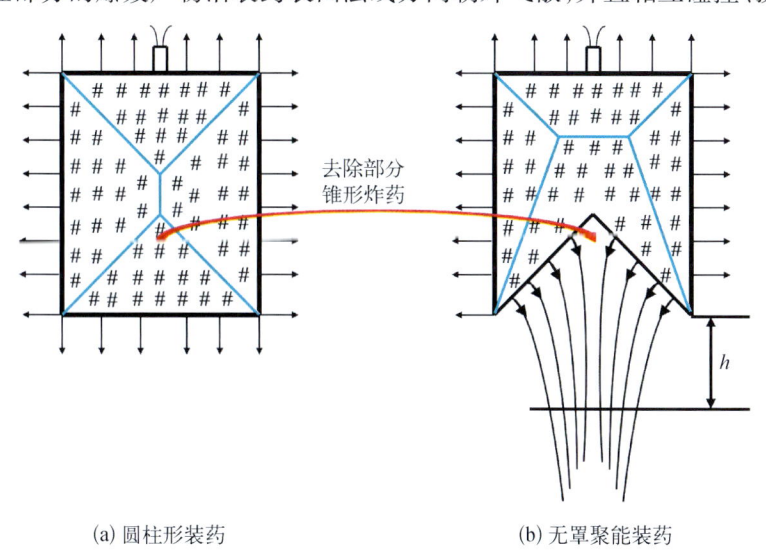

(a) 圆柱形装药　(b) 无罩聚能装药

**图 13.2.2　有效装药量及爆轰产物飞散方向示意图**

上汇聚成一股高温、高压、高速和高密度的射流。射流对靶板的作用面积小,能量密度较高,因此能够形成较深的漏斗坑。这种能够使爆炸能量集中的现象称为**聚能效应**(亦称**空腔效应**)。把这种一端带有空腔,另一端带有起爆装置的装药称为**成型装药**、**空心装药**或**聚能装药**。

第三种情况:如图13.2.1(c)所示,在聚能装药的空腔内表面设置一层薄金属、陶瓷、玻璃或其他材料作为内衬,并将该内衬称为**药型罩**。炸药起爆后,汇聚的爆轰产物驱动药型罩,使药型罩在轴线上闭合并形成能量密度更高的射流体,进一步增加对靶板的破甲深度。

第四种情况:如图13.2.1(d)所示,带有药型罩并距靶板一定距离的装药,爆炸后在靶板上形成的破孔最深。由图13.2.2(b)可见,在射流汇聚过程中,会存在直径最小、能量密度最高的气体流截面。该截面称为**焦点**,焦点至空腔底端的距离称为**焦距**,即图中的距离 $h$。气体流在焦点前后的能量密度都低于焦点处的能量密度,此时破甲能力最佳;同理,带药型罩的装药也同样存在类似"焦点"的最佳距离。因此,适当提高装药至靶板的距离不仅可提高能量密度,而且能使射流在抵达靶板前被进一步拉长,获得更好的破甲效果。通常,将空腔底端面至靶板的距离 $h$ 称为**炸高**,破甲能力最佳的炸高为**最佳炸高**。

### 13.2.2 聚能射流的形成过程

聚能装药形成射流过程如图13.2.3所示,当带有药型罩的聚能装药被引爆后,爆轰波以约8 000 m/s的速度在炸药中向下传播,到达药型罩的爆轰波压强峰值达到200 GPa,衰减后的平均压强约为 20 GPa,使药型罩在极短的时间内产生剧烈变形,压合到中心线上,其最大应变超过10,应变率可达 $10^4 \sim 10^7 \text{ s}^{-1}$。药型罩在轴线上闭合后,形成一个高温(接近1 000℃)、高速(5 000~10 000 m/s)的射流;跟随在射流之后速度较慢(500~1 000 m/s)的部分称为**杵体**。由于射流与杵体速度相差较大,存在速度梯度,再加上射流塑性能力的限制,射流伸长到一定程度后就会出现图13.2.3(d)所示的颈缩和断裂。

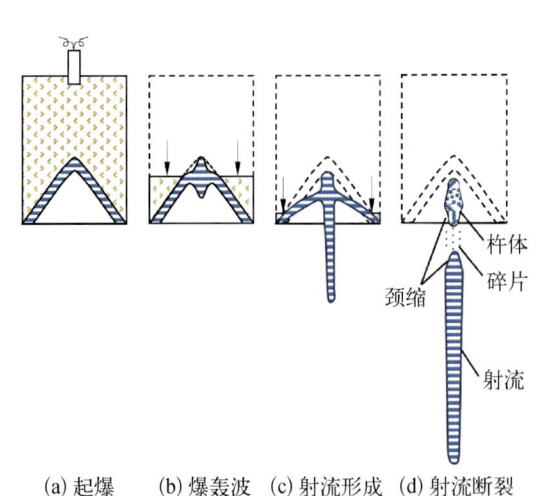

(a)起爆　(b)爆轰波传播　(c)射流形成　(d)射流断裂

**图 13.2.3 聚能装药形成射流的过程示意图**

图13.2.4给出了聚能装药药型罩的压合过程。图13.2.4(a)是聚能装药的初始形状,图中的药型罩分成四个部分,简称为**罩微元**。图13.2.4(b)表示爆轰波阵面到达罩微元2的末端时,各罩微元在爆轰产物的作用下,先后依次向对称轴运动,以不同的剖面线加以区别。其中,罩微元2正在向轴线闭合运动,罩微元3有一部分正在轴线处碰撞,罩微元4已经在轴线处完成碰撞。罩微元4碰撞后,形成尚未分开的射流和杵体;因射流和

杆体的速度可相差 10 倍,两者很快就发生分离。罩微元 3 正好接踵而至,填补罩微元 4 让出来的位置,而且在该处发生碰撞。这样就出现了罩微元不断闭合、不断碰撞、不断形成射流和杆体的连续过程。图 13.2.4(c)表示药型罩的变形过程已经完成,药型罩变成射流和杆体两部分。就杆体而言,各罩微元排列的次序和罩微元爆炸前是一致的;就射流来说,其顺序则是相反的。

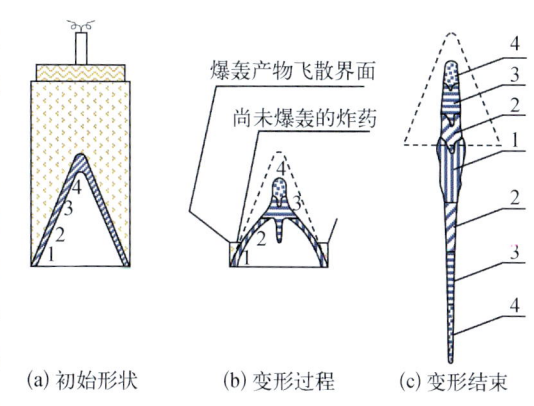

(a) 初始形状　　(b) 变形过程　　(c) 变形结束

图 13.2.4　药型罩的压合过程示意图

射流和杆体存在速度差的原因是,罩微元向轴线闭合运动时,同样的金属质量收缩到直径较小的区域,罩壁必然增厚。因此,罩的内表面速度必然要大于外表面速度,在轴线处碰撞时,罩内壁部分获得极高速度而成为射流,而外壁部分则因速度降低而成为杆体。实验表明,药型罩的 14%~22% 成为射流;射流从杆体的中心拉出去,致使杆体出现中空。药型罩除了形成射流和杆体以外,还有相当一部分形成碎片。这主要是由锥底部分形成的,因为这部分罩微元受到的炸药能量作用减少。如果罩碰撞时的对称性不好,也会产生偏离轴线的碎片。另外,上述碰撞时产生的压强和温度都很高,可能产生局部熔化甚至汽化现象。

### 13.2.3　聚能射流对靶板的破甲

图 13.2.5 给出了聚能射流破甲过程。图 13.2.5(a)是射流刚接触靶板的时刻,此时射流具有很高的速度和很大的动能,撞击靶板时产生极高的压强和温度,压强可达 200 GPa,温度可达 5 000 K。这个极高的压强在靶板上形成一个孔洞。因为射流撞击靶板的速度超过靶板声速,在碰撞点处产生冲击波,且冲击波同时传入靶板和射流中。射流直径小,受径向稀疏波的影响较强烈,使得冲击波在射流中传播的距离很短,只有碰撞点附近的射流减速变粗。射流与靶板碰撞后,速度大幅降低,等于靶板碰撞点处当地的质点速度,也就是碰撞点的运动速度,称为**破甲速度**。此时,射流的剩余能量虽不能进一步破甲,却能扩大孔径。头部射流在后续射流的推动下,向四周扩张,最终附着在孔壁上。

后续射流到达碰撞点后继续破甲,但此时射流所碰到的不再是静止状态的靶板材料。经过冲击波压缩后,靶板材料已有了一定的速度,故碰撞点的压强会小一些,为 20~30 GPa,温度降到 1 000 K 左右。在碰撞点周围,金属产生高速塑性变形,其应变率很大。因此,在碰撞点附近产生一个高压、高温、高应变率的区域,简称为**三高区**。后续射流与处于三高区状态的靶板金属发生碰撞,进而破甲。图 13.2.5(b)表示,射流 4 正在破甲,在碰撞点周围形成三高区。图 13.2.5(c)表示,射流 4 已附着在孔壁上,有少部分飞溅出去;射流 3 完成破甲作用;射流 2 即将破甲。由此可见,射流残留在孔壁的次序与在原来射流中的次序是相反的。

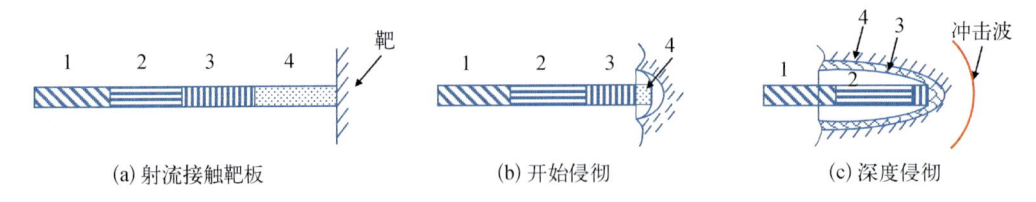

(a) 射流接触靶板　　　(b) 开始侵彻　　　(c) 深度侵彻

**图 13.2.5　聚能射流的破甲过程示意图**

总结上述分析,金属射流对靶板的破甲过程大致可以分为三个阶段。

第一,开坑阶段。该阶段意味着射流破甲开始,当射流头部撞击静止靶板时,碰撞点的高压强和产生的冲击波使靶板自由面崩裂,并使靶板和射流残渣飞溅,而且在靶板中形成一个高温、高压、高应变率的三高区域。此阶段仅占孔深的很小一部分。

第二,准定常破甲阶段。该阶段,射流对三高区状态的靶板进行穿孔,破甲过程的大部分孔深是在此阶段形成的。由于此阶段中的冲击压强不是很高,射流的能量变化缓慢,破甲参数和破甲孔的直径变化不大,基本上与破甲时间无关,称为**准定常阶段**。

第三,终止阶段。该阶段的情况很复杂,具有如下特征。首先,射流速度已相当低,靶板强度的作用越来越明显,不能忽略。其次,由于射流速度降低,不仅破甲速度减小,而且扩孔能力也下降了;后续射流不足以推开前面已经释放能量的射流残渣,影响了破甲进行。再者,射流在破甲后期出现颈缩和断裂,影响破甲性能;当射流速度低于临界速度时,射流无法继续穿孔,堆积在坑底,使破甲过程结束。即使射流尾部速度大于临界速度,也可能因射流消耗完毕而终止破甲。对于杵体,由于其速度较低,一般不能起到破甲作用,即使在射流穿透靶板的情况下,杵体也往往留存在破甲孔内。

**例 13.2.1**　对图 13.2.6 所示聚能射流的破甲效果进行讨论(数字表示圆点所在剖面的直径,单位为 mm)。

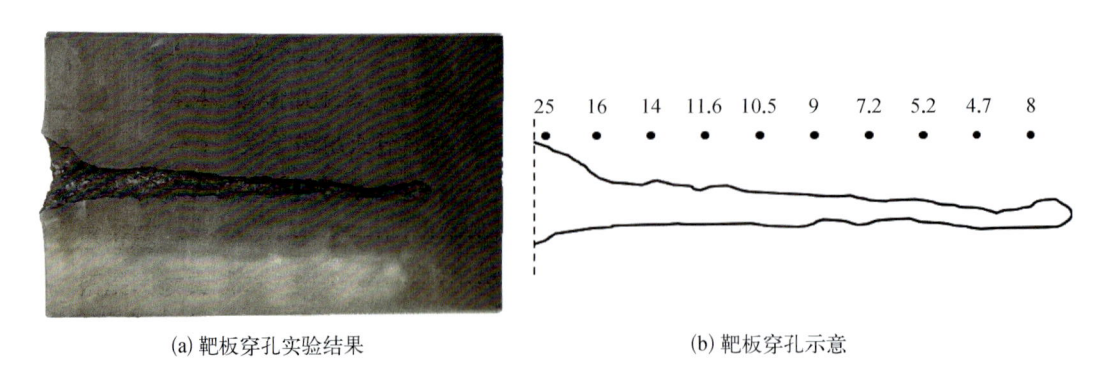

(a) 靶板穿孔实验结果　　　(b) 靶板穿孔示意

**图 13.2.6　射流在靶板上的穿孔剖面图**

**解:** 在图 13.2.6(a) 中,射流破甲方向为自左向右。该破甲孔的尾部为开坑阶段,其长度约占总破甲深度的 10%,呈喇叭形;自开坑阶段向前,孔径均匀减小,这部分长度约占总破甲深度的 85%,为准定常阶段;自准定常阶段向前,出现一小段葫芦形,此处射流已断裂,其前端是孔径略为增大的袋形孔,里面堆满射流残渣。这部分射流如果直接作用在孔端,本可以继续向前破甲;但因堆积作用而无法破甲,只能通过扩大孔径而消耗能量。此阶段属于终止阶段,约占总破甲深度的 5%。

## 13.3 聚能射流及其破甲的近似理论

根据 13.2 节的讨论,本节将聚能射流形成问题及射流对靶标破甲问题简化为流体力学问题,介绍射流效应和破甲深度的近似理论。

### 13.3.1 聚能射流效应的近似分析

炸药爆轰波施加在药型罩壁面的压强迫使药型罩发生塑性变形,其塑性变形功转化为热能使罩温升高,进一步降低材料强度。因此,只要炸药足够厚,稀疏波不能迅速降低罩壁面的爆轰产物压强,就可以忽略药型罩材料强度对罩运动的影响,把药型罩当作"理想流体"。药型罩向轴线压合运动时,其体积压缩与形状变化相比是非常小的,可以忽略不计。因此,药型罩材料在射流形成过程中可视为"理想不可压缩流体"。

图 13.3.1 给出了基于理想不可压缩流体力学分析形药型罩变形过程的示意图。在图 13.3.1(a)中,$OC$ 为罩壁初始位置,$\alpha$ 为**半锥角**。爆轰波的波速为 $D$,简称**爆速**。当爆轰波到达罩微元 $A$ 时,点 $A$ 开始运动,记其速度为 $v_0$(称为**压合速度**),方向与罩表面法线具有角度 $\delta$,该角度称为**变形角**。当点 $A$ 到达轴线上的点 $B$ 时,爆轰波到达罩壁上的点 $C$,药型罩 $AC$ 部分运动到 $BC$ 位置,$BC$ 与轴线的夹角 $\beta$ 称为**压合角**。在此时间段,罩壁由 $CAE$ 变形成 $CB$,碰撞点由点 $E$ 运动到点 $B$,运动速度为 $v_1$。

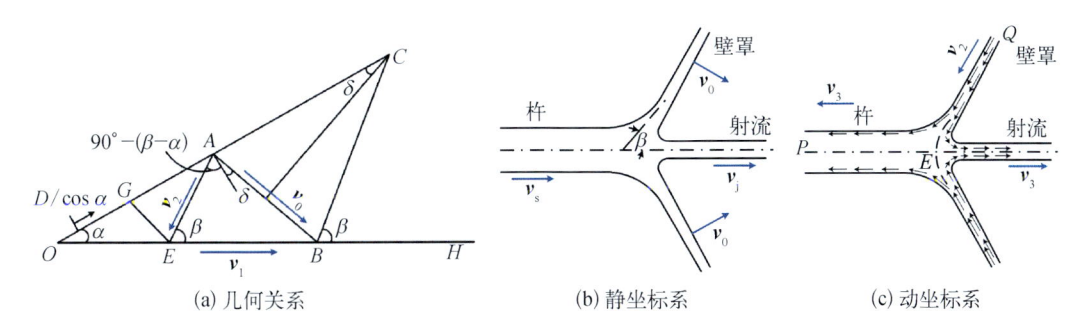

(a) 几何关系　　　　(b) 静坐标系　　　　(c) 动坐标系

**图 13.3.1　射流形成的定常流动模型**

为便于分析,引入五个假设:一是爆轰波扫过罩壁的速度 $D/\cos\alpha$ 不变;二是罩微元运动是理想不可压缩流动;三是爆轰波到达罩面后,罩微元立即具有压合速度 $v_0$,并以不变的大小和方向运动;四是各罩微元具有相同的压合速度 $v_0$ 和相同的压合角 $\beta$;五是在罩

的变形过程中,罩长度不变,即 $\overline{AC} = \overline{BC}$。此外,将速度幅值记为对应的非粗体符号,如 $v_0 \equiv \|\boldsymbol{v}_0\|$;在不引起混淆时,将速度幅值简称速度,如称 $v_0$ 为压合速度。

在上述假设下,速度 $\boldsymbol{v}_1$ 保持不变,即运动是定常的,且满足如下几何关系:

$$\beta = \alpha + 2\delta, \quad \sin\delta = \frac{v_0 \cos\alpha}{2D} \tag{13.3.1}$$

图 13.3.1(b)给出了药型罩在碰撞点附近的形态。在静坐标系下,罩壁以压合速度 $\boldsymbol{v}_0$ 向轴线运动;当其到达碰撞点时,分成射流和杵体两部分,射流以速度 $\boldsymbol{v}_j$ 运动,杵体以速度 $\boldsymbol{v}_s$ 运动,碰撞点 $E$ 以速度 $\boldsymbol{v}_1$ 运动。如果站在碰撞点观察,在图 13.3.1(c)中具有速度 $\boldsymbol{v}_1$ 的动坐标系下,可看到罩壁以相对速度 $\boldsymbol{v}_2$ 向碰撞点运动,然后分成两股:一股作为杵体向碰撞点左方离去,另一股作为射流向碰撞点右方离去。该运动状况不随时间而变,属于**定常过程**。

在动坐标系下,罩壁碰撞形成射流和杵体的上述过程可描述为定常流动,即罩壁外层向碰撞点左方运动成为杵体,罩壁内层向碰撞点右方运动成为射流。根据流体力学,可用 Bernoulli 方程描述理想不可压缩流体的定常运动,即沿流线的压强和单位体积动能的和为常数。对于罩壁上的点 $Q$ 和杵体上的点 $P$,可得

$$p_P + \frac{1}{2}\rho v_3^2 = p_Q + \frac{1}{2}\rho v_2^2 \tag{13.3.2}$$

其中,$p_P$ 和 $p_Q$ 分别为流体中点 $P$ 和点 $Q$ 的静压强;$\rho$ 为流体密度。若取点 $P$ 和点 $Q$ 离碰撞点 $E$ 很远,则它们受碰撞点的影响很小,流体静压强应和周围气体压强相同。由不可压假设知,罩壁密度和杵体密度相等。因此,由式(13.3.2)得到速度幅值关系 $v_2 = v_3$。

若取罩内表面层上一点和射流中一点作同样分析,可得到在动坐标系下射流运动速度与罩壁运动速度相等的结论。于是,在动坐标系下,罩壁以速度 $v_2$ 流向碰撞点,并以速度幅值 $v_2$ 分别向左和向右离去。取向右为正,向左为负,则在静坐标中,只要加上动坐标系的运动速度(即碰撞点速度) $\boldsymbol{v}_1$,即可得到射流和杵体的速度表达式:

$$\boldsymbol{v}_j = \boldsymbol{v}_1 + \boldsymbol{v}_2, \quad \boldsymbol{v}_s = \boldsymbol{v}_1 - \boldsymbol{v}_2 \tag{13.3.3}$$

现在求碰撞点速度 $\boldsymbol{v}_1$ 和罩壁相对速度 $\boldsymbol{v}_2$ 的表达式。在图 13.3.1(a)中,$AC$、$AB$ 和 $EB$ 分别是爆轰波、罩微元和碰撞点在同一时间段走过的距离,根据速度关系 $\boldsymbol{v}_0 = \boldsymbol{v}_1 + \boldsymbol{v}_2$,对三角形 $AEB$ 运用正弦定理,得到如下速度关系:

$$v_1 = \frac{v_0 \cos(\beta - \alpha - \delta)}{\sin\beta}, \quad v_2 = \frac{v_0 \cos(\alpha + \delta)}{\sin\beta} \tag{13.3.4}$$

将其代入式(13.3.3),通过三角函数运算,得到射流速度和杵体速度:

$$v_j = \frac{v_0}{\sin(\beta/2)}\cos\left(\alpha + \delta - \frac{\beta}{2}\right), \quad v_s = \frac{v_0}{\cos(\beta/2)}\sin\left(\alpha + \delta - \frac{\beta}{2}\right) \tag{13.3.5}$$

为了确定射流质量 $m_j$ 和杵体质量 $m_s$，记药型罩质量为 $m$，根据质量守恒可知：

$$m = m_j + m_s \tag{13.3.6}$$

在动坐标系中，根据轴线方向的动量守恒，得到：

$$-mv_2\cos\beta = m_j v_2 - m_s v_2 \tag{13.3.7}$$

联立求解式(13.3.6)和式(13.3.7)，得到：

$$m_j = \frac{1}{2}m(1-\cos\beta) = m\sin^2\left(\frac{\beta}{2}\right), \quad m_s = \frac{1}{2}m(1+\cos\beta) = m\cos^2\left(\frac{\beta}{2}\right) \tag{13.3.8}$$

式(13.3.5)和式(13.3.8)就是在理想不可压缩定常流动假设下射流和杵体的速度表达式和质量表达式，加上式(13.3.1)共 6 个公式；但它们共含 7 个参量，即 $m_j$、$m_s$、$v_j$、$v_s$、$v_0$、$\delta$ 和 $\beta$。因此，如果通过其他知识确定一个参量，即可封闭求解。

从实验角度看，最便于获得的参量是药型罩压合速度 $v_0$。研究表明，它可表示为[1]

$$v_0 = \sqrt{2E}\left[\frac{(1+2\eta)^3+1}{6(1+\eta)}+\eta\right]^{-1/2} \tag{13.3.9}$$

其中，$\eta \equiv m/m_e$，$m_e$ 为炸药质量；$\sqrt{2E}$ 称为**格尼(Gurney)常数**，与爆速 $D$ 之间具有近似线性关系，即 $\sqrt{2E} = 520 + 0.28D$，其单位为 m/s。

**例 13.3.1** 考察某聚能战斗部，其药型罩的直径为 $d = 81$ mm，壁厚为 $t = 2$ mm，材料为铜，密度 $\rho_m = 8.9$ g/cm$^3$，锥角为 $2\alpha = 42°$，铜药型罩壁面压合速度为 $v_0 = 3\ 320$ m/s，炸药爆速为 $D = 8\ 180$ m/s，计算射流和杵体的速度和质量。在聚能战斗部其他结构参数不变的条件下，讨论药型罩锥角对射流速度、射流质量的影响。

**解**：根据式(13.3.1)中的第二式，变形角满足：

$$\delta = \arcsin\left(\frac{v_0\cos\alpha}{2D}\right) = \arcsin\left[\frac{3\ 320\times\cos(21\times3.141\ 6/180)}{2\times8\ 180}\right] = 10.92° \tag{a}$$

根据式(13.3.1)的第一式，压合角为

$$\beta = \alpha + 2\delta = 42.84° \tag{b}$$

根据式(13.3.5)，射流速度和杵体速度分别为

$$\begin{cases} v_j = \dfrac{v_0}{\sin(\beta/2)}\cos\left(\alpha+\delta-\dfrac{\beta}{2}\right) = 8\ 938.25 \text{ m/s} \\ v_s = \dfrac{v_0}{\cos(\beta/2)}\sin\left(\alpha+\delta-\dfrac{\beta}{2}\right) = 649.92 \text{ m/s} \end{cases} \tag{c}$$

---

[1] 黄正祥. 聚能装药理论与实践[M]. 北京：北京理工大学出版社，2014：29-30.

由于圆锥壳的体积为两个锥体积之差，药型罩质量为

$$m = \rho_m V_m = \rho_m \times \frac{\pi}{3}\left[\left(\frac{d}{2}\right)^2 \frac{d}{2\tan\alpha} - \left(\frac{d}{2} - \frac{t}{\cos\alpha}\right)^2 \frac{1}{\tan\alpha}\left(\frac{d}{2} - \frac{t}{\cos\alpha}\right)\right] = 242.65 \text{ g}$$

(d)

根据式(13.3.8)，射流质量和杵体质量分别为

$$m_j = m\sin^2\left(\frac{\beta}{2}\right) = 32.37 \text{ g}, \quad m_s = m\cos^2\left(\frac{\beta}{2}\right) = 210.28 \text{ g} \tag{e}$$

**讨论**：设聚能战斗部的药型罩锥角为 $2\alpha = 30°、40°、50°、60°、70°、80°、90°$，而其他结构参数不变。根据式(13.3.5)和式(13.3.8)，得到图 13.3.2 所示的药型罩锥角 $2\alpha$ 变化对射流速度 $v_j$ 和射能质量 $m_j$ 的影响。由图可见，随着药型罩锥角 $2\alpha$ 由 30°增加到 90°，射流速度 $v_j$ 逐渐减小，而射流质量 $m_j$ 逐渐增大。值得指出，该规律具有普适性，可用于指导药型罩设计。

(a) 射流速度随药型罩锥角的变化

(b) 射流质量随药型罩锥角的变化

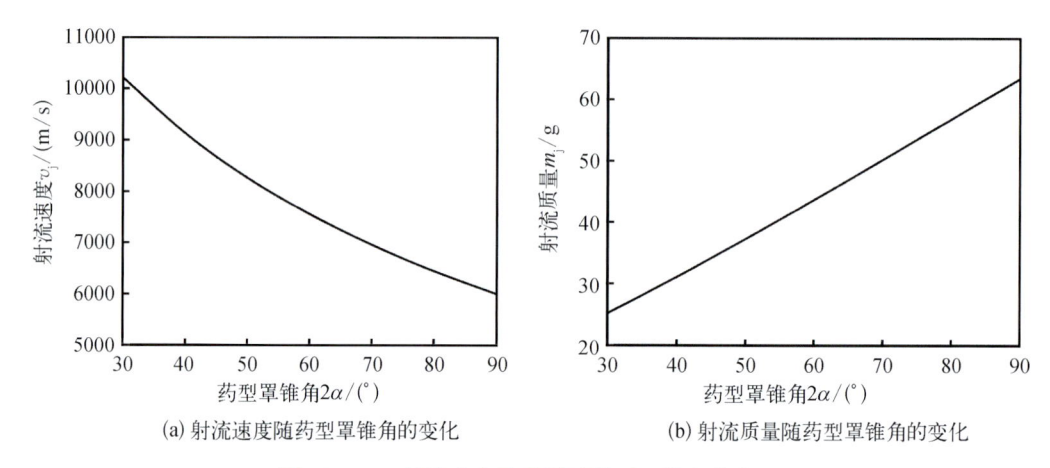

图 13.3.2 射流速度及质量随药型罩锥角的变化

### 13.3.2 破甲深度的近似分析

设计师对射流破甲过程关心的最终结果是破甲深度。目前，工程界对基于流体力学计算破甲深度已有大量研究，建立了一系列理论模型。基于这些理论模型，在已知射流参数的情况下，考虑射流与靶板的相互作用，可建立破甲深度的解析公式。本小节介绍一种简化情况，此时所涉及的速度均沿射流轴向，可直接讨论标量形式的速度关系。

记射流速度为 $v_j$，破甲速度为 $u$。忽略靶标和射流的材料强度和可压缩性，把破甲过程当作理想不可压缩流体运动。根据例 13.2.1，破甲过程以准定常破甲为主，此时射流的速度 $v_j$ 保持不变，破甲速度 $u$ 也不变。把坐标原点建立在射流与靶板的

接触点 $A$ 上,该点速度即为破甲速度。如图 13.3.3 所示,在动坐标系上的点 $A$ 观察,见到射流以速度 $v_j - u$ 趋于点 $A$,靶材则以速度 $u$ 趋于点 $A$。该流动图像不随时间而变化,是定常过程。

记射流速度为 $v_j$,在长度为 $T$ 的时段内,长度为 $l$ 的射流被消耗掉,故有如下关系:

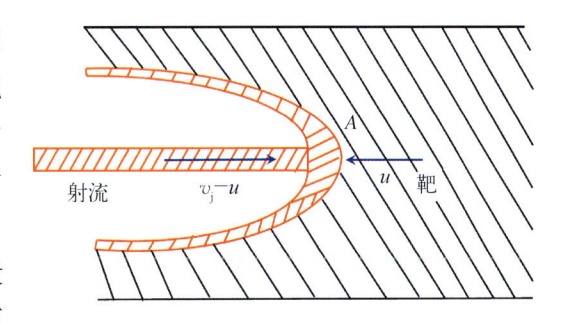

**图 13.3.3** 在动坐标系中描述的破甲过程

$$l = T(v_j - u) \tag{13.3.10}$$

由此形成的破甲深度为

$$L = uT \tag{13.3.11}$$

$u$ 是由速度为 $v_j$ 的射流冲击引起的破甲速度。由于将破甲过程简化为理想不可压缩定常流动,现采用 Bernoulli 公式确定 $v_j$ 和 $u$ 的关系。在点 $A$ 左侧,取远离点 $A$ 的射流中一点和点 $A$,则两点的静压强与单位体积动能之和相等,即

$$(p_j)_{-\infty} + \frac{1}{2}\rho_j(v_j - u)^2 = (p_j)_A + \frac{1}{2}\rho_j u_A^2 \tag{13.3.12}$$

其中,$\rho_j$ 为射流密度;$(p_j)_{-\infty}$ 为远离点 $A$ 处射流的静压强;$(p_j)_A$ 为点 $A$ 左侧射流的静压强。同理,在点 $A$ 右侧取远离点 $A$ 的靶中一点和点 $A$,得到:

$$(p_t)_{\infty} + \frac{1}{2}\rho_t u^2 = (p_t)_A + \frac{1}{2}\rho_t u_A^2 \tag{13.3.13}$$

其中,$\rho_t$ 为靶标密度;$(p_t)_{\infty}$ 为远离点 $A$ 处靶板的静压强;$(p_t)_A$ 为点 $A$ 右侧靶板的静压强。由于点 $A$ 左右两边压强必须相等,即

$$(p_t)_A = (p_j)_A \tag{13.3.14}$$

将式(13.3.12)~式(13.3.14)合并,并考虑到点 $A$ 在动坐标系中静止,即 $u_A = 0$,得到:

$$(p_j)_{-\infty} + \frac{1}{2}\rho_j(v_j - u)^2 = (p_t)_{\infty} + \frac{1}{2}\rho_t u^2 \tag{13.3.15}$$

若认为远离点 $A$ 的压强 $(p_j)_{-\infty}$ 和 $(p_t)_{\infty}$ 无差异,则式(13.3.15)可改写为射流速度与破甲速度的如下关系:

$$u = \frac{v_j}{1 + \sqrt{\rho_t/\rho_j}} \tag{13.3.16}$$

将式(13.3.16)代入式(13.3.10)和式(13.3.11),消去 $T$ 得到:

$$L = l\sqrt{\frac{\rho_j}{\rho_t}} \tag{13.3.17}$$

式(13.3.17)即为定常理论下的破甲深度公式。该公式表明：破甲深度 $L$ 与射流长度 $l$ 成正比，与射流和靶板密度之比的平方根成正比。例如，如果增加炸高使射流长度 $l$ 增加，只要射流不断裂和分散，就能增加破甲深度 $L$。又如，铜罩比铝罩的破甲深度大，因为前者的射流密度大；而钢靶比铝靶的破甲深度小，因为前者的材料密度大。

可喜的是，上述理论结果与实验结果定性相符。然而，由于上述分析未涉及射流断裂和分散等问题，只能为破甲深度设计提供参考。具体的射流长度和破甲深度，需借助数值模拟来完成。

## 13.4 聚能射流效应设计方法

聚能射流装药结构设计流程如图 13.4.1 所示。首先，根据武器平台运载能力及打击目标防护能力等确定聚能射流的装药直径、射流速度等技术需求。其次，根据需求选择炸药，获得其密度、能量等参数。然后，根据射流模型及破甲模型，选择药型罩的材料、锥角、壁厚，确定有效炸高等参数。最后，对理论设计的聚能装药结构开展数值仿真和实验验证，检验相关指标满足程度，并进一步开展优化设计。

**图 13.4.1 聚能射流装药结构设计流程**

### 13.4.1 炸药及其装药设计

炸药为战斗部提供能源，炸药装药是影响聚能射流效应的重要因素。本小节概述如何选择炸药类型及设计炸药结构。

*1. 炸药类型选择原则*

采用能量越高的炸药装药，产生的射流速度越高、动能越大，破甲深度也越大。表 13.4.1 给出了几种常用炸药的密度 $\rho$、爆速 $D$ 和爆压 $P$。其中，B 炸药的成分是 60% 黑索今(RDX)+40% 梯恩梯(trinitrotoluene，TNT)，Octol 炸药的成分是 70% 奥克托今(HMX)+30% 梯恩梯，JH-2 炸药的成分为 95% 黑索今+5% 黏结剂，JO-8 炸药为 95% 奥克托今+5% 黏结剂。表 13.4.1 中所列密度和爆速是根据实验数据得到的近似值，爆轰压强则是按式(13.4.1)得到的近似结果：

$$P = \frac{1}{4}\rho D^2 \times 10^{-6} \qquad (13.4.1)$$

其中，$\rho$ 为密度($g/cm^3$)；$D$ 为爆速($m/s$)；$P$ 为爆压($GPa$)。

表 13.4.1 常用炸药的参数

| 参数 | TNT 炸药 | B 炸药 | Octol 炸药 | JH-2 炸药 | JO-8 炸药 |
|---|---|---|---|---|---|
| $\rho/(g/cm^3)$ | 1.61 | 1.72 | 1.80 | 1.71 | 1.83 |
| $D/(m/s)$ | 6 800 | 7 900 | 8 300 | 8 350 | 8 740 |
| $P/GPa$ | 18.6 | 26.8 | 31.0 | 29.8 | 34.9 |

在表 13.4.1 所列出的五种炸药中，TNT 的效能最低，而 JO-8 的效能最高。目标穿孔体积的增加与单位炸药能量近似呈线性关系。选择炸药类型时，重点关注的指标是高爆速和高爆压，但这也意味着高价格，故需考虑价格与弹药类型匹配。此外，炸药的感度、粒度、均匀性等也应考虑，但这些并非主要因素。

2. 炸药结构设计原则

在炸药结构设计中，主要关注如下两个尺寸。

第一，**装药直径**：药柱的直径称为装药直径，是一个重要的设计变量。药型罩直径与药柱直径之比，称作**归一化直径比**。一般认为，靠近罩底部的炸药必须能使罩侧面或罩底部充分压合，并参与破甲过程。

第二，**装药长度**：药型罩口与传爆管之间的炸药长度，称为装药长度。对于点起爆装药来说，炸药头部高度必须足够大，以保证爆轰波在到达药型罩时尽可能接近平面波。装药长度过短，会使药型罩的压合不一致。一般而言，随着装药长度增加，射流头部速度、射流动能和破甲深度增加。但装药长度增加到一定值后，破甲深度增加就不明显了。在装药长度超过 1.5 倍装药直径时，破甲深度几乎不再提高。通常情况下，对点起爆、衬有圆锥形或半球形罩的装药，头部高度为 1.0 倍装药直径是足够的。为了减小结构长度和减轻重量，最好使装药长度保持最小。此外，可以通过装药后部带斜梢，除去不必要的炸药，即将装药加工成船尾形。

## 13.4.2 药型罩设计

药型罩设计包括如何选择材料，如何确定锥角、厚度和结构构型。在这些设计内容中，有些可基于 13.3 节的射流模型及其破甲理论，有些则依赖实验和经验。

1. 材料选择

药型罩材料对于聚能射流效应设计具有重要意义。在药型罩中，所用材料可以是单一材料，也可由两种或两种以上材料组成。良好的聚能射流特性包括韧性好（即射流平稳、连续、拉伸性好），平直度高，黏聚性强（不过激驱动），速度梯度合适，射流粗重（射流直径影响靶板穿孔直径),射流速度快,不间断(或射流断裂时间长)。

药型罩材料的金相特性被认为有同样的重要性。其中,第一要求是药型罩材料的熔化温度要高。实验发现,低熔点材料的药型罩(如铅和锡)形成的射流比高熔点材料的药型罩(如紫铜)形成的射流呈现出更显著的流体特征。

药型罩材料的其他理想特性包括:高密度,以利于增强破甲能力;高体积声速,以保证射流的黏聚性;高动态强度,即材料在高压强和高应变率条件下呈现很高的强度,以保证射流的强度;晶粒细并有适当的取向,从而能形成高屈服应力和良好的延伸率等特性。

此外,药型罩的材料应易购买、价格低、无毒性、易加工。这样的要求就排除了采用像铂等贵金属的可能。图 13.4.2 是几种基于常用材料制造的药型罩。

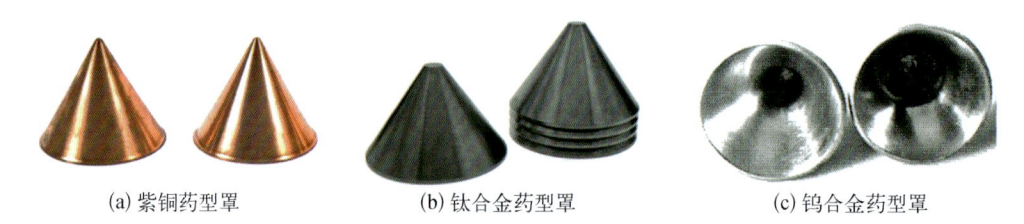

(a) 紫铜药型罩　　(b) 钛合金药型罩　　(c) 钨合金药型罩

**图 13.4.2　三种不同材料制成的药型罩**

### 2. 锥角选取

根据 13.3.1 节所介绍的射流效应近似理论和例 13.3.1 中的讨论可知,射流速度随药型罩锥角增大而减小,射流质量随药型罩锥角增大而增大。当药型罩锥角低于 30°时,破甲性能很不稳定。当锥角趋于 0°时,射流质量极小,基本不能形成连续射流。这种情况可用于研究超高速粒子。

药型罩锥角在 30°~70°时,射流具有足够的质量和速度。因此,破甲弹药型罩锥角通常选取为 35°~60°。对于中、小口径战斗部,以选取 35°~44°为宜;对于中、大口径战斗部,以选取 44°~60°为宜。

药型罩锥角大于 70°之后,金属射流形成过程发生新的变化,头尾速度差减小,破甲深度下降,但破甲稳定性变好。药型罩锥角达到 90°以上时,药型罩在变形过程中产生翻转现象,出现反射流,药型罩主体变成翻转弹丸,成为爆炸成型弹丸,其破甲深度较小,但孔径很大。这种药型罩适用于攻击薄装甲,如反坦克车底地雷采用的就是这种结构构型。

### 3. 壁厚选取

若药型罩的壁厚过小,则射流量不足;若壁厚过大,则不易形成射流。因此,药性罩存在最佳壁厚。一般来说,药型罩的最佳壁厚随着罩材料密度减小而增加,随着罩锥角增大而增加,随着罩直径增加而增加,随着外壳加厚而增加。研究表明,药型罩最佳壁厚与罩半锥角的正弦成比例。通常,最佳药型罩壁厚为罩口直径的 2%~4%;对于攻击航空飞行器用的药型罩,在大炸距情况下,较为适当的壁厚为罩口直径的 6%。

为了改善射流性能,提高破甲效果,实践中还常采用变壁厚的药型罩。图 13.4.3 给出了壁厚变化对破甲效果的影响。采用图 13.4.3(a)所示的顶部厚、底部薄的药型罩,则破甲孔较浅,而且孔呈喇叭形。采用图 13.4.3(b)所示的等壁厚药型罩,其破甲有明显改进。采用图 13.4.3(c)所示的顶部薄、底部厚的药型罩,只要壁厚变化适当,破甲孔进口就会变小,随之出现鼓肚,且收敛缓慢,能够提高破甲效果。但若壁厚变化不合适,则会降低破甲深度,如图 13.4.3(d)和图 13.4.3(e)所示。适当采用顶部薄、底部厚的变壁厚药型罩,可提高破甲深度的原因主要在于增加了射流头部速度,降低了射流尾部速度,从而增加了射流速度梯度,使射流拉长,提高破甲深度。

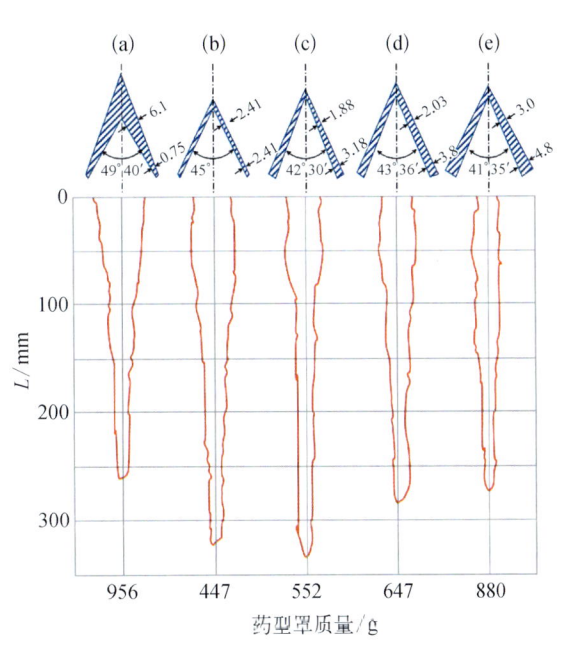

图 13.4.3 各种变壁厚药型罩的破甲孔形

#### 4. 形状选取

药型罩的形状多种多样,有锥形、喇叭形、半球形等。例如,反坦克车底地雷多采用大锥角的圆锥罩;反坦克破甲弹则常采用锥角为 35°~60°的圆锥罩;破甲弹则采用喇叭形罩,如法国 105 mm"G"型破甲弹、俄罗斯 122 mm 榴弹炮破甲弹等。图 13.4.4 给出了采用郁金香形罩、双锥形罩、喇叭形罩、半球形罩的聚能装药战斗部结构。由图可见,除药型罩不同外,战斗部的其他结构完全相同,有利于模块化设计和制造。

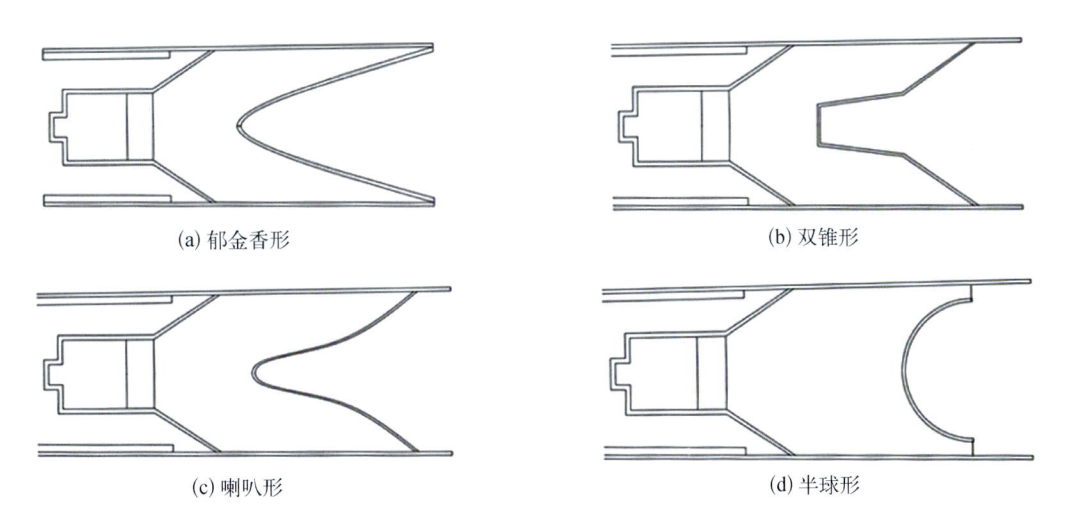

(a) 郁金香形

(b) 双锥形

(c) 喇叭形

(d) 半球形

图 13.4.4 典型形状药型罩聚能装药战斗部结构

下面简单介绍几种药型罩的性能特点。

第一，郁金香形罩装药。这种装药能有效地利用炸药能量，使顶部罩微元有较长的轴向距离，从而得到比较充分的加速，最终得到高速慢延伸（速度梯度小）的射流，适应大炸高情况。在给定装药量的情况下，这种装药对靶板的破甲孔直径较大。

第二，双锥形罩装药。这种罩顶部锥角比底部锥角小，可以提高锥形罩顶部区域利用率，产生的射流头部速度高，速度梯度大，速度分布呈明显的非线性，具有良好的延伸性；选择适当的炸高，可大幅度提高破甲能力。这种装药通过变药型罩壁厚设计，可产生头部速度超过 10 km/s 的射流。

第三，喇叭形罩装药。喇叭形罩装药是双锥形罩装药设计思想的扩展，其顶部锥角较小（约为 30°），锥角从顶部到底部逐渐增大。这种结构增加了药型罩母线长度，进而增加了炸药装药量，有利于提高射流头部速度，减小射流速度梯度，使射流拉长。由于锥角连续变化，这种装药比双锥形罩装药更容易控制射流头部速度和速度分布，通常用于设计高速、高延伸率的射流。在给定装药量的情况下，这种装药对均质钢甲的破甲深度最深。喇叭形罩的主要缺点是工艺性不好，不易保证产品质量，导致破甲稳定性降低。

第四，半球形罩装药。这种装药产生的射流头部速度低（4~6 km/s），但质量大，占药型罩质量的 60%~80%。射流和杵体之间没有明显的分界线，射流延伸率低，射流发生断裂时间较晚，适用于大炸高情况。

### 13.4.3 炸高设计

研究表明，炸高增加可使射流伸长，提高破甲深度；但炸高增加也会使射流产生径向分散和摆动，容易发生断裂，导致破甲深度降低。因此，对于给定的靶板，每种聚能装药都有最佳炸高，对应最大破甲深度。图 13.4.5 给出了某种聚能装药在不同炸高下的静破甲结果，图中 180 mm 为最佳炸高。

最佳炸高与药型罩锥角、药型罩材料及炸药性能等都有关系。最佳炸高随药型罩锥角的增加而增加。对于一般常用药型罩，最佳炸高是药型罩口部直径 $d$ 的 1~3 倍。对于铜、钢、铅、铝四种不同药型罩材料，铝材料由于延展性好，形成的射流较长，最佳炸高大，可达到药型罩口部直径的 6~8 倍，适用于大炸高的场合。另外，采用高爆速炸药可以使药型罩所受压强增加，从而增大射流速度，使射流拉长、最佳炸高增加。

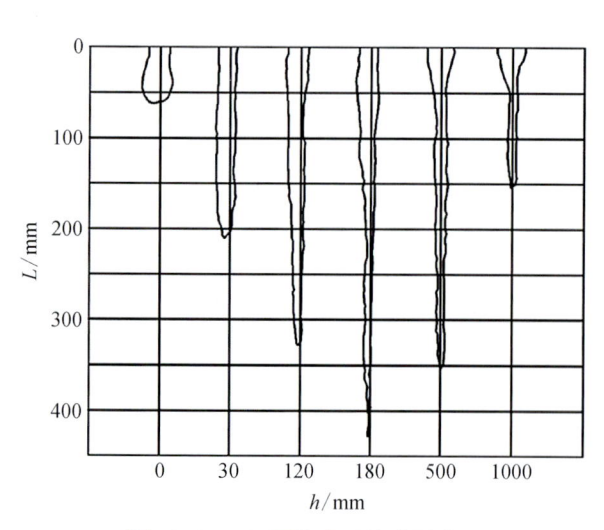

图 13.4.5 不同炸高时的破甲孔形

与侵彻战斗部相比,聚能战斗部具有侵彻速度高、对发射平台要求低等优点,但存在侵彻威力受炸高影响大、射流易受干扰等不足。在工程中,需根据具体情况选择战斗部类型。

## 13.5 反坦克火箭弹的聚能射流战斗部设计

本节以某反坦克火箭弹为例,介绍本章作者团队对其聚能射流战斗部所开展的研究,包括理论设计、数值仿真和实验考核结果。

工业部门对该火箭弹提出的设计要求是:聚能射流战斗部能实现对装甲目标有效打击,其装药直径为 82 mm,射流头部速度高于 8 450 m/s。

### 13.5.1 理论设计

根据上述指标要求,选用高性能炸药 JO-8 作为驱动装药,其密度为 $\rho_e = 1.83$ g/cm³,爆速为 $D = 8\,740$ m/s,Gurney 常数为 $\sqrt{2E} = 2\,967$ m/s;装药直径定义为从药型罩口部到药型罩顶部的距离 $d = 82$ mm(药型罩口部直径与装药直径相同),实际直径则从药型罩顶部到装药尾部逐渐减小,尾部直径为 $d' = 60$ mm;选用铜作为药型罩材料,其密度为 $\rho_m = 8.9$ g/cm³。该聚能射流战斗部结构设计问题是:在上述条件下,设计装药长度 $h'$、药型罩的半锥角 $\alpha$ 和壁厚 $t$,使聚能装药结构实现射流头部速度大于等于 8 450 m/s。

参考例 13.3.1 中的式(d),采用长度单位 mm 和质量单位 g,得到圆锥壳药型罩的质量:

$$m = \rho_m V_m = \rho_m \frac{\pi}{3\tan\alpha}\left[\left(\frac{d}{2}\right)^3 - \left(\frac{d}{2} - \frac{t}{\cos\alpha}\right)^3\right] = \frac{8.9 \times 10^{-3}\pi}{3\tan\alpha}\left[41^3 - \left(41 - \frac{t}{\cos\alpha}\right)^3\right] \quad (13.5.1)$$

根据图 13.5.1,炸药质量包含两部分:一是左侧圆台部分的质量,二是右侧圆柱扣除圆锥部分的质量。采用上述长度单位 mm 和质量单位 g,得到炸药质量:

$$m_e = \rho_e V_e = \rho_e \left\{\frac{\pi}{3}\left(h' - \frac{d}{2\tan\alpha}\right)\left[\left(\frac{d}{2}\right)^2 + \frac{dd'}{4} + \left(\frac{d'}{2}\right)^2\right] + \frac{2\pi}{3}\left(\frac{d}{2}\right)^2 \frac{d}{2\tan\alpha}\right\}$$

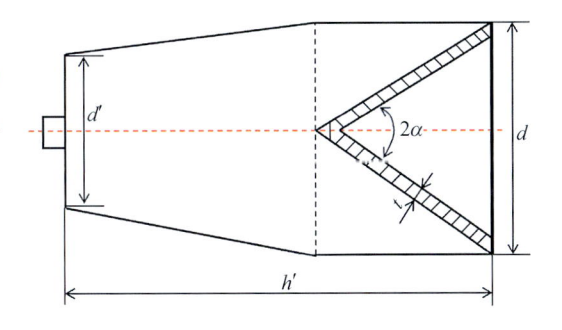

图 13.5.1 聚能射流战斗部结构

$$= 1.83 \times 10^{-3} \times \frac{\pi}{3}\left[\frac{2 \times 41^3}{\tan\alpha} + 3\,811\left(h' - \frac{41}{\tan\alpha}\right)\right] \quad (13.5.2)$$

无量纲的质量比为

$$\eta = \frac{m}{m_e} \tag{13.5.3}$$

药型罩压合速度为

$$\begin{aligned} v_0 &= \sqrt{2E}\left[\frac{(1+2\eta)^3+1}{6(1+\eta)} + \eta\right]^{-1/2} \\ &= 2\,967\left[\frac{(1+2\eta)^3+1}{6(1+\eta)} + \eta\right]^{-1/2} \end{aligned} \tag{13.5.4}$$

因此,药型罩压合速度 $v_0$ 由装药长度 $h'$、药型罩的壁厚 $t$ 和半锥角 $\alpha$ 决定,可表示为

$$v_0 = f(h', t, \alpha) \tag{13.5.5}$$

现推导射流速度与设计变量的关系。根据式(13.3.1),变形角满足:

$$\delta = \arcsin\left(\frac{v_0\cos\alpha}{2D}\right) = \arcsin\left(\frac{v_0\cos\alpha}{17\,480}\right) \tag{13.5.6}$$

根据式(13.3.1),压合角满足:

$$\beta = \alpha + 2\delta = \alpha + 2\arcsin\left(\frac{v_0\cos\alpha}{17\,480}\right) \tag{13.5.7}$$

根据式(13.3.5),射流速度满足:

$$v_j = \frac{v_0}{\sin(\beta/2)}\cos\left(\alpha+\delta-\frac{\beta}{2}\right) \geq 8\,450 \text{ m/s} \tag{13.5.8}$$

利用式(13.5.6)和式(13.5.7),可将式(13.5.8)改写为

$$v_j = \frac{v_0}{\sin\left[\frac{\alpha}{2}+\arcsin\left(\frac{v_0\cos\alpha}{17\,480}\right)\right]}\cos\left(\frac{\alpha}{2}\right) \geq 8\,450 \text{ m/s} \tag{13.5.9}$$

由式(13.5.5)~式(13.5.9)可见,射流速度同样由装药长度 $h'$、药型罩壁厚 $t$ 和半锥角 $\alpha$ 决定,可表示为

$$v_j = f'(h', t, \alpha) \geq 8\,450 \text{ m/s} \tag{13.5.10}$$

对于给定的射流速度 $v_j$,可根据经验选取药型罩壁厚 $t$ 和装药长度 $h'$,进而由式(13.5.10)求解半锥角 $\alpha$。根据13.4.2节的介绍,最佳药型罩壁厚为装药直径的2%~4%,装药长度一般不超过1.5倍装药直径。因此,选药型罩壁厚为 $t = 0.02d = 1.6$ mm,装药长度为 $h' = 1.5d = 123$ mm。将上述参数代入式(13.5.1)和式(13.5.2),通过式

(13.5.3)~式(13.5.9),得到仅含半锥角 α 的不等式[式(13.5.10)],由此解出锥角 $2\alpha \leqslant 55°$。锥角减小将导致射流质量降低,故选择药型罩锥角为 $2\alpha = 55°$。

综上所述,根据已有经验和理论计算,获得反坦克火箭弹聚能射流战斗部设计结果如下:装药类型为 JO-8 高能炸药,其密度为 $\rho_e = 1.83 \text{ g/cm}^3$,爆速为 $D = 8\,740 \text{ m/s}$;装药直径为 $d = 82 \text{ mm}$,其尾部直径为 $d' = 60 \text{ mm}$,装药长度为 $h' = 123 \text{ mm}$;药型罩材料为铜,其密度为 $\rho_m = 8.9 \text{ g/cm}^3$,药型罩的壁厚为 $t = 1.6 \text{ mm}$,锥角为 $2\alpha = 55°$。根据理论模型,得到的射流速度为 $v_j = 8\,453.9 \text{ m/s}$。

### 13.5.2 数值模拟和实验验证

首先,采用商业软件 AUTODYN-2D 对聚能装药的射流成型和破甲过程进行数值模拟。图 13.5.2 为采用 Euler 法模拟射流成型的计算模型。在模拟区域的所有边界施加 Flow-out 边界条件,以便使爆轰波、外壳和爆轰产物直接流出边界,从而消除爆轰波在边界上的反射对聚能射流成型的影响,起爆方式为装药末端点起爆。

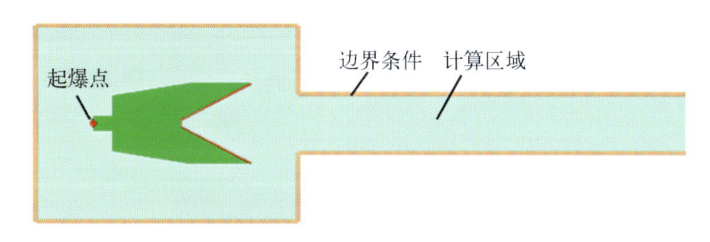

**图 13.5.2 射流成型的计算模型**

图 13.5.3 是三个典型时刻药型罩压合形成的射流形貌,由数值模拟得到的射流头部速度为 9 030 m/s,高于按定常理论得到的射流速度 $v_j$ = 8 453.9 m/s,相对误差约为 6%。图 13.5.4 为射流在 450 mm 炸高条件下对 Q235 钢锭的破甲形貌,数值模拟得到的破甲深度为 755.6 mm。

最后,开展聚能破甲战斗部对 Q235 碳素钢锭的静爆炸威力验证。在钢锭上放置高度为 450 mm 的炸高筒,将聚能装药放置在炸高筒上,在炸药上端用 8 号电雷管起爆。图 13.5.5 为聚能装药实物图,图 13.5.6 为静爆炸实验后钢锭的破坏照片。经测量,聚能装药对钢锭的静破甲深度为 724 mm,数值模拟结果与实验结果的相对误差为 4.4%。

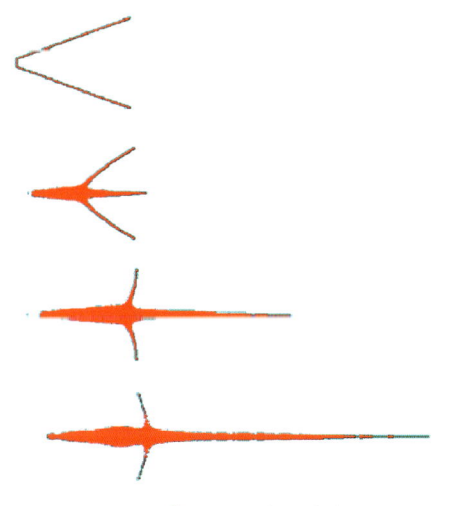

**图 13.5.3 药型罩压合形成射流的数值模拟结果**

综上所述,通过对比理论计算、数值模拟和静爆炸实验结果可知,三者的相对误差较小。因此,本节介绍的理论设计方法可用于指导聚能装药的工程设计。

图 13.5.4　射流对 Q235 钢锭的破甲数值模拟结果

图 13.5.5　聚能装药结构　　　图 13.5.6　静破甲实验后的钢锭破坏情况

## 13.6　问题与展望

根据前几节的介绍可知,聚能装药射流形成及破甲特性与装药类型、药型罩材料、结构等诸多因素相关。因此,聚能射流装药结构设计是一个多变量优化问题,任何一个设计变量的变化都会影响聚能射流性能。在聚能射流装药结构设计中,仅通过近似理论、数值模拟和实验验证,难以获得全局最优解。

近年来,机器学习、反向寻优等技术的发展给聚能射流装药结构设计问题带来了新的发展契机。将高精度数值模拟与机器学习方法相结合,同时结合虚拟现实技术,有望进一步深化对聚能装药射流形成及破甲机理的理解,推动聚能射流装药结构设计的进步。

目前,在传统锥形聚能射流装药的基础上,已发展了多种聚能装药。在药型罩结构上,发展了双锥形、喇叭形、钟形、组合形、变壁厚形等多种药型罩。在药型罩材料上,发展了复合药型罩、含能药型罩、超细晶粒药型罩、高熵合金药型罩等。在装药种类上,除传统的聚黑系列、聚奥系列、高聚物黏结炸药(polymer bonded explosive,PBX)系列炸药外,还发展了1,3,5-三硝基-2,4,6-三硝氨基苯(1,3,5-trinitro-2,4,6-trinitroaminobenzene,TNTNB)等高能炸药。在聚能装药加工工艺和装配上,采用了精密装药、精密药型罩和精密装配技术。在新原理聚能装药领域,提出了超聚能装药概念。上述不同的聚能装药结构具有不同的成型及破甲特性,需结合理论分析、数值模拟及实验,明确各种聚能装药形成机理及特性,进一步发展新原理聚能装药结构。同时,针对不同的使用环境及战术技术指标要求,实现不同装药结构的合理使用。

在聚能装药的设计中,为了缩短研制周期,降低实验成本,可以根据先设计缩小比例的模型弹,利用模型弹进行模型实验和改进,直到获得满意的性能之后再进行原型装药结构设计。对聚能装药结构进行模型设计和模型实验,开展聚能装药射流形成和破甲过程的相似特性分析,是聚能装药缩比模型设计的关键。

## 思 考 题

**13.1** 什么是聚能效应,为什么会产生聚能现象?

**13.2** 炸高对破甲威力有何影响,聚能装药为什么会存在最佳炸高?

**13.3** 聚能破甲弹的金属射流和杆体分别是由药型罩的哪部分金属形成的?

**13.4** 已知密度为 $8.9 \text{ g/cm}^3$ 的紫铜药型罩形成的射流长度为 800 mm,试计算射流对密度为 $7.8 \text{ g/cm}^3$ 钢靶的破甲深度。

**13.5** 有一聚能战斗部,口径为 100 mm,药型罩材料为紫铜,密度为 $8.9 \text{ g/cm}^3$,锥角为 60°,壁厚为 2.5 mm,药型罩壁面压合速度为 2 000 m/s,炸药爆轰速度为 8 350 m/s,试计算所形成的射流、杆体的质量及速度。

## 拓展阅读文献

1. 奥尔连科 Л П.爆炸物理学[M].3 版.孙承纬,译.北京:科学出版社,2011.
2. 隋树元,王树山.终点效应学[M].北京:国防工业出版社,2000.
3. 张宝坪,张庆明,黄风雷,等.爆轰物理学[M].北京:兵器工业出版社,2001.
4. 黄正祥,肖强强,贾鑫,等.弹药设计概论[M].北京:国防工业出版社,2017.
5. Henrych J. The Dynamics of Explosion and its Use[M]. Amsterdam: Elsevier Scientific Publishing Company, 1979.
6. Elshenawy T, Li Q M. Influences of target strength and confinement on the penetration depth of an oil well perforator[J]. International Journal of Impact Engineering, 2013, 54: 130 – 137.
7. Wang C, Xu W L, Yuen C K. Penetration of shaped charge into layered and spaced concrete targets[J]. International Journal of Impact Engineering, 2018, 112: 193 – 206.
8. Huerta M, Vigil M G. Design, analyses, and field test of a 0.7 m conical shaped charge[J]. International Journal of Impact Engineering, 2006, 32: 1201 – 1213.

本章作者:王　成,北京理工大学,教授
　　　　　王树有,北京理工大学,副教授

# 第 14 章
# 船舶螺旋桨的空泡流预报

在船舶推进技术中,最常用的是螺旋桨技术。螺旋桨高速旋转会导致其周围水体的压强发生显著变化,在低压区产生汽泡,使该区域的水体成为含汽泡的空泡流。空泡流不仅会降低螺旋桨的推进效率,还会产生严重的噪声、振动和桨叶剥蚀。

本章根据船舶螺旋桨设计需求,讨论螺旋桨的空泡流预报问题。首先,介绍研究空泡流的需求背景,指出其复杂性所在。其次,介绍水体空化的物理机制及影响空化的主要动力。在此基础上,以气泡动力学为主线,介绍螺旋桨空泡流动的建模方法和预报技术;以油船螺旋桨为例,介绍其空泡流预报结果和实验结果的对比。然后,简要介绍基于气泡动力学模型的空泡噪声预报方法。最后,指出空泡流数值模拟与实验研究中值得关注的若干问题。

## 14.1 研 究 背 景

船舶是人类的伟大发明之一,是在水域开展生产、运输、军事、娱乐活动的重要工具。从古代借助风力驱动的帆船,到现代具有强劲动力的舰船,以及未来可预期的各种新能源、新概念船舶,推进技术始终是船舶发展的重要基础。船舶推进器既包括常规螺旋桨,也包括非常规螺旋桨,如可调螺距螺旋桨、导管螺旋桨、喷水推进器等。然而,螺旋桨的设计和制造涉及许多颇有难度的力学问题。

随着船舶航速增加、吨位增大,螺旋桨高速旋转导致其周围水体压强显著变化,在低压区发生空化,产生汽泡,又称**空泡**。图 14.1.1 给出了螺旋桨旋转导致的水体空化现象。空泡区会经历初生、发展、收缩与溃灭的非定常流体力学过程,其体积周期性变化形成施加在船舶上的动态激励。此外,空泡也发生在船舶的舵、减摇鳍、支架和测速仪表面附近的水体中。

自船舶工程界发现螺旋桨空泡流迄今,已有 130 年历史。1893 年,英国建造的 HMS Daring 号鱼雷艇航行远达不到设计航速,而靠提高螺旋桨转数无法进一步提高航速。经研究发现,推力锐减的原因是在高速旋转螺旋桨附近的水体低压区出现大量云状汽泡。因此,船舶水动力学专家开始了漫长的螺旋桨空泡流研究,逐步揭示了空泡流产生的机理。

(a) 螺旋桨空化现象　　　　　(b) 典型空化类型与分布

图 14.1.1　螺旋桨旋转导致的水体空化现象

如图 14.1.2 所示，当空化区的压强接近某个门槛值时，桨叶压力面和吸力面的压差减小(阴影面积)，合力降低，导致螺旋桨推力减小，推进效率降低。因此，在螺旋桨设计中要优化桨叶形状，避免空化发生或者减小空化区面积，提高推进效率。

经进一步研究发现，空泡流还是螺旋桨振动和噪声的主要来源。对于民用船舶，空泡引起的噪声、振动和剥蚀，不仅会影响船舶的航行性能，还会影响海洋环境、海洋生物等。对于军用舰船，空泡噪声会大幅降低其隐蔽性，并降低自身的声呐系统工作性能。因此，不论是根据现代船舶燃油效率提升、绿色环保的需求，还是根据军用舰船低噪声、隐身性设计的需求，都要发展高效、准确的空泡流场预报方法，进而对螺旋桨进行优化设计。

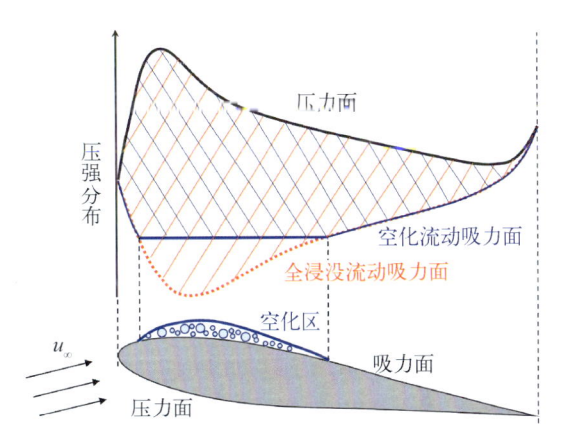

图 14.1.2　螺旋桨桨叶压力面与吸力面的压强分布
全浸没流动(红)；空化流动(蓝)

值得指出的是，螺旋桨的空泡流预报是高难度的流体力学问题，其复杂性主要体现在如下几个方面。

第一，由图 14.1.1(a) 可见，空泡流中的部分水体呈液态，部分水体呈气态，即空泡流是复杂的两相流动，涉及液相和气相间的相互作用，包括质量和能量交换。

第二，由图 14.1.1(b) 可见，在螺旋桨附近的水体中存在多种空化形式，如在不同部位会形成片空化、云空化、涡空化、泡空化等，具有非常复杂的演化过程，这进一步加剧了描述液-气界面的复杂度。

第三，上述空化现象有的影响螺旋桨推进效率，有的导致水体振动并辐射噪声。在螺旋桨的研究中，既需要分别揭示其机理，又需要综合考虑如何开展优化设计。

本章后续几节,将遵循由浅入深的原则,先定性认识空泡形成的机理,再建立尽可能简单的力学模型进行定量分析。在此基础上,采用数值计算与水洞实验相结合的途径,预报船舶螺旋桨的推进效率和噪声辐射。

## 14.2 对螺旋桨空泡流的认识

本节针对常规螺旋桨,介绍其空泡流形成的物理机制、空泡类型和关键动力因素,为后续几节建立空泡流的简化模型和预报空泡流奠定较为直观的物理基础。

### 14.2.1 空化的物理机制

空化是一种水和气发生相变的物理现象。在日常生活中,通过对水加热,可使其沸腾变为蒸汽。在常压下,水由液态变为气态的温度为 100℃;若降低气压,则可降低水汽化的温度。对于密闭空间内的水,其在给定温度下发生汽化的临界压强称为**饱和蒸汽压**。

对于船舶螺旋桨,其高速旋转导致周围水体的压强产生巨大差异,速度高的流动区域压强低,局部压强会低至水的饱和蒸汽压以下。这种由压强降低引起的水由液态转变为气态的过程称为**水动力空化**。如图 14.2.1 所示,空化是一种常温下由流体动力因素导致压强降低,在水体内部或在水体与固体界面上发生的相变过程。1704 年,Newton 在其著作《光学》中记载了夹在凸透镜和平面镜的水膜受压行为,最

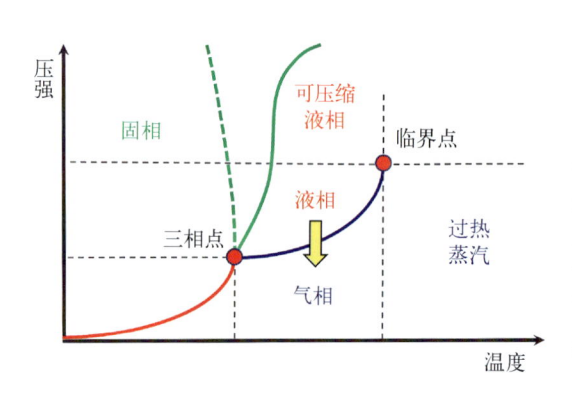

图 14.2.1 纯水的状态分区

早记录了低压区域水体相变出现汽泡的现象。英国流体力学家弗劳德(William Froude,1810~1879)将该现象命名为**空化**[1]。

空化的形成机理可分为两类,即能量输入和表面力做功。对于前者,其典型案例是超声波聚焦造成压强波动,可形成局部的超声空化。对于后者,又可区分为正应力和剪应力做功。螺旋桨低压区的水动力空化是由正应力引起的,称为**正应力空化**;而泵喷推进器间隙、高速喷流边界出现的空泡是由剪应力引起的空化,称为**剪切空化**。

空化流动往往涉及相变、湍流、相界面结构演化、激波和噪声等复杂问题,在船舶螺旋桨推进、航行体高速出入、水下航行体高速运动等问题中广泛存在。空化具有强烈的非定常性,空化的生成会改变流场的密度和压强分布,导致流体声速发生显著变化,还可能诱导湍流发生,从而影响螺旋桨和航行体的水动力性能。空化流动辐射强烈的噪声,是限制

---

[1] Young F R. Cavitation[M]. London: Imperial College Press, 2006: 3.

军用舰船安静航行的关键因素。空化区的气相介质通常以蒸汽泡的形式存在,蒸汽泡的凝结溃灭过程会在航行体壁面、螺旋桨叶和水翼等的表面产生压强突变,造成**空蚀现象**。因此,空化噪声和空蚀是空化流动最直接的不利影响,是船舶水动力学领域研究的重要内容。

1924 年,英国学者托马斯(Thomas)为了描述空化而提出无量纲的**空化数**:

$$\sigma \equiv \frac{p_\infty - p_v}{\rho u_\infty^2 / 2} \tag{14.2.1}$$

其中,$p_\infty$ 和 $u_\infty$ 为环境压强和特征流速;$p_v$ 为饱和蒸汽压;$\rho$ 为液相介质密度。

在给定环境压强条件下,随着螺旋桨转数增加,流场中出现空化现象。在空化流研究中,将其称为**空化起始**。类似于烧水的沸腾过程,接近沸腾的水会发出明显可辨识的响声;空化起始伴随噪声显著增加,是预报军用舰船临界航速、鱼雷安静航速的重要判断条件。

人们常用肉眼观察或噪声测量来判断空化起始。由于空化起始是一个临界状态,不同观测方式和观测者的实验结果未必一致。在水动力学领域,用起始空化数描述空化起始。在图 14.2.2 中,红框和黄框标记着这一临界状态,在该实验中起始空化数介于 1.75~3.0。为了精确判定起始空化数,需要更多工况的实验结果进行分析。在船舶测试中,常用存在空化到空化消失过程作为实用的判定准则。在螺旋桨空化状态,缓慢增加水洞环境压强,以空化消失瞬间的空化数作为**消失空化数**。尽管空化起始和空化消失在物理上是两个可逆的过程,但起始空化数和消失空化数的数值结果却不同,称为**空化迟滞**,如图 14.2.2 所示。

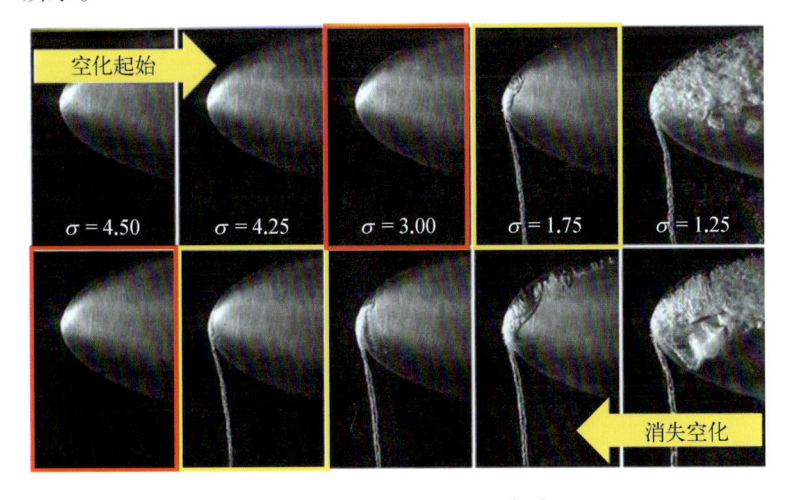

**图 14.2.2 空化迟滞现象**[1]

---

[1] Amini A, Reclari M, Sano T, et al. On the physical mechanism of tip vortex cavitation hysteresis[J]. Experiments in Fluids, 2019, 60: 118.

上述空化迟滞与空化形成机理、水体中溶解的气核含量等因素相关。更重要的是,与空化演化时间历程相关。在空化研究中,应牢记其非定常流动的本质特性。随着船舶工业界对提升临界航速、降低空化噪声的紧迫需求,亟须对空化起始和消失空化的流动机理深化认识,发展有效的预报手段,为船舶设计提供有效的空化抑制方法。

### 14.2.2 空泡类型与关键动力因素

空化形态各异,影响因素众多,主要与物体形状、流场结构和水体含气率等因素相关。图 14.1.1(b)给出了典型螺旋桨叶片发生的四种典型空化形态。

第一,**片空化**。片空化是附着在物体表面上的空化,通常具有清晰的水气界面,也称为**附着空化**或**局部空化**。片空化前缘位置与空化起始位置一致,一般发生在最低压强点下游的层流分离区域或湍流转捩区。片空泡沿桨叶展向多呈现指状分布,如图 14.1.1(b)中的片空化区前端,源自 3.1.1 节介绍的 T-S 波失稳。片空化区域的水气界面附近存在速度差,剪切不稳定引起空泡表面的波动,其向下游传播过程中波动幅度不断增加,形成非光滑水-气界面掺混区。片空化区末端压强回升,在逆压梯度驱动下,近壁面区域存在与主流相反方向的液相流动,通常称为**回射流**,见图 14.2.3(a);它与片空泡碰撞,切断片空泡,造成片空泡脱落,形成清晰的漩涡流动,见图 14.2.3(e)。即使在定常来流条件下,片空泡也会经历反复脱落和再生的演化过程。周期性脱落是片空化的最重要特点,也是造成空泡脉动载荷的根本原因。片空化的周期性脱落造成升力、阻力的周期性变化,引发结构的非定常振动和低频辐射噪声。

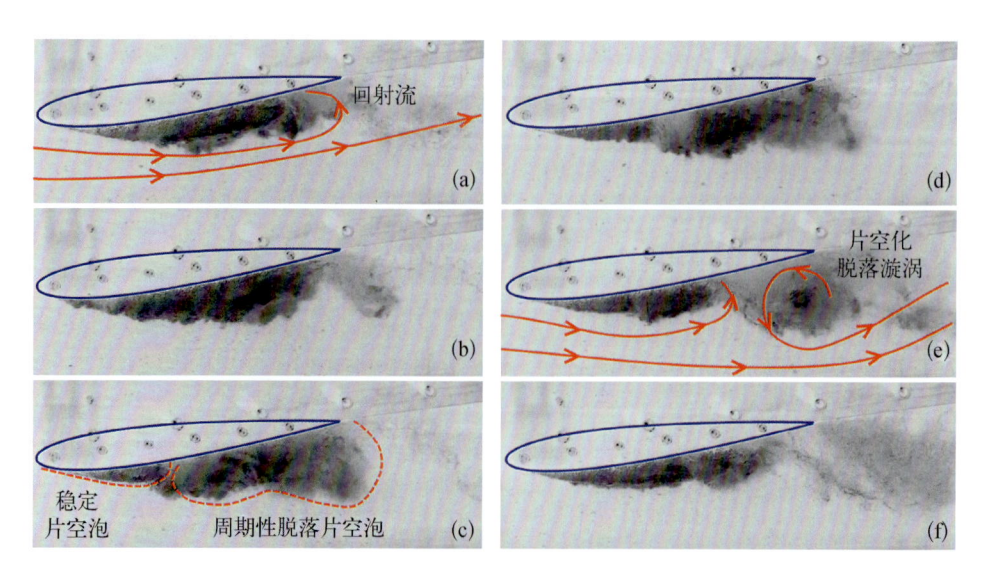

图 14.2.3 水翼的片空化周期性脱落与云空化产生过程

为了描述片空化脱落,引入描述无量纲脱落频率的 Strouhal 数:

$$Sr \equiv \frac{fl_{max}}{u_\infty \sqrt{1+\sigma}} \quad (14.2.2)$$

其中，$f$ 为脱落频率；$l_{max}$ 为空泡最大长度。大量实验结果表明，$Sr = 0.2 \sim 0.3$，这一数值与圆柱扰流的 Karman 涡街无量纲脱落频率一致[1]。

第二，**涡空化**。涡空化是发生在水体不同尺度漩涡流动中的空化现象。漩涡流动可按形成机制分为两类：一类是螺旋桨叶梢、水翼梢部环量集中形成的稳定漩涡，又称**梢涡空化**；另一类是湍流的漩涡，如螺旋桨桨毂等钝体尾流的涡空化。漩涡流动导致最低压强位于漩涡中心，发生在水体内部并长时间存在，与水体中气核和溶解气体形成复杂的相互作用。涡空化与局部流场结构和气核分布特性相关，研究涡空化现象时需要考虑漩涡、湍流等多种物理机制的耦合作用。由于螺旋桨梢涡旋转效应强，涡心压强低，梢涡空化现象几乎难以避免。尽管梢涡空化对螺旋桨效率的影响微弱，但其会导致噪声的激增，梢涡向下游传播会影响舵效并引起舵的空蚀，因而梢涡空化受到高度重视和广泛研究。

第三，**云空化**。云空化出现在各类螺旋桨流场片空化的脱落区下游或涡空化的断裂区。云空化总是伴随着流动失稳、漩涡和湍流脉动等复杂流动现象。由于云空化区的光学遮蔽效应很强，混合介质和流场难以测量，对云空化的研究和认识较为有限。近年来，国内外学者采用各种观测技术对云空化区内部介质特性进行了观测研究，发现云空化区内部由非球形泡群构成，微米尺度的小汽泡占据数量优势，毫米尺度的汽泡占据空化区主要的体积。

第四，**泡空化**。当桨叶攻角较小时，气核密度高的水体环境容易在桨叶前缘下游产生泡状空化。泡空化呈离散的汽泡状，有时尺度较大。

船舶螺旋桨空化流动通常处于湍流状态，边界层转捩点与空化区前缘位置接近，湍流与水气界面存在强烈的耦合作用。如图 14.1.1(b) 所示，不同区域空化形态差异巨大，空化与流场结构紧密相关。水体因素主要指水体中的气核和溶解的气体含量，对空化起始有重要影响，尤以涡空化影响显著，对片空化、云空化影响较小。

随着螺旋桨转速增加，桨叶的叶背面压强逐步降低，会出现片空化和云空化。如果水体中含有大量游离的微小气核，空化区桨叶表面通常还出现泡空化现象。在工程实践中，通过对桨叶的优化设计，在螺旋桨设计转速范围内可有效控制片空化和云空化出现的范围，因此不显著影响推力。

本章后续几节将以气泡动力学模型为主线，分别介绍影响螺旋桨推进效率的片空泡流预报方法和工程实例，与影响辐射噪声相关的梢涡空泡建模方法和噪声预报实例。

---

[1] Liu Z H, Wang B L. Numerical simulation of the three-dimensional unsteady cavitating flow around a twisted hydrofoil[J]. Ocean Engineering, 2019, 188: 106313.

## 14.3 螺旋桨空泡流建模和分析

本节先针对水体中的球形汽泡,建立其简化的流体力学模型,讨论对汽泡有影响的主要因素。在对汽泡建立物理图像的基础上,介绍如何对螺旋桨的空泡流进行建模和计算。

### 14.3.1 球泡动力学模型

在理解各类空化流动现象时,球泡动力学模型是一个简单且有效的工具。空化通常产生于流动水体中夹带的微小气核。在海洋、河流、湖泊的水体中,通常含有大量的气核,其数目 $N$ 随直径 $d$ 减小而呈幂函数增加,可表示为 $N(d) \propto d^{-n}$,其中 $n = 3\sim7$ [1]。这些气核可以理解为液态水体中的缺陷,含有缺陷的水体在低压下形成空化。

微小气核受表面张力控制,呈现球形。设汽泡为圆球体,将问题简化为球对称问题进行分析。对于汽泡外部的不可压缩流动,基于连续性方程和动量方程即可描述流体的动力学过程。现按此思路进行具体分析。

如图 14.3.1 所示,为了研究某个汽泡的演化,以其中心为原点建立球坐标系。记汽泡半径为 $R(t)$,水体在径向坐标 $r$ 处的径向速度为 $u(r, t)$。根据连续性方程,汽泡表面的流量与半径 $r$ 处球面的流量相等,由此可得

$$4\pi R^2(t)\dot{R}(t) = 4\pi r^2 u(r, t) \tag{14.3.1}$$

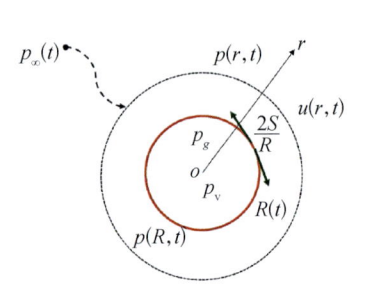

**图 14.3.1 球泡动力学模型示意图**

这表明,若已知球泡界面的运动速度 $\dot{R}$,则可确定水体在坐标 $r$ 处的径向速度 $u(r, t)$。

对于球对称不可压缩流动问题,其径向动量方程为

$$\rho\left(\frac{\partial u}{\partial t} + u\frac{\partial u}{\partial r}\right) = -\frac{\partial p}{\partial r} \tag{14.3.2}$$

由式(14.3.1)导出 $u(r, t) = R^2(t)\dot{R}(t)/r^2$,将其代入式(14.3.2),得到:

$$\frac{2R\dot{R}^2 + R^2\ddot{R}}{r^2} - \frac{2R^4\dot{R}^2}{r^5} = -\frac{1}{\rho}\frac{\partial p}{\partial r} \tag{14.3.3}$$

将式(14.3.3)从汽泡界面 $r = R$ 到无穷远 $r = +\infty$ 处积分,得到:

$$R\ddot{R} + \frac{3}{2}\dot{R}^2 = \frac{p(R, t) - p_\infty(t)}{\rho} \tag{14.3.4}$$

---

[1] Donelan M A, Drennan W M, Saltzman E S, et al. Gas Transfer at Water Surfaces[R]. Washington D C: American Geophysical Union, 2002: 271.

根据汽泡界面的动力学边界条件，汽泡外界面压强 $p(R, t)$ 等于汽泡内气体的压强、表面张力、界面处的黏性力之和，而汽泡内气体的压强则是饱和蒸汽压强 $p_v$ 和不可凝结气体各个组分的气体分压 $p_g = p_{g0}(R_0/R)^{3\gamma}$ 之和，其中 $R_0$ 为初始气核半径，$\gamma$ 为绝热指数。故有

$$p(R, t) = p_v + p_{g0}\left(\frac{R_0}{R}\right)^{3\gamma} - \frac{2S}{R} + 2\mu\frac{\partial u}{\partial r}\bigg|_{r=R} \tag{14.3.5}$$

其中，$S$ 为表面张力系数；$\mu$ 为动力黏性系数。

将式(14.3.5)代入式(14.3.4)，得到：

$$\rho\left(R\ddot{R} + \frac{3}{2}\dot{R}^2\right) = p_v - p_\infty + p_{g0}\left(\frac{R_0}{R}\right)^{3\gamma} - \frac{2S}{R} - 4\mu\frac{\dot{R}}{R} \tag{14.3.6}$$

这就是由英国物理学家瑞利(John William Strutt Rayleigh, 1842~1919)提出并经美国流体力学家普莱塞特(Milton Spinoza Plesset, 1908~1991)完善的球泡动力学方程，简称 **R-P 方程**。该方程中等号右端的第一项 $p_v - p_\infty$ 为压差力，是控制汽泡生长、溃灭和振荡的驱动力；第二项 $p_{g0}(R_0/R)^{3\gamma}$ 是水体所含不可凝结气体的分压；第三项 $2S/R$ 是表面张力，对微小汽泡影响显著；第四项 $4\mu\dot{R}/R$ 是黏性力，对微小尺度汽泡的影响也较为显著。

**例 14.3.1** 对于空化蒸汽泡问题，可忽略不可凝结气体的影响。将式(14.3.6)中的汽泡半径 $R$ 和时间 $t$ 无量纲化，分析压差力、表面张力和黏性力的作用。

**解**：记汽泡参考半径为 $a$，汽泡运动特征时间为 $\tau$，引入无量纲半径 $\bar{R} \equiv R/a$ 和无量纲时间 $\bar{t} \equiv t/\tau$，则有

$$\dot{R} = \frac{\mathrm{d}R}{\mathrm{d}t} = \frac{a}{\tau}\frac{\mathrm{d}\bar{R}}{\mathrm{d}\bar{t}}, \quad \ddot{R} = \frac{a}{\tau^2}\frac{\mathrm{d}^2\bar{R}}{\mathrm{d}\bar{t}^2}, \quad \frac{\dot{R}}{R} = \frac{1}{\tau}\frac{1}{\bar{R}}\frac{\mathrm{d}\bar{R}}{\mathrm{d}\bar{t}} \tag{a}$$

将式(a)代入式(14.3.6)并略去不可凝结气体项，得到：

$$\bar{R}\frac{\mathrm{d}^2\bar{R}}{\mathrm{d}\bar{t}^2} + \frac{3}{2}\left(\frac{\mathrm{d}\bar{R}}{\mathrm{d}\bar{t}}\right)^2 = \left(\frac{p_v - p_\infty}{\rho a^2}\tau^2\right) - \left(\frac{2S}{\rho a^3}\tau^2\right)\frac{1}{\bar{R}} - \left(\frac{4\mu}{\rho a^2}\tau\right)\frac{1}{\bar{R}}\frac{\mathrm{d}\bar{R}}{\mathrm{d}\bar{t}} \tag{b}$$

式(b)中等号右端的三个括号项分别是单位面积的压力差幅值、表面张力幅值和黏性力幅值。取这三个力的幅值为1，得到对应的力作用特征时间 $\tau_p \equiv a\sqrt{\rho/(p_\infty - p_v)}$，$\tau_s \equiv a\sqrt{\rho a/(2S)}$，$\tau_\mu \equiv \rho a^2/(4\mu)$。显然，力的作用特征时间短，则表明力的贡献大。

现取 $p_\infty = 1.0 \times 10^5$ Pa，$p_v = 2\,300$ Pa，$S = 0.073$ N/m 和 $\mu = 1.0 \times 10^{-3}$ Pa·s，绘制力作用特征时间与汽泡参考半径的关系。由图 14.3.2 可见：对于参考半径 $a < 0.1\,\mu\mathrm{m}$ 的汽泡，黏性

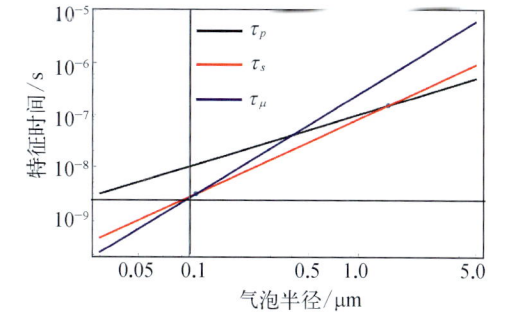

图 14.3.2 不同尺度气泡动力学过程的特征时间

力占优;参考半径 $a > 1.5\ \mu m$ 的汽泡,压差力占优;参考半径介于两者之间的汽泡,表面张力占优。由此可见,水体介质的参数和远场的压强条件是影响汽泡运动的决定性因素。

此外,$\tau_p$ 用于描述压强驱动的汽泡溃灭时间。研究空泡时,常采用 $\tau \approx 0.915 a \sqrt{\rho/(p_\infty - p_v)}$ 作为汽泡溃灭时间,并称其为 **Rayleigh 时间**。建议读者根据思考题 14.2 推导该结果。

对于船舶螺旋桨流动中的大尺度空化泡,可忽略表面张力、黏性与不可凝结气体影响,将式(14.3.6)所描述的 R-P 方程简化为 Rayleigh 方程:

$$R\ddot{R} + \frac{3}{2}\dot{R}^2 = \frac{p_v - p_\infty(t)}{\rho} \qquad (14.3.7)$$

如果远场压强 $p_\infty(t)$ 为常数,对式(14.3.7)积分一次,得到:

$$\dot{R}^2 = \frac{2}{3}\frac{p_v - p_\infty}{\rho}\left[1 - \left(\frac{R_0}{R}\right)^2\right] \qquad (14.3.8)$$

式(14.3.8)给出了空化泡界面速度与压强的关系,是空化流建模的重要基础。

### 14.3.2 空化模型的建立与多相流模拟

#### 1. 空化模型概念

水动力空化过程在本质上是压强变化引起的相变传质过程,包含空化核演化和空化界面传质两个过程。

空化核是空化发展演化的起点,对研究空化起始具有重要意义。空化起始过程可认为是水体在外界载荷作用下围绕空化核局部形成新的宏观汽泡过程,可通过抗拉强度进行描述与分析。自然界中的水体几乎不能承受拉力,这与理论预测的纯水抗拉强度为 150~200 MPa 存在显著差异,其原因是自然界水体内部游离的气核和固体表面边界气核显著削弱了水体的抗拉强度。

在室温下,水体约溶解有 20 mg/L 的氮、氧与二氧化碳。对海洋、实验室水体的观测结果表明,水体中存在大量微米量级气核[1]。依据 R-P 方程,半径为 $R_c$ 的气核,环境压强与饱和蒸汽压、不可凝结气体分压、表面张力的关系为 $p_c = p_v + p_g - 2S/R_c$。如果外部液体压强低于 $p_c$,气核将增长,最终破裂发生。按照约定,抗拉强度取值为 $-p_c$。

从微观尺度看,固体表面并非完全平整。固体表面的几何形状可促进蒸汽泡的产生和膨胀,这样的位置通常被称为**成核点**。所以,空化成核必须考虑固体表面的局部几何形状。如果固体表面存在孔隙和沟槽,汽泡成核率也会提高。疏水性表面的存在将会诱发成核,且显著降低抗拉强度。

---

[1] Khoo M T, Venning J A, Pearce B W, et al. Natural nuclei population dynamics in cavitation tunnels[J]. Experiments in Fluids, 2020, 61: 34.

空化发生后,通过水气界面的相变传质是空化区演化的主要物理机制。球泡动力学模型给出了汽泡界面的运动规律,但相变水体的质量并没有得以反映。为了计算相变过程中液相与气相间转变的质量,需要在微观尺度通过汽泡内外水分子浓度梯度和扩散系数进行计算。为了简便,可在宏观尺度根据经验传质系数进行估算。对于成长阶段或溃灭阶段,环境压强和动压剧烈变化,湍流流动的非定常、非均匀特性会显著增强水气两相界面的传质系数。

依据空化核演化与界面传质物理过程进行空化界面的模拟,需要进行多时空尺度的计算:水体气核半径为微米尺度,船舶螺旋桨直径为数米,故流场空间尺度至少跨越6个数量级;而气核演化特征时间在微秒级,空化流场的发展以秒计,时间尺度也跨越6个数量级以上。对于微观问题,采用分子动力学可准确模拟成核过程,揭示相变的物理过程,见图14.3.3。对于工程问题而言,无法且无须进行如此规模浩大的直接数值模拟。从工程力学研究方法论的角度出发,通常基于球泡动力学理论与实验观测的基本规律分析,建立反映空化核演化与传质效应的数学模型。在船舶水动力学领域,一般称为**空化模型**。

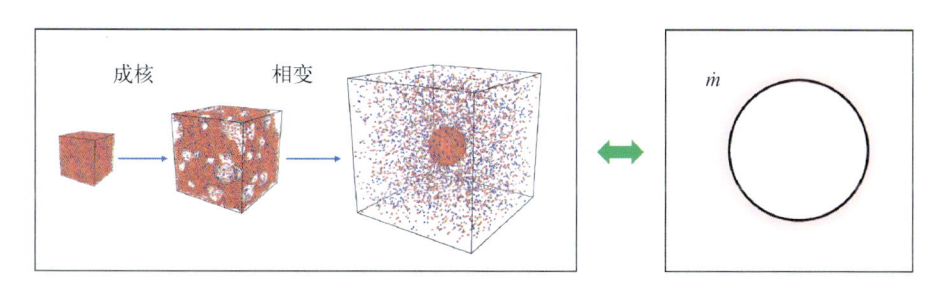

**图 14.3.3 空化相变物理过程与空化建模示意图**

2. **螺旋桨的空化模型**

对于船舶螺旋桨的空化问题,仅需考虑压强变化引起的水体液相和气相间转化,温度的影响通常可以忽略。这与火箭发动机低温燃料泵空化存在明显区别。自20世纪末以来,研究者们从不同角度进行数学建模,面向船舶螺旋桨提出了四类主要空化模型,包括:正压空化模型、质量输运空化模型、纯经验源项空化模型、界面平衡假设下的无参数空化模型。以下简要介绍在工程中已获得应用的前两种模型。

**正压空化模型**通过状态方程描述气液混合物变密度流动,而混合介质密度是当地流场压强的单值函数,可通过密度分布给出空化气相区域。由于该模型没有反映空化相变传质过程的本质,使用该模型进行数值模拟,只有附着型片空化的模拟结果与实验结果吻合良好。

**质量输运空化模型**可计入液相和气相质量的输运,有效模拟不同类型的空化流动,从而得到了快速发展和广泛应用。在相变过程中,水气转化是液相或气相质量输运方程的关键源项,而抗拉强度是反映该相变转化过程的一种简单有效的判断准则。通过引入均质混合流假设,将空化区液态水和汽泡离散相近似作为均匀混合介质处理,将气核尺度的影响融入抗拉强度,可绕开模拟微小空化核演化的计算难题。在均质混合流空化模型中,通常以**传质速率** $\dot{m}$ 作为描述连续性方程的源项。在直角坐标系 $oxyz$ 中,记流场速度分量为 $u$、$v$ 和 $w$,将连续性方程表示为

$$\frac{\partial(\alpha_v\rho_v)}{\partial t} + \frac{\partial(\alpha_v\rho_v u)}{\partial x} + \frac{\partial(\alpha_v\rho_v v)}{\partial y} + \frac{\partial(\alpha_v\rho_v w)}{\partial z} = \dot{m} = \dot{m}^+ - \dot{m}^- = Cf_1(\alpha_v)f_2(p)$$

(14.3.9)

其中,$\alpha_v$ 为空化区含气率;$\rho_v$ 为空化区的气相介质密度;$f_1(\alpha_v)$ 和 $f_2(p)$ 分别为反映流场含气率与流场压强影响的经验函数;$C$ 为传质速率强度的经验参数[1]。对于液相和气相间转化的判断函数 $f_2(p)$,现有模型分为两类:一种是直接比较流场压强计算值与抗拉强度的差异 $p-p_c$;另外一种是借鉴式(14.3.8),通过汽泡界面速率 $\dot{R}$ 与传质速率强度的乘积来表达传质速率。依据实验数据对式(14.3.9)中的源项经验参数进行**率定**(即通过对经验参数调整,使模型预报结果与实验数据一致),可以实现空化区范围、空化条件下螺旋桨推力和扭矩的预报。由于忽略了微小汽泡的运动、溃灭等因素,该模型原则上不能用于中高频空泡噪声和空蚀等问题的研究。

### 3. 空化多相流模拟方法

自 21 世纪以来,利用 CFD 模拟空化形态和演化过程得到了迅速发展。多相流模拟有多种方法。空化流动计算的关键在于准确模拟相变过程,以及由于相变传质过程引起的湍流流场变化。在计算时,需要重点关注以下几个问题。

第一,相界面模拟精度。对于空化问题,由于水汽密度比巨大,空化区范围对流场和载荷精度的影响极其显著。针对空化流相界面的数值解法主要有大两类:第一类是基于多相流的界面追踪法,第二类是基于混合流假定的均质混合流方法。流体体积法(volume of fluid, VOF)是常用的两相流界面捕捉方法,对于可压缩流动也可视为扩散界面法(diffuse interface method, DIM)。为了提高空化相变、空泡演化过程相界面的数值模拟精度,可通过高精度空间离散、界面重构及自适应网格加密方法进行改进。对于多相流的界面扩散,可通过两个途径抑制:一是对界面重构采用基于双曲正切函数的界面捕捉算法,提高界面的重构精度并抑制界面函数的振荡;二是在 VOF 函数输运方程右端添加与界面法线、相函数梯度和相函数乘积的源项。

第二,空化区泡群混合介质的可压缩性。空化区含有大量的微汽泡,声速由纯水的 1 500 m/s 降至混合介质的 30~100 m/s,表明混合介质具有明显的可压缩性。近年来,在实验中观测到了片空化和云空化区具有类似激波的流动结构[2]。水气两相空化流动中,仅在水气掺混区具有较高流速,而在其他区域,流速远小于介质声速。因此,需要采

---

[1] Wang B L, Liu Z H, Li H Y, et al. On the numerical simulations of vortical cavitating flows around various hydrofoils[J]. Journal of Hydrodynamics, 2017, 29: 926-938.

[2] Ganesh H, Mäkiharju S A, Ceccio S L. Bubbly shock propagation as a mechanism for sheet-to-cloud transition of partial cavities[J]. Journal of Fluid Mechanics, 2016, 802: 37-78.

用加快低速流场收敛的预条件分解等算法,提高可压缩空化流数值模拟的迭代收敛速度。

第三,湍流模型。空化流动中的漩涡运动及其结构比单相介质流动更为复杂,特别是空泡面上的斜压涡量源对涡结构的影响、空泡级联式脱落和溃灭过程中的展向涡和流向涡交织结构,以及在空泡尾流中的复杂涡系运动,形成湍流。针对直接数值模拟湍流的困难,人们发展了许多近似数值方法。例如,在描述脉动动能 $k$ 和脉动动能耗散率 $\varepsilon$ 的两个动力学方程中引入先验知识,建立了 $k-\varepsilon$ **湍流模型**(又称 $k-\varepsilon$ 湍流模式)。该模型已嵌入许多 CFD 软件,但存在 Reynolds 应力与平均速度梯度线性相关、湍流黏性估计过高的问题。更精细的**非线性湍流模型/模式**通过引入平均应变率和旋转率张量表达各向异性湍流的本构关系[1],可准确反映漩涡空化流动区域曲面流线和螺旋桨旋转运动影响下雷诺应力与平均应变率空间分布不一致的非线性特性,提高了 Reynolds 应力分布、漩涡强度与空化范围的数值模拟精度。随着对湍流认识的深化,人们提出了**大涡模拟**(large eddy simulation,LES)方法:即用数值模拟数量相对较少的大涡,用统计模型描述数量众多的小涡,并通过应力关系建立两者的关联。大涡模拟法能够模拟湍流时空的非定常特性,已逐步应用于空泡流漩涡结构演化、湍流脉动、空泡流噪声与空蚀预报。

目前,空化模型在模拟空化宏观特性方面较为成功,可用于流态、相界面和水动力载荷幅值的预报。但对梢涡空化、云空化流动中涉及漩涡、汽泡湍流相互作用和群泡等问题,空化模型的普适性和流动细节模拟还存在巨大差距。最近几年,基于数据驱动的空化流模型研究正逐渐兴起[2]。在大数据支撑下,这类模型有望成为快速预报的手段。空化流动作为典型的多相流问题,不仅要准确模拟多相湍流,更要处理临界状态的相变过程、空化区混合介质和群泡特性,这是空化数值模拟与其他多相流模拟的主要区别,也是未来空化流数值模拟研究的重要发展方向。

## 14.4 螺旋桨空泡流模拟及其应用

在船舶设计中,为了获得螺旋桨的工作效率、抗空化性能,需要对螺旋桨在典型流场中的空化区范围与水动力进行预报。目前,采用的典型流场有两种:一是通过均匀流,考察螺旋桨的定常推力和扭矩;二是通过接近实际航行状态的船后非均匀伴流,考察非均匀流动引起的脉动载荷。

研究上述问题时,需采用数值计算和水洞实验相结合的方法。水洞是研究螺旋桨各项性能的有效实验平台,通常可开展均匀流、给定船体伴流的螺旋桨空化观测和推力测量。由于水洞尺寸限制,在一般水洞实验中难以开展船体和螺旋桨流场的联合测量。数

---

[1] 符松,王亮. 湍流模式理论[M]. 北京:科学出版社,2023:78-80.
[2] Zhang Z, Wang J Z, Huang R F, et al. Data-driven turbulence model for unsteady cavitating flow[J]. Physics of Fluids, 2023, 35: 015134.

值计算可不受水洞几何尺度、流动 Reynolds 数、波浪等因素的影响,已逐渐成为波浪环境下实船运动伴流影响下螺旋桨流场的工程预报有效手段。本节分别以螺旋桨性能及其水洞实验、均匀流与船体伴流的螺旋桨空化流场数值模拟为例,介绍其基本方法和工程应用。

### 14.4.1 螺旋桨性能及水洞实验

#### 1. 螺旋桨推进效率

影响螺旋桨推力 $f_T$ 的因素包括:螺旋桨直径 $D$、来流速度 $u_\infty$、螺旋桨转速 $n$、水体的密度 $\rho$ 与动力黏性系数 $\mu$、环境压强 $p_\infty$ 与饱和蒸汽压强 $p_v$。现根据 2.2 节所介绍的量纲分析方法,分析影响螺旋桨推力 $f_T$ 的无量纲参数。

根据定理 2.2.1,将推力 $f_T$ 表示为上述 6 个物理量的幂函数:

$$f_T \propto \rho^a D^b u_\infty^c n^d \mu^e (p_\infty - p_v)^f \tag{14.4.1}$$

动力学问题只有 3 个基本量纲,即质量 M、长度 L 和时间 T,因此式(14.4.1)的量纲满足:

$$\mathrm{MLT^{-2}} = (\mathrm{ML^{-3}})^a (\mathrm{L})^b (\mathrm{LT^{-1}})^c (\mathrm{T^{-1}})^d (\mathrm{ML^{-1}T^{-1}})^e (\mathrm{ML^{-1}T^{-2}})^f \tag{14.4.2}$$

令式(14.4.2)两端的基本量纲幂次相等,取 $c$、$e$、$f$ 为独立幂次,解出幂次 $a$、$b$、$d$,进而可得

$$f_T = \rho n^2 D^4 \left(\frac{u_\infty}{nD}\right)^c \left(\frac{\mu}{\rho n D^2}\right)^e \left(\frac{p_\infty - p_v}{\rho n^2 D^2}\right)^f \tag{14.4.3}$$

由于模拟船体运动的来流速度 $u_\infty$ 与螺旋桨旋转线速度 $nD/2$ 是两个不同的速度分量,为了保证螺旋桨桨叶扰流运动学相似,在船舶水动力学研究中,采用**进速系数** $J \equiv u_\infty/(nD)$ 相等来保证运动相似,并通常取两倍螺旋桨旋转线速度 $nD$ 为参考值。进速系数类似于空气动力学研究中的攻角,是影响螺旋桨流场结构的重要参数,也是模型实验必须满足的相似条件。式(14.4.3)中另外两个无量纲参量分别对应于 $Re$ 和转速空化数 $\sigma_n$。由此可定义**推力系数** $K_T$,并将其表示为无量纲函数:

$$K_T \equiv \frac{f_T}{\rho n^2 D^4} = F(J, Re, \sigma_n) \tag{14.4.4}$$

给定进速系数 $J$ 和转速空化数 $\sigma_n$ 后,推力系数 $K_T$ 仅是 $Re$ 的函数。

记 $M$ 为螺旋桨扭矩,定义**扭矩系数** $K_M \equiv M/(\rho n^2 D^5)$,可类似获得影响螺旋桨扭矩的因素也与进速系数 $J$、$Re$ 和转速空化数 $\sigma_n$ 相关。因此,可定义如下螺旋桨**推进效率**来衡量螺旋桨输入扭矩产生推力的性能,即

$$\eta \equiv \frac{J}{2\pi}\frac{K_T}{K_M} \qquad (14.4.5)$$

根据数值模拟和实验数据分析,在 $Re = 10^6 \sim 10^8$ 范围,典型螺旋桨的推力系数 $K_T$ 基本不变,而扭矩系数 $K_M$ 略有降低,故推进效率基本不变。

**2. 水洞实验简介**

1895 年,英国学者帕森斯(Sir Charles Parsons,1854~1931)在纽卡斯尔大学建成了世界上第一座水洞。该水洞为铜制,全长 1 m,工作段特征尺度为 0.15 m,实现了在实验室环境下空化现象的定量观测。借助该水洞,Parsons 为 Turbinia 号船设计了 3 轴 9 桨的螺旋桨系统,有效提高了航速。此后,水洞成为研究空化流动的主要实验设施。

对于研究空化的水洞,要求空化现象仅发生在工作测试段。通常,可采用收缩截面提高工作流速、降低水流循环系统水头损失。工作测试段布置在水洞结构最上部,利用重力进一步提高非工作段的静压。水洞工作段的压强和流速可独立调节,环境压强可用抽气减压的方式控制,流速通过水流循环系统调节。对水洞中的密闭循环流道充水,由位于水洞底部的轴流泵驱动水流高速循环运动。为了消除工作测试段空化产生的微小汽泡和水体中溶解的微小汽泡,还需对水洞设置除气核装置。图 14.4.1(a)是典型的空化水洞整体结构,其包括工作测试段、水流循环系统、溶解气体控制系统、水洞环境控制系统等。图 14.4.1(b)是典型的工作测试段。

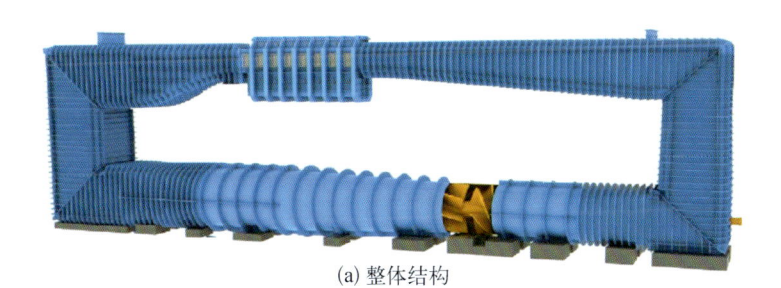

(a) 整体结构

(b) 工作测试段

图 14.4.1　典型的空化水洞

对于螺旋桨空泡流研究,目前常用的水洞测试段截面主尺度为 0.5~1.0 m,流速可达 10~15 m/s。通过抽真空将水洞环境压强降低至 10~180 kPa,根据空化数相似,可实现一定空化数范围的空化流动。为了研究空化机理,部分高校建有小型空化水洞,开展二维水翼和轴对称体的空化流场实验,其测试段主尺度为 0.2~0.3 m。为了满足船体尾流与螺旋桨相互作用、空泡噪声的研究,船舶行业的核心研究机构兴建了大型空化水洞,其测试段截面主尺度达 2.0~3.0 m。典型代表包括:美国泰勒水洞、法国瓦德勒伊水洞、德国汉堡水洞。此外,在传统拖曳水池的基础上实现减压功能,可满足 Froude 数、空化数和进速系数同时相似,如中国船舶科学研究中心的拖曳水池和荷兰海事研究所(Maritime Research Institute of the Netherlands, MARIN)的水池。其中,MARIN 水池的尺度为 240 m×18 m×8 m,环境压强为 4 kPa。船舶行业规范要求:螺旋桨缩比模型直径不小于 250 mm,以达到高 Reynolds 数的自相似条件,这是工业水洞测试段截面做到 m 级尺度的主要原因。

在水洞实验中,可通过布置在桨叶表面的多个传感器获得一定范围内的压强分布,进而了解物面压强及其脉动特性,分析影响空化载荷和辐射噪声的重要因素。由于空泡溃灭过程会产生数十 MPa 的局部冲击载荷,对传感器的量程和测量精度的要求较高。

在水洞实验中,通过动力仪来测量螺旋桨的推力和扭矩。它可按照给定转速来驱动螺旋桨旋转,同时给出螺旋桨旋转产生的推力和扭矩,进而计算出螺旋桨的推进效率。

在开展水洞实验前,需要明确环境因素,如水体的温度、环境压强与含气量。空化实验需要遵循的必要条件是模型空化数与实船空化数相同。根据空化数定义,在流速确定后,由于水体饱和蒸汽压强是一个确定值,只能调整水洞环境的远场压强。这也是空化水洞常需要进行抽气,以降低水洞压强的原因。水体的总空气含量 $\alpha$(单位 mg/L)或总空气含量比 $\alpha/\alpha_s$ 可用范斯莱克(Van Slyke)仪来测量,这里 $\alpha_s$ 为饱和状态水体含气量。考虑测量的便捷性,也有实验室用总含氧量来替代。

在空化流场的水洞实验中,主要关注空泡形态、流速分布与空化区介质特性,现分别进行介绍。

第一,空泡形态。对于水气两相流动,空泡形态给出了最为重要的相界面分布。为了获得清晰的螺旋桨空化流场照片,常使用频闪光源,其闪光频率可根据螺旋桨旋转速度调整。当闪光频率与桨叶旋转频率一致时,可重复地观察到相同的图像,实现"冻结"旋转桨叶的静态空化流场的摄像。例如,图 14.1.1 就是通过频闪光源拍摄获得的旋转螺旋桨的空化流场。

第二,流速分布。空化流动是伴随相变过程的多相流动,通常需要进行非侵入式测量。基于多普勒原理的激光测速方法可以获得给定空间点的湍流信息,基于粒子成像测速(particle image velocimetry, PIV)技术可获得二维平面或三维空间内的湍流速度分布。对于云空化区,肉眼可见的只是一团云状白雾。由于云空化区光路折射、散射和遮蔽效应,对云空化区内部流场流速的测量仍存在巨大挑战。

第三,空化区介质特性。在空化区内部,水气两相掺混情况复杂,对于液态水与蒸汽掺混的复杂两相流动,汽相含量、泡群泡径分布和速度等多相混合流体介质特性是研究空化区流动的重要基础数据。空化区多相混合介质测量的实验方法可分为非接触式和接触式两类,包括电离辐射、内窥技术、电容层析、电阻探针和光纤探针等。与实验条件要求较高的非接触式方法相比,接触式探针测量技术更加简便和稳定,可得到单个测点位置的含气率、汽泡速度和汽泡大小等信息。这些实测数据为认识云空化流动机理、噪声传播、空蚀,以及建立云空化群泡流动数学物理模型提供了最基础、最核心的泡群信息。

### 14.4.2 均匀流场的螺旋桨空泡预报

螺旋桨在均匀流场中的推进效率、空化区范围是其基础水动力性能。在螺旋桨优化设计中,可通过数值计算来模拟螺旋桨的空泡流场,预报螺旋桨的推力和扭矩等水动力特性,为螺旋桨叶型优化提供支撑。通常,基于数值计算来进行螺旋桨的初步优化设计,再开展相应的水洞实验验证优化设计的有效性。

空化流是复杂的气液两相流动,空化流动预报的精度取决于空化模型的有效性。根据前述质量输运空化模型中的均质混合流假设,将空化流简化为可变密度的单流质,并通过式(14.3.9)求解其时空分布。目前,在商业软件 ANSYS Fluent 和 Star-CCM+、开源软件 OpenFOAM 中,已包含基于均质混合流的空化流场计算模块。

在式(14.3.9)中,其右端的源项 $\dot{m} = \dot{m}^+ - \dot{m}^- = Cf_1(\alpha_v)f_2(p)$ 是决定水气两相介质转化的关键。近年来,在空化流模拟中广泛采用施耐尔-萨奥尔(Schnerr-Sauer)空化模型[1]:

$$\dot{m}^+ = C_v \frac{\rho \rho_v}{\rho_m} \frac{3\alpha_v}{R_b} \sqrt{-\frac{2}{3} \frac{\min(0, p - p_v)}{\rho_l}}, \quad \dot{m}^- = C_c \frac{\rho \rho_v}{\rho_m} \frac{3(1-\alpha_v)}{R_b} \sqrt{\frac{2}{3} \frac{\max(0, p - p_v)}{\rho_l}}$$

(14.4.6)

其中, $\dot{m} = \dot{m}^+ - \dot{m}^-$,表示相变质量的绝对值,包含相变产生项 $\dot{m}^+$ 和凝结项 $\dot{m}^-$; $\rho$ 和 $\rho_v$ 分别为液相介质和气相介质的密度;水气混合介质的密度为 $\rho_m = (1 - \alpha_v)\rho + \alpha_v \rho_v$;根据大量实验结果,反映空化传质系数强度的气化经验系数 $C_v$ 和凝结经验系数 $C_c$ 可取为1.0。为了描述空化区泡群的影响,该模型还引入了由含气率 $\alpha_v$ 和气核数密度 $N = 1.6 \times 10^{13}$ m$^{-3}$ 表达的等效气核半径:

$$R_b = \left( \frac{3}{4\pi} \frac{1}{N} \frac{\alpha_v}{1 - \alpha_v} \right)^{1/3}$$

(14.4.7)

简单地估算, $R_b$ 的尺度在 10~100 μm。

---

[1] Liu Z H, Wang B L. Numerical simulation of the three-dimensional unsteady cavitating flow around a twisted hydrofoil[J]. Ocean Engineering, 2019, 18: 106313.

根据例14.3.1的分析,宏观流动空化区域的内外压差是影响汽泡运动的主要动力因素。作为反映相变现象的简化模型,式(14.4.6)所描述的相变源项仅包含了流场压强与饱和蒸汽压的压差 $p-p_v$ 的影响。此外,式(14.3.8)给出了球泡界面的运动速度。虽然实际空泡并非球形,但大量实验结果表明,球泡模型具有较广泛的适用性与鲁棒性。

在模拟梢涡空泡时,能否准确捕捉漩涡结构、预报涡心压强是关键。螺旋桨空化流场不仅对空化模型的有效性提出了较高的要求,漩涡流动结构对计算网格空间分辨率与湍流模型也提出了较高要求。一般而言,对漩涡涡核结构直径进行模拟,需要30个网格才能有效消除数值耗散影响。在数值模拟中,可以通过梢涡区域网格加密来达到网格精度要求。漩涡流场的模拟不仅需要足够的网格解析度,还需要适用于漩涡流场的湍流模型。14.3.2节所介绍的 $k-\varepsilon$ 湍流模型能较好地预报螺旋桨叶面上的附着空泡形态,但不能准确预报大分离区和漩涡流场的湍流流动特征,也难以模拟出梢涡空泡。对于更具有挑战性的非平衡空化流动,如空化起始、空泡溃灭和空蚀区域的预报,采用基于湍流涡黏性模型的仿真结果与实验结果仍存在显著差异。本章作者团队采用非线性湍流模型,提出一种计算量适中、但能显著提高漩涡空化流场模拟精度的方法。如图14.4.2所示,对INSEAN E779A 螺旋桨梢涡空泡的计算结果表明,在相同计算网格($4.5\times10^6$ 个)下,采用非线性湍流模型可比 $k-\varepsilon$ 湍流模型更好地与实验结果吻合。

(a) Salvatore等[1]的实验　　(b) $k-\varepsilon$ 湍流模型　　(c) 非线性湍流模型

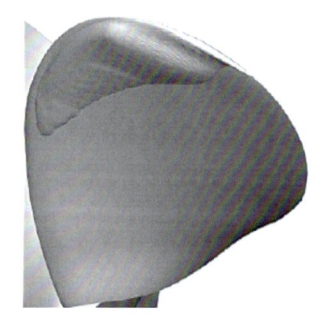

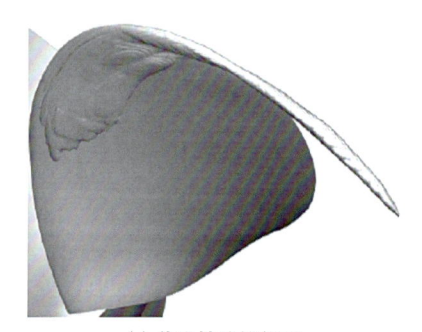

图14.4.2　INSEAN E779A 螺旋桨流场实验和计算对比
(进速系数 $J = 0.71$,转速空化数 $\sigma_n = 1.76$)

### 14.4.3　非均匀伴流场的螺旋桨空泡预报

螺旋桨在船体尾部运行,船体尾部的非均匀伴流场将给螺旋桨的空泡流带来显著影响。对于这类螺旋桨水动力和空化流场的预报,可以通过大规模并行计算实现

---

[1] Salvatore F, Testa C, Greco L. A viscous/inviscid coupled formulation for unsteady sheet cavitation modelling of marine propellers[C]. Osaka: The 5th International Symposium on Cavitation, 2003, CAV03-GS-12-002.

船体、附体及螺旋桨的同时模拟。在设计与优化阶段，为了降低计算规模、突出设计优化重点流场，适应现有船舶总体设计需求，通常采用给定船体尾部伴流场进行非均匀伴流场螺旋桨性能的预报。本小节基于 14.4.2 所介绍的方法，对某 50 000 t 油船的螺旋桨进行性能预报。

**例 14.4.1** 该油船的航速为 15 kn ≈ 27.78 km/h，螺旋桨直径为 7 m，转速为 83 r/min。根据 14.4.2 节的方法，求解非均匀伴流场中螺旋桨缩比模型的空泡形态，求解要求是：通过空泡数值计算方法，预报螺旋桨旋转过程中不同相位角下的空泡形态，并与缩比模型实验结果进行对比，验证数值模拟方法的有效性。

**解**：将计算和验证过程分为八步完成。

**第 1 步**：依据上海船舶运输科学研究所的实验条件，确定螺旋桨缩比模型和计算区域。该研究所的空泡水筒工作测量段长 2.6 m，横截面尺寸为 0.6 m(宽)×0.6 m(高)，在四个角有 0.1 m 倒圆角，螺旋桨距入口 0.5 m[1]。表 14.4.1 给出了螺旋桨缩比模型的信息。根据水洞设施调压能力范围与 Reynolds 数大于 $10^6$ 的约束条件，将实验中的水洞流速设置为 $u_\infty = 5.95$ m/s。

表 14.4.1 螺旋桨缩比模型的几何参数

| 直径 $D$/m | 盘面比 | 螺距比(0.35$D$ 处) | 桨叶数 | 旋向 |
|---|---|---|---|---|
| 0.248 | 0.40 | 0.826 | 4 | 右旋 |

**第 2 步**：为了模拟船舶尾部非均匀伴流速度，通过对绕船体流动进行 CFD 模拟，获得桨盘面轴向速度分布 $u$。在计算域入口给定轴向伴流速度边界，**伴流速度**定义为 $\bar{u} \equiv 1 - u/u_\infty$，其空间分布见图 14.4.3。

**第 3 步**：给定进速系数 $J = u_\infty/(nD) = 0.8$，根据 $u_\infty = 5.95$ m/s 和 $D = 0.248$ m，得到螺旋桨缩比模型的转速为 $n \approx 30$ r/s。根据式(14.4.4)，得到推力系数 $K_T \equiv f_T/(\rho n^2 D^4)$，其中 $f_T$ 为螺旋桨推力。

**第 4 步**：将计算域分为静止区域和螺旋桨旋转区域，两个区域通过交界面连接。对于非均匀伴流场中的螺旋桨流场，需要考虑旋转部件与来流的联合处理方法，采用**滑移网格法**进行计算。滑移网格同样区分内域和外域，在每个计算时间步旋转内域计算网格，实现螺旋桨旋转运动。为了捕捉梢涡空泡，对桨叶叶梢区域网格进行加密。通过对网格收敛性验证，所需的网格总数约为 $10^7$。

**第 5 步**：当无空化流场计算稳定后，激活空化模型，调整远场压强 $p_\infty$，以满足**转速空化数** $\sigma_n \equiv 2(p_\infty - p_v)/(\rho n^2 D^2) = 3.0$。数值计算的时间步长取为 $9.26 \times 10^{-5}$ s，对应螺旋桨旋转角度为 1°。在空化状态，螺旋桨平均推力系数为 0.139，与模型实验结果的相对

---

[1] 刘恒,伍锐,孙硕.非均匀流场螺旋桨空泡流数值模拟[J].上海交通大学学报,2021,55:976-983.

误差为 0.72%。如图 14.4.4 所示,最小推力系数出现在相位角为 45°、135°、225° 和 315° 时。

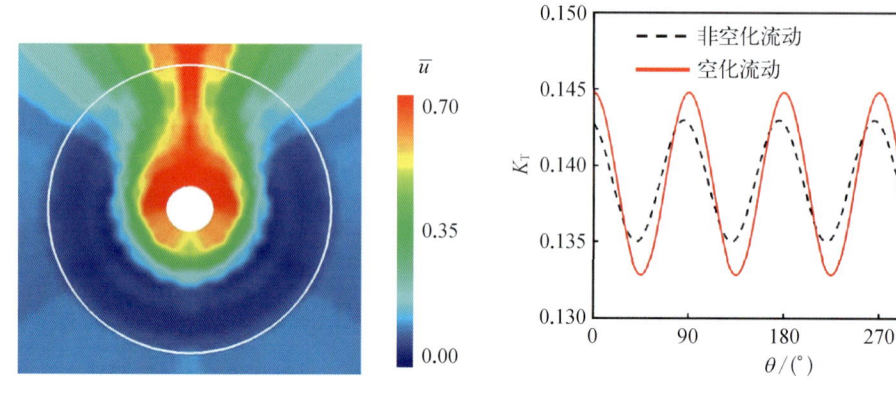

图 14.4.3  轴向伴流速度 $\bar{u}$ 分布

图 14.4.4  螺旋桨旋转中推力系数 $K_T$ 的变化

**第 6 步**:将数值计算结果与模型实验结果进行定性比较。采用空化区含气率 $\alpha_v = 0.1$ 的等值面描述空泡形态。图 14.4.5 给出了桨叶进、出伴流区域时空泡演化的过程:当桨叶开始进入伴流区域时,首先在叶背出现片空泡,并起始于桨叶前缘附近;随着桨叶继续旋转,叶背片空泡面积逐渐增大,梢涡空泡开始脱出;最大叶背片空泡面积出现在 $\theta = 20°$;随后片空泡面积逐渐减小,梢涡空化逐渐加强;随着桨叶逐渐转出伴流区域,叶背片空泡消失,至 $\theta = 60°$ 时,梢涡逐渐减弱直至消失。与模型实验结果相比较,数值计算准确地预报了片空泡与梢涡空泡的**起始**、**演化**和**消失**等现象。

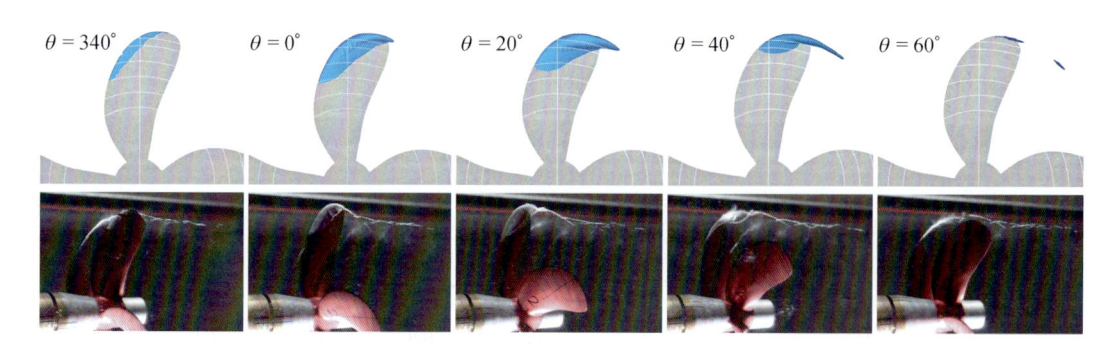

图 14.4.5  桨叶在不同旋转角度时空泡形态的计算结果与模型实验结果比较

**第 7 步**:将数值计算结果与模型实验结果进行定量比较。将不同相位角空泡计算结果和实验照片进行图像处理,重塑为正投影图片,分别测绘叶背空泡正投影平面面积和桨叶正投影平面面积。定义**叶背片空泡面积比**为 $\kappa \equiv (A_{cav}/A_B) \times 100\%$,其中 $A_{cav}$ 为叶背空泡面积,$A_B$ 为桨叶面积。表 14.4.2 给出了片空泡正投影面积数值模拟和实验结果。在 40° 相位角,空泡面积百分比相差 4.73%;在其他相位角,差异均在 2.5% 以内。

表 14.4.2　叶背片空泡面积百分比数值模拟和实验结果对比

| 结　果 | $\theta=340°$ | $\theta=0$ | $\theta=20°$ | $\theta=40°$ | $\theta=60°$ |
|---|---|---|---|---|---|
| 实验结果/% | 6.18 | 21.39 | 25.50 | 5.73 | 0.00 |
| 计算结果/% | 8.60 | 21.90 | 23.02 | 10.46 | 0.00 |
| 差值/% | 2.42 | 0.51 | 2.48 | 4.73 | 0.00 |

**第8步**：深化讨论。由图 14.4.5 可见，在螺旋桨旋转一周过程中，在伴流区发生明显的片空泡。空泡体积的变化是空化流场低频压强脉动的根源。大量的数值模拟与模型实验结果分析表明，距离空泡为 $r$ 位置的低频压强脉动与空泡等效体积 $V$ 对时间的二阶导数成正比，即 $p=\rho\ddot{V}/(4\pi r)$，这与球泡作为点源振荡过程的远场压强扰动规律一致，提供了空泡体积变化与压强扰动的快速、定量描述。片空泡体积随时间的周期性变化造成船体表面上的压强脉动，形成**螺旋桨空泡激振力**。根据非定常空泡流场，可以获得空泡体积的时间历程，通过积分来计算船体的脉动压强分布，预报螺旋桨空泡激振力。

由表 14.4.2 可见，数值模拟结果与模型实验结果一致，可预报不同进速系数和转速空化数组合条件下的空化形态，得到图 14.4.6 所示的推力系数、扭矩系数和推进效率，供螺旋桨工程优化设计。在计算资源允许条件下，还可开展高 Reynolds 数条件下的实际尺度螺旋桨性能、船-桨-舵相互作用等数值模拟，以消除缩比模型实验 Reynolds 数不足的影响。

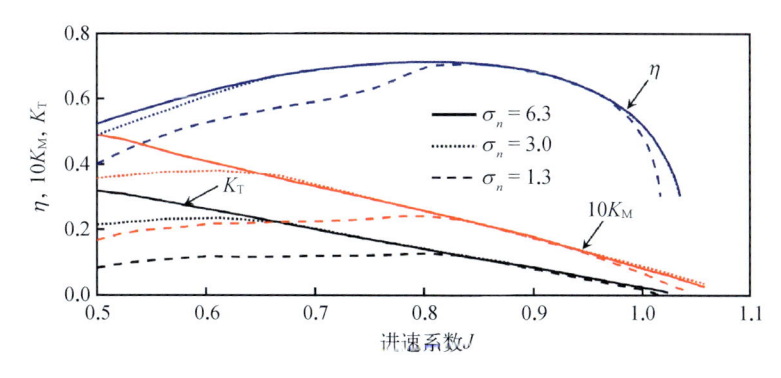

图 14.4.6　三种转速空化数下螺旋桨缩比模型的推力系数、扭矩系数和推进效率变化

例 14.4.1 的螺旋桨设计方案表明，在 $\sigma_n>3.0$ 条件下，可以达到推力不减、空泡激振力略有增加的良好效果。在螺旋桨设计中，还可通过叶梢卸载、大侧斜桨叶等技术，显著改善空化引起的水动力效率下降和螺旋桨激振力上升等问题。

目前，经过精心设计的螺旋桨，可基本消除空泡对推进效率的负面影响。然而，空泡是强噪声源，影响船舶的远场辐射噪声，下节将对此进行讨论。

## 14.5 螺旋桨的梢涡空泡噪声预报

虽然球泡动力学模型在分析空化初生、水下爆炸冲击载荷及空泡噪声等问题上取得了成功,但无法描述图 14.1.1(b)中螺旋桨梢涡区域的柱状空泡。本节针对螺旋桨噪声问题,讨论柱泡动力学模型并基于该模型预报梢涡空泡噪声。

螺旋桨噪声包括螺旋桨叶频噪声、桨叶涡唱噪声与湍流噪声,图 14.5.1 给出了典型噪声频率范围与相对强弱。与单相流动相比,发生空化后各成分的噪声都显著增大,水动力空化流动噪声是最重要的噪声源。

为何空化噪声如此显著,需要从空化本质来分析。空化伴随剧烈的水-气转化,形成发声效率极高的**单极子声源**(即**点声源**)。非稳态空化流场和片空泡脱落形成低频声源,空化群泡和多相湍流噪声分别形成中频和高频声源。此外,螺旋桨梢涡、旋转倍频和空化湍流拟序结构还可形成特征鲜明的窄带谱声源。由于多种声源共存,空化噪声具有成分杂、频谱宽、幅值高的特点。在螺旋桨旋转过程中,翼梢涡量集中形成梢涡。

本节介绍本章作者团队近年来发展的梢涡空泡涡唱噪声分析和预报方法,采用声压级的参考压强为 1 μPa。如图 14.1.1(b)所示,梢涡中心低压区往往伴随着梢涡空泡,进而产生梢涡空化**涡唱**,即梢涡空泡声辐射强度激增现象。图 14.5.2 给出了单片桨叶 NACA66$_2$-415 椭圆翼空化流场的辐射噪声频谱。与非涡唱流场噪声相比,涡唱的增幅可达 20 dB[1]。由于梢涡空化涡唱频谱特征明显,声辐射强,是军用舰船隐身性研究关注的重点。

图 14.5.1 水动力噪声源幅频分布

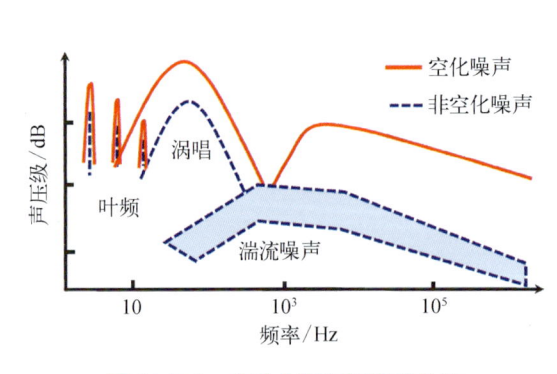

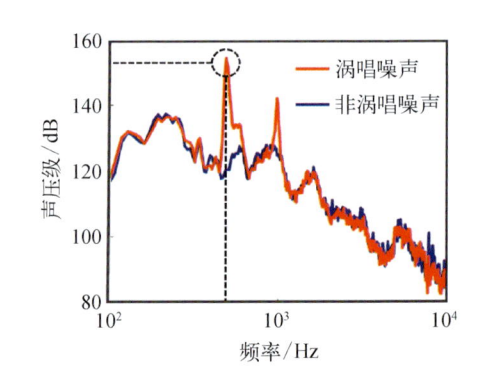

图 14.5.2 椭圆翼梢涡空泡涡唱声辐射频谱

现通过柱泡动力学分析,建立预报梢涡空泡涡唱频率和幅值的模型。考虑来流速度为 $u_\infty = 12.8$ m/s 的流场中椭圆翼的梢涡流场,流动空化数 $\sigma_v = 1.4$。气核被卷入漩涡中心,随着周围压强变化而膨胀的过程中,空泡会沿着漩涡轨迹被拉长,如图 14.5.3 所示。

---

[1] Peng X X, Wang B L, Li H Y, et al. Generation of abnormal acoustic noise: singing of a cavitating tip vortex[J]. Physical Review Fluids, 2017, 2: 053602.

因此，柱状空泡是研究漩涡空泡的一个合理的简化力学模型。考虑无限长柱泡运动，包裹柱状空泡漩涡的环量为 $\Gamma$。根据线涡模型，半径 $r$ 处的周向速度为 $u_\theta = \Gamma/(2\pi r)$。尽管线涡模型存在奇点 $r = 0$，但对于梢涡空泡问题，该速度分布公式在柱泡外区域有效。

(a) 梢涡空泡照片    (b) 柱泡径向振动模型

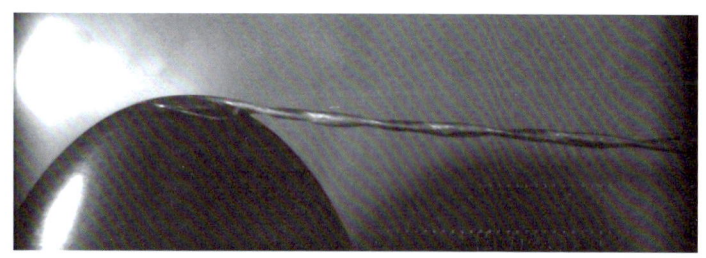

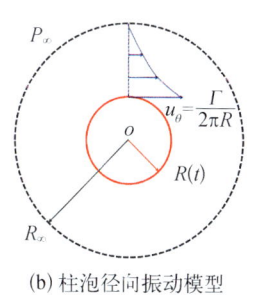

**图 14.5.3  梢涡空泡与简化柱泡模型**

与球泡动力学建模类似，将柱泡连续性方程 $u(r,t)r = R\dot{R}$ 代入径向动量方程后积分，可得到柱泡动力学模型[1]：

$$(R\ddot{R} + \dot{R}^2)\ln\left(\frac{R_\infty}{R}\right) + \frac{R^2\dot{R}^2}{2}\left(\frac{1}{R_\infty^2} - \frac{1}{R^2}\right)$$
$$= \frac{1}{\rho}\left[p_v + p_{g0}\left(\frac{R_0}{R}\right)^{2\gamma} - \frac{2\mu\dot{R}}{R} - \frac{S}{R} - p_\infty\right] + \frac{\Gamma^2}{8\pi^2}\left(\frac{1}{R^2} - \frac{1}{R_\infty^2}\right) \quad (14.5.1)$$

其中，$R_\infty$ 是流动区域的特征半径，在模型实验中，可取水洞特征半径；在海洋环境中，可取柱泡至海面或海底的距离。与描述球泡演化的 R-P 方程相比，式(14.5.1)有两处不同：第一，柱泡运动加速度项带有因子 $\ln(R_\infty/R)$，是轴对称流动特有的基本函数，反映边界效应的影响；第二，给定环量 $\Gamma$ 的漩涡周向速度可提供额外的作用力，故柱状空泡运动与漩涡强度紧密相关。

以下考虑梢涡空泡的一阶近似运动。设柱状空泡界面满足 $R(t) = R_0[1 + \varepsilon\exp(-\lambda t)]$，$\varepsilon \ll 1$。将其代入式(14.5.1)，忽略不可凝结气体分压 $p_g$ 和黏性影响，通过线性化略去关于小参数 $\varepsilon$ 的高阶项，可得到特征方程：

$$\ln\left(\frac{R_\infty}{R}\right)R^2\lambda^2 - \frac{S}{\rho R} + \frac{\Gamma^2}{4\pi^2 R^2} = 0 \quad (14.5.2)$$

这表明，表面张力和漩涡共同决定着梢涡空泡的振动，其固有振动频率为 $\omega_R \equiv \text{Im}(\lambda)$。

根据不可压缩流动的 Bernoulli 方程，梢涡空泡界面周向速度 $u_\theta$ 与远场压强 $p_\infty$ 和饱和蒸汽压 $p_v$ 之间满足 $p_\infty = p_v + \rho u_\theta^2/2$，将其代入空化数计算公式：$\sigma_v = 2(p_\infty - $

---

[1] Liu Y Q, Wang B L. Dynamics and surface stability of a cylindrical cavitation bubble in a rectilinear vortex[J]. Journal of Fluid Mechanics, 2019, 865: 963-992.

$p_v)/(\rho u_\infty^2) = u_\theta^2/u_\infty^2$,由此可推算梢涡空泡柱面的周向速度 $u_\theta$。通过高速摄像获得柱状汽泡半径 $R$ 后,则可获得梢涡环量 $\Gamma = 2\pi R u_\theta$;依据实验,获得远场压强 $p_\infty$。将这些流动量列于表 14.5.1,根据式(14.5.2),即可计算获得梢涡空泡的第一阶固有频率。

**表 14.5.1 梢涡空泡涡唱频率、辐射噪声预报值与实测结果对比($\sigma_v = 1.4$,$u_\infty = 12.8$ m/s)**

| $R$/mm | $\varepsilon$ | $\Gamma$/(m²/s) | $p_\infty$/kPa | 实测频率/Hz | 计算频率/Hz | 频率误差 | 实测声辐射峰值/dB | 声辐射峰值计算值/dB | 峰值误差 |
|---|---|---|---|---|---|---|---|---|---|
| 2.55 | 0.005 | 0.243 | 117 | 488 | 485 | 0.6% | 156 | 165 | 6% |

基于线性声波理论,可根据柱泡界面运动速度 $\dot{R}$ 来计算梢涡空泡涡唱噪声。噪声径向振动模态的声压满足波动方程:

$$\frac{\partial^2 p}{\partial t^2} - \frac{c^2}{r}\frac{\partial}{\partial r}\left(r\frac{\partial p}{\partial r}\right) = 0 \tag{14.5.3}$$

其中,$c$ 为声速。采用分离变量法求解式(14.5.3),得到由汉克尔(Hankel)函数表示的解:

$$p(r, t) = -\varepsilon\rho c R\omega_R \frac{H_0^1(\omega_R r/c)}{H_1^1(\omega_R R/c)}\exp(\mathrm{i}\omega_R t) \tag{14.5.4}$$

由于式(14.5.1)是非线性常微分方程,上述线性分析无法预报相对幅值 $\varepsilon$。为此,采用实验测量结果进行计算。对于实验,取流场区域的几何尺度为水洞半径 $R_\infty = 112.5$ mm,声辐射测量点与梢涡空泡的距离为 $r = 210$ mm。取表 14.5.1 中的参数值,对于无限长柱泡,计算得到的声压为 525 Pa;对于半无限长柱泡辐射声压减半,换算成声压级约为 165 dB,与图 14.5.2 实测的涡唱辐射噪声频率和峰值结果一致。

再进一步,可采用式(14.5.1)所描述的柱泡动力学模型研究高阶模态影响。现对其分析过程作简要介绍。梢涡空泡界面 $r(\theta, z, t)$ 可由柱状空泡 $R(t)$ 和高阶表面波叠加构成,高阶表面波可表示为圆柱泡界面的如下扰动:

$$r(\theta, z, t) = R(t) + \sum_{j=0}^{\infty} a_j(t)\exp[\mathrm{i}(kz + j\theta)] \tag{14.5.5}$$

其中,$a_j$ 是高阶表面波的模态幅值;$j$ 是模态阶数;$k$ 是沿轴向 $z$ 的波数。取式(14.5.5)中 $\exp[\mathrm{i}(kz + j\theta)]$ 的实部,可绘制各阶固有振型。图 14.5.4 给出了 $j = 0, 1, 2$ 时的固有振型,连同其相应的固有频率,分别称为**呼吸模态**、**蜿蜒模态**与**纽结模态**。由式(14.5.5)可见,空泡形状由各阶固有模态叠加而成。在图 14.5.4 中,可看到 2 阶纽结模态对应的固有振型。

对于梢涡表面波模态问题,可仅计入界面黏性,将柱泡外部水体区视为理想无旋流场,作为势流来处理,其势函数满足 Laplace 方程。此时,第 $j$ 阶表面波的势函数为 $\Phi(r, \theta, z, t) = \varphi(r, t)\exp[\mathrm{i}(kz + j\theta)]$,其解由第一类和第二类 Hankel 函数构成,分别代表由柱泡界面向外传播的波和由边界反射回来的波,待定系数由远场边界条件和柱泡

(a) $j=0$　　　　　(b) $j=1$　　　　　(c) $j=2$

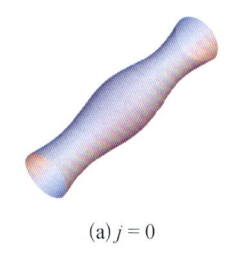

**图 14.5.4　高阶表面波的固有振型**

表面边界条件共同确定。该过程与有限水深的水波动力学分析方法类似，差异在于梢涡空泡是一个圆柱界面的波动问题，故在柱坐标系中求解。

柱泡动力学模型可准确预报梢涡空化涡唱的固有频率、辐射噪声强度及高阶谐波的幅频特性，为梢涡空泡噪声特征频率和幅值的实验室测量结果与实际海洋环境预报值换算提供快速、简便的预报方法。

## 14.6　问题与展望

本章介绍的气泡动力学模型均简化为光滑连续水气界面，这对空化的机理认识和工程应用发挥了重要作用。然而，在螺旋桨空化流动中，非球形、非光滑、非清晰界面的复杂汽泡流广泛存在，基于 R-P 方程的建模方法存在固有局限性。因此，以下介绍空泡流数值模拟与实验中几个值得进一步关注的问题。

1. 空化数问题

根据空化流场的实际特性，空化数的定义存在如下两个不足。

第一，饱和蒸汽压是对无限大相界面纯净物质的定义。然而，不论是在水洞实验室的水体中，还是海水中，均分布着大量微米级的不可凝结气核。这些微尺度气核受表面张力影响显著，且该效应不随螺旋桨模型尺度变化而改变，会显著改变混合介质的饱和蒸汽压 $p_v$，对空化起始和溃灭影响显著。

第二，空化是流场中的局部现象，局部流场分布有别于远场来流速度，需要考虑局部漩涡流场、湍流强度、物面粗糙度、湍流脉动与重力影响，与 Reynolds 数和 Froude 数相互耦合。由于不同流动参数和水质参数的影响，模型实验得到的结果与真实情况存在很大差异，这种差异称为**尺度效应**。降低尺度效应影响最直接、最有效的解决途径就是建造更大尺度的实验环境，而这自然将带来建设投入、使用和维护成本的剧增。

2. 群泡问题

随着流体力学测试技术的发展，已在大量实验中观测到空化区内部群泡分布特性[1]。

---

[1]　王本龙,张浩,刘筠乔. 空化区多相混合流体介质特性实验研究进展[J]. 实验流体力学,2023,37(5): 111-121.

各类螺旋桨空化区包含尺度不一的群泡,在其溃灭过程产生 10 MPa 量级以上的局部冲击载荷。这既是重要的中高频噪声源,又造成螺旋桨表面的空蚀破坏。14.4 节所介绍的空化模型仅包括含气率的影响,缺乏对汽泡尺度演化及汽泡溃灭过程的建模,在模拟空化噪声和空蚀问题上存在难以逾越的障碍。

近年来,结合宏观连续介质流场模拟和微观汽泡模拟,以 Euler – Lagrange 模型为代表的多尺度空化模型有望成为破解这一局面的新途径[1]。单个球形汽泡半径的变化可由 R – P 方程进行计算。观测结果表明,云空化区域包含大量汽泡。当水体某个区域存在多个球形汽泡时,每个汽泡的振荡都会引起邻近汽泡周围压强的变化,故需要考虑汽泡之间的相互作用。

若某空间区域内有 $N$ 个汽泡,第 $i$ 个汽泡受其他 $N-1$ 个汽泡的作用可以用汽泡运动来表达。考虑该效应后,将 R – P 方程拓展为

$$\rho\left(R_i\ddot{R}_i + \frac{3}{2}\dot{R}_i^2\right) + \sum_{j=1,j\neq i}^{N}\frac{\rho}{d_{ij}}(R_j\ddot{R}_j + 2R_j\dot{R}_j^2)$$
$$= p_v - p_\infty + p_{g0}\left(\frac{R_0}{R_i}\right)^{3\gamma} - \frac{2S}{R} - 4\mu\frac{\dot{R}_i}{R}, \quad i \in I_N$$

(14.6.1)

其中,$d_{ij}$ 为第 $i$ 个汽泡与第 $j$ 个汽泡之间的距离;公式等号左端第二项求和代表了群泡区域内其他汽泡运动对第 $i$ 个汽泡的作用力。

为了计算汽泡在非均匀流场中的输运过程,可将汽泡近似为质点,根据 Newton 第二定律计算汽泡的运动轨迹。由于水气密度差异巨大,通常忽略汽泡运动及其脉动对流场的影响,采用单向耦合追踪汽泡质心的位置。汽泡上的作用力主要包括重力、压力、拖曳力、升力和附加质量力。压力是背景流动压强梯度在汽泡上的合力;拖曳力产生的原因是汽泡与流场间存在速度差异;升力是汽泡在剪切流或漩涡流场中运动,垂直于运动方向的合力;附加质量力是使汽泡周围流体加速而引起的附加作用力。这些作用力可由 Euler 流场计算获得。

通过式(14.6.1)所描述的群泡动力学方程计算汽泡半径的变化,联合汽泡质点的运动,可构成空化流场中离散相泡群的运动学和动力学模型,并已发展为空泡流计算软件。图 14.6.1 是采用商业软件 3DynaFS© 计算的螺旋桨附近水体的多尺度云空化现象(云图为压强分布,白色为 Lagrange 法追踪的泡群)。

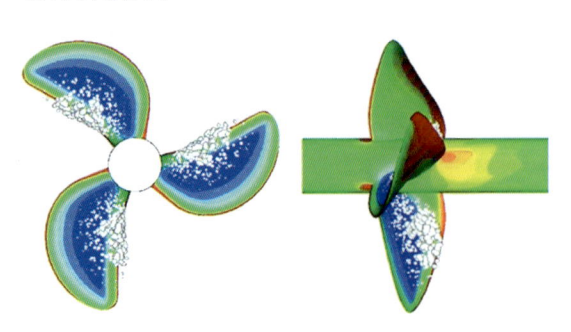

图 14.6.1 多尺度云空化数值模拟结果

---

[1] Fuster D, Colonius T. Modelling bubble clusters in compressible liquids[J]. Journal of Fluid Mechanics, 2011, 688: 352–389.

泡群流动是云空化的重要特征，与均匀混合介质湍流存在本质差异。泡群显著改变了流场介质的分布特性、流动结构、声传播的耗散和色散特性，汽泡生成、演化与溃灭过程产生强烈的辐射噪声。这些问题对高精度的空化流动建模提出了严峻挑战，也是未来螺旋桨空化流研究的重要方向。

### 3. 空化噪声问题

空化噪声的主要根源包括：水气相变界面，空化区内 $\mu m \sim mm$ 尺度汽泡的振荡，宏观空化云团结构变化等，这与单相湍流噪声的形成机制存在本质区别。汽泡的振荡、溃灭所辐射的声场是噪声的重要来源。目前，对汽泡辐射声场的研究仍基于简单模型，例如，将径向振荡的单个汽泡看成单极子声源，求得其辐射声场；汽泡形状振荡产生的辐射声场涉及多极子模型，具有方向性，亦可由理论模型求出；双泡辐射声场则可由两个单极子声源叠加而成。汽泡变形和溃灭过程受到其他汽泡界面、固壁和非均匀流动及湍流的影响较为显著。尽管群泡辐射噪声预报具有重要的应用需求，但因建立群泡辐射噪声模型极具挑战性，目前尚缺乏有效的分析和预报模型。

# 思 考 题

**14.1** 远场压强 $p_\infty$ 是确定空化数的重要参数，而温度影响水的饱和蒸汽压 $p_v$。若螺旋桨在高原湖泊、极地低温海域运行，讨论这些环境因素对空化的影响。

**14.2** 设汽泡处于外部压强 $p_\infty > p_v$ 的环境中，从 R-P 方程出发，推导半径为 $R_0$ 的蒸汽泡收缩至半径趋于零的时间为 $\tau \cong 0.915 R_0 \sqrt{\rho/(p_\infty - p_v)}$。

**14.3** 基于小振幅波动假设，取 $R(t) = R_0[1 + \varepsilon \exp(-\lambda t)]$，$\varepsilon \ll 1$；通过线性化，证明式(14.5.1)中的柱泡动力学模型具有如下形式的复频率：

$$\lambda = \frac{1}{\ln(R_\infty/R_0)} \left[ \frac{\mu}{\rho R_0^2} \pm \sqrt{\frac{\mu^2}{\rho^2 R_0^4} - \ln\left(\frac{R_\infty}{R_0}\right)\left(\frac{2\gamma p_{g0}}{\rho R_0^2} - \frac{S}{\rho R_0^3} + \frac{\Gamma^2}{4\pi^2 R_0^4}\right)} \right]$$

根据柱状空泡振动复频率的实部与虚部，分析振动耗散特性，讨论固有频率的相关因素。

**14.4** 若在大型减压拖曳水池开展船模与螺旋桨空化实验，分析实现 Froude 数、空化数同时相似需要满足的实验条件。

**14.5** 本章介绍了当前工程预报采用的空化流动模型，依据球泡动力学主要考量了流场压强与饱和蒸汽压之间的关系。在真实海洋环境中，存在大量微小气核，流场存在强烈的湍流脉动，空化区包含大量尺度不一的汽泡，思考是否还有其他相关因素？为了进一步完善现有空化模型，如何对这些因素进行建模分析？

## 拓展阅读文献

1. 董世汤,王国强,唐登海,等. 船舶推进器水动力学[M]. 北京: 国防工业出版社, 2009.
2. 潘森森,彭晓星. 空化机理[M]. 北京: 国防工业出版社, 2013.
3. 季斌,程怀玉,黄彪,等. 空化水动力学非定常特性研究进展及展望[J]. 力学进展, 2019, 49: 201906.
4. 符松,王亮. 湍流模式理论[M]. 北京: 科学出版社, 2023.
5. Young F R. Cavitation[M]. London: Imperial College Press, 2006.
6. Franc J P, Michel J M. Fundamentals of Cavitation[M]. Dordrecht: Kluwer Academic Publishers, 2010.
7. Carlton J S. Marine Propellers and Propulsion[M]. Oxford: Elsevier Publisher, 2012.
8. Wang B L, Liu Z H, Li H Y, et al. On the numerical simulations of vortical cavitating flows around various hydrofoils[J]. Journal of Hydrodynamics, 2017, 29: 926-938.

本章作者: 王本龙,上海交通大学,教授
刘筠乔,上海交通大学,副教授

# 第 15 章
# 高超声速飞行的流动失稳和转捩预报

自人类实现有动力飞行以来，飞行器技术的主要发展目标就是更快和更远。**高超声速飞行器**以高于 5 倍声速以上的速度在大气层中长时间飞行，是当代空天科技强国竞相发展的尖端技术和装备。高超声速飞行给空气动力学带来许多严峻挑战。其中，高超声速流动失稳和转捩是一个具有代表性的难题。

本章首先介绍高超声速飞行器的若干基本概念及其对高超声速空气动力学带来的挑战。然后，基于流体力学的基本知识，介绍高超声速流动的失稳和几种典型转捩现象。在此基础上，介绍高超声速层流失稳的线性分析方法和失稳流动的演化，高超声速边界层流动转捩的数值预报方法，并给出对 X51A 高超声速飞行器前体风洞模型的流动转捩预报结果。最后，指出该领域值得进一步研究的若干空气动力学问题。

## 15.1 研 究 背 景

近年来，世界空天科技强国均大力发展高超声速飞行器，谋求形成新的战略威慑力量。如图 15.1.1 所示，美国、俄罗斯、中国在多批次项目支持下，逐步实现了从基础研究到高超声速战术导弹的实战装备发展。在 2022 年的俄乌冲突中，俄罗斯使用"匕首"高超声速导弹摧毁了乌克兰的地下军事设施，标志着高超声速武器首次用于实战。高超声速武器凭借其高速机动特性，可使传统导弹防御系统效能归零，在当代攻防竞争发展中占据领先地位。

(a) 美国轰炸机携带高超声速导弹AGM-183A     (b) 俄罗斯战斗机携带"匕首"高超声速导弹

图 15.1.1 已实战化的高超声速武器示意图

**高超声速飞行器**对其气动外形、材料结构、发动机等带来了全新的科技挑战。尤其是巡航式飞行器,其飞行时间长,持续的气动加热和气动力载荷对结构的热防护和承载能力都提出了苛刻要求。仅就空气动力学而言,高超声速飞行器具有与传统飞行器不同的升力和阻力机制。

第一,传统飞行器主要靠机翼来形成升力;而高超声速飞行器主要通过驾驭激波(又称**乘波**)方式来飞行,即升力来自飞行器上下表面由于激波强度不同而产生的压强差。

第二,跨声速飞行器的摩擦阻力主要来自湍流边界层;与其相比,高超声速飞行器大多在高度超过 20 km 的稀薄空气中飞行,导致单位长度的 Reynolds 数小得多,即高超声速流动有很大一部分是层流,而摩擦阻力来自层流和湍流边界层。例如,美国航天飞机的气动设计就是利用了高空飞行的层流特性,从而获得低阻力、低热流。

然而,"哥伦比亚"号航天飞机的表面因破损而导致空气流动由层流向湍流的强制**转捩**,使气动力失去平衡,飞行器发生滚转。与此同时,使飞行器表面转捩区域热流陡然升高 4 倍以上,飞行器最终烧毁爆炸。除此之外,边界层转捩还导致像"猎鹰"号等其他高超声速飞行器试飞的失败。为此,美国将高超声速流动转捩列为最具挑战的基础科学问题。

**流动转捩**是指流动由简单有序的层流向混沌杂乱湍流的过渡,是流体力学的经典研究领域,在学术研究和工业应用上都具有重大意义。根据 3.1.3 节的介绍,在地面常规环境下,边界层转捩的 Reynolds 数为 $Re_L \equiv \rho u_\infty L/\mu$,此处 $\rho$、$\mu$ 和 $u_\infty$ 分别为流体的密度、动力黏性系数和来流速度,特征长度 $L$ 为流动离边界层前缘的位置。按该 Reynolds 数换算,对于时速 110 km 的汽车,其头部只有约 0.2 m 的层流,故在汽车的气动设计中忽略转捩问题。但对于高超声速飞行器,由于其飞行高度跨度广,速度范围大,空气的压缩性强,边界层转捩的 Reynolds 数 $Re_L$ 可达 $10^7$,流动转捩成为飞行器表面流动难以避免的物理过程。层流转捩为湍流时,会带来显著的飞行阻力和表面热流,不但影响飞行器周围和发动机进气道流场品质,所需的热防护方案和推进性能要求也有显著区别。

图 15.1.2 是典型高超声速飞行器在不同区域的流动转捩示意图,可分为如下四种情况。

第一,在飞行器前缘驻点线(亦称**附着线**)上,出现附着线流动失稳。

第二,在进气道前体凹形压缩面上,会产生流向涡(又称 **Görtler 涡**),使得边界层内形成速度、温度等特征量大小交替分布的条带状结构,Görtler 涡的失稳诱发流动转捩。

第三,在机身上,高超声速飞行时的边界层失稳由高频、强压缩性的**麦克(Mack)波**主导,而一般飞行器边界层的失稳则由频率较低的 Tollmien-Schlitching 波(即 3.1.3 节的 T-S 波)主导。根据频率高低,将 T-S 波称为**第一模态**,而将 Mack 波称为**第二模态**。

第四,在后掠翼舵上,流动转捩由横流涡失稳为主导。

除此之外,还有由逆压梯度、激波等其他方式诱导的转捩。当飞行 Mach 数大于 10 时,边界层流动转捩还会受空气的离解、化学反应、材料表面烧蚀、界面热质传输、气动电

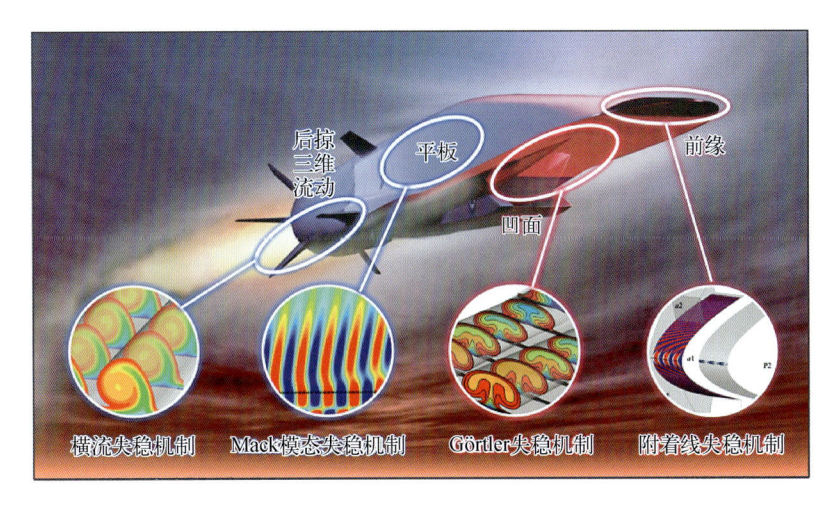

图 15.1.2　典型高超声速飞行器流动失稳和转捩机制

磁效应等影响。此时,流体力学与物理、化学等多学科交叉,带来更加丰富的流动特性和更为严峻的科学挑战。

## 15.2　对流动失稳及转捩的认识

回顾 3.1.3 节,对于简单的二维层流稳定性问题,可由 Orr - Sommerfeld 方程来描述流场小扰动的时空演化。小扰动衰减则流动稳定,反之则流动失稳,进而可给出流动稳定与失稳之间的分界线,即 3.1.3 节所定义的**中性曲线**。在此基础上,本节阐述流动失稳的若干基本概念和典型现象,并介绍研究流动转捩问题的思路。

研究流动失稳的目的有两重:一是揭示流动转捩过程的机理;二是用于发展转捩预报方法以解决流场的可计算性,服务于相关飞行器的气动设计。上述两个目的存在递进关系,其基本逻辑是:在稳定性分析阶段,识别扰动的类型、增长率和时空尺度,进而依据增长率建立经验准则,预报流动转捩位置;或借鉴湍流模式思想,提出转捩计算模型,实现理论研究到工程应用的转化。

### 15.2.1　失稳模态与转捩路径

对流动转捩的研究可追溯到 1883 年英国流体力学家雷诺(Osborne Reynolds, 1842~1912)对圆管中液体流动形态变化的实验观察[1]。转捩问题最初是以流动稳定性问题的形式出现的,即认为转捩由层流失稳所致。如前所述,所谓的**流动稳定性**问题就是研究流动受小扰动后的演化特性,由此发展出系列的流动稳定性分析方法。这些稳定性分析方

---

[1] Reynolds O. An experimental investigation of the circumstances which determine whether the motion of water shall be direct or sinuous, and of the law of resistance in parallel channels[J]. Philosophical Transactions of the Royal Society of London, 1883, 174: 935-982.

法,既可以与直接数值模拟(DNS)或实验手段相结合来研究转捩机理,也可以形成半经验的转捩判据或与转捩模式理论相结合,用于工程问题的转捩预测。

如 15.1 节所述,在高超声速飞行器的不同流动区域,流动稳定性不同。现列举几种典型的不稳定现象:第一,**前缘不稳定性**指在前缘驻点线附近的层流失稳,其失稳模态称为**附着线模态**,这种转捩可影响至下游区域,产生所谓**前缘污染**;第二,**平板边界层不稳定性**对应前述 T-S 波和 Mack 波的第一模态和第二模态;第三,**离心不稳定性**主要发生在物面存在流向曲率时,边界层内离心力与压强梯度不平衡,导致流动失稳,其典型代表是前面所述的凹面流动中的 Görtler 模态;第四,**横流不稳定性**由边界层内的横流引起,后者是当边界层外的势流与压强梯度的方向不平行时产生的二次流;第五,**剪切层不稳定性**多由壁面粗糙单元、凹腔、台阶、缝隙等结构引起。在上述不稳定性中,流向和离心不稳定性一般主导准二维边界层转捩,如小攻角来流的板和锥边界层;而前缘不稳定性和横流不稳定性一般主导三维边界层转捩。

对上述流动不稳定性的研究通常可以分别进行。以图 15.2.1 所示的航天飞机外形为例,可将其表面的三维流动失稳分为三个主要区域:第一,头部及有攻角的椭圆锥边界层流动;第二,无限翼展的后掠翼边界层流动;第三,机翼前缘的附着线流动。

流动转捩除了受几何因素影响,还强烈依赖于外部环境。为了描述来流扰动,将其脉动速度均方根与时均速度之比称为**湍流度**。根据来流的湍流度,可形成图 15.2.2 所示的五条不同转捩路径。其中,外部环境扰动激发出边界层内部扰动的过程定义为**感受性阶段**,它是不同转捩路径的起点。在高空大气环境中,湍流度一般较低,此时若无其他强制措施(如在飞行器表面布置粗糙单元),则扰动发展一般遵循路径 a 所示的自然转捩过程,即外部扰动通过感受性阶段在边界层内激发出不稳定扰动,这些不稳定扰动按前述的某种失稳模态以指数形式快速增长,达到某个幅值后触发模态间的非线性作用(包括参数共振和模态相互作用等)。非线性作用使流场中快速出现宽频宽波数的扰动,流动最终经历破碎过程,发展至完全湍流态。此外,由于描述模态稳定性的线性系统的特征向量未必相互正交,扰动可能经历非模态增长:即使类似式(3.1.21)中 Orr-Sommerfeld 方程确定的所有模态都是衰减的,通过一定的线性组合,

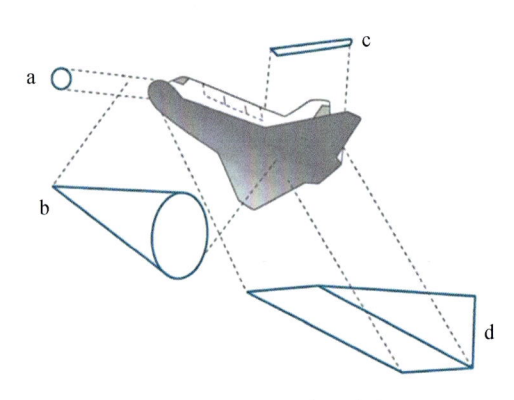

**图 15.2.1 航天飞机表面高超声速流动的分类**[1]

a:头部滞止流动;b:有攻角椭圆锥边界层流动;c:无限翼展的后掠翼边界层流动;d:有攻角尖楔边界层流动

---

[1] Bertin J J, Cummings R M. Critical hypersonic aerothermodynamic phenomena[J]. Annual Review of Fluid Mechanics, 2006, 38: 129-157.

也可能得到在有限时间或空间内增长的扰动。这一过程称为**瞬态增长**,它仍由线性机制主导,存在于转捩路径 b、c 和 d 中。当来流扰动足够大时,转捩过程将越过线性阶段,直接出现湍斑或经历亚临界失稳,进而发展为湍流。这一过程被称为**旁路转捩**,如路径 d 和 e 所示。

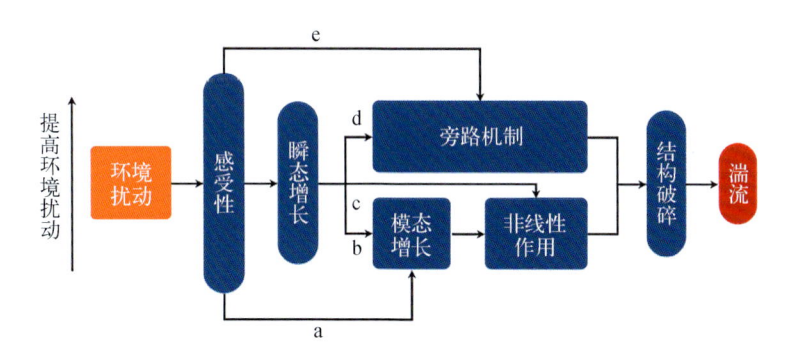

图 15.2.2  环境扰动大小对流动转捩路径的影响

a:低扰动时的自然转捩路径;b~d:提高扰动后瞬态增长机制发挥作用,按照影响大小可分别经历模态增长、非线性作用和旁路机制路径;e:高扰动时的旁路转捩路径

### 15.2.2 边界层失稳与转捩的典型结果

在扰动失稳初期,其幅值较小,满足线性稳定性理论。记 $Ma_e$ 为边界层外缘的 Mach 数,图 15.2.3 给出了绝热平板边界层中第一模态和第二模态的最大增长率随 $Ma_e$ 变化的情况,该增长率关于不可压缩流体的增长率进行了归一化。图中,$\psi$ 是最不稳定模态的波角,$\psi \equiv \arctan(\beta/\alpha)$,反映扰动波在空间的倾角,$\alpha$ 和 $\beta$ 分别是扰动在流向和展向的波数。

由图 15.2.3 可见,当 $Ma_e \to 0$ 时,不可压缩流动的最不稳定波对应第一模态,即二维 T-S 波;随着 $Ma_e$ 升高,波角 $\psi \neq 0$,即展向波数 $\beta \neq 0$,此时最不稳定的第一模态为三维 T-S 波。值得注意的是,对于绝热壁面边界层流动,当 $Ma_e > 4$ 时,对应第二模态的二维 Mack 波的增长率超过第一模态,成为最不稳定的模态,并主导着 $4 < Ma_e < 8$ 范围内高超声速流动的失稳过程。若降低壁面温度,则第一模态更稳定,而第二模态更不稳定。因此,高超声速二维边界层中的扰动模态增长

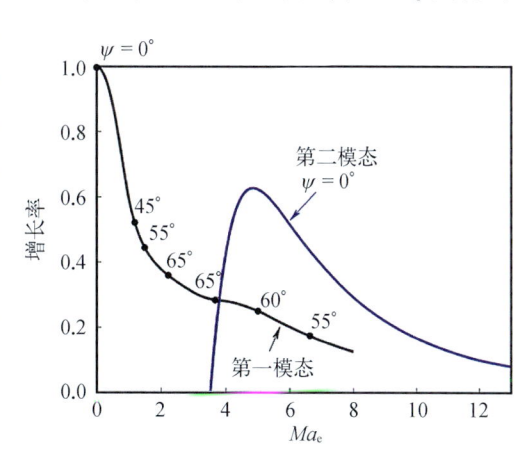

图 15.2.3  扰动模态最大增长率随边界层外缘 Mach 数的变化[1]

---

[1] Mack L M. Boundary-layer linear stability theory[R]. Neuilly-sur-Seine: AGARD Report, 709(3), 1984.

一般由第二模态主导。由此可见，亚、跨、超声速边界层流动失稳由第一模态主导，高超声速边界层失稳则由第二模态主导。因此，对低速流动获得的失稳和转捩知识，不能直接照搬用来解释高超声速流动的失稳和转捩，因为它们的失稳机理并不相同。

在小扰动流动失稳的线性增长阶段，扰动幅值沿流向以指数形式快速增长。将扰动增长率$-\alpha_i$（其定义见 15.3.1 节）沿流向积分，得到扰动幅值 $a$ 的放大倍数：

$$\frac{a(x)}{a_0} = \exp[N(x)], \quad N(x) \equiv -\int_{x_0}^{x} \alpha_i \mathrm{d}x \tag{15.2.1}$$

其中，$a_0$ 为扰动在起点 $x_0$ 处的幅值。目前，广泛应用的转捩预测 $e^N$ 方法就是将达到特定 $N$ 值的流向位置作为预测转捩的起点。基于线性稳定性的 $e^N$ 方法虽得到了广泛应用，但对于复杂边界层流动，确定 $N$ 的值需要大量实验数据。而对于设计新型飞行器，$N$ 的值是未知数，这无疑遇到了障碍。此外，由于该方法未考虑感受性阶段和非线性过程的影响，在复杂流动中的应用存在困难。针对以上不足，近年来我国学者对 $e^N$ 方法在理论拓展[1]、工程应用和软件开发[2]等方面开展了系统工作。

值得指出的是，当小扰动增长到较大幅值后，扰动方程中的非线性项产生重要影响。类似于 3.2 节所讨论的非线性系统多频共振现象，满足特定参数关系的几个扰动波会发生强相互作用。为了具体起见，对小扰动在频域和展向作 Fourier 分解，记 $\omega_0$ 和 $\beta_0$ 分别为**其基频率和基波数**；将频率为 $m\omega_0$、展向波数为 $n\beta_0$ 的模态称为**模态$(m,n)$**。非线性项会使模态$(m_1, n_1)$ 和模态$(m_2, n_2)$ 发生如下相互作用：

$$\begin{cases} (m_1, n_1) + (m_2, n_2) \rightarrow (m_1 + m_2, n_1 + n_2) \\ (m_1, n_1) - (m_2, n_2) \rightarrow (m_1 - m_2, n_1 - n_2) \end{cases} \tag{15.2.2}$$

根据共振机制和主要扰动模态的组合，流动转捩主要有三种类型：即 K 型、N 型和 O 型。在实际情况下，可能有好几条转捩路径同时起作用。

1. K 型转捩

1962 年，Klebanoff 等最早报道了不可压缩平板边界层实验研究中发现的这种转捩[3]，故将该转捩命名为 **K 型转捩**。初始时，主模态$(1, 0)$ 呈快速线性增长；至非线性演化阶段，流场的主要特征为：由于共振机制，模态$(1, 1)$ 和模态$(0, 1)$ 这两组三维扰动快速增长，调制了流场的原有展向均匀分布，形成了流向涡和沿展向交替排布的波峰与波谷。如图 15.2.4(a)所示，在下游出现沿流向整齐排布的 Λ 型结构（Λ 型涡和 Λ 型强剪切层），并在后期变形演化为发卡涡。在发卡涡的诱导下，环状涡中心位置的流向速度时

---

[1] 苏彩虹.高超声速边界层转捩预测中的关键科学问题——感受性、扰动演化及转捩判据研究进展[J].空气动力学学报，2020，38：355-367.

[2] 黄章峰，万兵兵，段茂昌.高超声速流动稳定性及转捩工程应用若干研究进展[J].空气动力学学报，2020，38：368-378.

[3] Klebanoff P S, Tidstrom K D, Sargent L M. The three-dimensional nature of boundary-layer instability[J]. Journal of Fluid Mechanics, 1962, 12: 1-34.

间序列中出现尖峰结构,最终在壁面附近出现准随机和非周期脉动,以至发展为完全湍流态。K型转捩中可能存在两种不同的共振机制：一种是主模态(1,0)和三维模态(1,±1)与(0,±1)的共振,这称为**主共振**；另一种是主模态(1,0)通过自相互作用产生模态(2,0),然后模态(2,0)与模态(1,±1)形成三波共振,也可称为**亚谐共振**。一般认为,主共振的作用更重要,所以上述非线性过程也称为**基频转捩**。

2. N型转捩

1968年,Knapp等[1]在实验中观察到Λ型涡呈现交错型排布。这种转捩与K型转捩有明显不同,称为**N型转捩**。在N型转捩中,亚谐共振起主要作用,即主模态(1,0)与半频的斜波模态(0.5,±1)发生共振。N型转捩包含**C型转捩**(Craik的三波共振机制[2])和**H型转捩**(Herbert的二次失稳机制[3])。N型转捩有别于K型的主要特征是,其前期流场结构呈图15.2.4(b)所示的交错排布；在非线性作用的后期流场,K型转捩和N型转捩有基本一致的特征结构,包括发卡涡、尖峰和相干结构的生成与演化等。N型转捩一般发生在主模态幅值较小时,而主模态幅值越大越容易发生K型转捩。此外,当主模态幅值较小时,加入流向涡也可能促发K型转捩。

3. O型转捩

前两种转捩都有大幅值的二维主模态参与。当没有二维主模态时,初始的一对斜波模态(1,±1)也可引发转捩,称为**斜波转捩**或**O型转捩**。该转捩的主要共振机制是,斜波模态经相互作用产生定常流向涡模态(0,2)。一方面,斜波模态在线性机制下持续增长,

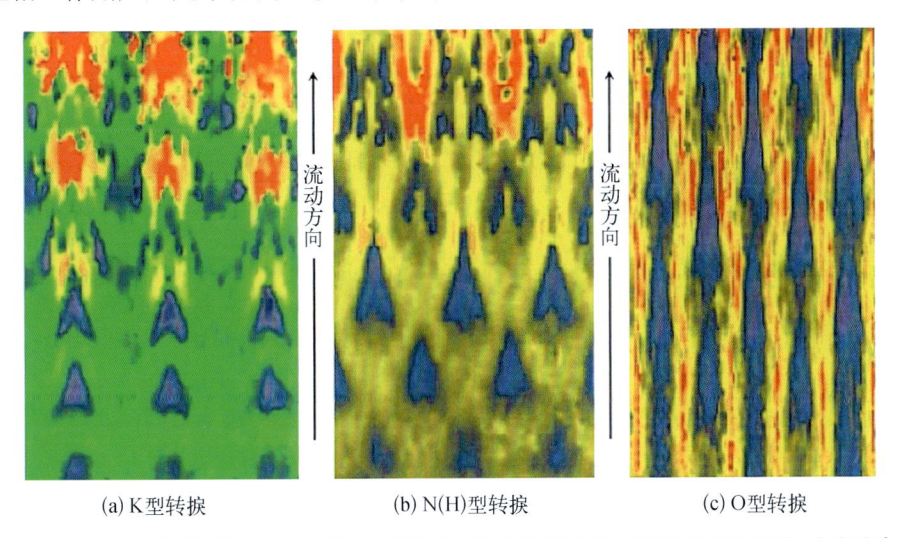

(a) K型转捩　　　　　　(b) N(H)型转捩　　　　　　(c) O型转捩

**图15.2.4　由粒子图像测速(PIV)技术获得的不可压缩边界层转捩的瞬时流向速度分布**

[1] Knapp C F, Roache P J. A combined visual and hot-wire anemometer investigation of boundary-layer transition [J]. AIAA Journal, 1968, 6: 29-36.

[2] Craik A D D. Nonlinear resonant instability in boundary layers[J]. Journal of Fluid Mechanics, 1971, 50: 393-413.

[3] Herbert T. Secondary instability of boundary layers[J]. Annual Review of Fluid Mechanics, 1988, 20: 487-526.

使得模态(0,2)被不断激发,从而激发出更高频和更高波数的扰动。另一方面,流向涡会带动壁面附近与远离壁面的低速和高超声速流体间不断发生动量和能量交换,通过抬升机制等进一步丰富流场结构。如图 15.2.4(c)所示,O 型转捩后期的流场与前两种转捩类似。图 15.2.4 中,转捩后期均有 Λ 型和条带结构[1]。

## 15.3 流动稳定性分析与案例

### 15.3.1 流动稳定性分析概述

回顾 3.1.3 节所介绍的流动稳定性分析方法,可将层流作为基本流,在层流表达式上叠加小扰动,然后代入 Navier-Stokes(N-S)方程,得到线性化的扰动方程,进而将其转化为特征值问题。根据特征值和特征向量,可得到小扰动增长的计算模型,给出小扰动的增长或衰减的区域,这就是**线性稳定性分析**。显然,在小扰动的增长和衰减区域之间存在分界线,即中性曲线。线性稳定性分析的主要任务就是找出中性曲线。原则上说,总可用巨量网格直接数值求解 N-S 方程,进而模拟转捩的全过程。然而,直接数值求解的计算量过大,无法处理实际问题。

现简要介绍线性流动稳定性分析的数学描述。为了简洁,在直角坐标系中采用指标形式的速度分量 $u_1 \equiv u$, $u_2 \equiv v$, $u_3 \equiv w$ 和重复下标求和约定,如 $c_i = a_{ij}b_j \equiv \sum_{j=1}^{3} a_{ij}b_j$。采用该约定后,可压缩黏性流动满足如下 N-S 方程:

$$\begin{cases} \dfrac{\partial \rho}{\partial t} + \dfrac{\partial (\rho u_j)}{\partial x_j} = 0 \\ \dfrac{\partial (\rho u_i)}{\partial t} + \dfrac{\partial (\rho u_i u_j + p\delta_{ij} - \tau_{ij})}{\partial x_j} = 0 \\ \dfrac{\partial (\rho E)}{\partial t} + \dfrac{\partial (\rho E u_j + p u_j + q_j - u_i \tau_{ij})}{\partial x_j} = 0, \quad i,j \in I_3 \end{cases} \quad (15.3.1)$$

其中,描述流动的基本量为单位体积的守恒变量,即流体密度 $\rho$、动量 $\rho u_i$, $i \in I_3$ 和能量 $E$,其中 $u_i$ 为流动速度分量,$E$ 为流动总能量,包括动能和内能两部分:

$$E = \dfrac{\rho}{2} u_i u_i + \dfrac{p}{\gamma_g - 1} \quad (15.3.2)$$

其中,$\gamma_g$ 为比热比;$\tau_{ij}$ 为流动的应力张量,它和应变率 $S_{ij}$ 之间具有本构关系:

---

[1] Berlin S, Wiegel M, Henningson D S. Numerical and experimental investigations of oblique boundary layer transition[J]. Journal of Fluid Mechanics, 1999, 393: 23-57.

$$\tau_{ij} = 2\mu\left(S_{ij} - \frac{1}{3}S_{kk}\delta_{ij}\right), \quad S_{ij} \equiv \frac{1}{2}\left(\frac{\partial u_i}{\partial x_j} + \frac{\partial u_j}{\partial x_i}\right), \quad i,j \in I_3 \quad (15.3.3)$$

其中,$\mu$ 为流体的动力黏性系数;$\delta_{ij}$ 为 Kronecker 符号。

为了研究流动稳定性,采用向量 $\boldsymbol{q} = \begin{bmatrix} u & v & w & \rho & T \end{bmatrix}^{\mathrm{T}}$ 描述流动的原始物理量,其余物理量(如压强、黏性系数)可通过状态方程和对应输运方程获得。将流动分解为基本流和扰动流两部分,即

$$\boldsymbol{q}(x,y,z,t) = \boldsymbol{q}_0(x,y,z,t) + \tilde{\boldsymbol{q}}(x,y,z,t) \quad (15.3.4)$$

其中,$\boldsymbol{q}_0(x,y,z,t)$ 是满足 N-S 方程的层流解向量;$\tilde{\boldsymbol{q}}(x,y,z,t)$ 是满足 N-S 方程的扰动流向量。为便于理解,可对照 3.1.3 节所介绍的二维层流受小扰动的稳定性分析。

将式(15.3.4)代入式(5.3.1),减去层流解向量 $\boldsymbol{q}_0$ 所满足的 N-S 方程,则扰动流向量 $\tilde{\boldsymbol{q}}$ 满足:

$$\boldsymbol{\Gamma}\frac{\partial \tilde{\boldsymbol{q}}}{\partial t} + \boldsymbol{A}\frac{\partial \tilde{\boldsymbol{q}}}{\partial x} + \boldsymbol{B}\frac{\partial \tilde{\boldsymbol{q}}}{\partial y} + \boldsymbol{C}\frac{\partial \tilde{\boldsymbol{q}}}{\partial z} + \boldsymbol{D}\tilde{\boldsymbol{q}}$$
$$= \boldsymbol{V}_{xx}\frac{\partial^2 \tilde{\boldsymbol{q}}}{\partial x^2} + \boldsymbol{V}_{yy}\frac{\partial^2 \tilde{\boldsymbol{q}}}{\partial y^2} + \boldsymbol{V}_{zz}\frac{\partial^2 \tilde{\boldsymbol{q}}}{\partial z^2} + \boldsymbol{V}_{xy}\frac{\partial^2 \tilde{\boldsymbol{q}}}{\partial x \partial y} + \boldsymbol{V}_{yz}\frac{\partial^2 \tilde{\boldsymbol{q}}}{\partial y \partial z} + \boldsymbol{V}_{zx}\frac{\partial^2 \tilde{\boldsymbol{q}}}{\partial z \partial x} + \boldsymbol{n} \quad (15.3.5)$$

其中,$\boldsymbol{\Gamma}$、$\boldsymbol{A}$、$\boldsymbol{B}$、$\boldsymbol{C}$、$\boldsymbol{D}$、$\boldsymbol{V}_{xx}$、$\boldsymbol{V}_{yy}$、$\boldsymbol{V}_{zz}$、$\boldsymbol{V}_{xy}$、$\boldsymbol{V}_{yz}$、$\boldsymbol{V}_{zx}$ 均为 5 阶方阵,其元素是层流解向量 $\boldsymbol{q}_0$ 和无量纲参数 $Re$、$Ma$、$Pr$ 的函数;$\boldsymbol{n}$ 是 5 维向量,其元素为扰动流向量 $\tilde{\boldsymbol{q}}$ 元素的非线性函数。如果忽略非线性函数向量 $\boldsymbol{n}$,则可获得扰动发展初期的线性 N-S 方程。

对于式(15.3.5)的线性化方程,可基于实验观察结果对其解的形式引入假设。例如,沿流向缓慢变化的边界层流动可近似为平行剪切流,进而在固定流向位置求解。为此,约定坐标 $x$ 为流向,$y$ 为壁面法向,$z$ 为流动展向。此时,扰动流向量 $\tilde{\boldsymbol{q}}$ 具有行波解:

$$\tilde{\boldsymbol{q}}(x,y,z,t) = \hat{\boldsymbol{q}}(y)\exp[\mathrm{i}(\alpha x + \beta z - \omega t)] + \mathrm{cc} \quad (15.3.6)$$

其中,向量 $\hat{\boldsymbol{q}}(y)$ 的元素代表各物理量的行波幅值;cc 代表其前面各项的共轭;$\alpha$、$\beta$、$\omega$ 分别是扰动的**流向复波数**、**展向复波数**和**频率**,若扰动为二维,则 $\beta \equiv 0$;记特征值 $\alpha \equiv \alpha_r + \mathrm{i}\alpha_i$,则其实部 $\alpha_r$ 为**流向波数**,负虚部 $-\alpha_i$ 是**扰动增长率**,亦即**空间增长率**。$\alpha_i > 0$ 表示扰动沿流向衰减,$\alpha_i < 0$ 表示沿流向增长,$\alpha_i = 0$ 就是扰动的中性曲线。同理,可通过对频率 $\omega$ 的虚部,判断扰动的**时间增长率**。

为了得到特征值,将式(15.3.6)代入式(15.3.5)的线性化方程,通过给定 $\beta$ 和 $\omega$,将其转化为如下待求解的特征值问题:

$$\boldsymbol{L}_0 \hat{\boldsymbol{q}} + \boldsymbol{L}_1 \frac{\mathrm{d}\hat{\boldsymbol{q}}}{\mathrm{d}y} + \boldsymbol{L}_2 \frac{\mathrm{d}^2 \hat{\boldsymbol{q}}}{\mathrm{d}y^2} = \alpha\left(\boldsymbol{M}\hat{\boldsymbol{q}} + \boldsymbol{N}\frac{\mathrm{d}\hat{\boldsymbol{q}}}{\mathrm{d}y}\right) + \alpha^2 \boldsymbol{P}\hat{\boldsymbol{q}} \quad (15.3.7)$$

其中，$\alpha$ 和 $\hat{\boldsymbol{q}}(y)$ 分别为待求的特征值和特征向量；系数矩阵均为 5 阶方阵，定义为[1]

$$\begin{cases} \boldsymbol{L}_0 \equiv -\mathrm{i}\omega\boldsymbol{\Gamma} + \mathrm{i}\beta\boldsymbol{C} + \boldsymbol{D} + \beta^2\boldsymbol{V}_{zz}, & \boldsymbol{L}_1 \equiv \boldsymbol{B} - \mathrm{i}\beta\boldsymbol{V}_{yz}, & \boldsymbol{L}_2 \equiv -\boldsymbol{V}_{yy} \\ \boldsymbol{M} \equiv -\mathrm{i}\boldsymbol{A} - \beta\boldsymbol{V}_{zx}, & \boldsymbol{N} \equiv \mathrm{i}\boldsymbol{V}_{xy}, & \boldsymbol{P} \equiv -\boldsymbol{V}_{xx} \end{cases} \quad (15.3.8)$$

此外，式(15.3.7)中向量 $\hat{\boldsymbol{q}}(y)$ 的分量在壁面和远场满足如下边界条件：

$$\begin{cases} y = 0: & \hat{u} = \hat{v} = \hat{w} = 0, \quad \hat{T} = 0 \\ y = +\infty: & \hat{u} = \hat{v} = \hat{w} = 0, \quad \hat{T} = 0 \end{cases} \quad (15.3.9)$$

在边界处，密度扰动通常不为零，需采用质量守恒方程作为其辅助边界条件。该方法关注特定频率 $\omega$ 扰动的空间增长率，故称为**空间模式问题**。

### 15.3.2 特征值问题的数值求解方法

在式(15.3.8)中，各系数矩阵的元素均是坐标 $y$ 的函数。因此，式(15.3.7)是关于未知向量 $\hat{\boldsymbol{q}}(y)$ 的线性变系数常微分方程组，难以获得解析解，通常采用数值方法求解。在 3.1.3 节，已介绍了如何采用 Chebyshev 多项式，将线性变系数常微分方程组转化为代数方程组求解。现介绍本章作者团队所采用的空间离散数值解法。

首先，将流场沿 $y$ 方向以等间隔 $\Delta y$ 离散，记 $j \in I_n$ 是从壁面到远场网格点的编号，定义向量 $\hat{\boldsymbol{q}}_j \equiv \hat{\boldsymbol{q}}(y_j) \in \mathbb{R}^5$。采用四阶中心差分来表示向量 $\hat{\boldsymbol{q}}_j$ 在网格点 $j$ 处的一阶导数和二阶导数：

$$\begin{cases} \dfrac{\mathrm{d}\hat{\boldsymbol{q}}_j}{\mathrm{d}y} = \dfrac{\hat{\boldsymbol{q}}_{j-2} - 8\hat{\boldsymbol{q}}_{j-1} + 8\hat{\boldsymbol{q}}_{j+1} - \hat{\boldsymbol{q}}_{j+2}}{12\Delta y} \\ \dfrac{\mathrm{d}^2\hat{\boldsymbol{q}}_j}{\mathrm{d}y^2} = \dfrac{-\hat{\boldsymbol{q}}_{j-2} + 16\hat{\boldsymbol{q}}_{j-1} - 30\hat{\boldsymbol{q}}_j + 16\hat{\boldsymbol{q}}_{j+1} - \hat{\boldsymbol{q}}_{j+2}}{12\Delta y^2}, \quad 3 \leqslant j \leqslant n-2 \end{cases} \quad (15.3.10)$$

为行文方便，记 $\tilde{\boldsymbol{q}} \equiv [\hat{\boldsymbol{q}}_1^\mathrm{T} \quad \hat{\boldsymbol{q}}_2^\mathrm{T} \quad \cdots \quad \hat{\boldsymbol{q}}_n^\mathrm{T}]^\mathrm{T} \in \mathbb{R}^{5n}$，定义方阵 $\boldsymbol{F}_y \in \mathbb{R}^{5n \times 5n}$ 和 $\boldsymbol{F}_{yy} \in \mathbb{R}^{5n \times 5n}$，使得

$$\boldsymbol{F}_y \tilde{\boldsymbol{q}} = \left[\dfrac{\mathrm{d}\hat{\boldsymbol{q}}_1^\mathrm{T}}{\mathrm{d}y} \quad \dfrac{\mathrm{d}\hat{\boldsymbol{q}}_2^\mathrm{T}}{\mathrm{d}y} \quad \cdots \quad \dfrac{\mathrm{d}\hat{\boldsymbol{q}}_n^\mathrm{T}}{\mathrm{d}y}\right]^\mathrm{T} \in \mathbb{R}^{5n}, \quad \boldsymbol{F}_{yy} \tilde{\boldsymbol{q}} = \left[\dfrac{\mathrm{d}^2\hat{\boldsymbol{q}}_1^\mathrm{T}}{\mathrm{d}y^2} \quad \dfrac{\mathrm{d}^2\hat{\boldsymbol{q}}_2^\mathrm{T}}{\mathrm{d}y^2} \quad \cdots \quad \dfrac{\mathrm{d}^2\hat{\boldsymbol{q}}_n^\mathrm{T}}{\mathrm{d}y^2}\right]^\mathrm{T} \in \mathbb{R}^{5n}$$

$$(15.3.11)$$

利用式(15.3.11)，得到式(15.3.7)在式(15.3.9)所给边界条件下的离散表达式：

$$(\boldsymbol{L}_0' + \boldsymbol{L}_1'\boldsymbol{F}_y + \boldsymbol{L}_2'\boldsymbol{F}_{yy})\tilde{\boldsymbol{q}} = \alpha(\boldsymbol{M}' + \boldsymbol{N}'\boldsymbol{F}_y)\tilde{\boldsymbol{q}} + \alpha^2 \boldsymbol{P}'\tilde{\boldsymbol{q}} \quad (15.3.12)$$

---

[1] 任杰. 高超声速边界层 Görtler 涡二次失稳和转捩控制研究[D]. 北京：清华大学，2015：17-21.

其中，$5n$ 阶方阵 $L_0'$、$L_1'$、$L_2'$、$M'$、$N'$、$P'$ 是式(5.3.8)中5阶方阵 $L_0$、$L_1$、$L_2$、$M$、$N$、$P$ 的离散形式。

式(15.3.12)是二次特征值问题，将其改写为如下线性特征值问题：

$$\begin{bmatrix} \mathbf{0} & \mathbf{I}_5 \\ L_0' + L_1' F_y + L_2' F_{yy} & -M' - N' F_y \end{bmatrix} \begin{bmatrix} \tilde{q} \\ \alpha \tilde{q} \end{bmatrix} = \alpha \begin{bmatrix} \mathbf{I} & \mathbf{0} \\ \mathbf{0} & P' \end{bmatrix} \begin{bmatrix} \tilde{q} \\ \alpha \tilde{q} \end{bmatrix} \quad (15.3.13)$$

即可采用商业软件进行数值求解。由特征值 $\alpha$ 得到的实部 $\alpha_r$ 为流向波数，负虚部 $-\alpha_i$ 为扰动增长率，特征向量 $\tilde{q}$ 描述了扰动流中各物理量沿 $y$ 方向的分布，简称**扰动向量**。

最后指出，式(15.3.13)所确定的计算域为半空间，因此式(15.3.7)具有无限多个特征值，对应无限多条谱线。采用离散方法得到的结果依赖于网格。其中，第二模态属于**离散谱**，具有网格无关性，在某些参数组合下具有正增长率，从而主导流动失稳。其余特征值则具有网格依赖性，无法独自构成式(15.3.7)的解，称为**连续谱**。

### 15.3.3 绝热平板附近流动的稳定性

对于长航时飞行状态下高超声速飞行器，其经过充分气动加热后，壁面温度与飞行工况达到平衡，可视为处于绝热状态。在此背景下，对绝热平板附近的二维流动稳定性进行分析，有助于理解高超声速流动问题。

**例 15.3.1** 考虑绝热平板附近的二维流动，其流动参数如下：

$$Ma = 6, \quad T_\infty = 55.7, \quad Pr = 0.72, \quad \gamma_g = 1.4, \quad \beta = 0 \quad (a)$$

其中，$T_\infty$ 为来流温度；$Pr \equiv \nu/\alpha$，为 Prandtl 数；$\nu_\infty$ 为来流运动黏性系数；$\alpha$ 为热扩散系数。采用15.3.1和15.3.2节的方法，研究流动稳定性。

**解：** 根据式(a)中的已知条件，求解式(15.3.7)得到图15.3.1所示的特征值实部和虚部。图中，标记为蓝色的离散谱对应第二模态，其虚部为负，表示流动发生失稳。其余特征值是连续谱，并且其虚部均为正，表示其不会独立增长，属于稳定扰动波。根据流动相速度 $c \equiv \omega/\alpha$，可判别这些稳定扰动波的种类，包括快声波、慢声波、涡波和熵波[1]。这些稳定的扰动波和第二模态一起构成了线性变系数常微分方程的解空间。

图15.3.2给出了由求解 N-S 方程得到的二维基本流的流动特征，图中坐标 $y$ 关于边界层特征厚度 $\delta \equiv \sqrt{\nu_\infty l_0/u_\infty}$ 无量纲

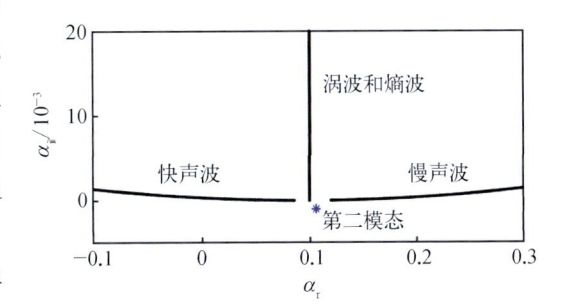

**图 15.3.1** $Ma = 6$ 时平板边界层失稳的特征值分布

---

[1] Kovasznay S G. Turbulence in supersonic flow[J]. Journal of the Aeronautical Sciences, 1953, 20: 657-674.

化;其中 $u_\infty$ 为来流速度,$l_0$ 为特征长度,取为计算位置到边界层前缘的距离。由图可见,此时边界层名义厚度约为20,无量纲流动变量 $u_0$、$v_0$、$\rho_0$ 和 $T_0$ 均在壁面附近显著变化,流动变量的梯度集中在边界层内部($y < 20$)。在边界层外远离壁面的位置($y > 25$),流场逐渐变为均匀流动。

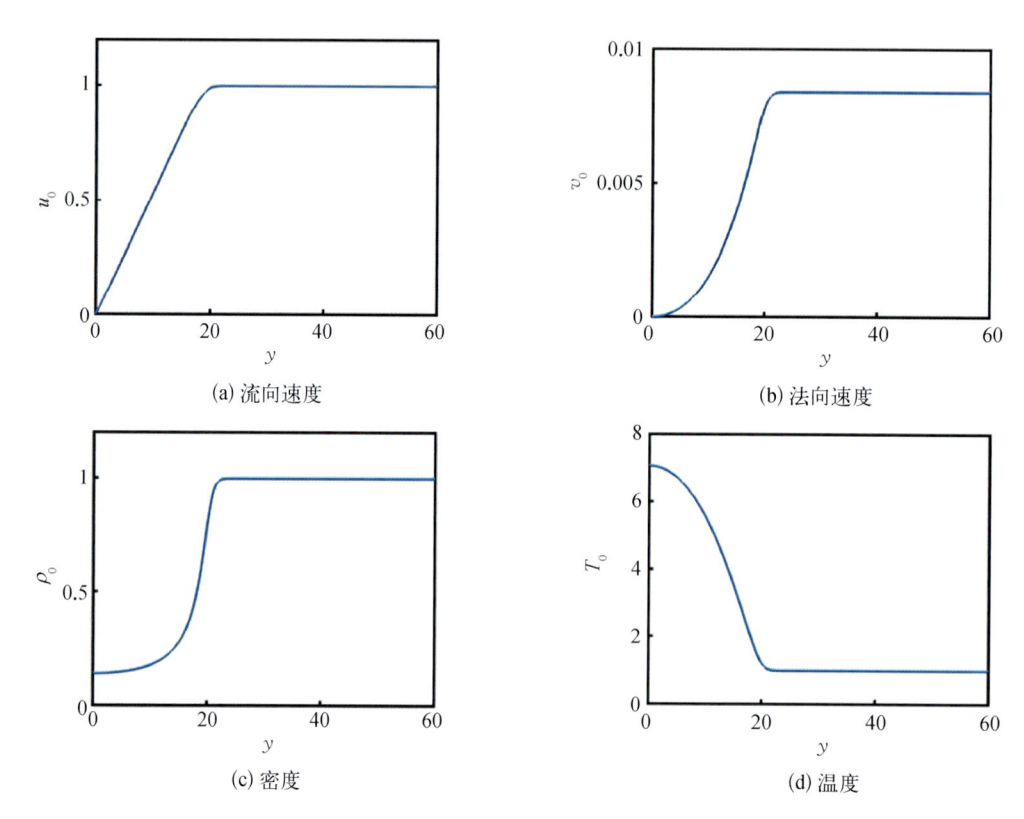

**图 15.3.2 二维高超声速平板基本流的流动变量分布**

现进一步考察高超声速边界层的离散谱演化规律。为了和真实情况对应,考虑无量纲物理扰动频率为 $10^4$ 的扰动,仅关注扰动在当地的特性。在 $Re = 10^6$ 的位置,求解出失稳模态的特征值为 $\alpha = 0.1070 - 0.0009983\mathrm{i}$。图 15.3.3 给出了扰动沿着 $y$ 方向的分布,图中横坐标与图 15.3.2 一致。对于线性问题,需要给定扰动幅值,故将各流动变量均用壁面处的 $\partial u'/\partial y$ 进行归一化。由图 15.3.3 可见,大部分的扰动集中在边界层内部,边界层外至无穷远处的扰动逐渐衰减至零。

为了观察扰动分布,利用流向波数 $\alpha_r$ 和扰动增长率 $-\alpha_i$,构建扰动沿着流向发展的二维流动(即 $\beta = 0$),其局部时间冻结的表达式为

$$\varphi(x,y) = \mathrm{Re}[\psi(y)\exp(\mathrm{i}\alpha x)] \quad (b)$$

其中,Re 表示取实部。由该过程可直观地看到,离散谱扰动沿着主流向 $x$ 慢慢增强。

(a) 扰动流向速度

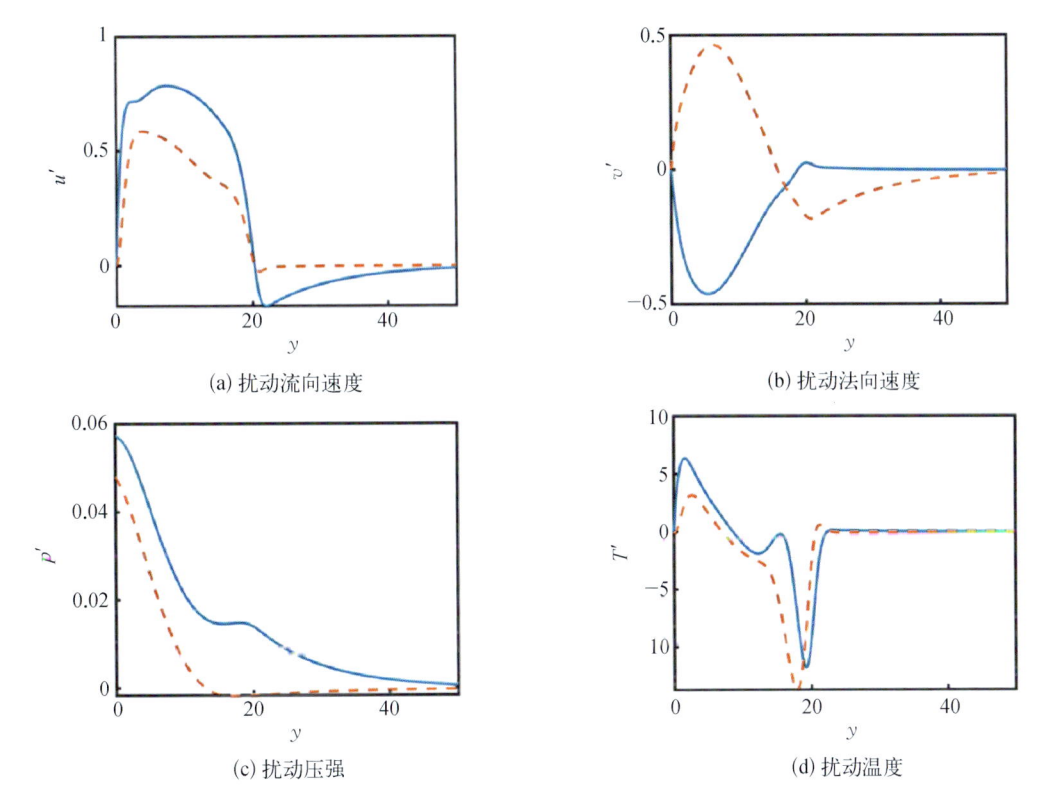

(b) 扰动法向速度

(c) 扰动压强

(d) 扰动温度

**图 15.3.3　离散谱扰动的特征向量分布**

蓝线：扰动向量实部；红线：扰动向量虚部

从图 15.3.4 可见，除了温度扰动外，其他三种扰动主要集中在壁面附近。其中，流向速度扰动在距离壁面很近的区域内存在强剪切效应。温度扰动的主要部分分别聚集在边界层边界和壁面处，这与其他扰动分量有明显的差异。除了在靠近壁面的区域，温度扰动在边界层边界处也存在强剪切效应。

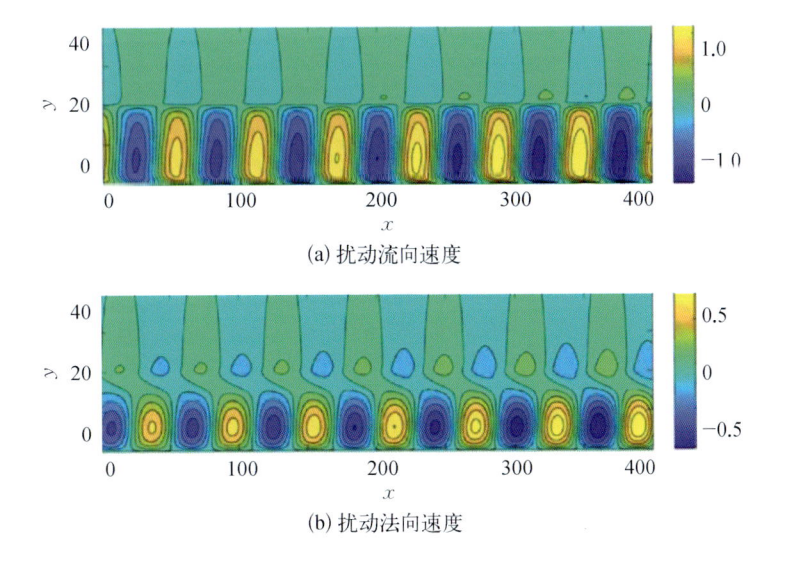

(a) 扰动流向速度

(b) 扰动法向速度

(c) 扰动压强

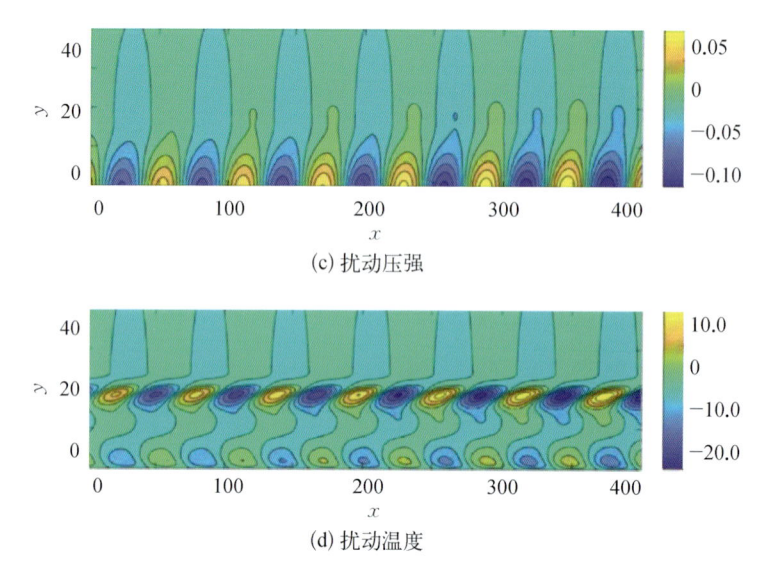

(d) 扰动温度

图 15.3.4　离散谱扰动流场分布

### 15.3.4　流动稳定性的中性曲线

在流动稳定性分析中,确定中性曲线就可区分稳定区域和不稳定区域。通过中性曲线,还可确定哪些参数下扰动失稳,并进一步获得失稳区扰动增长率。图 15.3.5 给出了 $Ma = 4.5$ 时绝热平板边界层扰动的中性曲线,其三个坐标分别表示关于边界层厚度 $\delta$ 的 Reynolds 数、展向波数 $\beta$ 和扰动频率 $\omega$,用颜色给出了增长率的大小。由图可见,扰动存

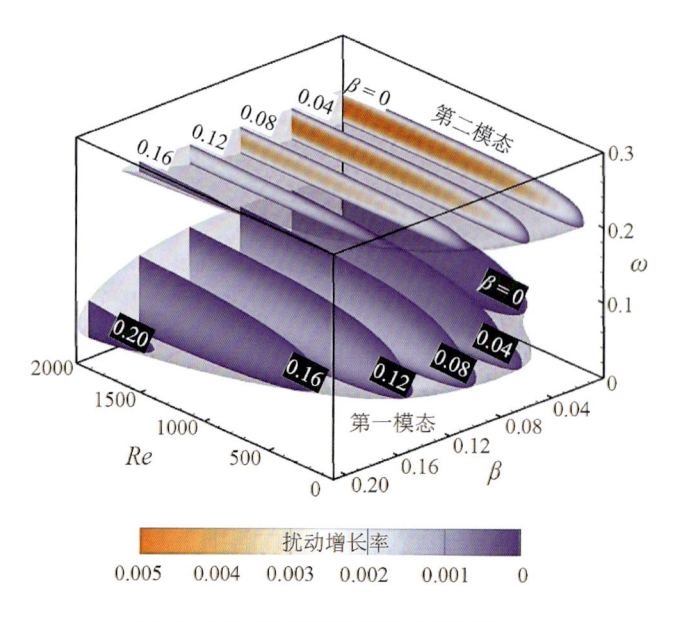

图 15.3.5　平板边界层扰动的中性曲线

在两个失稳区域,一个频率较低,另一个频率较高且增长率更大,这就是高超声速边界层特有的第一模态和第二模态。从图中还可看到,增长率最大的第二模态出现在展向波数为零时,即以二维扰动主导。第一模态则在 $\beta$ 为有限值时的增长率最大。

值得指出的是,实际问题比这样的经典算例要复杂许多。例如,研究高超声速飞行器的 Görtler 失稳需要引入飞行器表面曲率,研究高超声速横流失稳需要考虑边界层的三维性,研究旁路转捩需要考虑环境中高湍流度的影响等[1]。

## 15.4　高超声速边界层流动转捩的数值预报

虽然 15.3 节介绍的稳定性分析能获得转捩机理,但并未将所得结果与 CFD 有效衔接,无法预报高超声速流动转捩。本章作者团队依据高超声速流动稳定性研究成果,提出了反映高超声速流动失稳机理的 $k-\omega-\gamma$ 三方程流动转捩预报方法。本节首先简要介绍湍流模式和流动转捩过程的间歇性,然后介绍三方程流动转捩预报方法及其应用。

### 15.4.1　湍流模式简介

回顾式(15.3.1)中的 N-S 方程,它是关于三维空间中随时间演化的非线性偏微分方程组,进而可描述湍流的多尺度特性。通过量纲分析可知,湍流场的最大尺度和最小尺度之比正比于 $Re$ 的 3/4 次方。对于随时间变化的三维流动,由离散时刻数和空间网格数的乘积所确定的计算量在 $Re^3$ 量级。因此,对工程中的 N-S 方程无法采用直接数值求解(DNS),必须转向寻求近似数值方法。现介绍近似数值方法中的 Reynolds 平均法。

Reynolds 平均法的基本思想与流动稳定性分析相似。通过将流场分解为平均场和脉动场,得到平均流动所满足的 Reynolds 平均纳维-斯托克斯方程(Reynolds average Navier-Stokes,RANS)。以动量方程为例,其表达式为

$$\frac{\partial U_i}{\partial t} + U_j \frac{\partial U_i}{\partial x_j} = -\frac{1}{\rho}\frac{\partial P}{\partial x_i} + \nu \frac{\partial^2 U_i}{\partial x_j \partial x_j} + \frac{\partial}{\partial x_j}(-\overline{u_i u_j}), \quad i,j \in I_3 \quad (15.4.1)$$

其中,$U_i$ 表示平均流动;$P$ 表示平均压强;$\nu \equiv \mu/\rho$,表示流体的**运动黏性系数**;$\overline{u_i u_j}$ 是两个脉动速度分量乘积的时间平均,又称 Reynolds **应力张量**。式(15.4.1)无法由平均流动的动量方程来封闭求解,需要对其建立简化的湍流模型(又称湍流模式)来近似描述,但换来的好处是 RANS 方程可大大降低计算量。现简要介绍几种湍流模式。

#### 1. 涡黏性模式

**涡黏性模式**基于涡黏性概念,在 Reynolds 应力与平均应变率之间建立简化的本构关

---

[1] 徐国亮. 三维边界层流动失稳与 Bypass 转捩模式研究[D]. 北京:清华大学,2011:1-24.

系,假设 Reynolds 应力张量与平均应变率张量满足:

$$\overline{u_i u_j} = \frac{2}{3} k \delta_{ij} - \nu_t \left( \frac{\partial U_i}{\partial x_j} + \frac{\partial U_j}{\partial x_i} \right), \quad i,j \in I_3 \quad (15.4.2)$$

其中,$k \equiv \overline{u_i u_i}/2$,是单位质量流体的**湍动能**;$\delta_{ij}$ 是 Kronecker 符号;$\nu_t$ 是待确定的湍流运动黏性系数。该模式将湍流计算中 Reynolds 应力张量的封闭问题归结为如何确定一个标量 $\nu_t$,这无疑大大简化了问题。

当然,对于复杂的湍流,这个假设过于简单。一方面,湍流具有**非局域性**,即空间任意点的湍流状态都瞬时地依赖于整个流场及其边界上的流动状态,Reynolds 应力张量与平均变形率张量之间并不存在上述代数本构关系。另一方面,即使在某些特定条件下近似地存在代数本构关系,也不能说涡黏性具有式(15.4.2)所描述的**各向同性**。但对于工程中不太复杂的湍流问题,基于涡黏性假设的湍流模式具有可接受的预测精度。因此,该模式在工程技术界得以广泛应用。

**2. $k$-$\omega$ 模式**

既然代数本构关系无法描述湍流的非局域性,人们自然想到采用常微分方程来建立湍流模式。例如,Wilcox 提出了 **$k$-$\omega$ 模式**[1],其中 $k$ 为湍动能,$\omega$ 为单位湍动能耗散率。该模式包含两个常微分方程,又称为**两方程湍流模式**,其表达式为

$$\begin{cases} \dfrac{\mathrm{D} k}{\mathrm{D} t} = \dfrac{\partial}{\partial x_j} \left[ \left( \nu + \dfrac{\nu_t}{\sigma_k} \right) \dfrac{\partial k}{\partial x_j} \right] + P_k - \omega k & (15.4.3\mathrm{a}) \\ \dfrac{\mathrm{D} \omega}{\mathrm{D} t} = \dfrac{\partial}{\partial x_j} \left[ \left( \nu + \dfrac{\nu_t}{\sigma_\omega} \right) \dfrac{\partial \omega}{\partial x_j} \right] + C_{\omega 1} \dfrac{\omega}{k} P_k - C_{\omega 2} \omega^2 & (15.4.3\mathrm{b}) \end{cases}$$

其中,$k \equiv \overline{u_i u_i}/2$,为湍动能;$\nu$ 为流体运动黏性系数;$\nu_t \equiv C_\mu k/\omega$,为湍流运动黏性系数;$P_k \equiv -\overline{u_i u_j} \partial U_i/\partial x_j = 2\nu_t S_{ij} S_{ij}$,是湍动能生成率;$S_{ij} \equiv (\partial U_i/\partial x_j + \partial U_j/\partial x_i)/2$,为平均应变率张量;单位湍动能耗散率 $\omega$ 来自湍动能耗散率 $\varepsilon$,其定义为

$$\omega \equiv \frac{\varepsilon}{k}, \quad \varepsilon \equiv \mu \overline{\frac{\partial u_i}{\partial x_k} \frac{\partial u_i}{\partial x_k}} \quad (15.4.4)$$

其中,$\mu$ 为流体动力黏性系数。在式(15.4.3)中还有若干模式常数,来自对几种特殊情况下的解析解和实验测量结果标定。Wilcox 将其确定为

$$C_\mu = 0.09, \quad \sigma_k = \sigma_\omega = 2, \quad C_{\omega 1} = 5/9, \quad C_{\omega 2} = 5/6 \quad (15.4.5)$$

除了 $k$-$\omega$ 模式,常用的两方程湍流模式还有 $k$-$\varepsilon$ 模式和剪切应力输运(shear stress transport, SST)模式。其构造思路是:在近壁面区域和边界层外部分别利用 $k$-$\omega$ 模式和

---

[1] Wilcox D C. Turbulence Modeling for CFD[M]. La Canada: DCW Industries, 1994.

$k$-$\varepsilon$ 模式的优点,通过构造函数 $F$ 实现过渡,将 $k$-$\omega$ 模式和 $k$-$\varepsilon$ 模式进行组合。

### 15.4.2　流动转捩过程的间歇性

流动在转捩过程中,在某段时间内是湍流,在另一段时间内是非湍流或层流。这种在空间同一位置的湍流和层流交替变化现象称为**间歇现象**。为描述间歇现象,定义间歇函数 $I(x,y,z,t)$,其值在层流时为 0,在湍流时为 1;再定义此函数的时间平均值为**间歇因子**:

$$\gamma \equiv \gamma(x,y,z,t) \equiv \frac{1}{T}\int_0^T I(x,y,z,t)\mathrm{d}t \tag{15.4.6}$$

上述间歇因子仅取决于来流条件和几何条件,与当地流场结构无关,因此无法用于描述三维流动。于是,研究者们尝试通过求解流动输运方程来获得间歇因子的值,进而模拟平面射流、圆射流和平面混合层及尾流中的间歇因子分布。然而,无论是采用经验公式还是流动输运方程来获得间歇因子,其前提是已知转捩起始位置。但转捩起始位置正是预测方法要求解的核心问题,不应成为前提。因此,这类需要转捩起始位置的模式不符合 CFD 方法的预测要求,也限制了其在工程中的应用。

### 15.4.3　考虑扰动特征尺度的边界层转捩模式

如 15.3 节所述,基于线性稳定性理论的 $e^N$ 方法可以很好地描述流动转捩前期小扰动的增长过程,而基于 RANS 的转捩模式适用于转捩后期的强非线性过程。那么,能否把两者结合起来,从而合理地模拟转捩的完整过程呢?

Wilcox 首先进行了尝试[1]。他们在边界层起始段开展基于稳定性理论的 $e^N$ 方法计算,由失稳点开始沿流向积分扰动幅值的增长率;当积分值与失稳点处的幅值比达到设定值 $e^4$ 时,将该处的稳定性理论解转换为湍动能及其耗散率,并以其作为初始条件和边界条件,在下游流动中开展湍流模式的计算。然而,该方法仍无法避免原有 $e^N$ 方法的积分方向问题,且人们对 $e^4$ 的设定也存在争议。本质上,不管是描述单一扰动发展的方程还是基于概率统计的全局平均输运方程,均将扰动量定义为瞬时值与全局平均值之差。基于此,Rumsey 等对扰动的概率分布进行全局平均,得到的新方程(扰动动能方程及其耗散率方程)与 RANS 方程在形式上是统一的[2]。

本章作者团队在 SST 湍流模式和 Rumsey 等的工作的基础上,引入一定的经验关联,提出了一个合理反映三维边界层流动失稳模态影响的转捩模式,描述湍动能 $k$、单位湍动能耗散率 $\omega$ 和间歇因子 $\gamma$ 的演化,简称 **$k$-$\omega$-$\gamma$ 模式**。该模式的表达式为

---

[1] Wilcox D C. Alternative to the $e^9$ procedure for predicting boundary-layer transition[J]. AIAA Journal, 1981, 19: 56-64.

[2] Rumsey C, Thacker W, Gatski T, et al. Analysis of transition-sensitized turbulent transport equations[C]. Reno: Proceedings of the 43rd AIAA Aerospace Sciences Meeting and Exhibit, 2005: 523.

$$\begin{cases} \dfrac{\mathrm{D}k}{\mathrm{D}t} = \dfrac{\partial}{\partial x_j}\left[\left(\nu + \dfrac{\nu_{\mathrm{eff}}}{\sigma_k}\right)\dfrac{\partial k}{\partial x_j}\right] + \nu_{\mathrm{eff}}S^2 - \beta^*\omega k & (15.4.7\mathrm{a}) \\[2mm] \dfrac{\mathrm{D}\omega}{\mathrm{D}t} = \dfrac{\partial}{\partial x_j}\left[\left(\nu + \dfrac{\nu_{\mathrm{eff}}}{\sigma_\omega}\right)\dfrac{\partial \omega}{\partial x_j}\right] + \alpha S^2 - \beta\omega^2 + 2(1-F)\dfrac{1}{\omega}\dfrac{\partial k}{\partial x_j}\dfrac{\partial \omega}{\partial x_j} & (15.4.7\mathrm{b}) \\[2mm] \dfrac{\mathrm{D}\gamma}{\mathrm{D}t} = \dfrac{\partial}{\partial x_j}\left[\left(\nu + \dfrac{\nu_{\mathrm{eff}}}{\sigma_\gamma}\right)\dfrac{\partial \gamma}{\partial x_j}\right] \\[2mm] \qquad + C_4 F_{\mathrm{onset}}(1-\gamma)\sqrt{-\ln(1-\gamma)}\left[1 + C_5\sqrt{\dfrac{k}{2E_u}}\right]\dfrac{d}{\nu}\|\nabla E_u\| & (15.4.7\mathrm{c}) \end{cases}$$

其中, $F$ 为 SST 模式所引入的过渡函数; $\alpha$、$\beta$、$\beta^*$、$\sigma_k$ 和 $\sigma_\omega$ 为模式常数, 与标准 SST 湍流模式中的常数相同; $C_4 = 8\times 10^{-5}$ 和 $C_5 = 0.07$ 为模式经验系数, 可通过标定获得; $S$ 为平均剪切率的模; $E_u$ 为当地流体相对壁面的平均流动动能; $d$ 表示到物面的距离。

在描述间歇因子 $\gamma$ 演化的式(15.4.7c)中, 源项中的函数 $F_{\mathrm{onset}}$ 定义为

$$F_{\mathrm{onset}} = 1 - \exp\left(-1.2\dfrac{\zeta_{\mathrm{eff}}\sqrt{k}\|\nabla k\|}{\nu\|\nabla E_u\|}\right) \qquad (15.4.8)$$

其中, $\zeta_{\mathrm{eff}}$ 是由经验公式构造的转捩模拟有效长度, 反映边界层平均流动的发展程度。随着 $\zeta_{\mathrm{eff}}$ 和 $k$ 增加, $F_{\mathrm{onset}}$ 逐渐趋于 1, 式(15.4.7)退化为标准 SST 湍流模式, 可实现转捩起始位置的自动判别。

$k\text{-}\omega\text{-}\gamma$ 模式的关键是在诸动力学演化方程中引入有效运动黏性系数, 并根据 15.3 节所介绍的稳定性分析结果对其模型化。**有效运动黏性系数**定义为

$$\nu_{\mathrm{eff}} \equiv C_\mu(1-\gamma)k\tau_{\mathrm{nt}} + \gamma\nu_{\mathrm{t}} \qquad (15.4.9)$$

其中, 模式常数 $C_\mu = 0.09$。在有效黏性系数中, 将间歇因子 $\gamma$ 作为湍流和非湍流脉动的权重, 而流场中 $\gamma$ 开始增长的位置由源项函数 $F_{\mathrm{onset}}$ 决定。$\tau_{\mathrm{nt}}$ 是对应于不同模态的不稳定扰动波时间尺度, 其下标 nt 表示非湍流物理量。时间尺度 $\tau_{\mathrm{nt}}$ 包含高超声速转捩可能发生的四种模态贡献, 可表示为

$$\tau_{\mathrm{nt}} = \tau_{\mathrm{nt1}} + \dfrac{1}{2}[1 + \mathrm{sgn}(Ma_{\mathrm{rel}} - 1)]\tau_{\mathrm{nt2}} + \dfrac{1}{2}[1 + \mathrm{sgn}(\lambda_\zeta + 0.046)]\tau_{\mathrm{sep}} + \tau_{\mathrm{cross}}W_{\max}$$

$$(15.4.10)$$

其中, 下标 nt1、nt2、sep 和 cross 分别代表第一模态、第二模态、开尔文-亥姆霍兹(Kelvin-Helmholtz)失稳模态(常见于分离流转捩中)和横流失稳模态。若当地相对 Mach 数 $Ma_{\mathrm{rel}} > 1$, 则第二模态起作用; 若无量纲压强梯度参数 $\lambda_\zeta \equiv \zeta_{\mathrm{eff}}^2/(\nu\mathrm{d}\|U\|/\mathrm{d}s) > -0.046$, 则 Kelvin-Helmholtz 失稳模态起作用。这里 $\|U\|$ 表示速度向量的模; $s$ 表示流线坐标, 对于二维平板边界层流动, $s = x$, 在三维流动中 $s$ 将包含当地流动的后掠效应。

若横流速度的最大值 $W_{max}$ 不为零,则横流失稳模态起作用。

综上所述,在 $k$-$\omega$-$\gamma$ 模式中,各失稳模态扰动的特征波长均与边界层厚度量级相同,故该模式可以很好地模化各失稳模态扰动的时间尺度,且所有表达式均由局部变量构成。基于该模式的湍流转捩研究框架如图 15.4.1 所示[1]。

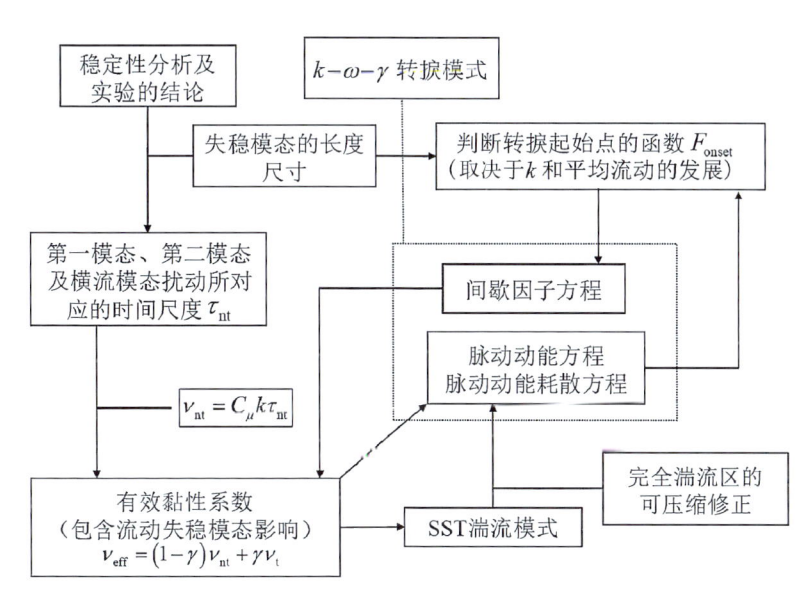

图 15.4.1 基于 $k$-$\omega$-$\gamma$ 转捩模式的计算框架

### 15.4.4 转捩模式的考核案例

**例 15.4.1** 考察平板壁面不可压缩流动边界层转捩问题。图 15.4.2 给出了自然转捩与旁路转捩过程中壁面摩阻系数 $C_f$ 随 Reynolds 数增加的跳变。前者的来流湍流度为 0.18%,后者为 3.5%。由图可见,对于这两种转捩,基于 $k$-$\omega$-$\gamma$ 转捩模式的数值计算均可得到准确的转捩起始位置与转捩区长度。

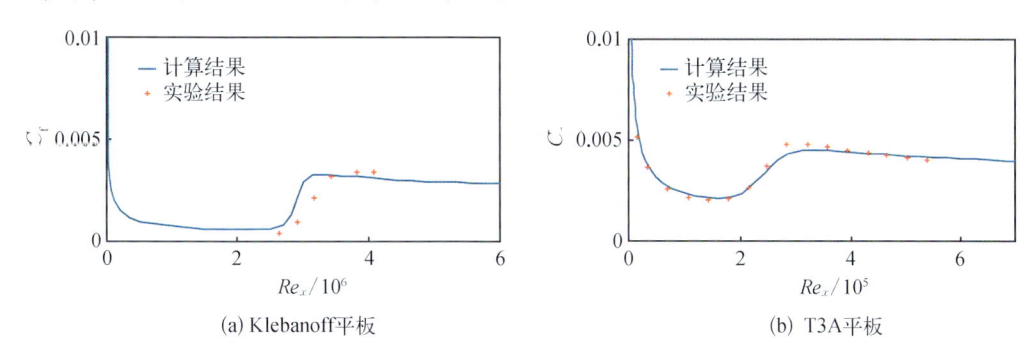

(a) Klebanoff 平板

(b) T3A 平板

图 15.4.2 平板壁面摩阻系数对比

---

[1] 王亮.高超音速边界层转捩的模式研究[D].北京:清华大学,2008:1-16.

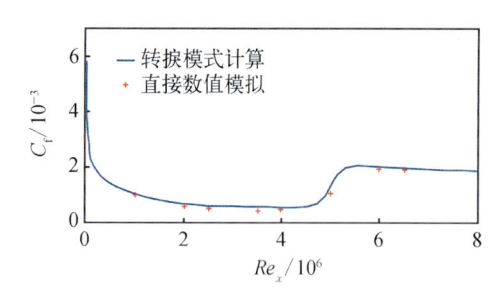

图 15.4.3 超声速平板壁面摩阻系数分布

**例 15.4.2** 考察超声速平板边界层问题，其来流 Mach 数为 4.5，流动温度为 61.1 K，湍流度为 0.1%，单位长度的 Reynolds 数为 $6.433 \times 10^6 \mathrm{~m}^{-1}$。图 15.4.3 给出了壁面摩阻系数沿流向下游的变化，横坐标 $Re_x$ 相当于单位长度 Reynolds 数与坐标 $x$ 的乘积。基于 $k$-$\omega$-$\gamma$ 模式的数值计算结果吻合于直接数据模拟结果[1]，表明该模式适用于超声速流动。

**例 15.4.3** 考察高超声速圆锥附近的流动问题，来流 Mach 数为 6，单位长度的 Reynolds 数为 $2.529 \times 10^7 \mathrm{~m}^{-1}$，来流温度为 63.3 K，壁面温度为 300 K，来流湍流度为 0.4%。圆锥的半锥角为 5°，头部钝度分别为 0、0.793 75 mm 和 1.587 5 mm。图 15.4.4 给出高超声速圆锥的无量纲表面热流 $h$ 分布，参考热流取为驻点热流。由图可见，基于 $k$-$\omega$-$\gamma$ 模式的数值预测结果与实验结果一致，合理反映了圆锥头部钝度对转捩的影响。

**例 15.4.4** 考察压缩拐角流动问题，来流 Mach 数为 8.1，单位长度的 Reynolds 数为 $3.8 \times 10^6 /\mathrm{m}$，湍流度为 0.9%，温度为 106 K，壁面温度为 300 K。这是典型的激波-边界层干扰流动。流体每经过一道压缩板都形成一道激波，波后压强升高，因此在拐角处易形成流动分离。当分离足够大时，甚至引起势流区激波结构的改变。图 15.4.5 给出了高超声

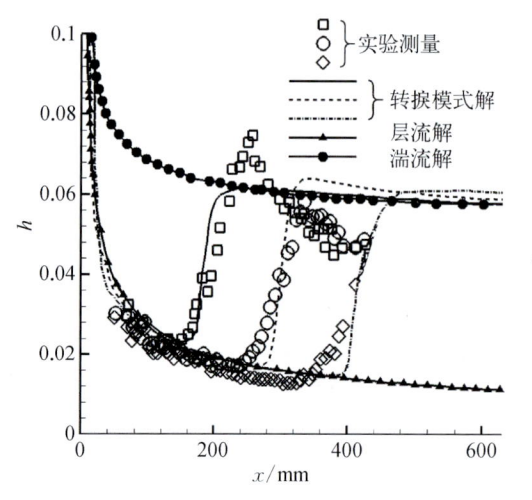

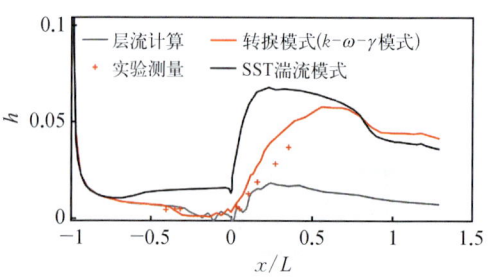

图 15.4.4 不同钝度的圆锥无量纲表面热流沿流向的分布

图 15.4.5 高超声速双压缩拐角流动表面热流沿流向的分布

实线：模式预测值；虚线和点线：针对不同钝度的计算结果

[1] Jiang L, Chang C L, Choudhari M, et al. Cross-validation of DNS and PSE results for instability-wave propagation in compressible boundary layers past curvilinear surfaces[C]. Orlando：Proceedings of the 16th AIAA Computational Fluid Dynamics Conference，2003：2003-3555.

速双压缩拐角流动的无量纲表面热流 h 的分布。由图可见,层流计算结果严重低估热流;SST 湍流模式预测结果在第一道压缩板下游($x/L=-0.8$)转捩,热流抬升过于提前且过高;而基于 $k$-$\omega$-$\gamma$ 模式的预测结果最接近实验结果。

### 15.4.5　X51A 飞行器风洞模型的转捩预报

NASA 已对 X-51A 飞行器进行了多次飞行试验,但尚未完全公开试验数据。现参考 NASA 对 X-51A 飞行器前体风洞模型(简称 **X-51A 模型**)的实验数据,开展数值预报研究。在风洞实验中,模型攻角为 4°,$Ma=6$,静条件和噪声条件下的单位长度 Reynolds 数略有差别,分别为 $6.7\times10^6\ \text{m}^{-1}$ 和 $7.4\times10^6\ \text{m}^{-1}$。通过静风洞强制转捩实验,估计风洞静条件下所对应的湍流度。因不知飞行条件的湍流度,在后续弹道点模拟时,参考静风洞条件确定湍流度。

对光滑模型的风洞实验表明:在噪声条件下,压缩面和上表面的流动均发生转捩;而在静条件下,流动均未发生转捩。对菱形粗糙模型的风洞实验表明:在噪声条件下,强制转捩发生在第一道压缩面上,但受传感器布置范围限制,实验中未能获得转捩起始位置;在静条件下,第二道压缩面发生转捩,通过温度分布可判断转捩起始位置。

以下将根据光滑模型的噪声风洞实验结果,先检验 $k$-$\omega$-$\gamma$ 模式对高超声速流动转捩的预报能力,再研究模型上表面中心线上转捩起始位置随攻角的变化。

首先,采用 $k$-$\omega$-$\gamma$ 模式对噪声条件下的转捩进行预报。当风洞在噪声条件下运行时,其噪声水平约为 3%。按照湍流度估计公式,得到湍流度为 0.36%。图 15.4.6 是计算采用的网格,在前体模型头部、压缩拐角及壁面附近,均进行了加密处理,网格总数约为 320 万。

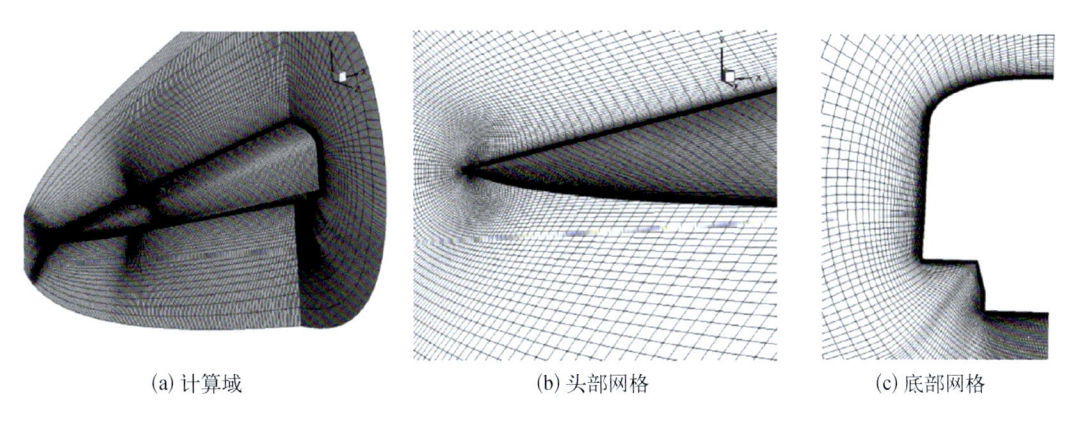

(a) 计算域　　　　(b) 头部网格　　　　(c) 底部网格

**图 15.4.6　X-51A 模型的计算域和网格**

图 15.4.7 给出了 X-51A 模型的空间激波结构及表面压强分布计算结果。在图中,头部激波和压缩拐角激波的结构非常明显,而且两道激波在模型后段汇聚在一起。在设

计工况下,激波汇聚后恰好位居发动机下唇口处。这样可在保证质量流量的情况下,尽可能地压缩空气,提高发动机的进气压比。

图 15.4.8 给出了 X-51A 模型的对称面压强及表面压强系数分布计算结果。由对称面压强分布,可清晰地观察到头部激波和拐角处激波。注意到下表面压强高于上表面压强,故 X-51A 模型可提供升力。在压缩面拐角

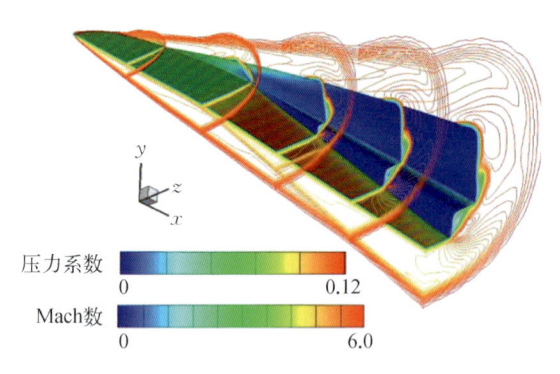

图 15.4.7 X-51A 模型的空间激波结构及表面压强分布

附近,流动发生分离。由于模型头部展向具有曲率,分离区为三维形态。上表面前段外形特殊,形成较强横向流动。另外,在上表面对称面压强分布中,还显示 X-51A 模型中后端存在膨胀波。

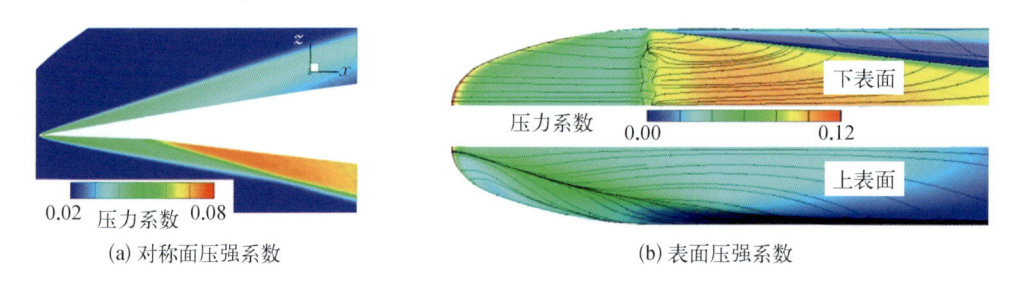

(a) 对称面压强系数

(b) 表面压强系数

图 15.4.8 X-51A 模型的对称面压强和表面压强分布

针对 X-51A 模型,图 15.4.9 给出了压缩面的温度分布测试结果和表面间歇因子分布的计算结果。从实验结果看,温度经过拐角后有所升高,之后继续升高。与数值预测相比,该温度继续升高区处于附着流区。因此可以判断,压缩拐角分离处流动并未立刻转捩,而是在拐角之后一段距离后才发生转捩。数值预测结果与实验吻合。

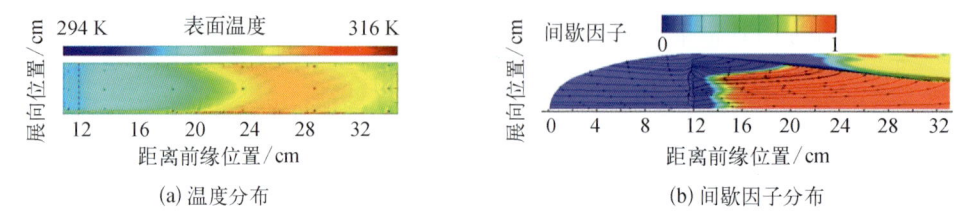

(a) 温度分布

(b) 间歇因子分布

图 15.4.9 X-51A 模型压缩面的风洞实验温度分布和数值预测表面间歇因子分布

图 15.4.10 给出了 X-51A 模型上表面的温度分布测试结果和表面间歇因子分布计算结果。由图可见,在模型上表面后段,温度升高,流动发生转捩;而数值预报结果也在中心线位置发生转捩。模式预测的转捩区域在展向宽度范围比实验值小。

(a) 温度分布  (b) 间歇因子分布

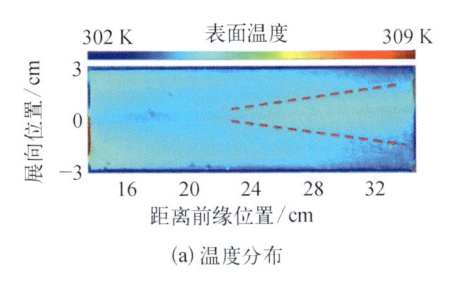

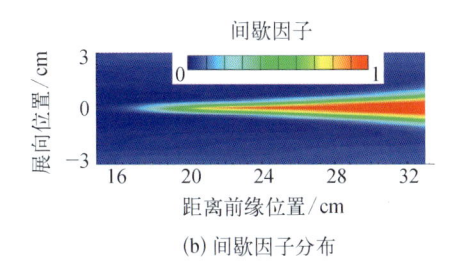

**图 15.4.10　X-51A 模型上表面的风洞实验温度分布和数值预测表面间歇因子分布**

其次,研究流动转捩位置问题。对于实验数据,根据中心线位置温度分布,可确定转捩位置。在数值预测中,则通过与层流模拟结果对比中心线摩阻系数的分布来判断转捩起始位置。如图 15.4.11 所示,X-51A 模型上表面的层流计算摩阻系数较小;模型压缩面的摩阻系数在压缩拐角处小于零,流动发生分离,随后流动再附,同时摩阻系数增大;这是压缩拐角的压缩效应所导致的。在 X-51A 模型上表面,基于 $k$-$\omega$-$\gamma$ 模式的预测值在流向 17 cm 之前与层流值吻合,之后则明显增大。在该模型压缩面,基于 $k$-$\omega$-$\gamma$ 模式的预测值在流向 13 cm 之前均与层流值吻合,之后急剧增大,且明显大于层流值。值得注意的是,$x = 13$ cm 处已处于压缩拐角分离流动再附之后。由此可推断,分离流并未直接导致转捩并形成湍流再附,而是经过一段距离之后,流动才开始转捩。这与图 15.4.9 所给出的间歇因子分布相吻合。

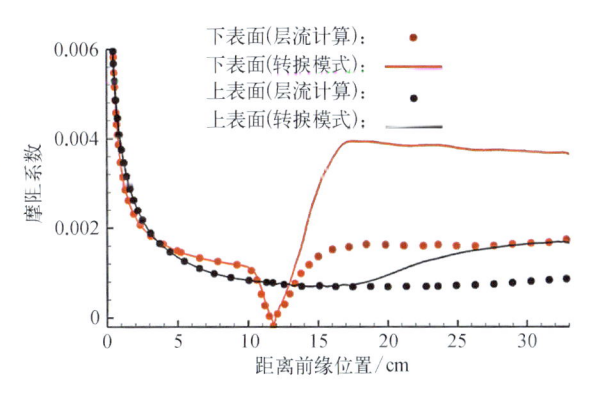

**图 15.4.11　X-51A 模型的中心线摩阻系数分布**

通过前述经典案例考核和对 X-51A 飞行器风洞模型转捩预测,表明 $k$-$\omega$-$\gamma$ 模式通过引入描述转捩过程的间歇因子,并建立相应的控制方程与湍流模型联立求解,最终可求解转捩的流场,并给出流动转捩区域。$k$-$\omega$-$\gamma$ 模式将高超声速第二失稳模态特征尺度引入 Reynolds 平均的 CFD 框架,建立了从复杂转捩过程与物理机制的准确描述到高超声速 CFD 技术及工程化应用之间的桥梁。针对尖锥、复杂外形飞行器等已有数据模型,本章作者团队已对 $k$-$\omega$-$\gamma$ 模式的理论参数进行了系统标定和验证,增强了该模式的适用性。

## 15.5　问题与展望

本章从流动稳定性理论出发,简要介绍了研究高超声速流动失稳和转捩的线性分析方法。在此基础上构造、验证并应用 $k$-$\omega$-$\gamma$ 模式处理流动转捩问题。正如 15.1 节所述:流动转捩问题影响因素多,机理丰富。图 15.5.1 表明,在理论研究与工程需求的流动计算之间,还有很多尚待解决的问题。例如,高超声速飞行器、航空发动机、燃气轮机等高端装备的研制涉及许多复杂的流动问题。科技强国间的竞争,对飞行速度、能量转化效率的更高需求,挑战着流体在高速、高压等极端条件下的可应用性。

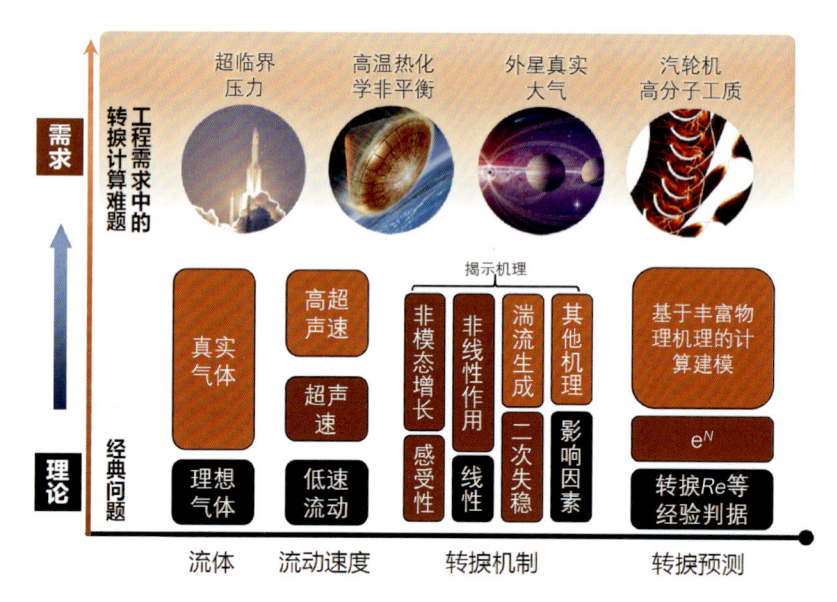

图 15.5.1 流动转捩研究与工程需求的关系

具体看,高超声速飞行时,气动加热产生高温真实气体效应,气体介质与自身组分或热防护材料发生化学反应;高压状态下,气体越过物质临界点进入超临界态,产生非理想气体效应。在这些复杂条件下,流体本身的非理想性质、三维复杂外形效应与转捩耦合,导致在科学认知方面仍存在不少盲区。例如,基于理想气体模型和平板等简化边界所得到的流动机理认知,难以推广到极端流动条件和真实边界条件,导致数值模拟能力的短板和空缺,造成工程设计偏差,影响装备性能指标。

# 思 考 题

**15.1** 试说明 N-S 方程的非线性体现在哪里,列举在哪些情况下可以获得其解析解。

**15.2** 通过查阅文献,说明高超声速流动转捩与低速情况有哪些不同?

**15.3** 思考飞行器几何外形有哪些基本流动特征,调研其对应的转捩机理有哪些。

**15.4** 根据 15.2 节的分析可以计算扰动的增长率,试说明其基本假设有哪些,实际应用有哪些限制。

**15.5** 根据题 15.5 图,说明 N-S 方程的求解模型(RANS、LES、DNS)各自的优缺点有哪些，试采用商业软件 ANSYS Fluent 进行流动转捩模式计算。

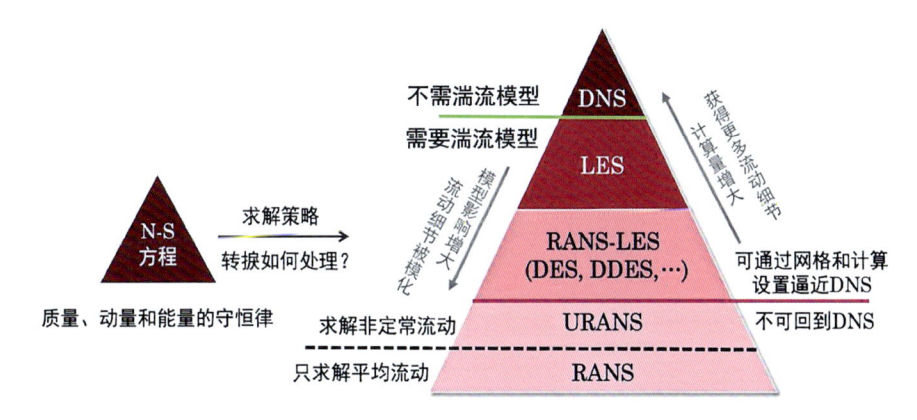

题 15.5 图　N－S 方程的求解模型和策略

DES 表示分离涡模拟；DDES 表示延迟分离涡模拟；URANS 表示非定常雷诺平均 N－S 方程

# 拓展阅读文献

1. Anderson Jr J D. Hypersonic and High-Temperature Gas Dynamics[M]. 2nd ed. Reston：AIAA, 2015.
2. Dorrance W H. Viscous Hypersonic Flow[M]. New York：Dover Publications, 2017.
3. Drazin P G, Reid W H. Hydrodynamic Stability[M]. 2nd ed. Cambridge：Cambridge University Press.
4. Schlichting H, Gersten K. Boundary Layer Theory[M]. 9th ed. Berlin：Springer-Verlag, 2017.
5. 默西 T K S. 高超声速空气动力学计算方法[M]. 符松，王亮，李启兵，译. 北京：航空工业出版社，2020.
6. 符松，王亮. 湍流模式理论[M]. 北京：科学出版社，2023.
7. 罗金玲，康宏琳，操小龙，等. 吸气式高超声速飞行器空气动力学[M]. 北京：科学出版社，2021.
8. 周恒，苏彩虹，张永明. 超声速/高超声速边界层的转捩机理及预测[M]. 北京：科学出版社，2015.

本章作者：符　松，清华大学，教授

任　杰，北京理工大学，教授